# 面向 2030 可持续发展目标的中国沙漠化防治

许端阳　著

中国农业大学出版社
·北京·

## 内容简介

土地沙漠化问题一直是国际社会关注的热点和地学研究的重点领域。在联合国的倡导和推动下，联合国防治荒漠化公约组织，以及包括我国在内的各国学者积极探索，在沙漠化动态监测与成因、沙漠化资源环境效应、沙漠化治理与植被恢复、沙区可持续发展等方面取得了重要的进展。作者依托国家自然科学基金项目“2030‘土地退化零增长’目标下我国沙漠化防治的空间布局与成本估算”，围绕中国沙漠化治理的若干典型问题开展了系统性的研究工作。本书以我国北方沙区为研究区域，在回顾总结全球及我国沙漠化防治愿景、行动与关键问题的基础上，分析 1981—2010 年中国北方沙区沙漠化演变过程及驱动力贡献，构建耦合自然-人文因素的沙漠化模拟模型并对不同情景下 2030 年中国北方沙区沙漠化演变态势进行模拟，识别不同情景下未来沙漠化防治的重点区域并估算防治成本，总结分析我国沙漠化可持续治理的典型案例并提出政策建议，旨在为我国沙漠化防治与沙区可持续发展提供参考。

**图书在版编目(CIP)数据**

面向 2030 可持续发展目标的中国沙漠化防治 / 许端阳著. --北京：中国农业大学出版社，2022.11
ISBN 978-7-5655-2864-4

Ⅰ.①面… Ⅱ.①许… Ⅲ.①沙漠化-防治-研究-中国 Ⅳ.①P941.73

中国版本图书馆 CIP 数据核字(2022)第 158185 号

中国自然资源部地图审图号：GS 京(2022)0139 号

**书　名**　面向 2030 可持续发展目标的中国沙漠化防治
**作　者**　许端阳　著

**策划编辑**　张　程　　**责任编辑**　杜　琴
**封面设计**　郑　川
**出版发行**　中国农业大学出版社
**社　址**　北京市海淀区圆明园西路 2 号　　**邮政编码**　100193
**电　话**　发行部 010-62733489，1190　　读者服务部 010-62732336
编辑部 010-62732617，2618　　出　版　部 010-62733440
**网　址**　http://www.caupress.cn　　**E-mail** cbsszs@cau.edu.cn
**经　销**　新华书店
**印　刷**　北京鑫丰华彩印有限公司
**版　次**　2022 年 11 月第 1 版　2022 年 11 月第 1 次印刷
**规　格**　210 mm×285 mm　16 开本　20 印张　600 千字
**定　价**　88.00 元

**图书如有质量问题本社发行部负责调换**

# 前　言

土地沙漠化及其引发的生态环境问题与安全危机是人类社会可持续发展面临的重大全球性挑战之一。中国是世界上受沙漠化影响最为严重的国家之一，沙漠化土地面积占国土面积的17.93%，每年因沙漠化导致的经济损失巨大，严重威胁“美丽中国”生态文明建设以及区域可持续发展。为遏制土地沙漠化趋势，改善沙区生态环境，我国实施了“三北”防护林建设、退耕还林（草）、京津风沙源治理、围封禁牧等一系列生态工程与政策，局部地区土地沙漠化趋势得到逆转，但全国沙漠化防治的整体形势依然十分严峻。

土地沙漠化问题一直是国际社会关注的热点和地学研究的重点领域。在联合国的倡导和推动下，联合国防治荒漠化公约组织，以及包括我国在内的各国学者积极探索，在沙漠化动态监测与成因、沙漠化资源环境效应、沙漠化治理与植被恢复、沙区可持续发展等方面取得了重要的进展。近年来，随着国际社会对沙漠化问题认识的不断深入，特别是注重从“人-地”关系与“社会-生态”系统角度来思考和研究沙区环境变化与可持续发展。为此，联合国《2030年可持续发展议程》也提出了到2030年要实现“土地退化零增长”的目标，强调沙漠化土地可持续治理的重要性。然而，在面对沙漠化研究范式转变，特别是响应联合国2030年可持续发展目标方面，一些科学问题仍然没有得到很好的回答。例如，如何在理解不同因素作用基础上模拟未来土地沙漠化的演变，哪些区域变得更加敏感，如何在考虑生态系统服务基础上科学评估沙漠化治理成本，有哪些沙漠化可持续治理的模式可以借鉴和推广等。

为此，在国家自然科学基金的支持下，作者围绕中国沙漠化治理的若干典型问题开展了系统性的研究工作，并将部分研究成果结集成书，以便更好地开展学术交流。本书以我国北方沙区为研究区域，在回顾总结全球及我国沙漠化防治愿景、行动与关键问题的基础上，分析1981—2010年中国北方沙区沙漠化演变过程及驱动力贡献，构建耦合自然-人文因素的沙漠化模拟模型并对不同情景下2030年中国北方沙区沙漠化演变态势进行模拟，识别不同情景下未来沙漠化防治的重点区域并估算防治成本，总结分析我国沙漠化可持续治理的典型案例并提出政策建议，旨在为我国沙漠化防治与沙区可持续发展提供参考。

**许端阳**

2022年3月

# 目　录


**第 1 章　绪论** …… 1

1.1　沙漠化的定义 …… 1

1.2　全球沙漠化防治行动与愿景 …… 2

1.2.1　国际沙漠化防治行动历程 …… 2

1.2.2　2030 年全球沙漠化防治愿景 …… 3

1.2.3　中国沙漠化防治形势 …… 6

1.3　沙漠化防治宏观管理面临的几个科学问题 …… 8

1.3.1　沙漠化防治重点区域 …… 8

1.3.2　沙漠化防治成本估算 …… 8

1.3.3　沙漠化防治政策创新 …… 9

1.4　近期研究进展 …… 9

1.4.1　沙漠化遥感监测 …… 9

1.4.2　沙漠化驱动机制定量解析 …… 11

1.4.3　沙漠化演变动态模拟 …… 12

1.4.4　沙漠化敏感区识别 …… 13

1.4.5　沙漠化与生态系统服务 …… 14

1.4.6　沙漠化治理政策创新 …… 16

1.5　本书的内容体系与结构 …… 17

参考文献 …… 18

**第 2 章　1981—2010 年中国北方沙漠化时空演变** …… 24

2.1　研究区概况 …… 24

2.1.1　内蒙古长城沿线 …… 27

2.1.2　西北干旱荒漠区 …… 29

2.1.3　三江源地区 …… 31

2.2　数据与方法 …… 33

2.2.1　数据来源 …… 33

2.2.2　沙漠化监测方法 …… 33

2.3　1981—2010 年中国北方沙漠化时空演变 …… 37

2.3.1　北方沙区土地沙漠化程度结构分析 …… 37

2.3.2　北方沙区土地沙漠化数量转移特征分析 …… 40

2.3.3　北方沙区土地沙漠化空间分布特征分析 …… 41

2.3.4　北方沙区土地沙漠化转移图谱分析 …… 44

2.4　1981—2010 年中国北方沙漠化演变驱动机制 …… 47

2.4.1　气候变化和人类活动的相对作用评估 …… 47

2.4.2 气候因子作用评估 …… 50
2.4.3 土地利用方式和强度作用评估 …… 52
2.5 本章小结 …… 53
参考文献 …… 54

**第3章 2011—2030年中国北方沙漠化模拟 …… 56**
3.1 沙漠化模拟模型搭建 …… 56
3.1.1 模型构建总体思路与框架设计 …… 56
3.1.2 模型各模块模拟方案 …… 58
3.1.3 模型系统开发 …… 64
3.1.4 模型有效性验证和敏感性分析 …… 66
3.2 未来沙漠化动态模拟情景设计 …… 71
3.2.1 情景设计依据与参数量化方案 …… 71
3.2.2 综合情景设计 …… 73
3.3 2011—2030年中国北方沙漠化演变时空格局 …… 73
3.3.1 情景1：基准情景 …… 74
3.3.2 情景2：气候基本无变化、治理政策积极 …… 79
3.3.3 情景3：气候基本无变化、治理政策消极 …… 84
3.3.4 情景4：气候趋于湿润、治理政策维持现状 …… 90
3.3.5 情景5：气候趋于湿润、治理政策积极 …… 95
3.3.6 情景6：气候趋于湿润、治理政策消极 …… 100
3.3.7 情景7：气候趋于干旱、治理政策维持现状 …… 106
3.3.8 情景8：气候趋于干旱、治理政策积极 …… 111
3.3.9 情景9：气候趋于干旱、治理政策消极 …… 116
3.4 土地沙漠化零增长风险区域识别 …… 122
3.4.1 情景1：基准情景 …… 122
3.4.2 情景2：气候基本无变化、治理政策积极 …… 127
3.4.3 情景3：气候基本无变化、治理政策消极 …… 132
3.4.4 情景4：气候趋于湿润、治理政策维持现状 …… 137
3.4.5 情景5：气候趋于湿润、治理政策积极 …… 143
3.4.6 情景6：气候趋于湿润、治理政策消极 …… 148
3.4.7 情景7：气候趋于干旱、治理政策维持现状 …… 153
3.4.8 情景8：气候趋于干旱、治理政策积极 …… 158
3.4.9 情景9：气候趋于干旱、治理政策消极 …… 164
3.5 本章小结 …… 169
参考文献 …… 169

**第4章 中国北方沙漠化防治重点区域识别 …… 171**
4.1 沙漠化防治重点区域识别指标体系 …… 171
4.1.1 沙漠化土地敏感性 …… 172
4.1.2 可治理性 …… 173
4.1.3 生态功能重要性 …… 173

4.2　沙漠化土地敏感性 …… 174
4.2.1　沙漠化敏感性计算方法 …… 174
4.2.2　参数计算 …… 174
4.2.3　1981—2010年中国北方沙漠化敏感性时空演变 …… 177
4.2.4　2011—2030中国北方沙漠化敏感性预估 …… 180
4.3　沙漠化土地可治理性评估 …… 199
4.3.1　可治理性评估方法 …… 199
4.3.2　可治理性评估结果 …… 202
4.4　沙区生态功能重要性 …… 204
4.4.1　防风固沙生态系统服务核算方法 …… 204
4.4.2　防风固沙生态系统服务价值评估 …… 207
4.4.3　碳汇量计算方法 …… 214
4.4.4　碳汇量结果评估 …… 215
4.5　沙漠化防治重点区域识别 …… 225
4.5.1　沙漠化防治重要程度计算方法 …… 225
4.5.2　不同情景下的沙漠化防治重点区域 …… 225
4.6　本章小结 …… 235
参考文献 …… 235

**第5章　中国北方沙漠化治理成本估算 …… 237**
5.1　沙漠化治理成本估算框架 …… 237
5.2　沙漠化治理直接成本估算 …… 239
5.2.1　数据来源 …… 239
5.2.2　核算方法 …… 239
5.2.3　结果分析 …… 240
5.3　沙漠化治理间接成本估算 …… 244
5.3.1　防风固沙生态系统服务价值估算 …… 244
5.3.2　碳汇生态系统服务价值估算 …… 253
5.3.3　耗水成本估算 …… 267
5.4　沙漠化治理成本汇总 …… 281
5.5　本章小结 …… 281
参考文献 …… 281

**第6章　沙漠化可持续治理案例与政策 …… 284**
6.1　中国生态治理工程与政策 …… 284
6.1.1　“三北”防护林工程 …… 284
6.1.2　退耕还林还草工程 …… 285
6.1.3　天然林保护工程 …… 285
6.1.4　京津风沙源治理工程 …… 286
6.1.5　草原禁牧工程 …… 287
6.1.6　退牧还草工程 …… 287
6.2　沙漠化可持续治理典型案例 …… 288

6.2.1 鄂尔多斯模式 …… 288
6.2.2 阿拉善模式 …… 293
6.2.3 通辽：奈曼模式 …… 299
6.3 可持续土地管理视角下的沙漠化治理 …… 304
6.3.1 可持续土地管理的概念 …… 304
6.3.2 可持续土地管理决策支持 …… 304
6.3.3 中国沙漠化治理中的可持续土地管理措施 …… 304
6.4 促进沙漠化可持续治理的政策建议 …… 306
6.4.1 高质量推进生态治理工程实施 …… 306
6.4.2 有序稳妥发展沙区生态产业 …… 306
6.4.3 多渠道筹措沙漠化治理资金 …… 307
6.4.4 完善沙漠化治理跨区域生态补偿机制 …… 307
6.4.5 打造一批标杆性沙区可持续发展生态园区 …… 307
6.5 本章小结 …… 308
参考文献 …… 308

# 第1章 绪　　论

沙漠化是荒漠化的重要类型之一，是当今世界面临最为严重的环境-经济-社会问题之一。沙漠化会引起土地退化、土壤质量下降、植被覆盖度降低及沙尘等灾害性天气问题，严重制约社会经济的发展。据相关资料显示，目前全球2/3的国家和地区，约10亿人口，全球陆地面积的1/4受到不同程度荒漠化的危害，而且沙漠化面积仍以每年5万～7万 $km^2$ 的速度扩大，由此造成的经济损失每年约为423亿美元。

围绕沙漠化防治以及沙区农牧民生计改善，世界各国政府、学界长期以来一直做着不懈的努力。从1977年的联合国世界防治荒漠化会议的召开，到1994年《联合国防治荒漠化公约》的签署，再到21世纪初实施的联合国千年生态系统评估，见证了全世界向沙漠化斗争的历程以及人类社会对自身发展方式的思考与探索。2015年9月，联合国发展峰会回顾了全球实施千年发展目标的进展和经验，通过了《改变我们的世界：2030年可持续发展议程》（以下简称《2030年可持续发展议程》），继续将包括沙漠化在内的土地退化治理作为全球面向2030年可持续发展的重要行动，并提出到2030年要实现"土地退化零增长"的目标，同时强调沙漠化土地可持续治理的重要性。

《2030年可持续发展议程》为全球到2030年土地退化治理设置了标杆，也对世界各国沙漠化治理提出了新的要求，同时也引出了一系列亟须回答的关键科学问题。例如，在不同驱动因素作用下，未来（特别是到2030年）土地沙漠化将如何演变，哪些区域变得更加敏感，如何在考虑生态系统服务基础上科学评估沙漠化治理成本，有哪些可持续治理的模式可以借鉴进而在区域尺度上形成典型的方案并在大尺度上推广，这些问题都需要持续关注，并给予科学回答。本章在明晰沙漠化定义的基础上，回顾全球及我国沙漠化防治行动与愿景，分析沙漠化防治宏观管理亟待解决的几个科学问题以及相关领域的研究进展，并简要介绍本书相关章节设置的考虑及主要内容。

## 1.1 沙漠化的定义

沙漠化（sandy desertification）作为荒漠化（desertification）的主要类型，其名称与概念都源于荒漠化。荒漠化（desertification）一词，最早出现在Lavauden 1927年的一篇科学论文中，他使用"desertification"一词来描述非洲萨赫勒地区荒漠化的景观，指出这一地区的荒漠化完全是由人为因素造成的（赵哈林等，2000）。但是直到1949年，法国植物学家Aubreville A在系统地研究了非洲萨赫勒地区生态环境从热带雨林演变为热带沙漠的过程后，使用了"desertification"来说明这一土地退化过程，才使得该词逐渐被研究者所接受（董光荣等，1988；董玉祥，2000）。20世纪60年代末至70年代初，非洲萨赫勒地区持续大旱，生态环境破坏以及经济停滞，导致该地区的政局动荡，该区域的环境、经济和社会稳定与发展的问题引起了国际社会和各国科学家的高度重视。1975年联合国通过了《向荒漠化进行斗争行动计划（第3337号决议）》，1977年联合国在肯尼亚首都内罗毕召开了第一次世界荒漠化大会，从此以后，有关国际组织和许多国家相继开展了荒漠化的专门研究（王涛、朱震达，2003）。与此同时，不同学者就荒漠化的定义给出了不同的解释与说明，其概念上的差异主要集中在荒漠化的成因上面（董光荣等，1990；董光荣等，1993；任振球，1990；朱震达、王涛，1992）。然而，直到1992年联合国环境与发展大会完成的《21世纪议程》和1994年6月通过的《联合国关于在发生严重干旱和荒漠化的国家特别是在非洲防治荒漠化公约》（以下简称《联合国防治荒漠化公约》）中给出了荒漠化的定义后，即“荒漠化是在干旱、半干旱和亚湿润干旱区，由气候变异和人类活动等多种因素造成的土地退化”（Jamal，1997；Ma and Zhao，1994），荒漠化的概念才逐渐统一并被人们所接受。

根据联合国对荒漠化的定义，并依据“土地退化”主要形式，荒漠化主要分为风蚀荒漠化、水蚀荒漠化和土地盐渍化三种类型。其中风蚀荒漠化，即沙漠化，自1977年联合国荒漠化大会以后，由于当时的历史背景和工作条件，成为我国学者研究的重点（何绍芬，1997）。借鉴联合国对荒漠化的定义以及我国的实际情况，国内不同学者对沙漠化给出了不同的定义。其中，朱震达等认为，沙漠化是在干旱、半干旱和部分半湿润地区，由于过度人为活动与资源环境不协调所产生的一种以风沙活动为主要标志的土地退化过程（朱震达，1990；朱震达，1994；朱震达、刘恕，1980）。吴正认为沙漠化是在干旱、半干旱和部分半湿润地区，受自然因素或人类活动的影响，破坏了自然生态系统的脆弱平衡，使原非沙漠的地区出现了以风沙活动为主要标志的类似沙漠景观的环境变化过程，以及在沙漠地区发生了沙漠环境条件的强化与扩张过程（吴正，1987）。董光荣认为，沙漠化是原非沙漠地区出现以风沙活动为主要标志的类似沙漠景观的环境变化以及原系沙漠地区环境条件的强化与扩张过程（董光荣等，1988；苏志珠、董光荣，2002）。陈广庭认为，沙漠化指的是人类不合理的经济活动改变地面结构和覆被状况，使风对土地风蚀，产生风沙活动，地面出现风蚀和风积物，景观类似沙漠的变化（陈广庭，2002）。

在本书中，关于沙漠化的定义，笔者借鉴我国王涛等学者根据20多年来我国北方土地退化区域的研究与实践提出的沙漠化概念，即沙漠化是干旱、半干旱及部分半湿润地区由人地关系不协调所造成的以风沙活动为主要标志的土地退化（王涛、朱震达，2003）。

## 1.2 全球沙漠化防治行动与愿景

### 1.2.1 国际沙漠化防治行动历程

作为荒漠化的主要类型之一，国际沙漠化防治行动始终在全球荒漠化防治框架下积极推进，其中以联合国为首的全球荒漠化防治系列行动最为典型。1975年，联合国第3337号决议提出“向荒漠化进行斗争”的口号，并于1977年8月29日至9月9日在肯尼亚首都内罗毕召开荒漠化问题会议，制定产生了一项全球性的防治荒漠化行动计划。为了更好地协同国际间的防治荒漠化的行动，联合国环境规划署继内罗毕会议之后，于1978年成立了防荒漠化行动中心，旨在帮助有关国家制定防荒漠化计划，评估全球范围的荒漠化状况，开展专业培训（卢琦等，2001）。

由于国际社会1977年后采取的一系列针对荒漠化问题的全球行动相继以失败而告终，1992年联合国环境与发展大会期间，以非洲国家为首的发展中国家要求联合国设立政府间谈判委员会，拟订具有法律约束力的文件，来帮助发展中国家进行荒漠化防治。1992年12月，联合国大会正式设立政府间谈判委员会，就防治荒漠化公约进行全球谈判，先后在内罗毕、日内瓦、纽约、巴黎召开过5次会议；1994年6月6日至18日，第4次会议在法国巴黎召开，并于6月17日通过《联合国防治荒漠化公约》，旨在解决全球长期普遍关注的干旱地区土地退化问题，协助受影响地区实现可持续发展（张煜星、孙司衡，1998）。1994年10月，112个国家的代表相聚巴黎，举行了《联合国防治荒漠化公约》签字仪式；同年12月，联合国大会通过49/115号决议，确定《联合国荒漠化防治公约》通过的日子——6月17日为“世界防治荒漠化和干旱日”；这个世界日的确立，意味着人类共同行动同荒漠化抗争从此揭开了新的篇章，为防治土地荒漠化全世界迈出了共同步伐。1996 年 12 月 26 日，《联合国防治荒漠化公约》生效（王晓英，2011）。

《联合国防治荒漠化公约》生效至今，各缔约方在公约框架下始终致力于推动本国及全球荒漠化、沙漠化防治，并取得积极进展，目前已举行了 14 次缔约方大会（王珏，2017）。2017 年 9 月 6 日至 15 日，《联合国防治荒漠化公约》第十三次缔约方大会在中国内蒙古鄂尔多斯举行，大会期间，各缔约方围绕“落实联合国 2030 年可持续发展议程”“制定《联合国防治荒漠化公约》新战略框架”以及“推动实现土地退化零增长目标”等议题，进行了广泛深入的探讨和磋商，达成多方共识，取得了积极的成果，通过并发布了《鄂尔多斯宣言》（孙劲，2019）。

### 1.2.2 2030 年全球沙漠化防治愿景

在《联合国防治荒漠化公约》框架外，联合国在可持续发展议程的基础上推出的《千年宣言》以及制定的“千年发展目标”（millennium development goals，MDGs），也是推动和引导全球荒（沙）漠化防治重要纲领性文件。例如，2005 年的千年生态系统评估估计，10%的旱地经受着一种或者多种形式的土地退化；在干旱地区，消除贫困进展相对最为缓慢，这不仅危及千年发展目标的达成，也阻碍了正在进行中的恢复退化土地的努力；随着气候变化，干旱会在新的地区出现，使得这些地区更易于受到土地退化的危害，而原本就易受干旱威胁的地区将遭遇更频繁和更严重的干旱（张克斌、杨晓晖，2006）。2015 年 12 月 31 日“千年发展目标”到期，但依然还有相当多的目标和具体目标未能完成，数以亿计的人未达标，特别是最贫穷的人和因性别、年龄、残疾、种族或地理位置而处境不利的人。

基于“千年发展目标”的成绩与不足，国际社会试图进一步升级国际发展议程和相应的国际发展治理架构，并于 2010 年启动了 2015 年后发展议程的制定工作。2015 年 9 月联合国发展峰会回顾了全球实施千年发展目标的进展和经验，并通过了 2015 年后发展议程《改变我们的世界：2030 年可持续发展议程》，核心是设定面向 2030 年的全球“可持续发展目标”（mustainable development goals，SDGs）（表 1-1），并围绕全球可持续发展目标制定一系列促进国际发展融资和技术转让的体制机制，以应对过去 15 年来变化的国际政治经济格局（孙若梅，2019）。从 2016 年 1 月起，《2030 年可持续发展议程》中的“可持续发展目标”将取代“千年发展目标”。全球“可持续发展目标”强调可持续发展的三个层面，即经济、社会和环境的同步发展，强调这三者是一个不可分割的整体；共确立了 17 个目标，共 169 项具体指标。这些目标以“5P”原则（people、planet、prosperity、peace、partnership）为核心，旨在从 2015 年至 2030 年间以综合方式彻底解决社会、经济和环境三个维度的发展问题，转向可持续发展道路。

在联合国“千年发展目标”中，目标 7 虽然提出确保环境的可持续能力，但主要关注的是温室气体的排放、水资源和水环境的保护方面，而没有在土地退化和荒漠化防治方面提出具体要求。与“千年发展目标”相比，“可持续发展目标”在土地退化、荒漠化防治方面提出了新的更高要求；特别是目标 15，提出要保护、恢复和促进可持续利用陆地生态系统，可持续管理森林，防治荒漠化，制止和扭转土地退化现象，遏制生物多样性的丧失。首先，《2030 年可持续发展议程》在陆地生态平衡目标方面确定了到 2030 年实现全球土地退化零增长的目标，在这一目标下，越来越多的国家参与到目标进程设定中并积极开展行动，探索适合本国国情的荒漠化治理方案；另一方面，土地退化零增长目标不仅把土地退化和荒漠化当作环境问题，而是看作与经济增长、社会发展、人口、粮食、资源、生态等方面紧密相关的综合型问题，更涉及可持续环境治理以及国际合作等问题（毛晓雅，2019）。

**表 1-1 联合国制定的面向 2030 年的可持续发展目标（SDGs）**（魏彦强等，2018）

| 目标 | 现状及问题 | 可持续发展要求 |
| --- | --- | --- |
| 1. 在全世界消除一切形式的贫穷 | 1990 年以来，极端贫穷率下降了一半。成绩虽然显著，但发展中地区有 1/5 的人仍生活在每天 1.25 美元以下，千百万人每日收入勉强高于这个水平，还有许多人有返贫的风险 | 到 2030 年，全球所有人口中消除极端贫困；执行适合本国国情的全民社会保障制度和措施；穷人和弱势群体享有与其他人平等获取经济资源的权利；增强穷人和弱势群体的抵御灾害能力等 |
| 2. 消除饥饿，实现粮食安全，改善营养状况，促进可持续农业 | 全球目前仍有 1/9 的人口面临饥饿问题，主要分布于南亚、西亚、非洲、拉丁美洲的发展中国家；有 1/4 的儿童营养不良影响发育；农业生产系统的单一性和脆弱性导致农作物多样性不断降低 | 到 2030 年，消除饥饿，确保所有人全年都有安全、营养和充足的食物；消除一切形式的营养不良；实现农业生产力翻倍和小规模粮食生产者收入翻倍；建立可持续粮食生产体系并执行具有抗灾能力的农作方法；通过加强国际合作等方式，增加对农村的投资，以增强发展中国家的农业生产能力等 |
| 3. 让不同年龄段的所有人都过上健康的生活，促进他们的安康 | 全球在降低儿童死亡率方面取得了决定性的进步，但非洲和南亚在儿童死亡方面所占比例正在上升；在发展中地区，产妇死亡率仍是发达地区的 14 倍；非传染性疾病和精神健康问题越来越严重 | 到 2030 年，进一步减小孕妇和新生儿的死亡率；消除艾滋病、结核病、疟疾和被忽视的热带疾病等流行病和其他传染病；通过预防、治疗及促进身心健康，将非传染性疾病导致的过早死亡减少 1/3；实现全民健康保障，包括提供金融风险保护，人人享有优质的基本保健服务等 |
| 4. 提供包容和公平的优质教育，让全民享有终身学习机会 | 发展中地区的小学入学率低，小学教育适龄儿童失学人数为 5 800 万人；撒哈拉以南非洲地区，一半以上的儿童没有上学；在小学阶段辍学的儿童中，有 50%生活在受冲突影响的地区 | 到 2030 年，确保所有男女童获得优质幼儿发展、看护和学前教育，完成免费、公平和优质的中小学教育，并取得相关和有效的学习成果；确保所有男女平等获得负担得起的优质技术、职业和高等教育，包括大学教育；消除教育中的性别差距等 |
| 5. 实现性别平等，增强所有妇女和女童的权能 | 在撒哈拉以南的非洲、大洋洲和西亚，女童进入中小学依然面临诸多障碍；在北非，非农业部门的有偿就业中，妇女占 1/5 以下；在 46 个国家中，目前妇女在议会中至少一院的席位仅占到 30%左右 | 在世界各地消除对妇女和女孩的一切形式歧视；消除公共和私营部门针对妇女和女童一切形式的暴力行为；确保妇女全面、有效地参与各级政治、经济和公共生活的决策，并享有进入以上各级决策领导层的平等机会；采用和加强合理的政策和有执行力的立法，促进性别平等，在各级增强妇女和女童权能等 |
| 6. 为所有人提供水和环境卫生保障并对其进行可持续管理 | 全球有 8.84 亿人仍然没有获得安全饮用水；大约有 26 亿人无法获得基本卫生服务；平均每天有 5 000 名儿童死于可预防的与水和卫生相关的疾病；洪水导致的死亡人数占所有与自然灾害相关总死亡人数的 15% | 到 2030 年，人人普遍和公平获得安全、负担得起的饮用水；所有行业大幅度提高用水效率，确保可持续取用和供应淡水，大幅度减少缺水人数；改善水质，减少污染；保护和恢复与水有关的生态系统；支持和加强地方社区参与改进水环境卫生管理等 |
| 7. 每个人都能获得价廉、可靠和可持续的现代化能源 | 有 1/5 的人无法使用现代电力；30 亿人依靠木材、煤、木炭或动物废弃物做饭和取暖；能源供应、转换、传递和使用，是导致气候变化的主要原因，在全球温室气体排放量中约占 60% | 到 2030 年，确保人人都能获得负担得起的、可靠的现代能源服务；大幅度增加可再生能源在全球能源结构中的比例；全球能效改善率提高一倍；加强国际合作，促进获取清洁能源的研究和技术；增建基础设施并进行技术升级，为所有人提供可持续的现代能源服务等 |

续表 1-1

| 目标 | 现状及问题 | 可持续发展要求 |
| --- | --- | --- |
| 8. 促进持久、包容性的可持续经济增长，促进充分的生产性就业，促进人人有体面工作 | 全球失业人口从 2007 年的 1.7 亿人升至 2012 年的 2.02 亿人，其中有 7 500 万是青年男女；有将近 9 亿工人，即劳动人口的 1/3，生活在 2 美元贫困线以下；童工仍然是一个令人关切的严重问题；贸易援助略有下降 | 根据本国具体情况维持人均经济增长率，特别是至少将最不发达国家国内生产总值年增长率维持在 7%；通过多样化经营、技术升级创新，包括重点发展高附加值和劳动密集型行业，实现更高水平的经济生产力；逐步改善全球消费和生产的资源使用效率；所有男女，包括青年和残疾人实现充分和生产性就业，有体面工作，并做到同工同酬等 |
| 9. 建设有抵御灾害能力的基础设施，促进具有包容性的可持续工业化，并推动创新 | 发展中国家的航空旅行和货运量比发达国家少得多，每一国家组仅占全球总数的 1%～2.7%；全球制造业增值占国内生产总值的比例从 2005 年的 15.3%上升至 2016 年的 16.2%；制造业正越来越多地转向技术更为复杂的产品 | 发展优质、可靠、可持续和有抵御灾害能力的基础设施，以支持经济发展和提升人类福祉，重点是人人可负担得起并公平利用上述基础设施；根据各国国情，大幅度提高工业在就业和国内生产总值中的比例；在所有国家，特别是发展中国家，加强科学研究，提升工业部门的技术能力等 |
| 10. 减少国家内部和国家之间的不平等 | 在 1990—2010 年，考虑到人口规模，发展中国家的收入不平等平均上升了 11%；发展中国家绝大多数的家庭（占总人口的 75%）如今生活在收入分配比 20 世纪 90 年代更加不平等的社会中；国际移民工人汇款带来的惠益因汇款成本普遍较高而有所减少 | 到 2030 年，逐步实现和维持最底层 40%人口的收入增长，并确保其增长率高于全国平均水平；增强所有人的权能，促进他们融入社会、经济和政治生活，而不论其年龄、性别、残疾与否、种族、宗教信仰、经济地位等区别；确保机会均等，减少结果不平等现象；根据 WTO 各项协议，落实对发展中国家的特殊和区别待遇原则等 |
| 11. 建设包容、安全、有抵御灾害能力的可持续城市和人类居住区 | 目前全球人口的一半约 35 亿人生活在城市中，但有 8.28 亿人居住在贫民窟，这一数字还在不断上升；世界城市面积只占地球陆地的 2%，但能源消耗却达 60%～80%，并产生 75%的碳排放量；城市化对淡水供应、污水处理、生活环境，和公众健康都带来了压力 | 到 2030 年，确保人人获得适当、安全和负担得起的住房和基本服务，并改造贫民窟；向所有人提供安全、易于利用、可持续的交通运输系统；进一步保护和捍卫世界文化和自然遗产；减少城市的人均负面环境影响，关注空气质量，以及城市废物管理等；支持在城市、近郊和农村地区之间建立积极的经济、社会和环境联系等 |
| 12. 采取可持续消费和生产模式 | 据估计每年在全部食物产出中有 1/3 的食物，在消费者和零售商的垃圾桶中腐烂，或由于运输和收获不当变质；近十年，每单位国内生产总值的国内材料消耗从 1.2 kg 增加到 1.3 kg。同一期间，国内材料消耗总量也从 487 亿 t 增加到 710 亿 t。 | 到 2030 年，实现自然资源的可持续管理和高效利用；将零售和消费环节的全球人均粮食浪费减半，减少生产和供应环节的粮食损失；通过预防、减排、回收和再利用，大幅度减少废物的产生；支持发展中国家加强科学和技术能力，采用更可持续的生产和消费模式；对鼓励浪费性消费的低效化石燃料补贴进行合理化调整等 |
| 13. 采取紧急行动应对气候变化及其影响 | 目前，由人类活动产生的温室气体排放量是有史以来最高的；海洋升温，冰雪融化，海平面上升；自 1880—2012 年，全球气温上升了 0.85 ℃，为清楚起见，气温每上升 1 ℃，粮食产量就下降约 5% | 加强各国抵御和适应气候相关的灾害和自然灾害的能力；将应对气候变化的举措纳入国家政策、战略和规划；强气候变化减缓、适应、减少影响和早期预警等方面的教育和宣传；促进发展中国家增强应对气候变化能力的机制；发达国家履行在《联合国气候变化框架公约》下的承诺等 |

续表 1-1

| 目标 | 现状及问题 | 可持续发展要求 |
| --- | --- | --- |
| 14. 保护和可持续利用海洋和海洋资源，以促进可持续发展 | 超过30亿人的生计依赖于海洋和沿海的多种生物，包括发展中国家的许多人口；在全球范围内，海洋和沿海资源及产业的市场价值估计每年达3万亿美元，占全球GDP的5%左右 | 到2025年，预防和减少各类海洋污染，特别是陆上活动造成的污染，包括海洋废弃物污染和营养盐污染；通过加强抵御灾害能力等方式，可持续管理和保护海洋和沿海生态系统；通过在各层级加强科学合作等方式，减少和应对海洋酸化的影响等 |
| 15. 保护、恢复和促进可持续利用陆地生态系统，可持续管理森林，防治荒漠化，制止和扭转土地退化现象，遏制生物多样性的丧失 | 目前，全球森林面积年净丧失量小于20世纪90年代的1/2。森林覆盖的土地面积比例从1990年的31.6%下降到2015年的30.6%；目前有15%的土地得到保护，但这并没有涵盖所有的生物多样性重要地区；从1998—2013年，大约1/5的地球植被覆盖面积表现出生产力持续下降的趋势 | 到2030年，根据国际协议规定的义务，保护、恢复和可持续利用陆地和内陆的淡水生态系统及其服务；推动对所有类型森林进行可持续管理，停止毁林，恢复退化的森林；防治荒漠化，实现全球土地退化零增长；保护山地生态系统，包括其生物多样性，以便加强山地生态系统的能力；把生态系统和生物多样性价值观纳入国家和地方规划、发展进程、减贫战略和核算等 |
| 16. 创建和平、包容的社会以促进可持续发展，让所有人都能诉诸司法，在各级建立有效、负责和包容性机构 | 近年来，暴力冲突有所增加，而杀人案数量缓慢下降，世界各地的更多公民更容易诉诸司法。一些高强度武装冲突正在造成大量平民伤亡。在区域内部和各区域间，促进和平与正义以及建立有效、负责和包容的机构的进展情况仍然不平衡 | 在全球大幅度减少一切形式的暴力和相关的死亡率；制止对儿童进行虐待、剥削、贩卖以及一切形式的暴力；在国家和国际层面促进法治，确保所有人都有平等诉诸司法的机会；大幅度减少非法资金和武器流动，加强打击一切形式的有组织犯罪；根据国家立法和国际协议，确保公众获得各种信息，保障基本自由 |
| 17. 加强实施手段，重振可持续发展全球伙伴关系 | 2013年的官方发展援助数额为1 348亿美元，达到历史最高水平；发达国家从发展中国家进口的产品有80%免税；发展中国家的债务负担保持稳定，约占出口收入的3%；过去四年间，非洲的互联网用户增加了一倍 | 通过向发展中国家提供国际支持等方式，以改善国内征税和提高财政收入的能力，加强筹集国内资源；加强科学、技术以及创新领域的南北、南南、三方区域合作和国际合作；加强国际社会对在发展中国家开展高效的、有针对性的能力建设活动的支持力度等 |

### 1.2.3 中国沙漠化防治形势

我国是世界上受沙漠化影响最为严重的国家之一。我国沙漠化土地主要分布在我国北方的内蒙古、宁夏、甘肃、新疆、青海、西藏、陕西、山西、河北、吉林、辽宁和黑龙江等省（自治区）的200多个县（旗）。从沙漠化土地分布的地带性来看，有27%的沙漠化土地面积分布在西部干旱荒漠地带，即甘肃西部、青海北部、内蒙古西部以及新疆，以由水系的变迁和灌溉水源的减少引起的绿洲沙丘前移并造成的风沙危害以及固定沙丘植被由过度樵采和放牧遭到破坏而造成的沙丘活化为主要特征；有32%的沙漠化土地分布于草原以及荒漠草原地带，即内蒙古中部、陕北、晋北、宁夏等地，以草场沙漠化以及农牧交错带沙化程度的加剧为主；有41%的沙漠化土地分布在大兴安岭两侧的半干旱地带，主要包括东北三省西部、河北坝上地区以及内蒙古东部，以农牧交错带的过度放牧、干旱与风力侵蚀相互作用的风沙危害为主，威胁东北平原农业区以及首都周围的环境（王涛、朱震达，2001）。

由于受青藏高原隆起以及东亚季风的影响，我国北方主要呈现干旱、半干旱的气候特征，降水量普遍在 400 mm 以下且多集中在夏季，并且全区处在西伯利亚、蒙古高压反气旋的中心，从西到东、从北到南大范围频繁的强风，为风力侵蚀提供了充分的动力条件（陈隆勋等，1999；莫申国等，2004；钱正安等，2001；王跃、李森，1996），加之我国北方地区特别是西北地区经济相对落后，人们不合理的土地利用方式与脆弱的自然环境相耦合，使得沙漠化土地在过去的 50 年中不断的扩展。根据朱震达等的研究结果（朱震达，1990；王涛、吴薇，1998），20 世纪 50 年代末至 70 年代中期，我国北方沙漠化土地以年均 1 560 $km^2$ 的速度发展，其中已经沙漠化的土地达到 176 000 $km^2$，轻度和受潜在沙漠化威胁的土地面积为 158 000 $km^2$；在以后的 10 多年中，则以年均 2 100 $km^2$ 的速度继续扩展，在 80 年代后期中国北方沙漠化土地面积将达到 333 000 $km^2$。根据王涛等的研究结果（王涛等，2003），到 2000 年，我国北方沙漠化土地面积已经达到 385 700 $km^2$（中国北方各沙地 2000 年沙漠化状况见表 1-2），其中轻度和潜在沙漠化土地为 139 300 $km^2$，占沙漠化土地面积的 36.1%；中度沙漠化土地为 99 770 $km^2$，占 25.9%；重度沙漠化土地和严重沙漠化土地面积分别为 79 090 $km^2$ 和 67 560 $km^2$，分别占 20.5% 和 17.5%。沙漠化的整体趋势为局部明显逆转，但整体仍存在扩展的趋势。

**表 1-2 2000 年中国北方沙漠化土地分布面积与占比**（王涛等，2003）

| 地区 | 监测面积/$km^2$ | 潜在和轻度沙漠化/$km^2$ | 中度沙漠化/$km^2$ | 重度沙漠化/$km^2$ | 严重沙漠化/$km^2$ | 沙漠化总面积/$km^2$ | 占监测面积比/% |
|---|---|---|---|---|---|---|---|
| 呼伦贝尔沙地 | 83 615.0 | 17 890.00 | 852.00 | 1 990.00 | 161.00 | 20 893.00 | 25.0 |
| 松嫩沙地 | 51 588.0 | 1 909.76 | 1 386.25 | 460.43 | 8.94 | 3 765.38 | 7.3 |
| 科尔沁沙地 | 105 603.8 | 30 669.32 | 9 008.79 | 5 815.42 | 4 673.99 | 50 167.52 | 47.5 |
| 内蒙古锡林郭勒盟 | 181 309.8 | 20 999.21 | 11 300.09 | 7 274.83 | 5 595.37 | 45 169.50 | 24.9 |
| 内蒙古乌兰察布盟 | 60 967.9 | 9 079.36 | 3 782.65 | 278.44 | 41.57 | 13 182.02 | 21.6 |
| 坝上地区 | 46 013.0 | 7 824.30 | 3 680.73 | 1 302.42 | 243.87 | 13 051.32 | 28.4 |
| 库布齐沙地 | 87 158.5 | 5 214.02 | 13 025.43 | 5 705.72 | 2 338.44 | 26 283.61 | 30.2 |
| 毛乌素沙地 | 97 352.0 | 20 509.82 | 14 333.78 | 7 949.56 | 10 679.33 | 53 472.49 | 54.9 |
| 石羊河流域 | 120 172.0 | 2 243.32 | 3 692.43 | 16 704.70 | 10 005.36 | 32 645.81 | 27.2 |
| 黑河流域 | 202 946.0 | 352.72 | 1 568.20 | 2 852.74 | 10 090.82 | 14 864.21 | 7.3 |
| 库姆塔格地区 | 172 731.0 | 2 594.94 | 4 341.53 | 1 823.95 | 325.14 | 9 085.56 | 5.3 |
| 三江源地区 | 89 996.0 | 7 728.00 | 2 586.00 | 1 314.00 | 1 377.00 | 13 005.00 | 14.5 |
| 柴达木地区 | 446 562.7 | 3 008.38 | 11 170.07 | 2 835.49 | 2 606.50 | 19 620.44 | 4.4 |
| 新疆北部地区 | 272 552.0 | 5 715.39 | 13 609.29 | 12 948.15 | 9 046.60 | 41 319.43 | 15.2 |
| 新疆中部地区 | 158 843.0 | 2 238.78 | 2 502.04 | 4 397.90 | 6 552.30 | 15 691.02 | 9.9 |
| 新疆南部地区 | 386 651.0 | 1 290.28 | 2 929.70 | 5 437.88 | 3 813.08 | 13 470.94 | 3.0 |
| 全部监测地区 | 2 564 062.0 | 139 267.60 | 99 768.98 | 79 091.36 | 67 559.31 | 385 687.25 | 15.0 |

进入 21 世纪以来，国家对沙漠化治理的力度继续加大，先后颁布了《中华人民共和国防沙治沙法》《国务院关于进一步加强防沙治沙工作的决定》《全国防沙治沙规划》，推行省级政府防沙治沙目标责任制，持续实施天然林保护、京津风沙源治理、三北防护林建设、退耕还林、退牧还草、石漠化

综合治理等一系列重大生态修复工程，开展沙化土地封禁保护区和国家沙漠公园建设，对重点地区和薄弱环节进行严格保护和集中治理，加大沙漠化防治力度，积极引导沙区生态产业发展，逐渐探索出一条生态与经济并重、治沙与治穷共赢的沙漠化防治之路（包岩峰等，2018）。据原国家林业局第五次全国荒漠化和沙漠化监测统计结果，全国沙漠化土地面积自2004年以来已连续三个监测期持续净减少，沙漠化扩展的态势得到有效遏制。截至2014年，全国沙化土地总面积172.12万$km^2$，占国土总面积的17.93%；流动沙地（丘）面积39.89万$km^2$，占全国沙化土地总面积的23.17%；半固定沙地（丘）面积16.43万$km^2$，占9.55%；固定沙地（丘）面积29.34万$km^2$，占17.05%；露沙地面积9.10万$km^2$，占5.29%；沙化耕地面积4.85万$km^2$，占2.82%；风蚀劣地（残丘）面积6.38万$km^2$，占3.71%；戈壁面积66.12万$km^2$，占38.41%；非生物治沙工程地面积89$km^2$，占0.01%（屠志方等，2016）。2012年，我国把生态文明建设纳入中国特色社会主义"五位一体"总体布局，并确定了到2020年50%可治理沙化土地得到治理的目标，成为全球沙漠化防治的成功典范，为实现全球土地退化零增长目标提供了"中国方案"和"中国模式"，为全球生态治理贡献了"中国经验"和"中国智慧"。

然而不可忽视的是，我国仍然是亚洲沙尘最重要的源区之一，沙漠化防治形势依然十分严峻。全面落实联合国《2030年可持续发展议程》确立的"到2030年实现全球土地退化零增长"重大目标，满足人民日益增长的美好生活环境需要，增加沙区人民福祉，还需不断加深对沙漠及沙区生态系统重要性的认知，建立沙漠及沙区生态系统恢复与持续改善的技术和政策体系，实现沙漠及沙区生态系统服务功能的修复保育以及沙区生态经济的协同发展等。

## 1.3 沙漠化防治宏观管理面临的几个科学问题

从"2030年实现全球土地退化零增长"的全球可持续发展目标以及我国沙漠化发展形势来审视我国当前及未来沙漠化防治工作，核心是要在沙漠化防治的宏观管理方面取得科学认知，特别是对于未来我国沙漠化防治的重点区域、沙漠化防治的成本以及政策机制体系保障等问题能够清晰地回答，为未来沙漠化防治提供科学依据。

### 1.3.1 沙漠化防治重点区域

沙漠化土地空间分布具有很强的地带性特征，大尺度上的宏观格局总体上受气候、地形地貌等自然因素控制。但随着人类活动的逐渐加剧，特别是在近代快速城镇化过程、工矿产业发展、农业种养殖结构调整、旅游资源开发、生态建设等因素的影响下，加之与区域干湿、风蚀环境等气候变化因素相耦合，使得沙漠化土地动态演化在地理空间上呈现明显的异质性。在过去30年中，遥感技术的快速发展使得我们在不同时空尺度上能够对土地沙漠化情况进行准确的监测，识别沙漠化影响的重点区域，评估其动态变化特征。然而，以往研究多集中在历史上的不同时期、关键时间节点的土地沙漠化现状进行监测，很少从未来沙漠化防治的角度来识别重点区域。因此，迫切需要在统筹考虑土地沙漠化过程及其与不同驱动因素关系基础上，模拟未来沙漠化动态演化特征，识别沙漠化敏感区域、脆弱区域，综合考虑沙漠化土地的可治理性与生态价值，确定未来沙漠化防治重点区域，进而为土地沙漠化的精准治理以及政策优化调整提供科学依据。

### 1.3.2 沙漠化防治成本估算

沙漠化防治是一项大工程，需要巨额投入。因此，有必要对沙漠化防治成本进行估算，为沙漠化治理的资金投入及工程布局等提供依据。然而，以往对沙漠化防治成本的估算更多的是考虑它的直接成本，如工程实施过程中各种实物、人工的投入，而对沙漠化治理后形成的生态效益（生态系统服务价值）考虑不足（即间接成本），导致目前沙漠化防治成本估算存在着许多不确定性，进而影响以成本核算为基础的政策制定及治理模式设计。因此，迫切需要综合考虑沙漠化防治的直接投入与生态效益，科学设计沙漠化防治成本估算框架体系，估算未来沙漠化防治成本，在此基础上设计成本分摊方案，为沙漠化的可持续治理提供依据。

### 1.3.3 沙漠化防治政策创新

沙漠化治理既是一项公共事业，但同时也具备一定的市场属性，具有科技、生态、公益、市场等多重特征，只有做好政策的顶层设计与创新，才能推动沙漠化的可持续治理。目前，沙漠化防治政策多是以"公共事业、政府投入"为前提认知进行制定的，"三北"防护林、退耕还林（草）、京津风沙源治理等生态工程就是政府作为沙漠化防治投入主体的典型案例。这些工程的实施为我国沙漠化防治做出了巨大的贡献，研究表明，"三北"防护林等生态工程对于荒漠化防治有重要贡献，我国荒漠化和沙化土地面积持续"双缩减"（耿国彪，2016）。但这类工程或者以工程为导向的沙漠化治理政策在实施过程中也存在一定的问题，如投入巨大、效率不高、无法有效调动工程参与者的积极性等。事实上，沙漠化治理也具有市场属性，如内蒙古鄂尔多斯、阿拉善等地沙区生态产业的发展初步实现了沙漠化治理与经济发展的"双赢"。因此，迫切需要识别我国沙漠化防治中存在的政策瓶颈，总结提炼先进经验与模式，结合在沙漠化防治重点区域识别、成本估算方面的成果，针对性地提出政策建议，为实现沙漠化可持续治理提供政策保障。

## 1.4 近期研究进展

长期以来，我国高度重视沙漠化防治的基础理论与关键技术研发工作，取得了一系列创新成果。在与沙漠化防治宏观管理相关的领域，如沙漠化遥感监测、驱动因素定量评估、沙漠化模拟、敏感区识别、沙漠化与生态系统服务、沙漠化治理政策创新等方面亦取得了重要进展，为本研究工作开展提供了重要支撑。

### 1.4.1 沙漠化遥感监测

开展沙漠化监测是沙漠化防治的一项重要基础工作，旨在客观认识沙漠化现状、危害以及防治工作取得的成效。沙漠化监测和荒漠化监测属于同一科学研究范畴且往往同时进行，因此，以下综合对国内外沙漠化和荒漠化监测的文献进行梳理，归纳其研究进展。

在国际上，荒漠化监测指标体系研究经历了定性与定量监测两个阶段。1977 年召开的联合国荒漠化大会对荒漠化定义及监测指标体系进行了深入的探讨，制订了全球第一套相对全面、科学的荒漠化监测指标体系，用于全球荒漠化的监测与评估，标志着荒漠化监测正式开始并逐渐成为荒漠化研究的热点领域（马立鹏等，2005）。联合国荒漠化大会后，Betty 和 Ford 提出了适用于世界范围的 4 级荒漠化监测指标体系，全面考虑气候因素，未考虑人为影响；1978 年，Reining 等（1978）分别构建了涵盖生物、物理、社会及土地利用类型等方面的监测指标体系（Khosravi et al.，2014；Reining，1978）。上述几种荒漠化监测指标体系均以宏观定性指标为主，未进行分级阈值，因而可操作性较差，但开启了荒漠化研究的一个重要领域。此后，1984 年，FAO 和 UNDP 制定了《荒漠化评价与制图方案》，不仅把所有指标都定量分级，而且将荒漠化评价系统划分为荒漠化现状评价、荒漠化发展速率评价和荒漠化危险性评价三大方面内容，初步奠定了荒漠化定量评价的理论雏形（Economic and Division，1984）。在其之后多种荒漠化评价指标体系以及相关思考开始涌现（Mabbutt，1986；Middleton and Thomas，1999；Thomas and Middleton，1994），比较有代表性的是在欧洲荒漠化评价中，Rubio 等提出的荒漠化危险性评价指标体系（Rubio and Bochet，1998）。近些年来，荒漠化监测的研究取得新进展（Haya et al.，2015）。联合国可持续发展委员会（CSD）制定了一套包括2个级别、58项指标的荒漠化评价指标系统，该系统对各国荒漠化监测关键指标选取起到了引导和借鉴作用（Wong，2011）。欧盟随后开展的DESIR TLINKS项目研究在上述指标的基础上，将指标进一步细化，最终确定了一套涵盖150个指标的地中海荒漠化评估系统（DIS4ME），这一系统的面世得到了极大认可，被认为是迄今为止适用区最为广泛的荒漠化监测评估系统（Armon，2015）。意大利的Salvati等更为注重气候、植被与土地利用对荒漠化的影响，因而确定了这三方面的代表性指标，监测了1960—2008年近50年意大利土地荒漠化的主要影响因素，并对2015年土地荒漠化进行短期评估，以期表明土地退化实际是存在早期预警的，同时讨论了欧空局方案在地中海区域永久性监测土地退化灵敏度的适用性，以便适用于不同地区（Salvati et al.，2016）。此后，荒漠化监测和评估的指标逐渐趋于完善，各国结合当地实际情况综合选取相关指标进行荒漠化的监测与评价。例如，在对印度的土地荒漠化监测指标选取中，Kundu等认为植被（覆）盖度的下降是荒漠化开始的重要指标，因而基于对高分辨率遥感影像的长时间序列分析，掌握植被盖度的动态变化，选取生长季的归一化植被指数（NDVI）与降雨进行相关分析，以证明拉贾斯坦西部荒漠化的过程受到气候变化的重要影响（Kundu et al.，2017）。

国内对于荒漠化及沙漠化监测始于20世纪50年代，但更多集中在对沙漠化的监测（姚芳丽，2014）。21世纪初，朱震达、王涛、赵哈林等总结20世纪50年代以来荒漠化的研究成果与不足，集中探讨了荒漠化概念及内涵，建立了结合定性与定量指标的荒漠化监测体系，用于中国北方荒漠化监测，至此开启了我国荒漠化监测的新篇章（王涛等，1999；王涛、朱震达，2003）。随着对荒漠化及沙漠化问题研究的不断深入，我国沙漠化监测指标体系也在不断完善，并突出人类活动指标的影响以及不同指标的空间异质性。例如，李香云等（2004）肯定了人类活动对于荒漠化所具有的影响，认为人类活动的正向干预将造成荒漠化逆转，负向干预将会导致荒漠化进一步蔓延。这一理论完善了我国荒漠化监测指标体系，此后对于荒漠化监测和评价指标的选取均会考虑人类活动的影响（李香云，2004）。赵洪民等通过地面实地考察与遥感相结合的方式，划分图斑统计甘肃省风蚀、水蚀、盐渍化、冻融等荒漠化类型面积变化情况，并选取2004年和2009年两期数据进行荒漠化评价结果的对比（赵洪民等，2012）。张建香等综合选取土壤质量指数（SQI）、土地利用与管理指数（LU-MQI）、植被质量指数（VQI）、气候质量指数（CQI）、人类胁迫指数（HPI）等5类共计17项指数，借助环境敏感区指标（ESAI）中的荒漠化风险评估模型，分类黄土高原各区域荒漠化发展的驱动因素，研究结果表明，自然因素对于土地荒漠化的发展与逆转均产生极大的影响，而人类活动能够打破稳定的生态系统，对于荒漠化起到促进或遏制作用（张建香等，2017）。

“3S”技术引入沙漠化和荒漠化监测领域大幅度提高了监测的时效性和科学性，别是MODIS等影像数据的使用。例如，殷贺等基于高分辨率遥感影响反演的植被年际动态变化特征为监测指标，综合监测了我国内蒙古自治区1999—2009年荒漠化动态变化情况（殷贺等，2011）。梁文琼等考虑到某些荒漠化监测指标无法直接通过遥感手段获取的问题，构建了一套遥感与主成分分析法相结合的荒漠化综合监测方法，该方法同时克服了目视解译工作量大、主观性强的缺点，具有较强的普适性（梁文琼等，2015）。康蕾、张红旗等综合选取了沙地转移变化、沙丘起伏程度、沟壑密度、地下水埋深、土壤质地、土壤有机质、盐碱地面积年均扩展率、草地缩减速率等8个指标，借助GIS手段完成了新疆伊犁垦区土地荒漠化敏感性监测（康蕾等，2012）。何磊等将国内荒漠化监测使用频繁的基于MODIS MOD13Q1-NDVI数据进行荒漠化监测的方式引入肯尼亚荒漠化动态监测中，通过像元二分模型估算植被盖度，进而估算荒漠化现状，同时通过小区域使用Landsat-5TM影像进行验证，二者结果相似，表明我国荒漠化监测方法在国外同样具有普适性（何磊等，2013；韦振锋等，2014）。

综合来看，当前国内学术界还没有一套相对全面且获得广泛认可的荒漠化监测指标体系。国家荒漠化监测办公室与原国家林业局共同编制的《全国荒漠化和沙化监测技术规定》（修改稿）中的荒漠化监测指标体系已被5次用于全国荒漠化和沙化土地监测，监测结果相对准确，日后不断修改完善有望上升为国家标准，用于各区域荒漠化和沙化土地监测（韦振锋等，2014）。

### 1.4.2 沙漠化驱动机制定量解析

深入理解沙漠化过程中驱动力的作用机理，系统评价各驱动因子在沙漠化过程中的相对作用是有效开展沙漠化防治的基础和关键。尽管气候变化和人类活动作为沙漠化过程中的两大驱动力已经得到了共识，但是人们更关注在沙漠化过程中到底哪些沙漠化过程是气候变化造成的，而哪些是人类活动造成的，即沙漠化过程中气候变化和人类活动的相对作用问题。气候变化和人类活动对土地沙漠化作用机制复杂，涉及影响因素多且相互交织，因此很难在相对独立的条件下评价气候变化和人类活动在沙漠化过程中的相对作用，使之一直成为沙漠化科学研究的薄弱环节。

气候变化和人类活动在沙漠化过程中相对作用评价从方法论上主要分为定性-半定量和定量评价两种类型。定性-半定量评价方法是指在已知特定一段时期沙漠化动态的基础上，根据气候因子和人类活动因子（或者是反映气候变化作用和人类活动作用的一些综合指标）的变化趋势并结合专家经验进行分析，进而判定区域沙漠化过程中气候变化和人类活动的作用。许多学者利用定性-半定量评价方法对我国重点沙区近50年来沙漠化过程中气候变化和人类活动的相对作用进行了评价，如王涛等（2004）根据近40年来科尔沁地区气候和人类活动因子的特征和变化趋势，定性分析了该地区沙漠化过程中气候变化和人类活动的相对作用，认为人类活动是研究该地区沙漠化过程中更加活跃的确定因子，体现在土地利用方式的转变和强度的增加导致对自然植被的破坏而加速沙漠化进程（高小红等，2005；刘树林和王涛，2004；马绍休等，2007；王涛等，2004）。在定性-半定量研究中引入假设分析能很好地从侧面来辅助专家决策，Zheng等对额济纳地区过去40年沙漠化过程中气候变化和人类活动相对作用进行分析时，假设只考虑气候变化因素，反映沙漠化动态的2个指标——净初级生产力（net primary production，NPP）和植被投影盖度的变化趋势表明了气候变化有利于沙漠化的逆转，因此认为气候变化并不是该地区沙漠化发展的主因（Zheng et al.，2006）。定性研究方法常用于大尺度上的沙漠化驱动力作用评价，如Wang等在分析20世纪50年代到2000年间我国北方地区的降雨、蒸散、温度、起沙风速率、输沙势，以及人口、牲畜数量、造林面积变化规律的基础上，结合近50年来我国北方沙漠化的变化特征，系统研究了我国近50年来沙漠化动态与气候变化和人类活动的关系，认为人类活动（包括三北防护林工程）对于中国北方沙漠化逆转的作用被明显高估（Avni et al.，2006；Wang et al.，2010）。

近年来，随着数学模型方法及相关思想在地学和生态学中的广泛应用，越来越多的学者开始尝试用数学模型方法定量地来评价气候变化和人类活动在沙漠化过程中的相对作用，并在此方面取得了较大的进展。纵观近年来气候变化和人类活动在沙漠化过程相对作用的定量研究，其研究方法可以分为4类：一是基于回归模型的评价方法；二是基于主成分分析的评价方法；三是基于无人为干扰与实际情况比较的评价方法；四是基于公共指标的评价方法。基于回归模型的评价方法是利用数学上的回归统计模型，来建立沙漠化过程与各种气候或人类活动因子之间的相关关系，进而分析各自的相对作用。如徐小玲等采用简单的线性回归模型来分析人口增幅、垦殖指数、年均林业产值和造林面积等人文因素对陕北沙区沙漠化的影响，除垦殖指数与沙漠化指数呈负相关外，其余因子均与沙漠化指数呈正相关（徐小玲和延军平，2005）。基于主成分分析的评价方法是利用主成分或因子分析的方法来研究沙漠化过程中各种驱动力因子的贡献，这类方法主要是利用了主成分分析这一数据压缩技术，将多个驱动因子变量转化为几个少数的综合指标，同时又保留了大部分的信息，并将各个主成分对总方差的贡献率作为驱动力对沙漠化的贡献率（Y. Ma et al.，2007；Ming et al.，2007；董玉祥，1989）。董玉祥最早将该方法用于定量研究沙漠化驱动力的贡献率上，后来又有许多学者基于该方法在不同的沙漠化地区进行了驱动力作用的定量评价研究（董玉祥，1989）。如张登山对青海共和盆地沙漠化影响因子进行主成分分析得出，人为因素（包括人口、牲畜数量、耕地面积）的贡献率为46.5%，自然因素（降水量、大风日数）的贡献率为24.6%，人为-自然因素的共同作用对沙漠化的贡献率为14.9%（张登山，2000）。基于无人为干扰与实际情况比较的评价方法利用模拟无人为干扰下的沙漠化发展情况与实际沙漠化情况的差异来确定人类活动的影响，从而间接估计气候变化的影响。国内学者李振山等利用这种研究思路，选取输沙量和生物量这两个指标建立自然因素作用下的沙漠化预测模型，并结合沙漠化实际监测资料，建立了现代草地沙漠化过程中自然因素贡献率的确定方法，从而可以间接推算人为因素在沙漠化中的贡献率。国外的相关研究则更多地关注土地退化或荒漠化过程中植被的变化，从而间接分析气候变化和人类活动的相对影响，其中影响最广的是残差趋势法（residual trends，RESTREND）。例如，Evans等在沙漠化地区利用不同降雨时期的累积降水量与最大归一化植被指数（normalized differencial vegetation index，NDVI）之间的良好的线性关系建立预测方程，用该方程预测的植被结果就是理论上完全由气候因素（特别是降雨）引起的植被生长变化，而这个预测值与实际值的偏差（残差），就归因于人类活动引起的植被变化（Evans and Geerken，2004）。在此研究思路的基础上，有相关研究针对南非、叙利亚沙漠化草原以及非洲撒哈拉地区的荒漠化过程中的气候变化和人类活动作用做了较为详细的分析（Geerken and Ilaiwi，2004；Herrmann et al.，2017；Wessels et al.，2007；Wessels et al.，2008）。基于公共指标的评价方法是将沙漠化过程中各个因子对沙漠化的影响统一到一个可比的指标上，从而确定其各自的相对作用。国内张春来等以青海贵南草原沙漠化的驱动因子为研究对象，利用风洞模拟实验和137Cs示踪技术，将该地区的风速变化、植被变化、牲畜践踏、樵采破坏和草地开垦等五个主要影响因子对沙漠化现状及发展的影响用其各自对风蚀速率的影响建立方程，从而确定这五个影响因子的相对作用（张春来等，2002）。在国外的相关研究中，NPP常作为指标来衡量气候变化和人类活动对生态系统的影响，特别是近年来HANPP（human appropriation of net primary production）指标和方法多用于衡量人类活动对净初级生产力的作用（Fridolin et al.，2012；Haberl et al.，2007；O' Neill et al.，2007；Rojstaczer et al.，2001），并在人类活动作用于沙漠化过程的研究中进行了初步的尝试，如Poncehernandez利用HANPP方法研究了人类活动引起的沙漠化造成的净初级生产力的减少，以NPP的变化作为指标衡量人类活动对沙漠化的影响（Poncehernandez，2007）。在结合第三和第四类方法优势基础上，作者选择NPP作为衡量气候变化和人类活动对沙漠化影响的公共指标，利用潜在NPP（即无人类活动干扰下，仅考虑气候因素与基准期本底植被类型的NPP）变化趋势反映气候变化的影响，利用潜在NPP与实际NPP的差值变化趋势反映人类活动的影响，进而对鄂尔多斯、内蒙古农牧交错带以及中国北方沙区1981—2010年间沙漠化正逆过程中气候变化和人类活动的相对作用进行了定量识别。

### 1.4.3 沙漠化演变动态模拟

沙漠化演变动态模拟是在理解和量化沙漠化驱动力作用机制，通过一定模型和方法，对未来沙漠化土地时空格局及正逆过程的一种预估，是科学评估不同沙漠化治理工程、政策措施效果以及气候变化影响的重要参考。通过对以往文献的梳理总结，可以看出，当前用于沙漠化动态模拟的方法主要有回归分析、马尔科夫过程、元胞自动机和系统动力学等。

回归分析可用于揭示多种变量间相互依赖关系。在沙漠化模拟中，使用回归分析可以得出各驱动因子与沙漠化动态变化之间的作用关系。例如，牛春霞等用SPSS主成分分析对玛多地区沙漠化进行定量分析，采用回归分析得出因子间关系，得出沙漠化发生机制，为沙漠化防治对策提供依据和参考（牛春霞等，2008）。马尔科夫过程主要用来研究离散事件动态系统状态空间，采用了随机过程理论。王小宇在研究内蒙古奈曼旗土地沙漠化动态监测与评价中，以遥感图像解译为依托，采用了马尔科夫模型，进一步对沙漠化发展进行预测，对沙漠化的形成和发展原因进行分析，剖析自然因素和人类活动在此进程中所起作用（王小宇，2007）。元胞自动机是一种动力系统，在时间和空间上均为离散状态。在规则格网中，每一元胞遵循同样的规则，均为离散状态。宋毓在GIS软件和地理元胞自动机理论模型支持下，结合计量模型，从不同时相的叠加分析和转移分析入手，分析变化特征，根据研究区状况，分析模型控制因素，对参数进行调整，确定转换规则，最终得出土地利用动态演变模型和系统（宋毓，2005）。

鉴于土地沙漠化与经济、社会、环境之间的多尺度、非线性的相互作用与反馈特征，系统动力学的方法近年来越来越多地应用到沙漠化的模拟预测以及对政府决策的评估中来。例如，Helldén选择人口、降雨、土壤水分、养分等因素为建模因子构建了系统动力学模型，对苏丹Kordofan地区的土地沙漠化进行了动态模拟（Helldén，2008）；Rasmy等在利用系统动力学模型模拟土壤、植被、气候、管理等因素动态变化的基础上，对区域沙漠化敏感性指数进行了动态模拟（Rasmy et al.，2010）；Van Delden等基于系统动力学方法开发了一系列可耦合气候、植被、土壤、水文、土地利用、农户行为等多个子系统的支持空间数据的荒漠化管理决策模型（Blancogutiérrez et al.，2013；Hedwig et al.，2007；Delden and Seppelt，2011）；Petz等则利用系统动力学的方法在全球尺度上模拟了放牧与草地生态系统服务的权衡与协同关系（Petz et al.，2012）。在国内研究方面，许端阳等构建耦合气候、土壤水分、人口、经济、放牧、土地利用等自然、人文因素的沙漠化模拟系统动力学模拟，评估了不同自然因素和政策措施对鄂尔多斯地区沙漠化的影响（许端阳等，2015）；侯彩霞等构建了一个简化的耦合人口、放牧的系统动力学模型对盐池地区沙漠化动态进行模拟（侯彩霞等，2018）。

应用系统动力学，可以对沙漠化进行模拟，但这种模拟无法体现沙漠化空间分布状况，无法在时空尺度上对沙漠化分布进一步研究。近年来，空间系统动力学获得了发展，空间系统动力学是在系统动力学的基础上，引入栅格数据，弥补了无法在空间上模拟的缺陷。当前国内外应用空间系统动力学对土地利用模拟的应用研究较多，并逐渐延伸到土地沙漠化的模拟与预估。例如，Lee应用空间系统动力学方法，对台北基隆市的土地利用变化进行了空间动态模拟，并应用GIS的Model Builder强大的空间建模能力，克服了传统系统动力学方法无法展示空间数据分布的弊端，得出1971—2005年台北基隆市的土地变化情况（Lee et al.，2008）。Huang应用空间系统动力学方法，将能量机制与城市建立空间等级间进行关联，发展了空间模型来模拟由能流所引起的城市空间系统等级的变化，并对研究结果用GIS进行制图表达，最终得出了空间聚合的模式（Huang et al.，2007）。Xu等运用空间系统动力学模型，对鄂尔多斯地区沙漠化进行了动态模拟，该模型聚合了气候、土壤含水量、人口等六大因素，用净初级生产力作为衡量沙漠化程度的指标，结果表明，气候因素在沙漠化过程中起到了主导作用，当前沙漠化政策必须保持下去，并且在2025年之后，应实行完全的禁牧政策（Xu et al.，2016）。Krol等运用空间系统动力学的方法，对巴西东北部气候、水、土壤、农业和社会经济之间建立耦合模型，模型的模拟结果表明，即使在不同的气候情景下，仍可以得到较为可靠的模拟结果；表明在半干旱地区，水是一个极为关键的因素，比起灌溉农业，雨养农业对不同气候场景，其敏感性更高；对于逐年减少的降雨趋势，仅仅依靠提升灌溉能力或者基础设施，所能起到的作用十分有限（Krol et al.，2006）。Hedwig耦合了社会经济和物理过程，基于空间系统动力学，对西班牙瓜达伦廷谷河流域复杂的人文-自然过程建立了系统模型，在GEONAMICA应用框架的基础上，建立了MedAction PSS，该政策支持系统在土地退化、荒漠化、水资源管理、可持续农业上都有广泛的应用（Hedwig et al.，2007）。

### 1.4.4 沙漠化敏感区识别

识别沙漠化敏感区重点是从外部驱动力变化的视角在不同时空尺度定量辨识哪些区域土地沙漠化更加敏感，为沙漠化治理重点区域的选择以及生态工程的宏观布局提供空间参考，是实施生态环境分区管理的一个重要基础。

土地沙漠化敏感性是指由气候、人类活动引起土地沙漠化的可能性大小，通常与生态状况（如气候干旱、土壤质地和侵蚀程度、坡度和植被覆盖等）、人口压力（如人口密度）和不当的土地利用相关联。国内外学者多采用环境敏感区法（environmental sensitive area，ESA），从土壤、气候、植被和土地管理四个方面构建环境敏感区指标（ESAI）体系，对土地退化及沙漠化敏感性进行研究。这一方法最初源于欧盟资助的地中海荒漠化与土地利用研究项目（mediterranean desertification and land use project，MEDALUS）。由于其模型构建上的灵活性和指标选取上的可获得性，且综合考虑了影响沙漠化敏感性的潜在量化因素，在南欧各国受到广泛使用。例如，Santini 等选择过度放牧、植被生产力、土壤肥力、水蚀、风蚀、海水侵蚀 6 个指标构建沙漠化综合风险指数，通过比较两个时期该指数的变化差异，进而识别了撒丁岛土地沙漠化的高风险区域（Santini et al.，2007）；而在国家尺度上，Salvati 和 Bajocco 的研究则将指标选取范围缩小，仅从气候、植被、土地利用三个方面进行土地沙漠化敏感性区域的评价（Salvati and Bajocco，2011）。Tavares 等选择气候、土壤、植被、土地管理、侵蚀以及社会因素等指标，通过构建综合性指数来识别萨赫勒山区土地沙漠化的敏感区域（Tavares et al.，2015）；Bakr 等（2010）根据埃及沙漠开垦农田的特点，改进了 MEDALUS 的指标，从土壤与地貌、气候、植被和土地管理四个方面来评估和识别埃及沙漠化的敏感区域（Bakr et al.，2010）。

与国外相比，国内对土地沙漠化敏感性研究相对较少，且指标体系各不相同。例如，王跃辉等以我国新疆、青海、内蒙古等六省（自治区）为研究区，分析了 1990—2010 年四个时期的土地沙漠化敏感性空间格局和动态变化特征，并采用 CA-Markov 耦合模型对土地沙漠化敏感性格局变化趋势进行预测（王跃辉等，2014）。美丽、孙滨峰等采用复合气候因子、坡度、植被退化指数和土壤类型等为评价指标，对新疆土地沙漠化敏感性进行综合评价（美丽等，2017；孙滨峰、王效科，2015）；康蕾等基于野外调查构建了伊犁新垦区土地荒漠化敏感性的评价指标体系，并在 GIS 支持下完成了伊犁新垦区土地荒漠化敏感性综合评价（康蕾、张红旗，2012）。基于沙漠化敏感性研究，国内一些学者近年来也逐步开展沙漠化防治区划方面的探索性研究。例如，阿力木江在基于自然地貌和行政边界对新疆沙漠化防治一级、二级区划划分的基础上，选择沙尘天气、土地覆被、植被盖度、大风和高程 5 个指标进行更为详细的三级区划（阿力木江，2009）；高会军和姜琦刚结合遥感技术，依据地质地貌、植被、气候和人类活动等特征，对我国北方沙漠化土地划分为 3 个大区和 17 个亚区（高会军、姜琦刚，2006）。

### 1.4.5 沙漠化与生态系统服务

沙漠生态系统作为陆地生态系统中的一个重要类型，具有独特的结构和功能，蕴藏着大量珍稀、特有物种和珍贵的野生动植物基因资源，其生态系统服务价值主要体现在防风固沙、土壤保育、水资源调控、固碳、生物多样性保育以及景观休憩等功能，这些功能不仅为生活在旱区的人们提供了赖以生存和发展的物质基础，也为维持社会稳定、经济发展和区域乃至国家安全提供了重要保障。

生态系统服务学科的发展在很大程度上依赖于生态学的发展。很早的时候人们就已经意识到人类与环境的这种密切相关的关系。1864 年，美国地理学家 George Marsh 在其著作《人与自然》中记录了森林的土壤保持与供水功能，生态系统对废物的分解功能，同时也意识到了生态系统与气候有着一定的关系。1866 年，德国学者 Haeckel 创立了生态学，之后 Tasley 于 1935 年提出生态系统的概念，生态系统为基础的生态学逐步形成体系，为后来的生态系统服务的发展奠定了学科基础（王亚慧，2015）。随着生态系统这一概念的提出和生态学理论的不断发展，人们对生态系统服务的认识也不断地加深。自然生态系统在为人类提供具有直接使用价值的原料和产品（木材、纤维等）的同时，还间接提供供给、调节、文化和支持功能，为人类的生存和发展提供良好的生态环境。Daily 认为生态系统服务是自然生态系统与生态过程所形成的以及所维持的人类赖以生存的自然条件与效用，并把产品也归类到了生态系统服务功能的范畴之中（Daily，1997）。Costanza认为，生态系统服务是生态系统本身为人类所提供的所有的物品和服务的总和，它包括了人们从生态系统获取的直接和间接的利益（Costanza et al.，1997）。Cairns将其定义为对人类生存和生活质量有贡献的生态系统产品和生态系统功能的总称（Cairns，1997）。Groot等将生态系统功能定义为自然过程及其组成部分提供产品和服务，从而满足人类直接和间接需要的能力（Groot et al.，2002）。综上所述，生态系统服务的来源是生态系统功能，不同的生态服务来源于生态系统的不同功能。

20世纪90年代，生态系统服务学科进入了快速发展阶段，学者将生态学与经济学相结合，定量地评价了生态系统服务的价值。目前，国外学者对森林、草地、水域和农田等生态系统的服务价值已得到较为深入的研究，但在荒漠生态系统评估方面则是刚刚起步。1997年，Costanza和Daily分别给出了全球生态系统的服务价值及评估的原理和方法，但并未评估沙漠生态系统的服务价值。近年来，荒漠生态系统服务逐渐受到关注，如千年生态系统评估（*The Millennium Ecosystem Assessment*，MA）第22章专门对荒漠生态系统服务进行了分析（Russo and Smith，2013）。Haines通过对加利福尼亚沙漠的研究显示，自1994—2004年的沙漠保护以来，其十年间的娱乐价值、外延价值、科研价值、教育价值、生态系统服务和潜在价值6个方面的总价值约为每年$1.33\times10^9$美元（Haines et al.，2012）。Bulter等对美国犹他州沙漠生态系统的研究显示，其灌木和草地的生态服务功能为44亿美元（Butler et al.，2013）。

与国外相比，我国对生态系统服务的研究开展迅速，尤其对沙漠生态系统服务及其价值的研究更为具体。1999年，欧阳志云在评估中国陆地生态系统服务价值时，将沙漠生态系统囊括在内（欧阳志云等，1999）；随后，谢高地等参考Costanza（1997）的成果，同时综合对国内200多位生态学专家的问卷调查成果，建立并完善了沙漠生态系统单位面积服务价值表，对后续学者的研究具有重要的指导意义（谢高地等，2003；谢高地等，2008）。2010年，“荒漠生态系统服务功能监测与评估技术研究”正式启动，该项目初步建立了荒漠生态系统服务评估指标体系，颁布实施了林业行业标准《荒漠生态系统服务评估规范》（LY/T 2006—2012），填补了我国在荒漠生态系统服务定量评估的空白。

在实际研究中，不同学者对沙漠生态系统服务的范围、核算方法及价值化方法也有所不同，王亚慧和杨丽雯等均对宁夏沙坡头的生态系统服务进行评估，但选取的服务功能不同，王亚慧评估了沙坡头地区沙漠生态系统提供食物、防风固沙、土壤保持、养分循环、固碳释氧功能，共计$1.55\times10^8$元，杨丽雯仅计算了防风固沙功能为$5.93\times10^8$元（王亚慧，2015；杨丽雯等，2009）。此外，由于不同区域的自然条件和社会经济基础存在较大差异，用统一的评估公式去评估不同沙区的生态系统服务价值存在一定误差。为了进一步避免这种误差，一些学者在区域尺度上开展评估工作时开始尝试结合研究区详细数据来修订相关的当量因子。例如，罗娟等根据研究区不同适宜性耕地单位面积粮食作物的产量，利用当量因子法，制定了适合于本研究区的当量因子表，并计算出了不同适宜性耕地的生态系统服务价值（罗娟等，2014）。春梅参照谢高地等（2008）的“中国陆地生态系统单位面积生态服务价值当量”修订了符合于奈曼旗地区实际情况的“沙漠化地区耕地生态服务功能当量因子”（春梅，2011）。

沙漠化的防治对沙漠生态系统服务有着直接的影响，在气候变化和人类活动的共同影响下，沙漠化土地的结构、功能也随之发生变化，进而对区域生态系统服务价值产生显著的影响。王亚慧的研究表明，2002—2011年间宁夏沙坡头地区展开了大规模的沙漠化防治工作，沙地大幅度地转变为用材林和栽培作物，使得NPP、防风固沙服务及土壤保持服务得到了大幅度提高（王亚慧等，2016）。丁雪等分析了1980—2010年内蒙古地区沙漠化演变对区域生态系统服务价值的影响，结果表明，30年间生态系统服务总价值减少671.57亿元，沙漠化演变对生态系统服务价值的影响具有中度线性相关关系，其造成生态系统服务价值损失比例为23.7%（丁雪等，2018）。杨广巍等的研究表明，赤峰市自1994年至2004年10年间，沙化土地面积减少748 797.3 $hm^2$，土地荒漠化使赤峰市生态系统服务价值总量降低79.92亿元（杨广巍，2010）。

总体看来，虽然国内外关于沙漠化与生态系统服务的研究已经取得较大进展，但也存在着仍需进一步探讨与商榷的问题。虽然国内外已有大量学者从事沙漠生态系统服务的研究，但与森林、农田、流域等其他方向相比，仍缺乏足够的重视。此外，对于沙漠生态系统来说，其提供的净化水质、物种保育以及景观休憩等生态系统服务是无形的，这些非市场化的服务价值在评估中往往具有很大的主观性，导致沙漠生态系统服务评估结果存在许多不确定性。因此，在今后的研究中，应继续开展沙漠化与生态系统服务的全方位研究，因地制宜地建立符合区域情况的沙漠生态系统评估体系，为沙区的可持续发展提供有力支撑。

### 1.4.6 沙漠化治理政策创新

沙漠化是在脆弱的自然条件和不合理的人类活动共同作用下形成和发展的，但在沙漠化土地恢复层面，人类活动的作用比自然条件的作用更为突出，人类活动合理与否，主要受政策因子的控制（包慧娟等，2008）。樊胜岳等认为，中国沙漠化地区的生态建设政策主要可以分为两种形式：一是政府主导的行政运作方式（草地禁牧、“三北”防护林），二是政府主导、市场运作的方式（退耕还林工程和天然林保护工程）。无论采取什么形式，政策执行的过程始终都是政府与农户合作，恢复或者重建地表植被，减少土壤风蚀，促进沙漠化逆转及沙漠化面积减少的过程（樊胜岳等，2013）。

最初的沙漠化治理政策研究选取的指标主要考虑植被覆盖度、水体污染等环境要素本身，对其他生态环境指标和社会经济指标考虑较少；政策评估的反馈环节还较薄弱，政策评估的结果在制定新的政策中还没有得到充分的体现（张惠远等，2013）。之后，随着大规模退耕还林、天然林保护、自然保护区建立、草原禁牧等重大生态治理工程的实施，沙漠化治理政策的作用效果和绩效评价、生态与经济发展的出路如何统一在一起成为许多学者关注和研究的重点问题之一（樊胜岳等，2013；李波等，2004）。当前市场经济主体的行为已经非常理性，中小农户参与农业生态经营的核心目的是获取最大化经济利益（胡帮勇、张兵，2012）。而对处于市场竞争中的农业企业来说，虽然也会关注环境污染和治理问题，但首要注重的也是经济效益问题（李强，2015）。作为经济欠发达的西北沙漠地区，如果不考虑经济绩效问题，可持续性的沙漠化治理可能难以为继（黄蝶君等，2017）。

沙漠化治理政策的绩效评价，主要集中于回答两个问题：一是，已经实施的沙漠化治理政策的有效性，即是否达到了沙漠化面积减少的生态效果；二是，政策执行过程的合理性，即生态补偿是否到位，公平性、农户的参与性、政府效率如何等。评估方法主要集中于定量化科学评估，探索生态保护政策评估的定量标准，提高生态保护政策实施的可操作性。周立华应用系统动力学方法构建模型，模拟研究了禁牧政策对草地沙漠逆转过程的影响程度，得出当禁牧程度达到30%，沙漠化就已经开始出现逆转趋势；当禁牧程度达到40%，沙漠化的变化趋势区域稳定；当继续增加禁牧程度，直至完全禁牧，都不能更有效地提高沙漠化转移速度的结论（周立华等，2012）。樊胜岳通过对不同生态治理政策的交易成本比较研究，评估内蒙古乌审旗退耕还林政策执行效果良好，并且实现了退耕还林地区的全面禁牧，草原休牧政策的政府支付达不到休牧机会成本的1/4，牧民利益受到损失，牧民偷牧率达到100%，致使草原休牧流于形式（樊胜岳等，2013）。交易成本的比较研究为生态建设政策的绩效评价提供来了一个崭新的角度。张智一在生态经济学视角下，对前人提出的各类沙漠化治理方法效果进行模型化、数据化，达到治理结果可计量化的效果，衡量了沙漠化治理的效益（张智一，2015）。赵敏敏等运用CA-Markov模型及生态系统服务价值评估法预测了非政策干预情境下的土地利用格局及生态系服务价值，并与政策干预情境下的值进行了对比，结果表明，生态政策促进了生态系统服务价值增长及生态恢复，但仍存在生态效益空间分布不均匀及水域退化等问题（赵敏敏等，2017）。

生态治理政策能否真正起到作用，在很大程度上取决于是否能被农户在经济利益上接受，而调动农户经济行为的关键，是政府沙漠化治理的制度安排。因此，微观上的研究则体现在对于政策实施后产生的经济效益，尤其是对政策实施过程中最大利益的相关群体农牧民经济收入变化上的关注。农牧民是政策惠及的主要对象，定量分析禁牧下相关的政策调控措施对其经济收入变化的影响，对于保障区域生态建设成果，促进经济快速发展，实现沙漠化逆转区生态与经济的协调发展，具有十分重要的科学意义和实践意义。石敏俊等以奈曼旗地区为例，运用Bio-economic模型比较自由放牧与耕垦、禁牧与禁垦、控制放牧规模与禁垦的土地利用政策情境下，引进舍饲养牛技术与信贷服务和增加非农就业机会对农户土地利用决策及其家庭收入的影响，据此探讨中国北方地区沙漠化发展的人文驱动机制以及生态重建的环境政策（石敏俊等，2006）。建议禁牧政策实施已数十载，退化的草场植被得到了一定程度的恢复，为避免草场价值的浪费，可适时考虑调整禁牧政策，改全面禁牧为合理放牧，实施轮牧和休牧政策。王晓君以宁夏盐池县为例，基于Bio-economic模型，模拟了不同经济政策的优化调控和生态建设的政策选择对农户收入的影响。研究建议，可适时考虑调整放牧政策，改禁牧为轮牧，在有效利用草场资源的同时，增加农牧民经济收入，实现农牧交错带生态建设和经济增长的双赢（王晓君等，2014）。

在开展沙漠化治理政策理论研究的同时，我国一些西部地区，如鄂尔多斯、阿拉善等地区，依托其沙生动植物资源、清洁能源资源、旅游资源等优势，积极践行和发展沙区生态产业，在组织模式、政策体系、运行机制等方面开展了大量的政策创新，推动沙区生态产业的快速发展，在逆向拉动沙漠化治理的同时，引领区域经济转型和农牧民增收，其经验做法值得总结与提炼，为其他沙漠化地区生态治理与经济发展提供借鉴。

## 1.5 本书的内容体系与结构

围绕《2030年可持续发展议程》关于土地退化治理的既定目标，本书聚焦2030年中国北方沙漠化土地治理宏观管理中的几个核心问题，在系统回顾相关领域研究进展以及中国北方沙区近几十年来沙漠化演变特点基础上，重点阐述不同气候变化和人类活动情景下中国北方沙漠化演变趋势，识别沙漠化敏感区域与防治重点区域，估算沙漠化治理成本，提炼沙漠化土地可持续治理的模式与经验，为我国落实《2030年可持续发展议程》提供科学支撑。本书共分6章，具体安排如下。

第1章 绪论。本章在回顾国际社会关于沙漠化防治愿景与行动基础上，总结凝练沙漠化治理宏观管理中亟待解决的关键科学问题，并对支撑上述科学问题相关领域的研究进展进行系统梳理，最后对本书的内容体系与结构进行阐释。

第2章 1981—2010年中国北方沙漠化时空演变。本章在介绍中国北方沙区自然和经济社会条件基础上，提出基于多元数据的大尺度沙漠化监测方法，对1981—2010年中国北方沙漠化变化进行监测，分析其动态变化特征，解析其动态变化背后的驱动机制。

第3章 2011—2030年中国北方沙漠化模拟。本章在研发和系统介绍基于空间系统动力学的沙漠化模拟模型基础上，通过设立若干气候变化和生态治理情景，模拟2011—2030年中国北方沙漠化演变趋势。

第4章 中国北方沙漠化防治重点区域识别。本章重点基于沙漠化敏感性、可治理性以及沙区生态功能重要性三个维度，建立中国北方沙漠化防治重点区域识别指标体系，结合沙漠化模拟结果，识别中国北方沙漠化防治重点区域。

第5章 中国北方沙漠化治理成本估算。本章重点聚焦沙漠化治理的成本问题，从直接成本（沙漠化治理工程投入）和间接成本（沙区生态系统服务价值）两个维度，综合估算不同情境下中国北方沙漠化治理成本。

第6章 沙漠化可持续治理案例与政策。本章重点对中国北方沙漠化可持续治理的两个典型区域

（内蒙古鄂尔多斯库布齐沙漠治理和阿拉善沙产业发展）的经验与模式进行梳理和总结，并从沙漠化可持续治理角度提出未来中国沙漠化防治的建议。

## 参考文献

阿力木江．2009. 新疆沙质荒漠化防治区划及分区防治模式研究［D］．北京：中国林业科学研究院．

包慧娟，赵明，闫丽，等．2008. 奈曼旗沙漠化及其防治中的政策影响因子分析［J］．干旱区资源与环境，(7)：59-63.

包岩峰，杨柳，龙超，等．2018. 中国防沙治沙60年回顾与展望［J］．中国水土保持科学，16（2）：144-150.

陈广庭．2002. 土地荒漠化［M］北京：化学工业出版社．

陈隆勋，刘骥平，周秀骥，等．1999. 青藏高原隆起及海陆分布变化对亚洲大陆气候的影响［J］．第四纪研究，19（4）：314-319.

春梅．2011. 沙漠化地区耕地生态补偿机制研究［D］．呼和浩特：内蒙古师范大学．

丁雪，雷国平，许端阳，等．2018. 1981—2010年内蒙古沙漠化演变对区域生态系统服务价值的影响［J］．水土保持研究，25（1）：298-303.

董光荣，金炯，高尚玉，等．1990. 晚更新世以来我国北方沙漠地区的气候变化［J］．第四纪研究，10（3）：213-222.

董光荣，申建友，金炯，等．1988. 关于“荒漠化”与“沙漠化”的概念［J］．干旱区地理，(1)：58-61.

董光荣，高尚玉，金炯．1993. 青海共和盆地土地沙漠化与防治途径［M］．北京：科学出版社．

董玉祥．1989. 土地沙漠化影响因子的定量分析［J］．干旱区研究，(4)：34-42.

董玉祥．2000. “荒漠化”与“沙漠化”［J］．科技术语研究，(4)：18-21.

樊胜岳，徐均，陈玉玲，等．2013. 基于公共价值的沙漠化治理政策绩效评价研究［J］．干旱区地理，36（5）：897-905.

樊胜岳，徐裕财，徐均，等．2014. 生态建设政策对沙漠化影响的定量分析［J］．中国沙漠，34（3）：893-900.

樊胜岳，赵丹华，兰健，等．2013. 沙漠化地区两种生态治理政策交易成本的比较研究［J］．中国沙漠，33（4）：1211-1216.

高会军，姜琦刚．2006. 基于遥感技术的中国北方沙漠及沙质荒漠化土地区划研究［J］．中国地质灾害与防治学报，17（4）：68-72.

高小红，王一谋，王建华，等．2005. 陕北长城沿线地区1986—2000年沙漠化动态变化分析［J］．中国沙漠，25（1）：63-67.

耿国彪．2016. 我国荒漠化土地和沙化土地面积持续“双缩减”［J］．绿色中国，(1)：8-13.

何磊，王超，别强，等．2013. 利用MOD13Q1产品监测肯尼亚2001—2010年荒漠化动态［J］．中国沙漠，33（1）：46-52.

何绍芬．1997. 荒漠化、沙漠化定义的内涵、外延及在我国的实质内容［J］．内蒙古林业科技，(1)：15-18.

亨利·N·拉霍鲁，杨有林．1984. 沙漠化过程及其影响评价的概述［J］．中国沙漠（3）：13-15.

侯彩霞，周立华，文岩，等．2018. 生态政策下草原社会-生态系统恢复力评价：以宁夏盐池县为例［J］．中国人口·资源与环境，28（8）：117-126.

胡帮勇，张兵．2012. 农村金融发展对农民增收的支持效应分析：基于收入结构的视角［J］．经济与管理研究，(10)：56-63.

黄蝶君，赖作卿，李桦．2017. 沙漠地区农业生态创新内涵及实施路径研究：以肉苁蓉种植为例［J］．农业经济问题，38（3）：89-95，112.

康蕾，徐月芳，何荷，等．2012. 中国社会企业战略发展的思考：以深圳残友模式为例［J］．战略决策研究，3（2）：84-90.

康蕾，张红旗．2012. 新疆伊犁新垦区土地荒漠化敏感性评价［J］．资源科学，34（5）：896-902.

李波，薛东前，李爱民，等．2004. 泗洪县区域经济分析与产业发展［J］．生态经济，(S1)：125-129.

李强．2015. 基于农户的基本农田保护意愿调查研究［D］．乌鲁木齐：新疆农业大学．

李香云．2004. 干旱区土地荒漠化中人类因素分析［J］．干旱区地理，27 (2)：239-244.

梁文琼，田淑芳，周家晶．2015. 基于RS和PCA的荒漠化现状综合评价［J］．干旱区研究，32 (2)：342-346.

刘树林，王涛．2004. 浑善达克沙地地区土地沙漠化初步研究［J］．水土保持学报，18 (5)：99-103.

卢琦，杨有林，贾晓霞．2001. 全球履行《联合国防治荒漠化公约》的进程评述［J］．世界林业研究，(4)：1-10.

罗娟，银山，包玉海，等．2014. 2000—2010年毛乌素沙地植被覆盖动态变化特征分析及其气候响应［R］．中国灾害防御协会风险分析专业委员会第六届年会，中国内蒙古呼和浩特．

马立鹏，罗万银，王瑜林．2005. 甘肃省沙漠化土地封禁保护区建设研究［J］．中国沙漠，25 (4)，593-598.

马绍休，王涛，薛娴，等．2007. 锡林郭勒盟北五旗近5年沙漠化过程及成因分析［J］．干旱区资源与环境，21 (3)：77-82.

毛晓雅．2019. 我国提前实现"到2030年土地退化零增长"目标［J］．山西农经，(12)：74.

美丽，都瓦拉，银山，等．2017. 基于植被覆盖特征的土地沙漠化敏感性评价：以乌珠穆沁草原为例［J］．干旱区资源与环境，31 (5)：113-118.

莫申国，张百平，程维明，等．2004. 青藏高原的主要环境效应［J］．地理科学进展，23 (2)：88-96.

牛春霞，刘峰贵，曹广超，等．2008. 玛多县沙漠化驱动因子定量分析［J］．青海师范大学学报（自然科学版），(2)：89-92.

欧阳志云，王效科，苗鸿．1999. 中国陆地生态系统服务功能及其生态经济价值的初步研究［J］．生态学报，(5)：19-25.

钱正安，吴统文，宋敏红，等．2001. 干旱灾害和我国西北干旱荒漠区气候的研究进展及问题［J］．地球科学进展，16 (1)：28-38.

任振球．1990. 全球变化：地球四大圈异常变化及其天文成因［M］．北京：科学出版社．

石敏俊，程淑兰，张巧云．2006. 中国北方沙漠化地区生态重建的环境政策研究：基于Bioe-conomic Model［J］．自然资源学报，(3)：465-472.

宋毓．2005. 基于GIS和Geo-CA的土地利用模型研究［D］．西安：陕西师范大学．

苏志珠，董光荣．2002. 中国土地沙漠化研究现状及问题讨论［J］．水土保持研究，(3)：133-135，145.

孙滨峰，王效科．2015. 新疆沙漠化敏感性评价研究［J］．西南师范大学学报（自然科学版），40 (7)：108-112.

孙劲．2019. 参与全球环境治理为防治荒漠化国际合作贡献中国力量［J］．内蒙古林业，(7)：6.

孙若梅．2019. 我国陆地生态系统保护成效与展望：对标2030可持续发展议程目标［J］．林业经济，41 (10)：10-16.

屠志方，李梦先，孙涛．2016. 第五次全国荒漠化和沙化监测结果及分析［J］．林业资源管理，(1)：1-5.

王珏．2017.《联合国防治荒漠化公约》缔约方大会知多少［J］．内蒙古林业，(9)：27.

王涛，吴薇．1998. 沙质荒漠化的遥感监测与评估：以中国北方沙质荒漠化区内的实践为例［J］．第四纪研究，18 (2)：108-118.

王涛，吴薇，薛娴，等．2003. 中国北方沙漠化土地时空演变分析［J］．中国沙漠，23 (3)：230-235.

王涛，吴薇，赵哈林，等．2004. 科尔沁地区现代沙漠化过程的驱动因素分析［J］．中国沙漠，24 (5)：519-528.

王涛，赵哈林，肖洪浪．1999. 中国沙漠化研究的进展［J］．中国沙漠，19 (4)：299-311.

王涛，朱震达．2001. 中国北方沙漠化的若干问题［J］．第四纪研究，21 (1)：56-65.

王涛，朱震达．2003. 我国沙漠化研究的若干问题：1. 沙漠化的概念及其内涵［J］．中国沙漠，23 (3)：209-214.

王小宇．2007. 基于RS和GIS的内蒙古奈曼旗土地沙漠化动态监测与评价研究［D］．长春：吉林大学．

王晓君，周立华，石敏俊．2014. 农牧交错带沙漠化逆转区禁牧政策下农村经济可持续发展研究：以宁夏盐池县为例［J］．资源科学，36 (10)：2166-2173.

王晓英．2011.《联合国防治荒漠化公约》研究［D］．重庆：西南政法大学．

王亚慧．2015. 荒漠生态系统服务及其对土地覆被变化的响应［D］．兰州：兰州大学．

王亚慧，王文瑞，王伟伟．2016. 中小尺度荒漠生态系统服务研究及其价值评价——以宁夏沙坡头保护区为例［J］．宁夏大学学报（自然科学版），37（1）：106-111.

王跃，李森．1996. 试论青藏高原隆升对中国沙漠形成演化的影响［J］．干旱区研究，（2）：20-24.

王跃辉，张林波，郭杨，等．2014. 中国六省土地沙漠化敏感性时空格局与趋势分析［J］．水土保持研究，21（5）：132-137+143.

韦振锋，任志远，张翀，等．2014. 1999—2010年陕甘宁黄土高原区荒漠化空间特征［J］．中国沙漠，34（5）：1230-1236.

魏彦强，李新，高峰，等．2018. 联合国2030年可持续发展目标框架及中国应对策略［J］．地球科学进展，33（10）：1084-1093.

吴正．1987. 风沙地貌学［M］．北京：科学出版社．

谢高地，鲁春霞，肖玉，等．2003. 青藏高原高寒草地生态系统服务价值评估［J］．山地学报，（1）：50-55.

谢高地，甄霖，鲁春霞，等．2008. 一个基于专家知识的生态系统服务价值化方法［J］．自然资源学报，（5）：911-919.

徐小玲，延军平．2005. 陕北沙区人为因素与沙漠化的定量关系研究［J］．干旱区资源与环境，（5）：38-41.

许端阳，佟贺丰，李春蕾，等．（2015）．耦合自然-人文因素的沙漠化动态系统动力学模型［J］．中国沙漠，35（2）：267-275.

杨广巍．2010. 荒漠化对赤峰市生态系统服务价值的影响［D］．哈尔滨：东北林业大学．

杨丽雯，周海燕，樊恒文，等．2009. 沙坡头人工固沙植被生态系统土壤恢复研究进展［J］．中国沙漠，29（6）：1116-1123.

姚芳丽．2014.《联合国防治荒漠化公约》在我国的适用：从防治荒漠化走向土地可持续利用［J］．法制与社会，（9）：237-238.

殷贺，李正国，王仰麟，等．2011. 基于时间序列植被特征的内蒙古荒漠化评价［J］．地理学报，66（5）：653-661.

张春来，董光荣，李志刚，等．2002. 半固定沙丘表面的～（137）Cs沉积特征［J］．中国沙漠，（2）：58-62.

张登山．2000. 青海共和盆地土地沙漠化影响因子的定量分析［J］．中国沙漠，（1）：60-63.

张惠远，刘桂环，郝海广．2013. 中国西部环境政策回顾及建议［J］．中国人口·资源与环境，23（10）：44-51.

张建香，张多勇，刘万锋，等．2017. 基于ESAI的黄土高原荒漠化风险评估［J］．水土保持通报，37（2）：339-344.

张克斌，杨晓晖．2006. 联合国全球千年生态系统评估：荒漠化状况评估概要［J］．中国水土保持科学，（2）：47-52.

张煜星，孙司衡．1998.《联合国防治荒漠化公约》的荒漠化土地范畴［J］．中国沙漠，（2）：93-97.

张智一．2015. 生态经济学视角下沙漠化治理效益分析：以内蒙古科尔沁沙地为例［J］．内蒙古民族大学学报（自然科学版），30（6）：497-502.

赵哈林，赵学勇，张铜会．2000. 我国北方农牧交错带沙漠化的成因、过程和防治对策［J］．中国沙漠，（S1）：23-29.

赵洪民，张龙生，魏金平，等．2012. 甘肃省土地荒漠化监测结果及动态变化分析［J］．中国水土保持，（6）：51-53.

赵敏敏，周立华，王思源．2017. 生态政策对库布齐沙漠土地利用格局及生态系统服务价值的影响［J］．水土保持研究，24（2）：252-258.

周立华，朱艳玲，黄玉邦．2012. 禁牧政策对北方农牧交错区草地沙漠化逆转过程影响的定量评价［J］．中国沙漠，32（2）：308-313.

朱震达．1994. 中国荒漠化问题研究的现状与展望［J］．地理学报，（S1）：650-659.

朱震达，王涛．1990. 从若干典型地区的研究对近十余年来中国土地沙漠化演变趋势的分析［J］．地理学报，57（4）：430-440.

朱震达，刘恕．1980. 中国沙漠化土地的特征及其防治的途径［J］．资源科学，（3）：25-37.

朱震达，王涛．1992. 中国沙漠化研究的理论与实践［J］．第四纪研究，12（2）：97-106.

Armon R H. 2015. Desertification and Desertification Indicators Classification (DPSIR) .

Avni Y, Porat N, Plakht J, et al . 2006. Geomorphic changes leading to natural desertification versus anthropogenic land conservation in an arid environment, the Negev Highlands, Israel [J] . Geomorphology, 82 (3): 177-200.

Bakr N, Weindorf D C, Bahnassy M H, et al. 2010. Monitoring land cover changes in a newly reclaimed area of Egypt using multi-temporal Landsat data [J] . Applied Geography, 30 (4): 592-605.

Blancogutiérrez I, Varelaortega C, Purkey D R. 2013. Integrated assessment of policy interventions for promoting sustainable irrigation in semi-arid environments: A hydro-economic modeling approach [J] . Journal of Environmental Management, 128 (6): 144-160.

Butler J R A, Wong G Y, Metcalfe D J, et al. 2013. An analysis of trade-offs between multiple ecosystem services and stakeholders linked to land use and water quality management in the Great Barrier Reef, Australia [J] . Agriculture Ecosystems and Environment, 180: 176-191.

Cairns J. 1997. Protecting the Delivery of Ecosystem Services [J] . Ecosystem Health, 3 (3) .

Costanza R, d'Arge R, De Groot R, et al. 1997. The value of the world's ecosystem services and natural capital [J] . Nature, 387 (6630): 253-260.

Daily G. 1997. Valuing and safeguarding earth's life-support systems. Natures Services Societal Dependence on Natural Ecosystems. Island Press, Washington, DC: 365-374.

De Groot R S, Wilson M A, Boumans R M. 2002. A typology for the classification, description and valuation of ecosystem functions, goods and services [J] . Ecological Economics, 41 (3): 393-408.

Delden H V, Luja P, Engelen G. 2007. Integration of multi-scale dynamic spatial models of socio-economic and physical processes for river basin management [J] . Environmental Modelling and Software, 22 (2): 223-238.

Delden H V, Seppelt R. 2011. A methodology for the design and development of integrated models for policy support [J] . Environmental Modelling and Software, 26 (3): 266-279.

United Nations. Department of International Economic and Social Affairs. Population Division. 1984. Population, Resources, Environment and Development: Highlights of the Issues in the Context of the World Population Plan of Action. Population bulletin of the United Nations, 17: 1-16.

Evans J, Geerken R. 2004. Discrimination between climate and human-induced dryland degradation [J] . Journal of Arid Environments, 57 (4): 535-554.

Fridolin K, Simone G, Helmut H, et al. 2012. Long-term trajectories of the human appropriation of net primary production: Lessons from six national case studies [J] . Science, 77 (5575): 129-138.

Geerken R, Ilaiwi M. 2004. Assessment of rangeland degradation and development of a strategy for rehabilitation [J] . Remote Sensing of Environment, 90 (4): 490-504.

Haberl H, Erb K H, Krausmann F, et al. 2007. Quantifying and mapping the human appropriation of net primary production in earth's terrestrial ecosystems [J] . Proceedings of the National Academy of Sciences of the United States of America, 104 (31): 12942-12947.

Haines-Young R, Potschin M, Kienast F. 2012. Indicators of ecosystem service potential at European scales: Mapping marginal changes and trade-offs [J] . Ecological Indicators, 21: 39-53.

Haya N, Baessler K, Christmannschmid C, et al 2015. Prolapse and continence surgery in countries of the Organization for Economic Cooperation and Development in 2012 [J] . American Journal of Obstetrics and Gynecology, 212 (6): e751-755. e727.

Helldén U. 2008. A coupled human-environment model for desertification simulation and impact studies [J] . Global and Planetary Change, 64 (3-4): 0-168.

Herrmann S M, Anyamba A, Tucker C J. 2017. Recent trends in vegetation dynamics in the African Sahel and their relationship to climate [J] . Global Environmental Change, 15 (4): 394-404.

Huang S L, Kao W C, Lee C L. 2007. Energetic mechanisms and development of an urban landscape system [J] . Ecological Modelling, 201 (3): 495-506.

Jamal A. 1997. [United Nations Convention to Combat Desertification in those Countries Experiencing Serious

Drought and/or Desertification, particularly in Africa]. [French].

Khosravi H, Zehtabian G, Ahmadi H, et al. 2014. Hazard assessment of desertification as a result of soil and water recourse degradation in Kashan region, Iran. Desert: 45-55.

Krol M, Jaeger A, Bronstert A, et al. 2006. Integrated modelling of climate, water, soil, agricultural and socio-economic processes: A general introduction of the methodology and some exemplary results from the semi-arid north-east of Brazil [J]. Journal of Hydrology, 328 (3): 417-431.

Kundu A, Patel N R, Saha S K, et al. 2017. Desertification in western Rajasthan (India): an assessment using remote sensing derived rain-use efficiency and residual trend methods [J]. Natural Hazards, 86 (1): 297-313.

Lee C L, Huang S L, Chan S L. 2008. Biophysical and system approaches for simulating land-use change [J]. Landscape and Urban Planning, 86 (2): 187-203.

Ma H, Zhao H. 1994. United Nations: Convention to combat desertification in those countries experiencing serious drought and/or desertification, particularly in Africa [J]. Int. Legal Mater, 33: 1328-1382.

Ma Y, Fan S, Zhou L, et al. 2007. The temporal change of driving factors during the course of land desertification in arid region of North China: the case of Minqin County [J]. Environmental Geology, 51 (6): 999-1008.

Mabbutt J A. 1986. Desertification indicators. Climatic Change [J], 9 (1-2): 113-122.

Middleton N, Thomas D. 1999. World atlas of desertification [J]. Geographical Journal, 160 (2): 325.

Ming Y, Guo R, Quan L I, et al. 2007. Research on dynamical mechanism of land desertification [J]. Proc Spie, 6754: 102-103.

O' Neill D W, Tyedmers P H, Beazley K F. 2007. Human appropriation of net primary production (HANPP) in Nova Scotia, Canada [J]. Regional Environmental Change, 7 (1): 1-14.

Petz K, Oudenhoven A P E V, Crossman N D, et al. 2012. Modelling land management effect on ecosystem functions and services: a study in the Netherlands [J]. International Journal of Biodiversity Science Ecosystem Services and Management, 8 (1-2): 135-155.

Poncehernandez R. 2007. A Modelling Framework for Addressing the Synergies Between Global Conventions Through Land Use Changes: Carbon Sequestration, Biodiversity Conservation, Prevention of Land Degradation and Food Security in Agricultural and Forested Lands in Developing Count. Working Papers.

Rasmy M, Gad A, Abdelsalam H, et al. 2010. A dynamic simulation model of desertification in Egypt [J]. Egyptian Journal of Remote Sensing and Space Sciences, 13 (2): 101-111.

Reining P. 1978. Handbook on desertification indicators. Handbook on Desertification Indicators.

Rojstaczer S, Sterling S M, Moore N J. 2001. Human appropriation of photosynthesis products [J]. Science, 294 (5551): 2549-2552.

Rubio J L, Bochet E. 1998. Desertification indicators as diagnosis criteria for desertification risk assessment in Europe [J]. Journal of Arid Environments, 39 (2): 113-120.

Russo K A, Smith Z A. 2013. The Millennium Ecosystem Assessment. New Scientist.

Salvati L, Bajocco S. 2011. Land sensitivity to desertification across Italy: Past, present, and future [J]. Applied Geography, 31 (1): 223-231.

Salvati L, Zitti M, Perini L. 2016. Fifty years on: Long-term patterns of land sensitivity to desertification in Italy [J]. Land Degradation and Development, 27 (2): 97-107.

Santini M, Caccamo G, Noce S, et al. 2007. Integrated modelling and GIS: A new approach to assess desertification vulnerability and risk in Sardinia Island (Italy). Paper presented at the Agu Fall Meeting.

Tavares J D P, Baptista I, Ferreira A J D, et al. 2015. Assessment and mapping the sensitive areas to desertification in an insular Sahelian mountain region Case study of the Ribeira Seca Watershed, Santiago Island, Cabo Verde [J]. Catena, 128: 214-223.

Thomas D S G, Middleton N J. 1994. Desertification: exploding the myth.

Wang X M, Zhang C X, Hasi E, et al. 2010. Has the Three Norths Forest Shelterbelt Program solved the desertification and dust storm problems in arid and semiarid China [J]. Journal of Arid Environments, 74 (1): 13-22.

Wessels K J, Prince S D, Malherbe J, et al. 2007. Can human-induced land degradation be distinguished from the effects of rainfall variability? A case study in South Africa [J]. Journal of Arid Environments, 68 (2): 271-297.

Wessels K J, Prince S D, Reshef I. 2008. Mapping land degradation by comparison of vegetation production to spatially derived estimates of potential production [J]. Journal of Arid Environments, 72 (10): 1940-1949.

Wong P P. 2011. Small island developing states [J]. Wiley Interdisciplinary Reviews Climate Change, 2 (1): 1-6.

Xu D, Song A, Tong H, et al. 2016. A spatial system dynamic model for regional desertification simulation -A case study of Ordos, China [J]. Environmental Modelling and Software, 83 (C): 179-192.

Zheng Y R, Xie Z X, Robert C, et al. 2006. Did climate drive ecosystem change and induce desertification in Otindag sandy land, China over the past 40 years [J]. Journal of Arid Environments, 64 (3): 523-541.

# 第 2 章　1981—2010 年中国北方沙漠化时空演变

我国高度重视对沙漠化地区的治理，实施了一系列措施，沙漠化面积总体得到控制，沙漠化的分布格局与严重程度在地区间发生了较大变化。为掌握沙漠化的这种实时动态变化，学者们在不同的时间试图对我国沙漠化的某些地区进行监测，所利用的方法大都是采用“3S 技术”，以遥感影像作为数据获取信息源。综观上述对大尺度地区、长时间序列沙漠化监测方法，虽然结果较为准确，但在实际监测过程中，往往要目视解译大量的遥感影像，后续数据处理的过程也较为复杂，耗时又耗力。因此，较为快速、便捷的沙漠化监测方法亟须被发现。本章以此为切入点，在介绍中国北方沙区自然和经济社会条件基础上，提出基于多元数据的大尺度沙漠化监测方法，对 1981—2010 年中国北方沙漠化变化进行监测，分析其时空动态变化特征，解析其动态变化背后的驱动机制。

## 2.1　研究区概况

中国北方沙漠化地区主要涉及内蒙古、新疆、青海、甘肃、四川、宁夏、山西、陕西等北方极端干旱、干旱、半干旱、半湿润地区的 214 个旗县。沙漠化分布地带大致在 71°14′～122°41′E、32°43′～49°35′N 之间，远离海洋、深居内陆，海洋气流不易到达，形成明显的温带、寒温带大陆性气候，同时这些地区大都降水量少，降水集中，气候干燥，光照强烈，多大风天气，沙尘暴、暴雨、干旱等恶劣气候灾害发生频繁。

为便于研究，根据研究区地理位置及气候特点将其划分为内蒙古长城沿线沙区、西北干旱荒漠沙区、三江源沙区三大沙区（图 2-1）。为保证监测结果准确性，将三大沙区进一步划分为 20 个沙漠化重点监测地理单元，其中呼伦贝尔草原、科尔沁草原、浑善达克沙地、察哈尔草原、坝上地区、乌兰察布盟前山及土默特平原、晋西北地区、鄂尔多斯草原、宁夏河东沙地属内蒙古长城沿线沙区；柴达木盆地、阿拉善高原、河套平原、河西走廊、内蒙古后山、塔里木盆地、吐哈盆地、银川平原、伊犁盆地、准噶尔盆地属西北干旱荒漠沙区；三江源地区作为长江、黄河、沧澜江源头汇水区，水分充沛，又是中国最大的自然保护区，单独划为三江源沙区（表 2-1）①。

① 注：本书图表中的三大沙区及其划分的地理单元多为简称。三大沙区有内蒙古长城沿线沙区（内蒙古长城沿线）、西北干旱荒漠沙区（西北干旱荒漠区）、三江源沙区（三江源）。三大沙区划分的 20 个沙漠化重点监测地理单元如下：呼伦贝尔草原（呼伦贝尔）、科尔沁草原（科尔沁）、浑善达克沙地（浑善达克）、察哈尔草原（察哈尔）、坝上地区、乌盟前山（乌兰察布）及土默特平原（土默特）、晋西北地区（晋西北）、鄂尔多斯草原（鄂尔多斯）、宁夏河东沙地（宁夏河东）；柴达木盆地（柴达木）、阿拉善高原（阿拉善）、河套平原、河西走廊、内蒙古后山、塔里木盆地（塔里木）、吐哈盆地、银川平原、伊犁盆地、准噶尔盆地（准噶尔）；三江源沙区（三江源）。

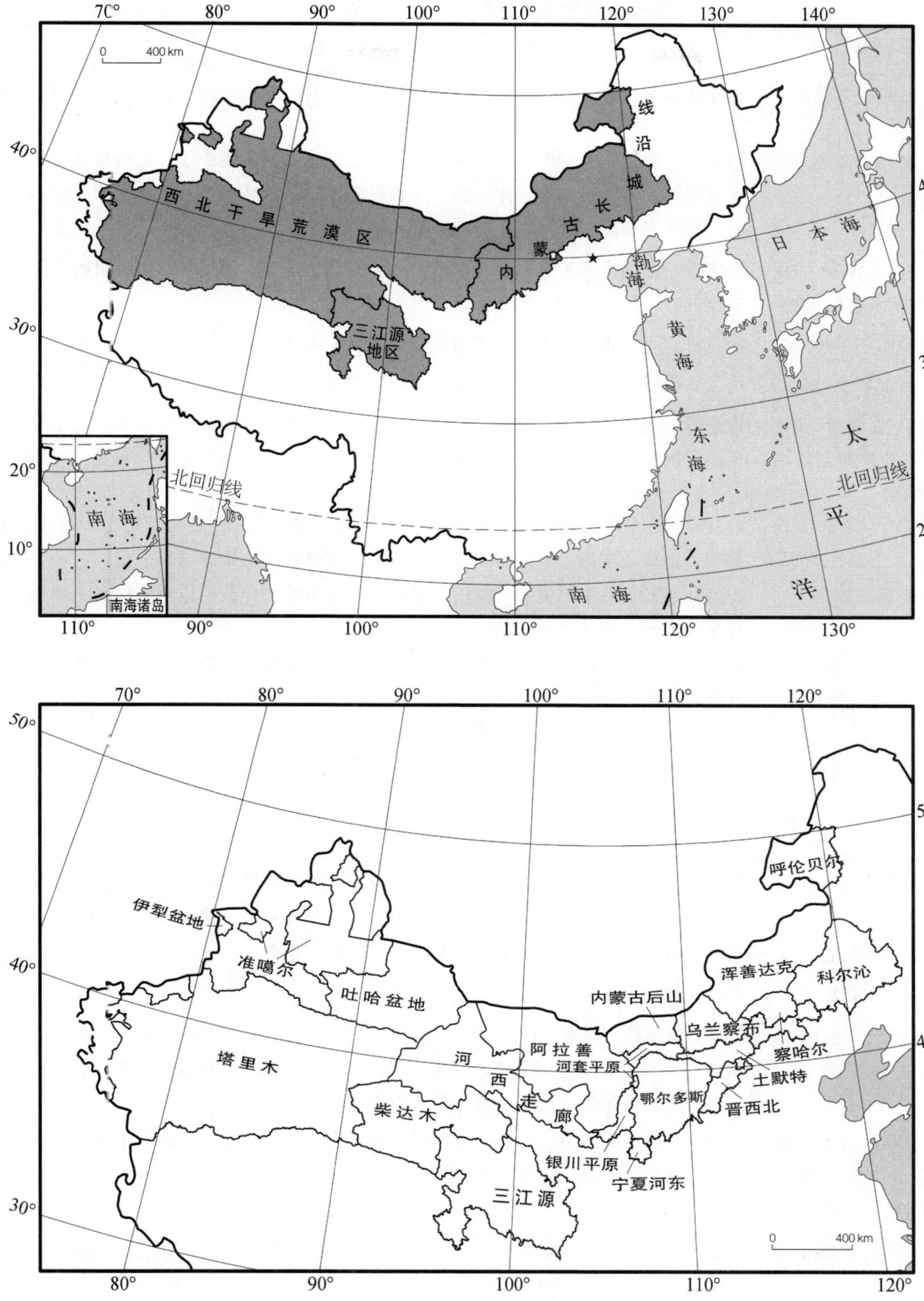
0　400 km
西北干旱荒漠区
内蒙古长城沿线
三江源地区
渤海
黄海
东海
日本海
南海
太平洋
北回归线
南海诸岛
伊犁盆地
准噶尔
吐哈盆地
塔里木
柴达木
三江源
河西走廊
阿拉善
河套平原
银川平原
宁夏河东
鄂尔多斯
内蒙古后山
乌兰察布
察哈尔
土默特
晋西北
浑善达克
科尔沁
呼伦贝尔

图 2-1　研究区域概况图

**表 2-1 沙漠化监测重点区域**（王涛，2003）

| 沙区 | 地理单元 | 涉及的县（旗）、市 |
|---|---|---|
| 内蒙古长城沿线 | 1 呼伦贝尔草原 | 内蒙古：满洲里、海拉尔、鄂温克族自治旗、新巴尔虎右旗、新巴尔虎左旗、陈巴尔虎旗（6） |
| | 2 科尔沁草原 | 内蒙古：科尔沁左翼中旗、科尔沁左翼后旗、科尔沁右翼中旗、扎鲁特旗、霍林郭勒市、通辽市郊、开鲁、奈曼、库伦旗、阿鲁科尔沁旗、翁牛特旗、巴林右旗、巴林左旗、林西、克什克腾旗、敖汉旗、赤峰市红山区（17） |
| | 3 锡林郭勒草原和浑善达克沙地 | 内蒙古：东乌珠穆沁旗、西乌珠穆沁旗、锡林浩特市、阿巴嘎旗、苏尼特左旗、苏尼特右旗（6） |
| | 4 察哈尔草原 | 内蒙古：正蓝旗、多伦、正镶白旗、镶黄旗、太仆寺旗（5） |
| | 5 河北坝上地区 | 河北：围场、丰宁、张北、沽源、康保、尚义（6） |
| | 6 乌兰察布草原（乌兰察布盟后山地区） | 内蒙古：化德、商都、察哈尔右翼后旗、察哈尔右翼中旗、四子王旗、达尔罕茂明安联合旗、固阳、武川、包头市市辖区（9） |
| | 7 乌兰察布盟前山及土默特平原 | 内蒙古：察哈尔右翼前旗、丰镇、兴和、凉城、和林格尔、清水河、包头市郊、托克托、集宁、土默特左旗、土默特右旗、呼和浩特市辖区、卓资县（13） |
| | 8 晋西北地区 | 山西：左云、右玉、偏关、河曲、保德、大同市郊、怀仁、山阴、朔州、神池、五寨、岢岚、岚县、兴县（14） |
| | 9 鄂尔多斯草原和毛乌素沙地 | 内蒙古：达拉特旗、准噶尔旗、东胜区、伊金霍洛旗、杭锦旗、鄂托克旗、鄂托克前旗、乌审旗（8）<br>陕西：神木、府谷、榆林、横山、佳县、定边、靖边（7） |
| | 10 宁夏河东沙地 | 宁夏：盐池（1）<br>宁夏：灵武县、灵武市（2）<br>甘肃：环县（1） |
| 西北干旱荒漠区 | 11 准噶尔盆地 | 新疆：奇台、木垒、吉木萨尔、阜康、米泉、昌吉、呼图壁、沙湾、乌鲁木齐市郊、玛纳斯、奎屯、精河、克拉玛依市郊、福海、吉木乃、哈巴河、布尔津（17） |
| | 12 吐哈盆地 | 新疆：哈密、吐鲁番、托克逊、鄯善、巴里坤、伊吾（6） |
| | 13 伊犁盆地 | 新疆：霍城（1） |
| | 14 塔里木盆地 | 新疆：库尔勒、尉犁、轮台、库车、沙雅、新和、阿瓦提、阿克苏、温宿、柯坪、巴楚、伽师、岳普湖、莎车、泽普、叶城、皮山、墨玉、和田、洛浦、策勒、于田、民丰、且末、若羌、阿图什、疏附、麦盖提、英吉沙（29） |
| | 15 河西走廊、祁连山山前及腾格里沙漠边缘 | 甘肃：敦煌、阿克塞、肃北、安西、玉门、嘉峪关、酒泉、金塔、肃南、高台、临泽、张掖、金昌、山丹、民乐、民勤、武威、古浪、景泰、永昌（20） |
| | 16 银川平原和中卫盆地 | 宁夏：中卫、中宁、吴忠、灵武、青铜峡、永宁、银川市郊、贺兰、陶乐、平罗、石嘴山（11） |
| | 17 阿拉善高原 | 内蒙古：阿拉善右旗、额济纳旗、阿拉善左旗（3） |
| | 18 河套平原及黄河沿线 | 内蒙古：磴口、杭锦后旗、临河、五原、乌拉特前旗、乌海市（6） |
| | 19 内蒙古高原（后山地区） | 内蒙古：乌拉特后旗、乌拉特中旗（2） |
| | 20 柴达木盆地 | 青海：德令哈市、乌兰县、天峻县、格尔木市（4） |

续表 2-1

| 沙区 | 地理单元 | 涉及的县（旗）、市 |
|---|---|---|
| 三江源地区 | 21 三江源地区 | 青海：玉树、称多、达日、都兰、甘德、共和、贵南、久治、玛多、玛沁、同德、兴海、泽库、班玛（14）<br>四川：阿坝、红原、若尔盖（3）<br>甘肃：碌曲、玛曲、夏河（3） |

## 2.1.1　内蒙古长城沿线

### 2.1.1.1　地理位置

内蒙古长城沿线地理位置介于 100°30′～126°04′E 和 37°24′～53°23′N 之间，由西南向东北呈狭长形斜伸（图 2-2）。区域土地总面积为 732 218.5 $km^2$，约占全国陆地总面积的 7.63%，涵盖东北、华北、西北三个大区，涉及内蒙古、黑龙江、吉林、辽宁、河北、山西、陕西、宁夏与甘肃 9 省（自治区），北部与蒙古国、俄罗斯接壤，下辖呼伦贝尔、兴安、通辽、赤峰、锡林郭勒、承德、张家口、乌兰察布、包头、呼和浩特、大同、朔州、忻州、吕梁、榆林、鄂尔多斯、延安、庆阳、吴忠、银川、乌海共 21 个盟（市）共 89 个旗（县）。

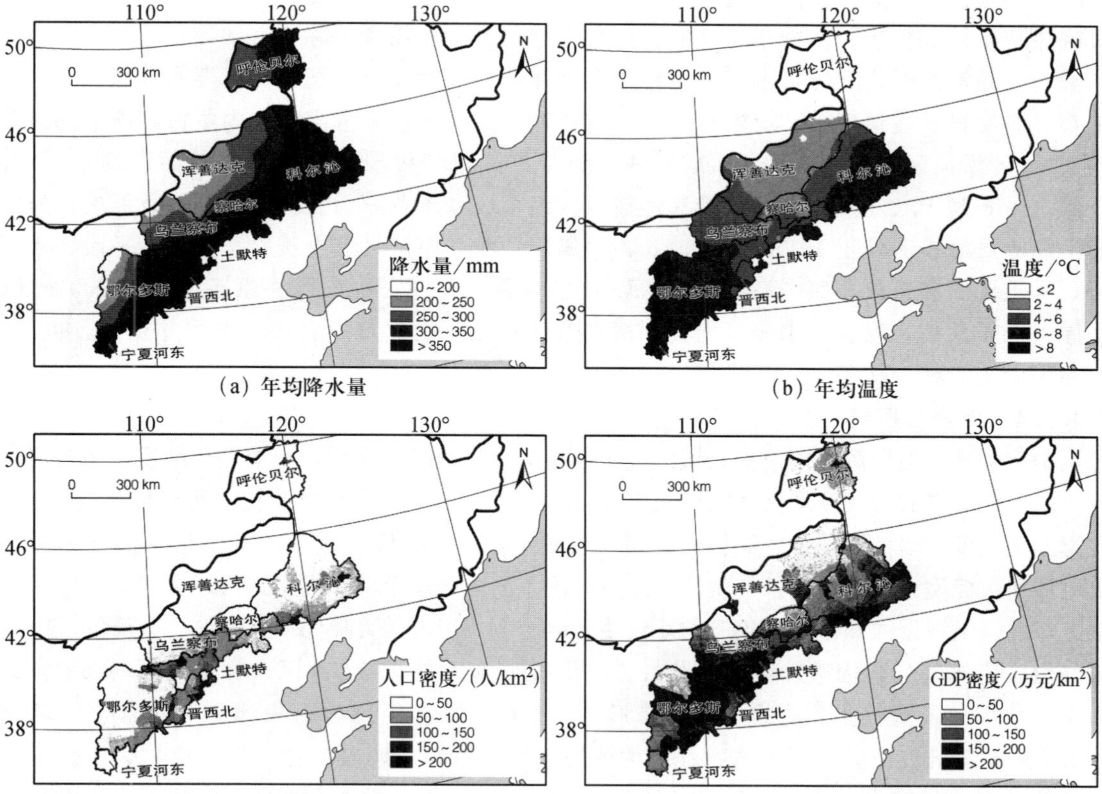


(a) 年均降水量　(b) 年均温度

(c) 人口密度　(d) GDP密度

**图 2-2　内蒙古长城沿线自然环境与社会经济概况**

### 2.1.1.2　气候与水文

内蒙古长城沿线地域辽阔，深居内陆、远离海洋，属于干旱、半干旱温带大陆性气候向东南沿海湿润、半湿润季风气候的过渡带，大风天气较多，年平均气温为－1.95～9.73 ℃，气温年差较大，表现为夏季较短且炎热，冬季漫长，寒潮天气多。年日照时间长，大部分地区均高于 2 700 h，年平均降水量为135～548 mm，降水量分布不均，整体呈现出由东北向西南逐渐减少的趋势，蒸发量大部分地区都高于1 200 mm。

内蒙古长城沿线有河流千余条，流域面积大于1 000 $km^2$ 的河流数量约占1/10，中国的第二大河流——黄河流经于此，同时有呼伦湖、贝尔湖等近千个湖泊。区域内有克鲁伦河和额尔古纳河组成的大兴安岭西麓黑龙江水系、呼伦贝尔高平原内陆水系、包括罕诺河和多布库尔河等在内的大兴安岭东麓山地丘陵嫩江水系、老哈河和西拉木伦河组成的西辽河平原辽河水系、阴山北麓内蒙古高平原内陆水系、阴山山地及海河滦河水系、阴山南麓河套平原黄河水系、鄂尔多斯高平原水系等主要水系（齐雁冰等，2016；朱士光，1989）。从地域分布上来看，内蒙古长城沿线水资源时空分布差异明显，且与人口、耕地矛盾突出，区域东部水资源较为丰富，如黑龙江流域地区水资源拥有量占全区的65%，人均水资源占有量是全区人均占有量的近4倍。相比之下，中西部地区水资源匮乏，黄河、西辽河、海滦河三大流域耕地面积约占全区30%，而水资源仅为全区水量的25%。

#### 2.1.1.3 地形与地势

内蒙古长城沿线地势较高，平均海拔约1 000 m，大部分地区属于高原地貌，同时具有形态复杂多样的特征。内蒙古高原主要包括呼伦贝尔高原、鄂尔多斯高原、阿拉善高原，四周环绕着阴山、贺兰山、大兴安岭等山脉，同时分布着著名的库布其、毛乌素等沙漠。在内蒙古长城沿线东南部大兴安岭的东麓、阴山脚下和黄河岸边，分布有嫩江西岸平原、土默川平原、河套平原、西辽河平原及黄河南岸平原。山地向高平原、平原的过渡地带，分布有石质丘陵及黄土丘陵、低山、谷地、盆地等，水土流失现象严重（陈佐忠、黄德华，1993；何世平等，2002；徐备、陈斌，1997）。

内蒙古长城沿线作为我国最重要的畜牧业发展基地，同时又是我国北部重要的林区、农区，其地形与地势优势明显。在地形上，大致可将内蒙古长城沿线分为内蒙古高原（内蒙古高原本部以及边缘山地构成）、外沿地区（高原及平原组成）两部分。该区域海拔较高处地面平整而广阔，深居内陆，气候干燥，虽不利于农业发展，但由于其植被以荒漠草原和干草原为主，适宜畜牧业发展。外沿地区的河套平原等虽海拔多处于1 000～1 100 m，但属于冲积平原，具有土质肥美、地面平缓、水源充沛等优势，是重要的农耕区，盛产高粱、大米以及甜菜等。大兴安岭东麓平原多为海拔200 m以下的河谷平原、低矮丘陵，温度、水分、土壤、植被条件良好，是重要的农作、农牧并行区，也是大豆、玉米、高粱的主产地（徐冬平，2018）。

#### 2.1.1.4 土壤与植被

土壤是有限的自然资源，内蒙古长城沿线幅员辽阔，土壤类型多样，土壤理化性质与生产能力具有较大差异。根据土壤的形成及理化性状将土壤分为34个土类、101个亚类。在空间分布上，由东北向西南依次为黑土地带、暗棕壤地带、黑钙土地带、栗钙土地带、棕壤土地带、黑垆土地带、灰钙土地带、风沙土地带和灰棕漠土地带，呈条带状分布。该区域大部分处于干旱半干旱地带，大风天气频发以及常年干旱少降水，土壤侵蚀和沙化现象严重，致使土地的生产能力大大降低（陈佐忠、黄德华，1993）。

受气温、降水等气候因素影响，内蒙古长城沿线整体呈现出东部地区森林辽阔、南部地区以农业发展为主、北部地区畜牧业发达的空间分布形态。据统计，全区森林面积约51 072 $km^2$，草原面积约449 536 $km^2$，植被类型以蕨类植物、菌类植物、种子植物、地衣植物、苔藓植物为主。不同区域之间植被覆盖度差异较大，山区植物类型最为丰富。从地域上来看，东部大兴安岭地区森林植被最为丰富，兼有草甸、沼泽及水生植物；中部及西部植被类型为森林、草甸、水生植物及草原植物，地方特有种优势作用明显。内蒙古长城沿线最为丰富的草原，在东北的松辽平原、大兴安岭南部山地、内蒙古高原、黄土高原均有分布，如呼伦贝尔草原、锡林郭勒草原、乌兰察布草原、鄂尔多斯草原等（李博、李永宏，1993；牛建明，2000；牛建明，2001）。

#### 2.1.1.5 社会经济概况

内蒙古长城沿线地域广阔，物质资源丰富，具有农林牧业发展优势，人均耕地资源全国第一，人均耕地面积是全国平均值的 3 倍。草场面积占全国可利用草场面积 1/5 以上。畜种资源十分丰富，盛产三河牛、三河马、敖汉细毛羊等特殊珍贵品种。内蒙古长城沿线现已探明矿产 120 余种，占世界已查明矿产种类的 86%。其中，煤炭资源品种优良，种类齐全，且易于开采，著名的陕甘宁油气田坐落于鄂尔多斯地区，全区石油总量约为 2 030 亿 t，与此同时，贵重金属等金属类、非金属类、建材原料、化工原料等矿产资源储量亦十分丰富，这些丰富的自然资源为内蒙古长城沿线经济发展做出了重大贡献。在“大央企大能源大化工”的发展模式下，内蒙古长城沿线经济快速增长。然而，过分依赖资源消耗的经济发展模式弊端也愈加明显，生态环境已不堪重负。近年来，该区域重新审视经济发展模式，尤其是能源产业发展方式，逐步提高资源利用率，大力发展生态循环经济。

## 2.1.2 西北干旱荒漠区

### 2.1.2.1 地理位置

西北干旱荒漠区（图 2-3）指位于贺兰山以西、昆仑山-祁连山以北的广大区域，地理位置介于 73°44′E～110°E 和 34°54′N～49°19′N 之间。区域土地总面积为 2 044 361.4 km$^2$，约占全国总面积的 1/4，涉及新疆、青海、甘肃、内蒙古 4 个省（自治区），下辖巴彦淖尔、乌海、石嘴山、银川、中卫、白银、武威、阿拉善、金昌、张掖、嘉峪关、酒泉、海西、哈密、吐鲁番、昌吉、乌鲁木齐、阿勒泰、塔城、克拉玛依、伊犁、巴音郭勒、和田、喀什、阿克苏、克孜勒苏、博尔塔拉 27 个盟（市）共 113 个旗（县）。西北干旱荒漠区生态系统简单而又脆弱，荒漠广布，植被稀疏，绿洲面积仅占总面积的 5% 左右，却容纳了 95% 的人口，绿洲区是人类活动的载体，是社会经济发展的核心场所。该区域位于欧亚大陆中心地带，与阿富汗、俄罗斯、哈萨克斯坦、塔吉克斯坦、吉尔吉斯斯坦等国家接壤，地理位置非常重要，位于“一带一路”丝绸之路的西部核心区域，是我国同中亚及欧洲国家联系的重要纽带和桥头堡。第二亚欧大陆桥的修建，更突显了西北干旱荒漠区在地理位置上的优越性和重要性。

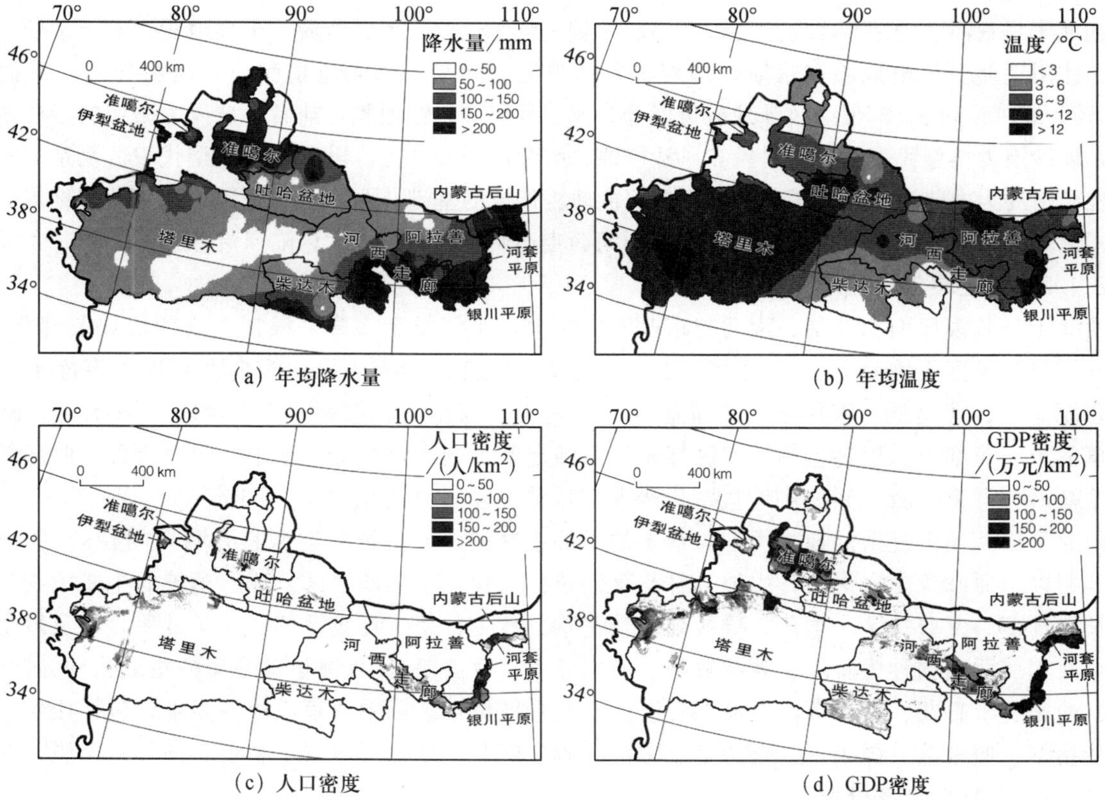


(a) 年均降水量　(b) 年均温度

(c) 人口密度　(d) GDP密度

**图 2-3 西北干旱荒漠区自然环境与社会经济概况图**

2.1.2.2 气候与水文

西北干旱荒漠区远离海洋，深居欧亚大陆腹地，东西和南北跨度均很大，由于距离海洋远近不同以及周边大地貌单元的阻挡，各地受海洋水汽的影响程度不同，气候条件极为复杂，整体上属于典型的温带大陆性气候，年平均气温－2.57～15.06 ℃，年平均降水量15～456 mm，降水量从东到西减少，年平均蒸发量800～3 200 mm，是世界上最为干旱的地区之一。该地区总体上日照时数多，年均日照时数在3 100 h以上，太阳辐射量一般达每年6 000 $MJ/m^2$，光热资源丰富。日温差大，春秋季冷空气活动频繁，冷热变化剧烈，无霜期长。

西北干旱荒漠区的水资源主要来自山区冰雪融水和中山带森林降水。其中，阿尔泰山、昆仑山、天山、祁连山等高山区雨雪丰沛，高山冰川与永久积雪起着固体水库的调节作用，是地表径流的重要形成区。该区域高山与内陆盆地相间分布的地形格局，使得发源于山区的河流均向盆地汇集，形成向心式水系，造就了准噶尔、伊犁河、塔里木、河西和吐鲁番-哈密盆地五大内流水系或内流区，共发育了大小内陆河600多条（胡汝骥等，2002；康尔泗等，1999）。此外，还包括一个外流水系，即额尔齐斯河，其发源于我国阿尔泰山西南坡，由山间两支源头喀依尔特河和库依尔特河汇合而成，沿途汇集了喀拉额尔齐斯河、克兰河、布尔津河、哈巴河等，自东南向西北流出国境，经由俄罗斯的鄂毕河注入北冰洋，是中国唯一流入北冰洋的河流，全长2 969 km，中国境内约546 km，年径流量多达119×$10^8$ $m^3$，水量仅次于伊犁河，居新疆第二位（陈亚宁等，2014；陈亚宁等，2012；康尔泗等，1999）。

2.1.2.3 地形与地势

西北干旱荒漠区海拔高，平均海拔大约为3 200 m，分布着天山、昆仑山、阿尔金山、阿尔泰山及祁连山等高大山脉，包围着塔里木盆地、准噶尔盆地等内陆盆地，塔克拉玛干沙漠、古尔班通古特沙漠、巴丹吉林沙漠、腾格里沙漠等均分布于此，构成以山地-绿洲-荒漠三大生态系统为基本特征的特殊自然单元。

西北干旱荒漠区的地貌类型主要包括湖成地貌、流水地貌、风成地貌、干燥地貌、黄土地貌、冰缘地貌、冰川地貌、火山地貌和喀斯特地貌等，其中流水地貌、风成地貌和干燥地貌分别占总面积的24.65%、26.1%和31.34%。风沙地貌可以分为风积地貌和风蚀地貌，前者由被风力搬运的沙质物堆积而成，以沙漠为典型代表；后者由风和风沙侵蚀、磨蚀作用而产生，以戈壁为典型代表。复杂的地质结构与地貌格局为内陆河流创造了条件，也是河流地貌形成的基础，西北干旱荒漠区特殊地貌格局，造就了我国最大的内陆河流域——塔里木盆地，而河西走廊则是我国第二大内陆河流分布区。

2.1.2.4 土壤与植被

西北干旱荒漠区面积辽阔，南北与东西跨度较大，土壤类型多样，根据土壤的形成及理化性状，将西北干旱荒漠区土壤分为45个土类、122个亚类。在空间分布上，由东向西依次为寒冻土、冷钙土、寒原盐土、寒漠土、寒钙土、干旱盐土、栗钙土、棕漠土、棕钙土、灰漠土、灰褐土、碱化盐土、草甸土、黄绵土、黑钙土等。该区域东部风蚀严重，造成土壤退化和土壤肥力流失，西部新疆地区土壤盐渍化严重，31.1%的耕地盐碱化严重，盐碱土总面积达21.8×$10^4$ $km^2$。

西北干旱荒漠区复杂的地貌类型与众多的局部小气候，使得植被类型具有明显的径向更替规律，植被类型以草原和荒漠占优势，山地森林与草甸植被只存在于局部地区。草原植被的主要植物为大针茅、长芒针茅、戈壁针茅、羊草、绣线菊、长芒草、沙生针茅、石生针茅、短花针茅，以及散生的旱生小半灌木（代表物种为女蒿、蓍状亚菊、灌木亚菊、冷蒿等）。荒漠植被分布的主要物种为沙冬青、绵刺、油柴、半日花、柠条等，在典型荒漠区，地带性植被多以中亚荒漠成分为主，包括梭梭、白梭梭、沙拐枣、假木贼、裸果木、合头草、碱蓬、膜果麻黄、猪毛菜等（侯学煜，1985；李飞，2009）。

2.1.2.5 社会经济概况

西北干旱荒漠区以农牧业为主，人口主要分布在水分条件较好的绿洲，经济活动和社会财富绝大部分都集中在绿洲区域。据统计，目前西北干旱荒漠区人口已超过 2 500 万人，其中农业人口比重较高，超过总人口的 60%。由于该区经济以绿洲农业为主，人口主要集中在绿洲区，绿洲区的人口密度（12.33 人/$km^2$）已经超过国际上关于干旱区的人口密度极限（12 人/$km^2$）。尤其是新疆，95%以上的人口上聚集在不足 6 万 $km^2$ 的绿洲区，绿洲人口密度已经接近 300 人/$km^2$，与我国东部沿海省份平均人口密度接近，这给绿洲生态环境带来非常大的压力。目前，该区域已经发展成为我国重要的粮食、棉花、油料和糖料生产基地，同时也是我国重要的畜牧业基地。该区域煤、石油、天然气等矿产能源资源特别丰富，经过半个多世纪的发展，已经初步建立了完整的工业体系，如石油、天然气、煤炭等矿产能源资源的开采与加工，在此基础上兴起许多资源型城市；由于具有良好的畜牧业和棉花生产基础，纺织业也比较发达，在西北轻工业中占有举足轻重的地位。另外，基于独特的自然景观，该区域大力开发特色旅游项目，也带动了当地经济的发展。但是，由于自然条件、所处地域、民族特点以及基础设施薄弱等众多因素，西北干旱荒漠区社会经济整体上仍以水资源为主线、绿洲农业为主体，在全国一直处于较低水平，生产力发展相对比较滞后。

### 2.1.3　三江源地区

#### 2.1.3.1　地理位置

三江源地区位于青藏高原的腹地，是我国重要的上游关键区，是黄河、长江、澜沧江三大江的源头区域，地理范围在 96°24′～106°23′E 和 31°39′～36°16′N 之间（图 2-4）。区域土地总面积为 264 680.9 $km^2$，约占全国总面积的 2.76%，本书的研究区——三江源地区主要指代黄河源区，涉及青海、四川与甘肃 3 个省份，下辖甘南、阿坝、黄南、海南、海西、玉树 6 个自治州共 20 旗县。

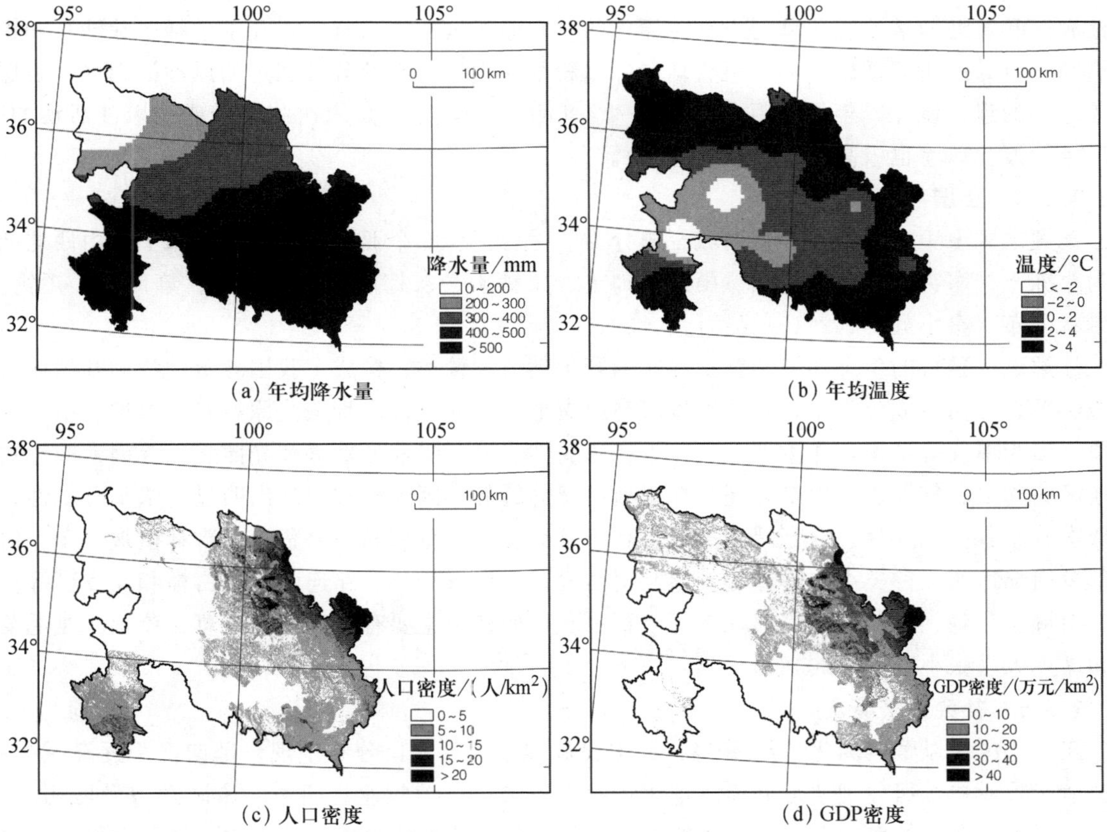


(a) 年均降水量　(b) 年均温度

(c) 人口密度　(d) GDP密度

**图 2-4　三江源地区自然环境与社会经济概况图**

### 2.1.3.2 气候与水文

三江源地区气候独特，属于青藏高原气候系统，有冷暖之分，无四季之别，年温差小，昼夜温差大。冷季时，受青藏高原冷高压的控制，温度低，降雨少；暖季时，受来自印度洋西南季风的影响，雨量比较充分，形成明显的干湿两季之分。该地区海拔高，空气稀薄，所以太阳辐射强烈，年日照时间超过 2 300 h，年辐射量达到 5 000～6 800 MJ/$m^2$。三江源地区年平均气温－4.31～8.86 ℃，年际变化不大，昼夜温差大，平均昼夜温差可达到 20℃以上；年平均降水量 52～785 mm，年平均蒸发量 543.27～647.24 mm；年平均风速 1～3 m/s，大风日数多。

三江源地区水资源十分丰富，总量约 378.4 亿 $m^3$，区内河流密布，湖泊星罗棋布，沼泽众多，是世界上海拔最高、面积最大、湿地类型最丰富的地区。三江源地区山脉众多，大部分地区的海拔超过 4 000 m，雪线以上积雪，终年不化，使得雪山、冰川大范围分布，成为中国冰川集中地之一（王春青等，2016）。

### 2.1.3.3 地形与地势

三江源地区平均海拔 2 227～6 127 m，属于青藏高原的腹地和主体，素有“江河源”“中华水塔”之称。研究区内地貌以山地为主，区域内山脉众多、地形复杂，平均海拔在 4 300 m 左右。东北到西南走向上矗立着阿尼玛卿山脉和巴颜喀拉山脉，多见侵蚀中山地貌、河谷地貌和湖盆地貌（李晨松，2014）。

易蚀泥沙物质广泛分布于三江源地区内高滩地、阶地和丘陵上，在风力作用下，易蚀颗粒广泛运动，造成沙漠化加剧。黄河源区和长江源区广泛分布着现代活动沙丘，更新世、全新世或更早地质时期内发育的半固定或固定沙丘，目前风沙活动最强烈，如通天河上游河道及昆仑山口的高原面上的活动沙丘，黄河源区古河道中的连片活动沙丘，以及星星海、日格错和扎陵湖滩上的连片沙丘；同时整个长江源区和黄河源区沙漠化草甸土和草原土的分布面积远比沙丘宽广，几乎包括了除沙丘和山地中心基岩部分以外的所有地区，物质组成均匀，以粉细沙为主。在部分被固定的风沙活动区，表层下普遍覆盖厚层的连片沙丘，年代以距今 1 400～2 400 年为主，主要是末次冰期最盛期风沙活动的产物，这些区域沙漠化风险也极高（李津成，2004）。

### 2.1.3.4 土壤与植被

三江源地区土壤类型多样，将区域土壤分为 29 个土类 69 个亚类。在空间分布上，由西北向东南依次为寒冻土、寒钙土、寒原盐土、山地草甸土、栗钙土、灰棕漠土、黑毡土、草甸土、黑钙土等，呈条带状分布（秦小静等，2015；吴万贞，2010）。

三江源地区独特的生态环境孕育出丰富的野生动植物种类，构成了我国珍贵的物种基因库。三江源植被区系以北温带成分为主，其处在青藏高原腹地，因此有许多青藏高原特有的植被。植被区系成分简单，多为单优势结构，伴生种不多，生态脆弱性明显。受地形地势和光照强度等因素的影响，三江源地区的降雨和气温表现出东部到西部逐渐递减的趋势，因此植被表现出明显的水平分带性，自东而西依次分布着山地森林、高寒灌丛草甸、高寒草甸、高寒草原和高寒荒漠。森林植被分布于研究区的东部及南部地区，种类主要是青海云杉、川西云杉、紫果云杉、祁连圆柏、白桦和糙皮桦等；灌丛植被有山柳、沙棘、黑刺、白刺、杜鹃等；草原、草甸植被主要有沙蒿、芨芨草、芦苇、凤毛菊以及苔藓和藻类等（张小咏等，2008）。

### 2.1.3.5 社会经济概况

三江源地区是以藏族为主（约 90%）的多民族聚集区，人口分布呈现东部向西部逐渐减少趋势。三江源地区牧业户按居住现状可分为已定居牧业户和未定居游牧业户两类。该区经济发展相对滞后，经济结构以第一产业的畜牧业为主，畜牧业生产延续传统落后的自然放养方式，靠天游牧，择水草而居。人口的增长及畜牧业的发展，对该区的生态会造成一定的破坏。据统计，三江源地区退化草场面积已占到可利用草场面积的 26%～46%，严重地威胁着当地生态环境及畜牧业的可持续发展。为此，

2003 年，成立了国家级三江源自然保护区；2005 年，实施《三江源生态保护与建设总体规划》，启动生态保护与生态建设工程；2011 年 11 月，国务院批准实施《青海三江源国家生态保护综合试验区总体方案》，继续巩固和维护高原生态屏障功能。

## 2.2　数据与方法

### 2.2.1　数据来源

本研究所使用的数据包括遥感影像、气候、土壤与植被、土地利用以及社会经济统计数据等。1981 年和 2010 年覆盖研究区的 Landsat MSS/TM/ETM＋遥感影像来自美国地质调查局（USGS），主要用于监测沙漠化程度；所有影像均经过辐射校正和几何校正。本研究使用的归一化植被指数（normalized differencial vegetation index，NDVI）为 GIMMS NDVI3g 数据集，来自美国国家航空航天局（NASA）戈达德航天中心，时间分辨率为半月，空间分辨率为 8 km，时间范围为 1981—2010 年，该数据集已经过几何校正、图形增强等预处理，保证其数据质量。1981—2010 年研究区内气象站点的月平均降雨、温度、日照时数、风速等气候要素数据来自国家气象信息中心。1∶100 万中国土壤图、植被图，1∶10 万中国沙漠图，1981—2010 年 1 km 分辨率的土地利用数据以及研究区 1 km 分辨率的 DEM 数据来自中国科学院资源环境数据中心。人口、牲畜数量、造林面积等数据来自相应年份各省份的统计年鉴。为了便于空间分析与对比，同时考虑到所有数据中最低的分辨率，本研究将所有栅格、矢量数据统一重采样或转换为分辨率为 8 km×8 km 的空间数据，投影方式为亚尔勃斯等积圆锥投影（Albers conical equal-area）。

### 2.2.2　沙漠化监测方法

#### 2.2.2.1　沙漠化分类体系

建立沙漠化分类体系是开展沙漠化监测的基础。目前，我国应用最为广泛的沙漠化分类体系主要有 2 个：一是国家林业局和国家荒漠化监测办公室汇编的《全国荒漠化和沙化监测技术规定》（修改稿）（屠志方等，2016）。该规定根据不同的调查方式（遥感和地面调查）、荒漠化类型（风蚀、水蚀、盐渍化、冻融荒漠化）和土地利用类型（草地、林地、未利用地和耕地）分别制定了详细的荒漠化程度评价指标，主要包括植被盖度、土壤质地、覆沙厚度、作物产量下降率、有效土层厚度、坡度、侵蚀沟面积比例、工程措施、盐斑占地率、土壤含盐量、地表形态、防护措施和耕作状况、沟壑面积比例等，并在 5 次全国荒漠化监测中得以应用和完善。二是中国科学院寒区旱区工程与环境研究所王涛等主持的国家重点基础研究发展计划（973 计划）“中国北方沙漠化过程及其防治”项目（王涛，2003；王涛等，2004）。该分类体系根据我国北方沙漠化过程、人类活动特点和已有的监测研究结果，选取在利用遥感和计算机手段获取及分析信息方面具有直接应用价值的 4 个指标：①风蚀地或流沙面积所占该地区面积的百分比；②单位时间内风蚀地或流沙面积年均扩大所占该地区面积的百分比；③地表植被覆盖度（主要指草场、林地）；④生物生产量。这两个分类体系为我国沙漠化监测奠定了重要的基础，但在实际使用中仍存在一些问题，例如，在这些指标体系中，有不少监测或评价指标是偏定性的，需要监测人员对监测区的下垫面情况十分了解，并且能够准确地按照指标体系的要求来划分沙漠化等级，一方面对监测人员的要求较高，工作量大，另一方面容易引入人为方面的误差，可重复性较弱。基于上述沙漠化监测指标体系良好的基础，同时充分考虑这些指标体系在实际应用中存在的问题，本研究采用较为快速、便捷的沙漠化监测方法对中国北方沙漠化地区近 30 年来的沙漠化动态进行监测与分析，并将中国北方沙区土地划分为六类：非沙漠化土地（包括城镇、水域、森林、草地和农田）、轻度沙漠化土地、中度沙漠化土地、重度沙漠化土地、极重度沙漠化土地和原生沙漠与戈壁。不同土地类型之间将通过定量的方法进行区分（表 2-2）。

**表 2-2　中国北方沙漠化土地分类分级表**（王涛等，2003）

| 项目 | 沙丘活化或流沙入侵 | 灌丛沙漠化 | 砾质沙漠化（地表粗化） | 风蚀劣地化 | 旱作农田耕地沙漠化 |
|---|---|---|---|---|---|
| 分布区域 | 我国东部各沙地；西部沙漠边缘或深入沙漠的河流沿岸 | 我国西部沙漠和东部沙地的外缘；内蒙古高原中部 | 戈壁的外缘；内蒙古高原中西部 | 新疆罗布泊、阿尔金山东侧雅丹分布区的外围；内蒙古高原东南部（河北坝上） | 东部草原农垦区；黄土高原北部 |
| 原始状态 | 固定沙丘或绿洲草地、农田 | 干草原或荒漠草原、草原化荒漠 | 荒漠草原或草原化荒漠 | 干草原或荒漠草原、草原化荒漠 | 旱作农田 |
| 潜在和轻度沙漠化 | 沙丘迎风坡出现风蚀坑；流沙斑点状分布，面积 5%～25%；植被为原始盖度的 90%以上 | 灌丛生长茂盛；灌丛下出现流沙堆积，并形成各种形态的沙嘴 | 砾石在地表开始明显富集 | 地表出现风蚀浅坑，但尚未有明显陡坎 | 春季垄沟有少量积沙，耕垄有明显的风蚀痕迹 |
| 中度沙漠化 | 沙丘呈现明显的风蚀坡和落沙坡分异；流沙面积 25%～50%；植被盖度为原始的 50%～90% | 灌丛有叶期仍不能覆盖整个沙堆；灌丛沙堆迎风侧显现流沙；沙堆间平地有浮沙或出现沙质化 | 地面布满粗沙砾石，但仍有稀疏植被，植被盖度大于 25%，总景观为砾质草场 | 风蚀坑大部分裸露，地面出现明显的小型陡坎 | 黄土质耕地明显出现小片流沙；风蚀耕地明显低下，土壤腐殖质层风蚀厚度超过 50% |
| 重度沙漠化 | 沙地成为半流动状态，流沙面积超过 50%，植被盖度小于原始状态的 50% | 灌丛开始大片死亡；植被盖度小于 25%，流沙面积超过 50% | 地面完全为砾石覆盖，砾石间少有沙粒，植被盖度 10%～25% | 地面出现风蚀残墩、风蚀残丘的低级形态，之间平地有零星草被，砾质化耕地弃耕 | 风蚀耕地腐殖质层几乎蚀净，出露钙积层或土壤母质；沙漠化耕地流沙面积超过 25%，大部分弃耕 |
| 严重沙漠化 | 流动沙丘地；植被盖度<10% | 流动起伏沙地；植被盖度<10% | 戈壁；植被盖度<10% | 雅丹 | 平沙地或砾石地；植被盖度小于 10% |

### 2.2.2.2　沙漠化监测方法

沙漠化定量监测不仅需要在监测指标方面进行定量的反演与计算，而且还需要有能够定量的监测方法进行监测与评价。目前，常用的沙漠化分类或者监测方法主要有非监督分类、监督分类、决策树分类法等。刘爱霞系统比较了这三种方法在中国及中亚地区荒漠化监测中的精度，认为决策树分类法精度最高（刘爱霞，2004）；霍艾迪等在对中国北方沙漠化监测方法比较研究中也得出同样的结论，认为决策树法监测效果最为理想（霍艾迪等，2008）。同时，决策树法基于规则的构建方式非常适合定量监测研究，较之前两种方法定量性差的特点有较大的优势，已广泛应用于沙漠化等土地利用/覆盖变化监测研究中（杜明义，2006；买买提沙吾提等，2008）。因此，本研究选择决策树法对沙漠化进行定量监测。

在本研究中，根据对沙漠化总体特征以及各沙漠化等级土地特征分异规律的认识，基于分层分类的思想构建决策树，进而根据决策树所描述的总体结构，进行逐级分类，最终达到各等级沙漠化土地定量监测的目的。分类过程中，在结构层次间可以不断加入遥感或非遥感的决策函数、专家知识及有关资料，进一步改善分类条件，提高分类的精度。考虑到对沙漠化土地的代表性、不同等级沙漠化土地区分能力以及对未来沙漠化动态模拟的支撑能力，本研究选择植被净初级生产力（NPP）作为决策树分类的主要指标，并辅以土地利用信息、地形地貌信息等，对不同等级沙漠化土地进行分层分类提取。

本研究基于 NDVI 数据与 CASA 模型计算植被净初级生产力（NPP），并将其作为判断沙漠化程度的主要指标，得到中国北方地区 20 个沙区不同沙漠化等级对应的 NPP 阈值（表 2-3），对中国北方沙区土地 1981—2010 年荒漠化程度进行判别与统计。沙漠化监测流程具体步骤如下：①非沙漠化土地提取。在实地考察的基础上，利用 1∶100 000 土地利用图提取城镇、水域、森林、农田的分布区域；考虑中国北方沙区草地退化现象严重，利用高分辨率遥感影像，针对每个沙区选择 100 个可以明显判别为未退化草地的样点，提取 1981—2010 年 NPP 均值，建立未退化草地 NPP 阈值表，进而提取未退化草地并与上述城镇、水域、森林、农田区域合并作为非沙漠化区域。②沙漠化土地提取。按照上述草地 NPF 阈值表建立的规则，同步确定了不同沙区原生沙漠的 NPP 阈值；根据草地与原生沙漠的 NPP 阈值情况，按照等间距划分原则，建立轻度、中度、重度、严重沙漠化以及原生沙漠与戈壁（也写作原生沙漠、戈壁）NPP 阈值体系。

**表 2-3　中国北方沙区不同沙漠化等级 NPP 阈值**

| 地理单元 | 非沙漠化 | 轻度 | 中度 | 重度 | 严重 | 原生沙漠与戈壁 |
|---|---|---|---|---|---|---|
| 阿拉善盟 | ＞68 | 55～68 | 43～55 | 30～43 | 15～30 | ＜15 |
| 乌兰察布 | ＞160 | 115～160 | 65～115 | 25～65 | ＜25 | 无 |
| 察哈尔 | ＞115 | 100～115 | 66～100 | 30～66 | ＜30 | 无 |
| 柴达木盆地 | ＞70 | 54～70 | 38～54 | 22～38 | 6～22 | ＜6 |
| 鄂尔多斯 | ＞150 | 120～150 | 90～120 | 60～90 | 30～60 | ＜30 |
| 呼伦贝尔 | ＞155 | 125～155 | 95～125 | 65～95 | 25～65 | ＜25 |
| 浑善达克 | ＞175 | 145～175 | 8～145 | 30～80 | ＜30 | 无 |
| 河套平原 | ＞60 | 48～60 | 36～48 | 24～36 | ＜24 | 无 |
| 河西走廊 | ＞68 | 55～68 | 38～55 | 20～38 | 8～20 | ＜8 |
| 晋西北 | ＞150 | 120～150 | 80～120 | 40～80 | ＜40 | 无 |
| 科尔沁 | ＞150 | 115～150 | 70～115 | 25～70 | ＜25 | 无 |
| 内蒙古后山 | ＞65 | 52～65 | 26～52 | 12～26 | 8～12 | ＜8 |
| 宁夏河东 | ＞115 | 90～115 | 65～90 | 40～65 | ＜40 | 无 |
| 三江源 | ＞195 | 155～195 | 100～155 | 45～100 | 25～45 | ＜25 |
| 塔里木盆地 | ＞60 | 46～60 | 28～46 | 15～28 | 5～15 | ＜5 |
| 吐哈盆地 | ＞56 | 44～56 | 32～44 | 18～32 | 8～18 | ＜8 |
| 土默特 | ＞135 | 105～135 | 80～105 | 50～80 | ＜50 | 无 |
| 银川平原 | ＞75 | 55～75 | 35～55 | 15～35 | ＜15 | 无 |
| 伊犁盆地 | ＞170 | 130～170 | 90～130 | 50～90 | ＜50 | 无 |
| 准噶尔盆地 | ＞105 | 89～105 | 72～89 | 56～72 | 39～56 | ＜39 |

#### 2.2.2.3 沙漠化监测结果验证

在获得北方地区六期沙漠化监测的结果基础上，利用选择的验证点对其监测精度进行评价。考虑到在沙漠化监测指标体系以及监测时序方面的相似性，本研究以中国北方1∶10万沙漠化土地分布数据集（重点基础研究发展计划（973计划）“中国北方沙漠化过程及其防治”）为主要参照对象，辅以部分野外调查数据进行沙漠化监测结果验证。运用ArcGIS 10.6软件将监测结果按类别转换成矢量文件，在每个类别内随机生成50个点，确认检验样点的属性后建立研究区六期土地沙漠化监测精度评价误差矩阵。误差矩阵是用来表示精度评价的一种标准格式，是$n$行$n$列的矩阵，其中$n$代表类别数。误差矩阵可以清楚地显示各类别的包含误差和丢失误差，除此之外，还可以从误差矩阵中计算出各种精度测量指标，如总体精度、制图精度和用户精度。总体精度由误差矩阵内主对角线元素之和（正确分类的个数）除以总的采样个数得出。制图精度和用户精度可以表示某一单类别的精度，制图精度为某类别正确分类个数除以该类的总采样个数（该类的列总和）；而用户精度定义为正确分类的该类个数除以分为该类的采样的个数（该类的行总和）。然而，利用总体精度、制图或用户精度的一个缺点是像元类别的小变动可能导致其百分比的变化。Kappa分析（Kappa系数法）采用另一种离散的多元技术，考虑了矩阵的所有因素，可以克服以上的缺点。Kappa分析产生的评价指标$K_{\text{hat}}$是一种测定两幅图之间吻合度或精度的指标，其公式为

$$K_{\text{hat}}=\frac{N\sum_{i=1}^{r}x_{ii}-\sum_{i=1}^{r}\left(\sum_{i=1}^{r}x_{ji}\sum_{i=1}^{r}x_{ij}\right)}{N^{2}-\sum_{i=1}^{r}\left(\sum_{i=1}^{r}x_{ji}\sum_{i=1}^{r}x_{ij}\right)} \tag{2-1}$$

式中：$r$是误差矩阵中总列数（即总的类别数）；$x_{ii}$是误差矩阵中第$i$行、第$i$列上像元数量（即正确分类的数目）；$\sum_{i=1}^{r}x_{ji}$和$\sum_{i=1}^{r}x_{ij}$分别是第$i$行和第$i$列的像元数量；$N$是用于精度评估的总像元数目。

从表2-4可以看出，研究区四期沙漠化检测结果中总分类精度在88.5%～91.5%，制图精度在84.31%～93.62%，用户精度在86%～100%，Kappa系数在0.8467～0.8867，严重沙漠化的用户精度最高，其他等级相对较低，总体上监测的精度达到分析的要求，表明利用此定量监测方法取得了较为理想的监测精度（表2-4至表2-7）。

**表2-4　1990年沙漠化监测精度评价误差矩阵**

| 等级 | 轻度 | 中度 | 重度 | 严重 | 总和 | 用户精度 |
|---|---|---|---|---|---|---|
| 轻度 | 43 | 3 | 3 | 1 | 50 | 86% |
| 中度 | 3 | 44 | 2 | 1 | 50 | 88% |
| 重度 | 0 | 3 | 43 | 4 | 50 | 86% |
| 严重 | 0 | 0 | 1 | 49 | 50 | 98% |
| 总和 | 46 | 50 | 49 | 55 | 200 | |
| 制图精度 | 93.49% | 88.00% | 87.76% | 89.09% | | |
| 总体精度：89.5% | | | | Kappa系数：0.860 0 | | |

表 2-5　2000 年沙漠化监测精度评价误差矩阵

| 等级 | 轻度 | 中度 | 重度 | 严重 | 总和 | 用户精度 |
|---|---|---|---|---|---|---|
| 轻度 | 43 | 4 | 2 | 1 | 50 | 86% |
| 中度 | 4 | 43 | 3 | 0 | 50 | 86% |
| 重度 | 0 | 3 | 44 | 3 | 50 | 88% |
| 严重 | 0 | 1 | 2 | 47 | 50 | 94% |
| 总和 | 47 | 51 | 51 | 51 | 200 | |
| 制图精度 | 91.49% | 84.31% | 86.27% | 92.16% | | |
| 总体精度：88.5% | | | Kappa 系数：0.846 7 | | | |

表 2-6　2005 年沙漠化监测精度评价误差矩阵

| 等级 | 轻度 | 中度 | 重度 | 严重 | 总和 | 用户精度 |
|---|---|---|---|---|---|---|
| 轻度 | 44 | 3 | 2 | 1 | 50 | 88% |
| 中度 | 3 | 45 | 2 | 0 | 50 | 90% |
| 重度 | 0 | 3 | 44 | 3 | 50 | 88% |
| 严重 | 0 | 0 | 0 | 50 | 50 | 100% |
| 总和 | 47 | 51 | 48 | 54 | 200 | |
| 制图精度 | 93.62% | 88.24% | 91.67% | 92.59% | | |
| 总体精度：91.5% | | | Kappa 系数：0.886 7 | | | |

表 2-7　2010 年沙漠化监测精度评价误差矩阵

| 等级 | 轻度 | 中度 | 重度 | 严重 | 总和 | 用户精度 |
|---|---|---|---|---|---|---|
| 轻度 | 45 | 3 | 2 | 0 | 50 | 90% |
| 中度 | 4 | 43 | 2 | 1 | 50 | 86% |
| 重度 | 0 | 3 | 43 | 4 | 50 | 86% |
| 严重 | 0 | 0 | 2 | 48 | 50 | 96% |
| 总和 | 49 | 49 | 49 | 53 | 200 | |
| 制图精度 | 91.84% | 87.76% | 87.76% | 90.57% | | |
| 总体精度：89.5% | | | Kappa 系数：0.860 0 | | | |

## 2.3　1981—2010 年中国北方沙漠化时空演变

### 2.3.1　北方沙区土地沙漠化程度结构分析

根据 1981—2010 年北方沙区各期土地沙漠化监测结果，分析北方沙区 1981—2010 年不同等级土地沙漠化的数量变化情况及变化趋势（表 2-8）。可以看出，北方沙区沙漠化土地面积从 1981 年的 2 169 940.5 $km^2$ 减少到 2010 年的 2 149 348.5 $km^2$，总体呈现出较为稳定但略有下降的趋势。1981 年轻度沙漠化为 118 699.7 $km^2$，占北方沙区土地总面积的 3.93%；中度沙漠化面积是 292 331.4 $km^2$，约为轻度沙漠化面积的3倍，占比9.68%；重度沙漠化面积略高于中度沙漠化面积，为348 345.0 $km^2$，占研究区域总面积的11.54%；严重沙漠化面积近似中度沙漠化面积，占比8.38%；原生沙漠与戈壁面积最大，为1 157 491.0 $km^2$，占土地总面积的38.34%。1990年轻度、中度、重度、严重、原生沙漠与戈壁面积分别为111 193.43 $km^2$、287 306.39 $km^2$、341 024.49 $km^2$、214 474.43 $km^2$、1 127 032.98 $km^2$，所占土地总面积的比例分别为3.68%、9.52%、11.30%、7.11%、37.33%，轻度沙漠化、严重沙漠化面积较1981年减少较为明显，其他沙漠化类型面积基本得到控制。1995年轻度、中度、重度、严重、原生沙漠与戈壁面积分别为132 781.1 $km^2$、286 019.0 $km^2$、322 197.6 $km^2$、213 935.7 $km^2$、1 086 707.0 $km^2$，占土地总面积的比例分别为4.40%、9.48%、10.68%、7.09%、36.01%，原生沙漠与戈壁面积较1990年减少较为明显，而轻度沙漠化面积与上一个监测年份相比略微增加。2000年轻度、中度、重度、严重、原生沙漠与戈壁面积分别为128 636.6 $km^2$、279 424.5 $km^2$、330 892.5 $km^2$、222 652.7 $km^2$、1 072 375.0 $km^2$，与1995年相比各等级沙漠化面积变化不大，而原生沙漠与戈壁面积较为明显地减少。2005年轻度、中度、重度、严重、原生沙漠与戈壁面积分别为120 626.7 $km^2$、229 455.2 $km^2$、297 146.9 $km^2$、201 729.4 $km^2$、1 163 711.0 $km^2$，占北方沙区土地总面积的4.00%、7.60%、9.85%、6.69%、38.56%，较2000年相比中度、重度、严重沙漠化面积有较大比例的减少，而原生沙漠与戈壁面积与2000年相比有较大比例的增加，与1981年相似。2010年轻度、中度、重度、严重、原生沙漠与戈壁面积分别为145 919.8 $km^2$、351 513.0 $km^2$、399 969.3 $km^2$、341 393.0 $km^2$、910 553.4 $km^2$，占土地总面积的比例分别为4.83%、11.64%、13.24%、11.30%、30.15%，中度、重度、严重沙漠化面积较2005年增加较为明显，严重沙漠、原生沙漠与戈壁面积减少较为明显。对比1981年，30年间轻度、中度、重度、严重沙漠化面积在数量上基本得到控制，涨幅较小；原生沙漠与戈壁面积治理效果明显，总体呈面积持续稳定减少的趋势

为更清楚分析1981—2010年间北方沙区沙漠化覆盖结构，本研究引入单一土地利用类型动态度来表征各等级沙漠化土地面积随时间的变化情况。单一土地利用类型动态度是时间的函数，能够反映出研究初期到研究末期的任意时间间隔内，土地利用类型在单位时间内的变化幅度，公式如下：

$$\mathrm{ACL}_j = U_{j,b} - U_{j,a} \tag{2-2}$$

$$\mathrm{AVR}_j = \mathrm{ACL}_j / U_{j,a} \times \frac{1}{T} \times 100\% \tag{2-3}$$

式中，$\mathrm{ACL}_j$ 为 $j$ 等级沙漠化面积变化（$km^2$），$\mathrm{AVR}_j$ 为 $j$ 等级沙漠化面积变化率；$U_{j,a}$ 为研究初期 $j$ 等级沙漠化面积（$km^2$）；$U_{j,b}$ 为研究末期 $j$ 等级沙漠化面积（$km^2$）；$T$ 为研究初期至研究末期的时间间隔（a）。

由式（2-2）、式（2-3）得到北方沙区各等级沙漠化土地动态变化情况，如表2-9所示。从表中可以看出，1981—1990年，所有沙漠化类型在面积上呈减少趋势，变化较显著的是严重沙漠化面积，缩减速率为每年1.53%，相应地非沙漠化面积呈显著增加趋势，增加速率达到每年1.04%，沙漠化整体治理效果显著。1990—2000年，原生沙漠与戈壁面积变化为−54 658.40 $km^2$（即面积减少54 658.40 $km^2$），缩减速率为每年0.48%；中度、重度沙漠化面积也呈现减少趋势，而轻度、严重沙漠化面积均呈增加趋势，严重沙漠化面积增加速率较小，仅为0.38%，轻度沙漠化面积增加速率达到1.57%；2000—2010年，原生沙漠与戈壁呈持续大幅度减少趋势，缩减速率为每年1.51%，而轻度、中度、重度、严重沙漠化面积均呈现较大幅度的增加趋势，增加速率最大的是严重沙漠化，达到每年5.33%，非沙漠化面积随之呈现缩减趋势。总体而言，1981—2010年，原生沙漠与戈壁呈持续减少趋势，缩减速率为每年2.13%，30年间共计减少了246 937.00 $km^2$；轻度、中度、重度、严重沙漠化面积趋势变化表现为先减少后增加，其后期增加速率稍大于前期减少速率，最终面积稍有增加，但基本维持在稳定范围内。

**表 2-8　1981—2010 年北方地区各等级土地沙漠化面积及比例**

| 沙漠化等级 | 1981 年 | | 1990 年 | | 1995 年 | | 2000 年 | | 2005 年 | | 2010 年 | |
|---|---|---|---|---|---|---|---|---|---|---|---|---|
| | 面积/$km^2$ | 比例/% | 面积/$km^2$ | 比例/% | 面积/$km^2$ | 比例/% | 面积/$km^2$ | 比例/% | 面积/$km^2$ | 比例/% | 面积/$km^2$ | 比例/% |
| 非沙漠化 | 849 451.8 | 28.13 | 937 883.93 | 31.07 | 976 406.7 | 32.35 | 983 466.4 | 32.59 | 1 004 940.0 | 33.30 | 870 628.8 | 28.83 |
| 轻度沙漠化 | 118 699.7 | 3.93 | 111 193.43 | 3.68 | 132 781.1 | 4.40 | 128 636.6 | 4.26 | 120 626.7 | 4.00 | 145 919.8 | 4.83 |
| 中度沙漠化 | 292 331.4 | 9.68 | 287 306.39 | 9.52 | 286 019.0 | 9.48 | 279 424.5 | 9.26 | 229 455.2 | 7.60 | 351 513.0 | 11.64 |
| 重度沙漠化 | 348 345.0 | 11.54 | 341 024.49 | 11.30 | 322 197.6 | 10.68 | 330 892.5 | 10.97 | 297 146.9 | 9.85 | 399 969.3 | 13.24 |
| 严重沙漠化 | 253 073.4 | 8.38 | 214 474.43 | 7.11 | 213 935.7 | 7.09 | 222 652.7 | 7.38 | 201 729.4 | 6.69 | 341 393.0 | 11.30 |
| 原生沙漠、戈壁 | 1 157 491.0 | 38.34 | 1 127 032.98 | 37.33 | 1 086 707.0 | 36.01 | 1 072 375.0 | 35.54 | 1 163 711.0 | 38.56 | 910 553.4 | 30.15 |

**表 2-9　1981—2010 年北方地区各等级土地沙漠化动态变化率**

| 沙漠化等级 | 1981—1990 年 | | 1990—2000 年 | | 2000—2010 年 | | 1981—2010 年 | |
|---|---|---|---|---|---|---|---|---|
| | ACL/$km^2$ | AVR/% | ACL/$km^2$ | AVR/% | ACL/$km^2$ | AVR/% | ACL/$km^2$ | AVR/% |
| 非沙漠化 | 88 432.17 | 1.04 | 45 582.51 | 0.49 | −112 838.00 | −1.15 | 21 177.08 | 0.25 |
| 轻度沙漠化 | −7 506.30 | −0.63 | 17 443.13 | 1.57 | 17 283.22 | 1.34 | 27 220.05 | 2.29 |
| 中度沙漠化 | −5 024.97 | −0.17 | −7 881.88 | −0.27 | 72 088.46 | 2.58 | 59 181.60 | 2.02 |
| 重度沙漠化 | −7 320.54 | −0.21 | −10 132.00 | −0.30 | 69 076.84 | 2.09 | 51 624.29 | 1.48 |
| 严重沙漠化 | −38 598.90 | −1.53 | 8 178.24 | 0.38 | 118 740.30 | 5.33 | 88 319.62 | 3.49 |
| 原生沙漠、戈壁 | −30 457.50 | −0.26 | −54 658.40 | −0.48 | −161 821.00 | −1.51 | −246 937.00 | −2.13 |

### 2.3.2 北方沙区土地沙漠化数量转移特征分析

土地沙漠化的变化主要包括土地沙漠化的发展及逆转。土地沙漠化的发展又可分为各等级沙漠化土地内部的发展，如轻度沙漠化土地发展为重度沙漠化土地，以及非沙漠化土地发展为沙漠化土地；土地沙漠化的逆转亦可分为不同等级沙漠化土地内部的逆转，例如原生沙漠与戈壁逆转为严重沙漠化土地，以及沙漠化土地逆转为非沙漠化土地。为获得中国北方沙区沙漠化土地随时间的数量转移特征，本研究借助 ArcGIS 10.6 软件的空间分析功能，得到中国北方沙区 1981—2010 年土地利用/覆被转移矩阵，从而获得各等级沙漠化发展及逆转的主要方向。

根据 1981—2010 年中国北方沙区不同土地利用/覆被转移矩阵（表 2-10），可以看出北方沙区沙漠化土地的转变关系较为复杂，研究时段内的转移过程主要表现为以下特点：

（1）沙漠化土地的逆转与发展均以相邻等级间的变化为主，但逆转过程中原生沙漠与戈壁逆转为其他等级沙漠的占比较大。在沙漠化土地的发展过程中，轻度、中度沙漠化发展为重度沙漠化土地的面积共 56 377.61 $km^2$，其中中度沙漠化土地发展为重度沙漠化土地的面积为 51 900.15 $km^2$，占比 92.06%；轻度、中度、重度发展为严重沙漠化的土地面积为 60 950.07 $km^2$，其中由重度沙漠化发展的占 83.94%；轻度、中度、重度、严重沙漠化发展为原生沙漠与戈壁的总面积为 98 301.94 $km^2$，其中由严重沙漠化土地发展的占比达到 69.58%。沙漠化逆转过程呈现出与沙漠化发展过程不同的规律，在各等级的沙漠化逆转过程中原生沙漠与戈壁占比较大，逆转为轻度沙漠化的土地类型中原生沙漠与戈壁占比 54.85%；逆转为中度沙漠化的土地类型中重度沙漠化土地占比 58.99%，而由原生沙漠与戈壁逆转的比例也达到 30.76%；原生沙漠与戈壁与严重沙漠化逆转为重度沙漠化的过程中，原生沙漠与戈壁逆转的面积占比 57.52%。

（2）沙漠化土地内部变化中逆转面积大于发展面积，总体变化趋势良好。沙漠化内部发展逆转的土地总面积为 472 325.30 $km^2$，发展的土地面积为 251 073.15 $km^2$。逆转为轻度沙漠化的面积为 79 441.55 $km^2$；逆转为中度沙漠化的面积为 90 087.34 $km^2$，发展为中度沙漠化的面积为 35 443.53 $km^2$；逆转为重度沙漠化的总面积为 136 580.47 $km^2$，发展为重度沙漠化的面积仅为 56 377.61 $km^2$；逆转为严重沙漠化的面积为 166 215.97 $km^2$，发展为严重沙漠化的土地面积为 60 950.07 $km^2$，逆转明显大于发展，说明 30 年间原生沙漠与戈壁治理成果较为显著；轻度、中度、重度、严重沙漠化发展为原生沙漠与戈壁的面积共计 98 301.94 $km^2$。

从上述土地沙漠化变化分析可知，1981—2010 年北方沙区沙漠化土地逆转面积共为 725 208.50 $km^2$，沙漠化土地内部的逆转面积为 472 325.30 $km^2$，类型上主要以沙漠化土地向相邻较轻等级沙漠逆转与由原生沙漠与戈壁逆转为主；沙漠化土地逆转为非沙漠化土地的面积为 252 883.17 $km^2$。土地沙漠化发展面积共计 42 143.64 $km^2$，沙漠化土地内部的发展面积为 251 073.15 $km^2$，类型上主要以沙漠化土地向相邻较重等级沙漠发展为主；非沙漠化土地发展为沙漠化土地的总面积为 231 070.49 $km^2$。总之，沙漠化土地内部变化中逆转面积大于发展面积，且沙漠化程度总体呈现减轻趋势，总体变化趋势良好。

**表 2-10　1981—2010 年北方沙区不同土地利用/覆被转移矩阵**

$km^2$

| 1981 年 | 2010 年 | | | | | |
|---|---|---|---|---|---|---|
| | 非沙漠化 | 轻度沙漠化 | 中度沙漠化 | 重度沙漠化 | 严重沙漠化 | 原生沙漠、戈壁 |
| 非沙漠化 | 614 160.20 | 54 335.04 | 105 156.85 | 24 537.66 | 14 732.97 | 32 307.97 |
| 轻度沙漠化 | 60 081.28 | 11 619.45 | 35 443.53 | 4 477.46 | 1 979.87 | 4 538.90 |
| 中度沙漠化 | 77 485.45 | 28 036.73 | 119 604.65 | 51 900.15 | 7 806.82 | 6 295.15 |

续表 2-10

| 1981 年 | 2010 年 | | | | | |
|---|---|---|---|---|---|---|
| | 非沙漠化 | 轻度沙漠化 | 中度沙漠化 | 重度沙漠化 | 严重沙漠化 | 原生沙漠、戈壁 |
| 重度沙漠化 | 28 875.82 | 14 388.65 | 53 146.62 | 181 041.92 | 51 163.38 | 19 072.92 |
| 严重沙漠化 | 11 281.15 | 8 692.23 | 9 227.46 | 58 018.94 | 96 740.21 | 68 394.97 |
| 原生沙漠、戈壁 | 75 159.47 | 28 323.94 | 27 713.26 | 78 561.53 | 166 215.97 | 778 020.42 |

### 2.3.3　北方沙区土地沙漠化空间分布特征分析

北方沙区各等级土地沙漠化在数量上变化显著，为研究其在空间上的动态分布特征，本研究引入多度指数及重要度指数对 1981—2010 年土地沙漠化的空间分布序列进行深入研究。多度指数用以反映某一沙漠化土地类型在研究区的分布程度，多度指数越高，说明该沙漠化类型在研究区内分布越分散，斑块数量越多，但不能说明面积大小；反之，则表明该沙漠化类型在研究区内越集中分布，斑块数量越少，同样并不代表其面积小。重要度指数用以反映该沙漠化土地类型对研究区的重要程度以及影响程度。重要度指数越高，表明该沙漠化类型在研究区土地中占主导地位，对研究区内土地类型变化影响较大；反之则表明该类型较不重要，同时对研究区土地类型变化影响甚微。本研究借助 Fragstats 4.2 软件确定斑块指数，进而计算多度指数与重要度指数。多度指数及重要度指数公式如下：

$$D_{ij}=\frac{C_{ij}}{C}\times 100\% \tag{2-4}$$

$$\mathrm{IV}_{ij}=D_{ij}+B_{ij} \tag{2-5}$$

式中：$D_{ij}$ 为 $i$ 沙区 $j$ 类型沙漠的多度指数，$C$ 为各沙区全部土地利用类型的斑块数目，$C_{ij}$ 为 $i$ 沙区 $j$ 类型沙漠的斑块数目；$\mathrm{IV}_{ij}$ 为 $i$ 沙区 $j$ 类型沙漠的重要度指数；$B_{ij}$ 为 $i$ 沙区 $j$ 类型沙漠面积占 $i$ 沙区总面积的百分比。

北方沙区不同沙漠化类型多度指数、重要度指数差异较大，且不同沙区间呈现出一定的差异性，同时又存在共同之处，现结合图 2-5 至图 2-8 对不同沙区各沙漠化类型的多度指数、重要度指数变化特征趋势进行分析。

（1）1981—2010 年间，大部分沙区多度指数最高的沙漠化类型为轻度沙漠化。在三个大沙区中内蒙古长城沿线轻度沙漠化多度指数最高，为 42.52%；在划分的 20 个地理单元中科尔沁、察哈尔、土默特、呼伦贝尔、伊犁盆地、河套平原、鄂尔多斯等沙区轻度沙漠化多度指数优势明显，1981 年科尔沁沙区轻度沙漠化的多度指数达到 71%，表明研究区轻度沙漠化分布最为广泛且分散，也可以侧面反映出内蒙古地区作为我国草原面积最大的地区，同时又是著名的牧区，一直受到草场退化问题的困扰。轻度沙漠化的多度指数在区内普遍较高，也侧面表明植被覆盖度下降问题仍没有得到明显的解决，但值得注意的是，沙区的多度指数具有由沙漠化等级从轻到重占比不断下降的共性，表明植被覆盖度在 30 年间经过休牧轮牧等草场保护政策的实施，其下降趋势已得到了有效的控制。

（2）多度指数最低的是原生沙漠与戈壁。可以明显地看出 1981—2010 年，原生沙漠与戈壁的多度指数除阿拉善、河西走廊、吐哈盆地、柴达木、准噶尔、塔里木等沙区外，其余沙区均在 0 左右徘徊，表明其余沙区原生沙漠与戈壁处于集中分布的状态，也可以侧面看出银川平原、呼伦贝尔、浑善达克、科尔沁等沙区较轻度沙漠并未出现进一步的沙漠化。分析原因可以发现，以上地区十分重视生态环境保护，如银川平原在全国率先实行全区域草原禁牧封育，经过不断努力，全区退化草原面积减少了 640 万亩（1 亩≈666.7 m$^2$），沙化面积减少了 210 万亩；呼伦贝尔近年来禁牧和草畜平衡面积

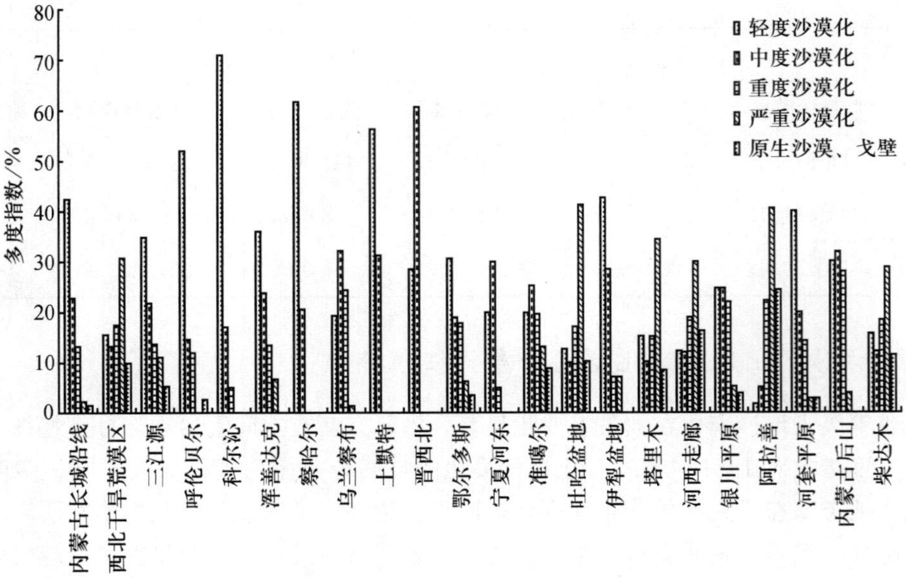


图 2-5 1981 年北方沙区多度指数

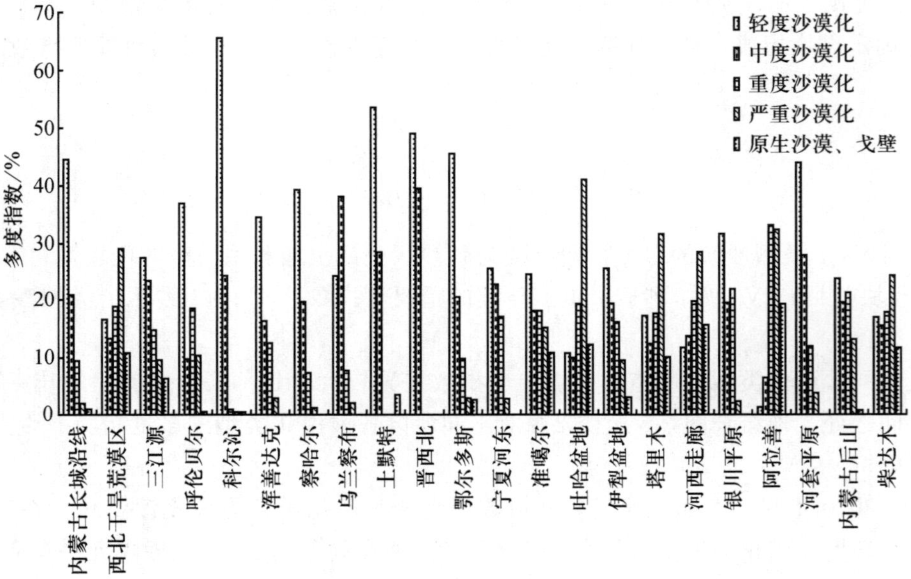


图 2-6 2010 年北方沙区多度指数

已达到 1.04 亿亩，沙区综合治理累计投入 8.8 亿元，实现了荒漠化和沙化土地面积的“双减少”；浑善达克沙地是京津风沙源治理一期工程的主体区域，自 2002 年工程实施以来，已完成沙源治理任务 1 770.3 万亩，其中造林面积 488.9 万亩、草地治理 1 200.6 万亩；鄂尔多斯沙区沙漠化防治效果显著，30 年前其沙漠化面积高达 90%，林草植被覆盖度仅为 3%，通过大规模发展林沙特色产业逆向推动沙漠化防治任务。

(3) 整体来看，2010 年各沙区轻度、中度、重度、严重沙漠化多度指数与 1981 年相比均有所减小，表明上述四种类型沙漠化的分布广泛程度已经得到有效控制。轻度、中度、重度、严重沙漠化的面积在 30 年间均有不同程度的增加，而衍生沙漠与戈壁的面积呈现减少趋势。综合可以推测，沙漠化的发展或逆转都是随时间逐级变化的，面积较小的沙漠化类型可能被包围它的另一种面积较大的沙漠化类型所侵蚀，这种沙漠化蔓延现象导致上述四种沙漠化面积增加的同时地理分布趋于集中。

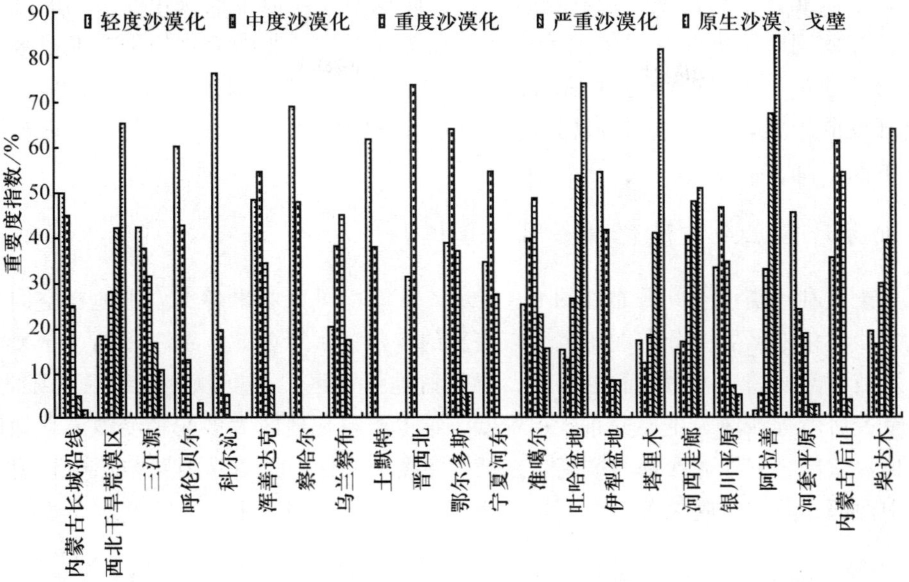


**图 2-7　1981 年北方沙区重要度指数**

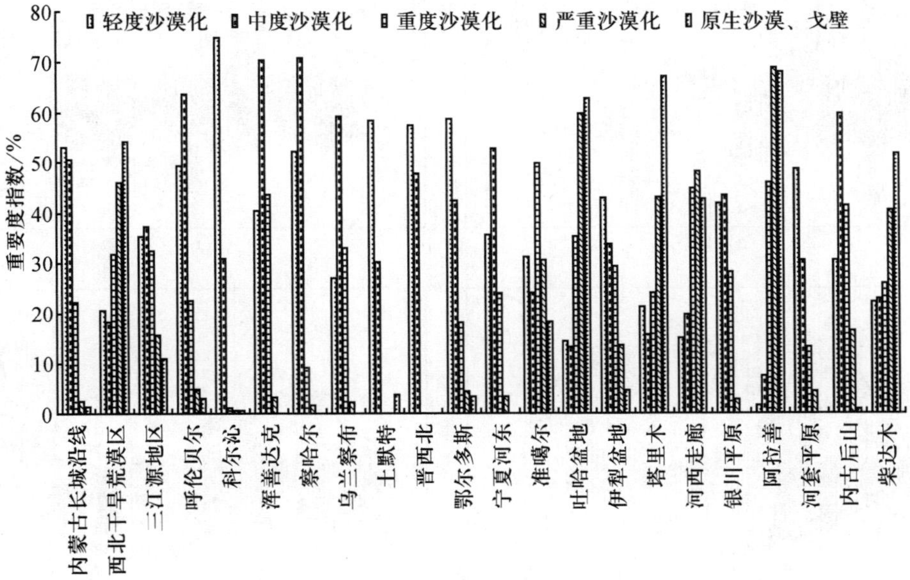


**图 2-8　2010 年北方沙区重要度指数**

（4）1981—2010 年来，除阿拉善、河西走廊、吐哈盆地、柴达木、准噶尔、塔里木等沙区外，其余沙区轻度、中度沙漠化均占主导地位。轻度、中度沙漠化的重要度指数普遍较高，其面积所占北方地区土地总面积的比例在沙漠化各类型中也最大，表明其对于沙区土地利用类型变化的影响最大。轻度、中度、重度、严重沙漠化的多度指数减小，重要度指数不断下降，面积均有所增加，但原生沙漠与戈壁面积显著下降，表明中国北方沙区 30 年来沙漠化治理成效显著，已整体呈现沙漠化逆转趋势。

（5）从沙区来看，浑善达克与察哈尔两个沙区与 1981 年相比轻度沙漠化的重要度指数显著下降，中度沙漠化占据主导位置，浑善达克沙区重度沙漠化的重要度指数明显上升，表明上述两个沙区的沙漠化逆转工作有待进一步加强。对比之下，鄂尔多斯、银川平原、晋西北、乌兰察布等沙区的逆转态势更加明显，轻度、中度等沙漠化严重程度较轻的沙漠占主导地位，且沙漠在沙区的重要度指数整体下降，非沙漠地区重要度指数上升，表明沙漠化已呈现出数量与质量的双向逆转。

综合来看，中国北方沙区沙漠化虽在数量上减少面积不大，但植被覆盖度最低的原生沙漠与戈壁面积显著减少，与此同时，沙漠化总体的重要度指数普遍下降，非沙漠化的重要度指数上升，说明北方地区沙漠化已从数量与质量两个方面呈现逆转态势。未来应继续秉持优先封禁保护、积极治理利用、适度优化开发的原则，同时重点预防森林、草地等非沙漠化地区的沙漠化，保证沙漠化数量不增加，严重程度不断下降。

### 2.3.4 北方沙区土地沙漠化转移图谱分析

北方沙区各土地利用类型空间分布如图 2-9 所示，从图中可以看出各类型土地在空间分布上具有明显的地带性，非沙漠化地区主要分布在研究区东南部的科尔沁、晋西北、鄂尔多斯、宁夏河东、三江源东部等沙区以及最西部的塔里木边缘和准噶尔、伊犁盆地等沙区；轻度沙漠化地区紧靠非沙漠化地区，浑善达克、内蒙古后山等沙区为主要分布区；中度、重度沙漠化地区大多与轻度沙漠化地区相邻，河西走廊东部、阿拉善东部、三江源西部与准噶尔东部为主要分布区；严重沙漠化与原生沙漠与戈壁集中分布在研究区的中西部，尤其是阿拉善与河西走廊西部、塔里木、柴达木、吐哈盆地等沙区。

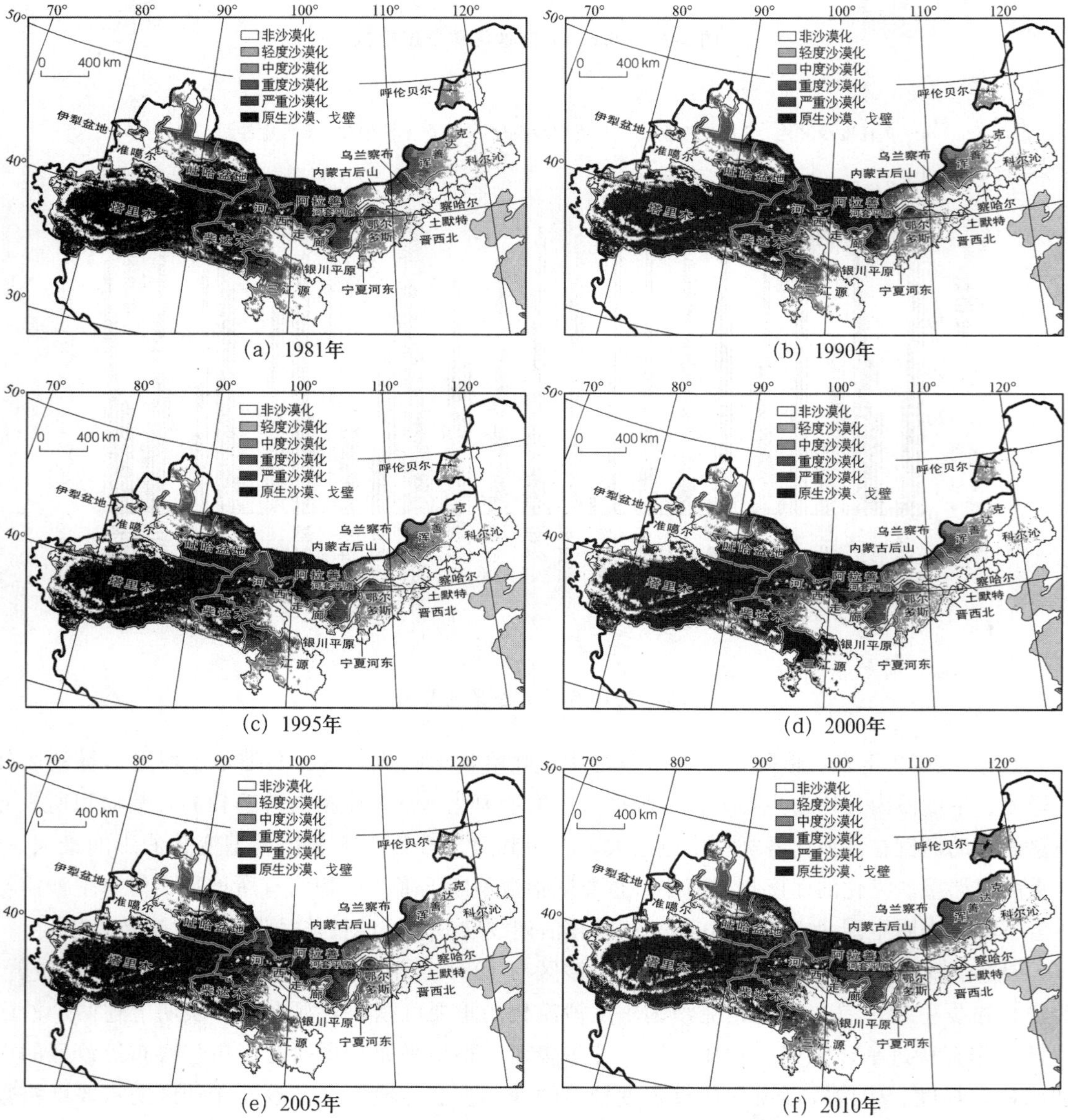


**图 2-9 1981—2010 年北方沙区各期土地沙漠化监测结果**

为进一步挖掘北方沙区土地沙漠化空间格局变化的内在规律，本研究引入地学信息图谱，以对研究对象进行时间、空间等多维及多元属性特征的分析。利用 ArcGIS 10.6 软件中的地图代数功能对 1981 年及 2010 年两期土地利用类型的图谱单元代码进行叠加运算以生成新的图谱代码。不同种类的土地沙漠化转移类型具有显著的空间异质性，结合图 2-10、图 2-11 及表 2-11 对土地沙漠化逆转与发展的空间异质性进行分析，得出结论如下。

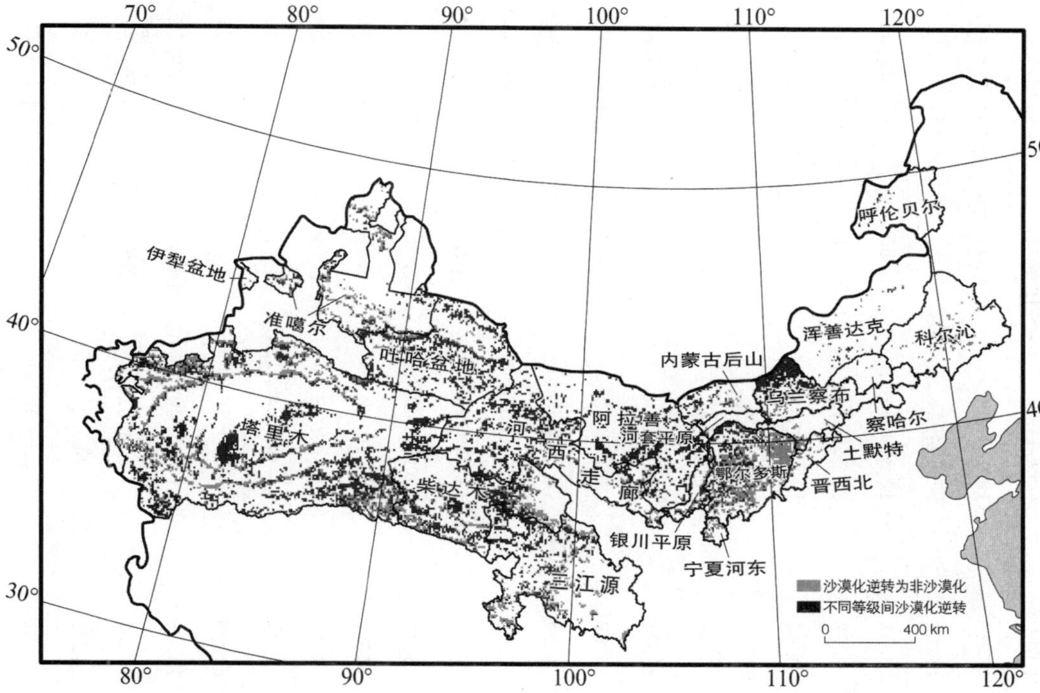


图 2-10　1981—2010 年北方沙区土地沙漠化逆转

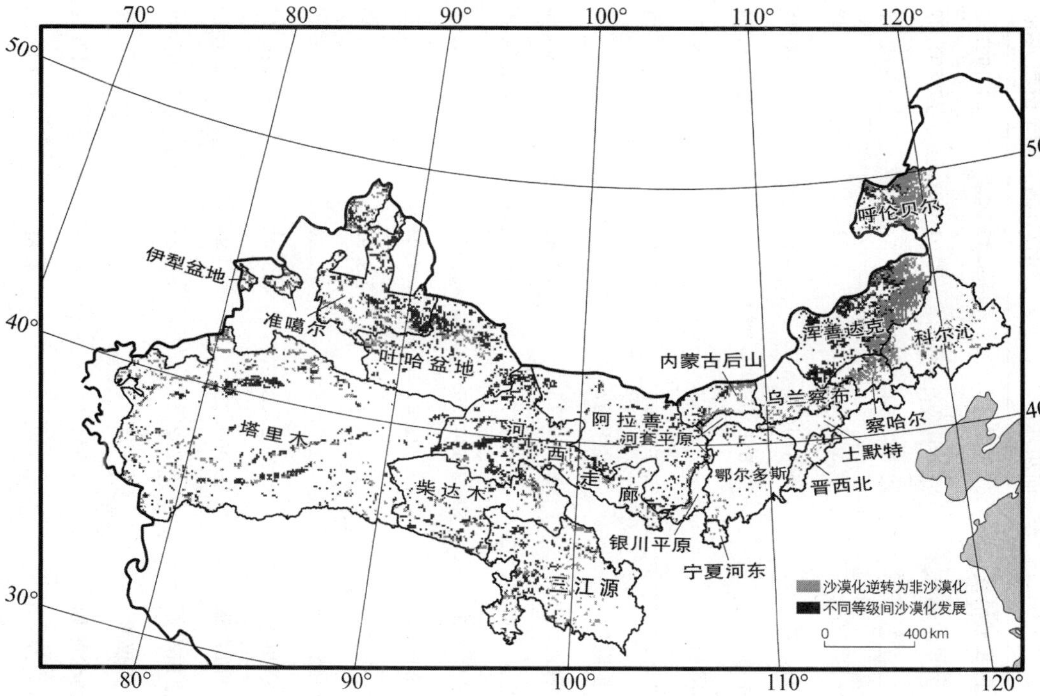


图 2-11　1981—2010 年北方沙区土地沙漠化发展

表2-11 各地理单元沙漠化逆转与发展面积及比例

| 地理单元 | 沙漠化逆转为非沙漠化 | | 不同等级间沙漠化逆转 | | 非沙漠化发展为沙漠化 | | 不同等级间沙漠化发展 | |
|---|---|---|---|---|---|---|---|---|
| | 面积/$km^2$ | 比例/% | 面积/$km^2$ | 比例/% | 面积/$km^2$ | 比例/% | 面积/$km^2$ | 比例/% |
| 内蒙古长城沿线 | 68 142.92 | 9.47 | 59 192.75 | 8.22 | 118 181.98 | 16.42 | 51 959.82 | 7.22 |
| 西北干旱荒漠区 | 161 861.92 | 8.01 | 377 801.62 | 18.69 | 97 694.24 | 4.83 | 181 075.60 | 8.96 |
| 三江源 | 22 042.71 | 8.51 | 34 475.45 | 13.31 | 14 380.53 | 5.55 | 17 539.07 | 6.77 |
| 呼伦贝尔 | 564.41 | 0.71 | 732.39 | 0.92 | 29 196.16 | 36.66 | 8 551.98 | 10.74 |
| 科尔沁 | 5 316.71 | 3.62 | 934.47 | 0.64 | 16 599.07 | 11.29 | 852.11 | 0.58 |
| 浑善达克 | 1 615.05 | 0.95 | 2 249.74 | 1.32 | 47 416.53 | 27.90 | 37 244.49 | 21.92 |
| 察哈尔 | 285.63 | 0.99 | 218.42 | 0.75 | 9 489.70 | 32.73 | 1 536.80 | 5.30 |
| 乌兰察布 | 4 765.05 | 4.91 | 25 157.14 | 25.94 | 9 233.08 | 9.52 | 309.88 | 0.32 |
| 土默特 | 3 348.37 | 10.37 | 259.94 | 0.80 | 1 136.72 | 3.52 | 27.12 | 0.08 |
| 晋西北 | 2 539.75 | 10.45 | 445.23 | 1.83 | 2 243.82 | 9.23 | 31.08 | 0.13 |
| 鄂尔多斯 | 47 123.75 | 36.73 | 26 898.37 | 20.97 | 2 519.01 | 1.96 | 3 010.48 | 2.35 |
| 宁夏河东 | 2 584.20 | 20.89 | 2 297.05 | 18.57 | 347.89 | 2.81 | 395.88 | 3.20 |
| 准噶尔 | 17 422.47 | 9.94 | 14 297.60 | 8.16 | 18 138.69 | 10.35 | 32 372.52 | 18.47 |
| 吐哈盆地 | 8 034.80 | 3.93 | 50 622.55 | 24.77 | 8 546.22 | 4.18 | 25 033.23 | 12.25 |
| 伊犁盆地 | 303.43 | 6.36 | 205.30 | 4.30 | 1 337.18 | 28.02 | 504.32 | 10.57 |
| 塔里木 | 90 502.03 | 10.43 | 158 426.12 | 18.25 | 39 088.66 | 4.50 | 44 036.64 | 5.07 |
| 河西走廊 | 13 099.76 | 5.86 | 46 821.70 | 20.96 | 10 800.56 | 4.83 | 34 967.53 | 15.65 |
| 银川平原 | 3 202.45 | 18.84 | 1 809.41 | 10.65 | 1 855.40 | 10.92 | 539.77 | 3.18 |
| 阿拉善 | 1 124.73 | 0.47 | 47 978.04 | 19.95 | 1 453.62 | 0.60 | 19 551.36 | 8.13 |
| 河套平原 | 1 644.98 | 8.75 | 817.68 | 4.35 | 440.28 | 2.34 | 232.42 | 1.24 |
| 内蒙古后山 | 2 162.90 | 4.68 | 5 705.53 | 12.35 | 6 059.46 | 13.12 | 4 198.65 | 9.09 |
| 柴达木 | 24 364.37 | 10.92 | 51 117.71 | 22.91 | 9 974.17 | 4.47 | 19 639.15 | 8.80 |

（1）沙漠化逆转区域主要位于研究区东南部的银川平原、宁夏河东、鄂尔多斯、乌兰察布沙区以及原生沙漠、戈壁分布较多的吐哈盆地、柴达木 2 个沙区。其中鄂尔多斯沙区逆转面积占该沙区土地总面积的 57.70%，逆转态势良好，形成了沙漠向非沙漠及沙漠向较轻程度沙漠的双向大面积逆转；银川平原、宁夏河东两个沙区的逆转面积也分别达到两个沙区总面积的 29.49%和 39.46%；乌兰察布、吐哈盆地、柴达木沙区不同等级间沙漠出现大幅度逆转，尤其是乌兰察布不同等级间沙漠化逆转面积占比达到 25.94%。

（2）沙漠化发展区域主要发生在研究区域东北部的浑善达克、呼伦贝尔、察哈尔三个沙区以及最西部的伊犁盆地。其中浑善达克和呼伦贝尔沙区的沙漠化发展现象最为严重，发生沙漠化发展的土地面积分别占两个沙区总面积的 49.82%和 47.40%；同时，察哈尔、伊犁盆地等地区亦应加大防沙治沙力度，阻止沙漠化的进一步发展与蔓延。

## 2.4 1981—2010 年中国北方沙漠化演变驱动机制

中国北方土地沙漠化的演变是各种驱动因素相互作用的结果，深入理解中国北方土地沙漠化的演变过程及其机理，亟须进一步辨识、分离和评估沙漠化正逆过程中气候变化和人类活动的相对作用。近年来，国内外学者围绕在沙漠化过程中气候变化和人类活动作用的定量分离与评估方法开展了许多探索研究，如主成分分析法、降雨利用率法、残差趋势法、区域净初级生产力扩展法等。相比较而言，降雨利用率法、残差趋势法以陆表植被信息（如 NPP、NDVI）长时间序列动态变化为基础，更能清晰地分离和量化沙漠化过程中气候变化和人类活动的相对作用，并且适合在不同时空尺度上进行拓展。其中，残差趋势法可以在识别人类活动引起的土地退化基础上，结合 NDVI 的理论变化趋势（降雨与 NDVI 回归模型的预测值）或潜在植被 NPP 的变化趋势，对气候变化和人类活动的相对作用进行评估。然而，由于 NPP 模型及关键参数计算方法的差别，特别是对大尺度、多个时间断面的土地沙漠化空间分布数据的掌握不足，使得相关研究的分析结果并不能很好对过去 30 年来中国北方沙区沙漠化过程中气候变化和人类活动的作用进行整体性的评估。另一方面，以往的研究更多的是将气候变化和人类活动作为一个整体进行评估，对不同气候及人类活动因子的作用关注较少，不利于更好地解释不同尺度下沙漠化正逆过程的驱动因素。因此，本研究在识别 1981—2010 年中国北方沙漠化动态的基础上，评估 30 年来中国北方地区沙漠化正逆过程中气候变化和人类活动的相对作用，并识别不同气候因子、土地利用方式转变和土地利用强度改变对沙漠化逆转与发展的影响及其空间分异。

### 2.4.1 气候变化和人类活动的相对作用评估

参考前人研究，本书选择植被净初级生产力（用 NPP 表示）作为衡量中国北方沙区 1981—2010 年沙漠化正逆过程中气候变化和人类活动相对作用的指标（Liu et al.，2015；Xu et al.，2016；Yuan et al.，2014）。其中，潜在植被净初级生产力（用 PNPP 表示）的变化趋势用于评估气候变化的相对作用，而潜在与实际植被净初级生产力差值（用 HNPP 表示）的变化趋势用于评估人类活动的相对作用。将沙漠化正逆过程与 PNPP 和 HNPP 的变化趋势（分别以 SlopeCNPP 和 SlopeHNPP 表示）相结合，利用多情景分析的方法（表 2-12），可以定量评估气候变化和人类活动在沙漠化正逆过程中的相对作用。例如，对于沙漠化逆转地区，如果 PNPP 的变化趋势显著为正（$P<0.1$），同时 HNPP 的趋势变化不显著或显著为正，则可认为该地区沙漠化逆转完全是由气候变化引起的，其相对作用为 100%；对于由气候变化和人类活动共同引起的沙漠化逆转或发展，可以通过各自 NPP 的变化量所占的百分比来进一步区分两者的相对贡献。在 PNPP 与 HNPP 计算方面，PNPP 采用周广胜等建立的综合考虑我国气候植被特点以及水热平衡关系的自然植被净初级生产力模型［式(2-6) 和式 (2-7)］，

相对于其他潜在植被NPP模型，该模型更适合于我国干旱、半干旱地区潜在植被NPP的反演（周广胜等，1995；周广胜等，1996）；HNPP则采用经典的光能利用率模型（carnegie ames stanford approach，CASA）模型来进行计算［式（2-8）至式（2-10）］，该模型以NDVI为基础，综合考虑了温度、土壤水分对植被光能利用率的影响，具体计算过程参考以往相关文献（Field et al.，1995；Lobell et al.，2003；Tao et al.，2005；Xu et al.，2009）。

$$\text{PNPP}=\text{RDI}^2\times\frac{r\ (1+\text{RDI}+\text{RDI}^2)}{(1+\text{RDI})\ (1+\text{RDI}^2)}\times\exp(-\sqrt{9.87+6.25\text{RDI}})\times 45 \tag{2-6}$$

$$\text{RDI}=(0.629+0.237\text{PER}-0.00313\text{PER}^2)^2 \tag{2-7}$$

$$\text{NPP}=\text{APAR}\times\varepsilon \tag{2-8}$$

$$\text{APAR}=\text{SOL}\times\text{FPAR}\times 0.5 \tag{2-9}$$

$$\varepsilon=T_{\varepsilon 1}\times T_{\varepsilon 2}\times T_{\varepsilon 3}\times\varepsilon_{\max} \tag{2-10}$$

式中：PNPP为潜在植被净初级生产力［gC/(m$^2$·a)］，RDI为辐射干燥率，PER表示潜在蒸发率，$r$为年平均降水量（mm），NPP为实际植被净初级生产力［gC/(m$^2$·a)］，APAR为植被吸收的光合有效辐射，SOL表示太阳总辐射［MJ/(m$^2$·月)］，ε为光能利用率，FPAR为被植被吸收的光合有效辐射的部分，$T_{\varepsilon 1}$、$T_{\varepsilon 2}$分别为低温和高温对光能利用率的胁迫（无量纲），$W_\varepsilon$为水温胁迫影响系数（无量纲），$\varepsilon_{\max}$为理想条件下的最大光能利用率（gC/MJ）。

**表2-12　多情景下气候变化与人类活动在沙漠化过程中相对作用的评价方法**

| | SlopeCNPP | SlopeHNPP | 说明 |
|---|---|---|---|
| 沙漠化逆转 | >0（$P$=0.1） | >0 | 气候变化导致沙漠化逆转 |
| | <0 | <0（$P$=0.1） | 人类活动导致沙漠化逆转 |
| | >0（$P$=0.1） | <0（$P$=0.1） | 气候变化和人类活动共同导致沙漠化逆转 |
| 沙漠化发展 | <0（$P$=0.1） | <0 | 气候变化导致沙漠化发展 |
| | >0 | >0（$P$=0.1） | 人类活动导致沙漠化发展 |
| | <0（$P$=0.1） | >0（$P$=0.1） | 气候变化和人类活动共同导致沙漠化发展 |

利用2.3中关于北方沙区沙漠化动态变化的监测结果数据，可以对气候变化和人类活动在沙漠化逆转和发展过程中的相对作用进行分离和评估（图2-12、图2-13）。1981—2010年，气候变化导致的沙漠化逆转面积为89 513 km$^2$，占总体沙漠化逆转面积的26.5%，其中完全由气候变化导致的沙漠化逆转的面积占比为22.6%。此外，气候变化还与人类活动相耦合，共同解释了23.8%的沙漠化逆转，但在这一过程中，气候变化的作用相对较弱，其导致的沙漠化逆转面积仅占总体逆转面积的3.9%。人类活动导致的沙漠化逆转面积占总体沙漠化逆转面积的比例与气候变化基本相同，达到26.0%。对于不同沙区而言，三江源地区、西北干旱荒漠区气候变化对沙漠化逆转的影响较之非气候因素更为明显；而内蒙古长城沿线则正好相反，人类活动等非气候因素更为突出。在亚区尺度，西北干旱荒漠区的柴达木盆地、阿拉善高原、伊犁盆地、准噶尔盆地的沙漠化逆转表现为气候变化主导的沙漠化逆转；而内蒙古干旱区的鄂尔多斯草原、科尔沁草原、乌盟前山及土默特平原则表现为典型的人类活动引起的沙漠化逆转。

在沙漠化发展方面，气候变化导致的沙漠化发展面积为52 095 km$^2$，占总体沙漠化发展面积的12.6%，其中完全由气候变化导致的沙漠化发展面积占总体沙漠化发展面积的11.4%；而人类活动

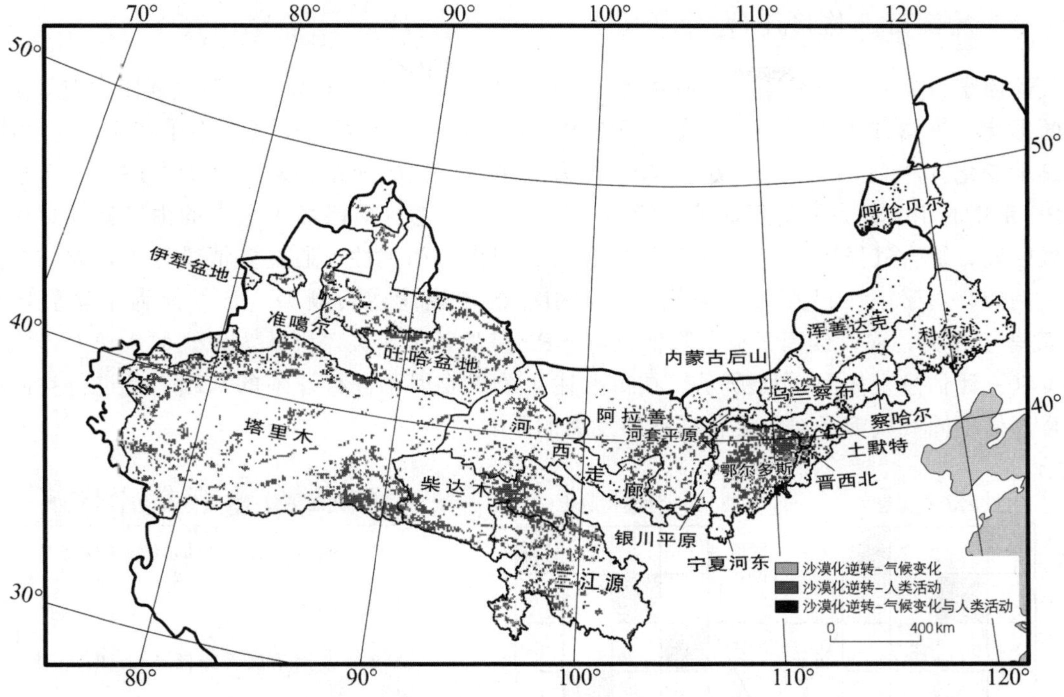


**图 2-12　1981—2010 年北方地区气候变化和人类活动在沙漠化逆转过程中的相对作用**

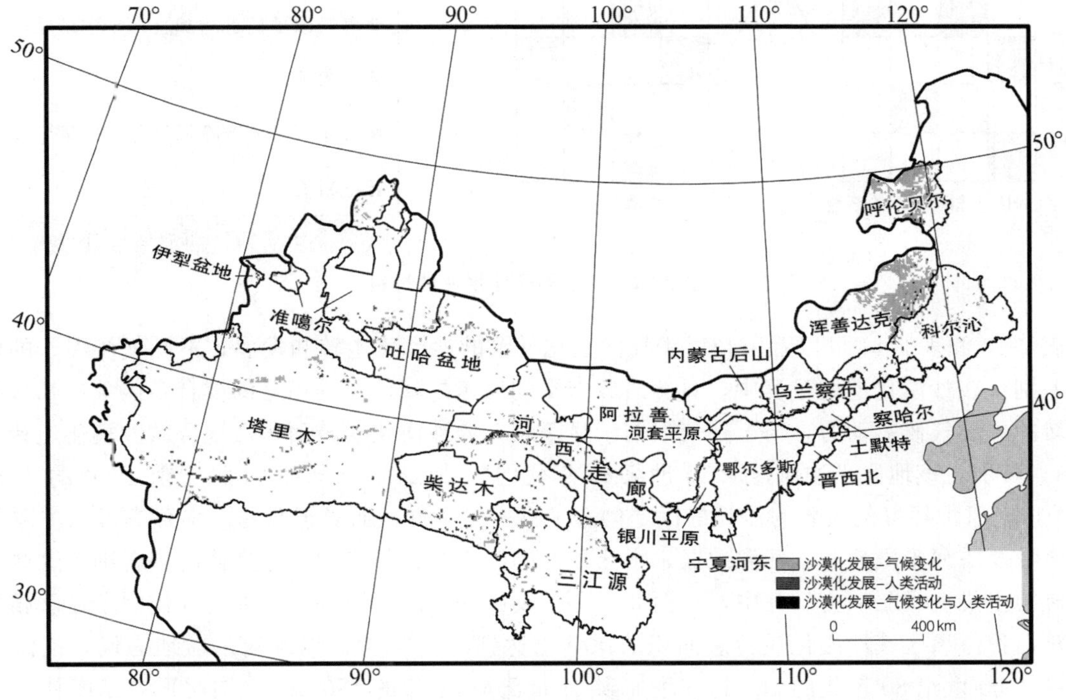


**图 2-13　1981—2010 年北方地区气候变化和人类活动在沙漠化发展过程中的相对作用**

导致的沙漠化发展面积仅为 29 888 $km^2$，占总体沙漠化发展面积的 7.2%。对于不同沙区而言，内蒙古长城沿线气候变化对沙漠化发展的影响要明显高于西北干旱荒漠区以及三江源地区，其中呼伦贝尔草原、科尔沁草原、浑善达克沙地中气候变化导致的沙漠化发展面积占该地区总体沙漠化发展面积的比例均超过了 30%，科尔沁草原更是接近 50%；而人类活动引起的沙漠化发展区域在空间上则相对较为分散。

### 2.4.2 气候因子作用评估

在气候因子方面，本研究重点评估降雨、温度、日照时数、平均风速 4 个气候因子对沙漠化逆转和发展的影响。具体方法如下：①以线性倾向率为指标，判断上述 4 个气候因子在 1981—2010 年是否发生显著变化（$P<0.1$）。②以实际 NPP 作为反映沙漠化的间接指标，分析上述 4 个气候因子变化与 NPP 变化的相关性，并进行显著性检验（$P<0.1$）。③针对已经识别出的由气候变化引起的逆转和发展区域，综合气候因子变化趋势及其与 NPP 变化的相关性，通过多情景分析，评估气候因子的作用。例如，对于一个已经判别为气候变化引起的沙漠化逆转栅格，若气候因子显著增加且与 NPP 呈显著正相关，或气候因子显著降低且与 NPP 呈显著负相关，则认为该气候因子对沙漠化逆转有显著贡献。评估过程如图 2-14 所示。在对上述 4 个气候因子进行评估的基础上，进行空间叠加分析，综合评估不同气候因子对沙漠化逆转和发展的影响。

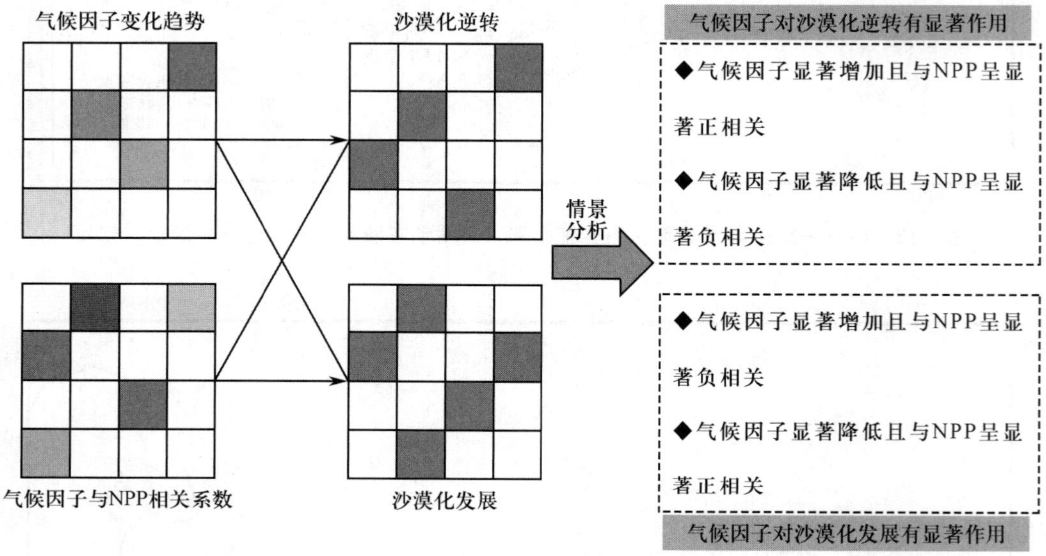


**图 2-14 气候因子作用评估过程**

由表 2-13 和表 2-14 可以看出，对于气候变化导致的沙漠化逆转和发展，不同气候因子的作用具有显著差别。在沙漠化逆转过程中，日照时数与平均风速的降低及其相互的耦合是内蒙古长城沿线沙漠化逆转的主要气候驱动力，与上述气候因子显著相关的沙漠化逆转面积占该区域沙漠化逆转总计的 73.91%。其中，该地区平均风速从 20 世纪 80 年代的 3.20 m/s 下降到 21 世纪前 10 年的 2.60 m/s（$P<0.01$），风蚀环境的改善为沙丘的固定创造了良好的条件。而对于西北干旱荒漠区（主要是准噶尔盆地南缘及塔河流域）和三江源地区，水热条件的改善及其与平均风速降低的耦合则是这些地区沙漠化逆转的主要气候驱动力。其中，在西北干旱荒漠区和三江源地区，与上述气候因子显著相关的沙漠化逆转面积占该区域沙漠化逆转总面积的比例均达到 75%以上。以准噶尔盆地为例，该区域的平均降水量从 20 世纪 80 年代的 160 mm 增加到 21 世纪前 10 年的 180 mm，同期平均温度从 5.5 ℃增加到 7.1 ℃（$P<0.01$），平均风速则从 2.80 m/s 下降到 2.45 m/s（$P<0.01$）。沙漠化发展过程中气候因子的作用则相对简单，主要归因于区域降水量的降低，其中，以内蒙古长城沿线东北部的科尔沁草原和浑善达克沙地东部地区尤为明显。例如，科尔沁草原降水量从 20 世纪 80 年代的 450 mm 下降到 21 世纪前 10 年的 340 mm，平均每 10 年下降约 37 mm。

**表 2-13　1981—2010 年北方沙区不同气候因素在沙漠化逆转过程中的作用**

| 气候因素 | 内蒙古长城沿线 | | 西北干旱荒漠区 | | 三江源地区 | |
|---|---|---|---|---|---|---|
| | 面积/$km^2$ | 比例/% | 面积/$km^2$ | 比例/% | 面积/$km^2$ | 比例/% |
| 降雨 | 0 | 0.00 | 47 936 | 81.77 | 10 688 | 18.23 |
| 温度 | 26 112 | 8.58 | 243 776 | 80.11 | 34 432 | 11.31 |
| 日照 | 42 048 | 35.98 | 65 152 | 55.75 | 9 664 | 8.27 |
| 风速 | 46 016 | 29.05 | 99 136 | 62.59 | 13 248 | 8.36 |
| 降雨+温度 | 0 | 0 | 32 896 | 86.24 | 5 248 | 13.76 |
| 降雨+日照 | 0 | 0 | 23 808 | 78.48 | 6 528 | 21.52 |
| 降雨+风速 | 0 | 0 | 21 376 | 87.43 | 3 072 | 12.57 |
| 温度+日照 | 13 952 | 19.96 | 49 408 | 70.70 | 6 528 | 9.34 |
| 温度+风速 | 17 728 | 18.18 | 70 272 | 72.05 | 9 536 | 9.78 |
| 日照+风速 | 18 752 | 39.49 | 24 832 | 52.29 | 3 904 | 8.22 |
| 降雨+温度+日照 | 0 | 0 | 20 608 | 83.85 | 3 968 | 16.15 |
| 降雨+温度+风速 | 0 | 0 | 19 008 | 90.00 | 2 112 | 10.00 |
| 降雨+日照+风速 | 0 | 0 | 20 608 | 83.85 | 3 968 | 16.15 |
| 温度+日照+风速 | 8 576 | 25.28 | 22 144 | 65.28 | 3 200 | 9.43 |
| 降雨+温度+日照+风速 | 0 | 0.00 | 14 400 | 90.00 | 1 600 | 10.00 |

**表 2-14　1981—2010 年北方沙区不同气候因素在沙漠化发展过程中的作用**

| 气候因素 | 内蒙古长城沿线 | | 西北干旱荒漠区 | | 三江源地区 | |
|---|---|---|---|---|---|---|
| | 面积/$km^2$ | 比例/% | 面积/$km^2$ | 比例/% | 面积/$km^2$ | 比例/% |
| 降雨 | 63 360 | 91.92 | 3 584 | 5.20 | 1 984 | 2.88 |
| 温度 | 8 256 | 24.16 | 21 952 | 64.23 | 3 968 | 11.61 |
| 日照 | 8 768 | 28.78 | 18 176 | 59.66 | 3 520 | 11.55 |
| 风速 | 22 784 | 43.68 | 25 152 | 48.22 | 4 224 | 8.10 |
| 降雨+温度 | 5 632 | 83.02 | 1 024 | 15.09 | 128 | 1.89 |
| 降雨+日照 | 5 696 | 60.54 | 1 984 | 21.09 | 1 728 | 18.37 |
| 降雨+风速 | 9 600 | 77.72 | 1 344 | 10.88 | 1 408 | 11.40 |
| 温度+日照 | 1 536 | 26.97 | 3 648 | 64.04 | 512 | 8.99 |
| 温度+风速 | 1 472 | 13.45 | 8 128 | 74.27 | 1 344 | 12.28 |
| 日照+风速 | 3 648 | 39.58 | 3 776 | 40.97 | 1 792 | 19.44 |
| 降雨+温度+日照 | 1 152 | 52.94 | 896 | 41.18 | 128 | 5.88 |
| 降雨+温度+风速 | 768 | 48.00 | 704 | 44.00 | 128 | 8.00 |
| 降雨+日照+风速 | 1 152 | 36.00 | 832 | 26.00 | 1 216 | 38.00 |
| 温度+日照+风速 | 256 | 11.11 | 1 600 | 69.44 | 448 | 19.44 |
| 降雨+温度+日照+风速 | 192 | 21.43 | 576 | 64.29 | 128 | 14.29 |

### 2.4.3 土地利用方式和强度作用评估

本研究从土地利用方式和土地利用强度两个方面评估人类活动对沙漠化逆转和发展的影响。具体方法如下：①土地利用方式的影响。根据 1∶10 万中国土地利用图的一级分类，将研究区的土地利用类型划分为耕地、林地、草地、城镇与工矿用地、未利用地、水域 6 类，并将未利用地向耕地、林地、草地、城镇与工矿用地转化的区域作为土地利用方式变化引起的沙漠化逆转潜在区域，将耕地、林地、草地、城镇与工矿用地向未利用地转化的区域作为土地利用方式变化引起的沙漠化发展潜在区域。把这些潜在区域与人类活动引起的沙漠化逆转和发展区域相叠加，识别出土地利用方式变化引起的沙漠化逆转和发展区域。②土地利用强度的影响。鉴于已对土地利用方式的影响进行分析，因此，本研究对土地利用强度作用的分析只关注土地利用类型未发生变化的区域。具体是将人类活动引起的沙漠化逆转和发展区域与 1981—2010 年未发生变化的农田、林地、草地、未利用地区域相叠加来识别的。

由表 2-15 可以看出，在沙漠化逆转过程中，土地利用强度降低的作用更为明显，由其引起的沙漠化逆转面积达到 89 088 $km^2$，占人类活动引起沙漠化逆转总面积的 88.44%，其中以内蒙古长城沿线地区最为突出。在不同土地利用类型中，草地利用强度降低引起的沙漠化逆转所占比例最大，其中内蒙古长城沿线、西北干旱荒漠区和三江源地区分别达到 62.50%、42.69% 和 81.76%。土地利用方式转变引起的沙漠化逆转占人类活动引起沙漠化逆转总面积的 11.56%，主要表现为未利用地向草地及耕地的转化；其中未利用地向草地转化的影响最为明显，其面积达到 7 360 $km^2$，占土地利用方式转变引起的沙漠化逆转面积的 63.19%。在沙漠化发展过程中，土地利用强度的增加是引起沙漠化发展的主要人为原因，由土地利用强度增加引起的沙漠化发展面积达 18 240 $km^2$，占人类活动引起沙漠化发展总面积的 72.90%，其中以西北干旱荒漠区最为明显。在沙区层面，草地利用强度的增加是三江源地区沙漠化发展的主要人为因素，而草地和未利用地利用强度的增加则是内蒙古长城沿线及西北干旱荒漠区沙漠化发展的主导人为因素。土地利用方式转变引起的沙漠化发展面积占人类活动引起沙漠化发展总面积的 28.10%，而草地向未利用地转变是关键因素。

受居住地点、道路可达性以及区域自然环境条件等因素限制，人类活动的影响在空间上相对更为分散，主要集中在沙漠-绿洲边缘，内蒙古中东部自然条件相对较好的地区。从归因上看，生态环境保护政策的变化及其引发的中国北方草地土地利用强度的降低（草畜平衡）是影响沙漠化逆转的重要原因，而这一点也被以往研究所证实（Huang et al.，2013；Tan and Li，2015；Wu et al.，2013）。21 世纪以来，中国北方地区开始大范围实施退耕还林（草）工程以及围封禁牧政策，并在京津风沙源区、三江源地区等生态脆弱区实施了专项的保护和治理工程，为这些地区植被恢复与沙漠化逆转创造了良好的条件。根据对陕北地区 2000—2010 年沙漠化逆转原因的调查，70% 的农牧民认为沙漠化的逆转是由于生态环境保护政策的实施所造成的（Hao and Ren，2009；Zhang et al.，2016）。虽然生态保护政策在大范围实施，但快速的城市化以及人口增长所带来的路网扩张、工矿开采、沙生植物采挖等问题依然广泛存在，导致部分区域人为引起的沙漠化发展依然较为明显。另外，道路的扩张，不合理的沙生植物采挖等也会破坏地表环境，加速风蚀。Cao 等（2016）对中国北方沙漠化地区植被恢复和退化的影响因素分析表明，道路的扩张对内蒙古、新疆等地区的植被退化有显著的作用。因此，如何科学地规划和引导中国北方生态脆弱地区的产业布局和居民生产消费行为，对于促进沙化土地植被恢复以及沙区生态环境重建具有重要的作用。

表 2-15　土地利用方式和强度在沙漠化逆转和发展过程中的相对作用

| 项目 | 土地利用 | 内蒙古长城沿线 | | 西北干旱荒漠区 | | 三江源地区 | |
|---|---|---|---|---|---|---|---|
| | | 面积/$km^2$ | 比例/% | 面积/$km^2$ | 比例/% | 面积/$km^2$ | 比例/% |
| 土地利用方式-沙漠化逆转 | | 2 688 | 23.08 | 7 232 | 62.09 | 1 728 | 14.84 |
| | 农田 | 704 | 26.19 | 2 176 | 30.09 | 64 | 3.70 |
| | 森林 | 192 | 7.14 | 704 | 9.73 | 128 | 7.41 |
| | 草地 | 1 728 | 64.29 | 4 096 | 56.64 | 1 536 | 88.89 |
| | 城镇工业用地 | 64 | 2.38 | 256 | 3.54 | 0 | 0.00 |
| 土地利用强度-沙漠化逆转 | | 46 848 | 52.59 | 29 632 | 33.26 | 12 608 | 14.15 |
| | 农田 | 8 832 | 31.36 | 3 584 | 21.54 | 128 | 1.35 |
| | 森林 | 576 | 2.05 | 192 | 1.15 | 128 | 1.35 |
| | 草地 | 17 600 | 62.50 | 7 104 | 42.69 | 7 744 | 81.76 |
| | 未利用地 | 1 152 | 4.09 | 5 760 | 34.62 | 1 472 | 15.54 |
| 土地利用方式-沙漠化发展 | | 512 | 7.55 | 5 952 | 87.74 | 320 | 4.72 |
| | 农田 | 0 | 0 | 896 | 15.05 | 64 | 20.00 |
| | 森林 | 0 | 0 | 576 | 9.68 | 0 | 0 |
| | 草地 | 512 | 100.00 | 4 416 | 74.19 | 256 | 80.00 |
| | 城镇工业用地 | 0 | 0 | 64 | 1.08 | 0 | 0 |
| 土地利用强度-沙漠化发展 | | 5 376 | 19.53 | 20 224 | 73.49 | 1 920 | 6.98 |
| | 农田 | 0 | 0 | 128 | 0.91 | 0 | 0 |
| | 森林 | 128 | 3.78 | 192 | 1.36 | 0 | 0 |
| | 草地 | 3 200 | 94.34 | 6 400 | 45.54 | 576 | 75.00 |
| | 未利用地 | 64 | 1.89 | 7 360 | 52.27 | 192 | 25.00 |

## 2.5　本章小结

本章在介绍中国北方沙区自然和经济社会条件基础上，提出基于多元数据的大尺度沙漠化监测方法，对 1981—2010 年中国北方沙区沙漠化变化进行监测，分析其时空动态变化特征，解析其动态变化背后的驱动机制。研究结果表明，30 年间北方沙区轻度、中度、重度、严重沙漠化面积在数量上基本得到控制，涨幅较小，原生沙漠与戈壁面积治理效果明显，总体呈面积持续稳定减少的趋势；沙漠化土地内部变化中逆转面积大于发展面积，且沙漠化程度总体呈现减轻趋势，总体变化趋势良好；在沙漠化逆转区域，1981—2010 年间气候变化导致的沙漠化逆转占总体沙漠化逆转面积的 26.5%，气候变化与人类活动相耦合解释了 23.8%的土地沙漠化逆转；在沙漠化发展方面，气候变化导致的沙漠化发展面积占总体沙漠化发展面积的 12.6%，人类活动导致的沙漠化发展面积仅占总体沙漠化发展面积的 7.2%。

# 参考文献


陈亚宁，李稚，范煜婷，等．2014．西北干旱荒漠区气候变化对水文水资源影响研究进展［J］．地理学报，69（9）：1295-1304.

陈亚宁，杨青，罗毅，等．2012．西北干旱荒漠区水资源问题研究思考［J］．干旱区地理，35（1）：1-9.

陈佐忠，黄德华．1993．内蒙古草原土壤的植被特征及其与土壤形成过程的关系［J］．植物学报，（S1）：1-2.

杜明义．2006．决策树方法在土地荒漠化分类中的应用研究［J］．测绘科学，31（2）：81-82.

何世平，任秉琛，姚文光，等．2002．甘肃内蒙古北山地区构造单元划分［J］．西北地质，35（4）：30-40.

侯学煜．1985．中国西北部干旱区的植被地理分布及大农业的发展方针［J］．西北植物学报，（4）：5-15.

胡汝骥，樊自立，王亚俊，等．2002．中国西北干旱荒漠区的地下水资源及其特征［J］．自然资源学报，（3）：321-326.

霍艾迪，张广军，武苏里，等．2008．利用MODIS-NDVI进行沙化土地评价研究：以陕西省北部地区为例［J］．干旱地区农业研究，26（2）：154-158.

康尔泗，程国栋，蓝永超，等．1999．西北干旱荒漠区内陆河流域出山径流变化趋势对气候变化响应模型［J］．中国科学（D辑：地球科学），（S1）：47-54.

李博．1962．内蒙古地带性植被的基本类型及其生态地理规律［J］．内蒙古大学学报（自然科学版），（2）：43-76.

李晨松．2014．循环生态：三江源生态系统的保护与建设［J］．青海科技，（2）：28-31.

李飞．2009．中国西北干旱荒漠区潜在植被的演替［D］．兰州：西北师范大学．

李津成．2004．树立科学发展观　促进三江源地区人与自然和谐发展［J］．青海环境，14（2）：47-49.

李永宏．1993．内蒙古草原区生物气候特征［J］．植物学通报，（S1）：10-11.

刘爱霞．2004．中国及中亚地区荒漠化遥感监测研究［J］．中国科学院研究生院（遥感应用研究所）．

吕达仁，陈佐忠，陈家宜，等．2005．内蒙古半干旱草原土壤-植被-大气相互作用综合研究［J］．气象学报，63（5）：571-593.

买买提沙吾提，塔西甫拉提·特依拜，丁建丽，等．2008．基于决策树分类法的塔克拉玛干南缘沙漠化信息提取方法研究［J］．环境科学研究，21（2）：109-114.

牛建明．2000．内蒙古主要植被类型与气候因子关系的研究［J］．应用生态学报，（1）：48-53.

牛建明．2001．气候变化对内蒙古草原分布和生产力影响的预测研究［J］．草地学报，9（4）：277-282.

齐雁冰，陈洋，于艺鹏．2016．基于GIS与RS的陕北长城沿线荒漠化时空变异［J］．内蒙古农业大学学报（自然科学版），（3）：51-59.

秦小静，孙建，王海明．2015．三江源土壤养分分布特征及其对主要气候要素的响应［J］．生态环境学报，（8）：1295-1301.

屠志方，李梦先，孙涛．2016．第五次全国荒漠化和沙化监测结果及分析［J］．林业资源管理，（1）：1-5.

王春青，李娜，李婷．2013．青海省三江源生态环境地理国情监测实践探讨［J］．测绘与空间地理信息，（7）：70-84.

王根绪，程国栋，徐中民．1999．中国西北干旱荒漠区水资源利用及其生态环境问题［J］．自然资源学报，14（2）：109-116.

王涛．2003．我国沙漠化研究的若干问题：2．沙漠化的研究内容［J］．中国沙漠，23（5），477-482.

王涛，吴薇，薛娴，等．2004．近50年来中国北方沙漠化土地的时空变化［J］．地理学报，59（2）：203-212.

吴万贞．2010．三江源地区土壤侵蚀类型及其强度分析［D］．西宁：青海师范大学．

徐备，陈斌．1997．内蒙古北部华北板块与西伯利亚板块之间中古生代造山带的结构及演化［J］．中国科学（D辑：地球科学），（3）：227-232.

徐冬平．2018．北方农牧交错区农业可持续发展路径、模式及布局研究［D］．西安：西北大学．

张小咏，邵景安，黄麟．2008．三江源南部草地退化时空特征分析［J］．地球信息科学，（5）：645-650.

张新时，周广胜．1995．自然植被净第一性生产力模型初探［J］．植物生态学报，19（3）：193-200.

周广胜，张新时．1996．全球气候变化的中国自然植被的净第一性生产力研究［J］．植物生态学报，20

(1)：11-19.

周宏毅．2016. 三江源区水文生态环境变化及其驱动力影响分析研究［D］．西宁：青海大学．

朱士光．1989. 论内蒙古河套地区历史时期河湖水系的变迁与土壤盐渍化问题［J］．人民黄河，(1)：58-63.

Cao S, Zhang J, Chen L, et al. 2016. Ecosystem water imbalances created during ecological restoration by afforestation in China, and lessons for other developing countries [J]. Journal of Environmental Management, 183: 843-849.

Field C B, Randerson J T, Malmström C M. 1995. Global net primary production: Combining ecology and remote sensing [J]. Remote Sensing of Environment, 51 (1): 74-88.

Hao H M, Ren Z Y. 2009. Land Use/Land Cover Change (LUCC) and Eco-Environment Response to LUCC in Farming-Pastoral Zone, China [J]. Agricultural Sciences in China, 8 (1): 91-97.

Huang L, Xiao T, Zhao Z P, etal. 2013. Effects of grassland restoration programs on ecosystems in arid and semiarid China [J]. Journal of Environmental Management, 117: 268-275.

Liu S, Wang T, Kang W, et al. 2015. Several challenges in monitoring and assessing desertification [J]. Environmental Earth Sciences, 73 (11): 7561-7570.

Lobell D B, Asner G P, Ortiz-Monasterio J I, et al. 2003. Remote sensing of regional crop production in the Yaqui Valley, Mexico: estimates and uncertainties [J]. Agriculture Ecosystems and Environment, 94 (2): 205-220.

Tan M H, Li X B. 2015. Does the Green Great Wall effectively decrease dust storm intensity in China? A study based on NOAA NDVI and weather station data [J]. Land Use Policy, 43: 42-47.

Tao F, Yokozawa Masayuki, Zhang Z, et al. 2005. Remote sensing of crop production in China by production efficiency models: models comparisons, estimates and uncertainties [J]. Ecological Modelling, 183 (4): 385-396.

Wu Z T, Wu J J, Liu J H, et al. 2013. Increasing terrestrial vegetation activity of ecological restoration program in the Beijing-Tianjin Sand Source Region of China [J]. Ecological Engineering, 52: 37-50.

Xu D, Song A, Tong H, et al. 2016. A spatial system dynamic model for regional desertification simulation-A case study of Ordos, China [J]. Environmental Modelling and Software, 83 (C): 179-192.

Xu D Y, Kang X W, Liu Z L, et al. 2009. Assessing the relative role of climate change and human activities in sandy desertification of Ordos region, China [J]. Science in China, 52 (6): 855-868.

Yuan W, Li X, Liang S, et al. 2014. Characterization of locations and extents of afforestation from the Grain for Green Project in China [J]. Remote Sensing Letters, 5 (3): 221-229.

Zhang Y, Zhang C, Wang Z, et al. 2016. Vegetation dynamics and its driving forces from climate change and human activities in the Three-River Source Region, China from 1982 to 2012 [J]. Science of the Total Environment, 563: 210-220.

# 第3章　2011—2030年中国北方沙漠化模拟

从过去30年的观测结果来看，中国北方的土地沙漠化程度及空间分布均发生了明显的变化。在气候变化和人类活动的共同影响下，未来土地沙漠化势必会出现复杂的动态变化，这对识别沙漠化发展区域，应对“土地退化零增长”风险提出了新的挑战。因此，借助适宜的建模工具来对中国北方沙区土地沙漠化演变趋势进行模拟，是当前沙漠化防治工作的关键。本章依据系统动力学理论与方法，设计了沙漠化模拟模型的基本框架；在深入分析区域沙漠化土地及其自然、社会驱动因素相互作用与反馈机制的基础上，建立耦合自然-人文因素的沙漠化动态模拟空间系统动力学模型；根据沙漠化的影响因素和未来沙区自然环境、社会经济变化趋势，设定了9种综合情景，使其不仅能支持空间数据的模拟，更能通过不同情景下的结果对比分析，为决策者提供支撑。

## 3.1　沙漠化模拟模型搭建

沙漠化土地是一个复杂系统，对其动态过程进行模拟需要充分考虑沙漠化土地及其自然、社会驱动因素相互作用与反馈机制。在此基础上，将自然、人文因素对沙漠化的复杂影响进行统筹考虑并在一个系统内有效集成，建立耦合自然-人文因素的沙漠化动态模拟空间系统动力学模型。

### 3.1.1　模型构建总体思路与框架设计

#### 3.1.1.1　模型构建思路

从宏观上来看，沙漠化的驱动力分为两种类型：一种是自然因素，如降雨、温度、风速、土壤质地、植被覆盖等；另外一种是人文因素，如人口、放牧、土地利用、沙漠化防治政策等(许端阳等，2011)。这些因素在不同的时空尺度对沙漠化产生不同的影响。在系统梳理以往相关文献的基础上，综合考虑中观尺度区域沙漠化演变及其驱动过程，本研究选用了气候、人口、畜牧、土地利用等因素，在量化这些驱动因子相互作用的基础上，模拟区域沙漠化的动态演变。

整个模型构建过程分模块进行，包括气候、土壤水、植被潜在生产力、畜牧、社会经济和土地利用模块；同时，选择NPP作为衡量沙漠化变化以及不同驱动力作用的共性指标，并以此来反映不同驱动力对沙漠化的影响(图3-1)。其中，气候直接影响植被生长状况，气候模块主要根据CASA模型来设计，可计算潜在植被净初级生产力。政策变量主要在畜牧、社会经济以及土地利用模块中，可用来计算净初级生产力的改变量。例如，畜牧模块主要反映牲畜啃食量对草地的影响，具体表现为草地覆盖度的降低，进一步影响了草地NPP的减少；经济模块本身不直接对沙漠化产生影响，经济的增长带来人口的增加，其中，城镇人口的增加，使得建设用地不断扩张，农村人口的增加通过樵采、砍伐对NPP产生影响；不同的土地利用方式具有不同的植被类型，从而NPP具有明显差别。

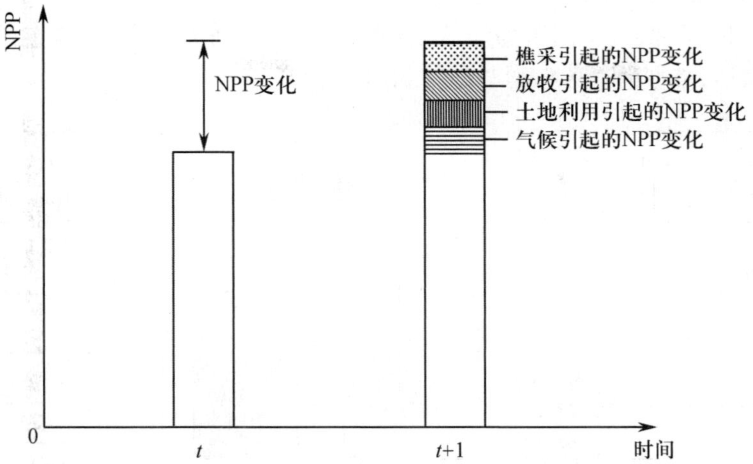


**图 3-1　NPP 与驱动力之间的关系示意图**

### 3.1.1.2　系统动力学与模型框架搭建

系统动力学(system synamics,SD)是一种集信息系统、计算机模拟、决策与管理等相关科学为一体的系统分析方法(Karnopp et al.,2007)。这种方法从系统结构和内部反馈关系的角度,基于信息传递原理通过抽象参数和系统动力学模型来对系统进行定量描述,利用计算机对系统的动态演化趋势进行模拟,并适当分析其现实意义(Cosenz,2017)。这种方法以其整体性、动态性、多重反馈性的系统模拟优势,在系统的模拟与调控研究方面得到了广泛的实践与应用(Elsawah et al.,2017)。

沙漠化土地及其驱动力系统具有非线性、多层次、多重反馈等特征,系统动力学可以成为模拟沙漠化动态的一种理想工具和方法(许端阳等,2015)。近年来,随着系统动力学建模方法的逐渐成熟,其在沙漠化动态模拟方面也逐步得以应用。例如,胡孟春(1991)早在 20 世纪 90 年代初就利用系统动力学方法对土地沙漠化动态进行了模拟。进入 21 世纪,随着可持续发展理念的不断深入,沙漠化系统管理的思想逐渐纳入沙漠化动态模拟的范畴。薛娴等(2000)从系统论的角度对干旱地区人地系统各要素的相互作用及沙漠化的形成过程进行了分析;张爱胜等(2005)利用系统动力学的方法从人口、种植、畜牧业、水资源等方面搭建了沙漠化系统管理的框架模型;王晓君等(2014)构建了一个简化的耦合人口、放牧的系统动力学模型对盐池地区禁牧政策下沙漠化动态进行模拟。在国外研究方面,沙漠化等土地退化的动态模拟也从沙漠化系统框架定性分析、放牧等沙漠化局部过程动态模拟逐渐发展为综合考虑自然、人文因素的综合定量模拟。通过耦合影响沙漠化土地植被变化的环境和社会因素,以植被变化为衡量沙漠化动态的指标,对苏丹 Kordofan 地区的土地沙漠化进行了动态模拟(Helldén,2008);Rasmy 等(2010)在分析影响区域沙漠化敏感性的关键因素基础上,利用系统动力学模型模拟这些因素的动态变化,对区域沙漠化敏感性指数进行了模拟;Delden 等(2011)基于系统动力学方法开发了一个荒漠化管理决策模型,并在此基础上总结了一套综合模型以支撑决策的方法。尽管目前相关研究在利用系统动力学方法建立沙漠化动态模型方面取得了较大的进展,但仍然存在一些问题:①多侧重于沙漠化驱动力系统的宏观结构分析,多数参数难以获取以支持实证研究;②模型中人文驱动力的作用过程分析相对较弱,政策调控选择较少,难以符合沙漠化防治决策需求;③模型没有围绕沙漠化土地核心指标进行构建,难以模拟不同等级沙漠化土地的演变。

基于对以往研究进展及存在问题的分析,本研究充分利用系统动力学在研究多因素相互作用和反馈问题上的优势,选择可以反映不同驱动因素对沙漠化动态过程影响的共性指标并刻画不同自然、人文因素对该指标的作用与反馈回路,建立耦合多种自然、人文因素的沙漠化动态模型。在此基础上,对我国典型的沙漠化地区不同气候变化和政策调控下的沙漠化动态进行模拟,旨在深入理解不同因素对沙漠化的作用过程以及科学制定沙漠化防治政策提供支撑。在分别刻画六大模块内部以及模块之间的动态过程及其对植被净初级生产力影响与反馈的基础上，本研究利用系统动力学建模软件 Vensim DSS 来构建一维空间的、耦合自然-人文因素的沙漠化动态模拟系统动力学模型，确定模型架构与模拟结果的基本可行性和可靠性，模型的总体框架与结构如图 3-2 所示。

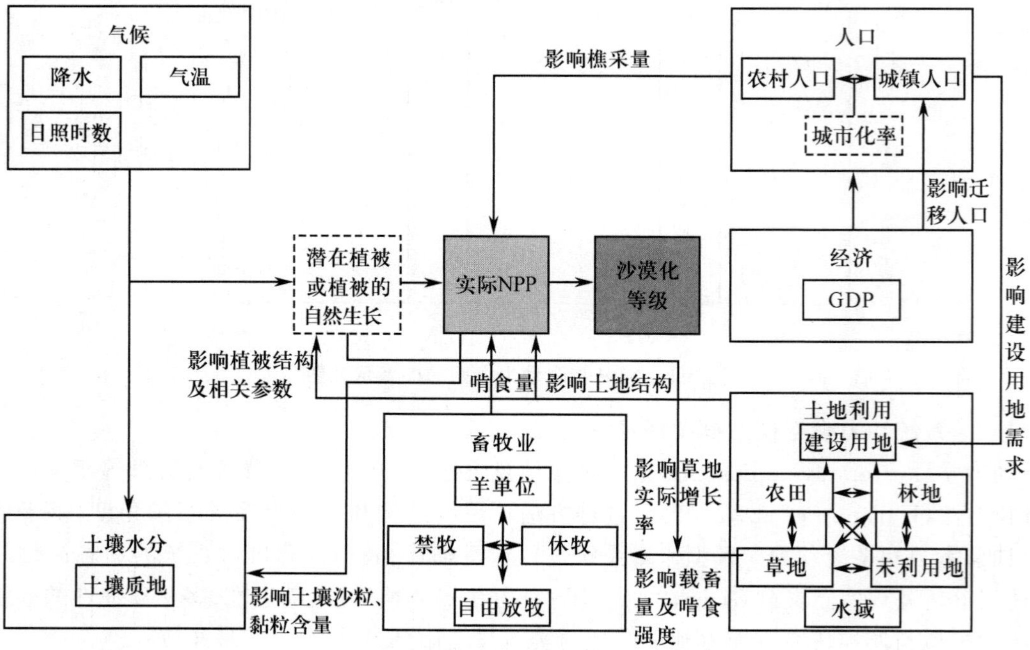


**图 3-2　沙漠化动态模拟系统动力学模型框架**

模型的模拟时段为 2000—2030 年，模拟步长为 1 年。其中 2000—2010 年的模拟数据用于对模型稳定性、可靠性进行验证；2011—2030 年的模拟数据主要用于对不同驱动因素以及沙漠化防治政策的评估。

### 3.1.2　模型各模块模拟方案

#### 3.1.2.1　气候-土壤水-潜在生产力模块

降水量、温度和太阳辐射是表征气候变化的关键因子，也是影响植被生长的重要因素。在本研究中，气候因素被视为外生变量，即不受其他因素影响，对于未来气候的变化主要采用人为改变其相对于 2000—2010 年均值的变率以及引入 RCP 8.5、RCP 4.5 情景下未来气候变化预估试验数据，模拟的时间步长为月。因为研究尺度较小，所以假定地表植被的变化对气候变化无显著影响。植被潜在生产力是指无人类活动扰动而仅受气候、土壤等自然因素影响的植被初级生产力。在本模型中，植被 PNPP 是一个相对概念，即在上一年的土地利用状态下，从气候-土壤水-植被 PNPP 三者的动力学过程来看，降雨、温度、太阳辐射的变化及其引起的蒸散的变化将影响到土壤水分的增减，而两者共同导致自然状态下植被 PNPP 的变化，而植被 PNPP 的变化将改变土壤质地，进而对土壤水分产生反馈。利用 CASA 模型估算植被 PNPP 的流程如图 3-3 所示。

植被 PNPP 主要由太阳辐射、植被冠层对入射光合有效辐射的吸收百分比 FPAR、最大光能利用率 $\varepsilon_{max}$ 以及温度和土壤水分系数决定，其中 FPAR、$\varepsilon_{max}$ 由土地利用类型决定。

$$\text{PNPP}=\text{FPAR}\times\varepsilon_{max}\times \text{sol}(x,t)\times T_{\varepsilon 1}(x,t)\times T_{\varepsilon 2}(x,t)\times W_{\varepsilon}(x,t)\times 0.5 \tag{3-1}$$

式中：$\text{sol}(x,t)$ 表示 $t$ 月在像元 $x$ 处的太阳总辐射量[MJ/(m$^2$・月)]；$T_{\varepsilon 1}(x,t)$、$T_{\varepsilon 2}(x,t)$ 为每月温度胁迫影响系数；$W_{\varepsilon}(x,t)$ 为土壤水分胁迫影响系数。不同月份不同土地利用类型对应的 FPAR、$\varepsilon_{max}$ 如表 3-1 所示。

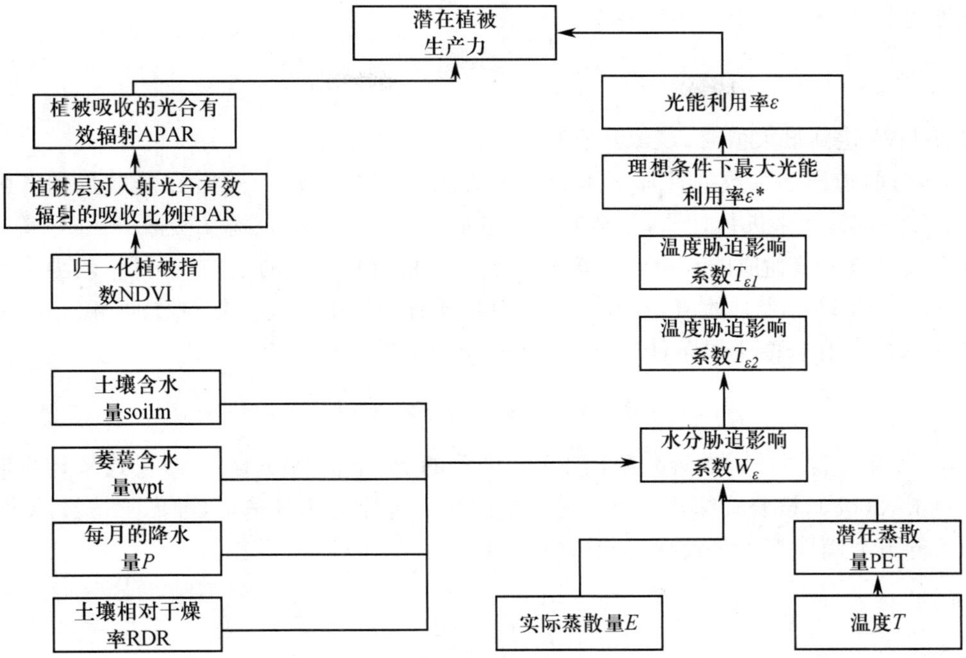


图 3-3　CASA 模型估算植被 PNPP 流程

表 3-1　不同土地利用类型对应的 FPAR 和最大光能利用率

| 项目 | 农田 | 林地 | 草地 | 水域 | 建设用地 | 未利用地 |
|---|---|---|---|---|---|---|
| FPAR1 | 0.023 | 0.026 | 0.022 | 0 | 0.022 | 0.021 |
| FPAR2 | 0.023 | 0.025 | 0.022 | 0 | 0.022 | 0.021 |
| FPAR3 | 0.024 | 0.026 | 0.023 | 0 | 0.022 | 0.021 |
| FPAR4 | 0.025 | 0.028 | 0.024 | 0 | 0.024 | 0.021 |
| FPAR5 | 0.037 | 0.047 | 0.032 | 0 | 0.030 | 0.023 |
| FPAR6 | 0.045 | 0.094 | 0.041 | 0 | 0.034 | 0.023 |
| FPAR7 | 0.054 | 0.144 | 0.060 | 0 | 0.036 | 0.024 |
| FPAR8 | 0.056 | 0.153 | 0.061 | 0 | 0.036 | 0.024 |
| FPAR9 | 0.048 | 0.090 | 0.049 | 0 | 0.034 | 0.024 |
| FPAR10 | 0.030 | 0.039 | 0.028 | 0 | 0.026 | 0.021 |
| FPAR11 | 0.025 | 0.028 | 0.024 | 0 | 0.023 | 0.021 |
| FPAR12 | 0.024 | 0.026 | 0.023 | 0 | 0.023 | 0.021 |
| $\varepsilon_{max}$ | 0.542 | 0.526 | 0.536 | 0 | 0.529 | 0.537 |

（1）温度胁迫影响系数的计算　温度胁迫影响系数 $T_{\varepsilon1}(x,t)$为低温对光能利用率的胁迫效应，$T_{\varepsilon2}(x,t)$为高温对光能利用率的胁迫效应（无单位），由环境和气候条件而决定。

当某月平均温度≤−10 ℃时，低温胁迫因子 $T_{\varepsilon1}(x,t)=0$，否则

$$T_{\varepsilon1}(x,t)=0.8+0.02T_{opt}(x,t)-0.005[T_{opt}(x,t)]^2 \tag{3-2}$$

月平均温度 $T(x,t)<T_{opt}(x,t)-13$ 或者 $T(x,t)>T_{opt}(x,t)+10$ 时，$T_{\varepsilon2}(x,t)$等于月平均温度

为最适宜温度时的 $T_{\varepsilon 2}(x,t)$ 值的 1/2，否则

$$T_{\varepsilon 2}(x,t)=1.184/\{1+e^{0.2[T_{opt}(x,t)-10-T(x,t)]}\}/\{1+e^{0.3[-T_{opt}(x,t)-10+T(x,t)]}\} \tag{3-3}$$

$T_{opt}(x,t)$ 为 NDVI 达到最大值时，该像元所对应月份的平均气温。

(2)土壤水分胁迫影响系数的计算　水分胁迫影响系数 $W_{\varepsilon}(x,t)$ 受潜在蒸散量和实际蒸散量控制，主要借助 CASA 模型来进行计算，其影响因子包括土壤质地、降雨、潜在蒸散等(张峰等，2008)。水分胁迫影响系数反映了植物所能利用的有效水分条件对光能利用率的影响，当月平均温度小于或等于 0 ℃时，$W_{\varepsilon}(x,t)$ 等于前一个月的值，即 $W_{\varepsilon}(x,t-1)$；随着环境中有效水分的增加，$W_{\varepsilon}(x,t)$ 逐渐增大，它的取值范围为 0.5(在极端干旱条件下)到 1(非常湿润条件下)，其计算公式如下：

$$W_{\varepsilon}(x,t)=0.5+0.5\times E(x,t)/E_p(x,t) \tag{3-4}$$

式中：$E_p(x,t)$ 为潜在蒸散量。本研究采用 FAO 推荐的 Penman-Monteith 修正式来计算潜在蒸散量(Landeras et al.，2008)，该公式综合了空气动力学的涡动传导与能量平衡，考虑了植被的生理特征，在干旱和湿润条件下准确性都相对较高。计算公式如下：

$$E_0=\frac{\frac{P_0}{P_a}\cdot\frac{\Delta}{\gamma}\cdot R_n+E_a}{\frac{P_0}{P}\cdot\frac{\Delta}{\gamma}+1} \tag{3-5}$$

式中：$E_0$ 为参考作物的潜在蒸散量(mm/d)；$P_0$ 为标准大气压，$P_0=1\ 013.25$ hPa；$P_a$ 为计算地点平均大气压(hPa)；$\Delta$ 为平均气温时饱和水气压随温度的变化率，$\Delta=de_0/dt$，$e_0$ 为饱和水汽压(hPa)；$\gamma$ 为温度计常数，$\gamma=0.66$(hPa/℃)；$R_n$ 为太阳净辐射，以所能蒸发的水层深度计(mm/d)；$E_a$ 为干燥力(mm/d)或称安全检查气动力学项。

实际蒸散 $E(x,t)$ 的计算可以通过 CASA 模型中的土壤水分子模型求得，如公式(3-6)和(3-7)所示。该模型的建立综合考虑了降雨与蒸散之间关系以及土壤属性。当月实际蒸散量可以根据上月的土壤含水量、降水量、潜在蒸散、土壤相对干燥率以及土壤萎蔫含水量来计算。

当月降水量小于潜在蒸散量时

$$E(x,t)=\min\{\{\mathrm{PPT}(x,t)+[E_p(x,t)-\mathrm{PPT}(x,t)]\mathrm{RDR}\},\ \{\mathrm{PPT}(x,t)+[\mathrm{SOILM}(x,t-1)-\mathrm{WPT}(x)]\}\} \tag{3-6}$$

当月降水量大于或等于潜在蒸散量时

$$E(x,t)=E_p(x,t) \tag{3-7}$$

式中：PPT 表示月平均降水量(mm)；SOILM$(x,t)$是指某一月的土壤含水量(mm)，可用土壤水分模型来计算；RDR 代表相对干燥率，表示土壤水分的蒸发潜力；WPT 代表萎蔫含水量，表示土壤持水能力的下限。下面将分别介绍土壤含水量、相对干燥率和萎蔫含水量的计算方法。

**土壤含水量。**在土壤水分模型中，每一个栅格的月平均土壤含水量可以通过以下两个公式来计算。

当月平均降水量小于潜在蒸散量时：

$$\mathrm{SOILM}(x,t)=\max[\mathrm{SOILM}(x,t-1)-[E_p(x,t)-\mathrm{PPT}(x,t)]\cdot\mathrm{RDR},0] \tag{3-8}$$

当月平均降水量大于或等于潜在蒸散量时：

$$\mathrm{SOILM}(x,t)=\max[(\mathrm{SOILM}(x,t-1)+[\mathrm{PPT}(x,t)-E_p(x,t)],\mathrm{FC}] \tag{3-9}$$

式中：FC 为田间持水量($m^3/m^3$)，即土壤所能稳定保持的最高土壤含水量。

在计算土壤水分时，假设当某月的平均温度小于或等于 0 ℃，土壤含水量不发生变化，与上月的土壤含水量相当，而该月的降水(雪的形式)将累加到从该月其第一个出现温度大于 0 ℃的月份(Potter et al.，1993)。因此，根据土壤水分子模型，当月土壤含水量总依赖于上月土壤含水量的值。在本研究中，首先将土壤含水量完全饱和状态，即全部达到田间持水量，然后利用 20 世纪 70 年代的平均气候条件(即计算 20 世纪 70 年代月均温度、降水、蒸散等气候因子)进行循环计算，直到 $t$ 次循环和 $t-1$ 次循环土壤含水量相差小于 1%时即认为达到稳定。然后，就可以用 $t$ 次循环模拟的 12 月的土壤含水量作为初始含水量来计算研究起始年 1 月的土壤水分含量。在 Vensim 软件环境下，土壤水分的模拟如图 3-4 所示。

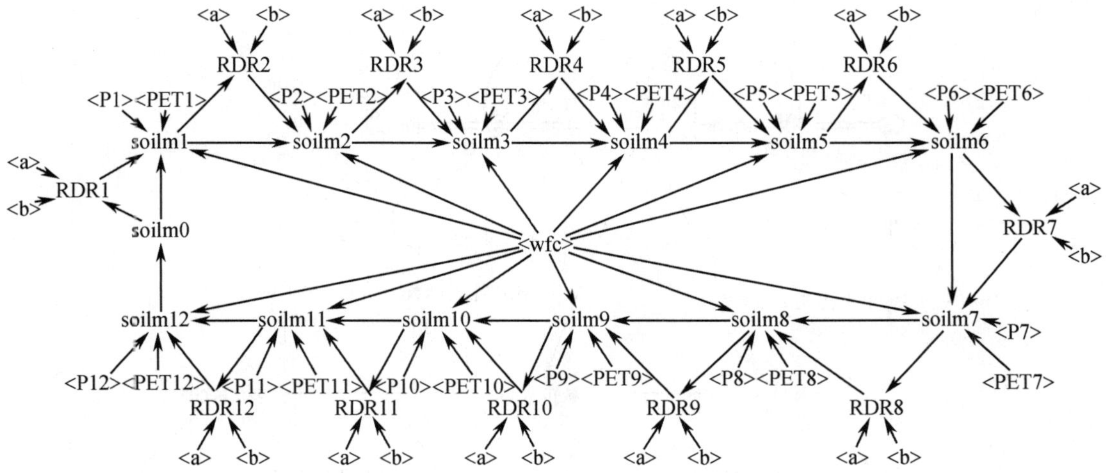


**图 3-4　Vensim 环境下土壤水分模拟示意图**

**相对干燥率。**模型中相对干燥率 RDR 的计算可以通过以下公式实现：

$$RDR=(1+a)/(1+a\theta^{b}) \tag{3-10}$$

式中：$\theta$ 为前一个月的土壤含水量($m^3/m^3$)；$a$ 和 $b$ 为根据 Saxton 等(1986)提出的经验公式求出的系数，其值与土壤类型有关，可根据土壤中黏粒与沙粒的百分比求得：

$$a=\exp[-4.396-0.0715(\%clay)-4.880\times10^{-4}(\%sand)^2 -4.285\times10^{-5}\times(\%sand)^2(\%clay)]\times100.0 \tag{3-11}$$

$$b=-3.140-0.00222(\%clay)^2-3.484\times10^{-5}\times(\%sand)^2(\%clay) \tag{3-12}$$

式中：%clay 和%sand 分别是土壤中黏粒和沙粒所占的百分比。

**田间持水量和萎蔫含水量。**在土壤水分模型中，田间持水量 FC 以及萎蔫含水量 WPT 分别表示单位体积土壤持水能力的上限与下限，它们与土壤深度(m)的乘积可用于确定土壤含水量的上限与下限。田间持水量和萎蔫含水量都与土壤质地有关，可以通过土壤含水量和土壤水势之间的关系求出。

$$\psi=a\theta^{b} \tag{3-13}$$

式中：$\psi$ 是土壤水势(kPa)。Potter 等(1993)在关于土壤田间持水量和萎蔫含水量的计算中，采用前人关于土壤水分与质地关系的研究成果(Papendick and Campbell，1980；Saxton et al.，1986)，即认为粗土壤质地的田间持水量 10 kPa 时的土壤体积含水量，中、细土壤质地的田间持水量等于土壤水势为 33 kPa 时的土壤体积含水量，土壤中萎蔫含水量则等于土壤水势为 1 500 kPa 时的土壤体积含水量。

#### 3.1.2.2　社会经济模块

经济发展本身不直接对植被 NPP 产生影响，通过间接方式作用于植被生长及沙漠化过程。经济发展水平高，往往使得该地区较有较大吸引力，人口迁入率增加，人口的增长影响土地的利用方式，通过此方式可间接作用于植被 NPP,其中人口增加由出生率和死亡率来决定。城镇人口和农村人口通过不同的方式对植被 NPP 产生间接影响,为进行进一步区分,利用城镇化率进行表示,通常 GDP 的增速与城镇化率具有正比关系(高正斌,2015),本研究中以表函数的方式进行查找。城镇人口对植被 NPP 的影响通过其对土地利用的影响间接实现,主要表现为城镇人口变化及其引起的建设用地需求和其他土地利用类型的变化;而农村人口则直接通过樵采量的变化影响植被 NPP。基于以往研究区典型案例研究(宋乃平等,2005),2000 年后每个农户(4 口之家)每年对干柴的需求量(也即砍伐量)约为 375 kg,并根据碳含量转换为 NPP 的单位。在本研究中,干物质转换为碳的系数设为 0.45。Vensim 环境下经济-人口关系示意见图 3-5。

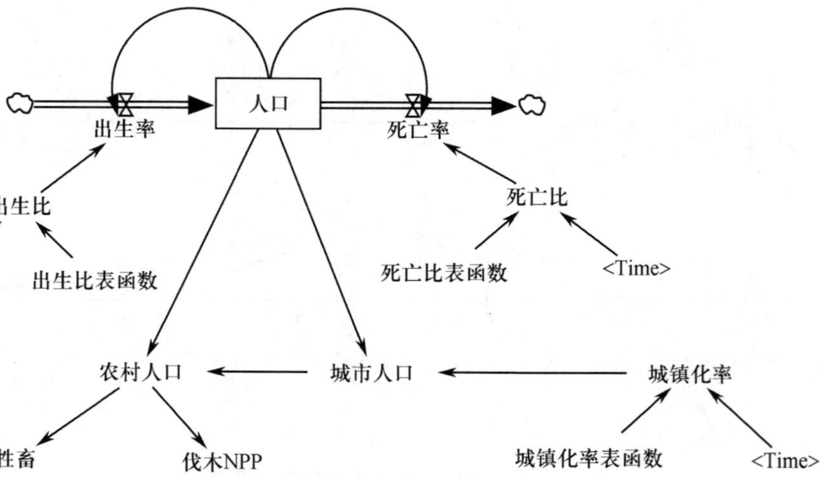


**图 3-5 Vensim 环境下经济-人口关系示意图**

#### 3.1.2.3 放牧模块

牲畜数量和禁牧休牧政策会对植被 NPP 产生重要影响(侯向阳等,2014)。为方便牲畜数量的统一化,本研究参考我国农业行业标准《天然草地合理载畜量的计算》(NY/T635—2002),将羊和大牲畜(牛、马等)统一折算为羊单位,新出生羊为 0.5 个羊单位,大牲畜为 5 个羊单位;在数量模拟上,由出生率、出生成活率、死亡率、自宰自食率以及出售率 5 个参数来决定。

$$\text{livestock}_t = \text{livestock}_{t-1} * (1 + \text{birthrate} * \text{birthliverate} - \text{deathrate} - \text{eatrate} - \text{salerate}) \quad (3\text{-}14)$$

式中:$\text{livestock}_t$ 是 $t$ 年羊或大牲畜的数量;$\text{livestock}_{t-1}$ 是上一年羊或大牲畜的数量;birthrate 是羊或大牲畜的出生率;birthliverate 代表羊或大牲畜的出生成活率;deathrate 代表羊或大牲畜的死亡率;eatrate 是羊或大牲畜的自宰自食率;salerate 是羊或大牲畜的出卖率。

本研究中采用禁牧率、休牧率和自由放牧率三个参数(三者相加为 1)来定量反映禁牧休牧政策,对于休牧政策在时间上和空间上分别进行管控,即休牧后行为是自由放牧还是按草畜平衡进行的。对于自由放牧,即在休牧期外,不考虑草地的实际承载力,采用完全自由放牧的方式将所有的羊单位进行放牧;对于按草畜平衡放牧,即考虑草地的可恢复性,参考以往文献,将草地 NPP 的 50%来计算最大可被放牧消耗的 NPP 量,按每个羊单位每天消耗 1.8 kg 含水量 14%的标准干草的标准(NY/T 635—2002)来计算实际放牧的羊单位数量,并计算放牧对草地 NPP 的影响(卓莉等,2007)。草地面积还受土地利用方式变化的影响,因此土地利用模块对放牧影响下的草地 NPP 变化也有间接的作用。

#### 3.1.2.4 土地利用模块

土地利用形式会对研究区内植被 NPP 和沙漠化演变产生重要影响。在本研究中,土地利用形式一方面受经济和人口变化对土地需求的改变,另一方面通过生态环境政策,如退耕还林还草、植树种草等影响土地利用方式。在经济、人口影响方面,经济增长间接带来城镇人口的增加,会对建设用地用量提出更高要求(李雅楠、王成新,2018),为了满足人们的生存空间需求,不得不建设新的城镇用地,而新的城镇用地则来自其他土地利用类型,同时会缩减其他用地的面积(图 3-6),根据以往城镇人口数量和用地面积之间的对比关系,在此基础上,计算每年研究区不同土地利用面积和占比,结合不同用地类型间的平均 NPP 值,计算因城镇用地增加所导致的 NPP 变化。

以模拟建设用地为例:首先计算理论建设用地需求量(desired constructed land),由城镇人口决定(数据来自人口模块);其次对比理论建设用地需求量和上一年实际建设用地量(annual constructed land);当年总的建设用地等于上一年建设用地(constructed land)加上每年新增的量。

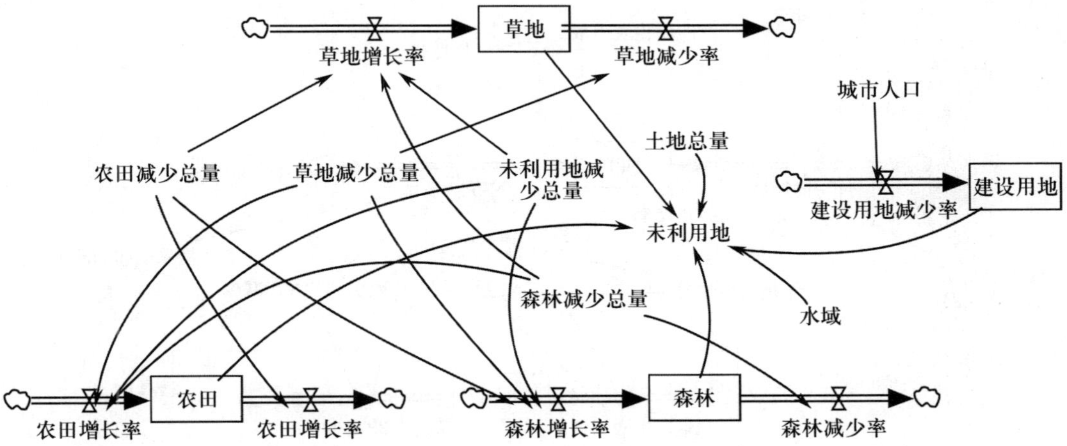

图 3-6　Vensim 环境下土地利用模块示意图

对于两种不同的土地利用类型,其具体转换比率基于 Landsat 卫星影像解译的土地利用图对比分析而来。根据 1981 年和 2010 年两期土地利用图,不同土地利用之间的转移矩阵如表 3-2 所示。

表 3-2　1981—2010 年间中国北方沙区土地利用转移矩阵

km$^2$

| 1981 年 | 2010 年 | | | | | |
|---|---|---|---|---|---|---|
| | 耕地 | 林地 | 草地 | 水域 | 建设用地 | 未利用地 |
| 耕地 | 117 952 | 6 464 | 57 216 | 1 216 | 832 | 18 432 |
| 林地 | 9 024 | 28 864 | 32 448 | 128 | 0 | 4 864 |
| 草地 | 65 792 | 32 576 | 875 072 | 10 240 | 896 | 209 472 |
| 水域 | 1 920 | 320 | 8 832 | 15 104 | 64 | 13 888 |
| 建设用地 | 512 | 64 | 256 | 0 | 128 | 640 |
| 未利用地 | 21 120 | 5 120 | 206 976 | 13 504 | 896 | 1 272 128 |

#### 3.1.2.5　实际 NPP -沙漠化模块

在沙漠化模块中(图 3-7),主要是将不同驱动力对植被 NPP 的影响进行汇总,包括气候、土地利用、人口、放牧以及草地的自然恢复等引起的 NPP 变化,来决定当年实际 NPP 的值,并根据不同沙漠化等级对应的 NPP 范围,来对沙漠化等级进行分类。

$$NPP_{i,t}=NPP_{i,t-1}+\Delta NPP_{i,t,c}+\Delta NPP_{i,t,l}-NPP_{i,t,gp}-NPP_{i,t,gc}+NPP_{i,t,gr} \quad (3\text{-}15)$$

式中：$NPP_{i,t}$ 是指当年的实际 NPP；$NPP_{i,t-1}$ 是上一年的实际 NPP；$\Delta NPP_{i,t,c}$ 是气候变化引起的 NPP，即不考虑土地利用等人为因素，仅考虑气候、土壤水等自然因素下当年与上一年植被潜在 NPP 的差值；$\Delta NPP_{i,t,l}$ 是由土地利用引起的 NPP 变化；$NPP_{i,t,gp}$ 是放牧引起的草地 NPP 降低；$NPP_{i,t,gc}$ 是农村人口樵采引起的 NPP 降低；$NPP_{i,t,gr}$ 是放牧后草地 NPP 的自然恢复。

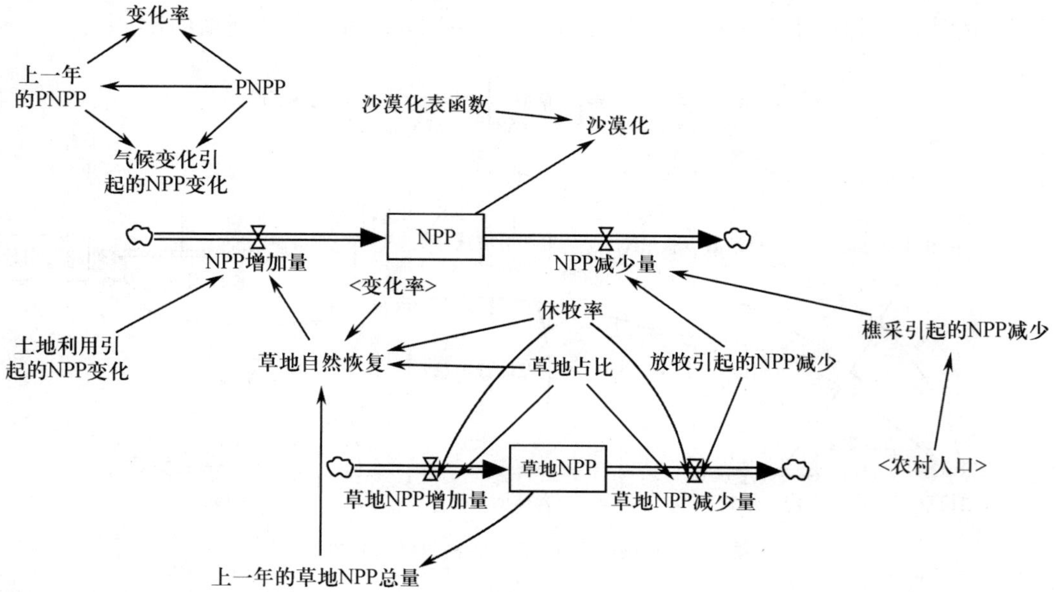


**图 3-7　Vensim 环境下沙漠化模块示意图**

在沙漠化模块中，草地的自然恢复主要根据经典的牧草消费-生长模型（Holechek et al.，2001）进行计算，具体如以下公式：

$$NPP_{i,t,gr}=rx\left(1-\frac{x}{k}\right) \quad (3\text{-}16)$$

式中：$NPP_{i,t,gr}$ 为草地自然恢复的 NPP；$r$ 是草地的内禀增长率，在本研究中，该参数特指在一定气候条件下草地的自然增长率，由当年和上一年草地潜在 NPP 的比值决定；$x$ 是指 $t$ 年草地的 NPP；$k$ 是草地最大的 NPP，根据对研究区草地 NPP 的统计结果，该参数设为 140 gC/($m^2$ · a)。

### 3.1.3　模型系统开发

#### 3.1.3.1　支持空间数据的沙漠动态模拟模型开发思路

在 VENSIM 环境下搭建起沙漠化动态模拟系统动力学模型的基础上，按照整体模型框架，本研究选择在 ArcGIS 的地理处理模块 ArcPy 的支持下，利用 Python 语言对上述模型进行重构并开发决策支持系统，使其能支撑空间数据，且通过参数设置，来对未来一段时间内沙漠化状况进行预测分析，最终构建耦合自然-人文因素的沙漠化动态模拟空间系统动力学模型。为了实现不同驱动力之间相互作用、反馈的系统动力学过程，在实现时将模型分解为 8 个模块，并对每个模块设计一个接口，接口函数实现模块内部相对独立的运算部分，驱动力之间的交互通过模块间变量的相互调用来实现。不同模块接口示意图见图 3-8。

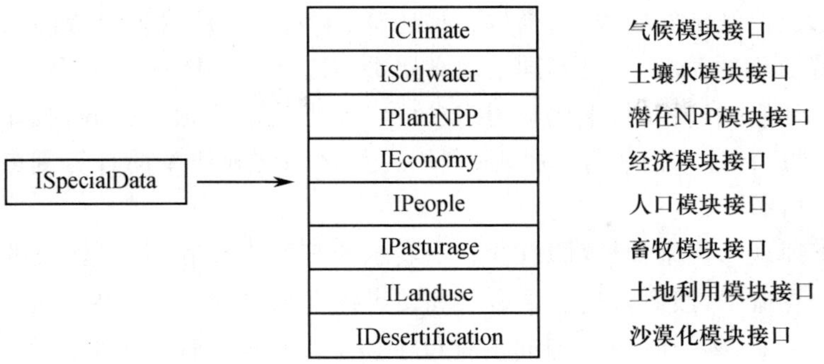


图 3-8　沙漠化模拟模型开发接口示意图

#### 3.1.3.2　部分数据空间离散化的方法

在模型实现过程中，自然驱动因子的数据采用空间插值、矢量转栅格的方法都可以直接转换为 8 km 分辨率的空间数据，而其中的关键是要将一些经济数据及其对植被 NPP 的影响离散到相应的栅格上，如农村人口的樵采、放牧、土地利用等。

(1)农村人口的樵采　在本研究中，假定农村人口的樵采都发生草地上(包括沙蒿、沙柳等灌木)，并将农村人口按旗县离散到每一个草地栅格上(基于土地利用图获取)，最终根据农村人口人均的樵采量以及是否禁止樵采的政策来生成农村人口樵采引起的 NPP 降低空间分布图。

(2)禁牧休牧的空间范围及对 NPP 的影响　放牧影响在空间上的离散涉及两个方面：一是确定禁牧、休牧以及自由放牧的空间范围；二是在休牧区和自由放牧区，根据休牧后放牧行为的选择等政策变量，确定放牧的羊单位数量，并按旗县离散到休牧和自由放牧区内的每一个栅格上。

关于确定禁牧、休牧以及自由放牧的空间范围，本研究设定了以下假定条件：禁牧、休牧、自由放牧的空间范围必须为草地；禁牧率、休牧率、自由放牧率等同于禁牧区、休牧区、自由放牧区占草地面积的比例；植被 NPP 越低的地方优先得到保护。以禁牧率为 40%、休牧率 50%、自由放牧率 10%为例，在对所有草地栅格按 NPP 大小进行排序的基础上，首先将 NPP 最低的 40%草地栅格区域划为禁牧区，其次将 NPP 排序 40%～90%的栅格划为休牧区，最后将 NPP 最高的 10%草地栅格划为自由放牧区。禁牧休牧范围如图 3-9 所示。

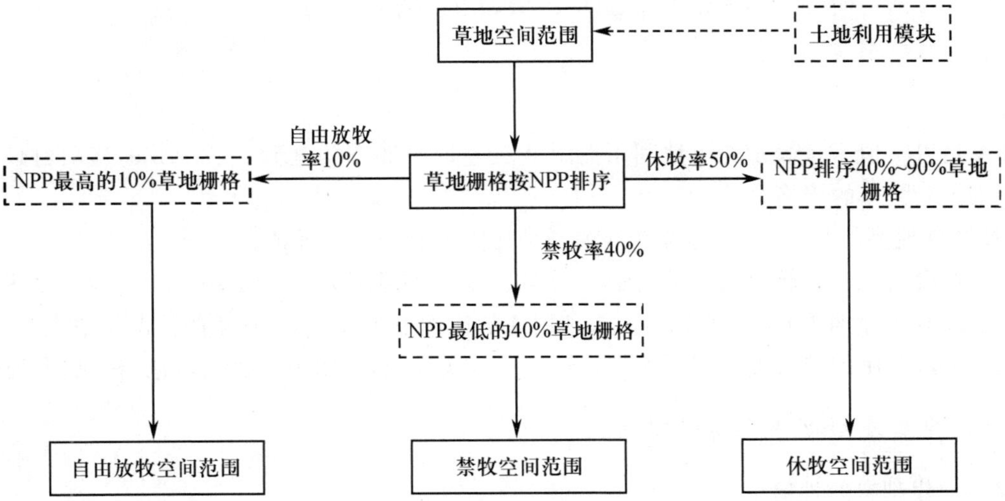


图 3-9　禁牧休牧范围示意图

(3)土地利用　其空间模拟是模型的重要组成部分，不仅受人口、经济发展水平的影响，而且土地利用空间格局还会对畜牧业、潜在植被 NPP 模拟产生影响。在本研究中，土地利用的空间模拟主要受两类因素的影响：一是人口、经济发展水平、退耕还林还草、未利用地植树种草等因素，这些因素主要是控制不同土地利用类型的总量需求；二是不同土地利用类型之间转换概率，这一因素控制了空间上哪些栅格会发生转换。在实际模拟过程中，土地利用需求可以作为政策情景进行调控，如控制人口的增长率、经济发展的增速、退耕还林还草面积等；而土地利用类型之间转换概率的计算则参考元胞自动机(CA)模型的计算思路，通过计算。

某一时期不同土地利用类型分量(即以 0 和 1 表示的某类土地利用图)转换的适宜性、邻域性和继承性来计算其转出的总概率，然后根据总量需求和转出概率来选择土地利用类型转换的栅格。

对于土地利用类型 A，某一时期 $t$、空间位置位于$(x,y)$的栅格转换为另一土地利用类型的概率定义如下：

$$P=S \cdot N \cdot I \tag{3-17}$$

式中：$S$ 为适宜性，表示一种土地利用类型转换为另一种土地利用类型的适宜程度；$N$ 为邻域性，表示两种土地利用类型在空间上由于相邻而发生转换的概率；$I$ 为继承性，本研究中继承性设为 1。

其中，适宜性＝坡度×适宜性系数，不同土地利用类型间的适宜性系数如表 3-3 所示。

**表 3-3 不同土地类型间适宜性系数**

| 项目 | 耕地 | 林地 | 草地 | 水域 | 建设用地 | 未利用地 |
|---|---|---|---|---|---|---|
| 耕地 | — | 0.8 | 0.8 | — | 0.5 | 0.2 |
| 林地 | 0.2 | — | 0.2 | — | 0.5 | 0.2 |
| 草地 | 0.2 | 0.8 | — | — | 0.5 | 0.2 |
| 水域 | — | — | — | — | — | — |
| 建设用地 | — | — | — | — | — | — |
| 未利用地 | 0.8 | 0.8 | 0.8 | — | 0.5 | — |

在本研究中，将邻域性定义为某一时期 $t$、空间位置位于$(x,y)$、土地利用类型为 A 的栅格，受周围栅格的影响而转换为其他土地类型的概率。在计算过程中，利用 3×3 的移动窗口对以二值变量表示的土地利用类型 A 的空间分布图进行运算，进而得到邻域性概率。

$$N=1-\frac{\mathrm{sumA}}{9} \tag{3-18}$$

式中，sumA 是以二值变量表示的土地利用类型 A 的空间分布图为基础，用 3×3 的移动窗口计算的窗口内土地利用类型 A 的栅格总数。

在计算转移概率的基础上，确定被转换的栅格还需要遵循以下规则。

规则 1：建设用地不能转换为别的土地利用类型，而其他土地利用类型均可转换为建设用地。当新形成建设用地时，其来自农田、草地、林地、未利用地的比例由 1981—2010 年的情况来决定。

规则 2：土地利用的转移按一定顺序进行计算。依次为：建设用地、农田、草地、林地、未利用地。

### 3.1.4 模型有效性验证和敏感性分析

#### 3.1.4.1 模型有效性验证

根据模型模拟的 1981—2010 北方沙区 NPP 变化，从空间分布来看(图 3-10)，内蒙古地区 NPP 的最大值(1981—2010 年均值)约为 785 gC/($m^2$·a)，主要位于科尔沁草原西部和察哈尔草原东部地区；NPP 最小值为 0～10 gC/($m^2$·a)，主要分布于阿拉善高原、塔里木盆地等地，这些地区大多为流动和固定沙丘以及一些小型湖泊和河流等地。从 1981—2010 年间中国北方沙区 NPP 的整体变化趋势来看

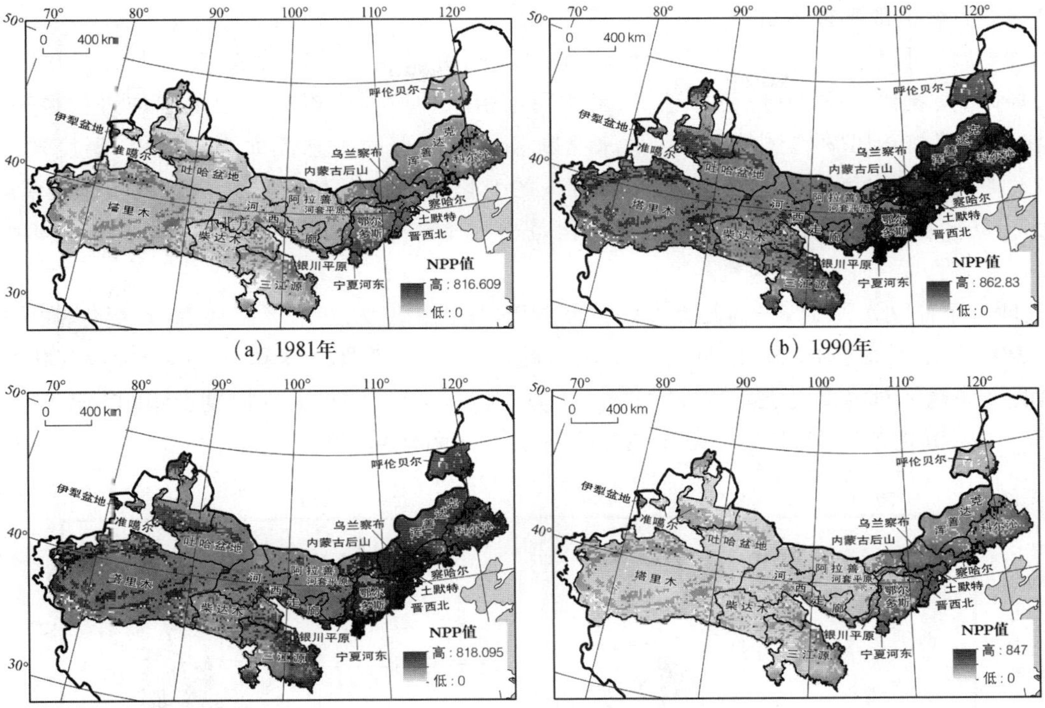


(a) 1981年　(b) 1990年

(c) 2000年　(d) 2010年

**图 3-10　1981—2010 北方沙区 NPP 空间分布**

(图 3-11)，整体呈波动式下降的趋势，2010 年 NPP 均值与 1981 年相比，略有上升。这主要与北方地区沙漠化防治政策的实施相关。从中国北方地区的沙漠化动态变化的趋势可以看出，该地区近 30 年来沙漠化变化情况与 NPP 的变化有着必然的联系，可用 NPP 值作为衡量沙漠化的核心指标。

结合模型的模拟结果来对模型进行有效性验证。验证方法为，根据土地利用类型随机选取 200 个验证点(每种土地利用类型 40 个)，分别提取 2010 年的模拟 NPP 结果与利用 CASA 模型计算的实际 NPP 数据(从国家地球系统科学数据共享服务平台获取)，通过计算线性回归系数和 $R^2$ 进行综合比较验证；另外对于沙漠化阈值体系的分类精度，通过对比 200 个点提取的模型模拟 2010 年沙漠化程度数据和基于 NDVI、遥感影像确定的沙漠化分类等级，计算总体分类精度，即被准确分类的点数占总数的比例来进行验证。从结果来看(图 3-12)，两者线性回归模型的决定系数 $R^2$ 达到 0.895，可以看出模型的模拟精度较为理想。另经计算得到沙漠化程度的总体分类精度为 0.81；尽管低于 NPP 的模拟精度，但其模拟本身受多种因素影响，存在许多不确定性，因此该精度也基本体现了模型良好的模拟效果。

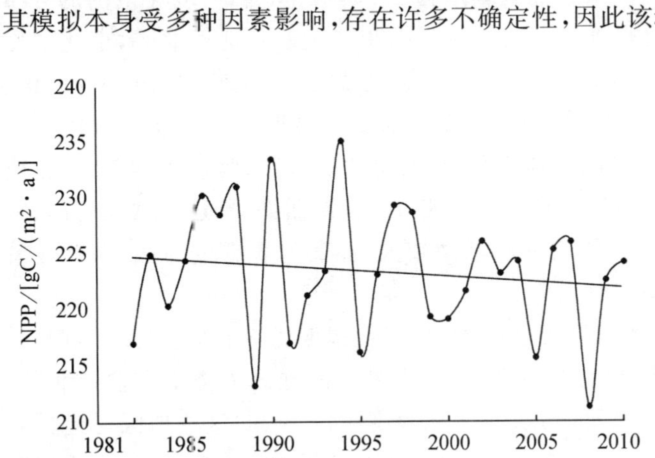


**图 3-11　1981—2010 北方沙区 NPP 变化趋势**

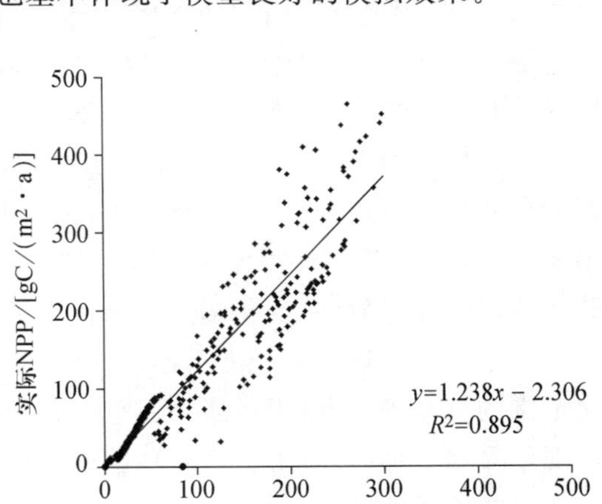


**图 3-12　模型结果验证**

3.1.4.2 模型敏感性分析

为了检验不同因子对土地沙漠化的影响力度，本研究采用敏感性检验，将模型中1981—2010年的温度、降雨、禁牧休牧率、退耕还林还草、未利用地植树种草等因素在一定范围内进行调整，观察每种调整状态下植被NPP的变化幅度，以此来判断各影响因子的敏感性大小。其中，温度的变化范围为±2 ℃；降雨的变化范围为±50%；禁牧休牧率的变化范围均为0%～50%；退耕还林还草面积的变化范围为±50%；未利用地植树种草面积的变化范围为±50%。在单一因素变化时，其他因素均保持不变。

当温度上下浮动2 ℃时，中国北方沙区整体NPP变化幅度为25.9%。从NPP变化范围的分布来看，由于温度变化所引起的NPP变化幅度最大的地区为三江源西部和柴达木盆地，变化幅度超过40%，说明这些地区对温度的敏感性较大；塔里木盆地大部分地区NPP受温度影响相对较小，变化幅度普遍低于20%；其他沙区NPP变化幅度在20%～30%之间(图3-13)。

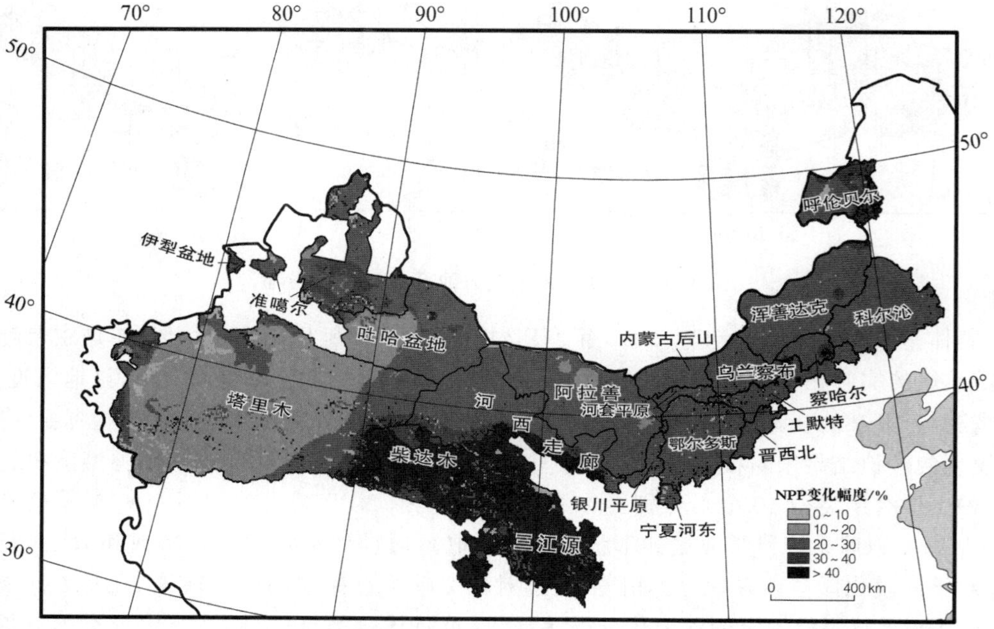


图3-13 温度变化所引起的NPP变化幅度分布

当降水量上下浮动50%时，中国北方沙区整体NPP变化幅度为13.5%。从NPP变化范围的分布来看，由于降雨变化所引起的NPP变化幅度最大的地区为三江源西部和柴达木盆地西北部，变化幅度超过30%，说明这些地区对降雨的敏感性较大；而呼伦贝尔草原、浑善达克沙地、察哈尔、内蒙古后山、阿拉善高原、塔里木盆地大部分地区NPP受降雨影响相对较小，变化幅度普遍低于20%(图3-14)。

当禁牧休牧率在0%～50%浮动时，中国北方沙区整体NPP变化幅度为11.2%。从NPP变化范围的分布来看，由禁牧休牧变化所引起的NPP变化幅度最大的地区为三江源西部、柴达木盆地南部、察哈尔地区，变化幅度超过20%，说明这些地区对禁牧休牧的敏感性较大；而其他大部分地区NPP受禁牧休牧影响相对较小，变化幅度普遍低于20%(图3-15)。

当退耕还林还草面积上下浮动50%时，中国北方沙区整体NPP变化幅度为3%左右。从NPP变化范围的分布来看，由退耕还林还草面积变化所引起的NPP变化幅度最大的地区为塔里木盆地北部、准噶尔盆地中部、科尔沁草原和乌兰察布草原南部的部分地区，变化幅度超过10%，这些地区对退耕还林还草的敏感性较大；而其他大部分地区无农田分布，其NPP基本不受退耕还林的影响，因此变化幅度接近0(图3-16)。

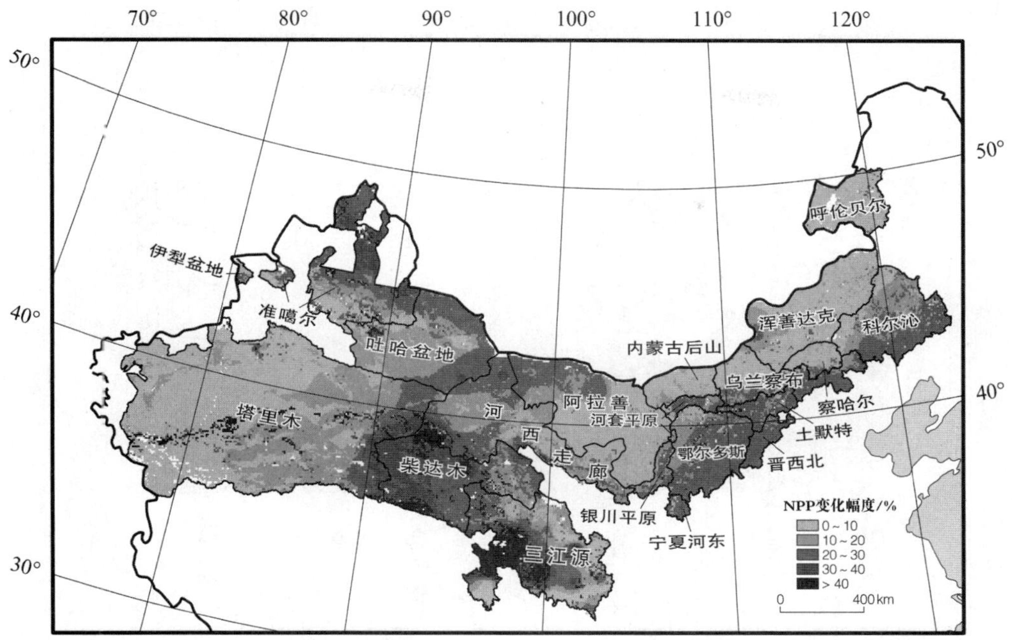


图 3-14　降水量变化所引起的 NPP 变化幅度分布

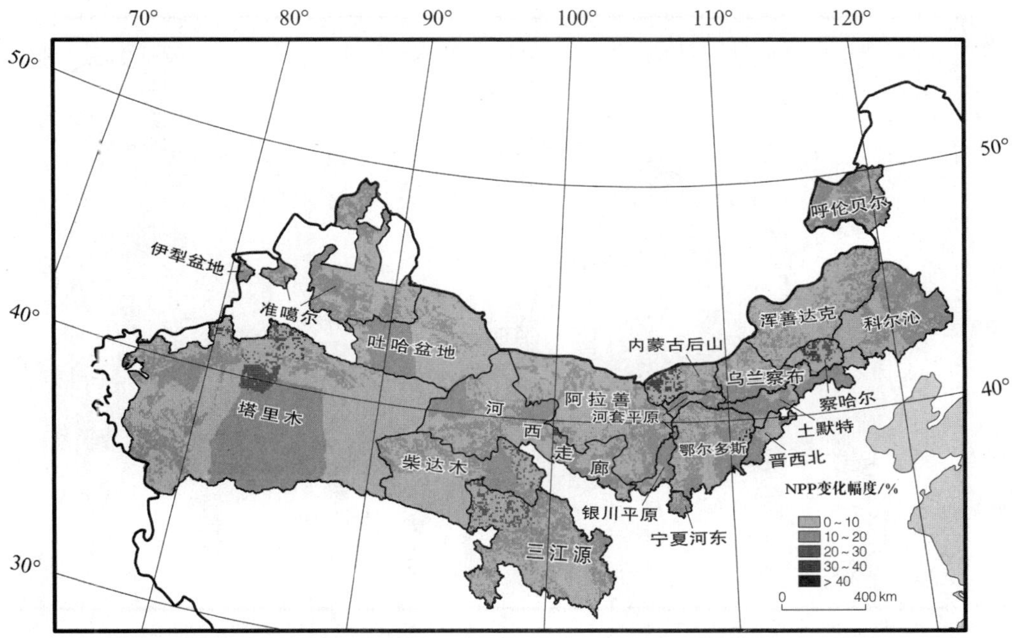


图 3-15　禁牧休牧率变化所引起的 NPP 变化幅度分布

当未利用地植树种草面积上下浮动 50%时，中国北方沙区整体 NPP 变化幅度为 2%左右。从 NPP 变化范围的分布来看，由未利用地植树种草面积变化所引起的 NPP 变化幅度普遍偏小，仅有塔里木盆地中部、柴达木盆地和三江源的部分零散地区变化幅度超过 10%；而其他大部分地区不存在未利用地或缺少植树种草的自然条件，因此基本没有人为植树种草的行为，其 NPP 的变化幅度接近于 0(图 3-17)。

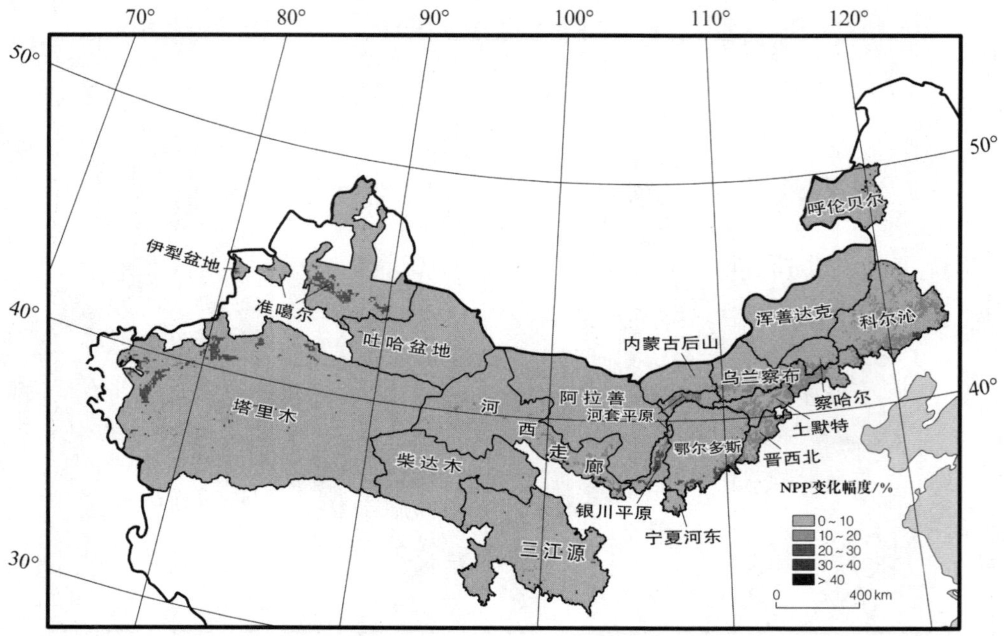


图 3-16　退耕还林还草面积变化所引起的 NPP 变化幅度分布

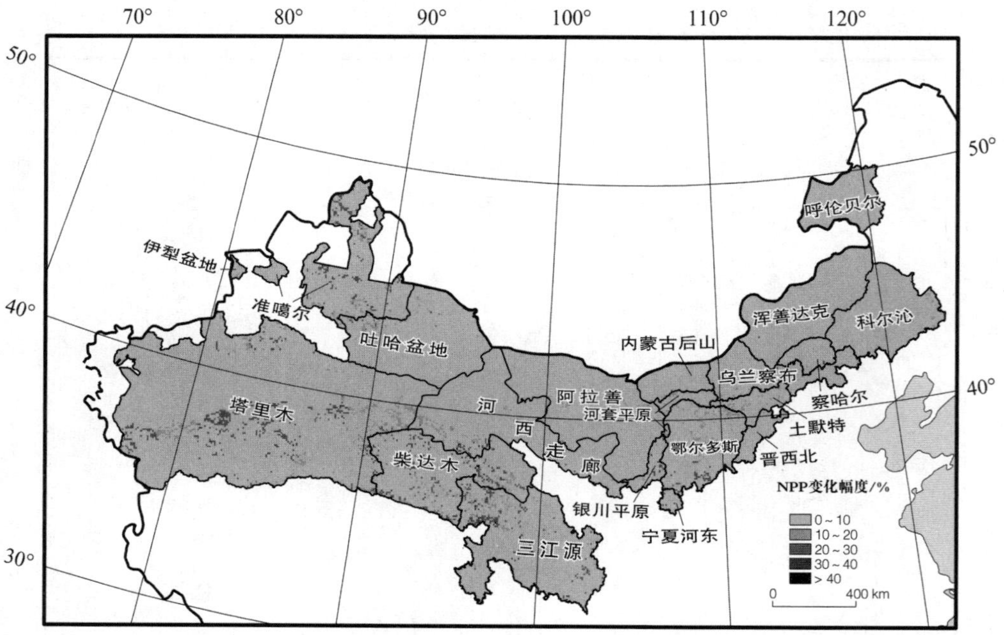


图 3-17　未利用地植树种草面积变化所引起的 NPP 变化幅度分布

综合来看，温度和降水量这两大气候因素为沙漠化模型的敏感因素，其波动带来中国北方整体性的NPP 变化。禁牧休牧率、退耕还林还草面积、未利用地植树种草面积的变化由于仅发生在特定的土地利用背景下，其波动仅能引起局部区域的 NPP 变化，但由于其影响区域 NPP 的变化幅度同样较大（超过 10%），可认为这些变量均为沙漠化模型中的敏感因子。

## 3.2　未来沙漠化动态模拟情景设计

### 3.2.1　情景设计依据与参数量化方案

#### 3.2.1.1　气候变化情景

国际政府间气候变化专门委员会(IPCC)第三次评估报告中指出,20 世纪全球平均气温较以往升高了(0.6±0.2)℃;预计 21 世纪 50 年代全球气温将升高至少 1.5 ℃,这种增温的趋势在北半球更加明显(Oliver,2013)。IPCC 在 1992 年曾指出,即随着人口增加与工业化发展,温室气体的排放若不加控制,到 21 世纪全球平均气温每 10 年升高 0.3 ℃,温室气体的排放将导致中高纬度季风区冬季降水增加(Bai and Sutanto,2002; Neelin et al.,2017)。我国 160 个气象台站资料统计(1951—2000 年)显示,20 世纪 90 年代平均气温(12.90 ℃)比 50 年代升高 0.68 ℃,其中黄河以北地区明显变暖,内蒙古中部、东部、北部和北疆地区升高 1.2 ℃,东北地区升高 1.0 ℃,华北地区升高 0.8 ℃。

关于降水量在未来的变化,以及降水量和气温之间的关系方面,北方各个地区都表现出明显差异。有研究表明,近 50 年是 400 年以来中国西部年降水量最丰沛的时期,多雨主要发生在气候急剧变暖的 20 世纪最后 30 年(王绍武等,2002)。根据 1961—2003 年内蒙古中部浑善达克沙地气候变化分析结果(白美兰等,2006),该地区整体上呈现气温升高而降水量减少的趋势。对于西北地区,各方面专家都估计有变暖趋势,但对于降水量的预测意见差异较大。

根据国内外气候变化相关领域专家的研究结论,本研究将从气温和降雨两个方面来设置未来气候情景:设定在基准情景下,2011—2030 年降雨将保持 1981—2010 年的平均水平,温度与 1981—2010 年相比基本保持不变;在湿润情景下,2011—2030 年降雨每年增加 5%,温度与基准情景下的参数一致;在干旱情景下,2011—2030 年降雨每年减少 5%,温度每 5 年增加 0.25 ℃。根据以上参数化方案,可以模拟未来中国北方在基准、湿润、干旱三种不同气候条件下的沙漠化演变。

#### 3.2.1.2　放牧政策情景

禁牧对于恢复防沙固沙、水土保持、保护生物多样性、恢复草原植被等有着重要的作用(王伟伟等,2019;冯云飞等,2019),推行禁牧制度,可以使草原植被得到较快的恢复。禁牧制度在实施过程中,一般以初级生产力和植被盖度作为是否解除禁牧的土要依据(赵敏敏等,2017)。根据具体情况,当上一年度初级生产力最高产量超过 600 kg 干物质/$hm^2$,生长季末植被盖度超过 50%时,可以解除禁牧。同时,也可用当地草原的理论载畜量作为参考指标,即当禁牧区的年产草量超过该地理论载畜量条件下家畜年需草量的 2 倍时,可以解除禁牧。解除禁牧后,宜对草原实施划区轮牧或休牧。

休牧指在规定时间内草地不能进行放牧,以保证草地植物得到休养生息,保证牧区牧草产量(刘忠宽等,2006)。推行休牧制度,可以保证优良牧草得到开花结实的机会,这样牧草间可以进行顺利地有性繁殖。有性繁殖的牧草要比无性繁殖的生命力强,更好适应气候的变化。这样,优良牧草可以得到保留,产量也会得到提升。最后,长时间休牧还可以改良草地生长环境。退化草地由于被啃食、踩踏,植被会日趋稀疏,土壤裸露坚实。在此情况下,土壤中的水分蒸发会加剧,通气性变差,进而会导致更为严重的水土流失现象。因此,对于中度损害以上的草地一定要进行较长时间的休牧。

2000 年以来,各放牧区纷纷推行禁牧、休牧、轮牧新三牧制度,来改善日益恶劣地草原生态环境。以鄂尔多斯市为例,率先转变生产方式,以禁牧、休牧、轮牧为切入口,促进生态环境与畜牧业的可持续发展,从而使得植被覆盖率已经由原来的 25%提升到 60%以上。截至 2010 年,内蒙古自治区已经施行了 8 次禁牧计划,禁牧、休牧面积达到 6.24 亿亩,平均每年提高 1.2%,其中禁牧面积 2.06 亿亩,休牧面积 4.18 亿亩。近年来,根据《耕地草原河湖休养生息规划》的要求,主要对生态极为脆弱、退化严重、不宜放牧、位于大江大河水源涵养地区的草原实行一年以上的禁止放牧利用。计划到 2020

年，草原禁牧面积控制在4.8亿亩，休牧面积达到19.44亿亩；同时采取季节性的休牧方式，减轻放牧对草原植被的影响，增加优质人工饲草供给，以草定畜、草畜配套，推进农牧结合，实现草畜间的动态平衡。

根据以上我国北方地区的相关放牧政策，本研究从禁牧率、休牧率两个方面来设置未来的放牧政策情景。设定在基准情景中，禁牧率和休牧率与2000—2010年间保持一致；在积极的放牧政策情景中，禁牧率每5年提高10%，休牧率相应每5年降低10%，休牧后放牧行为采取草畜平衡策略；在消极的放牧政策情景中，禁牧率和休牧率每5年降低10%，休牧后采取自由放牧的放牧行为。

#### 3.2.1.3 土地利用情景

自20世纪70年代以来，我国实施了一系列生态工程，如三北防护林工程、京津风沙源治理工程、退耕还林还草工程等，使得我国近年来植被覆盖率有效提升，部分地区土地覆被类型发生明显变化。基于过去生态治理的经验，各级政府对未来的生态工程建设进行了一些规划。

其中，三北防护林五期规划仍以增加和恢复森林植被为主要任务，规划确定工程造林总面积1 647.3万$hm^2$（其中，人工造林769.2万$hm^2$，占46.7%）、退化林分修复总任务193.6万$hm^2$，共规划18个重点建设区，涉及11个省（自治区），占五期工程人工造林总任务的27.10%。到2020年，将在三北地区新增森林面积988.4万$hm^2$，为工程区森林覆盖率贡献2.27个百分点（10.51%～12%），50%以上可治理沙化土地面积得到初步治理。京津风沙源治理二期工程区范围由北京、天津、河北、山西、内蒙古5个省（自治区、直辖市）的75个县（旗、市、区）扩大至包括陕西在内6个省（自治区、直辖市）的138个县（旗、市、区）；根据《河北省京津风沙源治理二期工程规划（2013—2022年）》，规划林业建设任务1 205万亩，其中人工造林874万亩、封山育林304万亩、工程固沙27万亩。2015年，内蒙古自治区启动了新一轮严重沙化耕地退耕还林工程，目前我国共安排内蒙古自治区171万亩退耕还林建设任务、3.33万亩荒山荒地造林任务。其中，2015年安排65万亩退耕还林任务、3.33万亩荒山荒地造林任务；2016年安排51万亩退耕还林任务；2017年安排55万亩退耕还林任务。

根据本研究的模型设计，直接服务于沙漠化治理的土地利用变化过程主要有退耕还林还草和在未利用地上的植树种草。因此，参考我国部分地区对未来生态工程建设的规划（表3-4），本研究针对土地利用变化对沙漠化的影响共设计3种情景：基准情景下的退耕还林还草面积和未利用地植树种草面积与1981—2010年保持一致；治理政策积极情景下的退耕还林还草面积和未利用地造林面积每5年增加10%；治理政策消极情景下的退耕还林还草面积和未利用地造林面积每5年减少10%。

**表3-4 我国北方不同区域生态工程近期规划**

| 区域 | 规划时段 | 植树种草/万亩 | 退耕还林/万亩 | 退耕还草/万亩 |
|---|---|---|---|---|
| 三北防护林区 | 2011—2020年 | 8 653 | 4 647 | 620 |
| 京津风沙源区 | 2013—2022年 | 4 365 | | |
| 内蒙古 | 2016—2020年 | 5 327 | 228 | 320 |
| 河北 | 2016—2020年 | 583 | | |
| 新疆 | 2016—2020年 | 1 529 | 900 | 333 |
| 青海 | 2016—2020年 | 388 | 147 | 46 |
| 甘肃 | 2016—2020年 | 1 600 | 220 | 22 |
| 陕西 | 2016—2020年 | 573 | 720 | |
| 山西 | 2016—2020年 | 960 | 267 | |
| 宁夏 | 2016—2020年 | 667 | 100 | 13 |

### 3.2.2 综合情景设计

根据中国北方2011—2030年可能的气候变化、沙漠化治理政策选择等因素，在综合情景设定时，将气候变化分为基本无变化、趋于湿润、趋于干旱3种类型，将人类活动(沙漠化治理政策选择)分为基本无变化、积极的沙漠化治理政策(包括放牧政策和土地利用政策)、消极的沙漠化治理政策3种类型，通过两两组合共有9种综合情景，如表3-5所示。

表3-5 未来沙漠化模拟综合情景设计方案

| 情景设计 | 气候变化 | 放牧政策 | 土地利用政策 |
|---|---|---|---|
| 情景1 | 气候无明显变化 | 与2000—2010年保持一致 | 与2000—2010年保持一致 |
| 情景2 | | 禁牧率每5年提高10%，休牧率相应每5年降低10%，休牧后放牧行为采取草畜平衡策略 | 禁止农村居民的樵采行为，退耕还林还草面积和未利用地造林面积每5年增加10% |
| 情景3 | | 禁牧率和休牧率每5年降低10%，休牧后放牧行为自由放牧 | 不禁止农村居民的樵采行为，退耕还林还草面积和未利用地造林面积每5年减少10% |
| 情景4 | 气候趋于湿润(2011—2030年各月降水量每年均增加5%，平均气温无显著变化) | 与2000—2010年保持一致 | 与2000—2010年保持一致 |
| 情景5 | | 禁牧率每5年提高10%，休牧率相应每5年能降低10%，休牧后放牧行为采取草畜平衡策略 | 禁止农村居民的樵采行为，退耕还林还草面积和未利用地造林面积每5年增加10% |
| 情景6 | | 禁牧率和休牧率每5年降低10%，休牧后放牧行为自由放牧 | 不禁止农村居民的樵采行为，退耕还林还草面积和未利用地造林面积每5年减少10% |
| 情景7 | 气候趋于干旱(2011—2030年降水量每年减少5%，平均气温每5年增加0.25℃) | 与2000—2010年保持一致 | 与2000—2010年保持一致 |
| 情景8 | | 禁牧率每5年提高10%，休牧率相应每5年能降低10%，休牧后放牧行为采取草畜平衡策略 | 禁止农村居民的樵采行为，退耕还林还草面积和未利用地造林面积每5年增加10% |
| 情景9 | | 禁牧率和休牧率每5年降低10%，休牧后放牧行为自由放牧 | 不禁止农村居民的樵采行为，退耕还林还草面积和未利用地造林面积每5年减少10% |

## 3.3 2011—2030年中国北方沙漠化演变时空格局

根据上述情景设计，对9个情景下的中国北方沙区的沙漠化动态进行了模拟。从模拟结果综合来看：①气候变化对研究区沙漠化土地面积影响明显，如在沙漠化治理政策不变的情况下，气候趋于湿润将会在2030年使中国北方沙区的沙漠化土地面积比基准情景下减少31.7万$km^2$，而气候趋于干旱使得沙漠化土地面积增加14.9万$km^2$。②相对于气候变化，沙漠化治理政策对沙漠化土地面积影响较小，如在气候基本不变化的情况下，积极的沙漠化治理政策使得沙漠化土地面积较基准情景减少8.6万$km^2$，而消极的治理政策使得沙漠化土地面积增加9.1万$km^2$。以下是从9个情景的角度，分别对全国和三大沙区的沙漠化模拟结果进行详细介绍。

### 3.3.1 情景1:基准情景

1. 北方沙区

在气候基本无变化、未来沙漠化治理政策基本不发生改变的前提下,中国北方沙漠化仍然呈现由东向西趋于严重的趋势,非沙漠化区域主要分布在沙区东部和南部边缘,严重沙漠化和原生沙漠、戈壁主要集中于西北干旱荒漠区(图3-18)。从时间变化上来看,中国北方的非沙漠化面积逐渐降低,整体上出现沙漠化扩展趋势,沙漠化面积从2011年的230万km$^2$左右增长至2030年的239万km$^2$左右。其中,轻度沙漠化面积增加量相对明显,20年间占比约增加4.7%(表3-6)。

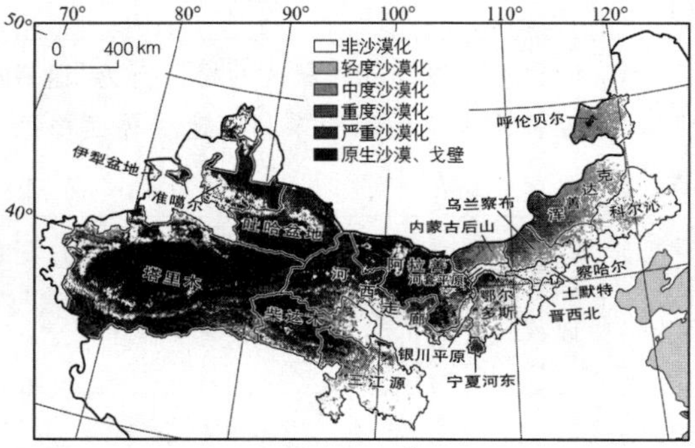


(a)2011年

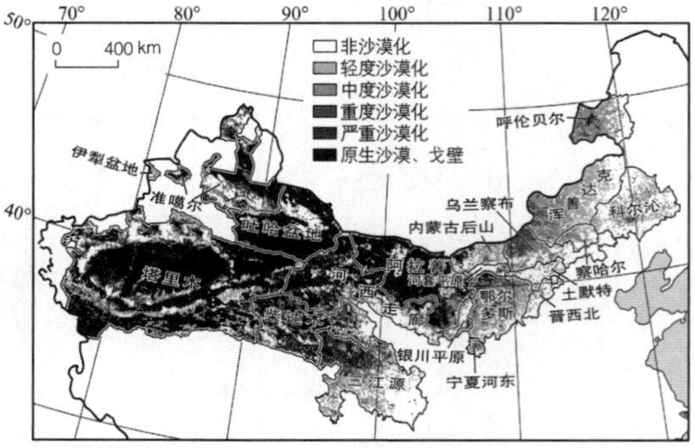


(b)2015年

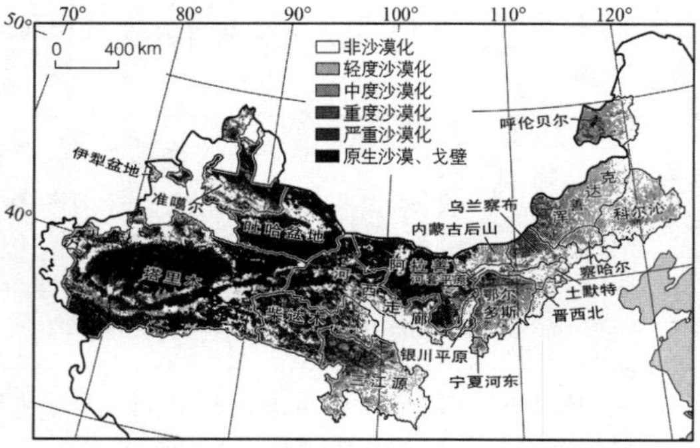


(c)2020年

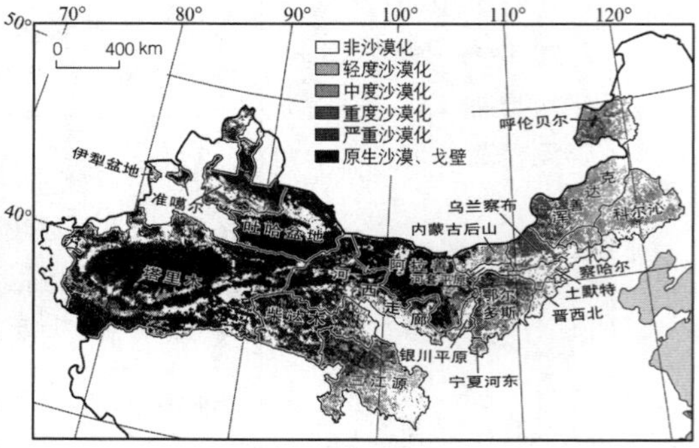


(d)2025年

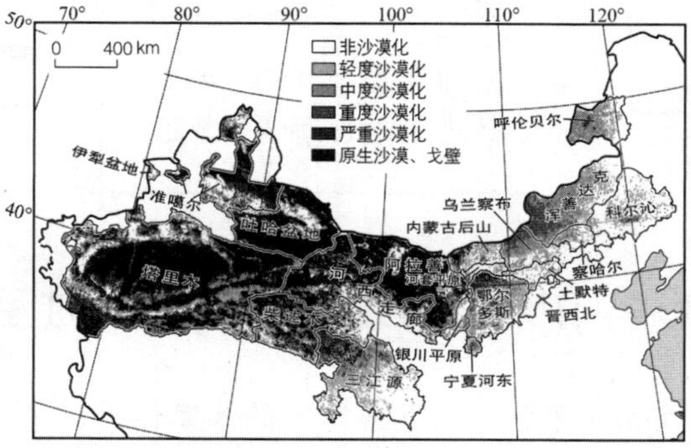


(e)2030年

**图3-18 基准情景下2011—2030年中国北方沙漠化分布图**

表 3-6　基准情景下 2011—2030 年中国北方不同沙漠化等级面积及比例

| 年份 | 项目 | 非沙漠化 | 沙漠化 | 轻度沙漠化 | 中度沙漠化 | 重度沙漠化 | 严重沙漠化 | 原生沙漠、戈壁 |
|---|---|---|---|---|---|---|---|---|
| 2011 | 面积/$km^2$ | 689 984 | 2 297 856 | 240 384 | 330 112 | 309 824 | 391 040 | 1 026 496 |
| | 比例/% | 23.09 | 76.91 | 8.05 | 11.05 | 10.37 | 13.09 | 34.36 |
| 2015 | 面积/$km^2$ | 657 920 | 2 329 920 | 391 744 | 353 472 | 315 520 | 204 736 | 1 064 448 |
| | 比例/% | 22.02 | 77.98 | 13.11 | 11.83 | 10.56 | 6.85 | 35.63 |
| 2020 | 面积/$km^2$ | 635 456 | 2 352 384 | 324 800 | 362 688 | 353 472 | 237 952 | 1 073 472 |
| | 比例/% | 21.27 | 78.73 | 10.87 | 12.14 | 11.83 | 7.96 | 35.93 |
| 2025 | 面积/$km^2$ | 614 592 | 2 373 248 | 295 848 | 359 872 | 386 624 | 258 112 | 1 072 792 |
| | 比例/% | 20.57 | 79.43 | 9.90 | 12.04 | 12.94 | 8.64 | 35.91 |
| 2030 | 面积/$km^2$ | 599 040 | 2 388 800 | 381 888 | 420 720 | 345 792 | 235 840 | 1 004 560 |
| | 比例/% | 20.05 | 79.95 | 12.78 | 14.08 | 11.57 | 7.89 | 33.62 |

2. 内蒙古长城沿线

在气候基本无变化、未来沙漠化治理政策基本不变的情景下，内蒙古长城沿线的沙漠化程度呈现有东南向西北逐渐严重的趋势。在各个沙区中，科尔沁沙地、乌兰察布草原、土默特和晋西北地区的非沙漠化面积较大，重度沙漠化和严重沙漠化区域主要分布于浑善达克沙地、乌兰察布草原西部以及鄂尔多斯高原的西北部（图 3-19）。从时间上来看，基准情景下的非沙漠化区域面积减少 5%以上，鄂尔多斯高原变化最为明显；在沙漠化区域中，轻度沙漠化面积增加面积最大，未来 20 年内占比增长近 6%（表 3-7）。

表 3-7　基准情景下 2011—2030 年内蒙古长城沿线不同沙漠化等级面积及比例

| 年份 | 项目 | 非沙漠化 | 沙漠化 | 轻度沙漠化 | 中度沙漠化 | 重度沙漠化 | 严重沙漠化 | 原生沙漠、戈壁 |
|---|---|---|---|---|---|---|---|---|
| 2011 | 面积/$km^2$ | 321 216 | 393 472 | 123 808 | 164 104 | 73 968 | 24 320 | 7 272 |
| | 比例/% | 44.94 | 55.06 | 17.32 | 22.96 | 10.35 | 3.40 | 1.02 |
| 2015 | 面积/$km^2$ | 317 440 | 397 248 | 143 488 | 163 008 | 72 512 | 11 456 | 6 784 |
| | 比例/% | 44.42 | 55.58 | 20.08 | 22.81 | 10.15 | 1.60 | 0.95 |
| 2020 | 面积/$km^2$ | 303 872 | 410 816 | 133 824 | 164 864 | 88 064 | 16 064 | 8 000 |
| | 比例/% | 42.52 | 57.48 | 18.72 | 23.07 | 12.32 | 2.25 | 1.12 |
| 2025 | 面积/$km^2$ | 296 968 | 417 720 | 116 416 | 159 936 | 118 144 | 16 768 | 6 456 |
| | 比例/% | 41.55 | 58.45 | 16.29 | 22.38 | 16.53 | 2.35 | 0.90 |
| 2030 | 面积/$km^2$ | 280 000 | 434 688 | 164 096 | 177 280 | 75 968 | 11 840 | 5 504 |
| | 比例/% | 39.18 | 60.82 | 22.96 | 24.81 | 10.63 | 1.66 | 0.77 |

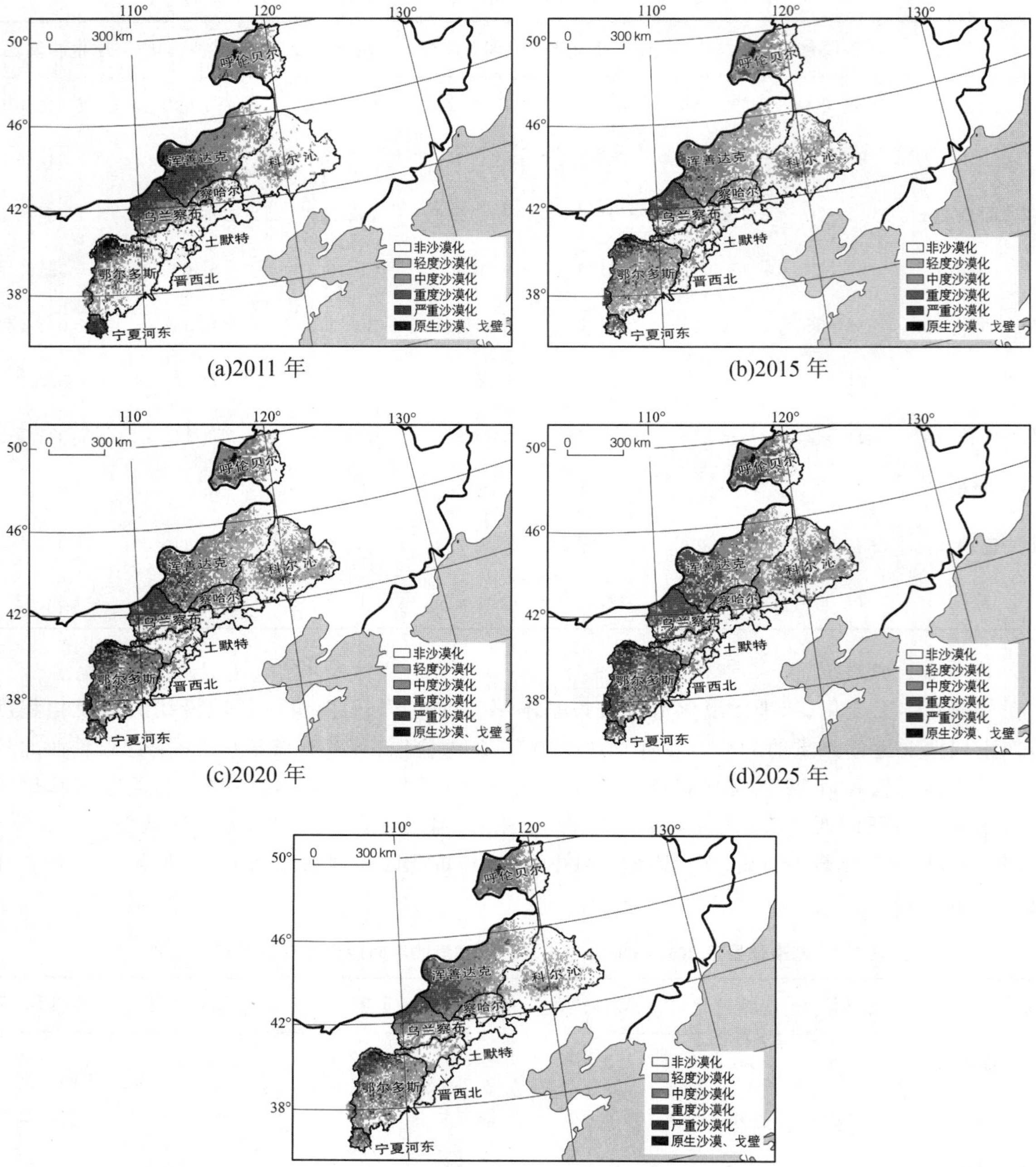


(a)2011 年　(b)2015 年　(c)2020 年　(d)2025 年　(e)2030 年

**图 3-19　基准情景下 2011—2030 年内蒙古长城沿线沙漠化分布图**

3. 西北干旱荒漠区

在气候基本无变化，未来沙漠化治理政策基本不变的情景下西北干旱荒漠区的沙漠化程度整体上相对严重，原生沙漠、戈壁占总面积 50%左右。除东部河套平原、银川平原之外，其他地区基本上都为严重沙漠化或原生沙漠、戈壁地区，塔里木盆地、吐哈盆地和阿拉善高原尤其明显(图 3-20)。从时间上来看，基准情景下的非沙漠化区域面积变化不明显，维持在 11%左右；对于沙漠化地区而言，中度沙漠化区域面积占比约增加 3%，严重沙漠化区域面积占比减少 6%左右(表 3-8)。

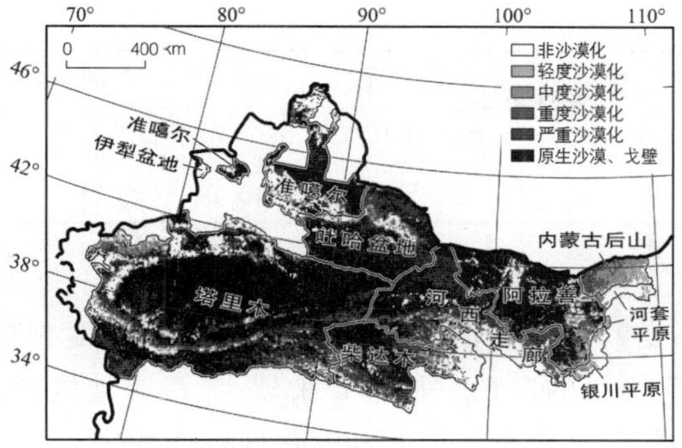

(a)2011 年

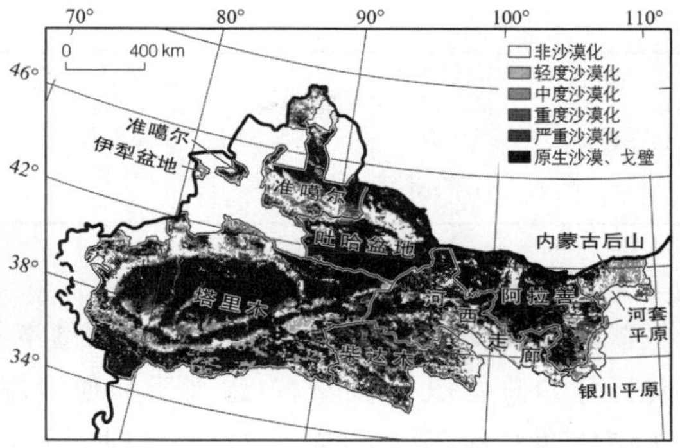

(b)2015 年

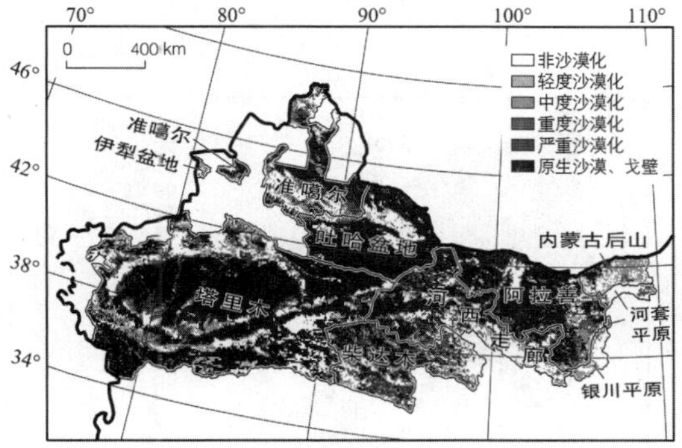

(c)2020 年

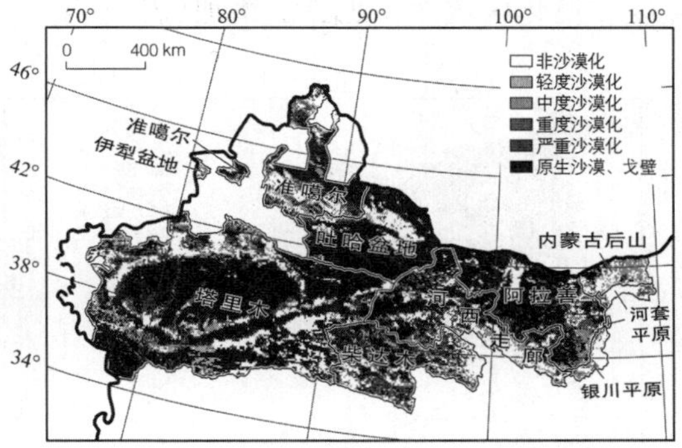

(d)2025 年

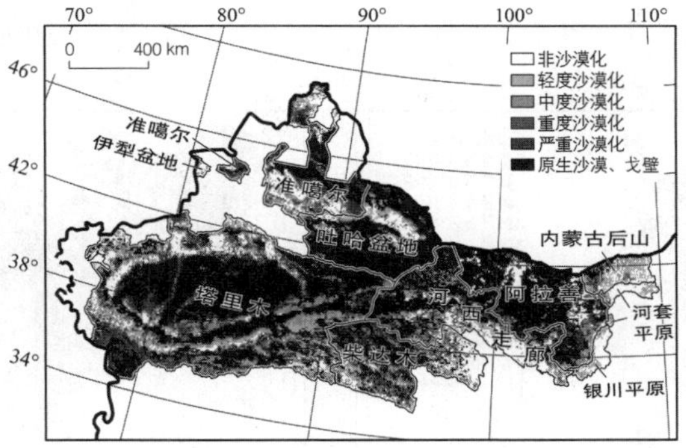

(e)2030 年

**图 3-20　基准情景下 2011—2030 年西北干旱荒漠区沙漠化分布图**

**表 3-8　基准情景下 2011—2030 年西北干旱荒漠区不同沙漠化等级面积及比例**

| 年份 | 项目 | 非沙漠化 | 沙漠化 | 轻度沙漠化 | 中度沙漠化 | 重度沙漠化 | 严重沙漠化 | 原生沙漠、戈壁 |
|---|---|---|---|---|---|---|---|---|
| 2011 | 面积/$km^2$ | 259 584 | 1 755 328 | 67 744 | 134 200 | 207 568 | 340 480 | 1 005 336 |
| | 比例/% | 12.88 | 87.12 | 3.36 | 6.66 | 10.30 | 16.90 | 49.89 |
| 2015 | 面积/$km^2$ | 234 176 | 1 780 736 | 198 848 | 156 416 | 210 240 | 166 016 | 1 049 216 |
| | 比例/% | 11.62 | 88.38 | 9.87 | 7.76 | 10.43 | 8.24 | 52.07 |
| 2020 | 面积/$km^2$ | 226 048 | 1 788 864 | 143 808 | 163 392 | 231 360 | 193 408 | 1 056 896 |
| | 比例/% | 11.22 | 88.78 | 7.14 | 8.11 | 11.48 | 9.60 | 52.45 |
| 2025 | 面积/$km^2$ | 217 160 | 1 797 752 | 130 792 | 165 256 | 233 664 | 210 368 | 1 057 672 |
| | 比例/% | 10.78 | 89.22 | 6.49 | 8.20 | 11.60 | 10.44 | 52.49 |

续表3-8

| 年份 | 项目 | 非沙漠化 | 沙漠化 | 轻度沙漠化 | 中度沙漠化 | 重度沙漠化 | 严重沙漠化 | 原生沙漠、戈壁 |
| --- | --- | --- | --- | --- | --- | --- | --- | --- |
| 2030 | 面积/$km^2$ | 219 136 | 1 795 776 | 156 736 | 206 704 | 237 504 | 205 632 | 989 200 |
| | 比例/% | 10.88 | 89.12 | 7.78 | 10.26 | 11.79 | 10.21 | 49.09 |

4. 三江源地区

在气候基本无变化、未来沙漠化治理政策基本不变的情景下，三江源地区的沙漠化程度相对较低，非沙漠化区域占总面积40%左右，远高于其他沙漠化等级的区域。从分布来看，三江源地区的沙漠化程度由东南向西北逐渐增大(图3-21)。从时间上来看，基准情景下的非沙漠化区域面积减少近4%；对于沙漠化地区而言，轻度沙漠化区域面积占比增加4%以上，而严重沙漠化区域面积占比减少3%左右，中度、重度沙漠化区域面积也有所增加(表3-9)。

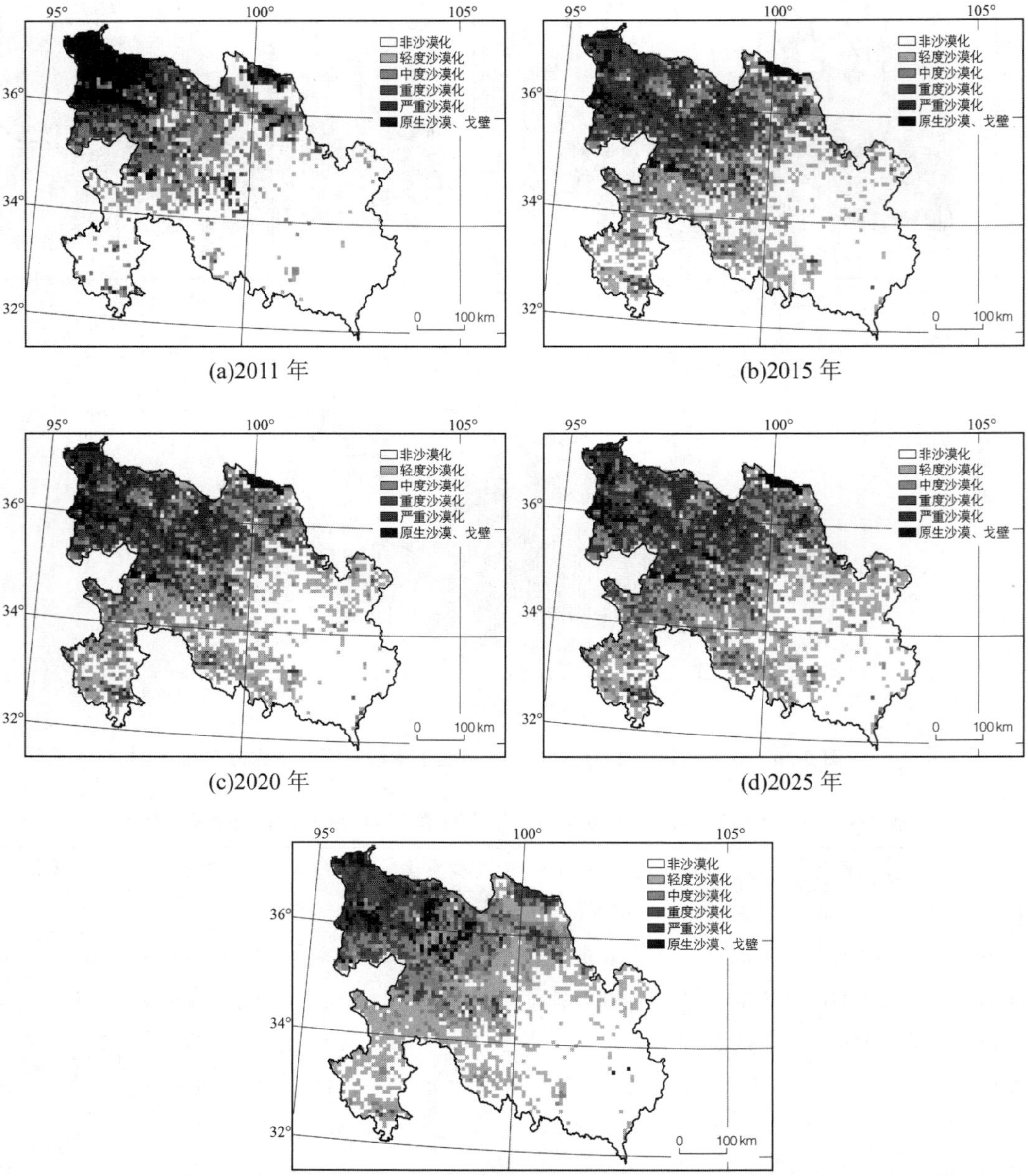


(a)2011年　(b)2015年　(c)2020年　(d)2025年　(e)2030年

**图3-21　基准情景下2011—2030年三江源地区沙漠化分布图**

表 3-9 基准情景下 2011—2030 年三江源地区不同沙漠化等级面积及比例

| 年份 | 项目 | 非沙漠化 | 沙漠化 | 轻度沙漠化 | 中度沙漠化 | 重度沙漠化 | 严重沙漠化 | 原生沙漠、戈壁 |
|---|---|---|---|---|---|---|---|---|
| 2011 | 面积/$km^2$ | 109 184 | 149 056 | 48 832 | 31 808 | 28 288 | 26 240 | 13 888 |
| | 比例/% | 42.28 | 57.72 | 18.91 | 12.32 | 10.95 | 10.16 | 5.38 |
| 2015 | 面积/$km^2$ | 106 304 | 151 936 | 49 408 | 34 048 | 32 768 | 27 264 | 8 448 |
| | 比例/% | 41.16 | 58.84 | 19.13 | 13.18 | 12.69 | 10.56 | 3.27 |
| 2020 | 面积/$km^2$ | 105 536 | 152 704 | 47 168 | 34 432 | 34 048 | 28 480 | 8 576 |
| | 比例/% | 40.87 | 59.13 | 18.27 | 13.33 | 13.18 | 11.03 | 3.32 |
| 2025 | 面积/$km^2$ | 100 464 | 157 776 | 48 640 | 34 680 | 34 816 | 30 976 | 8 664 |
| | 比例/% | 38.90 | 61.10 | 18.84 | 13.43 | 13.48 | 12.00 | 3.36 |
| 2030 | 面积/$km^2$ | 99 904 | 158 336 | 61 056 | 36 736 | 32 320 | 18 368 | 9 856 |
| | 比例/% | 38.69 | 61.31 | 23.64 | 14.23 | 12.52 | 7.11 | 3.82 |

### 3.3.2 情景 2:气候基本无变化、治理政策积极

1. 北方沙区

在气候基本无变化、未来沙漠化治理政策相对积极的前提下，中国北方整体沙漠化程度将有所缓和。与基准情景相比，此情景下的非沙漠化面积有所增大，这种态势在沙区东部和南部边缘较为明显；西北干旱荒漠区的沙漠化程度依然严峻，原生沙漠、严重沙漠化地区依然占有很大比例(图 3-22)。从时间变化上来看，中国北方的非沙漠化面积逐渐增大，积极的沙漠化治理政策使得整体上出现沙漠化逆转趋势，非沙漠化面积占比增长近 3%，沙漠化面积从 2011 年的 230 万 $km^2$ 左右减少至 2030 年的 222 万 $km^2$ 左右。其中，严重沙漠化面积减少量相对明显，20 年间减少 5%以上(表 3-10)。

表 3-10 气候基本无变化、治理政策积极情景下 2011—2030 年中国北方不同沙漠化等级面积及比例

| 年份 | 项目 | 非沙漠化 | 沙漠化 | 轻度沙漠化 | 中度沙漠化 | 重度沙漠化 | 严重沙漠化 | 原生沙漠、戈壁 |
|---|---|---|---|---|---|---|---|---|
| 2011 | 面积/$km^2$ | 690 002 | 2 297 838 | 243 708 | 330 853 | 310 025 | 355 518 | 1 057 734 |
| | 比例/% | 23.09 | 76.91 | 8.16 | 11.07 | 10.38 | 11.90 | 35.40 |
| 2015 | 面积/$km^2$ | 690 880 | 2 296 960 | 380 992 | 322 560 | 306 240 | 219 264 | 1 067 904 |
| | 比例/% | 23.12 | 76.88 | 12.75 | 10.80 | 10.25 | 7.34 | 35.74 |
| 2020 | 面积/$km^2$ | 711 552 | 2 276 288 | 355 456 | 314 880 | 298 112 | 231 360 | 1 076 480 |
| | 比例/% | 23.81 | 76.19 | 11.90 | 10.54 | 9.98 | 7.74 | 36.03 |
| 2025 | 面积/$km^2$ | 746 112 | 2 241 728 | 326 336 | 300 992 | 307 520 | 192 832 | 1 114 048 |
| | 比例/% | 24.97 | 75.03 | 10.92 | 10.07 | 10.29 | 6.45 | 37.29 |
| 2030 | 面积/$km^2$ | 764 864 | 2 222 976 | 286 048 | 337 520 | 320 240 | 180 768 | 1 098 400 |
| | 比例/% | 25.60 | 74.40 | 9.57 | 11.30 | 10.72 | 6.05 | 36.76 |

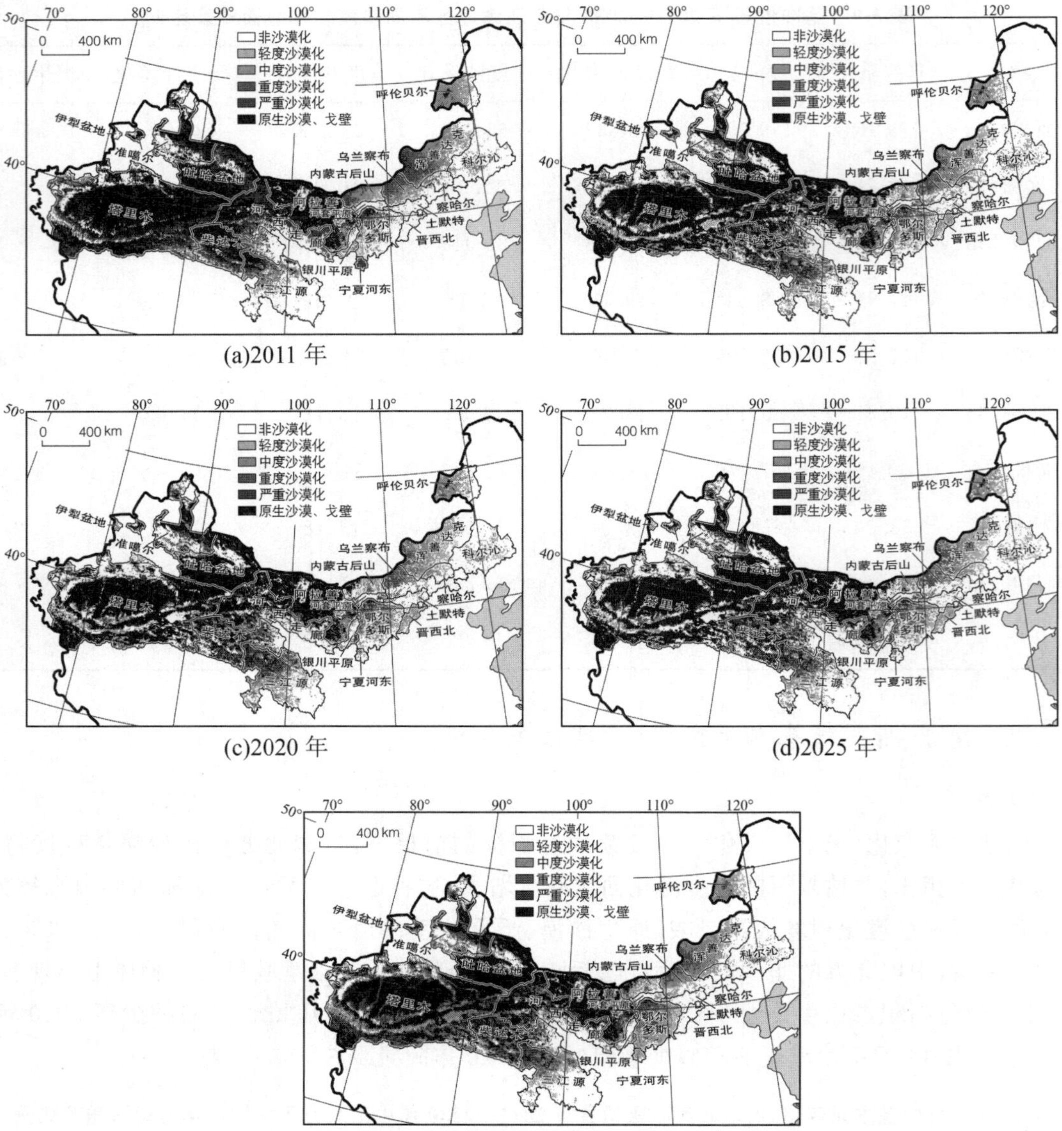


(a)2011 年　(b)2015 年　(c)2020 年　(d)2025 年　(e)2030 年

**图 3-22　气候基本无变化、治理政策积极情景下 2011—2030 年中国北方沙漠化分布图**

2. 内蒙古长城沿线

在气候基本无变化、未来沙漠化治理政策相对积极的情景下，内蒙古长城沿线的沙漠化程度整体上有所缓和。与基准情景相比，重度沙漠化、严重沙漠化区域明显缩减，在各个沙区中，浑善达克沙地沙漠化程度逆转最为明显(图 3-23)。从时间上来看，积极的沙漠化治理政策使得非沙漠化区域面积增加近3%，在空间上表现相对不明显，但在沙漠化区域中，重度沙漠化、严重沙漠化区域面积占比均在未来 20 年内减少 3%左右，在鄂尔多斯高原、乌兰察布草原西部、浑善达克沙地等区域均有体现(表 3-11)。

**表 3-11　气候基本无变化、治理政策积极情景下 2011—2030 年内蒙古长城沿线不同沙漠化等级面积及比例**

| 年份 | 项目 | 非沙漠化 | 沙漠化 | 轻度沙漠化 | 中度沙漠化 | 重度沙漠化 | 严重沙漠化 | 原生沙漠、戈壁 |
|---|---|---|---|---|---|---|---|---|
| 2011 | 面积/$km^2$ | 324 864 | 389 824 | 126 912 | 147 712 | 78 960 | 21 760 | 14 480 |
| | 比例/% | 45.46 | 54.54 | 17.76 | 20.67 | 11.05 | 3.04 | 2.03 |
| 2015 | 面积/$km^2$ | 329 600 | 385 088 | 170 752 | 142 016 | 51 648 | 9 856 | 10 816 |
| | 比例/% | 46.12 | 53.88 | 23.89 | 19.87 | 7.23 | 1.38 | 1.51 |

续表3-11

| 年份 | 项目 | 非沙漠化 | 沙漠化 | 轻度沙漠化 | 中度沙漠化 | 重度沙漠化 | 严重沙漠化 | 原生沙漠、戈壁 |
|---|---|---|---|---|---|---|---|---|
| 2020 | 面积/km$^2$ | 334 016 | 380 672 | 158 928 | 141 696 | 61 312 | 11 008 | 7 728 |
| | 比例/% | 46.74 | 53.26 | 22.24 | 19.83 | 8.58 | 1.54 | 1.08 |
| 2025 | 面积/km$^2$ | 342 336 | 372 352 | 143 376 | 138 064 | 66 432 | 14 016 | 10 464 |
| | 比例/% | 47.90 | 52.10 | 20.06 | 19.32 | 9.30 | 1.96 | 1.46 |
| 2030 | 面积/km$^2$ | 344 320 | 370 368 | 142 848 | 152 176 | 58 304 | 6 768 | 10 272 |
| | 比例/% | 48.18 | 51.82 | 19.99 | 21.29 | 8.16 | 0.95 | 1.44 |

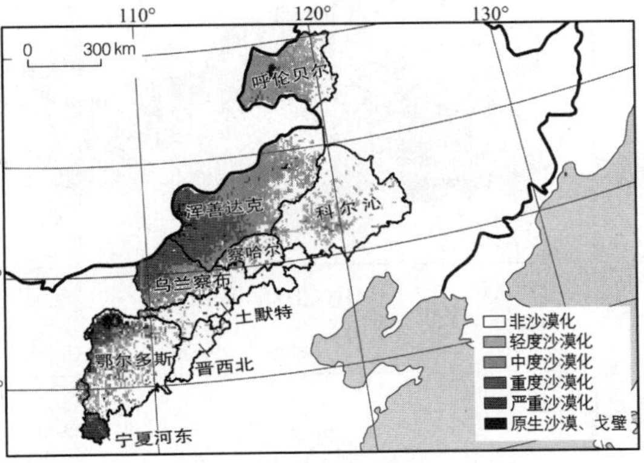


(a)2011 年

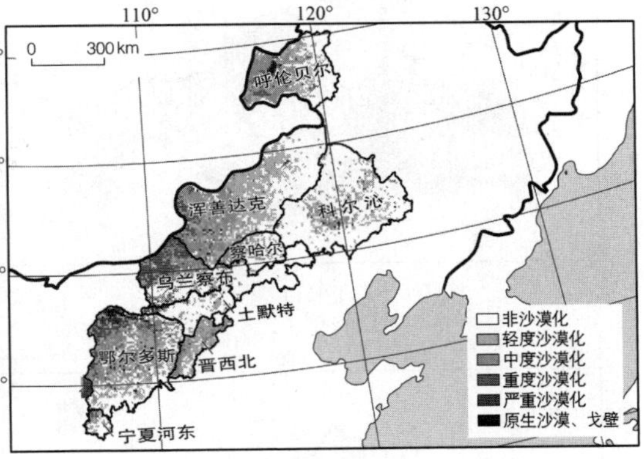


(b)2015 年

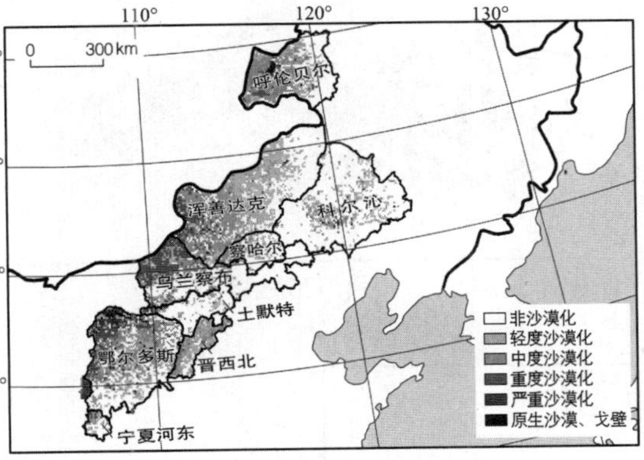


(c)2020 年

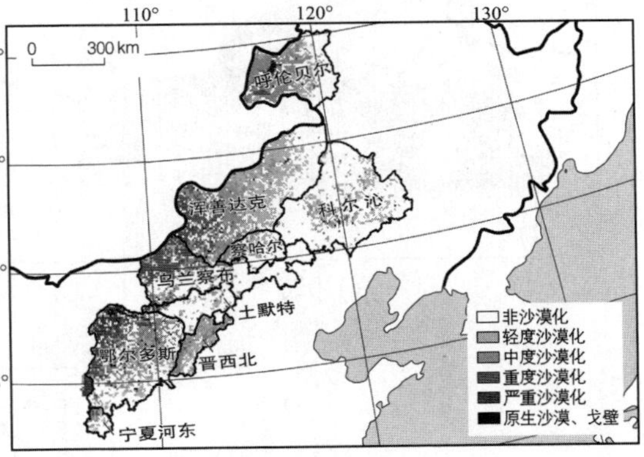


(d)2025 年

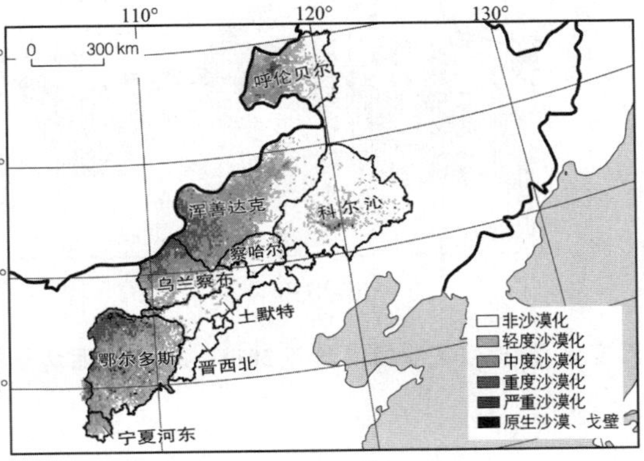


(e)2030 年

**图 3-23　气候基本无变化、治理政策积极情景下 2011—2030 年内蒙古长城沿线沙漠化分布图**

3. 西北干旱荒漠区

在气候基本无变化、未来沙漠化治理政策相对积极的情景下，西北干旱荒漠区的沙漠化程度整体上有所缓和，主要体现在重度沙漠化、严重沙漠化区域明显缩减，如柴达木盆地和吐哈盆地（图 3-24）。从时间上来看，积极的沙漠化治理政策使得非沙漠化区域面积占比增加 2.5%，在空间上表现相对不明显；但在沙漠化区域中，严重沙漠化区域面积变化较大，在未来 20 年内严重沙漠化面积占比减少 5%以上，主要体现在塔里木盆地和河西走廊等地区（表 3-12）。

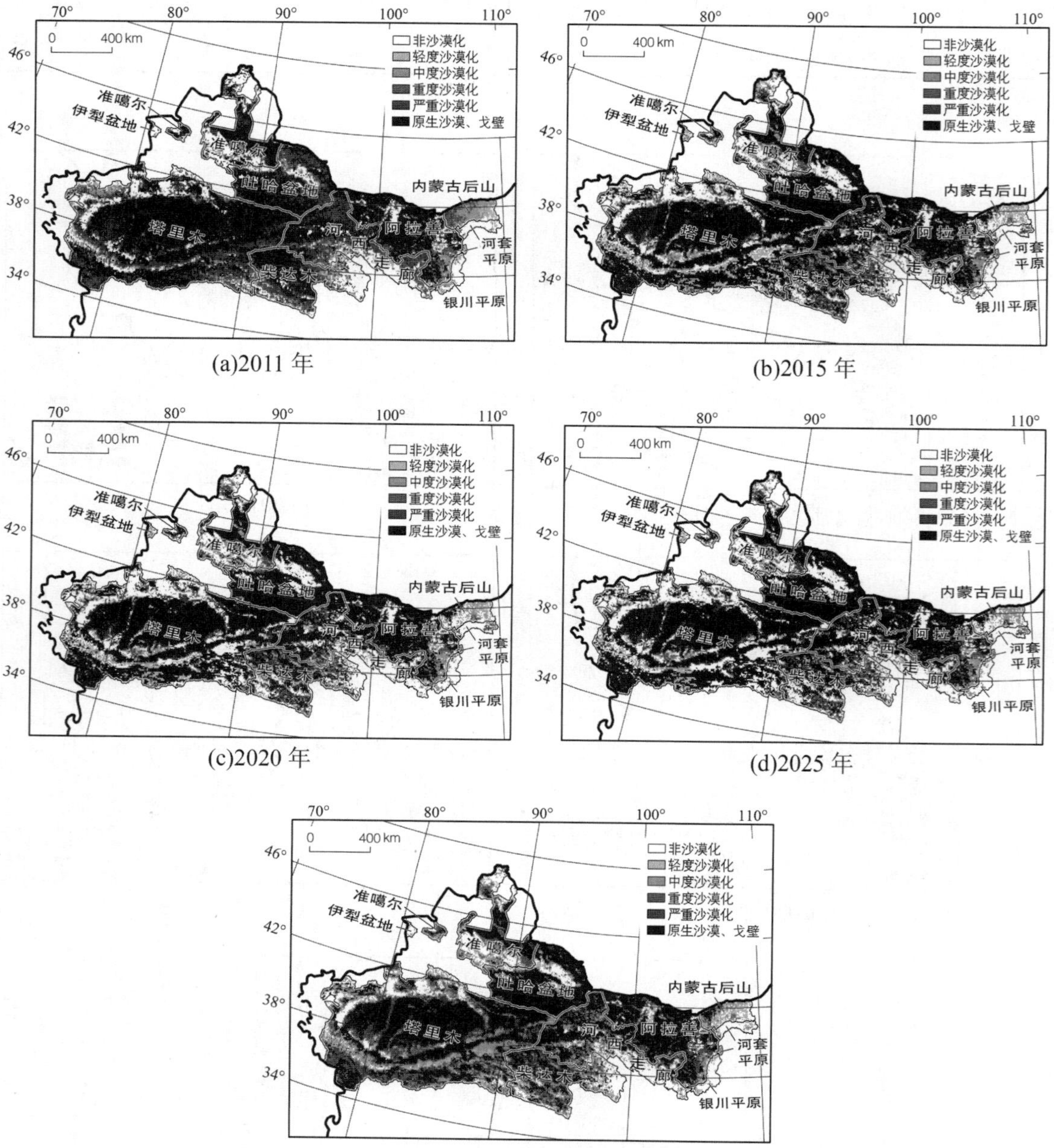


图 3-24　气候基本无变化、治理政策积极情景下 2011—2030 年西北干旱荒漠区沙漠化分布图

**表 3-12　气候基本无变化、治理政策积极情景下 2011—2030 年西北干旱荒漠区不同沙漠化等级面积及比例**

| 年份 | 项目 | 非沙漠化 | 沙漠化 | 轻度沙漠化 | 中度沙漠化 | 重度沙漠化 | 严重沙漠化 | 原生沙漠、戈壁 |
|---|---|---|---|---|---|---|---|---|
| 2011 | 面积/$km^2$ | 252 306 | 1 762 606 | 71 868 | 150 949 | 197 657 | 307 838 | 1 034 294 |
| | 比例/% | 12.52 | 87.48 | 3.57 | 7.49 | 9.81 | 15.28 | 51.33 |
| 2015 | 面积/$km^2$ | 247 360 | 1 767 552 | 166 016 | 150 016 | 218 112 | 185 088 | 1 048 320 |
| | 比例/% | 12.28 | 87.72 | 8.24 | 7.45 | 10.82 | 9.19 | 52.03 |
| 2020 | 面积/$km^2$ | 266 560 | 1 748 352 | 151 920 | 137 408 | 202 816 | 196 864 | 1 059 344 |
| | 比例/% | 13.23 | 86.77 | 7.54 | 6.82 | 10.07 | 9.77 | 52.58 |
| 2025 | 面积/$km^2$ | 290 944 | 1 723 968 | 139 056 | 125 040 | 208 192 | 156 160 | 1 095 520 |
| | 比例/% | 14.44 | 85.56 | 6.90 | 6.21 | 10.33 | 7.75 | 54.37 |
| 2030 | 面积/$km^2$ | 303 616 | 1 711 296 | 101 536 | 150 400 | 231 216 | 150 832 | 1 077 312 |
| | 比例/% | 15.07 | 84.93 | 5.04 | 7.46 | 11.48 | 7.49 | 53.47 |

4. 三江源地区

在气候基本无变化、未来沙漠化治理政策相对积极的情景下，三江源地区的沙漠化程度整体上有所缓和，主要体现在非沙漠化地区有所扩展，占区域总面积的 45%以上，严重沙漠化区域明显缩减(图 3-25)。从时间上来看，虽然进行了积极的沙漠化治理政策，但非沙漠化区域面积增长不明显，在 2020 年前后有降低的趋势；在沙漠化区域中，除中度沙漠化区域面积占比有所增加外，轻度沙漠化、重度沙漠化和严重沙漠化面积占比在未来 20 年内均降低 1%左右(表 3-13)。

**表 3-13　气候基本无变化、治理政策积极情景下 2011—2030 年三江源地区不同沙漠化等级面积及比例**

| 年份 | 项目 | 非沙漠化 | 沙漠化 | 轻度沙漠化 | 中度沙漠化 | 重度沙漠化 | 严重沙漠化 | 原生沙漠、戈壁 |
|---|---|---|---|---|---|---|---|---|
| 2011 | 面积/$km^2$ | 112 832 | 145 408 | 44 928 | 32 192 | 33 408 | 25 920 | 8 960 |
| | 比例/% | 43.69 | 56.31 | 17.40 | 12.47 | 12.94 | 10.04 | 3.47 |
| 2015 | 面积/$km^2$ | 113 920 | 144 320 | 44 224 | 30 528 | 36 480 | 24 320 | 8 768 |
| | 比例/% | 44.11 | 55.89 | 17.13 | 11.82 | 14.13 | 9.42 | 3.40 |
| 2020 | 面积/$km^2$ | 110 976 | 147 264 | 44 608 | 35 776 | 33 984 | 23 488 | 9 408 |
| | 比例/% | 42.97 | 57.03 | 17.27 | 13.85 | 13.16 | 9.10 | 3.64 |
| 2025 | 面积/$km^2$ | 112 832 | 145 408 | 43 904 | 37 888 | 32 896 | 22 656 | 8 064 |
| | 比例/% | 43.69 | 56.31 | 17.00 | 14.67 | 12.74 | 8.77 | 3.12 |
| 2030 | 面积/$km^2$ | 116 928 | 141 312 | 41 664 | 34 944 | 30 720 | 23 168 | 10 816 |
| | 比例/% | 45.28 | 54.72 | 16.13 | 13.53 | 11.90 | 8.97 | 4.19 |

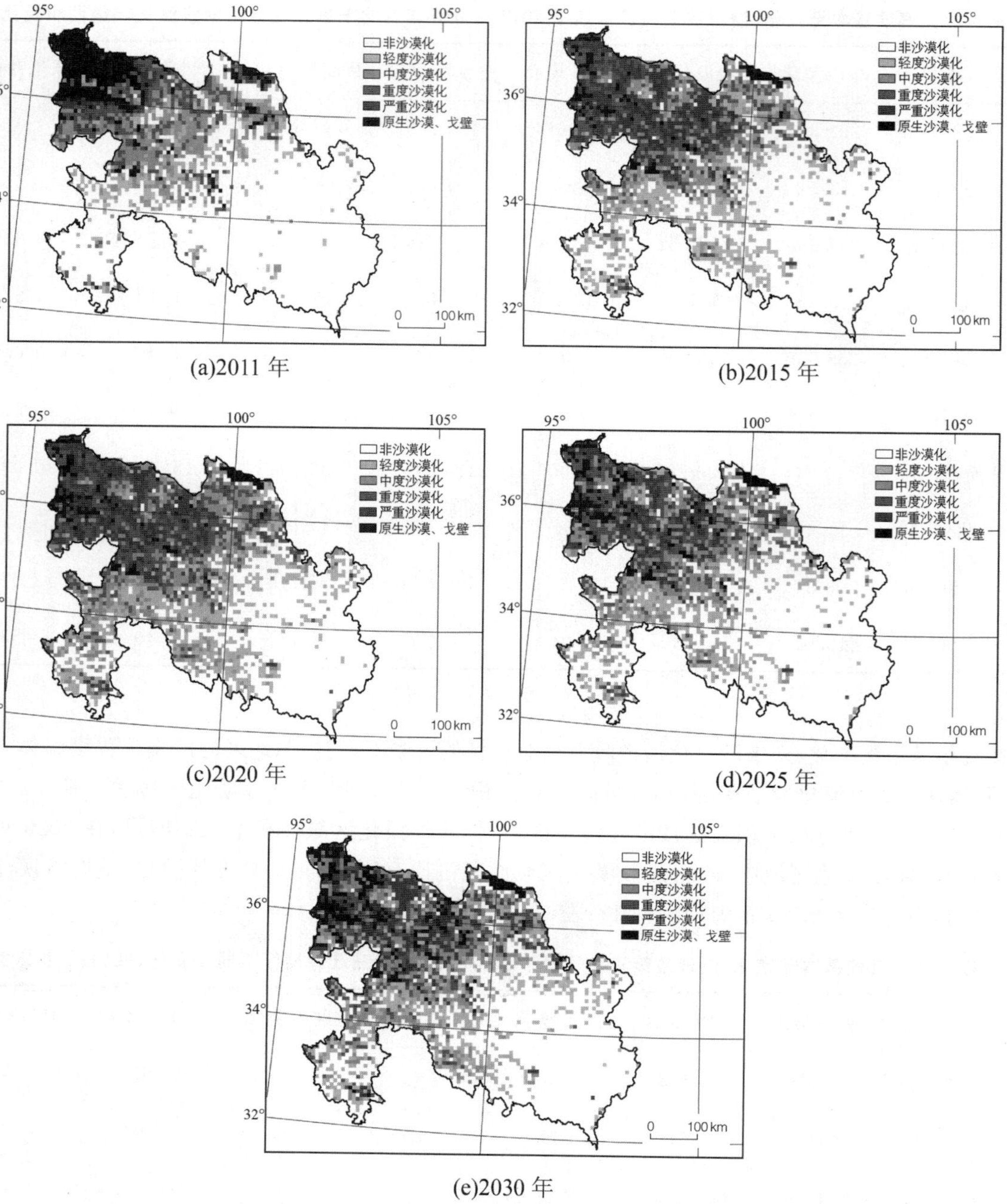


(a)2011 年 (b)2015 年 (c)2020 年 (d)2025 年 (e)2030 年

**图 3-25 气候基本无变化、治理政策积极情景下 2011—2030 年三江源地区沙漠化分布图**

### 3.3.3 情景 3:气候基本无变化、治理政策消极

1. 北方沙区

在气候基本无变化、未来沙漠化治理政策相对消极的前提下,中国北方整体沙漠化程度更为严峻。与基准情景相比,此情景下的非沙漠化面积明显减少,这种态势主要体现在沙区东部和南部边缘的沙漠化程度发展;西北干旱荒漠区的原生沙漠、严重沙漠化面积也进一步扩大(图 3-26)。从时间变化上来看,中国北方的非沙漠化面积逐渐减少,消极的沙漠化治理政策使得整体上出现沙漠化发展趋势,非沙漠化面积占比减少近 6%,沙漠化面积从 2011 年的 231 万 $km^2$ 左右增加至 2030 年的 248 万 $km^2$ 左右。其中,中度、重度沙漠化面积占比在未来 20 年间均增加 3%左右(表 3-14)。

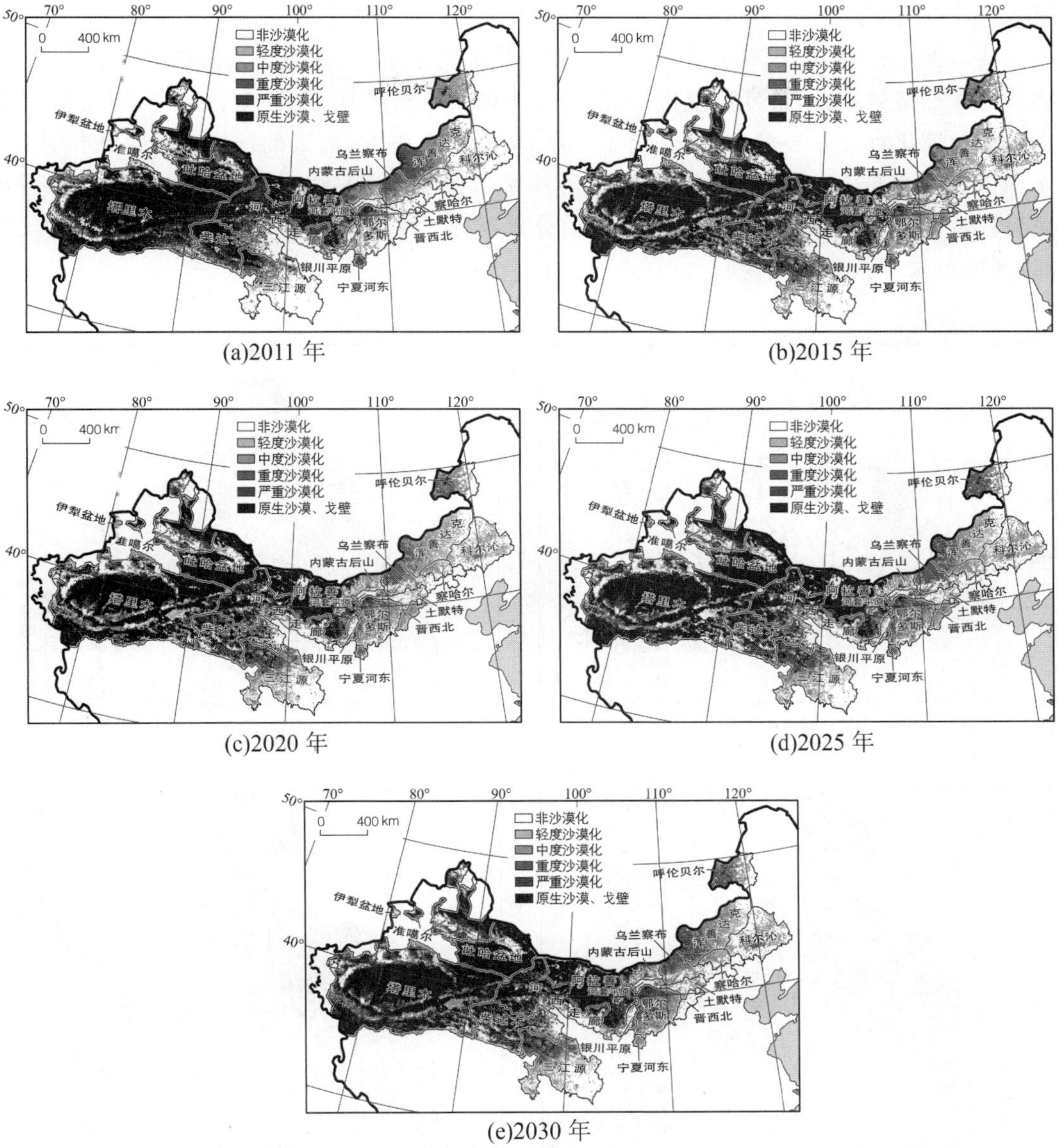


(a)2011 年　(b)2015 年　(c)2020 年　(d)2025 年　(e)2030 年

**图 3-26　气候基本无变化、治理政策消极情景下 2011—2030 年中国北方沙漠化分布图**

**表 3-14　气候基本无变化、治理政策消极情景下 2011—2030 年中国北方不同沙漠化等级面积及比例**

| 年份 | 项目 | 非沙漠化 | 沙漠化 | 轻度沙漠化 | 中度沙漠化 | 重度沙漠化 | 严重沙漠化 | 原生沙漠、戈壁 |
|---|---|---|---|---|---|---|---|---|
| 2011 | 面积/km² | 681 159 | 2 306 681 | 261 277 | 339 704 | 312 553 | 352 009 | 1 041 138 |
| | 比例/% | 22.80 | 77.20 | 8.74 | 11.37 | 10.46 | 11.78 | 34.85 |
| 2015 | 面积/km² | 620 352 | 2 367 488 | 328 336 | 365 440 | 324 416 | 250 432 | 1 098 864 |
| | 比例/% | 20.76 | 79.24 | 10.99 | 12.23 | 10.86 | 8.38 | 36.78 |
| 2020 | 面积/km² | 568 704 | 2 419 136 | 365 184 | 366 848 | 359 040 | 244 928 | 1 083 136 |
| | 比例/% | 19.03 | 80.97 | 12.22 | 12.28 | 12.02 | 8.20 | 36.25 |
| 2025 | 面积/km² | 538 240 | 2 449 600 | 312 896 | 357 376 | 392 064 | 270 912 | 1 116 352 |
| | 比例/% | 18.01 | 81.99 | 10.47 | 11.96 | 13.12 | 9.07 | 37.36 |
| 2030 | 面积/km² | 507 456 | 2 480 384 | 297 600 | 407 040 | 397 952 | 324 800 | 1 052 992 |
| | 比例/% | 16.98 | 83.02 | 9.96 | 13.62 | 13.32 | 10.87 | 35.24 |

2. 内蒙古长城沿线

在气候基本无变化、未来沙漠化治理政策相对消极的情景下，内蒙古长城沿线的沙漠化程度整体上有所加剧。与基准情景相比，重度沙漠化、严重沙漠化区域相对扩展，在各个沙区中，呼伦贝尔草原、鄂尔多斯高原的沙漠化程度发展最为明显（图3-27）。从时间上来看，消极的沙漠化治理政策使得非沙漠化区域面积占比减少近12%，主要体现在科尔沁沙地和鄂尔多斯高原部分区域，中度沙漠化和重度沙漠化区域面积占比增加相对明显，在未来20年内分别增加7%和4%左右，在鄂尔多斯高原、乌兰察布草原西部、呼伦贝尔草原等区域均有体现（表3-15）。

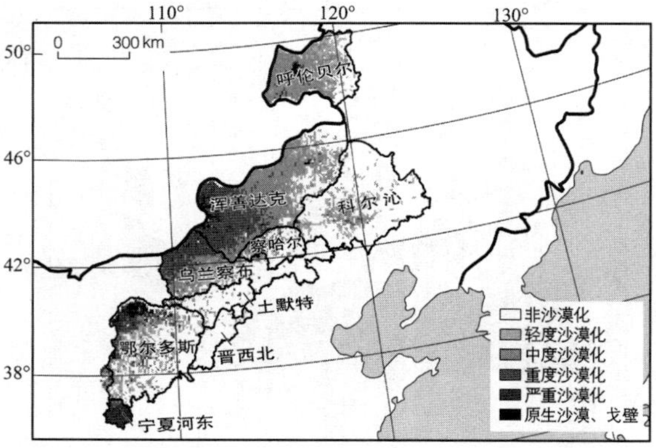


(a)2011年

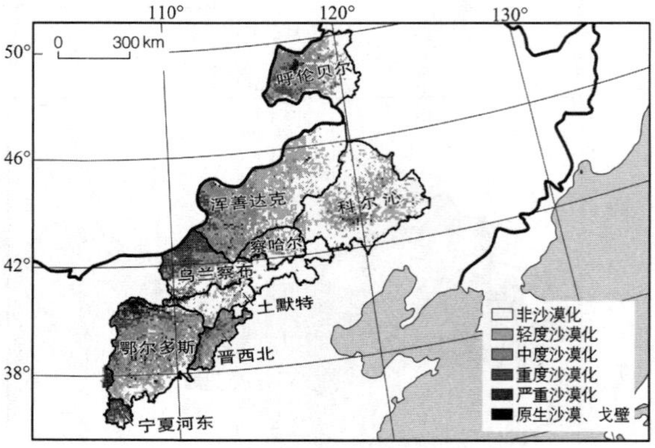


(b)2015年

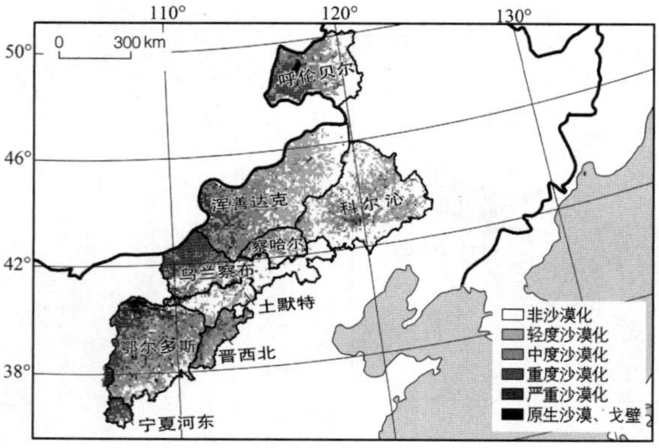


(c)2020年

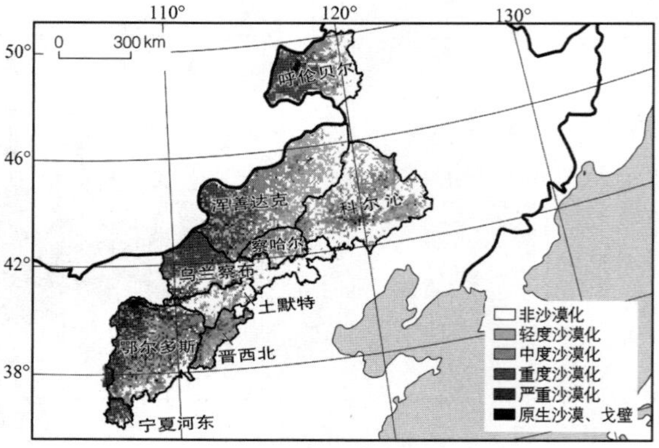


(d)2025年

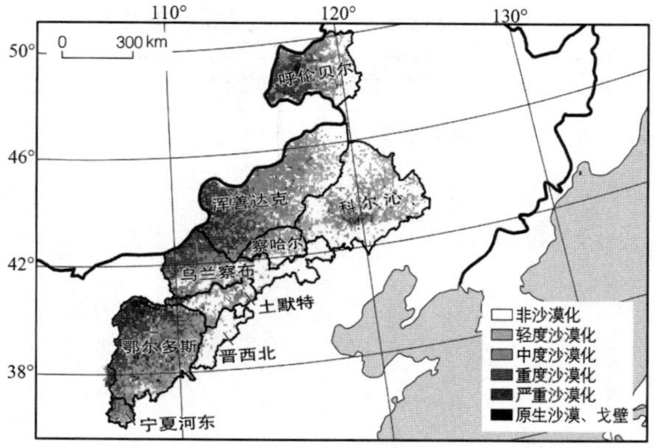


(e)2030年

**图3-27 气候基本无变化、治理政策消极情景下2011—2030年内蒙古长城沿线沙漠化分布图**

**表 3-15 气候基本无变化、治理政策消极情景下 2011—2030 年内蒙古长城沿线不同沙漠化等级面积及比例**

| 年份 | 项目 | 非沙漠化 | 沙漠化 | 轻度沙漠化 | 中度沙漠化 | 重度沙漠化 | 严重沙漠化 | 原生沙漠、戈壁 |
|---|---|---|---|---|---|---|---|---|
| 2011 | 面积/km$^2$ | 311 104 | 403 584 | 124 480 | 147 520 | 96 064 | 23 360 | 12 160 |
| | 比例/% | 43.53 | 56.47 | 17.42 | 20.64 | 13.44 | 3.27 | 1.70 |
| 2015 | 面积/km$^2$ | 288 128 | 426 560 | 152 960 | 165 824 | 88 960 | 11 712 | 7 104 |
| | 比例/% | 40.32 | 59.68 | 21.40 | 23.20 | 12.45 | 1.64 | 0.99 |
| 2020 | 面积/km$^2$ | 265 408 | 449 280 | 159 104 | 157 440 | 109 824 | 15 040 | 7 872 |
| | 比例/% | 37.14 | 62.86 | 22.26 | 22.03 | 15.37 | 2.10 | 1.10 |
| 2025 | 面积/km$^2$ | 245 120 | 469 568 | 148 352 | 152 000 | 136 320 | 23 680 | 9 216 |
| | 比例/% | 34.30 | 65.70 | 20.76 | 21.27 | 19.07 | 3.31 | 1.29 |
| 2030 | 面积/km$^2$ | 226 624 | 488 064 | 138 240 | 194 304 | 122 048 | 26 048 | 7 424 |
| | 比例/% | 31.71 | 68.29 | 19.34 | 27.19 | 17.08 | 3.64 | 1.04 |

3. 西北干旱荒漠区

在气候基本无变化、未来沙漠化治理政策相对消极的情景下，西北干旱荒漠区的沙漠化严重程度整体上有所加剧。与基准情景相比，重度沙漠化、严重沙漠化区域相对扩展(图 3-28)。从时间上来看，消极的沙漠化治理政策使得非沙漠化区域面积占比减少近 4%，主要体现在塔里木盆地边缘和河西走廊南部，轻度沙漠化面积稍有增加，且重度沙漠化区域面积占比增加相对明显，在未来 20 年内增加 3%左右，在阿拉善高原和柴达木盆地等区域均有体现(表 3-16)。

**表 3-16 气候基本无变化、治理政策消极情景下 2011—2030 年西北干旱荒漠区不同沙漠化等级面积及比例**

| 年份 | 项目 | 非沙漠化 | 沙漠化 | 轻度沙漠化 | 中度沙漠化 | 重度沙漠化 | 严重沙漠化 | 原生沙漠、戈壁 |
|---|---|---|---|---|---|---|---|---|
| 2011 | 面积/km$^2$ | 262 343 | 1 752 569 | 93 397 | 161 336 | 182 121 | 299 273 | 1 016 442 |
| | 比例/% | 13.02 | 86.98 | 4.64 | 8.01 | 9.04 | 14.85 | 50.45 |
| 2015 | 面积/km$^2$ | 227 648 | 1 787 264 | 129 504 | 167 040 | 198 592 | 210 176 | 1 081 952 |
| | 比例/% | 11.30 | 88.70 | 6.43 | 8.29 | 9.86 | 10.43 | 53.70 |
| 2020 | 面积/km$^2$ | 201 792 | 1 813 120 | 160 020 | 176 832 | 211 712 | 199 336 | 1 065 220 |
| | 比例/% | 10.01 | 89.99 | 7.94 | 8.78 | 10.51 | 9.89 | 52.87 |
| 2025 | 面积/km$^2$ | 194 048 | 1 820 864 | 119 120 | 165 056 | 221 376 | 220 672 | 1 094 640 |
| | 比例/% | 9.63 | 90.37 | 5.91 | 8.19 | 10.99 | 10.95 | 54.33 |
| 2030 | 面积/km$^2$ | 184 768 | 1 830 144 | 115 904 | 176 064 | 242 496 | 265 792 | 1 029 888 |
| | 比例/% | 9.17 | 90.83 | 5.75 | 8.74 | 12.04 | 13.19 | 51.11 |

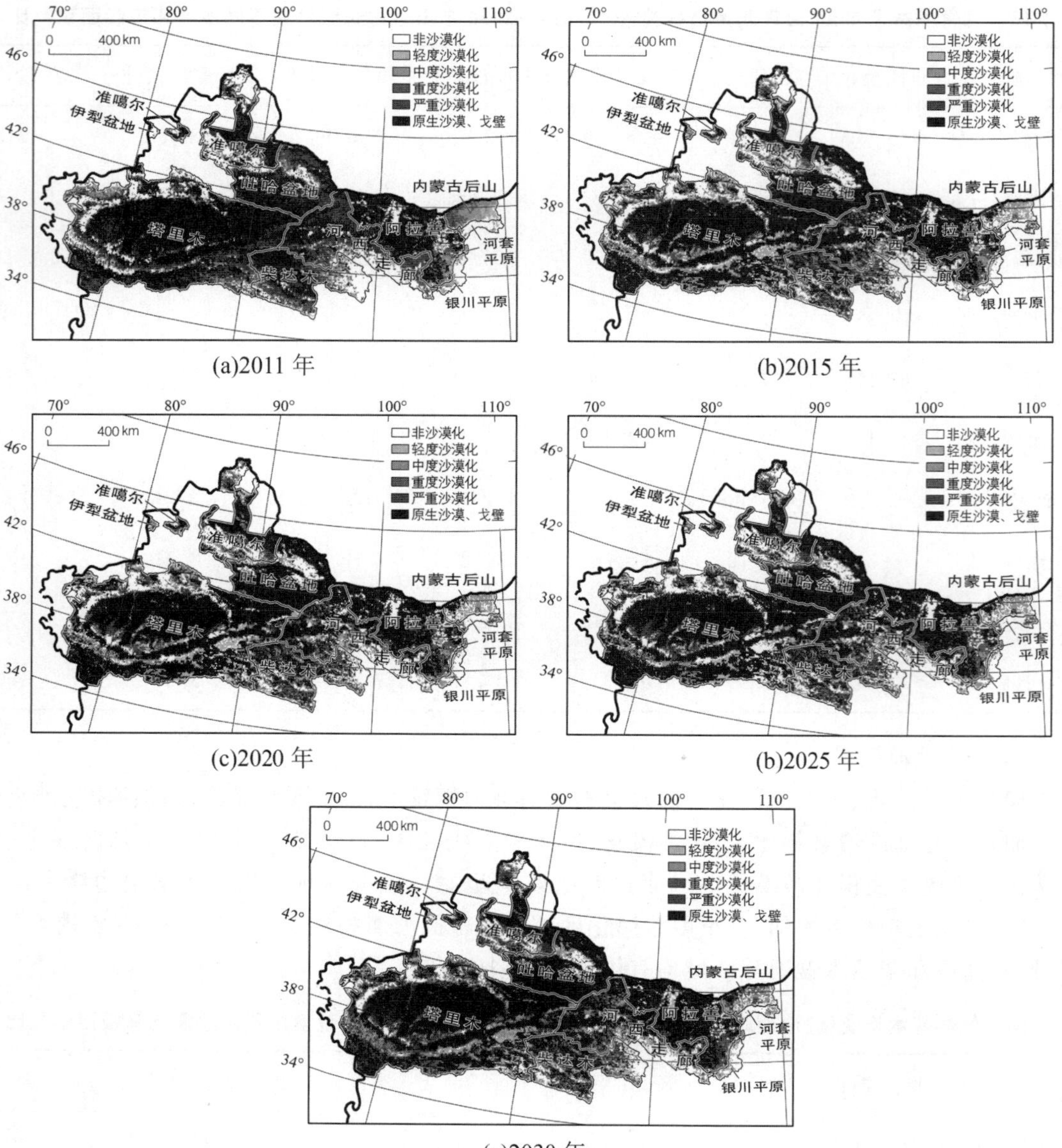


(a)2011 年　(b)2015 年　(c)2020 年　(b)2025 年　(e)2030 年

**图 3-28　气候基本无变化、治理政策消极情景下 2011—2030 年西北干旱荒漠区沙漠化分布图**

4. 三江源地区

在气候基本无变化、未来沙漠化治理政策相对消极的情景下，三江源地区的沙漠化严重程度整体上有所加剧。与基准情景相比，非沙漠化地区面积占比有所减少（基本上低于 40%），严重沙漠化区域明显扩展（图 3-29）。从时间上来看，消极的沙漠化治理政策使得非沙漠化区域面积占比减少 4%左右，主要体现在三江源地区的东南部；轻度沙漠化、重度沙漠化和严重沙漠化区域面积占比变化不大，中度沙漠化区域面积占比在未来 20 年内增加 2%左右，主要集中在三江源地区的西北部（表 3-17）。

**表 3-17　气候基本无变化、治理政策消极情景下 2011—2030 年三江源地区不同沙漠化等级面积及比例**

| 年份 | 项目 | 非沙漠化 | 沙漠化 | 轻度沙漠化 | 中度沙漠化 | 重度沙漠化 | 严重沙漠化 | 原生沙漠、戈壁 |
|---|---|---|---|---|---|---|---|---|
| 2011 | 面积/$km^2$ | 107 712 | 150 528 | 43 400 | 30 848 | 34 368 | 29 376 | 12 536 |
| | 比例/% | 41.71 | 58.29 | 16.81 | 11.95 | 13.31 | 11.38 | 4.85 |
| 2015 | 面积/$km^2$ | 104 576 | 153 664 | 45 872 | 32 576 | 36 864 | 28 544 | 9 808 |
| | 比例/% | 40.50 | 59.50 | 17.76 | 12.61 | 14.28 | 11.05 | 3.80 |

续表3-17

| 年份 | 项目 | 非沙漠化 | 沙漠化 | 轻度沙漠化 | 中度沙漠化 | 重度沙漠化 | 严重沙漠化 | 原生沙漠、戈壁 |
|---|---|---|---|---|---|---|---|---|
| 2020 | 面积/km$^2$ | 101 504 | 156 736 | 46 060 | 32 576 | 37 504 | 30 552 | 10 044 |
| | 比例/% | 39.31 | 60.69 | 17.84 | 12.61 | 14.52 | 11.83 | 3.89 |
| 2025 | 面积/km$^2$ | 99 072 | 159 168 | 45 424 | 40 320 | 34 368 | 26 560 | 12 496 |
| | 比例/% | 38.36 | 61.64 | 17.59 | 15.61 | 13.31 | 10.29 | 4.84 |
| 2030 | 面积/km$^2$ | 96 064 | 162 176 | 43 456 | 36 672 | 33 408 | 32 960 | 15 680 |
| | 比例/% | 37.20 | 62.80 | 16.83 | 14.20 | 12.94 | 12.76 | 6.07 |

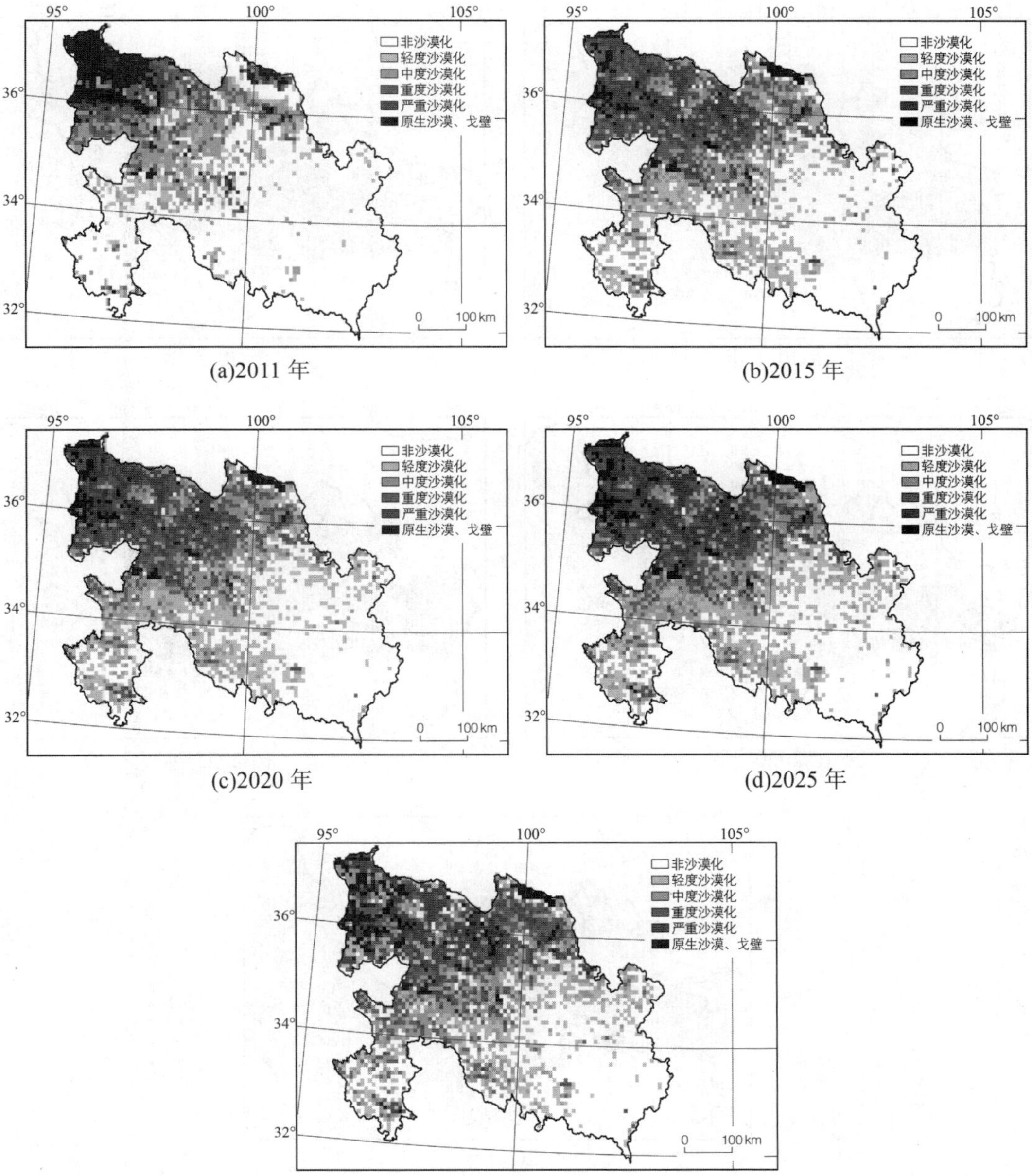


(a)2011 年　(b)2015 年

(c)2020 年　(d)2025 年

(e)2030 年

**图 3-29　气候基本无变化、治理政策消极情景下 2011—2030 年三江源地区沙漠化分布图**

### 3.3.4 情景4:气候趋于湿润、治理政策维持现状

1. 北方沙区

在气候趋于湿润、未来沙漠化治理政策基本保持不变的前提下，中国北方整体沙漠化程度明显好转。与基准情景相比，此情景下的非沙漠化面积大大增加，这种态势主要体现在沙区东部和南部边缘的沙漠化程度的逆转，这些地区的中度、重度沙漠化区域明显减少；西北干旱荒漠区的原生沙漠、严重沙漠化面积占比也逐渐减少(图3-30)。从时间变化上来看，中国北方的非沙漠化面积逐渐增大，湿润的气候环境使得整体上出现沙漠化逆转趋势，非沙漠化面积占比增加近9%，沙漠化面积从2011年的227万$km^2$左右减少至2030年的203万$km^2$左右。其中，严重沙漠化面积减少最为明显，在未来20年间减少7%左右(表3-18)。

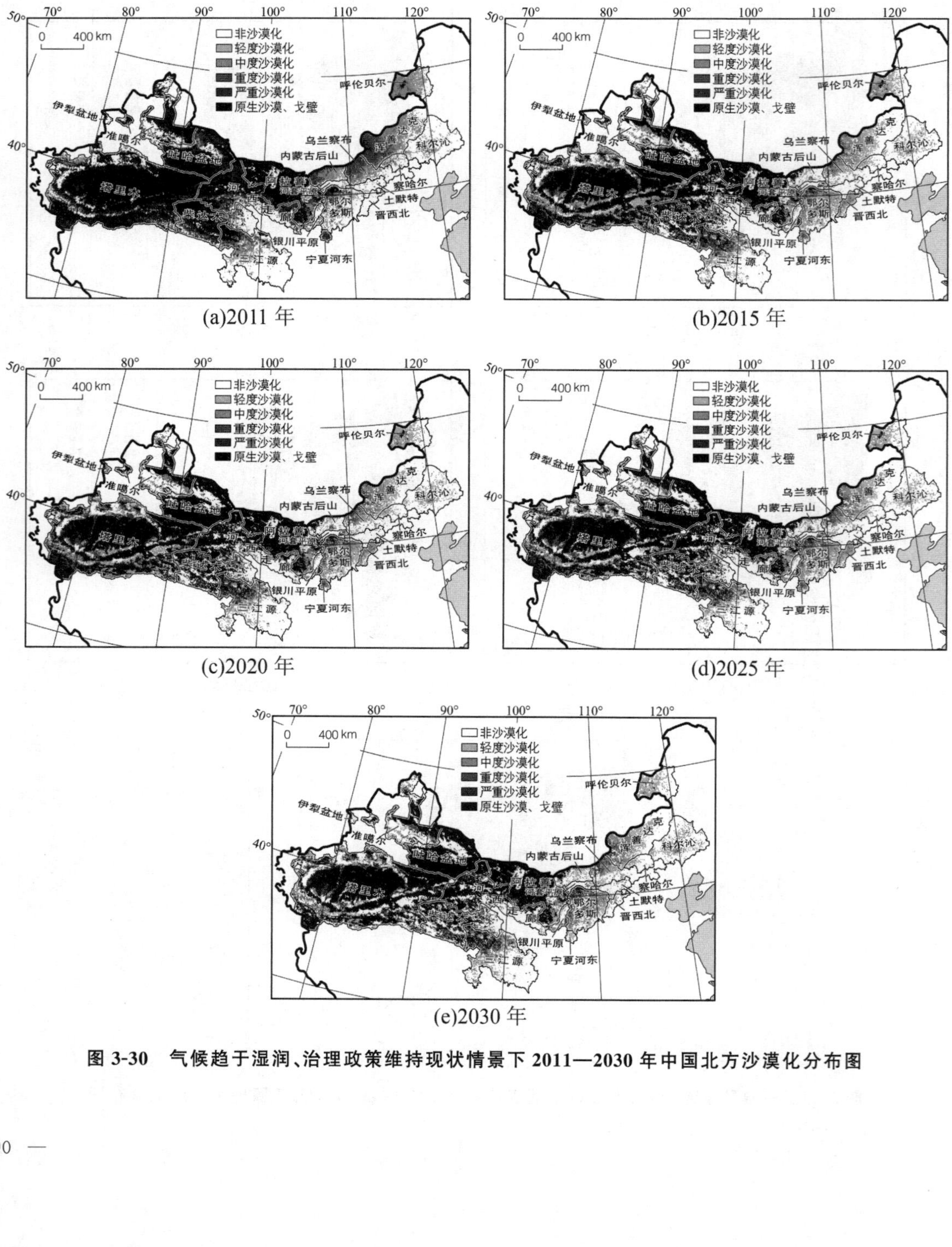

(a)2011年 (b)2015年 (c)2020年 (d)2025年 (e)2030年

**图3-30 气候趋于湿润、治理政策维持现状情景下2011—2030年中国北方沙漠化分布图**

**表 3-18　气候趋于湿润、治理政策维持现状情景下 2011—2030 年中国北方不同沙漠化等级面积及比例**

| 年份 | 项目 | 非沙漠化 | 沙漠化 | 轻度沙漠化 | 中度沙漠化 | 重度沙漠化 | 严重沙漠化 | 原生沙漠、戈壁 |
|---|---|---|---|---|---|---|---|---|
| 2011 | 面积/$km^2$ | 716 533 | 2 271 307 | 296 108 | 329 961 | 300 154 | 335 781 | 1 009 303 |
| | 比例/% | 23.98 | 76.02 | 9.91 | 11.04 | 10.05 | 11.24 | 33.78 |
| 2015 | 面积/$km^2$ | 792 832 | 2 195 008 | 366 064 | 337 216 | 295 872 | 187 600 | 1 008 256 |
| | 比例/% | 26.54 | 73.46 | 12.25 | 11.29 | 9.90 | 6.28 | 33.75 |
| 2020 | 面积/$km^2$ | 815 744 | 2 172 096 | 356 752 | 323 328 | 306 176 | 159 408 | 1 026 432 |
| | 比例/% | 27.30 | 72.70 | 11.94 | 10.82 | 10.25 | 5.34 | 34.35 |
| 2025 | 面积/$km^2$ | 842 624 | 2 145 216 | 341 376 | 314 432 | 310 400 | 151 792 | 1 027 216 |
| | 比例/% | 28.20 | 71.80 | 11.43 | 10.52 | 10.39 | 5.08 | 34.38 |
| 2030 | 面积/$km^2$ | 959 104 | 2 028 736 | 330 240 | 300 160 | 306 816 | 139 680 | 951 840 |
| | 比例/% | 32.10 | 67.90 | 11.05 | 10.05 | 10.27 | 4.67 | 31.86 |

2. 内蒙古长城沿线

在气候趋于湿润、未来沙漠化治理政策基本不变的情景下，内蒙古长城沿线的沙漠化严重程度整体明显缓和。与基准情景相比，重度沙漠化、严重沙漠化区域相对减少，在各个沙区中，呼伦贝尔草原、乌兰察布草原的沙漠化程度逆转最为明显(图 3-31)。从时间上来看，湿润的气候条件使得非沙漠化区域面积占比增加近 8%，主要体现在浑善达克沙地和呼伦贝尔草原部分区域，中度沙漠化和重度沙漠化区域面积减少相对明显，在未来 20 年内面积占比分别减少 8%和 3%左右，在鄂尔多斯高原、浑善达克沙地、乌兰察布草原西部等区域均有体现(表 3-19)。

**表 3-19　气候趋于湿润、治理政策维持现状情景下 2011—2030 年内蒙古长城沿线不同沙漠化等级面积及比例**

| 年份 | 项目 | 非沙漠化 | 沙漠化 | 轻度沙漠化 | 中度沙漠化 | 重度沙漠化 | 严重沙漠化 | 原生沙漠、戈壁 |
|---|---|---|---|---|---|---|---|---|
| 2011 | 面积/$km^2$ | 337 600 | 377 088 | 127 120 | 167 488 | 69 248 | 12 144 | 1 088 |
| | 比例/% | 47.24 | 52.76 | 17.79 | 23.44 | 9.69 | 1.70 | 0.15 |
| 2015 | 面积/$km^2$ | 342 912 | 371 776 | 156 824 | 154 240 | 49 984 | 9 152 | 1 576 |
| | 比例/% | 47.98 | 52.02 | 21.94 | 21.58 | 6.99 | 1.28 | 0.22 |
| 2020 | 面积/$km^2$ | 357 888 | 356 800 | 167 744 | 129 664 | 48 000 | 9 536 | 1 856 |
| | 比例/% | 50.08 | 49.92 | 23.47 | 18.14 | 6.72 | 1.33 | 0.26 |
| 2025 | 面积/$km^2$ | 371 648 | 343 040 | 159 648 | 126 512 | 45 952 | 9 600 | 1 328 |
| | 比例/% | 52.00 | 48.00 | 22.34 | 17.70 | 6.43 | 1.34 | 0.19 |
| 2030 | 面积/$km^2$ | 390 272 | 324 416 | 158 000 | 109 104 | 47 232 | 8 512 | 1 568 |
| | 比例/% | 54.61 | 45.39 | 22.11 | 15.27 | 6.61 | 1.19 | 0.22 |

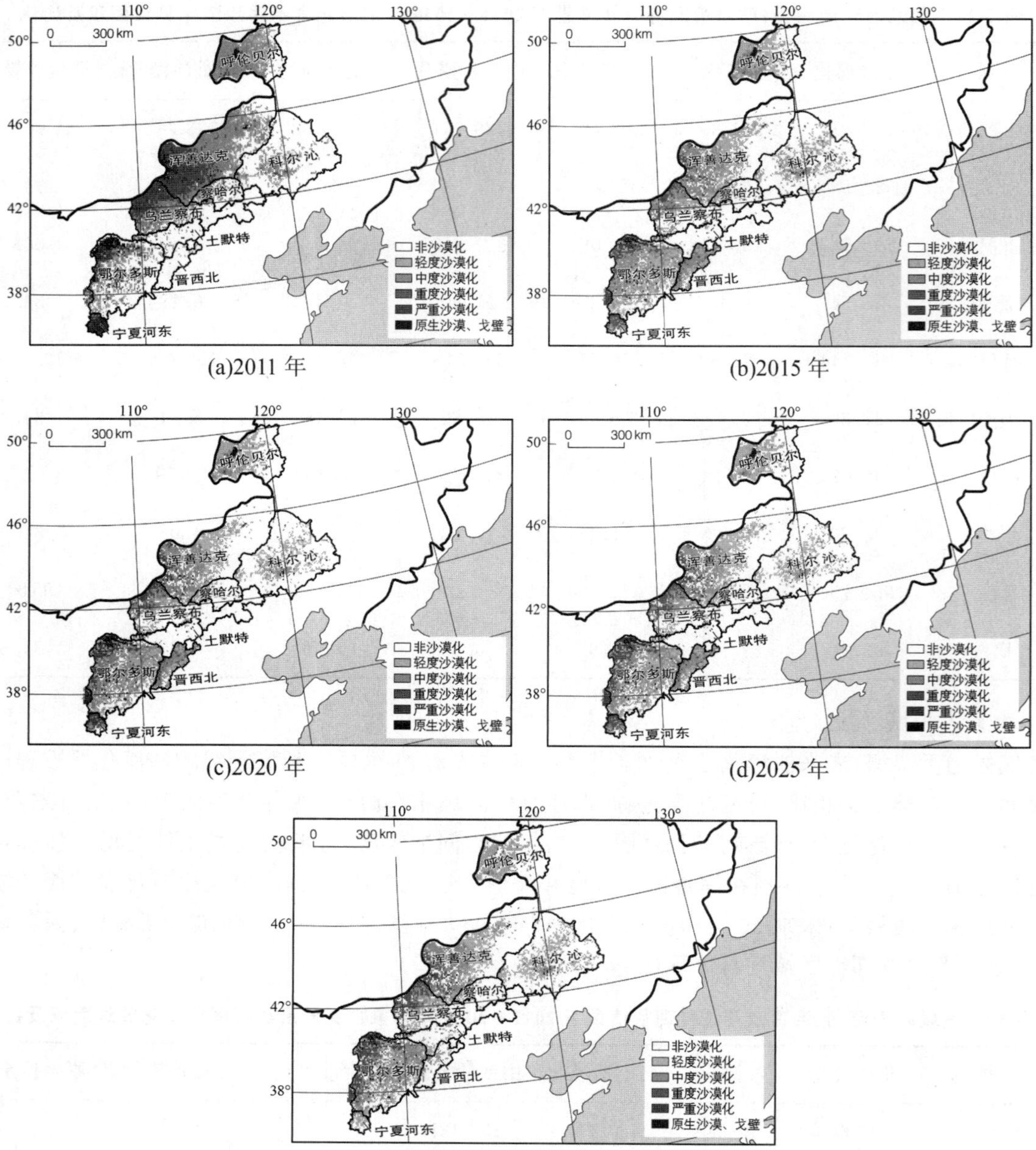


(a)2011 年　(b)2015 年　(c)2020 年　(d)2025 年　(e)2030 年

**图 3-31　气候趋于湿润、治理政策维持现状情景下 2011—2030 年内蒙古长城沿线沙漠化分布图**

3. 西北干旱荒漠区

在气候趋于湿润、未来沙漠化治理政策基本不变的情景下，西北干旱荒漠区的沙漠化严重程度整体明显缓和。与基准情景相比，非沙漠化面积明显增大，重度沙漠化、严重沙漠化区域相对减少，在各个沙区中，塔里木盆地、柴达木盆地边缘的沙漠化程度变化最为明显(图 3-32)。从时间上来看，湿润的气候条件使得非沙漠化区域面积占比增加 8%以上，主要体现在各沙区边缘草原面积的扩展；严重沙漠化面积占比在未来 20 年内减少 9%左右，而中度沙漠化和重度沙漠化区域面积变化相对不明显(表 3-20)。

**表 3-20　气候趋于湿润、治理政策维持现状情景下 2011—2030 年西北干旱荒漠区不同沙漠化等级面积及比例**

| 年份 | 项目 | 非沙漠化 | 沙漠化 | 轻度沙漠化 | 中度沙漠化 | 重度沙漠化 | 严重沙漠化 | 原生沙漠、戈壁 |
|---|---|---|---|---|---|---|---|---|
| 2011 | 面积/$km^2$ | 264 693 | 1 750 219 | 121 884 | 132 521 | 198 842 | 297 269 | 999 703 |
| | 比例/% | 13.14 | 86.86 | 6.05 | 6.58 | 9.87 | 14.75 | 49.62 |

续表3-20

| 年份 | 项目 | 非沙漠化 | 沙漠化 | 轻度沙漠化 | 中度沙漠化 | 重度沙漠化 | 严重沙漠化 | 原生沙漠、戈壁 |
|---|---|---|---|---|---|---|---|---|
| 2015 | 面积/$km^2$ | 330 368 | 1 684 544 | 165 840 | 149 792 | 215 104 | 153 552 | 1 000 256 |
| | 比例/% | 16.40 | 83.60 | 8.23 | 7.43 | 10.68 | 7.62 | 49.64 |
| 2020 | 面积/$km^2$ | 332 928 | 1 681 984 | 147 472 | 155 968 | 234 816 | 126 128 | 1 017 600 |
| | 比例/% | 16.52 | 83.48 | 7.32 | 7.74 | 11.65 | 6.26 | 50.50 |
| 2025 | 面积/$km^2$ | 342 144 | 1 672 768 | 141 280 | 150 352 | 243 328 | 118 704 | 1 019 104 |
| | 比例/% | 16.98 | 83.02 | 7.01 | 7.46 | 12.08 | 5.89 | 50.58 |
| 2030 | 面积/$km^2$ | 435 648 | 1 579 264 | 133 264 | 153 744 | 239 296 | 109 024 | 943 936 |
| | 比例/% | 21.62 | 78.38 | 6.61 | 7.63 | 11.88 | 5.41 | 46.85 |

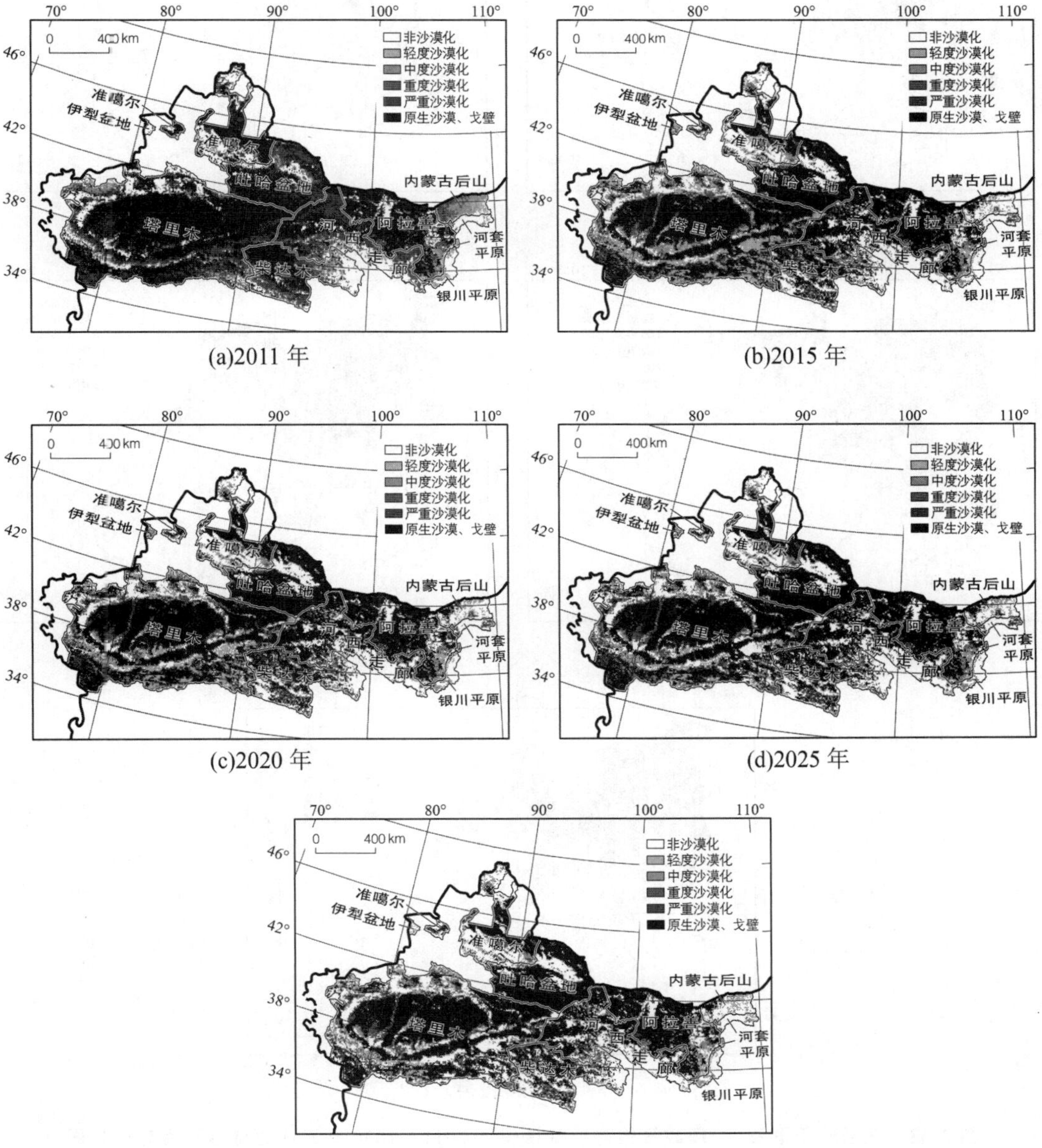


(a)2011 年　(b)2015 年

(c)2020 年　(d)2025 年

(e)2030 年

**图 3-32　气候趋于湿润、治理政策维持现状情景下 2011—2030 年西北干旱荒漠区沙漠化分布图**

4. 三江源地区

在气候趋于湿润、未来沙漠化治理政策基本不变的情景下，三江源地区的沙漠化严重程度整体明显缓和。与基准情景相比，非沙漠化面积明显增大，基本上占区域总面积的 45％以上，重度沙漠化、严重沙漠化区域相对减少(图 3-33)。从时间上来看，湿润的气候条件使得非沙漠化区域面积占比增加 7％以上，主要体现三江源中部沙漠化与非沙漠化地区的交界处；轻度沙漠化和重度沙漠化区域面积减少较为明显，在未来 20 年内占比分别减少 3％和 4.5％左右，严重沙漠化和原生沙漠、戈壁的面积也有所减少(表 3-21)。

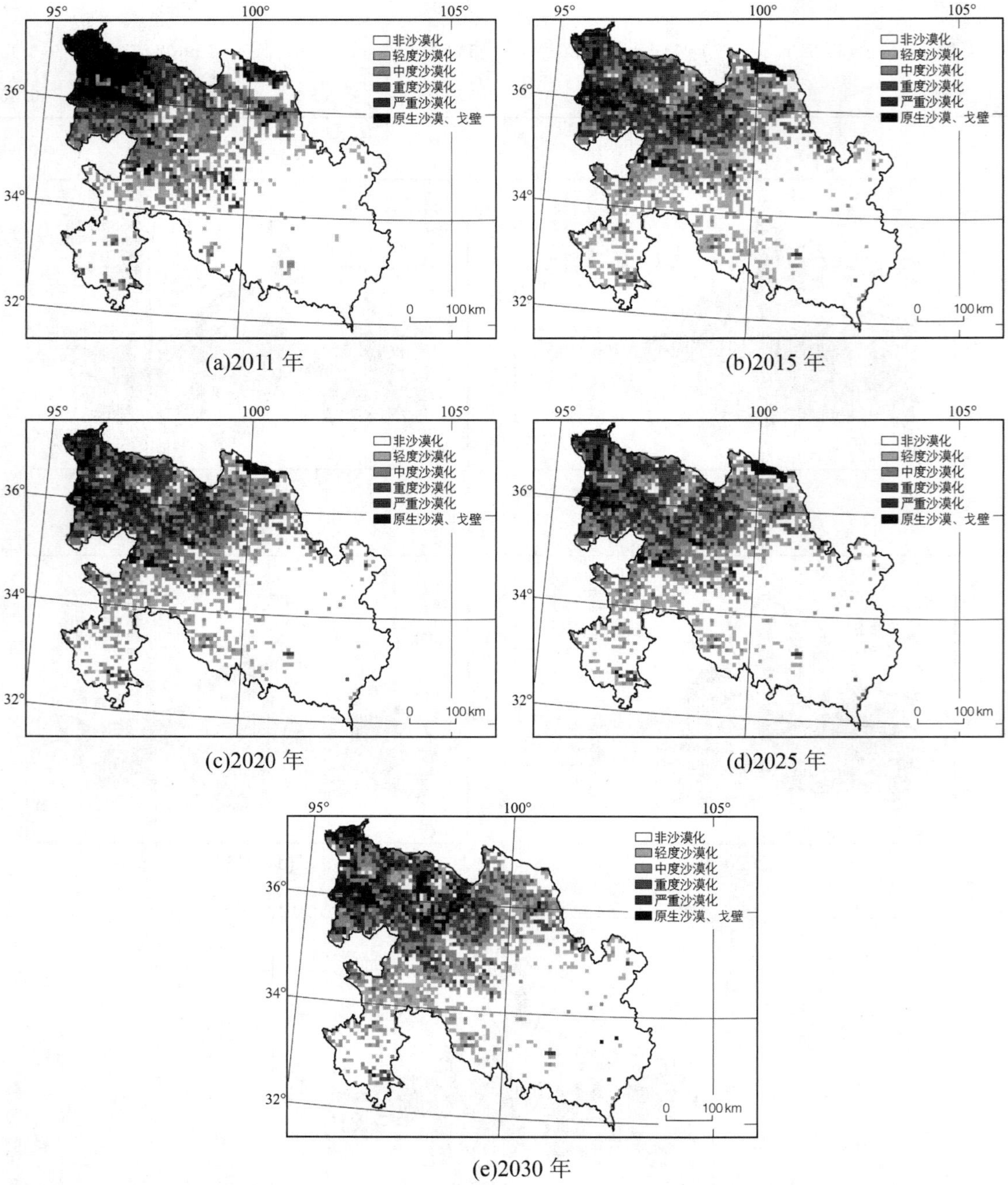


**图 3-33 气候趋于湿润、治理政策维持现状情景下 2011—2030 年三江源地区沙漠化分布图**

表 3-21　气候趋于湿润、治理政策维持现状情景下 2011—2030 年三江源地区不同沙漠化等级面积及比例

| 年份 | 项目 | 非沙漠化 | 沙漠化 | 轻度沙漠化 | 中度沙漠化 | 重度沙漠化 | 严重沙漠化 | 原生沙漠、戈壁 |
| --- | --- | --- | --- | --- | --- | --- | --- | --- |
| 2011 | 面积/km² | 114 240 | 144 000 | 47 104 | 29 952 | 32 064 | 26 368 | 8 512 |
| | 比例/% | 44.24 | 55.76 | 18.24 | 11.60 | 12.42 | 10.21 | 3.30 |
| 2015 | 面积/km² | 119 552 | 138 688 | 43 400 | 33 184 | 30 784 | 24 896 | 6 424 |
| | 比例/% | 46.29 | 53.71 | 16.81 | 12.85 | 11.92 | 9.64 | 2.49 |
| 2020 | 面积/km² | 124 928 | 133 312 | 41 536 | 37 696 | 23 360 | 23 744 | 6 976 |
| | 比例/% | 48.38 | 51.62 | 16.08 | 14.60 | 9.05 | 9.19 | 2.70 |
| 2025 | 面积/km² | 128 832 | 129 408 | 40 448 | 37 568 | 21 120 | 23 488 | 6 784 |
| | 比例/% | 49.89 | 50.11 | 15.66 | 14.55 | 8.18 | 9.10 | 2.63 |
| 2030 | 面积/km² | 133 184 | 125 056 | 38 976 | 37 312 | 20 288 | 22 144 | 6 336 |
| | 比例/% | 51.57 | 48.43 | 15.09 | 14.45 | 7.86 | 8.57 | 2.45 |

### 3.3.5　情景 5：气候趋于湿润、治理政策积极

1. 北方沙区

在气候趋于湿润、未来沙漠化治理政策较为积极的前提下，中国北方整体沙漠化程度明显好转。与基准情景相比，此情景下的非沙漠化面积增加幅度最大，这种态势不仅体现在沙区东部和南部边缘中度、重度沙漠化区域明显减少，西北干旱荒漠区的重度、严重沙漠化区域也逐渐向非沙漠化区域演变（图 3-34）。从时间变化上来看，中国北方的非沙漠化面积逐渐增大，湿润的气候环境加上积极的沙漠化治理政策，使得整体上出现沙漠化逆转趋势，非沙漠化面积占比增加近 12%，沙漠化面积从 2011 年的 227 万 km² 左右减少至 2030 年的 197 万 km² 左右。其中，严重沙漠化面积减少最为明显，在未来 20 年间占比减少 6%左右（表 3-22）。

表 3-22　气候趋于湿润、治理政策积极情景下 2011—2030 年中国北方不同沙漠化等级面积及比例

| 年份 | 项目 | 非沙漠化 | 沙漠化 | 轻度沙漠化 | 中度沙漠化 | 重度沙漠化 | 严重沙漠化 | 原生沙漠、戈壁 |
| --- | --- | --- | --- | --- | --- | --- | --- | --- |
| 2011 | 面积/km² | 713 855 | 2 273 985 | 286 043 | 320 048 | 300 912 | 315 337 | 1 051 645 |
| | 比例/% | 23.89 | 76.11 | 9.57 | 10.71 | 10.07 | 10.55 | 35.20 |
| 2015 | 面积/km² | 858 176 | 2 129 664 | 305 840 | 306 688 | 283 072 | 202 736 | 1 031 328 |
| | 比例/% | 28.72 | 71.28 | 10.24 | 10.26 | 9.47 | 6.79 | 34.52 |
| 2020 | 面积/km² | 892 736 | 2 095 104 | 302 672 | 289 920 | 281 216 | 187 056 | 1 034 240 |
| | 比例/% | 29.88 | 70.12 | 10.13 | 9.70 | 9.41 | 6.26 | 34.61 |
| 2025 | 面积/km² | 952 448 | 2 035 392 | 305 104 | 263 808 | 268 096 | 164 768 | 1 033 616 |
| | 比例/% | 31.88 | 68.12 | 10.21 | 8.83 | 8.97 | 5.51 | 34.59 |
| 2030 | 面积/km² | 1 022 336 | 1 965 504 | 303 840 | 261 376 | 271 040 | 146 992 | 982 256 |
| | 比例/% | 34.22 | 65.78 | 10.17 | 8.75 | 9.07 | 4.92 | 32.88 |

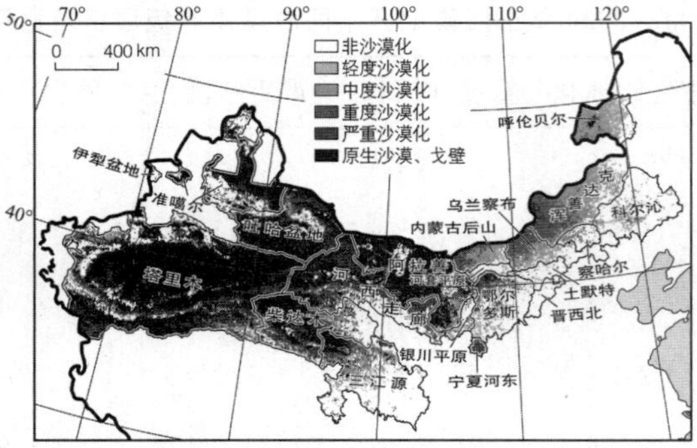


(a)2011 年

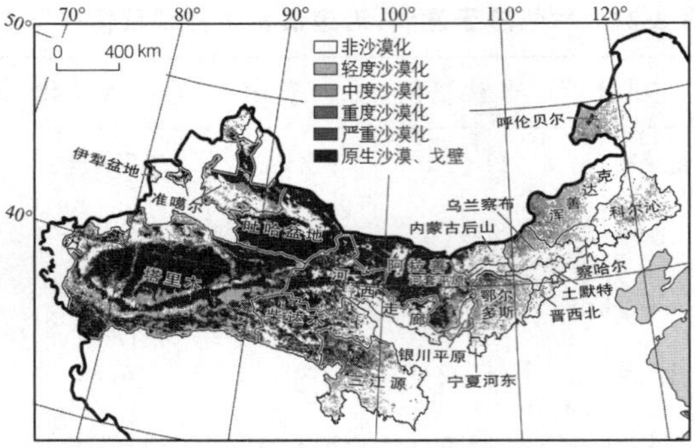


(b)2015 年

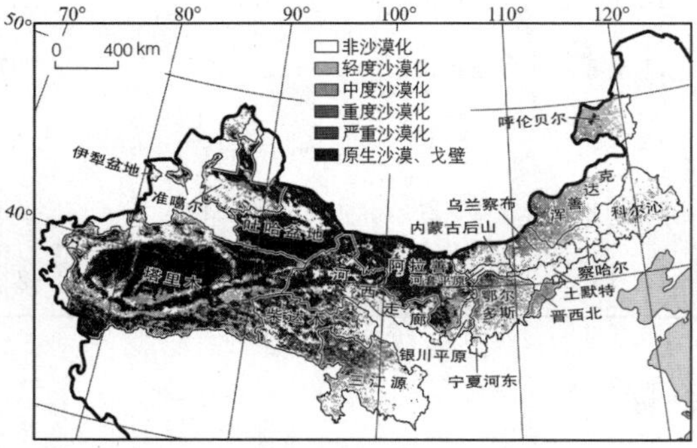


(c)2020 年

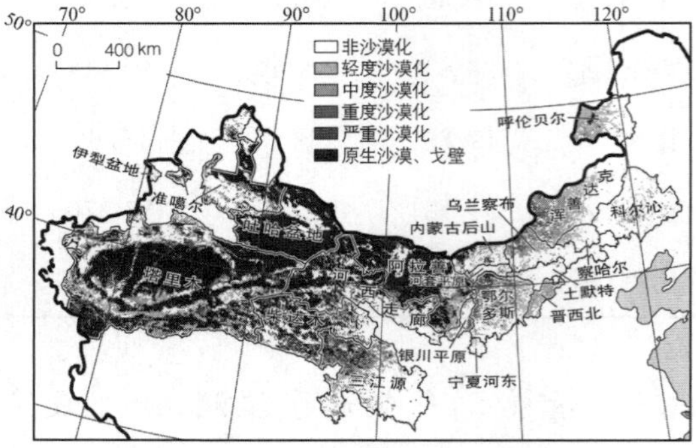


(d)2025 年

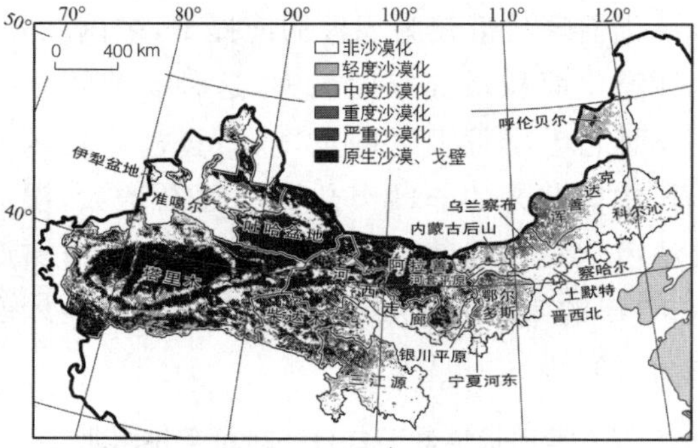


(e)2030 年

**图 3-34　气候趋于湿润、治理政策积极情景下 2011—2030 年中国北方沙漠化分布图**

2. 内蒙古长城沿线

在气候趋于湿润、未来沙漠化治理政策相对积极的情景下，内蒙古长城沿线的沙漠化程度整体好转。与基准情景相比，中度沙漠化、重度沙漠化区域明显减少，在各个沙区中，科尔沁草原、察哈尔和晋西北地区基本上都为非沙漠化曲云(图 3-35)。从时间上来看，湿润的气候条件和积极的沙漠化治理政策，使得非沙漠化区域面积占比增加近 13%，主要体现在浑善达克沙地和呼伦贝尔草原部分区域，中度沙漠化、重度沙漠化区域面积都有明显减少，在未来 20 年内分别减少 8%和 2.5%左右，在鄂尔多斯高原、浑善达克沙地、乌兰察布草原西部等区域均有体现(表 3-23)。

**表 3-23　气候趋于湿润、治理政策积极情景下 2011—2030 年内蒙古长城沿线不同沙漠化等级面积及比例**

| 年份 | 项目 | 非沙漠化 | 沙漠化 | 轻度沙漠化 | 中度沙漠化 | 重度沙漠化 | 严重沙漠化 | 原生沙漠、戈壁 |
|---|---|---|---|---|---|---|---|---|
| 2011 | 面积/$km^2$ | 369 257 | 345 431 | 132 888 | 137 280 | 64 560 | 9 448 | 1 255 |
| | 比例/% | 51.67 | 48.33 | 18.59 | 19.21 | 9.03 | 1.32 | 0.18 |

续表3-23

| 年份 | 项目 | 非沙漠化 | 沙漠化 | 轻度沙漠化 | 中度沙漠化 | 重度沙漠化 | 严重沙漠化 | 原生沙漠、戈壁 |
|---|---|---|---|---|---|---|---|---|
| 2015 | 面积/km² | 396 160 | 318 528 | 145 216 | 126 848 | 38 776 | 6 336 | 1 352 |
| | 比例/% | 55.43 | 44.57 | 20.32 | 17.75 | 5.43 | 0.89 | 0.19 |
| 2020 | 面积/km² | 416 448 | 298 240 | 137 728 | 111 040 | 41 656 | 6 528 | 1 288 |
| | 比例/% | 58.27 | 41.73 | 19.27 | 15.54 | 5.83 | 0.91 | 0.18 |
| 2025 | 面积/km² | 435 776 | 278 912 | 126 576 | 108 096 | 36 828 | 6 080 | 1 332 |
| | 比例/% | 60.97 | 39.03 | 17.71 | 15.12 | 5.15 | 0.85 | 0.19 |
| 2030 | 面积/km² | 456 064 | 258 624 | 124 608 | 81 664 | 45 916 | 5 312 | 1 124 |
| | 比例/% | 63.81 | 36.19 | 17.44 | 11.43 | 6.42 | 0.74 | 0.16 |

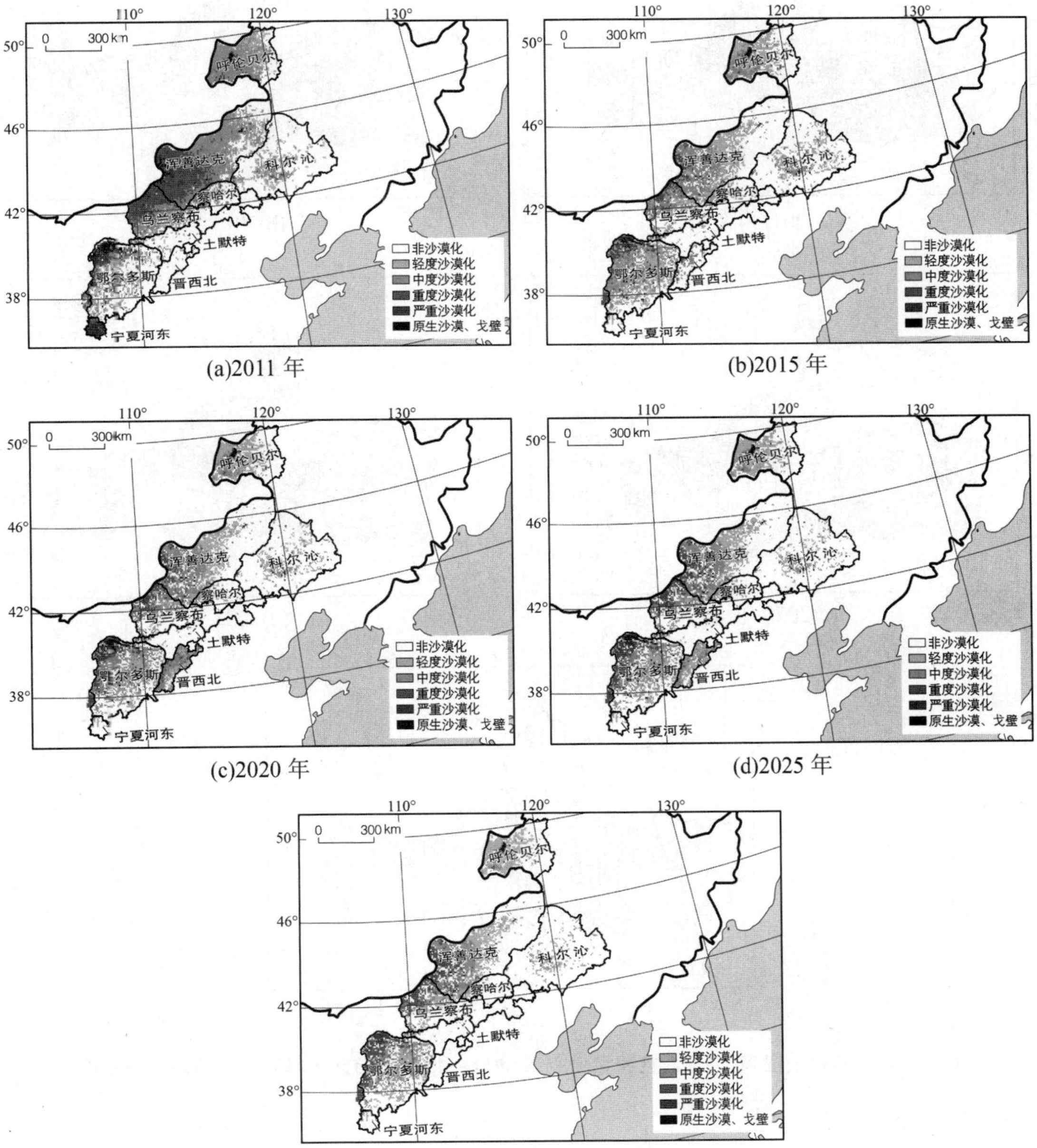


(a)2011 年　(b)2015 年　(c)2020 年　(d)2025 年　(e)2030 年

**图 3-35　气候趋于湿润、治理政策积极情景下 2011—2030 年内蒙古长城沿线沙漠化分布图**

3. 西北干旱荒漠区

在气候趋于湿润、未来沙漠化治理政策相对积极的情景下，西北干旱荒漠区的沙漠化程度整体好转。与基准情景相比，非沙漠化区域面积扩展最为明显，塔里木盆地、河西走廊等地的重度、严重沙漠化区域面积明显缩小(图 3-36)。从时间上来看，湿润的气候条件和积极的沙漠化治理政策，使得非沙漠化区域面积占比增加近 10%，主要体现在塔里木盆地、吐哈盆地和准噶尔盆地的边缘，严重沙漠化区域面积占比在未来 20 年内降低 7%左右，轻度沙漠化、中度沙漠化、重度沙漠化区域面积变化不明显(表 3-24)。

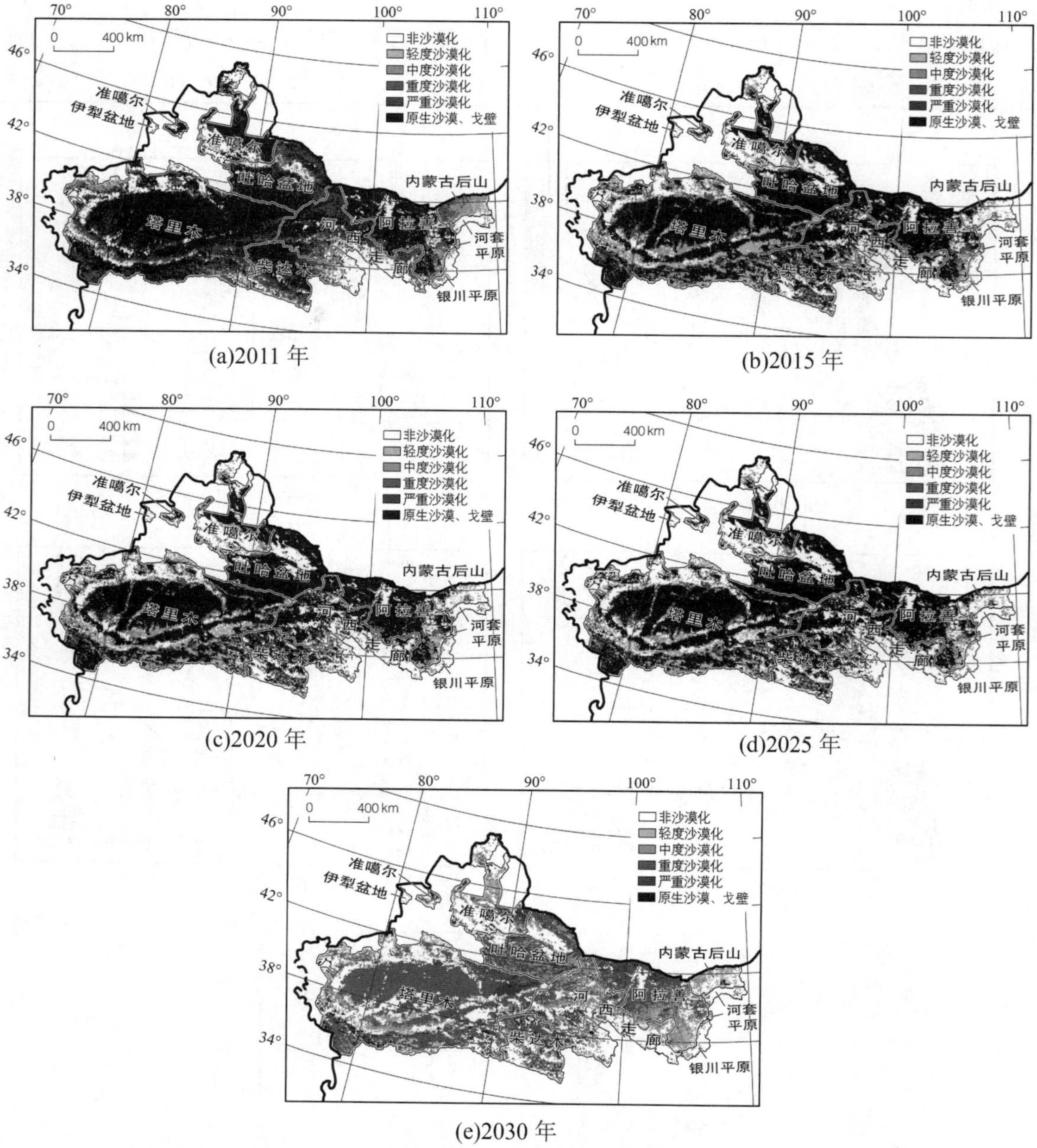


**图 3-36　气候趋于湿润、治理政策积极情景下 2011—2030 年西北干旱荒漠区沙漠化分布图**

**表 3-24 气候趋于湿润、治理政策积极情景下 2011—2030 年西北干旱荒漠区不同沙漠化等级面积及比例**

| 年份 | 项目 | 非沙漠化 | 沙漠化 | 轻度沙漠化 | 中度沙漠化 | 重度沙漠化 | 严重沙漠化 | 原生沙漠、戈壁 |
|---|---|---|---|---|---|---|---|---|
| 2011 | 面积/km² | 227 670 | 1 787 242 | 105 283 | 153 520 | 206 592 | 279 905 | 1 041 942 |
| | 比例/% | 11.30 | 88.70 | 5.23 | 7.62 | 10.25 | 13.89 | 51.71 |
| 2015 | 面积/km² | 339 456 | 1 675 456 | 116 080 | 142 592 | 221 064 | 172 912 | 1 022 808 |
| | 比例/% | 16.85 | 83.15 | 5.76 | 7.08 | 10.97 | 8.58 | 50.76 |
| 2020 | 面积/km² | 346 752 | 1 668 160 | 123 792 | 141 568 | 217 864 | 158 832 | 1 026 104 |
| | 比例/% | 17.21 | 82.79 | 6.14 | 7.03 | 10.81 | 7.88 | 50.93 |
| 2025 | 面积/km² | 379 904 | 1 635 008 | 139 744 | 118 848 | 212 708 | 137 824 | 1 025 884 |
| | 比例/% | 18.85 | 81.15 | 6.94 | 5.90 | 10.56 | 6.84 | 50.91 |
| 2030 | 面积/km² | 425 024 | 1 589 888 | 141 856 | 143 040 | 208 996 | 124 656 | 971 340 |
| | 比例/% | 21.09 | 78.91 | 7.04 | 7.10 | 10.37 | 6.19 | 48.21 |

4. 三江源地区

在气候趋于湿润、未来沙漠化治理政策相对积极的情景下，三江源地区的沙漠化程度整体好转。与基准情景相比，非沙漠化区域面积扩展最为明显，平均占区域面积的 50%左右，重度、严重沙漠化区域面积明显缩小(图 3-37)。从时间上来看，湿润的气候条件和积极的沙漠化治理政策，使得非沙漠化区域面积占比增加近 10%，到 2030 年时占区域面积的近 55%，除中度沙漠化区域面积增加之外，轻度、重度、严重沙漠化区域面积占比在未来 20 年内均减少 4%左右(表 3-25)。

**表 3-25 气候趋于湿润、治理政策积极情景下 2011—2030 年三江源地区不同沙漠化等级面积及比例**

| 年份 | 项目 | 非沙漠化 | 沙漠化 | 轻度沙漠化 | 中度沙漠化 | 重度沙漠化 | 严重沙漠化 | 原生沙漠、戈壁 |
|---|---|---|---|---|---|---|---|---|
| 2011 | 面积/km² | 116 928 | 141 312 | 47 872 | 29 248 | 29 760 | 25 984 | 8 448 |
| | 比例/% | 45.28 | 54.72 | 18.54 | 11.33 | 11.52 | 10.06 | 3.27 |
| 2015 | 面积/km² | 122 560 | 135 680 | 44 544 | 37 248 | 23 232 | 23 488 | 7 168 |
| | 比例/% | 47.46 | 52.54 | 17.25 | 14.42 | 9.00 | 9.10 | 2.78 |
| 2020 | 面积/km² | 129 536 | 128 704 | 41 152 | 37 312 | 21 696 | 21 696 | 6 848 |
| | 比例/% | 50.16 | 49.84 | 15.94 | 14.45 | 8.40 | 8.40 | 2.65 |
| 2025 | 面积/km² | 136 768 | 121 472 | 38 784 | 36 864 | 18 560 | 20 864 | 6 400 |
| | 比例/% | 52.96 | 47.04 | 15.02 | 14.28 | 7.19 | 8.08 | 2.48 |
| 2030 | 面积/km² | 141 248 | 116 992 | 37 376 | 36 672 | 16 128 | 17 024 | 9 792 |
| | 比例/% | 54.70 | 45.30 | 14.47 | 14.20 | 6.25 | 6.59 | 3.79 |

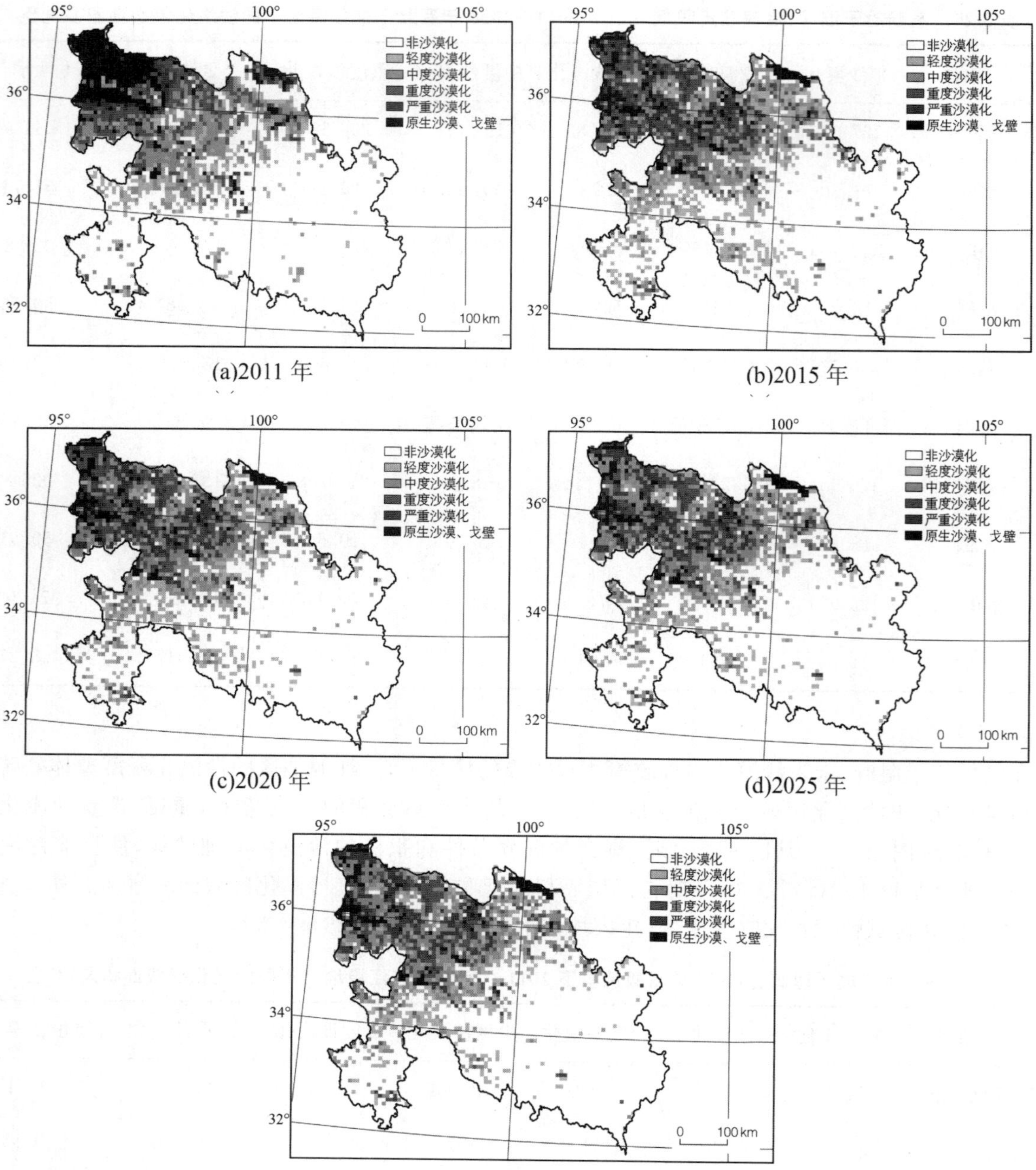


(a)2011 年 (b)2015 年

(c)2020 年 (d)2025 年

(e)2030 年

**图 3-37 气候趋于湿润、治理政策积极情景下 2011—2030 年三江源地区沙漠化分布图**

### 3.3.6 情景 6:气候趋于湿润、治理政策消极

1. 北方沙区

在气候趋于湿润、未来沙漠化治理政策较为消极的前提下，中国北方大部分地区沙漠化程度依然趋于好转。与基准情景相比，此情景下的非沙漠化面积整体上增加，这种态势主要体现在沙区东部和南部边缘中度、重度沙漠化区域明显减少(图 3-38)。从时间变化上来看，中国北方的非沙漠化面积逐渐增大，湿润的气候环境的影响大于沙漠化消极治理的影响程度，使得整体上出现沙漠化逆转趋势，非沙漠化面积占比增加近 4%，沙漠化面积从 2011 年的 227 万 $km^2$ 左右减少至 2030 年的 218 万 $km^2$ 左右。其中，轻度沙漠化区域面积占比增加 1%左右，而严重沙漠化面积出现减少趋势，在未来 20 年间占比减少 2%以上(表 3-26)。

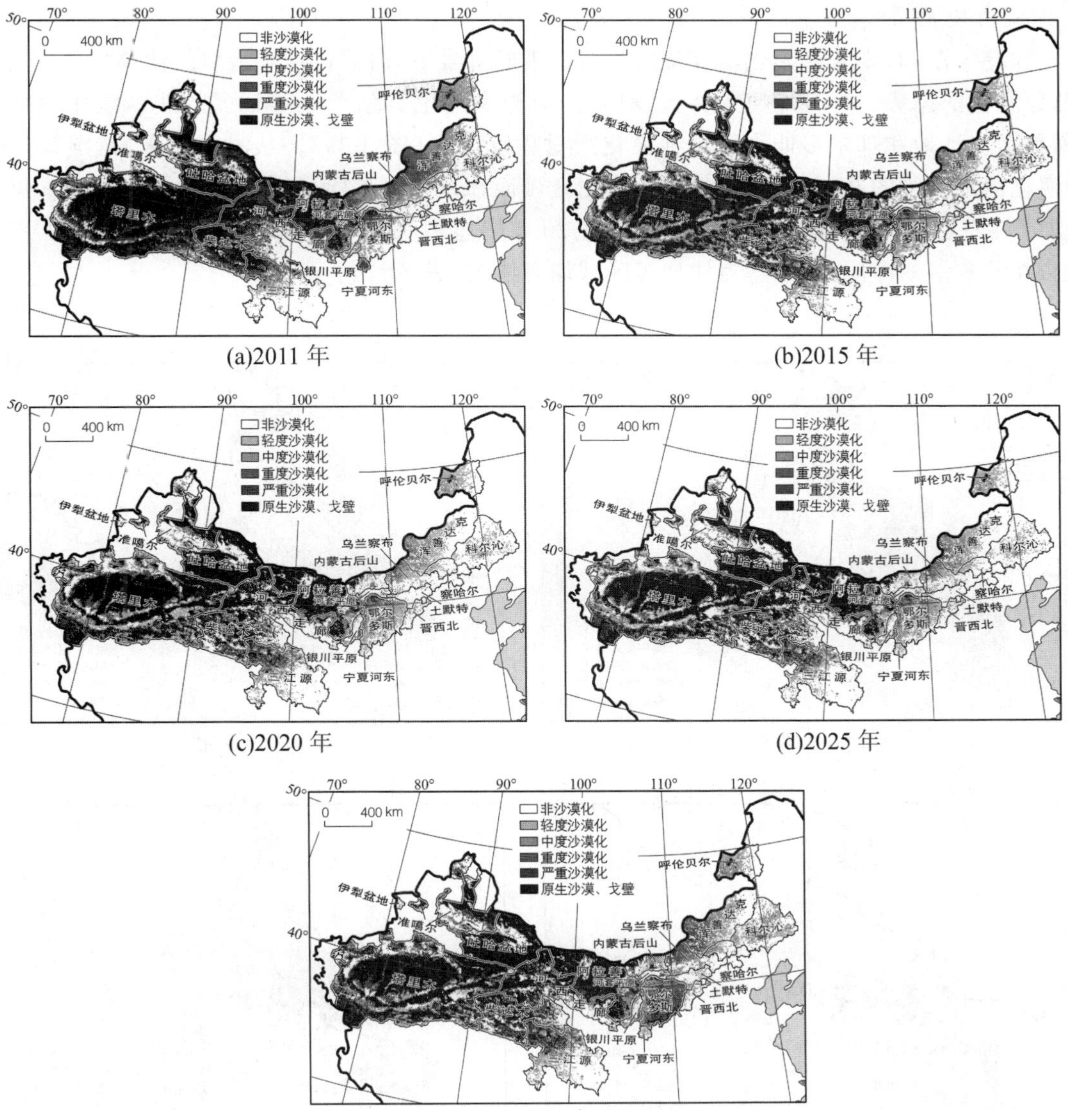


(a)2011 年　(b)2015 年

(c)2020 年　(d)2025 年

(e)2030 年

**图 3-38　气候趋于湿润、治理政策消极情景下 2011—2030 年中国北方沙漠化分布图**

**表 3-26　气候趋于湿润、治理政策消极情景下 2011—2030 年中国北方不同沙漠化等级面积及比例**

| 年份 | 项目 | 非沙漠化 | 沙漠化 | 轻度沙漠化 | 中度沙漠化 | 重度沙漠化 | 严重沙漠化 | 原生沙漠、戈壁 |
|---|---|---|---|---|---|---|---|---|
| 2011 | 面积/$km^2$ | 713 365 | 2 274 475 | 267 110 | 337 904 | 306 543 | 305 109 | 1 057 809 |
| | 比例/% | 23.88 | 76.12 | 8.94 | 11.31 | 10.26 | 10.21 | 35.40 |
| 2015 | 面积/$km^2$ | 769 728 | 2 218 112 | 361 136 | 339 904 | 308 160 | 193 488 | 1 015 424 |
| | 比例/% | 25.76 | 74.24 | 12.09 | 11.38 | 10.31 | 6.48 | 33.99 |
| 2020 | 面积/$km^2$ | 781 504 | 2 206 336 | 348 016 | 326 144 | 310 528 | 186 896 | 1 034 752 |
| | 比例/% | 26.16 | 73.84 | 11.65 | 10.92 | 10.39 | 6.26 | 34.63 |
| 2025 | 面积/$km^2$ | 803 776 | 2 184 064 | 330 352 | 305 024 | 310 144 | 199 408 | 1 039 136 |
| | 比例/% | 26.90 | 73.10 | 11.06 | 10.21 | 10.38 | 6.67 | 34.78 |
| 2030 | 面积/$km^2$ | 811 328 | 2 176 512 | 293 040 | 312 896 | 320 064 | 234 576 | 1 015 936 |
| | 比例/% | 27.15 | 72.85 | 9.81 | 10.47 | 10.71 | 7.85 | 34.00 |

2. 内蒙古长城沿线

在气候趋于湿润、未来沙漠化治理政策相对消极的情景下，内蒙古长城沿线的沙漠化程度呈现部分好转，部分恶化的态势。与基准情景相比，科尔沁草原和呼伦贝尔草原等地区的非沙漠化地区逐渐扩展，而浑善达克沙地和鄂尔多斯高原的沙漠化严重程度增大(图 3-39)。从时间上来看，湿润气候和消极的沙漠化治理政策的共同作用，使得非沙漠化区域面积呈现先增大后减小的趋势，到 2030 年其占比整体增加 2%左右；轻度沙漠化面积占比在未来 20 年内也增加 2%左右，而中度沙漠化面积占比减少 3%以上，在鄂尔多斯高原、浑善达克沙地等区域均有体现(表 3-27)。

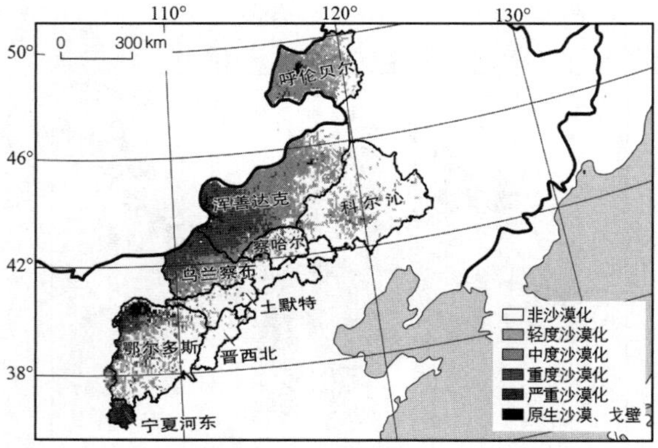


(a)2011 年

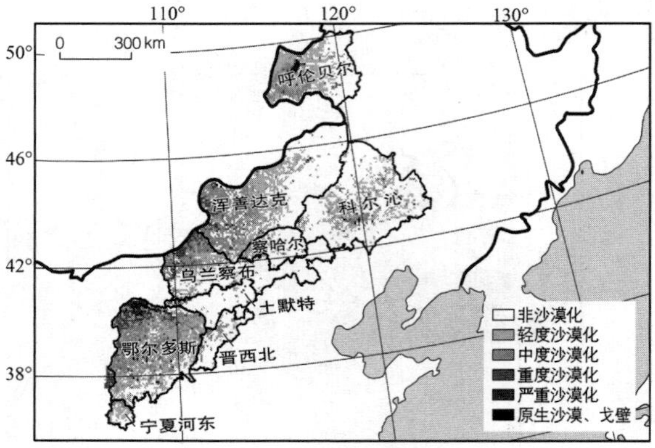


(b)2015 年

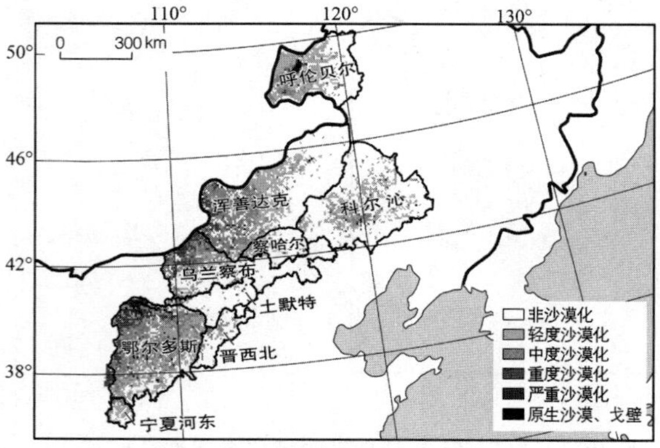


(c)2020 年

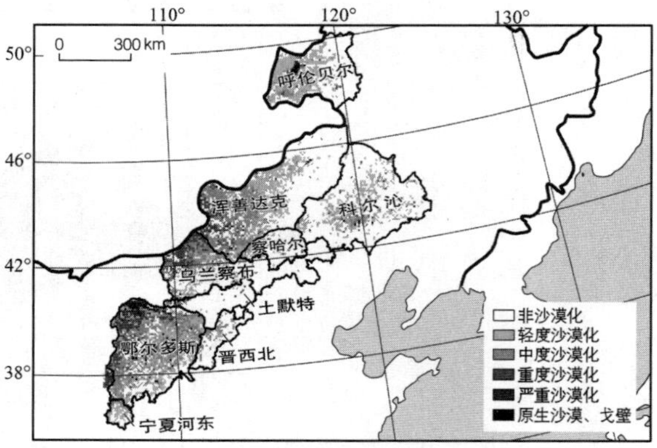


(d)2025 年

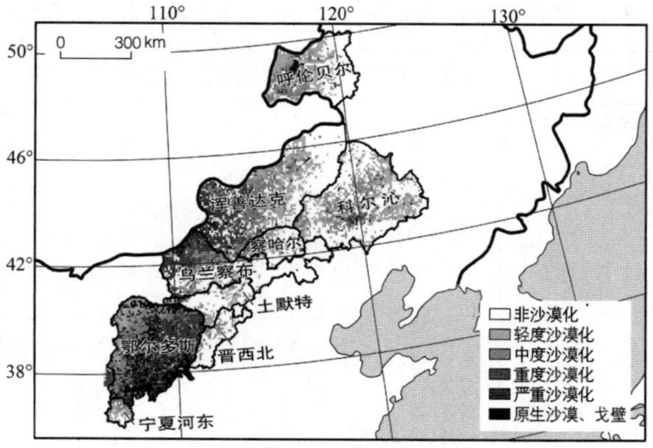


(e)2030 年

**图 3-39　气候趋于湿润、治理政策消极情景下 2011—2030 年内蒙古长城沿线沙漠化分布图**

**表 3-27　气候趋于湿润、治理政策消极情景下 2011—2030 年内蒙古长城沿线不同沙漠化等级面积及比例**

| 年份 | 项目 | 非沙漠化 | 沙漠化 | 轻度沙漠化 | 中度沙漠化 | 重度沙漠化 | 严重沙漠化 | 原生沙漠、戈壁 |
|---|---|---|---|---|---|---|---|---|
| 2011 | 面积/km² | 322 928 | 391 760 | 125 264 | 148 224 | 75 104 | 23 744 | 19 424 |
| | 比例/% | 45.18 | 54.82 | 17.53 | 20.74 | 10.51 | 3.32 | 2.72 |
| 2015 | 面积/km² | 330 176 | 384 512 | 140 584 | 131 776 | 67 984 | 25 984 | 18 184 |
| | 比例/% | 46.20 | 53.80 | 19.67 | 18.44 | 9.51 | 3.64 | 2.54 |
| 2020 | 面积/km² | 331 752 | 382 936 | 155 504 | 130 200 | 55 800 | 23 048 | 18 384 |
| | 比例/% | 46.42 | 53.58 | 21.76 | 18.22 | 7.81 | 3.22 | 2.57 |
| 2025 | 面积/km² | 332 032 | 382 656 | 150 408 | 133 848 | 60 352 | 20 032 | 18 016 |
| | 比例/% | 46.46 | 53.54 | 21.05 | 18.73 | 8.44 | 2.80 | 2.52 |
| 2030 | 面积/km² | 341 360 | 373 328 | 141 252 | 125 504 | 70 952 | 18 016 | 17 604 |
| | 比例/% | 47.76 | 52.24 | 19.76 | 17.56 | 9.93 | 2.52 | 2.46 |

3. 西北干旱荒漠区

在气候趋于湿润、未来沙漠化治理政策相对消极的情景下，西北干旱荒漠区的沙漠化程度呈现部分好转，部分恶化的态势。与基准情景相比，柴达木盆地和阿拉善高原等地区的沙漠化面积逐渐扩展，而塔里木盆地和吐哈盆地周边的非沙漠化区域依然有所增加(图 3-40)。从时间上来看，湿润气候环境条件的作用明显大于消极的沙漠化治理政策所带来的影响，使得非沙漠化区域面积占比到 2030 年整体增加 4%左右；严重沙漠化面积占比在未来 20 年内减少近 3%，轻度沙漠化、中度沙漠化和重度沙漠化面积变化趋势不明显(表 3-28)。

**表 3-28　气候趋于湿润、治理政策消极情景下 2011—2030 年西北干旱荒漠区不同沙漠化等级面积及比例**

| 年份 | 项目 | 非沙漠化 | 沙漠化 | 轻度沙漠化 | 中度沙漠化 | 重度沙漠化 | 严重沙漠化 | 原生沙漠、戈壁 |
|---|---|---|---|---|---|---|---|---|
| 2011 | 面积/km² | 280 357 | 1 734 555 | 96 278 | 158 128 | 200 847 | 252 117 | 1 027 185 |
| | 比例/% | 13.91 | 86.09 | 4.78 | 7.85 | 9.97 | 12.51 | 50.98 |
| 2015 | 面积/km² | 326 400 | 1 688 512 | 175 752 | 170 944 | 209 392 | 146 896 | 985 528 |
| | 比例/% | 16.20 | 83.80 | 8.72 | 8.48 | 10.39 | 7.29 | 48.91 |
| 2020 | 面积/km² | 333 784 | 1 681 128 | 153 024 | 156 904 | 223 688 | 140 296 | 1 007 216 |
| | 比例/% | 16.57 | 83.43 | 7.59 | 7.79 | 11.10 | 6.96 | 49.99 |
| 2025 | 面积/km² | 358 720 | 1 656 192 | 142 632 | 123 496 | 221 824 | 156 144 | 1 012 096 |
| | 比例/% | 17.80 | 82.20 | 7.08 | 6.13 | 11.01 | 7.75 | 50.23 |
| 2030 | 面积/km² | 359 376 | 1 655 536 | 111 660 | 141 176 | 224 432 | 189 808 | 988 460 |
| | 比例/% | 17.84 | 82.16 | 5.54 | 7.01 | 11.14 | 9.42 | 49.06 |

4. 三江源地区

在气候趋于湿润、未来沙漠化治理政策相对消极的情景下，三江源地区的沙漠化程度呈现部分好转，部分恶化的态势。与基准情景相比，三江源地区整体上沙漠化程度不大，其中非沙漠化区域面积基

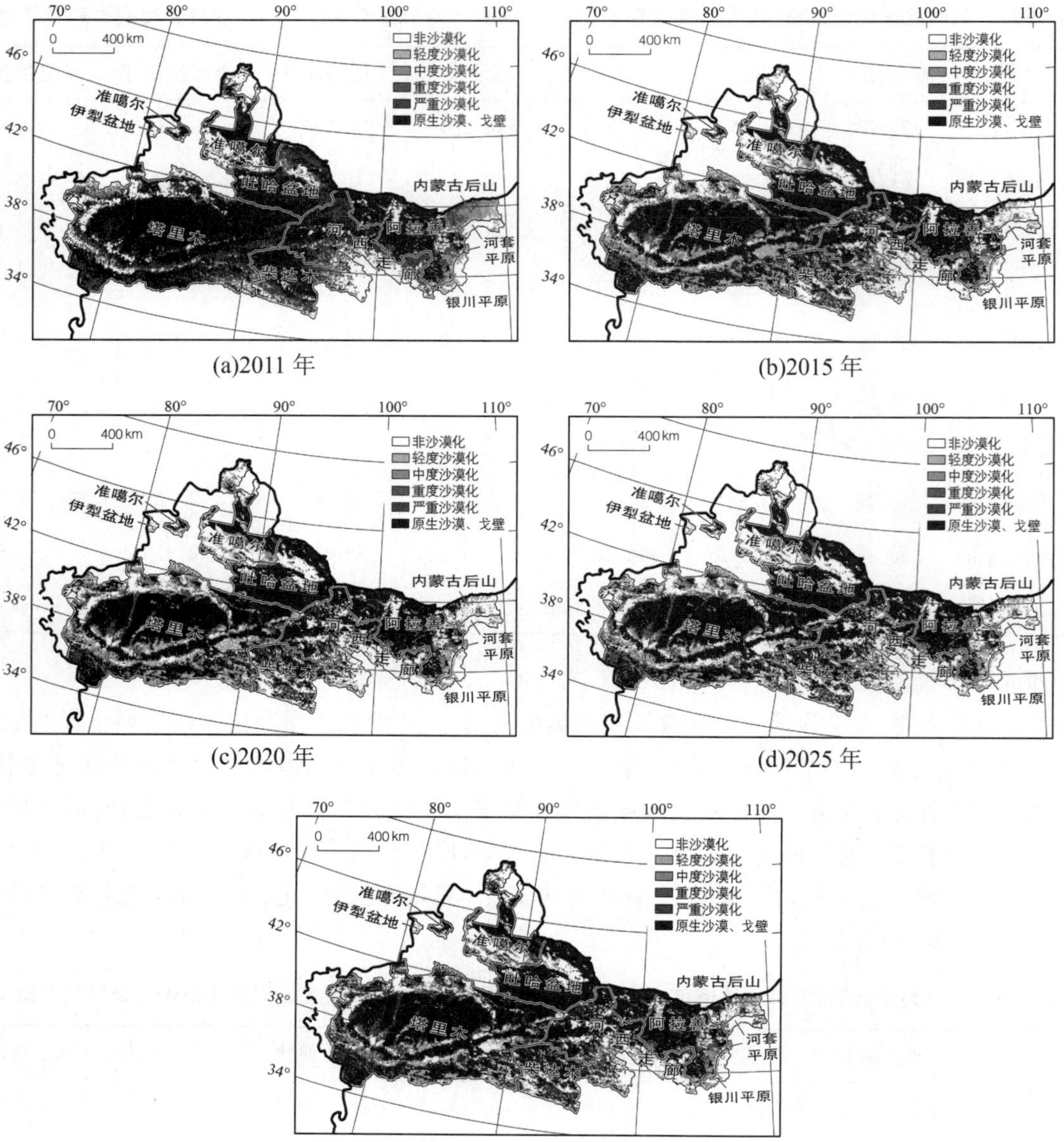


(a)2011 年 (b)2015 年 (c)2020 年 (d)2025 年 (e)2030 年

**图 3-40　气候趋于湿润、治理政策消极情景下 2011—2030 年西北干旱荒漠区沙漠化分布图**

本维持在 43%左右(图 3-41)。从时间上来看,在湿润气候环境条件的作用下,非沙漠化区域面积占比到 2020 年整体增加 2%左右,轻度沙漠化区域面积占比也降低近 2%;但由于沙漠化治理政策相对消极,非沙漠化区域面积占比到 2030 年降到 43%以下,中度沙漠化面积占比在未来 20 年内增加 4%以上,轻度沙漠化和重度沙漠化面积变化趋势不明显(表 3-29)。

**表 3-29　气候趋于湿润、治理政策消极情景下 2011—2030 年三江源地区不同沙漠化等级面积及比例**

| 年份 | 项目 | 非沙漠化 | 沙漠化 | 轻度沙漠化 | 中度沙漠化 | 重度沙漠化 | 严重沙漠化 | 原生沙漠、戈壁 |
|---|---|---|---|---|---|---|---|---|
| 2011 | 面积/$km^2$ | 110 080 | 148 160 | 45 568 | 31 552 | 30 592 | 29 248 | 11 200 |
| | 比例/% | 42.63 | 57.37 | 17.65 | 12.22 | 11.85 | 11.33 | 4.34 |
| 2015 | 面积/$km^2$ | 113 152 | 145 088 | 44 800 | 37 184 | 30 784 | 20 608 | 11 712 |
| | 比例/% | 43.82 | 56.18 | 17.35 | 14.40 | 11.92 | 7.98 | 4.54 |

续表3-29

| 年份 | 项目 | 非沙漠化 | 沙漠化 | 轻度沙漠化 | 中度沙漠化 | 重度沙漠化 | 严重沙漠化 | 原生沙漠、戈壁 |
|---|---|---|---|---|---|---|---|---|
| 2020 | 面积/$km^2$ | 115 968 | 142 272 | 39 488 | 39 040 | 31 040 | 23 552 | 9 152 |
| | 比例/% | 44.91 | 55.09 | 15.29 | 15.12 | 12.02 | 9.12 | 3.54 |
| 2025 | 面积/$km^2$ | 113 024 | 145 216 | 37 312 | 47 680 | 27 968 | 23 232 | 9 024 |
| | 比例/% | 43.77 | 56.23 | 14.45 | 18.46 | 10.83 | 9.00 | 3.49 |
| 2030 | 面积/$km^2$ | 110 592 | 147 648 | 40 128 | 46 216 | 24 680 | 26 752 | 9 872 |
| | 比例/% | 42.83 | 57.17 | 15.54 | 17.90 | 9.56 | 10.36 | 3.82 |

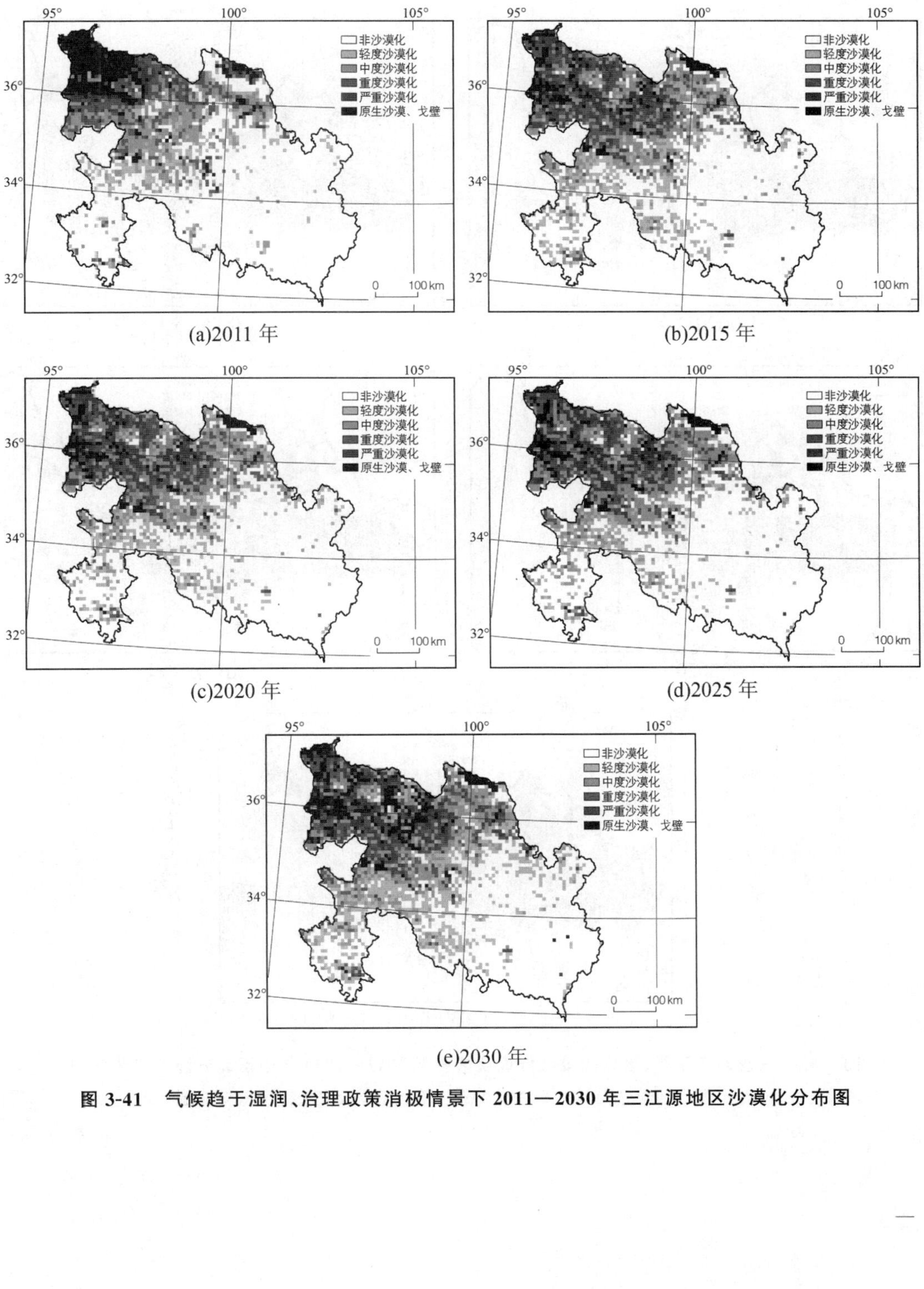


(a)2011 年　(b)2015 年

(c)2020 年　(d)2025 年

(e)2030 年

**图 3-41　气候趋于湿润、治理政策消极情景下 2011—2030 年三江源地区沙漠化分布图**

### 3.3.7 情景7:气候趋于干旱、治理政策维持现状

1. 北方沙区

在气候趋于干旱、未来沙漠化治理政策基本维持现状的前提下,中国北方大部分地区沙漠化程度相对恶化。与基准情景相比,此情景下的非沙漠化面积整体上减少,这种态势主要体现在沙区东部和南部地区中度、重度沙漠化区域明显增加(图3-42)。从时间变化上来看,中国北方的非沙漠化面积逐渐增大,干旱的气候环境使得整体上出现沙漠化发展趋势,非沙漠化面积占比减少近5%,沙漠化面积从2011年的231万$km^2$左右增加至2030年的245万$km^2$左右。其中,轻度沙漠化区域面积占比增加2%左右(表3-30)。

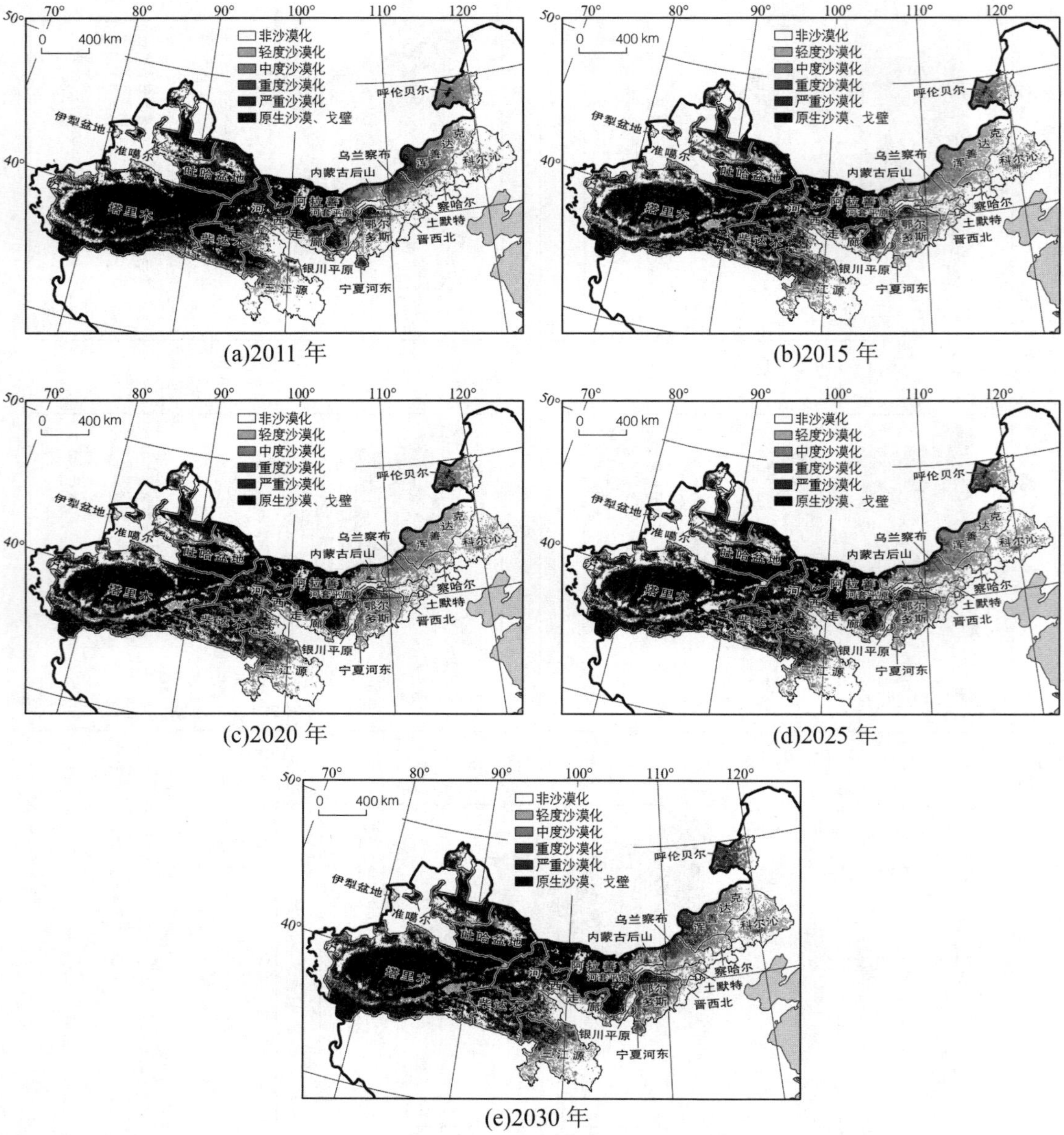


**图3-42 气候趋于干旱、治理政策维持现状情景下2011—2030年中国北方沙漠化分布图**

**表 3-30　气候趋于干旱、治理政策维持现状情景下 2011—2030 年中国北方不同沙漠化等级面积及比例**

| 年份 | 项目 | 非沙漠化 | 沙漠化 | 轻度沙漠化 | 中度沙漠化 | 重度沙漠化 | 严重沙漠化 | 原生沙漠、戈壁 |
|---|---|---|---|---|---|---|---|---|
| 2011 | 面积/$km^2$ | 675 766 | 2 312 074 | 263 114 | 330 082 | 299 820 | 341 089 | 1 077 969 |
| | 比例/% | 22.62 | 77.38 | 8.81 | 11.05 | 10.03 | 11.42 | 36.08 |
| 2015 | 面积/$km^2$ | 615 184 | 2 372 656 | 340 704 | 367 808 | 270 016 | 266 544 | 1 127 584 |
| | 比例/% | 20.59 | 79.41 | 11.40 | 12.31 | 9.04 | 8.92 | 37.74 |
| 2020 | 面积/$km^2$ | 593 344 | 2 394 496 | 379 120 | 361 536 | 279 360 | 252 928 | 1 121 552 |
| | 比例/% | 19.86 | 80.14 | 12.69 | 12.10 | 9.35 | 8.47 | 37.54 |
| 2025 | 面积/$km^2$ | 582 208 | 2 405 632 | 340 624 | 358 672 | 302 560 | 282 736 | 1 121 040 |
| | 比例/% | 19.49 | 80.51 | 11.40 | 12.00 | 10.13 | 9.46 | 37.52 |
| 2030 | 面积/$km^2$ | 534 144 | 2 453 696 | 324 032 | 340 704 | 340 992 | 330 496 | 1 117 472 |
| | 比例/% | 17.88 | 82.12 | 10.85 | 11.40 | 11.41 | 11.06 | 37.40 |

2. 内蒙古长城沿线

在气候趋于干旱、未来沙漠化治理政策基本不变的情景下，内蒙古长城沿线的沙漠化程度呈现上趋于恶化。与基准情景相比，中东部的非沙漠化地区相对缩小，而浑善达克沙地和鄂尔多斯高原的沙漠化严重程度增加(图 3-43)。从时间上来看，干旱的气候环境使得非沙漠化区域面积占比不断减少，到 2030 年整体减少 10%以上；轻度沙漠化、中度沙漠化面积占比变化不大，重度、严重沙漠化区域面积占比在未来 20 年内均增加近 5%，在鄂尔多斯高原、乌兰察布草原和浑善达克沙地的大部分地区均有体现(表 3-31)。

**表 3-31　气候趋于干旱、治理政策维持现状情景下 2011—2030 年内蒙古长城沿线不同沙漠化等级面积及比例**

| 年份 | 项目 | 非沙漠化 | 沙漠化 | 轻度沙漠化 | 中度沙漠化 | 重度沙漠化 | 严重沙漠化 | 原生沙漠、戈壁 |
|---|---|---|---|---|---|---|---|---|
| 2011 | 面积/$km^2$ | 309 504 | 405 184 | 164 224 | 162 112 | 56 896 | 16 448 | 5 504 |
| | 比例/% | 43.31 | 56.69 | 22.98 | 22.68 | 7.96 | 2.30 | 0.77 |
| 2015 | 面积/$km^2$ | 286 560 | 428 128 | 188 720 | 168 704 | 44 480 | 19 536 | 6 688 |
| | 比例/% | 40.10 | 59.90 | 26.41 | 23.61 | 6.22 | 2.73 | 0.94 |
| 2020 | 面积/$km^2$ | 270 848 | 443 840 | 193 408 | 171 392 | 46 208 | 26 688 | 6 144 |
| | 比例/% | 37.90 | 62.10 | 27.06 | 23.98 | 6.47 | 3.73 | 0.86 |
| 2025 | 面积/$km^2$ | 255 808 | 458 880 | 186 904 | 173 824 | 63 104 | 30 056 | 4 992 |
| | 比例/% | 35.79 | 64.21 | 26.15 | 24.32 | 8.83 | 4.21 | 0.70 |
| 2030 | 面积/$km^2$ | 234 048 | 480 640 | 172 488 | 166 720 | 92 032 | 44 272 | 5 128 |
| | 比例/% | 32.75 | 67.25 | 24.13 | 23.33 | 12.88 | 6.19 | 0.72 |

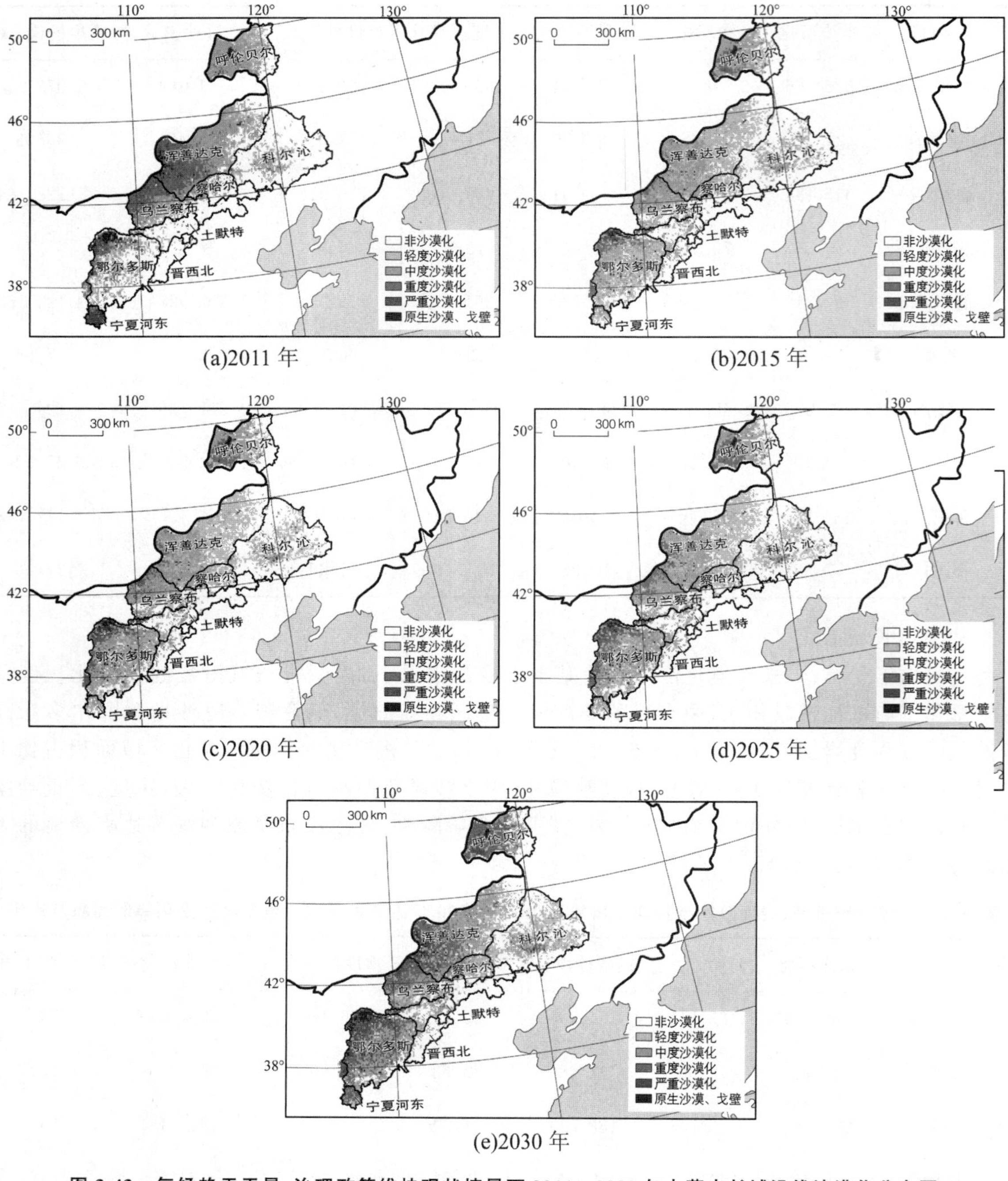


**图 3-43 气候趋于干旱、治理政策维持现状情景下2011—2030年内蒙古长城沿线沙漠化分布图**

3. 西北干旱荒漠区

在气候趋于干旱、未来沙漠化治理政策基本不变的情景下，西北干旱荒漠区的沙漠化程度呈现上趋于恶化。与基准情景相比，河套平原、银川平原和河西走廊的非沙漠化区域明显缩小，重度沙漠化、严重沙漠化区域有所扩展(图3-44)。从时间上来看，干旱的气候环境使得非沙漠化区域面积占比不断减少，到2030年整体减少2%左右；轻度沙漠化、中度沙漠化面积变化不大，原生沙漠、戈壁区域面积占比在未来20年内增加2%左右，在塔里木盆地、吐哈盆地和阿拉善高原的大部分地区均有体现(表3-32)。

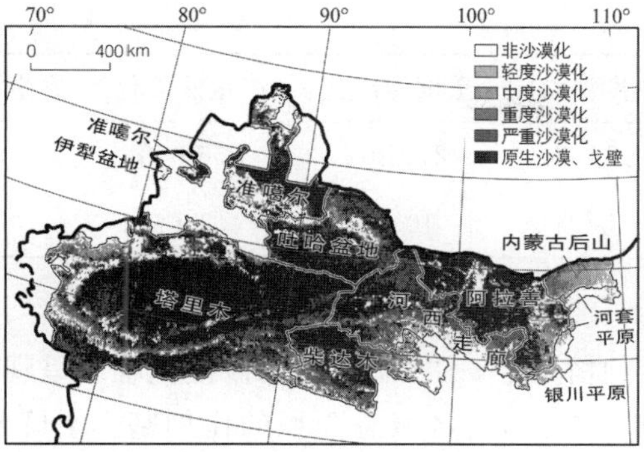


(a)2011 年

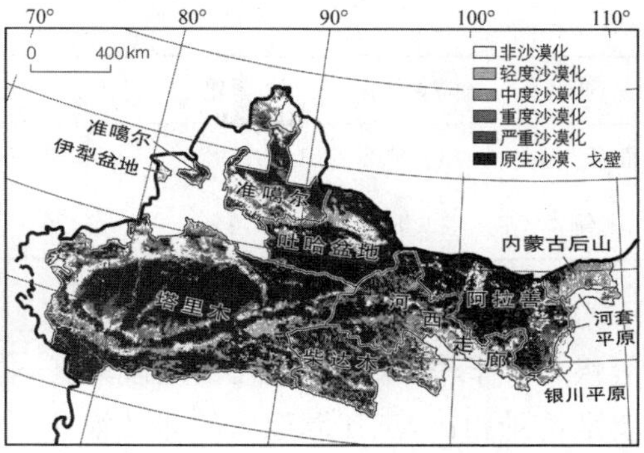


(b)2015 年

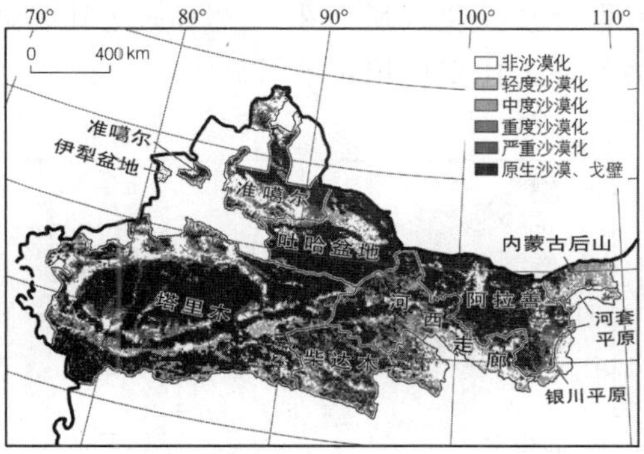


(c)2020 年

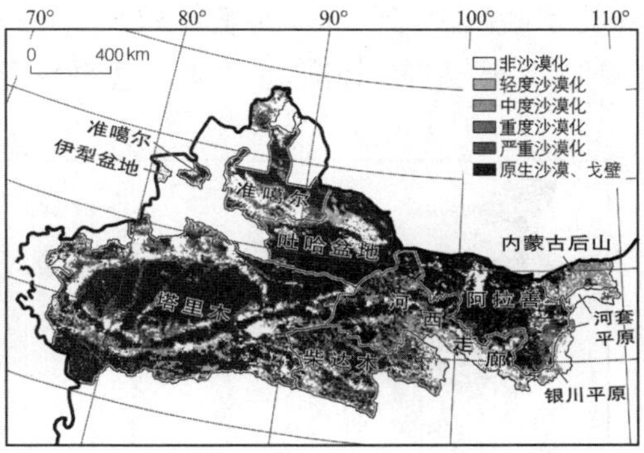


(d)2025 年

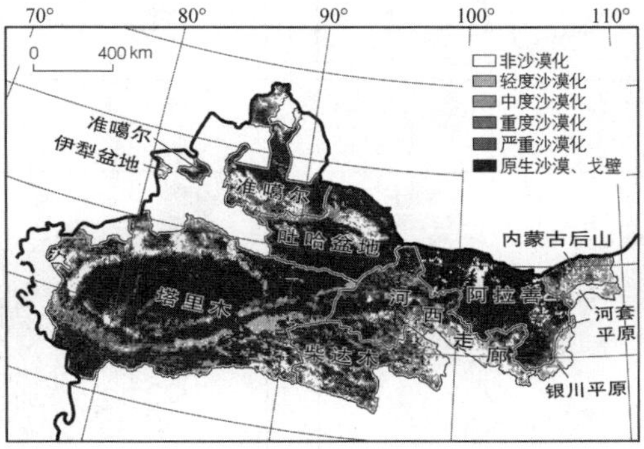


(e)2030 年

**图 3-44　气候趋于干旱、治理政策维持现状情景下 2011—2030 年西北干旱荒漠区沙漠化分布图**

**表 3-32　气候趋于干旱、治理政策维持现状情景下 2011—2030 年西北干旱荒漠区不同沙漠化等级面积及比例**

| 年份 | 项目 | 非沙漠化 | 沙漠化 | 轻度沙漠化 | 中度沙漠化 | 重度沙漠化 | 严重沙漠化 | 原生沙漠、戈壁 |
|---|---|---|---|---|---|---|---|---|
| 2011 | 面积/km$^2$ | 259 510 | 1 755 402 | 53 770 | 139 042 | 204 012 | 296 929 | 1 061 649 |
| | 比例/% | 12.88 | 87.12 | 2.67 | 6.90 | 10.13 | 14.74 | 52.69 |
| 2015 | 面积/km$^2$ | 231 344 | 1 783 568 | 108 016 | 165 952 | 185 728 | 215 184 | 1 108 688 |
| | 比例/% | 11.48 | 88.52 | 5.36 | 8.24 | 9.22 | 10.68 | 55.02 |
| 2020 | 面积/km$^2$ | 229 632 | 1 785 280 | 142 704 | 149 568 | 195 392 | 194 176 | 1 103 440 |
| | 比例/% | 11.40 | 88.60 | 7.08 | 7.42 | 9.70 | 9.64 | 54.76 |
| 2025 | 面积/km$^2$ | 238 408 | 1 776 504 | 109 240 | 145 232 | 200 288 | 218 440 | 1 103 304 |
| | 比例/% | 11.83 | 88.17 | 5.42 | 7.21 | 9.94 | 10.84 | 54.76 |

续表3-32

| 年份 | 项目 | 非沙漠化 | 沙漠化 | 轻度沙漠化 | 中度沙漠化 | 重度沙漠化 | 严重沙漠化 | 原生沙漠、戈壁 |
|---|---|---|---|---|---|---|---|---|
| 2030 | 面积/km$^2$ | 217 992 | 1 796 920 | 105 976 | 125 792 | 210 304 | 255 088 | 1 099 760 |
| | 比例/% | 10.82 | 89.18 | 5.26 | 6.24 | 10.44 | 12.66 | 54.58 |

4. 三江源地区

在气候趋于干旱、未来沙漠化治理政策基本不变的情景下，三江源地区的沙漠化程度呈现上趋于恶化。与基准情景相比，三江源地区的非沙漠化区域明显缩小，占区域总面积的比例基本上降到40%以下，重度沙漠化、严重沙漠化区域有所扩展(图3-45)。从时间上来看，干旱的气候环境使得非沙漠化区域面积占比不断减少，到2030年整体减少10%左右；中度沙漠化区域面积占比增加尤其明显，在未来20年内增加7.5%左右，轻度、重度和严重沙漠化区域面积占比变化相对不明显(表3-33)。

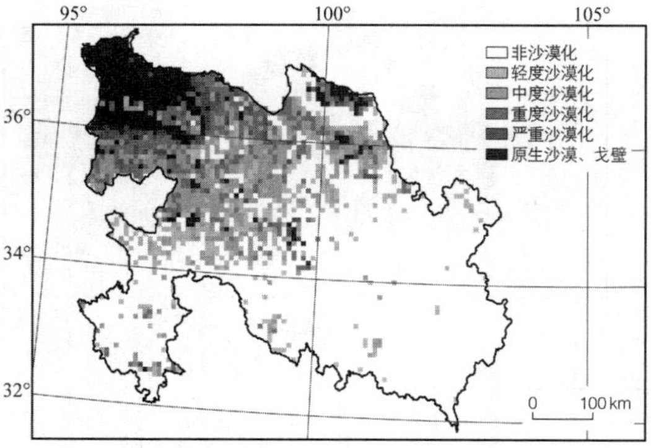


(a)2011年

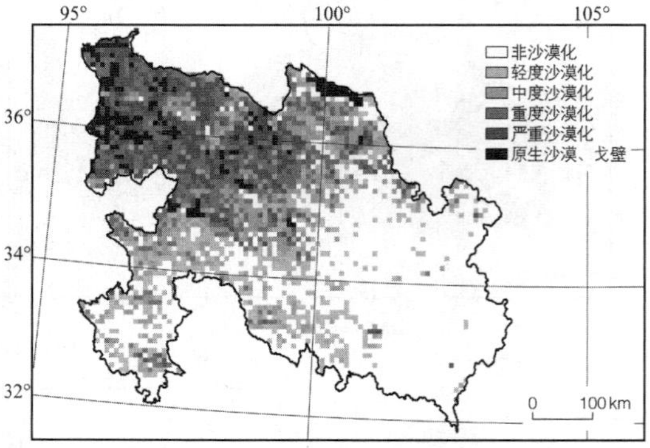


(b)2015年

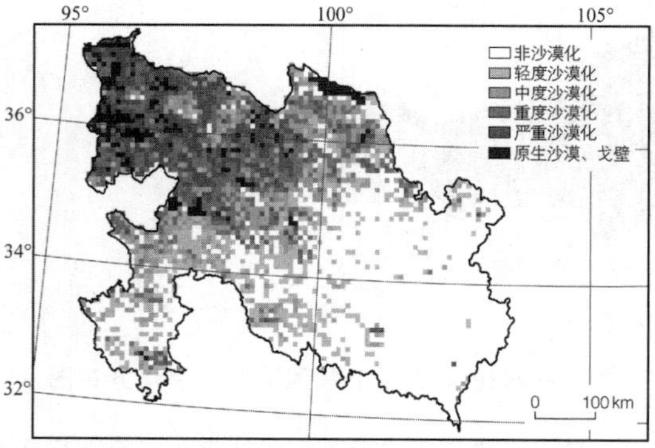


(c)2020年

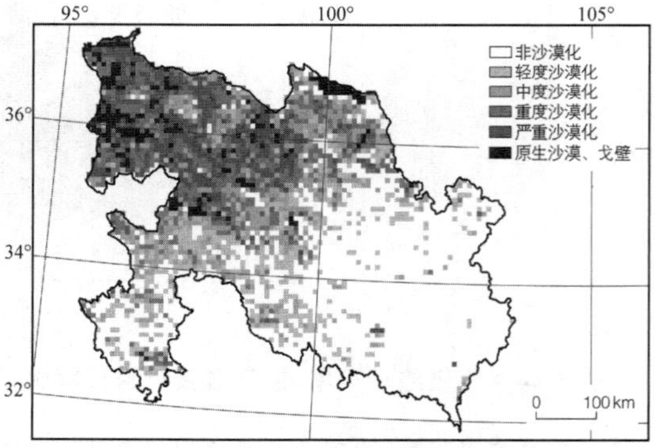


(d)2025年

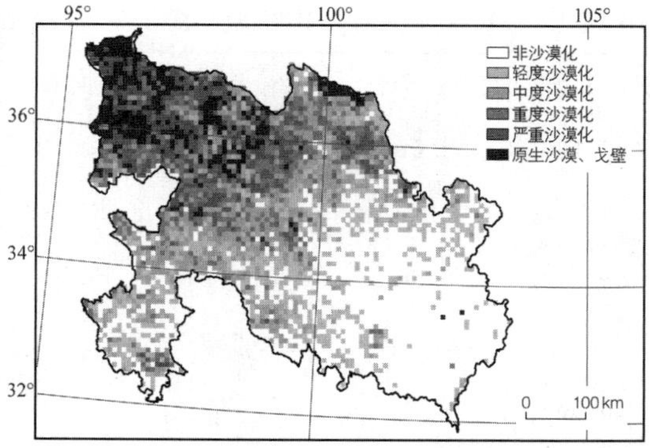


(e)2030年

**图3-45 气候趋于干旱、治理政策维持现状情景下2011—2030年三江源地区沙漠化分布图**

表 3-33 气候趋于干旱、治理政策维持现状情景下 2011—2030 年三江源地区不同沙漠化等级面积及比例

| 年份 | 项目 | 非沙漠化 | 沙漠化 | 轻度沙漠化 | 中度沙漠化 | 重度沙漠化 | 严重沙漠化 | 原生沙漠、戈壁 |
|---|---|---|---|---|---|---|---|---|
| 2011 | 面积/km$^2$ | 106 752 | 151 488 | 45 120 | 28 928 | 38 912 | 27 712 | 10 816 |
| | 比例/% | 41.34 | 58.66 | 17.47 | 11.20 | 15.07 | 10.73 | 4.19 |
| 2015 | 面积/km$^2$ | 97 280 | 160 960 | 43 968 | 33 152 | 39 808 | 31 824 | 12 208 |
| | 比例/% | 37.67 | 62.33 | 17.03 | 12.84 | 15.42 | 12.32 | 4.73 |
| 2020 | 面积/km$^2$ | 92 864 | 165 376 | 43 008 | 40 576 | 37 760 | 32 064 | 11 968 |
| | 比例/% | 35.96 | 64.04 | 16.65 | 15.71 | 14.62 | 12.42 | 4.63 |
| 2025 | 面积/km$^2$ | 87 992 | 170 248 | 44 480 | 39 616 | 39 168 | 34 240 | 12 744 |
| | 比例/% | 34.07 | 65.93 | 17.22 | 15.34 | 15.17 | 13.26 | 4.93 |
| 2030 | 面积/km$^2$ | 82 104 | 176 136 | 45 568 | 48 192 | 38 656 | 31 136 | 12 584 |
| | 比例/% | 31.79 | 68.21 | 17.65 | 18.66 | 14.97 | 12.06 | 4.87 |

### 3.3.8 情景 8:气候趋于干旱、治理政策积极

1. 北方沙区

在气候趋于干旱、未来沙漠化治理政策相对积极的前提下，中国北方部分地区如西北干旱区等，沙漠化程度相对好转，但中东部大部分地区沙漠化依然形势严峻。与基准情景相比，此情景下的非沙漠化面积整体上减少，这种态势主要体现在沙区东部和南部地区中度、重度沙漠化区域明显增加(图 3-46)。从时间变化上来看，中国北方的非沙漠化面积逐渐增大，干旱的气候环境使得整体上出现沙漠化发展趋势，非沙漠化区域面积占比减少近 2%，沙漠化面积从 2011 年的 231 万 km$^2$ 左右增加至 2030 年的 237 万 km$^2$ 左右。其中，轻度沙漠化区域面积占比增加 3%以上(表 3-34)。

表 3-34 气候趋于干旱、治理政策积极情景下 2011—2030 年中国北方不同沙漠化等级面积及比例

| 年份 | 项目 | 非沙漠化 | 沙漠化 | 轻度沙漠化 | 中度沙漠化 | 重度沙漠化 | 严重沙漠化 | 原生沙漠、戈壁 |
|---|---|---|---|---|---|---|---|---|
| 2011 | 面积/km$^2$ | 673 258 | 2 314 582 | 269 013 | 331 542 | 295 477 | 320 104 | 1 098 446 |
| | 比例/% | 22.53 | 77.47 | 9.00 | 11.10 | 9.89 | 10.71 | 36.76 |
| 2015 | 面积/km$^2$ | 645 376 | 2 342 464 | 390 592 | 356 672 | 255 360 | 225 024 | 1 114 816 |
| | 比例/% | 21.60 | 78.40 | 13.07 | 11.94 | 8.55 | 7.53 | 37.31 |
| 2020 | 面积/km$^2$ | 724 032 | 2 263 808 | 344 576 | 329 024 | 244 224 | 221 632 | 1 124 352 |
| | 比例/% | 24.23 | 75.77 | 11.53 | 11.01 | 8.17 | 7.42 | 37.63 |
| 2025 | 面积/km$^2$ | 671 808 | 2 316 032 | 359 808 | 363 200 | 260 128 | 216 832 | 1 116 064 |
| | 比例/% | 22.48 | 77.52 | 12.04 | 12.16 | 8.71 | 7.26 | 37.35 |
| 2030 | 面积/km$^2$ | 617 408 | 2 370 432 | 365 536 | 348 352 | 293 376 | 251 904 | 1 111 264 |
| | 比例/% | 20.66 | 79.34 | 12.23 | 11.66 | 9.82 | 8.43 | 37.19 |

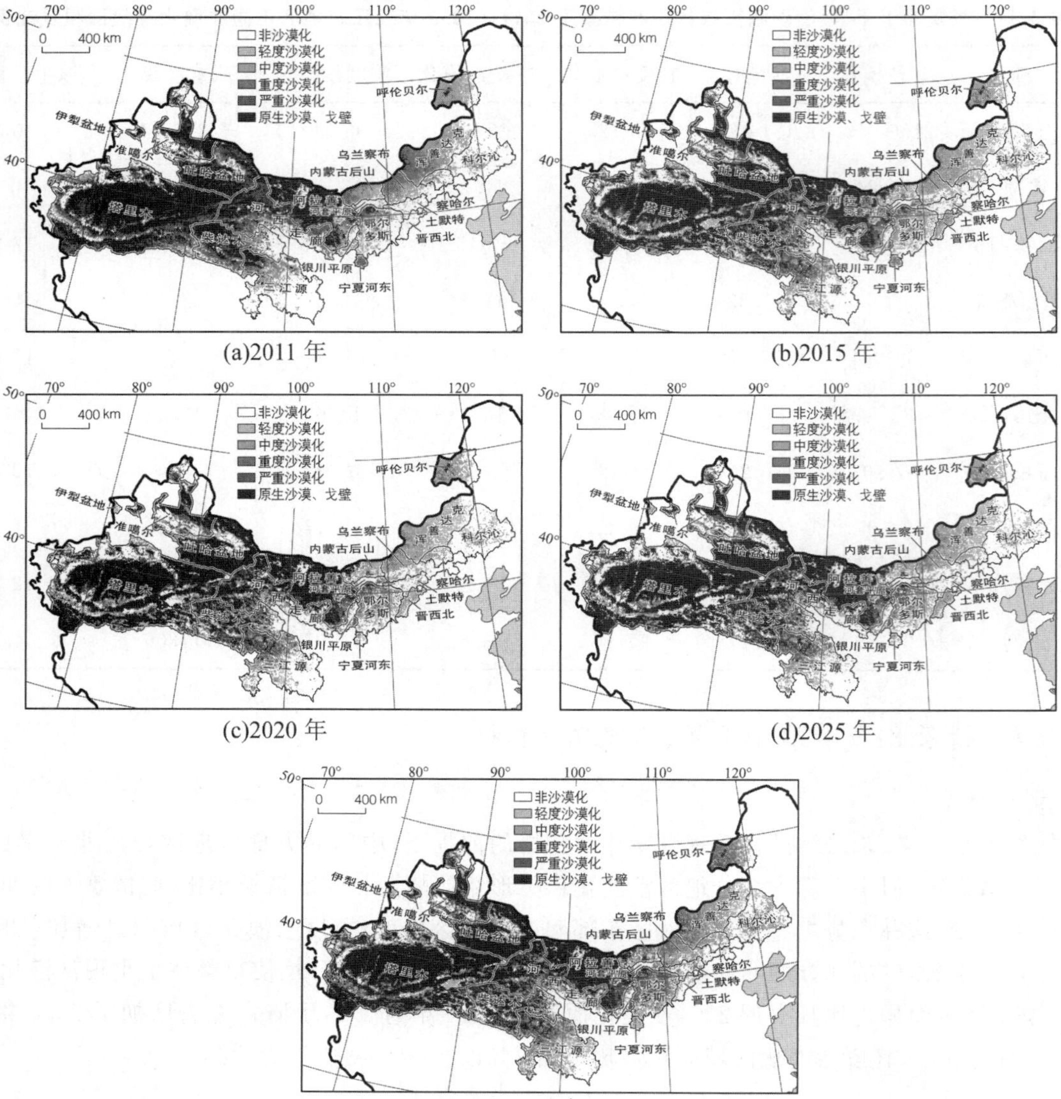


(a)2011 年 (b)2015 年 (c)2020 年 (d)2025 年 (e)2030 年

**图 3-46 气候趋于干旱、治理政策积极情景下 2011—2030 年中国北方沙漠化分布图**

2. 内蒙古长城沿线

在气候趋于干旱、未来沙漠化治理政策相对积极的情景下，内蒙古长城沿线的沙漠化程度整体上依然趋于恶化。与基准情景相比，中东部的非沙漠化地区相对缩小，浑善达克沙地和鄂尔多斯高原的沙漠化严重程度增大(图 3-47)。从时间上来看，相当于沙漠化治理政策来说，干旱的气候环境对本区域沙漠化影响程度更大，使得非沙漠化区域面积占比不断减少，到 2030 年整体减少 6%以上；轻度沙漠化区域面积占比在未来 20 年内均增加 6%以上，中度、重度沙漠化区域面积变化不大(表 3-35)。

**表 3-35 气候趋于干旱、治理政策积极情景下 2011—2030 年内蒙古长城沿线不同沙漠化等级面积及比例**

| 年份 | 项目 | 非沙漠化 | 沙漠化 | 轻度沙漠化 | 中度沙漠化 | 重度沙漠化 | 严重沙漠化 | 原生沙漠、戈壁 |
|---|---|---|---|---|---|---|---|---|
| 2011 | 面积/$km^2$ | 317 312 | 397 376 | 108 160 | 166 272 | 93 168 | 24 320 | 5 456 |
| | 比例/% | 44.40 | 55.60 | 15.13 | 23.26 | 13.04 | 3.40 | 0.76 |
| 2015 | 面积/$km^2$ | 319 808 | 394 880 | 154 880 | 168 752 | 56 128 | 10 688 | 4 432 |
| | 比例/% | 44.75 | 55.25 | 21.67 | 23.61 | 7.85 | 1.50 | 0.62 |

续表3-35

| 年份 | 项目 | 非沙漠化 | 沙漠化 | 轻度沙漠化 | 中度沙漠化 | 重度沙漠化 | 严重沙漠化 | 原生沙漠、戈壁 |
|---|---|---|---|---|---|---|---|---|
| 2020 | 面积/$km^2$ | 301 824 | 412 864 | 171 392 | 163 328 | 55 744 | 17 600 | 4 800 |
| | 比例/% | 42.23 | 57.77 | 23.98 | 22.85 | 7.80 | 2.46 | 0.67 |
| 2025 | 面积/$km^2$ | 287 616 | 427 072 | 159 104 | 164 288 | 65 920 | 26 624 | 11 136 |
| | 比例/% | 40.24 | 59.76 | 22.26 | 22.99 | 9.22 | 3.73 | 1.56 |
| 2030 | 面积/$km^2$ | 271 360 | 443 328 | 152 448 | 151 488 | 86 592 | 41 664 | 11 136 |
| | 比例/% | 37.97 | 62.03 | 21.33 | 21.20 | 12.12 | 5.83 | 1.56 |

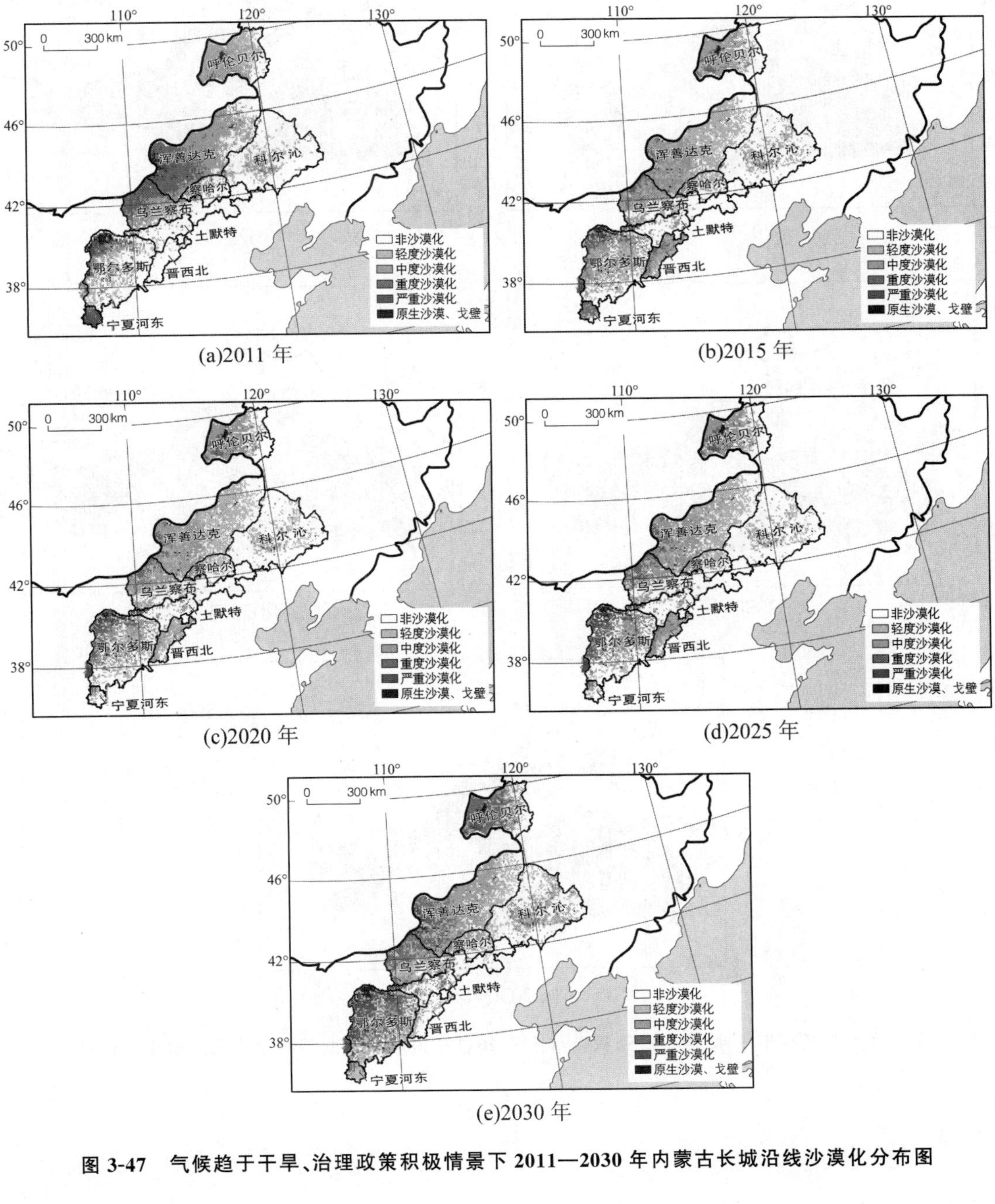


(a)2011 年 (b)2015 年 (c)2020 年 (d)2025 年 (e)2030 年

**图 3-47 气候趋于干旱、治理政策积极情景下 2011—2030 年内蒙古长城沿线沙漠化分布图**

3. 西北干旱荒漠区

在气候趋于干旱、未来沙漠化治理政策相对积极的情景下，西北干旱荒漠区的沙漠化程度整体上变化不明显。与基准情景相比，非沙漠化区域面积变化不大，大部分沙区仍然是以严重沙漠化和原生沙漠、戈壁为主（图3-48）。从时间上来看，相对于干旱的气候环境，积极的沙漠化治理政策对本区域沙漠化影响程度更大，使得非沙漠化区域面积占比变化不明显，到2030年整体维持在12%左右；轻度沙漠化区域面积占比在未来20年内增加近3%，中度沙漠化和重度沙漠化区域面积占比分别增加1.4%和0.2%左右，但严重沙漠化区域面积占比减少3%以上（表3-36）。

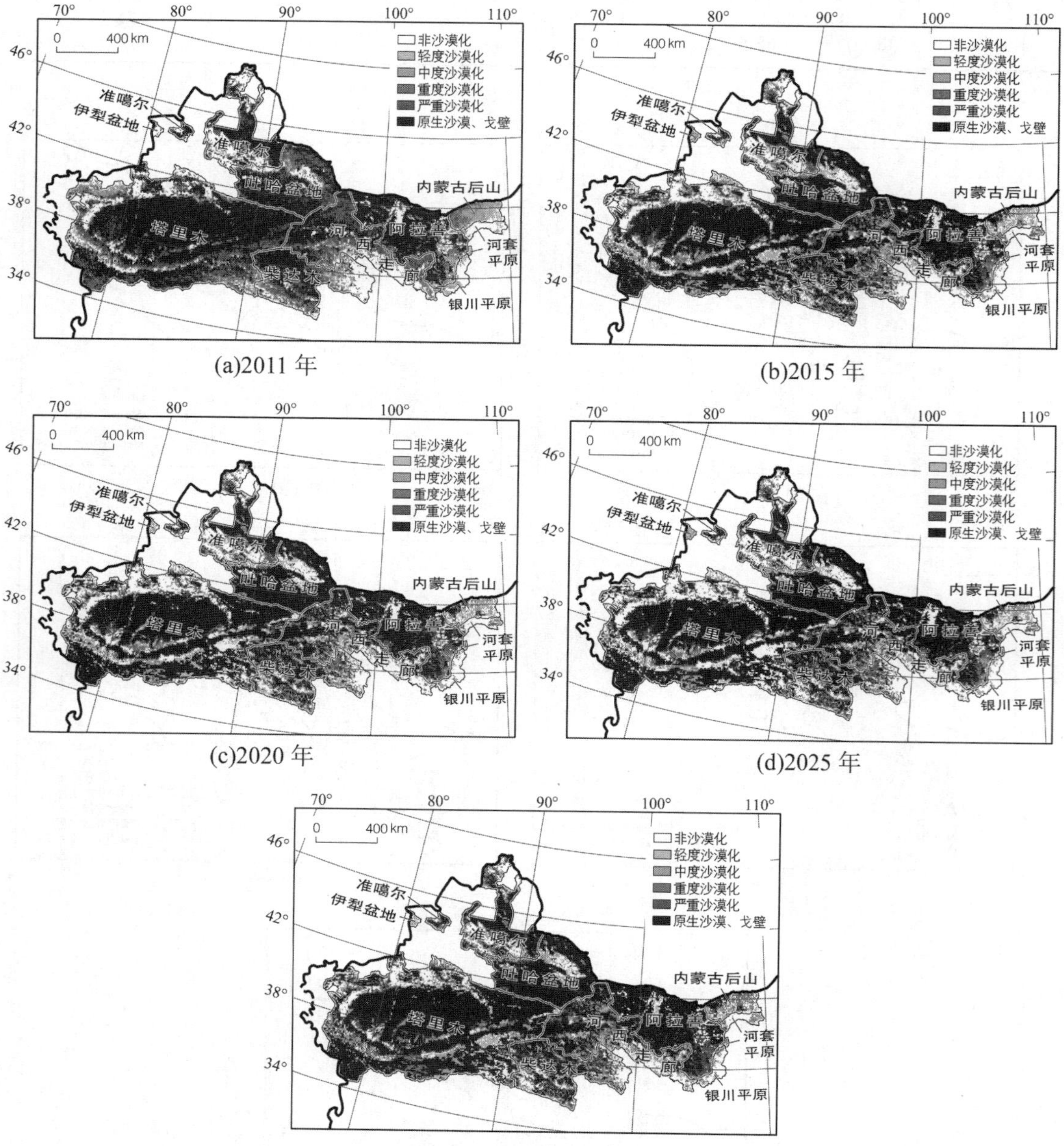


(a)2011年 (b)2015年 (c)2020年 (d)2025年 (e)2030年

**图3-48 气候趋于干旱、治理政策积极情景下2011—2030年西北干旱荒漠区沙漠化分布图**

**表 3-36　气候趋于干旱、治理政策积极情景下 2011—2030 年西北干旱荒漠区不同沙漠化等级面积及比例**

| 年份 | 项目 | 非沙漠化 | 沙漠化 | 轻度沙漠化 | 中度沙漠化 | 重度沙漠化 | 严重沙漠化 | 原生沙漠、戈壁 |
|---|---|---|---|---|---|---|---|---|
| 2011 | 面积/$km^2$ | 244 714 | 1 770 198 | 118 293 | 134 166 | 166 725 | 266 216 | 1 084 798 |
| | 比例/% | 12.15 | 87.85 | 5.87 | 6.66 | 8.27 | 13.21 | 53.84 |
| 2015 | 面积/$km^2$ | 213 568 | 1 801 344 | 197 056 | 157 136 | 163 072 | 185 408 | 1 098 672 |
| | 比例/% | 10.60 | 89.40 | 9.78 | 7.80 | 8.09 | 9.20 | 54.53 |
| 2020 | 面积/$km^2$ | 311 680 | 1 703 232 | 133 376 | 135 232 | 153 984 | 173 696 | 1 106 944 |
| | 比例/% | 15.47 | 84.53 | 6.62 | 6.71 | 7.64 | 8.62 | 54.94 |
| 2025 | 面积/$km^2$ | 277 120 | 1 737 792 | 157 952 | 165 568 | 160 352 | 160 448 | 1 093 472 |
| | 比例/% | 13.75 | 86.25 | 7.84 | 8.22 | 7.96 | 7.96 | 54.27 |
| 2030 | 面积/$km^2$ | 240 704 | 1 774 208 | 173 024 | 161 408 | 170 624 | 185 280 | 1 083 872 |
| | 比例/% | 11.95 | 88.05 | 8.59 | 8.01 | 8.47 | 9.20 | 53.79 |

4. 三江源地区

在气候趋于干旱、未来沙漠化治理政策相对积极的情景下，三江源地区的沙漠化程度整体上变化不明显。与基准情景相比，非沙漠化区域面积变化不大，仍然维持在 40%以上，但严重沙漠化区域有明显扩展(图 3-49)。从时间上来看，在干旱的气候条件与积极的沙漠化治理政策共同影响下，非沙漠化区域面积占比在 2020 年增加至近 43%，但 2030 年又降低近 3%；除轻度沙漠化、严重沙漠化区域面积占比在未来 20 年内有所减少之外，中度沙漠化、重度沙漠化区域面积占比都有所增加(表 3-37)。

**表 3-37　气候趋于干旱、治理政策积极情景下 2011—2030 年三江源地区不同沙漠化等级面积及比例**

| 年份 | 项目 | 非沙漠化 | 沙漠化 | 轻度沙漠化 | 中度沙漠化 | 重度沙漠化 | 严重沙漠化 | 原生沙漠、戈壁 |
|---|---|---|---|---|---|---|---|---|
| 2011 | 面积/$km^2$ | 111 232 | 147 008 | 42 560 | 31 104 | 35 584 | 29 568 | 8 192 |
| | 比例/% | 43.07 | 56.93 | 16.48 | 12.04 | 13.78 | 11.45 | 3.17 |
| 2015 | 面积/$km^2$ | 112 000 | 146 240 | 38 656 | 30 784 | 36 160 | 28 928 | 11 712 |
| | 比例/% | 43.37 | 56.63 | 14.97 | 11.92 | 14.00 | 11.20 | 4.54 |
| 2020 | 面积/$km^2$ | 110 528 | 147 712 | 39 808 | 30 464 | 34 496 | 30 336 | 12 608 |
| | 比例/% | 42.80 | 57.20 | 15.42 | 11.80 | 13.36 | 11.75 | 4.88 |
| 2025 | 面积/$km^2$ | 107 072 | 151 168 | 42 752 | 33 344 | 33 856 | 29 760 | 11 456 |
| | 比例/% | 41.46 | 58.54 | 16.56 | 12.91 | 13.11 | 11.52 | 4.44 |
| 2030 | 面积/$km^2$ | 105 344 | 152 896 | 40 064 | 35 456 | 36 160 | 24 960 | 16 256 |
| | 比例/% | 40.79 | 59.21 | 15.51 | 13.73 | 14.00 | 9.67 | 6.29 |

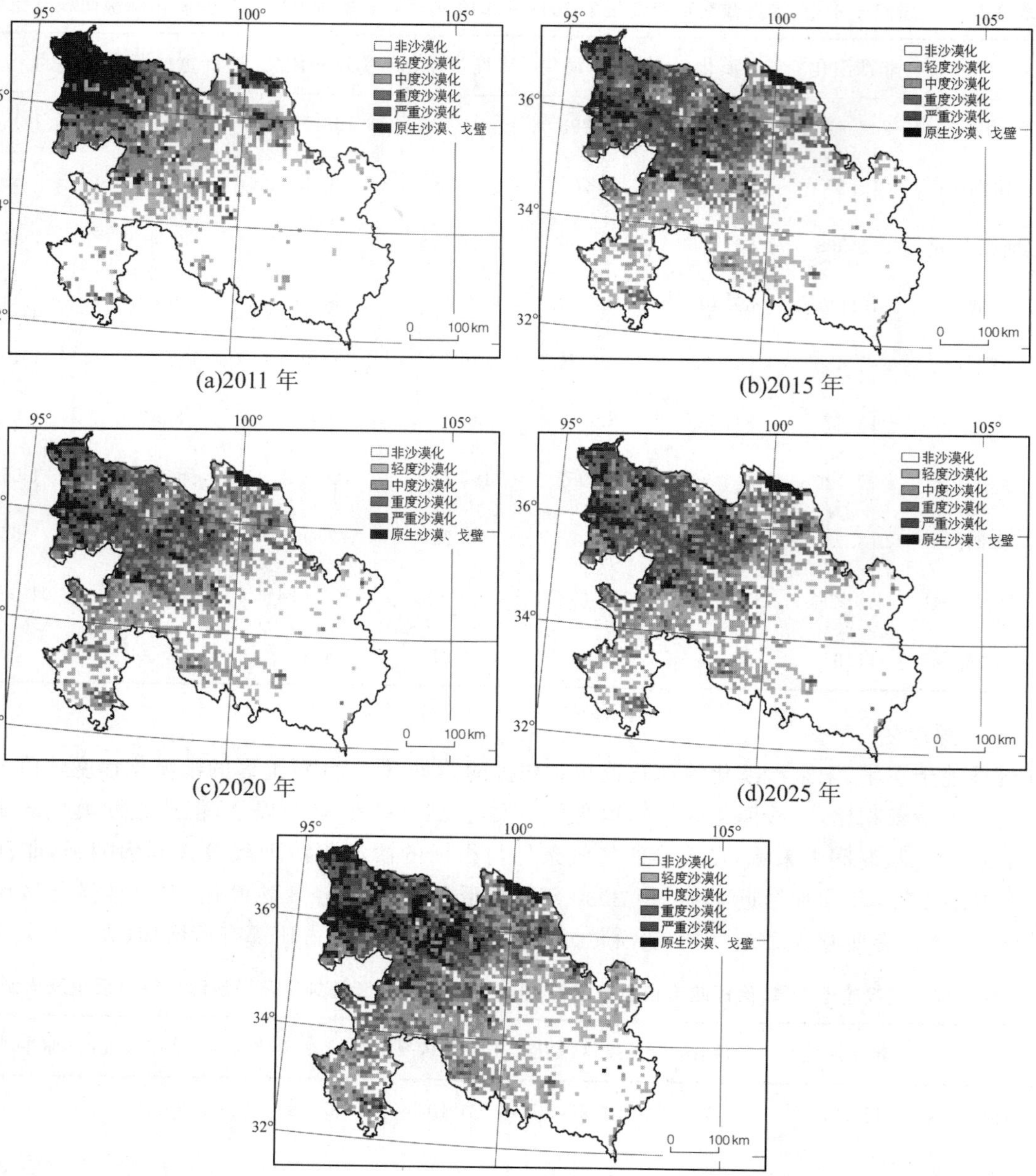


(a)2011 年 (b)2015 年 (c)2020 年 (d)2025 年 (e)2030 年

**图 3-49 气候趋于干旱、治理政策积极情景下 2011—2030 年三江源地区沙漠化分布图**

### 3.3.9 情景 9：气候趋于干旱、治理政策消极

1. 北方沙区

在气候趋于干旱、未来沙漠化治理政策相对消极的前提下，中国北方沙漠化恶化程度最为明显。与基准情景相比，此情景下的非沙漠化面积整体上大大减少，这种态势不仅体现在沙区东部和南部地区中度、重度沙漠化区域明显增加，西北地区的轻度、重度沙漠化也演变为原生沙漠（图 3-50）。从时间变化上来看，中国北方的非沙漠化面积逐渐增大，干旱的气候环境加上消极的沙漠化治理政策，使得整体上出现沙漠化发展趋势，非沙漠化区域面积占比减少 10%以上，沙漠化面积从 2011 年的 234 万 $km^2$ 左右增加至 2030 年的 261 万 $km^2$ 左右。其中，轻度沙漠化、重度沙漠化区域面积占比都增加了 2%左右，原生沙漠、戈壁区域面积占比增加 4%以上（表 3-38）。

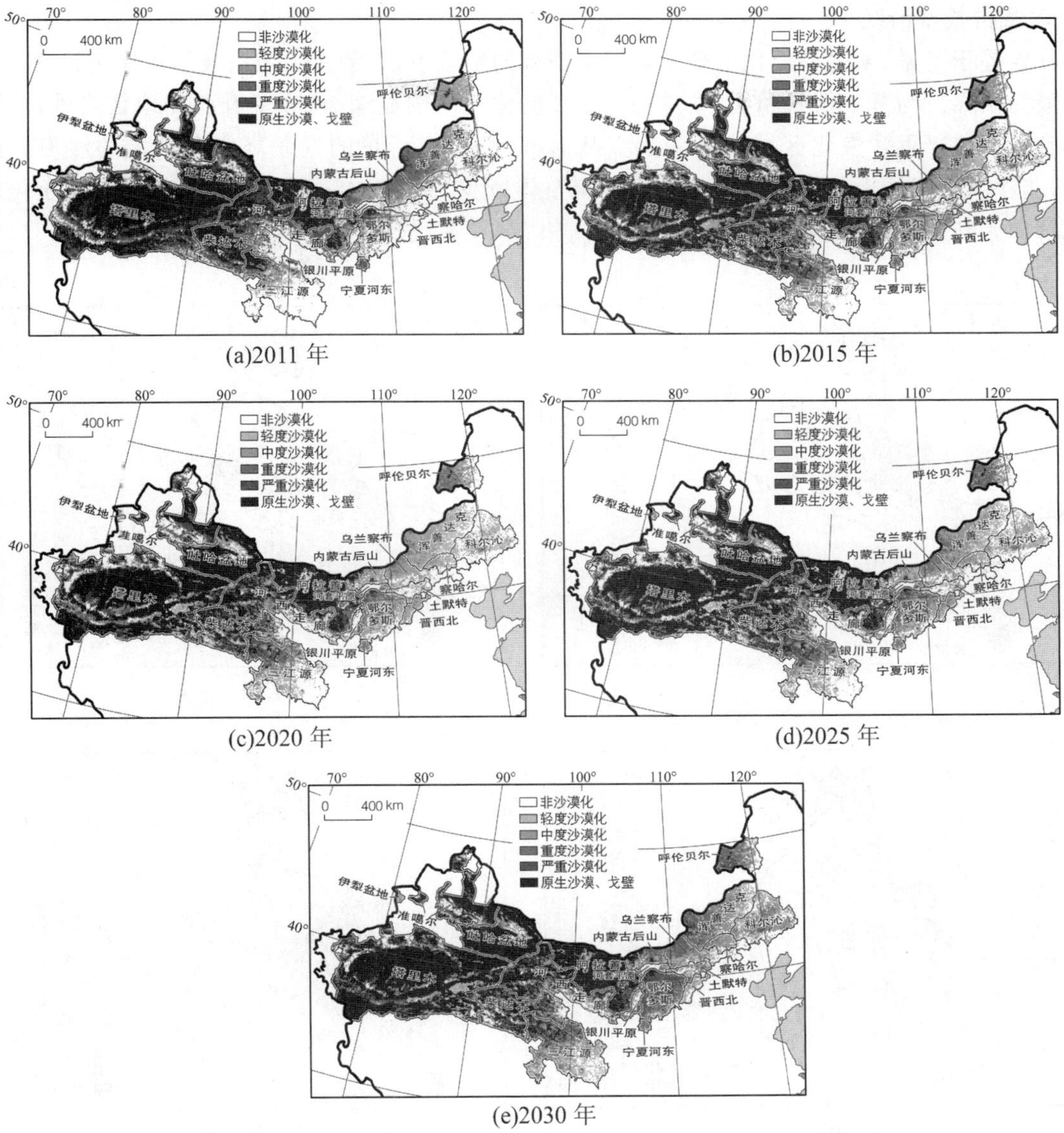


**图 3-50　气候趋于干旱、治理政策消极情景下 2011—2030 年中国北方沙漠化分布图**

**表 3-38　气候趋于干旱、治理政策消极情景下 2011—2030 年中国北方不同沙漠化等级面积及比例**

| 年份 | 项目 | 非沙漠化 | 沙漠化 | 轻度沙漠化 | 中度沙漠化 | 重度沙漠化 | 严重沙漠化 | 原生沙漠、戈壁 |
|---|---|---|---|---|---|---|---|---|
| 2011 | 面积/$km^2$ | 652 039 | 2 335 801 | 267 721 | 340 173 | 310 670 | 332 509 | 1 084 728 |
| | 比例/% | 21.82 | 78.18 | 8.96 | 11.39 | 10.40 | 11.13 | 36.30 |
| 2015 | 面积/$km^2$ | 528 448 | 2 459 392 | 399 232 | 395 392 | 294 976 | 252 624 | 1 117 168 |
| | 比例/% | 17.69 | 82.31 | 13.36 | 13.23 | 9.87 | 8.46 | 37.39 |
| 2020 | 面积/$km^2$ | 488 512 | 2 499 328 | 367 360 | 399 232 | 316 992 | 274 512 | 1 141 232 |
| | 比例/% | 16.35 | 83.65 | 12.30 | 13.36 | 10.61 | 9.19 | 38.20 |
| 2025 | 面积/$km^2$ | 429 056 | 2 558 784 | 342 848 | 390 528 | 343 424 | 297 872 | 1 184 112 |
| | 比例/% | 14.36 | 85.64 | 11.47 | 13.07 | 11.49 | 9.97 | 39.63 |
| 2030 | 面积/$km^2$ | 379 328 | 2 608 512 | 326 304 | 381 728 | 373 552 | 321 744 | 1 205 184 |
| | 比例/% | 12.70 | 87.30 | 10.92 | 12.78 | 12.50 | 10.77 | 40.34 |

2. 内蒙古长城沿线

在气候趋于干旱、未来沙漠化治理政策相对消极的情景下，内蒙古长城沿线的沙漠化程度整体上恶化趋势最为明显。与基准情景相比，中东部的非沙漠化地区明显缩小，除了晋西北地区之外，其他沙区都分布有重度或严重沙漠化区域(图 3-51)。从时间上来看，干旱的气候环境和消极的沙漠化治理政策，使得非沙漠化区域面积不断减少，到 2030 年整体减少 18%以上；重度沙漠化和严重沙漠化区域面积占比增加尤其明显，未来 20 年内分别增长 8%和 3%左右(表 3-39)。

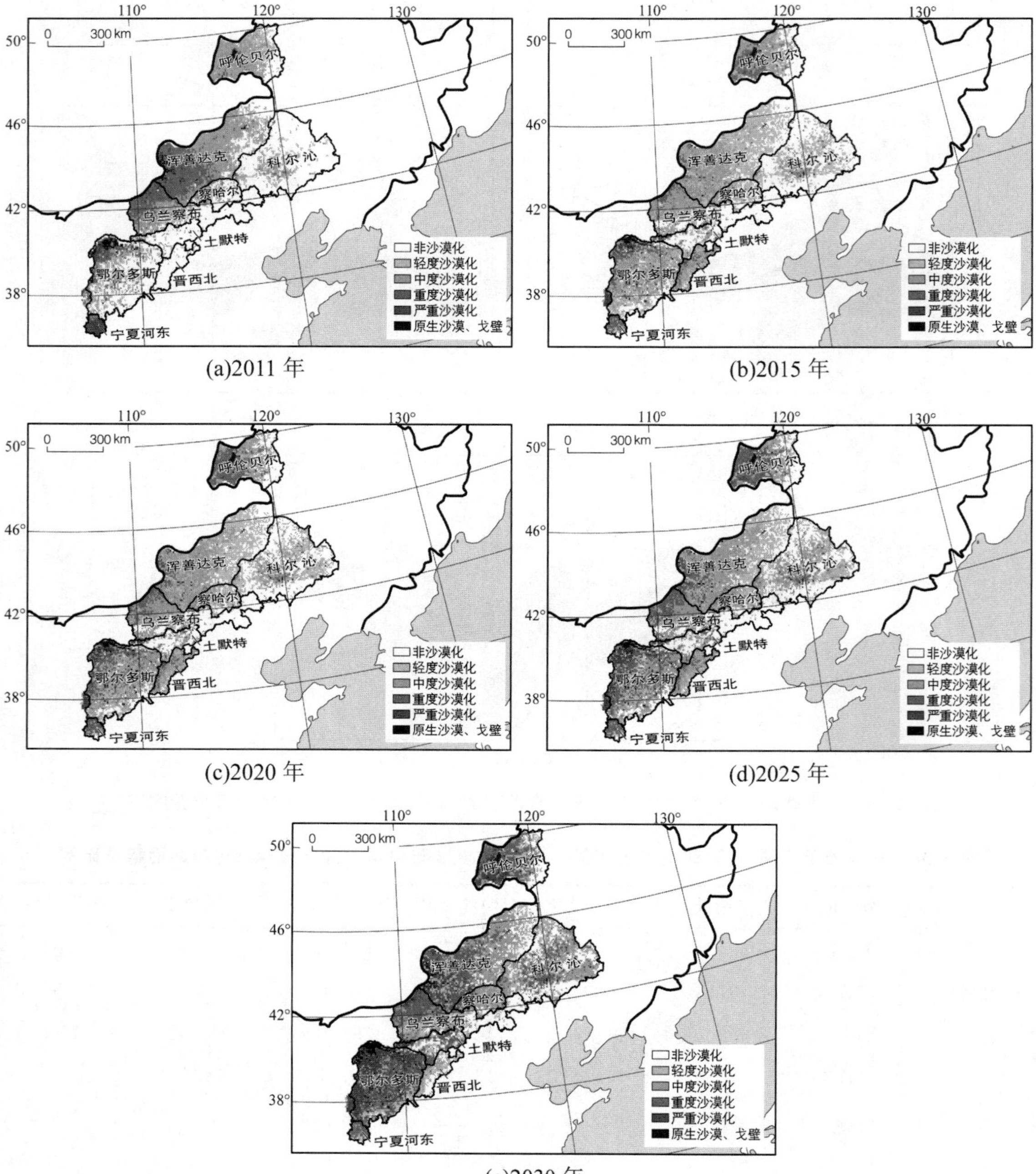


(a)2011 年　(b)2015 年　(c)2020 年　(d)2025 年　(e)2030 年

**图 3-51　气候趋于干旱、治理政策消极情景下 2011—2030 年内蒙古长城沿线沙漠化分布图**

**表 3-39　气候趋于干旱、治理政策消极情景下 2011—2030 年内蒙古长城沿线不同沙漠化等级面积及比例**

| 年份 | 项目 | 非沙漠化 | 沙漠化 | 轻度沙漠化 | 中度沙漠化 | 重度沙漠化 | 严重沙漠化 | 原生沙漠、戈壁 |
|---|---|---|---|---|---|---|---|---|
| 2011 | 面积/km$^2$ | 295 168 | 419 520 | 123 520 | 170 144 | 92 480 | 23 936 | 9 440 |
| | 比例/% | 41.30 | 58.70 | 17.28 | 23.81 | 12.94 | 3.35 | 1.32 |
| 2015 | 面积/km$^2$ | 253 376 | 461 312 | 181 104 | 193 664 | 64 576 | 12 672 | 9 296 |
| | 比例/% | 35.45 | 64.55 | 25.34 | 27.10 | 9.04 | 1.77 | 1.30 |
| 2020 | 面积/km$^2$ | 223 360 | 491 328 | 184 064 | 200 704 | 82 560 | 15 680 | 8 320 |
| | 比例/% | 31.25 | 68.75 | 25.75 | 28.08 | 11.55 | 2.19 | 1.16 |
| 2025 | 面积/km$^2$ | 195 200 | 519 488 | 162 432 | 204 848 | 115 520 | 28 192 | 8 496 |
| | 比例/% | 27.31 | 72.69 | 22.73 | 28.66 | 16.16 | 3.94 | 1.19 |
| 2030 | 面积/km$^2$ | 165 536 | 549 152 | 147 488 | 199 584 | 144 160 | 47 136 | 10 784 |
| | 比例/% | 23.16 | 76.84 | 20.64 | 27.93 | 20.17 | 6.60 | 1.51 |

3. 西北干旱荒漠区

在气候趋于干旱、未来沙漠化治理政策相对消极的情景下，西北干旱荒漠区的沙漠化程度整体上恶化趋势尤其明显。与基准情景相比，各个沙区的非沙漠化区域都有不同程度的缩减，除内蒙古后山、河套平原和银川平原之外，其他沙区基本上都为严重沙漠化或原生沙漠、戈壁（图 3-52）。从时间上来看，干旱的气候环境和消极的沙漠化治理政策，使得非沙漠化区域面积占比不断减少，到 2030 年整体减少 5%以上；中度、重度沙漠化区域面积占比增加不明显，但原生沙漠、戈壁未来 20 年内增加近 6%（表 3-40）。

**表 3-40　气候趋于干旱、治理政策消极情景下 2011—2030 年西北干旱荒漠区不同沙漠化等级面积及比例**

| 年份 | 项目 | 非沙漠化 | 沙漠化 | 轻度沙漠化 | 中度沙漠化 | 重度沙漠化 | 严重沙漠化 | 原生沙漠、戈壁 |
|---|---|---|---|---|---|---|---|---|
| 2011 | 面积/km$^2$ | 252 231 | 1 762 681 | 101 065 | 133 997 | 184 014 | 279 261 | 1 064 344 |
| | 比例/% | 12.52 | 87.48 | 5.02 | 6.65 | 9.13 | 13.86 | 52.82 |
| 2015 | 面积/km$^2$ | 179 456 | 1 835 456 | 176 016 | 162 432 | 192 960 | 205 264 | 1 098 784 |
| | 比例/% | 8.91 | 91.09 | 8.74 | 8.06 | 9.58 | 10.19 | 54.53 |
| 2020 | 面积/km$^2$ | 179 776 | 1 835 136 | 138 624 | 158 912 | 195 200 | 218 896 | 1 123 504 |
| | 比例/% | 8.92 | 91.08 | 6.88 | 7.89 | 9.69 | 10.86 | 55.76 |
| 2025 | 面积/km$^2$ | 160 384 | 1 854 528 | 134 080 | 141 784 | 186 176 | 230 768 | 1 161 720 |
| | 比例/% | 7.96 | 92.04 | 6.65 | 7.04 | 9.24 | 11.45 | 57.66 |
| 2030 | 面积/km$^2$ | 147 424 | 1 867 488 | 128 000 | 132 288 | 189 264 | 237 824 | 1 180 112 |
| | 比例/% | 7.32 | 92.68 | 6.35 | 6.57 | 9.39 | 11.80 | 58.57 |

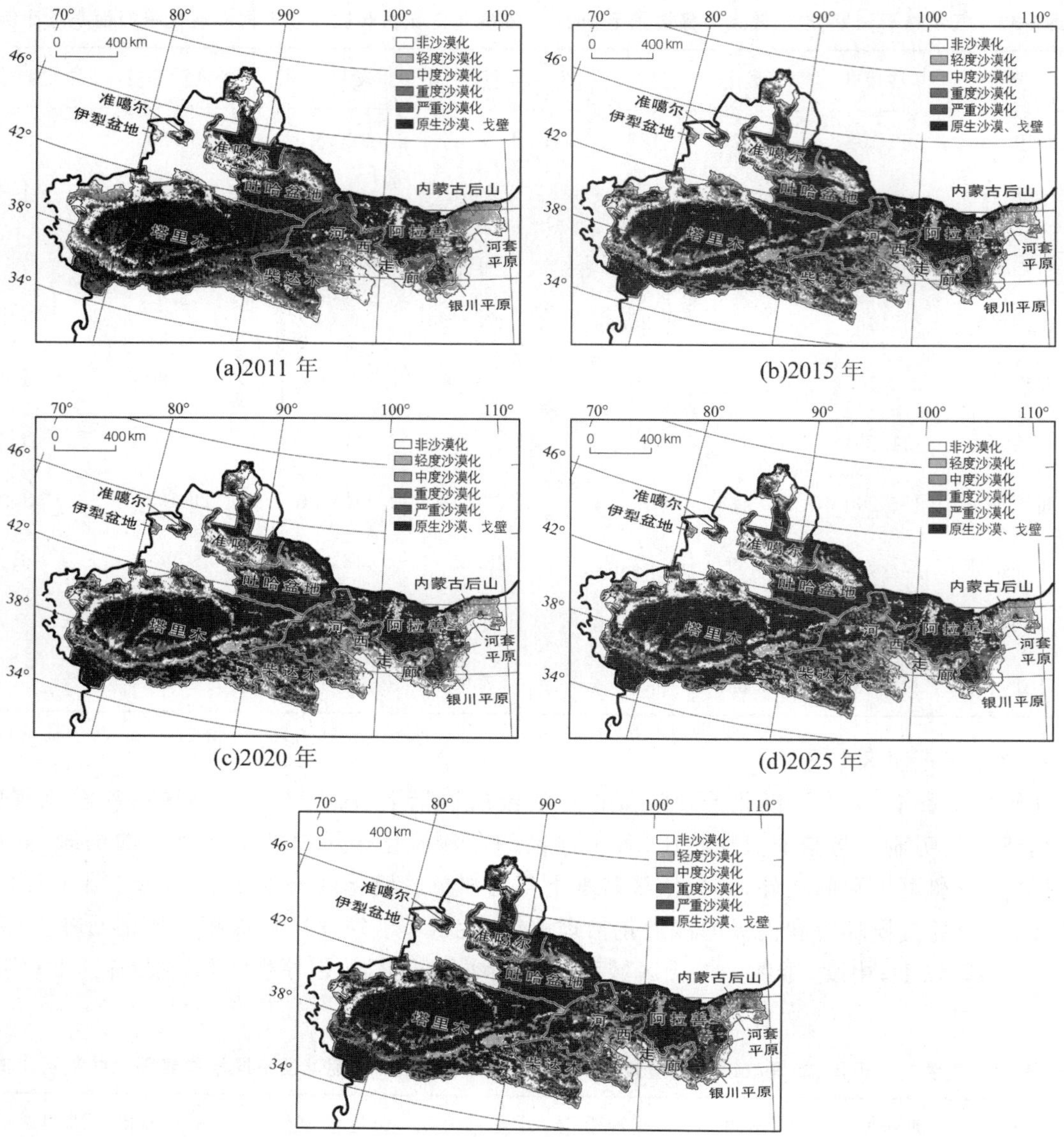


(a)2011 年　(b)2015 年　(c)2020 年　(d)2025 年　(e)2030 年

**图 3-52　气候趋于干旱、治理政策消极情景下 2011—2030 年西北干旱荒漠区沙漠化分布图**

4. 三江源地区

在气候趋于干旱、未来沙漠化治理政策相对消极的情景下，三江源地区的沙漠化程度整体上恶化趋势尤其明显。与基准情景相比，非沙漠化区域基本减少到 40% 以下，重度、严重沙漠化区域面积相对扩大，中南部区域也逐渐由非沙漠化演变为沙漠化地区（图 3-53）。从时间上来看，干旱的气候环境和消极的沙漠化治理政策，使得非沙漠化区域面积占比不断减少，到 2030 年整体减少 15% 左右；中度沙漠化区域面积占比增加最为明显，未来 20 年内增加近 6%，轻度、重度、严重沙漠化区域面积也有不同程度的增加（表 3-41）。

**表 3-41　气候趋于干旱、治理政策消极情景下 2011—2030 年三江源不同沙漠化等级面积及比例**

| 年份 | 项目 | 非沙漠化 | 沙漠化 | 轻度沙漠化 | 中度沙漠化 | 重度沙漠化 | 严重沙漠化 | 原生沙漠、戈壁 |
|---|---|---|---|---|---|---|---|---|
| 2011 | 面积/$km^2$ | 104 640 | 153 600 | 43 136 | 36 032 | 34 176 | 29 312 | 10 944 |
| | 比例/% | 40.52 | 59.48 | 16.70 | 13.95 | 13.23 | 11.35 | 4.24 |

续表3-41

| 年份 | 项目 | 非沙漠化 | 沙漠化 | 轻度沙漠化 | 中度沙漠化 | 重度沙漠化 | 严重沙漠化 | 原生沙漠、戈壁 |
|---|---|---|---|---|---|---|---|---|
| 2015 | 面积/km$^2$ | 95 616 | 162 624 | 42 112 | 39 296 | 37 440 | 34 688 | 9 088 |
| | 比例/% | 37.03 | 62.97 | 16.31 | 15.22 | 14.50 | 13.43 | 3.52 |
| 2020 | 面积/km$^2$ | 85 376 | 172 864 | 44 672 | 39 616 | 39 232 | 39 936 | 9 408 |
| | 比例/% | 33.06 | 66.94 | 17.30 | 15.34 | 15.19 | 15.46 | 3.64 |
| 2025 | 面积/km$^2$ | 73 472 | 184 768 | 46 336 | 43 896 | 41 728 | 38 912 | 13 896 |
| | 比例/% | 28.45 | 71.55 | 17.94 | 17.00 | 16.16 | 15.07 | 5.38 |
| 2030 | 面积/km$^2$ | 66 368 | 191 872 | 50 816 | 49 856 | 40 128 | 36 784 | 14 288 |
| | 比例/% | 25.70 | 74.30 | 19.68 | 19.31 | 15.54 | 14.24 | 5.53 |

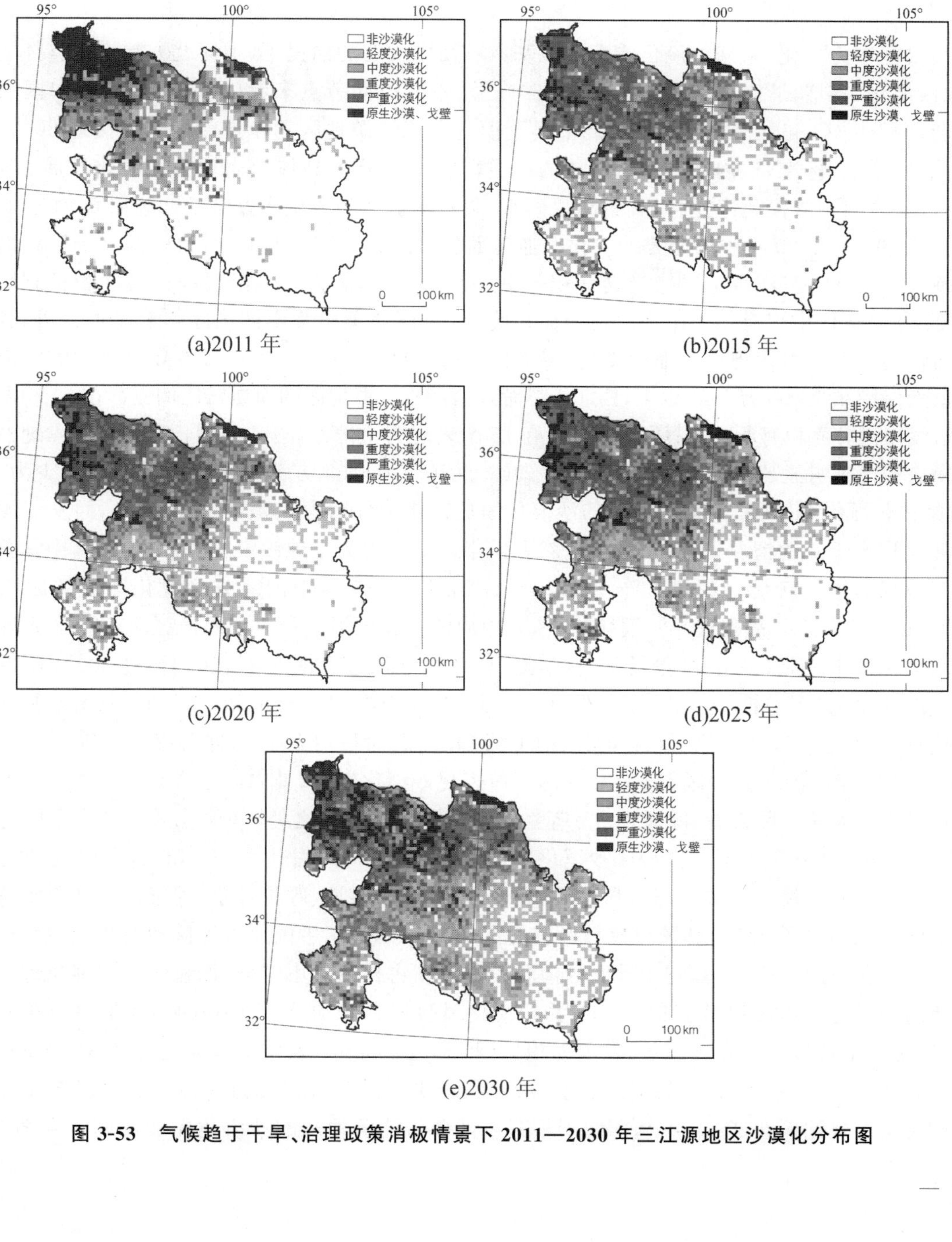


(a)2011 年　(b)2015 年　(c)2020 年　(d)2025 年　(e)2030 年

**图 3-53　气候趋于干旱、治理政策消极情景下 2011—2030 年三江源地区沙漠化分布图**

## 3.4 土地沙漠化零增长风险区域识别

联合国《2030年可持续发展议程》确立“到2030年实现全球土地退化零增长”这一重大目标。土地退化零增长是指在特定时空尺度和生态系统中,支撑生态系统功能服务和粮食安全所必要的土地资源的质与量能够保持稳定,其核心是退化土地恢复速率或面积大于土地退化速率或面积。对于中国北方沙区而言,土地沙漠化是土地退化的重要表现形式。因此,本研究以某一时段为基准,在目标时段内(如1981—2030年),若某一区域内的土地沙漠化实现净逆转(即逆转面积大于发展面积)则认为实现了土地沙漠化“零增长”;而对于沙漠化发展区域,则界定为土地沙漠化“零增长”风险区,需要重点关注与防范。为进一步对比不同基准期选择对分析结果的影响,本研究分别选择1981年、1990年、2000年、2010年、2020年等5个时间节点为基准期进行分析。

### 3.4.1 情景1:基准情景

在气候基本无变化,未来沙漠化治理政策基本不发生改变的前提下,中国北方沙漠化整体上呈现逆转,土地沙漠化“零增长”态势持续保持(图3-54)。从不同时间节点来看,1981—2030年中国北方沙漠化净逆转面积为40.66万$km^2$,其中西北干旱荒漠区和三江源地区的净逆转比例都接近20%,符合土地沙漠化“零增长”标准,但内蒙古长城沿线的净逆转面积小于0,整体上表现为沙漠化发展态势;20个亚区中有11个出现沙漠化净逆转,其中乌兰察布、柴达木盆地和塔里木盆地的净逆转比例为30%左右(表3-42)。1990—2030年中国北方沙漠化净逆转面积增加为59.97万$km^2$,其中西北干旱荒漠区的净逆转比例接近30%,三江源地区净逆转面积也进一步扩大,内蒙古长城沿线净逆转面积虽有增加但仍然小于0;20个亚区中仅有5个出现净逆转面积为负,且西北干旱荒漠区内除河套平原之外,其他沙区净逆转面积均大于0,都表现为土地沙漠化“零增长”态势(表3-43)。2000—2030年中国北方沙漠化净逆转面积依然保持在50.00万$km^2$以上,西北干旱荒漠区和三江源地区的净逆转比例也都在20%以上,内蒙古长城沿线净逆转面积有所减少;所有亚区中有15个表现为土地沙漠化“零增长”,柴达木盆地和塔里木盆地的净逆转比例明显超过30%(表3-44)。2010—2030年中国北方沙漠化净逆转面积减少为4.90万$km^2$,内蒙古长城沿线、西北干旱荒漠区的沙漠化净逆转比例分别为2.53%和2.94%,而三江源地区出现净逆转面积小于0的情况;所有亚区中依然有一半以上表现为土地沙漠化“零增长”,其中浑善达克和宁夏河东地区的净逆转比例超过20%(表3-45)。2020—2030年中国北方沙漠化净逆转面积增加为22.82万$km^2$,三大沙区都表现为沙漠化逆转,其中内蒙古长城沿线和三江源地区净逆转比例在15%以上;在20个亚区中,鄂尔多斯、呼伦贝尔、科尔沁、乌兰察布等地区的净逆转比例超过20%(表3-46)。

从土地沙漠化“零增长”风险区域来看,在2010—2030年以及2020—2030年间,只有宁夏河东地区的沙漠化发展面积为0,其他沙区在各时段内的沙漠化发展面积均大于0,即都存在风险区域。各时期内,1981—2030年中国北方沙区有15.71%的区域表现沙漠化发展,其中内蒙古长城沿线的沙漠化发展比例超过20%;从各亚区来看,除晋西北、乌兰察布和塔里木盆地之外,其他地区沙漠化发展比例均大于10%。1990—2030年中国北方沙区沙漠化发展面积略有下降,占比为14.48%,其中内蒙古长城沿线和三江源地区的沙漠化发展区域有所扩展;各亚区中,鄂尔多斯、呼伦贝尔、浑善达克和土默特地区的沙漠化发展比例超过了25%,其风险性相对较高。2000—2030年中国北方沙区沙漠化发展面积增加为47.99万$km^2$,占比为15.84%,三大沙区沙漠化发展面积占比变化不明显,而亚区中的阿拉善和内蒙古后山等地的沙漠化发展面积增加5%以上,其沙漠化风险进一步加重。2010—2030年中国北方沙区有18.55%的区域呈现沙漠化发展态势,发展面积达到56.12万$km^2$,从空间分布变化来看,沙漠化发展区域整体上向西转移,内蒙古长城沿线沙漠化发展面积减少,但其亚区中的察哈尔、鄂尔多斯和土默特等地区的沙漠化发展比例在30%以上,西北干旱荒漠区和三江源地区的沙漠化发展比例达到20%左右。

2020—2030 年中国北方沙漠化发展面积占比降低为 10.01%，说明未来土地沙漠化“零增长”风险区域整体上缩减；三大沙区的沙漠化发展面积也都有明显减少，各亚区中只有浑善达克和内蒙古后山地区的沙漠化发展比例超过 15%，其他大部分地区都在 10%以下。

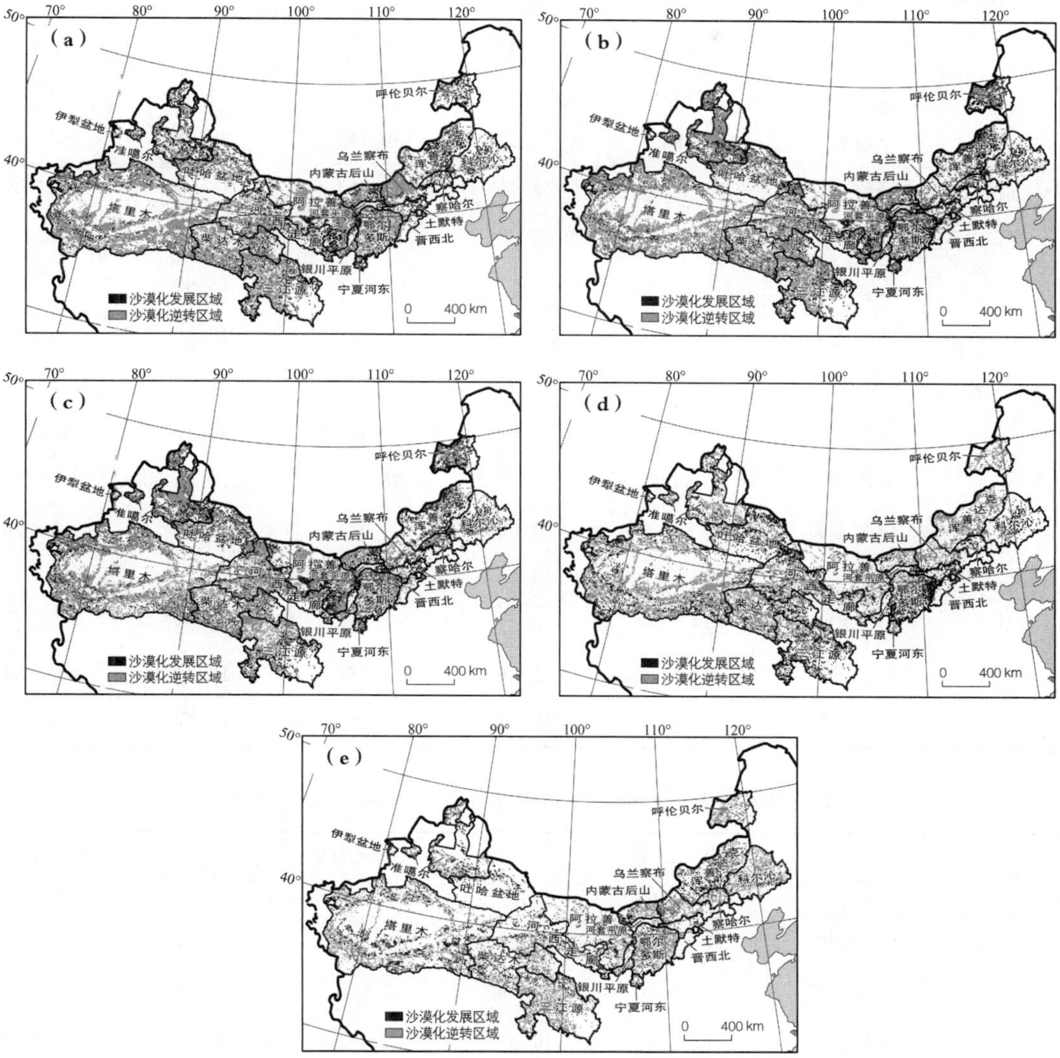


**图 3-54　基准情景下 1981—2030 年(a)、1990—2030 年(b)、2000—2030 年(c)、2010—2030 年(d)、2020—2030 年(e)中国北方沙漠化逆转与发展区域分布**

**表 3-42　基准情景下 1981—2030 年中国北方沙漠化逆转与发展状况**

| 沙区 | 亚区 | 沙漠化逆转面积/km$^2$ | 逆转比例/% | 沙漠化发展面积/km$^2$ | 发展比例/% | 沙漠化净逆转面积/km$^2$ |
|---|---|---|---|---|---|---|
| 内蒙古长城沿线 | 察哈尔 | 3 648 | 12.69 | 6 464 | 22.49 | −2 816 |
| | 鄂尔多斯 | 49 472 | 38.26 | 26 944 | 20.84 | 22 528 |
| | 呼伦贝尔 | 6 400 | 7.89 | 19 712 | 24.31 | −13 312 |
| | 浑善达克 | 17 536 | 10.32 | 44 032 | 25.91 | −26 496 |
| | 晋西北 | 3 840 | 15.11 | 1 024 | 4.03 | 2 816 |
| | 科尔沁 | 5 760 | 3.90 | 28 288 | 19.16 | −22 528 |

续表3-42

| 沙区 | 亚区 | 沙漠化逆转面积/km² | 逆转比例/% | 沙漠化发展面积/km² | 发展比例/% | 沙漠化净逆转面积/km² |
|---|---|---|---|---|---|---|
| 内蒙古长城沿线 | 宁夏河东 | 320 | 2.49 | 4 416 | 34.33 | −4 096 |
| | 土默特 | 2 560 | 7.81 | 10 816 | 33.01 | −8 256 |
| | 乌兰察布 | 38 144 | 38.89 | 9 152 | 9.33 | 28 992 |
| | **总和** | **127 680** | **17.59** | **150 848** | **20.78** | **−23 168** |
| 西北干旱荒漠区 | 阿拉善 | 71 616 | 29.91 | 45 312 | 18.92 | 26 304 |
| | 柴达木 | 105 344 | 47.05 | 23 872 | 10.66 | 81 472 |
| | 河套平原 | 1 472 | 7.77 | 4 544 | 23.99 | −3 072 |
| | 河西走廊 | 69 696 | 30.91 | 40 960 | 18.16 | 28 736 |
| | 内蒙古后山 | 13 504 | 28.85 | 13 376 | 28.57 | 128 |
| | 塔里木 | 333 824 | 38.22 | 71 424 | 8.18 | 262 400 |
| | 吐哈盆地 | 35 392 | 17.31 | 28 736 | 14.06 | 6 656 |
| | 伊犁盆地 | 832 | 16.05 | 1 024 | 19.75 | −192 |
| | 银川平原 | 7 040 | 39.36 | 2 880 | 16.10 | 4 160 |
| | 准噶尔 | 29 952 | 16.69 | 56 128 | 31.28 | −26 176 |
| | **总和** | **668 672** | **32.86** | **288 256** | **14.17** | **380 416** |
| 三江源地区 | **三江源** | **85 504** | **32.48** | **36 160** | **13.74** | **49 344** |

**表 3-43 基准情景下 1990—2030 年中国北方沙漠化逆转与发展状况**

| 沙区 | 亚区 | 沙漠化逆转面积/km² | 逆转比例/% | 沙漠化发展面积/km² | 发展比例/% | 沙漠化净逆转面积/km² |
|---|---|---|---|---|---|---|
| 内蒙古长城沿线 | 察哈尔 | 7 360 | 25.61 | 6 592 | 22.94 | 768 |
| | 鄂尔多斯 | 46 016 | 35.59 | 35 840 | 27.72 | 10 176 |
| | 呼伦贝尔 | 21 568 | 26.60 | 22 592 | 27.86 | −1 024 |
| | 浑善达克 | 27 776 | 16.35 | 44 480 | 26.18 | −16 704 |
| | 晋西北 | 4 992 | 19.65 | 1 152 | 4.53 | 3 840 |
| | 科尔沁 | 14 336 | 9.71 | 26 368 | 17.86 | −12 032 |
| | 宁夏河东 | 4 480 | 34.83 | 2 432 | 18.91 | 2 048 |
| | 土默特 | 3 072 | 9.38 | 11 904 | 36.33 | −8 832 |
| | 乌兰察布 | 17 216 | 17.55 | 10 496 | 10.70 | 6 720 |
| | **总和** | **146 816** | **20.23** | **161 856** | **22.30** | **−15 040** |
| 西北干旱荒漠区 | 阿拉善 | 76 672 | 32.02 | 33 984 | 14.19 | 42 688 |
| | 柴达木 | 109 376 | 48.85 | 22 336 | 9.97 | 87 040 |
| | 河套平原 | 4 032 | 21.28 | 4 224 | 22.30 | −192 |
| | 河西走廊 | 91 712 | 40.67 | 37 504 | 16.63 | 54 208 |

续表3-43

| 沙区 | 亚区 | 沙漠化逆转面积/km² | 逆转比例/% | 沙漠化发展面积/km² | 发展比例/% | 沙漠化净逆转面积/km² |
|---|---|---|---|---|---|---|
| 西北干旱荒漠区 | 内蒙古后山 | 22 336 | 47.71 | 9 344 | 19.96 | 12 992 |
| | 塔里木 | 348 288 | 39.88 | 58 880 | 6.74 | 289 408 |
| | 吐哈盆地 | 48 640 | 23.79 | 26 048 | 12.74 | 22 592 |
| | 伊犁盆地 | 1 472 | 28.40 | 960 | 18.52 | 512 |
| | 银川平原 | 7 616 | 42.58 | 2 880 | 16.10 | 4 736 |
| | 准噶尔 | 89 152 | 49.69 | 43 264 | 24.11 | 45 888 |
| | **总和** | **799 296** | **39.28** | **239 424** | **11.77** | **559 872** |
| 三江源地区 | **三江源** | **88 640** | **33.67** | **36 672** | **13.93** | **51 968** |

**表 3-44　基准情景下 2000—2030 年中国北方沙漠化逆转与发展状况**

| 沙区 | 亚区 | 沙漠化逆转面积/km² | 逆转比例/% | 沙漠化发展面积/km² | 发展比例/% | 沙漠化净逆转面积/km² |
|---|---|---|---|---|---|---|
| 内蒙古长城沿线 | 察哈尔 | 7 552 | 26.28 | 7 296 | 25.39 | 256 |
| | 鄂尔多斯 | 49 600 | 38.36 | 34 048 | 26.33 | 15 552 |
| | 呼伦贝尔 | 18 496 | 22.81 | 24 320 | 29.99 | −5 824 |
| | 浑善达克 | 24 256 | 14.27 | 47 424 | 27.91 | −23 168 |
| | 晋西北 | 4 864 | 19.14 | 1 280 | 5.04 | 3 584 |
| | 科尔沁 | 14 912 | 10.10 | 26 368 | 17.86 | −11 456 |
| | 宁夏河东 | 4 032 | 31.34 | 2 560 | 19.90 | 1 472 |
| | 土默特 | 3 456 | 10.55 | 11 200 | 34.18 | −7 744 |
| | 乌兰察布 | 15 616 | 15.92 | 11 584 | 11.81 | 4 032 |
| | **总和** | **142 784** | **19.67** | **166 080** | **22.88** | **−23 296** |
| 西北干旱荒漠区 | 阿拉善 | 78 272 | 32.69 | 58 944 | 24.62 | 19 328 |
| | 柴达木 | 100 672 | 44.96 | 26 752 | 11.95 | 73 920 |
| | 河套平原 | 3 648 | 19.26 | 4 288 | 22.64 | −640 |
| | 河西走廊 | 92 736 | 41.12 | 36 864 | 16.35 | 55 872 |
| | 内蒙古后山 | 19 904 | 42.52 | 11 264 | 24.06 | 8 640 |
| | 塔里木 | 325 504 | 37.27 | 66 688 | 7.64 | 258 816 |
| | 吐哈盆地 | 55 104 | 26.95 | 29 504 | 14.43 | 25 600 |
| | 伊犁盆地 | 1 536 | 29.63 | 1 024 | 19.75 | 512 |
| | 银川平原 | 7 040 | 39.36 | 3 072 | 17.17 | 3 968 |
| | 准噶尔 | 91 648 | 51.08 | 42 368 | 23.61 | 49 280 |
| | **总和** | **776 064** | **38.14** | **280 768** | **13.80** | **495 296** |
| 三江源地区 | **三江源** | **85 184** | **32.36** | **33 088** | **12.57** | **52 096** |

表 3-45 基准情景下 2010—2030 年中国北方沙漠化逆转与发展状况

| 沙区 | 亚区 | 沙漠化逆转面积/km² | 逆转比例/% | 沙漠化发展面积/km² | 发展比例/% | 沙漠化净逆转面积/km² |
|---|---|---|---|---|---|---|
| 内蒙古长城沿线 | 察哈尔 | 2 560 | 8.91 | 9 024 | 31.40 | −6 464 |
| | 鄂尔多斯 | 13 504 | 10.44 | 52 672 | 40.73 | −39 168 |
| | 呼伦贝尔 | 17 856 | 22.02 | 2 944 | 3.63 | 14 912 |
| | 浑善达克 | 50 432 | 29.68 | 5 248 | 3.09 | 45 184 |
| | 晋西北 | 1 152 | 4.53 | 1 408 | 5.54 | −256 |
| | 科尔沁 | 10 368 | 7.02 | 16 640 | 11.27 | −6 272 |
| | 宁夏河东 | 5 056 | 39.30 | 0 | 0.00 | 5 056 |
| | 土默特 | 2 688 | 8.20 | 11 328 | 34.57 | −8 640 |
| | 乌兰察布 | 18 560 | 18.92 | 4 544 | 4.63 | 14 016 |
| | **总和** | **122 176** | **16.84** | **103 808** | **14.31** | **18 368** |
| 西北干旱荒漠区 | 阿拉善 | 23 744 | 9.92 | 19 520 | 8.15 | 4 224 |
| | 柴达木 | 71 488 | 31.93 | 40 960 | 18.29 | 30 528 |
| | 河套平原 | 1 152 | 6.08 | 3 520 | 18.58 | −2 368 |
| | 河西走廊 | 46 720 | 20.72 | 44 736 | 19.84 | 1 984 |
| | 内蒙古后山 | 12 736 | 27.21 | 3 968 | 8.48 | 8 768 |
| | 塔里木 | 231 808 | 26.54 | 106 048 | 12.14 | 125 760 |
| | 吐哈盆地 | 21 824 | 10.67 | 49 216 | 24.07 | −27 392 |
| | 伊犁盆地 | 896 | 17.28 | 896 | 17.28 | 0 |
| | 银川平原 | 3 072 | 17.17 | 2 496 | 13.95 | 576 |
| | 准噶尔 | 45 184 | 25.18 | 23 808 | 13.27 | 21 376 |
| | **总和** | **458 624** | **22.61** | **398 976** | **19.67** | **59 648** |
| 三江源地区 | **三江源** | **28 992** | **11.01** | **58 368** | **22.17** | **−29 376** |

表 3-46 基准情景下 2020—2030 年中国北方沙漠化逆转与发展状况

| 沙区 | 亚区 | 沙漠化逆转面积/km² | 逆转比例/% | 沙漠化发展面积/km² | 发展比例/% | 沙漠化净逆转面积/km² |
|---|---|---|---|---|---|---|
| 内蒙古长城沿线 | 察哈尔 | 8 192 | 28.51 | 2 816 | 9.80 | 5 376 |
| | 鄂尔多斯 | 48 768 | 37.71 | 12 480 | 9.65 | 36 288 |
| | 呼伦贝尔 | 20 480 | 25.25 | 4 096 | 5.05 | 16 384 |
| | 浑善达克 | 20 608 | 12.13 | 37 248 | 21.92 | −16 640 |
| | 晋西北 | 704 | 2.77 | 0 | 0.00 | 704 |
| | 科尔沁 | 48 896 | 33.12 | 5 824 | 3.94 | 43 072 |
| | 宁夏河东 | 768 | 5.97 | 1 856 | 14.43 | −1 088 |
| | 土默特 | 4 864 | 14.84 | 1 984 | 6.05 | 2 880 |

续表3-46

| 沙区 | 亚区 | 沙漠化逆转面积/km² | 逆转比例/% | 沙漠化发展面积/km² | 发展比例/% | 沙漠化净逆转面积/km² |
|---|---|---|---|---|---|---|
| 内蒙古长城沿线 | 乌兰察布 | 24 640 | 25.12 | 4 992 | 5.09 | 19 648 |
| | **总和** | **177 920** | **24.51** | **71 296** | **9.83** | **106 624** |
| 西北干旱荒漠区 | 阿拉善 | 25 024 | 10.45 | 19 712 | 8.23 | 5 312 |
| | 柴达木 | 36 992 | 16.52 | 24 832 | 11.09 | 12 160 |
| | 河套平原 | 3 456 | 18.24 | 896 | 4.73 | 2 560 |
| | 河西走廊 | 19 072 | 8.46 | 30 272 | 13.42 | −11 200 |
| | 内蒙古后山 | 13 760 | 29.39 | 7 872 | 16.82 | 5 888 |
| | 塔里木 | 132 544 | 15.18 | 92 480 | 10.59 | 40 064 |
| | 吐哈盆地 | 7 872 | 3.85 | 12 672 | 6.20 | −4 800 |
| | 伊犁盆地 | 1 408 | 27.16 | 256 | 4.94 | 1 152 |
| | 银川平原 | 4 928 | 27.55 | 1 792 | 10.02 | 3 136 |
| | 准噶尔 | 32 704 | 18.23 | 24 000 | 13.38 | 8 704 |
| | **总和** | **277 760** | **13.65** | **214 784** | **10.55** | **62 976** |
| 三江源地区 | **三江源** | **75 136** | **28.54** | **16 576** | **6.30** | **58 560** |

### 3.4.2 情景2:气候基本无变化、治理政策积极

在气候基本无变化、未来沙漠化治理政策相对积极的情景下,中国北方大部分地区呈现沙漠化逆转趋势,整体上维持土地沙漠化“零增长”态势(图3-55)。与基准情景相比,积极的沙漠化治理政策有利于促进内蒙古长城沿线和三江源地区的沙漠化逆转态势。从不同时期来看,1981—2030年中国北方沙漠化净逆转面积为30.73万km²,三大沙区均表现为沙漠化逆转,实现土地沙漠化“零增长”目标;20个亚区中一半表现为沙漠化逆转趋势,其中乌兰察布地区和柴达木盆地的净逆转比例在30%左右(表3-47)。1990—2030年中国北方沙漠化净逆转面积基本不变,达到30.87万km²,虽然内蒙古长城沿线整体净逆转面积小于0,但其亚区中的晋西北地区逆转趋势明显,净逆转比例超过15%,而西北干旱荒漠区和三江源地区整体上依然保持沙漠化逆转态势;20个亚区中依然有一半表现为沙漠化净逆转,柴达木盆地和塔里木盆地的净逆转比例在25%以上(表3-48)。2000—2030年中国北方沙漠化净逆转面积进一步扩大到46.06万km²,其中西北干旱荒漠区和三江源地区净逆转比例分别增加至19.12%和37.56%,内蒙古长城沿线净逆转面积稍有增加;所有亚区中有12个亚区表现为土地沙漠化“零增长”,西北干旱荒漠区中仅有河套平原和准噶尔盆地沙漠化逆转面积为负(表3-49)。2010—2030年中国北方沙漠化净逆转面积减少到39.05万km²,沙漠化逆转和发展区域分布明显改变,内蒙古长城沿线沙漠化逆转趋势尤其明显,净逆转比例增加到18.13%,而西北干旱荒漠区和三江源地区的沙漠化净逆转面积明显减少;全部亚区中仅有4个表现为沙漠化发展态势,且内蒙古长城沿线内除鄂尔多斯外,其余亚区均实现沙漠化“零增长”(表3-50)。2020—2030年中国北方沙漠化净逆转面积明显缩小到10.4万km²,内蒙古长城沿线和西北干旱荒漠区的沙漠化净逆转比例降低到1%左右,三江源地区的沙漠化净逆转比例增加到30%左右;所有亚区中,晋西北和伊犁盆地的净逆转比例超过30%(表3-51)。

土地沙漠化“零增长”风险区域方面,在各时段内中国北方沙漠化发展区域比例在10%~20%之间,主要分布在内蒙古长城沿线东北部和西北干旱荒漠区东部。与基准情景相比,三江源地区在积极的

沙漠化治理政策下土地沙漠化“零增长”风险区域有所减少。从时间上看，1981—2030年中国北方沙漠化发展区域占比为18.4%，其中西北干旱荒漠区沙漠化发展面积超过了20%；各亚区中，宁夏河东、河套平原、内蒙古后山和准噶尔地区的沙漠化发展比例大于30%，面临较高风险。1990—2030年中国北方沙区沙漠化发展区域面积略有缩减，占比为17.7%，内蒙古长城沿线沙漠化发展面积增加近5%，风险区域进一步扩张，其亚区中的鄂尔多斯和呼伦贝尔地区表现相对明显，沙漠化发展面积增加10%以上；而西北干旱荒漠区内除银川平原外，其余亚区的沙漠化发展比例均有所降低。2000—2030年中国北方沙区中13.0%的区域表现为沙漠化发展，三大沙区沙漠化发展面积均明显减少，积极的沙漠化治理政策成效明显，土地沙漠化“零增长”风险区域整体上呈缩减趋势，各亚区中察哈尔、鄂尔多斯和呼伦贝尔地区的沙漠化发展比例超过25%。2010—2030年中国北方沙漠化发展比例无明显变化，但沙漠化“零增长”风险区域空间分布明显改变，主要体现在西北干旱荒漠区和三江源地区沙漠化发展区域有所扩张，而内蒙古长城沿线沙漠化发展区域明显缩小，但其亚区中鄂尔多斯沙漠化发展比例超过45%。2020—2030年中国北方沙漠化发展面积占比降低至10.9%，其中三江源地区沙漠化发展面积降低10%以上；各亚区中鄂尔多斯、浑善达克、宁夏河东沙漠化发展比例在25%以上，沙漠化风险相对较高。

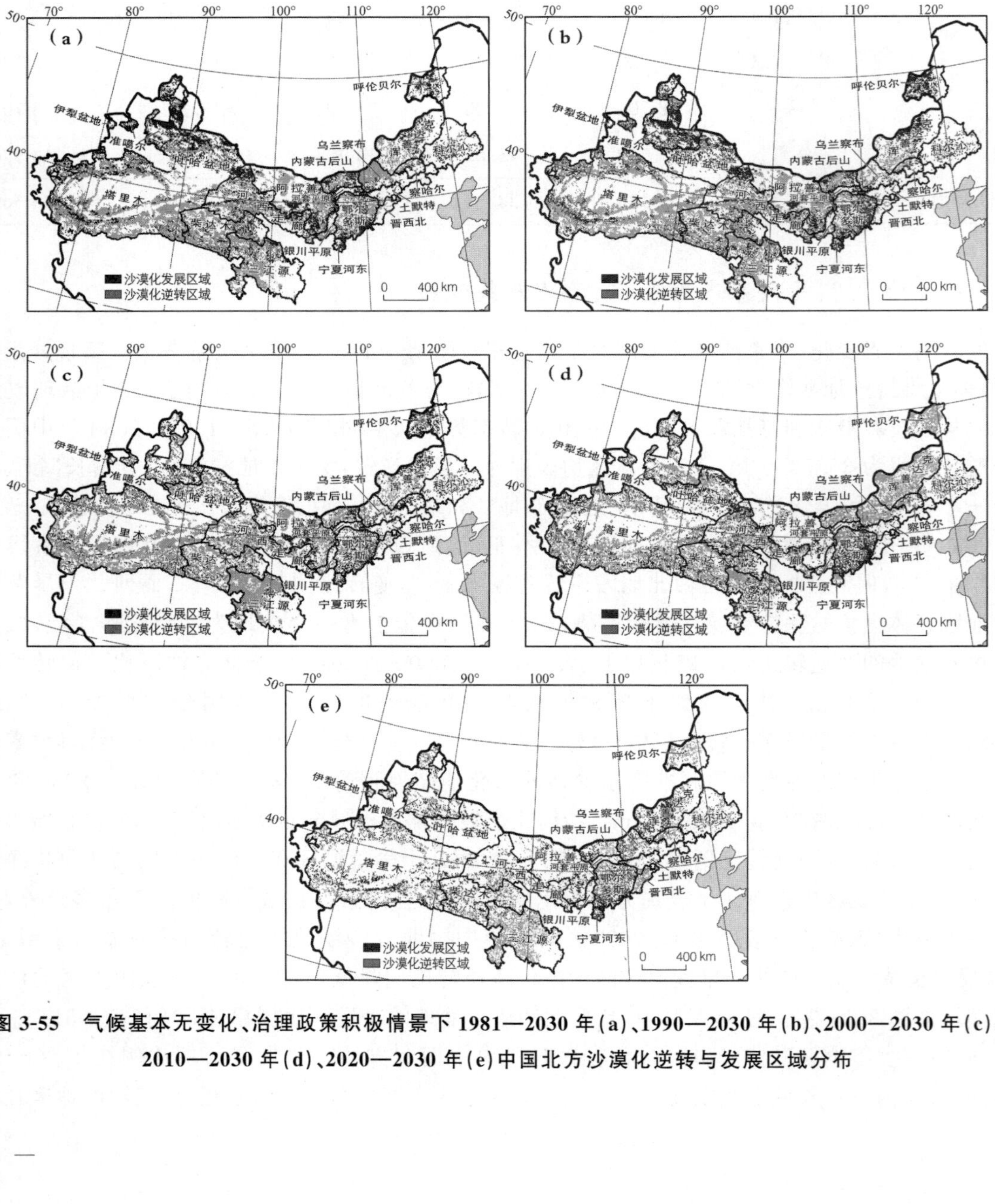


**图3-55 气候基本无变化、治理政策积极情景下1981—2030年(a)、1990—2030年(b)、2000—2030年(c)、2010—2030年(d)、2020—2030年(e)中国北方沙漠化逆转与发展区域分布**

**表 3-47　气候基本无变化、治理政策积极情景下 1981—2030 年中国北方沙漠化逆转与发展状况**

| 沙区 | 亚区 | 沙漠化逆转面积/km² | 逆转比例/% | 沙漠化发展面积/km² | 发展比例/% | 沙漠化净逆转面积/km² |
|---|---|---|---|---|---|---|
| 内蒙古长城沿线 | 察哈尔 | 5 248 | 18.26 | 5 312 | 18.49 | −64 |
| | 鄂尔多斯 | 44 224 | 34.20 | 33 024 | 25.54 | 11 200 |
| | 呼伦贝尔 | 6 336 | 7.81 | 19 456 | 23.99 | −13 120 |
| | 浑善达克 | 33 728 | 19.85 | 23 552 | 13.86 | 10 176 |
| | 晋西北 | 3 968 | 15.62 | 576 | 2.27 | 3 392 |
| | 科尔沁 | 6 592 | 4.46 | 20 992 | 14.22 | −14 400 |
| | 宁夏河东 | 704 | 5.47 | 3 904 | 30.35 | −3 200 |
| | 土默特 | 3 264 | 9.96 | 4 288 | 13.09 | −1 024 |
| | 乌兰察布 | 40 832 | 41.63 | 8 960 | 9.13 | 31 872 |
| | **总和** | **144 896** | **19.96** | **120 064** | **16.54** | **24 832** |
| 西北干旱荒漠区 | 阿拉善 | 71 808 | 29.99 | 49 408 | 20.63 | 22 400 |
| | 柴达木 | 98 880 | 44.16 | 33 664 | 15.03 | 65 216 |
| | 河套平原 | 576 | 3.04 | 5 696 | 30.07 | −5 120 |
| | 河西走廊 | 70 400 | 31.22 | 57 920 | 25.68 | 12 480 |
| | 内蒙古后山 | 11 584 | 24.75 | 17 600 | 37.60 | −6 016 |
| | 塔里木 | 310 464 | 35.55 | 114 624 | 13.12 | 195 840 |
| | 吐哈盆地 | 32 704 | 16.00 | 43 200 | 21.13 | −10 496 |
| | 伊犁盆地 | 1 088 | 20.99 | 1 344 | 25.93 | −256 |
| | 银川平原 | 6 848 | 38.28 | 3 392 | 18.96 | 3 456 |
| | 准噶尔 | 26 560 | 14.80 | 86 080 | 47.98 | −59 520 |
| | **总和** | **630 912** | **31.00** | **412 928** | **20.29** | **217 984** |
| 三江源地区 | **三江源** | **90 240** | **34.28** | **25 792** | **9.80** | **64 448** |

**表 3-48　气候基本无变化、治理政策积极情景下 1990—2030 年中国北方沙漠化逆转与发展状况**

| 沙区 | 亚区 | 沙漠化逆转面积/km² | 逆转比例/% | 沙漠化发展面积/km² | 发展比例/% | 沙漠化净逆转面积/km² |
|---|---|---|---|---|---|---|
| 内蒙古长城沿线 | 察哈尔 | 4 672 | 16.26 | 5 568 | 19.38 | −896 |
| | 鄂尔多斯 | 28 096 | 21.73 | 49 216 | 38.06 | −21 120 |
| | 呼伦贝尔 | 4 736 | 5.84 | 30 464 | 37.56 | −25 728 |
| | 浑善达克 | 29 632 | 17.44 | 30 784 | 18.12 | −1 152 |
| | 晋西北 | 4 928 | 19.40 | 768 | 3.02 | 4 160 |
| | 科尔沁 | 6 144 | 4.16 | 18 752 | 12.70 | −12 608 |
| | 宁夏河东 | 448 | 3.48 | 4 864 | 37.81 | −4 416 |
| | 土默特 | 1 920 | 5.86 | 4 416 | 13.48 | −2 496 |

续表3-48

| 沙区 | 亚区 | 沙漠化逆转面积/$km^2$ | 逆转比例/% | 沙漠化发展面积/$km^2$ | 发展比例/% | 沙漠化净逆转面积/$km^2$ |
|---|---|---|---|---|---|---|
| 内蒙古长城沿线 | 乌兰察布 | 17 792 | 18.14 | 10 752 | 10.96 | 7 040 |
| | **总和** | **98 368** | **13.55** | **155 584** | **21.43** | **−57 216** |
| 西北干旱荒漠区 | 阿拉善 | 77 056 | 32.18 | 36 288 | 15.16 | 40 768 |
| | 柴达木 | 97 088 | 43.36 | 33 344 | 14.89 | 63 744 |
| | 河套平原 | 1 280 | 6.76 | 5 056 | 26.69 | −3 776 |
| | 河西走廊 | 74 816 | 33.18 | 51 072 | 22.65 | 23 744 |
| | 内蒙古后山 | 16 832 | 35.96 | 13 824 | 29.53 | 3 008 |
| | 塔里木 | 325 376 | 37.26 | 92 736 | 10.62 | 232 640 |
| | 吐哈盆地 | 32 768 | 16.03 | 40 960 | 20.03 | −8 192 |
| | 伊犁盆地 | 1 152 | 22.22 | 1 088 | 20.99 | 64 |
| | 银川平原 | 5 760 | 32.20 | 3 648 | 20.39 | 2 112 |
| | 准噶尔 | 34 240 | 19.08 | 78 528 | 43.77 | −44 288 |
| | **总和** | **666 368** | **32.75** | **356 544** | **17.52** | **309 824** |
| 三江源地区 | **三江源** | **83 200** | **31.60** | **27 136** | **10.31** | **56 064** |

**表3-49 气候基本无变化、治理政策积极情景下2000—2030年中国北方沙漠化逆转与发展状况**

| 沙区 | 亚区 | 沙漠化逆转面积/$km^2$ | 逆转比例/% | 沙漠化发展面积/$km^2$ | 发展比例/% | 沙漠化净逆转面积/$km^2$ |
|---|---|---|---|---|---|---|
| 内蒙古长城沿线 | 察哈尔 | 2 240 | 7.80 | 7 488 | 26.06 | −5 248 |
| | 鄂尔多斯 | 32 000 | 24.75 | 36 608 | 28.31 | −4 608 |
| | 呼伦贝尔 | 6 208 | 7.65 | 23 424 | 28.88 | −17 216 |
| | 浑善达克 | 27 136 | 15.97 | 23 040 | 13.56 | 4 096 |
| | 晋西北 | 4 928 | 19.40 | 832 | 3.27 | 4 096 |
| | 科尔沁 | 5 440 | 3.68 | 17 152 | 11.62 | −11 712 |
| | 宁夏河东 | 1 088 | 8.46 | 2 496 | 19.40 | −1 408 |
| | 土默特 | 2 752 | 8.40 | 3 072 | 9.38 | −320 |
| | 乌兰察布 | 14 720 | 15.01 | 9 728 | 9.92 | 4 992 |
| | **总和** | **96 512** | **13.30** | **123 840** | **17.06** | **−27 328** |
| 西北干旱荒漠区 | 阿拉善 | 66 496 | 27.77 | 52 928 | 22.10 | 13 568 |
| | 柴达木 | 89 984 | 40.19 | 25 152 | 11.23 | 64 832 |
| | 河套平原 | 1 280 | 6.76 | 3 328 | 17.57 | −2 048 |
| | 河西走廊 | 69 952 | 31.02 | 28 800 | 12.77 | 41 152 |
| | 内蒙古后山 | 16 128 | 34.45 | 9 472 | 20.23 | 6 656 |
| | 塔里木 | 325 312 | 37.25 | 66 432 | 7.61 | 258 880 |

续表3-49

| 沙区 | 亚区 | 沙漠化逆转面积/km² | 逆转比例/% | 沙漠化发展面积/km² | 发展比例/% | 沙漠化净逆转面积/km² |
|---|---|---|---|---|---|---|
| 西北干旱荒漠区 | 吐哈盆地 | 33 344 | 16.31 | 29 632 | 14.49 | 3 712 |
| | 伊犁盆地 | 1 024 | 19.75 | 512 | 9.88 | 512 |
| | 银川平原 | 5 440 | 30.41 | 1 920 | 10.73 | 3 520 |
| | 准噶尔 | 37 888 | 21.12 | 39 616 | 22.08 | −1 728 |
| | **总和** | **646 848** | **31.79** | **257 792** | **12.67** | **389 056** |
| 三江源地区 | **三江源** | **112 128** | **42.59** | **13 248** | **5.03** | **98 880** |

**表 3-50　气候基本无变化、治理政策积极情景下 2010—2030 年中国北方沙漠化逆转与发展状况**

| 沙区 | 亚区 | 沙漠化逆转面积/km² | 逆转比例/% | 沙漠化发展面积/km² | 发展比例/% | 沙漠化净逆转面积/km² |
|---|---|---|---|---|---|---|
| 内蒙古长城沿线 | 察哈尔 | 7 488 | 26.06 | 3 776 | 13.14 | 3 712 |
| | 鄂尔多斯 | 18 624 | 14.40 | 59 968 | 46.37 | −41 344 |
| | 呼伦贝尔 | 35 776 | 44.11 | 1 600 | 1.97 | 34 176 |
| | 浑善达克 | 89 152 | 52.47 | 2 560 | 1.51 | 86 592 |
| | 晋西北 | 1 600 | 6.30 | 704 | 2.77 | 896 |
| | 科尔沁 | 20 608 | 13.96 | 12 416 | 8.41 | 8 192 |
| | 宁夏河东 | 4 352 | 33.83 | 0 | 0.00 | 4 352 |
| | 土默特 | 3 904 | 11.91 | 2 560 | 7.81 | 1 344 |
| | 乌兰察布 | 36 288 | 36.99 | 2 752 | 2.81 | 33 536 |
| | **总和** | **217 792** | **30.03** | **86 336** | **11.90** | **131 456** |
| 西北干旱荒漠区 | 阿拉善 | 14 720 | 6.15 | 26 752 | 11.17 | −12 032 |
| | 柴达木 | 80 192 | 35.81 | 39 360 | 17.58 | 40 832 |
| | 河套平原 | 2 112 | 11.15 | 3 712 | 19.59 | −1 600 |
| | 河西走廊 | 69 568 | 30.85 | 43 264 | 19.19 | 26 304 |
| | 内蒙古后山 | 22 464 | 47.99 | 4 480 | 9.57 | 17 984 |
| | 塔里木 | 261 440 | 29.94 | 104 384 | 11.95 | 157 056 |
| | 吐哈盆地 | 28 224 | 13.80 | 49 152 | 24.04 | −20 928 |
| | 伊犁盆地 | 960 | 18.52 | 320 | 6.17 | 640 |
| | 银川平原 | 4 928 | 27.55 | 2 304 | 12.88 | 2 624 |
| | 准噶尔 | 58 048 | 32.35 | 19 776 | 11.02 | 38 272 |
| | **总和** | **542 656** | **26.75** | **293 504** | **14.47** | **249 152** |
| 三江源地区 | **三江源** | **48 000** | **18.23** | **38 144** | **14.49** | **9 856** |

**表 3-51　气候基本无变化、治理政策积极情景下 2020—2030 年中国北方沙漠化逆转与发展状况**

| 沙区 | 亚区 | 沙漠化逆转面积/km² | 逆转比例/% | 沙漠化发展面积/km² | 发展比例/% | 沙漠化净逆转面积/km² |
|---|---|---|---|---|---|---|
| 内蒙古长城沿线 | 察哈尔 | 7 616 | 26.50 | 2 496 | 8.69 | 5 120 |
| | 鄂尔多斯 | 26 432 | 20.44 | 37 120 | 28.71 | −10 688 |
| | 呼伦贝尔 | 17 024 | 20.99 | 3 264 | 4.02 | 13 760 |
| | 浑善达克 | 12 544 | 7.38 | 43 520 | 25.61 | −30 976 |
| | 晋西北 | 12 480 | 49.12 | 0 | 0.00 | 12 480 |
| | 科尔沁 | 19 712 | 13.35 | 9 216 | 6.24 | 10 496 |
| | 宁夏河东 | 896 | 6.97 | 3 648 | 28.36 | −2 752 |
| | 土默特 | 4 864 | 14.84 | 1 792 | 5.47 | 3 072 |
| | 乌兰察布 | 18 304 | 18.66 | 9 600 | 9.79 | 8 704 |
| | **总和** | **119 872** | **16.51** | **110 656** | **15.25** | **9 216** |
| 西北干旱荒漠区 | 阿拉善 | 13 184 | 5.51 | 28 864 | 12.05 | −15 680 |
| | 柴达木 | 36 864 | 16.46 | 28 224 | 12.60 | 8 640 |
| | 河套平原 | 2 688 | 14.19 | 832 | 4.39 | 1 856 |
| | 河西走廊 | 18 688 | 8.29 | 22 528 | 9.99 | −3 840 |
| | 内蒙古后山 | 7 680 | 16.41 | 9 536 | 20.37 | −1 856 |
| | 塔里木 | 105 024 | 12.03 | 85 632 | 9.81 | 19 392 |
| | 吐哈盆地 | 6 976 | 3.41 | 13 376 | 6.54 | −6 400 |
| | 伊犁盆地 | 1 792 | 34.57 | 64 | 1.23 | 1 728 |
| | 银川平原 | 4 160 | 23.26 | 1 536 | 8.59 | 2 624 |
| | 准噶尔 | 30 592 | 17.05 | 21 056 | 11.74 | 9 536 |
| | **总和** | **227 648** | **11.19** | **211 648** | **10.40** | **16 000** |
| 三江源地区 | **三江源** | **87 808** | **33.35** | **9 024** | **3.43** | **78 784** |

### 3.4.3　情景 3：气候基本无变化、治理政策消极

在气候基本无变化、未来沙漠化政策相对消极的情景下，中国北方整体呈现沙漠化发展趋势，相对较多的区域不符合土地沙漠化“零增长”的标准(图 3-56)。与基准情景相比，此情景下的沙漠化逆转区域明显缩小，而沙漠化发展区域明显扩张，消极的沙漠化治理政策使得三大沙区的净逆转面积均急剧减少，土地沙漠化“零增长”目标面临严峻挑战。从不同时间节点来看，1981—2030 年中国北方沙区净逆转面积为−21.56 万 km²，其中只有西北干旱荒漠区净逆转面积略大于 0，内蒙古长城沿线和三江源地区净逆转比例分别低于−25%和−5%；20 个亚区中仅有 4 个净逆转面积大于 0，其中乌兰察布地区、柴达木盆地和塔里木盆地的净逆转比例超过 10%(表 3-52)。1990—2030 年，中国北方沙漠化净逆转面积减少至−41.75 万 km²，三大沙区净逆转比例均减少 5%以上，其中西北干旱荒漠区沙漠化净逆转面积

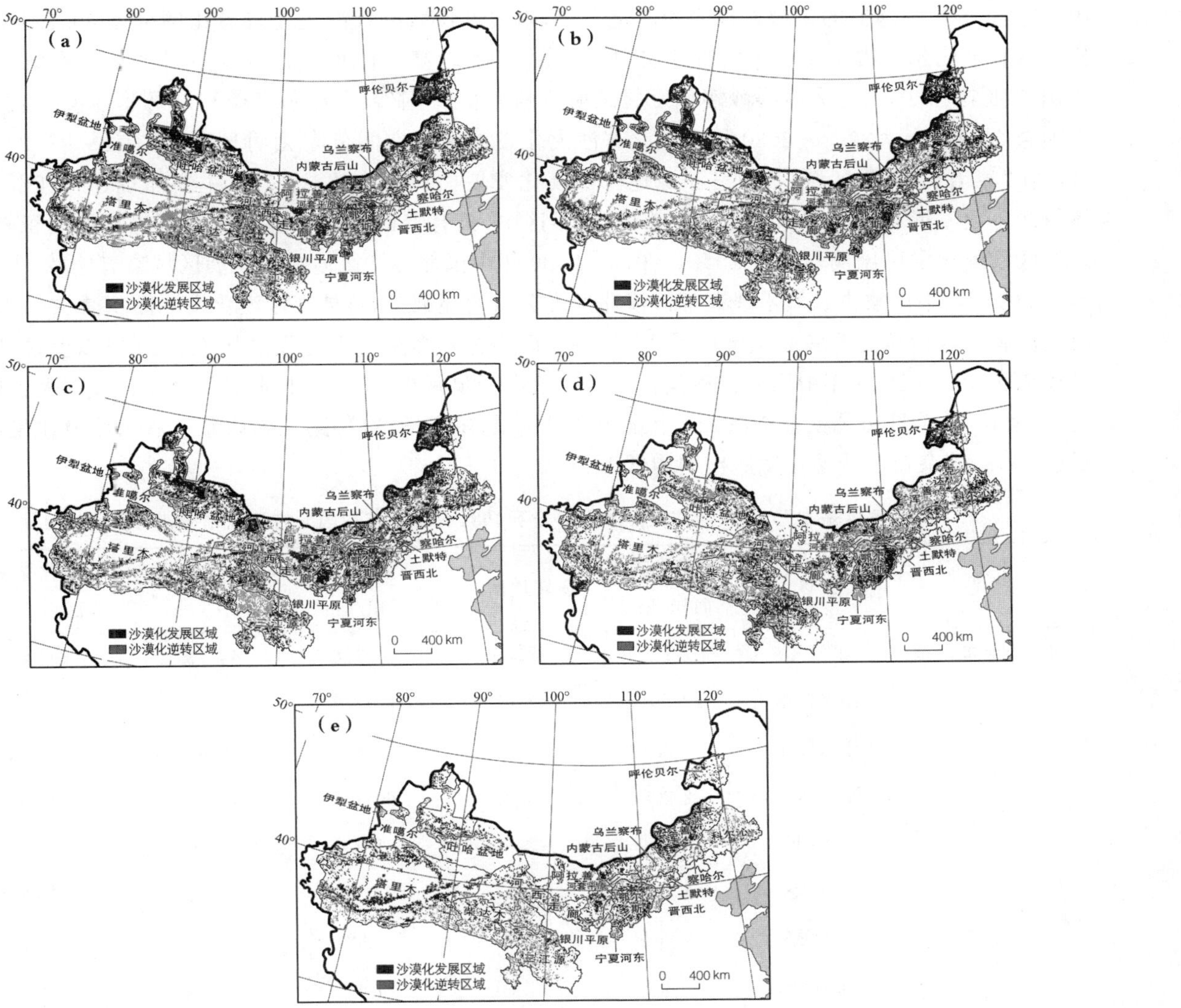


**图 3-56　气候基本无变化、治理政策消极情景下 1981—2030 年(a)、1990—2030 年(b)、2000—2030 年(c)、2010—2030 年(d)、2020—2030 年(e)中国北方沙漠化逆转与发展区域分布**

由正转负，演变为沙漠化发展态势；所有亚区中依然只有 4 个地区的沙漠化净逆转面积大于 0，分别为晋西北、阿拉善、柴达木和塔里木(表 3-53)。2000—2030 年中国北方沙漠化净逆转面积略有增加，主要体现在三江源地区的沙漠化净逆转比例增加至 5%以上，而内蒙古长城沿线和西北干旱荒漠区净逆转面积无明显变化；所有亚区中依然仅有 4 个表现出土地沙漠化“零增长”态势，内蒙古长城沿线中除晋西北外其余亚区净逆转面积均小于 0(表 3-54)。2010—2030 年中国北方沙区净逆转面积为－28.99 万 $km^2$，沙漠化发展和逆转区域空间分布明显改变，内蒙古长城沿线净逆转比例增加 20%以上，而三江源地区净逆转比例减少 25%以上；各亚区中宁夏河东净逆转比例为 0，其余亚区净逆转比例均小于 0(表 3-55)。2020—2030 年中国北方沙漠化净逆转面积略有降低至－30.75 万 $km^2$，其中内蒙古长城沿线和西北干旱荒漠区的净逆转比例均低于－10%，三江源地区净逆转比例增加至 2.38%；20 个亚区中有 9 个表现为沙漠化“零增长”，其中晋西北和宁夏河东地区的净逆转比例超过 35%(表 3-56)。

土地沙漠化“零增长”风险区域方面，中国北方沙漠化发展区域占比较大且分布较为离散，除晋西北和伊犁盆地在 2020—2030 年间沙漠化发展面积为 0，其余沙区在各时期均存在沙漠化“零增长”风险区域。与基准情景相比，消极的沙漠化治理政策使得中国北方沙漠化发展区域明显扩张，沙漠化发展面积增加近一倍，且这种趋势在三大沙区均有所体现，土地沙漠化风险明显加剧。从时间上看，1981—2030 年中国北方沙区中27.4%的区域表现为沙漠化发展，内蒙古长城沿线沙漠化发展比例接近40%；亚区中呼伦贝尔和准噶尔沙漠化发展比例超过55%，风险性相对较高。1990—2030年中国北方沙区沙漠化发展比例增加至29.0%，三大沙区沙漠化发展区域均略有扩展；亚区中鄂尔多斯和准噶尔沙漠化发展比例增加至60%以上。2000—2030年中国北方沙漠化发展区域空间分布无明显变化，有28.8%的区域为沙漠化"零增长"风险区域，其中三江源地区沙漠化发展面积减少超过10%，主要体现在三江源北部整体由沙漠化发展趋势变为沙漠化逆转趋势；各亚区中，只有晋西北和塔里木的沙漠化发展面积较小，其余亚区沙漠化发展比例均超过20%。2010—2030年中国北方沙区沙漠化发展区域略有缩减，占比减少至25.0%，其中内蒙古长城沿线北部沙漠化发展区域明显减少，整体上沙漠化发展面积减少13%左右，而三江源地区沙漠化发展面积增加近20%；各亚区中鄂尔多斯沙漠化发展比例在60%以上，风险性相对较高。2020—2030年中国北方沙漠化发展区域进一步减少，面积占比降低至17.8%，三大沙区沙漠化"零增长"风险区域均明显缩减；20个亚区中，只有鄂尔多斯、浑善达克和内蒙古后山沙漠化发展比例超过35%，其余亚区沙漠化发展比例均低于25%。

**表3-52 气候基本无变化、治理政策消极情景下1981—2030年中国北方沙漠化逆转与发展状况**

| 沙区 | 亚区 | 沙漠化逆转面积/$km^2$ | 逆转比例/% | 沙漠化发展面积/$km^2$ | 发展比例/% | 沙漠化净逆转面积/$km^2$ |
|---|---|---|---|---|---|---|
| 内蒙古长城沿线 | 察哈尔 | 2 112 | 7.35 | 12 928 | 44.99 | −10 816 |
| | 鄂尔多斯 | 22 784 | 17.62 | 62 912 | 48.65 | −40 128 |
| | 呼伦贝尔 | 3 584 | 4.42 | 47 424 | 58.48 | −43 840 |
| | 浑善达克 | 22 208 | 13.07 | 69 376 | 40.83 | −47 168 |
| | 晋西北 | 3 264 | 12.85 | 1 920 | 7.56 | 1 344 |
| | 科尔沁 | 3 008 | 2.04 | 53 760 | 36.41 | −50 752 |
| | 宁夏河东 | 64 | 0.50 | 5 824 | 45.27 | −5 760 |
| | 土默特 | 1 856 | 5.66 | 13 696 | 41.80 | −11 840 |
| | 乌兰察布 | 28 992 | 29.56 | 15 808 | 16.12 | 13 184 |
| | **总和** | **87 872** | **12.11** | **283 648** | **39.08** | **−195 776** |
| 西北干旱荒漠区 | 阿拉善 | 49 152 | 20.53 | 58 688 | 24.51 | −9 536 |
| | 柴达木 | 79 616 | 35.56 | 40 448 | 18.06 | 39 168 |
| | 河套平原 | 384 | 2.03 | 6 784 | 35.81 | −6 400 |
| | 河西走廊 | 58 816 | 26.08 | 67 008 | 29.71 | −8 192 |
| | 内蒙古后山 | 9 536 | 20.37 | 22 336 | 47.71 | −12 800 |
| | 塔里木 | 237 632 | 27.21 | 123 520 | 14.14 | 114 112 |
| | 吐哈盆地 | 29 056 | 14.21 | 46 400 | 22.70 | −17 344 |
| | 伊犁盆地 | 256 | 4.94 | 2 240 | 43.21 | −1 984 |
| | 银川平原 | 3 904 | 21.82 | 6 464 | 36.14 | −2 560 |
| | 准噶尔 | 12 992 | 7.24 | 105 088 | 58.57 | −92 096 |
| | **总和** | **481 344** | **23.65** | **478 976** | **23.54** | **2 368** |
| 三江源地区 | **三江源** | **47 872** | **18.18** | **70 016** | **26.60** | **−22 144** |

**表 3-53　气候基本无变化、治理政策消极情景下 1990—2030 年中国北方沙漠化逆转与发展状况**

| 沙区 | 亚区 | 沙漠化逆转面积/km² | 逆转比例/% | 沙漠化发展面积/km² | 发展比例/% | 沙漠化净逆转面积/km² |
|---|---|---|---|---|---|---|
| 内蒙古长城沿线 | 察哈尔 | 2 112 | 7.35 | 13 696 | 47.66 | −11 584 |
| | 鄂尔多斯 | 14 144 | 10.94 | 78 144 | 60.43 | −64 000 |
| | 呼伦贝尔 | 1 664 | 2.05 | 45 376 | 55.95 | −43 712 |
| | 浑善达克 | 19 520 | 11.49 | 73 664 | 43.35 | −54 144 |
| | 晋西北 | 4 544 | 17.88 | 1 984 | 7.81 | 2 560 |
| | 科尔沁 | 2 304 | 1.56 | 54 144 | 36.67 | −51 840 |
| | 宁夏河东 | 0 | 0.00 | 5 888 | 45.77 | −5 888 |
| | 土默特 | 896 | 2.73 | 14 848 | 45.31 | −13 952 |
| | 乌兰察布 | 8 064 | 8.22 | 25 280 | 25.77 | −17 216 |
| | **总和** | **53 248** | **7.34** | **313 024** | **43.13** | **−259 776** |
| 西北干旱荒漠区 | 阿拉善 | 50 368 | 21.04 | 43 520 | 18.18 | 6 848 |
| | 柴达木 | 58 688 | 26.21 | 50 048 | 22.35 | 8 640 |
| | 河套平原 | 512 | 2.70 | 6 976 | 36.82 | −6 464 |
| | 河西走廊 | 51 584 | 22.87 | 62 528 | 27.73 | −10 944 |
| | 内蒙古后山 | 8 640 | 18.46 | 19 904 | 42.52 | −11 264 |
| | 塔里木 | 169 344 | 19.39 | 140 352 | 16.07 | 28 992 |
| | 吐哈盆地 | 21 760 | 10.64 | 49 344 | 24.14 | −27 584 |
| | 伊犁盆地 | 128 | 2.47 | 2 304 | 44.44 | −2 176 |
| | 银川平原 | 2 752 | 15.38 | 6 720 | 37.57 | −3 968 |
| | 准噶尔 | 7 872 | 4.39 | 109 888 | 61.24 | −102 016 |
| | **总和** | **371 648** | **18.26** | **491 584** | **24.16** | **−119 936** |
| 三江源地区 | **三江源** | **38 592** | **14.66** | **76 416** | **29.03** | **−37 824** |

**表 3-54　气候基本无变化、治理政策消极情景下 2000—2030 年中国北方沙漠化逆转与发展状况**

| 沙区 | 亚区 | 沙漠化逆转面积/km² | 逆转比例/% | 沙漠化发展面积/km² | 发展比例/% | 沙漠化净逆转面积/km² |
|---|---|---|---|---|---|---|
| 内蒙古长城沿线 | 察哈尔 | 1 152 | 4.01 | 16 128 | 56.12 | −14 976 |
| | 鄂尔多斯 | 14 656 | 11.33 | 73 984 | 57.21 | −59 328 |
| | 呼伦贝尔 | 3 584 | 4.42 | 44 928 | 55.40 | −41 344 |
| | 浑善达克 | 18 816 | 11.07 | 74 240 | 43.69 | −55 424 |
| | 晋西北 | 4 672 | 18.39 | 2 304 | 9.07 | 2 368 |
| | 科尔沁 | 1 856 | 1.26 | 54 464 | 36.89 | −52 608 |
| | 宁夏河东 | 256 | 1.99 | 5 632 | 43.78 | −5 376 |
| | 土默特 | 1 152 | 3.52 | 14 528 | 44.34 | −13 376 |

续表3-54

| 沙区 | 亚区 | 沙漠化逆转面积/km² | 逆转比例/% | 沙漠化发展面积/km² | 发展比例/% | 沙漠化净逆转面积/km² |
|---|---|---|---|---|---|---|
| 内蒙古长城沿线 | 乌兰察布 | 6 720 | 6.85 | 27 648 | 28.19 | −20 928 |
| | **总和** | **52 864** | **7.28** | **313 856** | **43.24** | **−260 992** |
| 西北干旱荒漠区 | 阿拉善 | 31 936 | 13.34 | 83 328 | 34.80 | −51 392 |
| | 柴达木 | 57 728 | 25.78 | 53 184 | 23.75 | 4 544 |
| | 河套平原 | 896 | 4.73 | 6 080 | 32.09 | −5 184 |
| | 河西走廊 | 47 488 | 21.06 | 72 320 | 32.07 | −24 832 |
| | 内蒙古后山 | 8 960 | 19.14 | 19 968 | 42.65 | −11 008 |
| | 塔里木 | 188 992 | 21.64 | 119 744 | 13.71 | 69 248 |
| | 吐哈盆地 | 22 848 | 11.18 | 56 064 | 27.42 | −33 216 |
| | 伊犁盆地 | 640 | 12.35 | 2 176 | 41.98 | −1 536 |
| | 银川平原 | 2 560 | 14.31 | 6 656 | 37.21 | −4 096 |
| | 准噶尔 | 20 800 | 11.59 | 92 992 | 51.83 | −72 192 |
| | **总和** | **382 848** | **18.81** | **512 512** | **25.19** | **−129 664** |
| 三江源地区 | **三江源** | **63 424** | **24.09** | **49 152** | **18.67** | **14 272** |

**表 3-55 气候基本无变化、治理政策消极情景下 2010—2030 年中国北方沙漠化逆转与发展状况**

| 沙区 | 亚区 | 沙漠化逆转面积/km² | 逆转比例/% | 沙漠化发展面积/km² | 发展比例/% | 沙漠化净逆转面积/km² |
|---|---|---|---|---|---|---|
| 内蒙古长城沿线 | 察哈尔 | 3 328 | 4.01 | 10 176 | 35.41 | −6 848 |
| | 鄂尔多斯 | 10 944 | 21.68 | 80 704 | 62.41 | −69 760 |
| | 呼伦贝尔 | 16 960 | 32.12 | 28 992 | 35.75 | −12 032 |
| | 浑善达克 | 47 488 | 9.83 | 21 952 | 12.92 | 25 536 |
| | 晋西北 | 1 408 | 5.04 | 2 688 | 10.58 | −1 280 |
| | 科尔沁 | 11 584 | 19.64 | 45 632 | 30.91 | −34 048 |
| | 宁夏河东 | 6 336 | 0.50 | 64 | 0.50 | 6 272 |
| | 土默特 | 2 752 | 9.38 | 14 400 | 43.95 | −11 648 |
| | 乌兰察布 | 20 096 | 10.96 | 15 296 | 15.59 | 4 800 |
| | **总和** | **120 896** | **16.67** | **219 904** | **30.32** | **−99 008** |
| 西北干旱荒漠区 | 阿拉善 | 640 | 14.89 | 55 168 | 23.04 | −54 528 |
| | 柴达木 | 47 168 | 7.43 | 57 600 | 25.72 | −10 432 |
| | 河套平原 | 1 920 | 14.19 | 6 208 | 32.77 | −4 288 |
| | 河西走廊 | 55 680 | 7.21 | 60 992 | 27.05 | −5 312 |
| | 内蒙古后山 | 14 336 | 28.71 | 17 408 | 37.19 | −3 072 |
| | 塔里木 | 137 408 | 4.58 | 146 048 | 16.72 | −8 640 |
| | 吐哈盆地 | 19 904 | 2.63 | 54 592 | 26.70 | −34 688 |

续表3-55

| 沙区 | 亚区 | 沙漠化逆转面积/km² | 逆转比例/% | 沙漠化发展面积/km² | 发展比例/% | 沙漠化净逆转面积/km² |
|---|---|---|---|---|---|---|
| 西北干旱荒漠区 | 伊犁盆地 | 448 | 22.22 | 2 048 | 39.51 | −1 600 |
| | 银川平原 | 3 072 | 27.91 | 7 488 | 41.86 | −4 416 |
| | 准噶尔 | 40 192 | 6.99 | 36 352 | 20.26 | 3 840 |
| | **总和** | **320 768** | **15.81** | **443 904** | **21.88** | **−123 136** |
| 三江源地区 | **三江源** | **30 016** | **14.95** | **97 728** | **37.12** | **−67 712** |

**表 3-56　气候基本无变化、治理政策消极情景下 2020—2030 年中国北方沙漠化逆转与发展状况**

| 沙区 | 亚区 | 沙漠化逆转面积/km² | 逆转比例/% | 沙漠化发展面积/km² | 发展比例/% | 沙漠化净逆转面积/km² |
|---|---|---|---|---|---|---|
| 内蒙古长城沿线 | 察哈尔 | 3 584 | 12.47 | 3 008 | 10.47 | 576 |
| | 鄂尔多斯 | 6 784 | 5.25 | 50 368 | 38.95 | −43 584 |
| | 呼伦贝尔 | 3 456 | 4.26 | 11 136 | 13.73 | −7 680 |
| | 浑善达克 | 2 496 | 1.47 | 67 456 | 39.70 | −64 960 |
| | 晋西北 | 8 960 | 35.26 | 0 | 0.00 | 8 960 |
| | 科尔沁 | 23 296 | 15.78 | 10 816 | 7.33 | 12 480 |
| | 宁夏河东 | 4 096 | 31.84 | 896 | 6.97 | 3 200 |
| | 土默特 | 1 664 | 5.08 | 7 360 | 22.46 | −5 696 |
| | 乌兰察布 | 12 928 | 13.18 | 5 504 | 5.61 | 7 424 |
| | **总和** | **67 264** | **9.27** | **156 544** | **21.57** | **−89 280** |
| 西北干旱荒漠区 | 阿拉善 | 256 | 0.11 | 43 712 | 18.26 | −43 456 |
| | 柴达木 | 22 592 | 10.09 | 33 216 | 14.83 | −10 624 |
| | 河套平原 | 5 376 | 28.38 | 960 | 5.07 | 4 416 |
| | 河西走廊 | 11 968 | 5.31 | 35 456 | 15.72 | −23 488 |
| | 内蒙古后山 | 1 664 | 3.55 | 16 448 | 35.14 | −14 784 |
| | 塔里木 | 64 320 | 7.36 | 166 784 | 19.10 | −102 464 |
| | 吐哈盆地 | 3 136 | 1.53 | 18 432 | 9.02 | −15 296 |
| | 伊犁盆地 | 2 368 | 45.68 | 0 | 0.00 | 2 368 |
| | 银川平原 | 3 904 | 21.82 | 2 816 | 15.74 | 1 088 |
| | 准噶尔 | 14 208 | 7.92 | 36 480 | 20.33 | −22 272 |
| | **总和** | **129 792** | **6.38** | **354 304** | **17.41** | **−224 512** |
| 三江源地区 | **三江源** | **38 208** | **14.51** | **31 936** | **12.13** | **6 272** |

### 3.4.4　情景 4:气候趋于湿润、治理政策维持现状

在气候趋于湿润、未来沙漠化治理政策基本保持不变的情景下，中国北方沙区整体上呈现为沙漠化净逆转，土地沙漠化“零增长”态势趋向好转(图 3-57)。与基准情景相比，湿润的气候条件使得中国北

方沙漠化逆转区域有所扩大，内蒙古长城沿线北部地区沙漠化净逆转态势最为明显。各个时间段上，1981—2030年中国北方沙漠化净逆转面积为56.03万$km^2$，内蒙古长城沿线沙漠化净逆转比例约为14.2%，西北干旱荒漠区和三江源地区净逆转比例均超过15%；在亚区中，浑善达克、乌兰察布和柴达木净逆转比例超过30%（表3-57）。1990—2030年中国北方沙区沙漠化净逆转面积无明显变化，西北干旱荒漠区和三江源地区净逆转比例依然保持在15%以上，但内蒙古长城沿线沙漠化净逆转比例低至5.2%左右；20个亚区中仅有4个亚区净逆转面积小于0，且都属于内蒙古长城沿线沙区（表3-58）。2000—2030年中国北方沙漠化净逆转面积减少至53.88万$km^2$，其中西北干旱荒漠区净逆转比例有所降低，而三江源地区净逆转比例提高至30%以上；在亚区中，除科尔沁、土默特和河套平原外，其他沙区净逆转面积均大于0（表3-59）。2010—2030年中国北方沙漠化净逆转面积为44.10万$km^2$，其中三江源地区由于净逆转面积小于0而呈沙漠化发展态势，而内蒙古长城沿线净逆转比例增加至超过20%；20个沙区中有12个表现为土地沙漠化"零增长"，其中呼伦贝尔和浑善达克地区净逆转比例大于60%（表3-60）。2020—2030年中国北方沙漠化净逆转面积缩减至13.72万$km^2$，三大沙区均表现为沙漠化逆转态势，其中西北干旱荒漠区净逆转比例为6.1%左右，而内蒙古长城沿线和三江源地区净逆转比例均低于2%；全部沙区中依然有一半以上沙区呈沙漠化"零增长"态势，晋西北和伊犁盆地的净逆转比例大于75%（表3-61）。

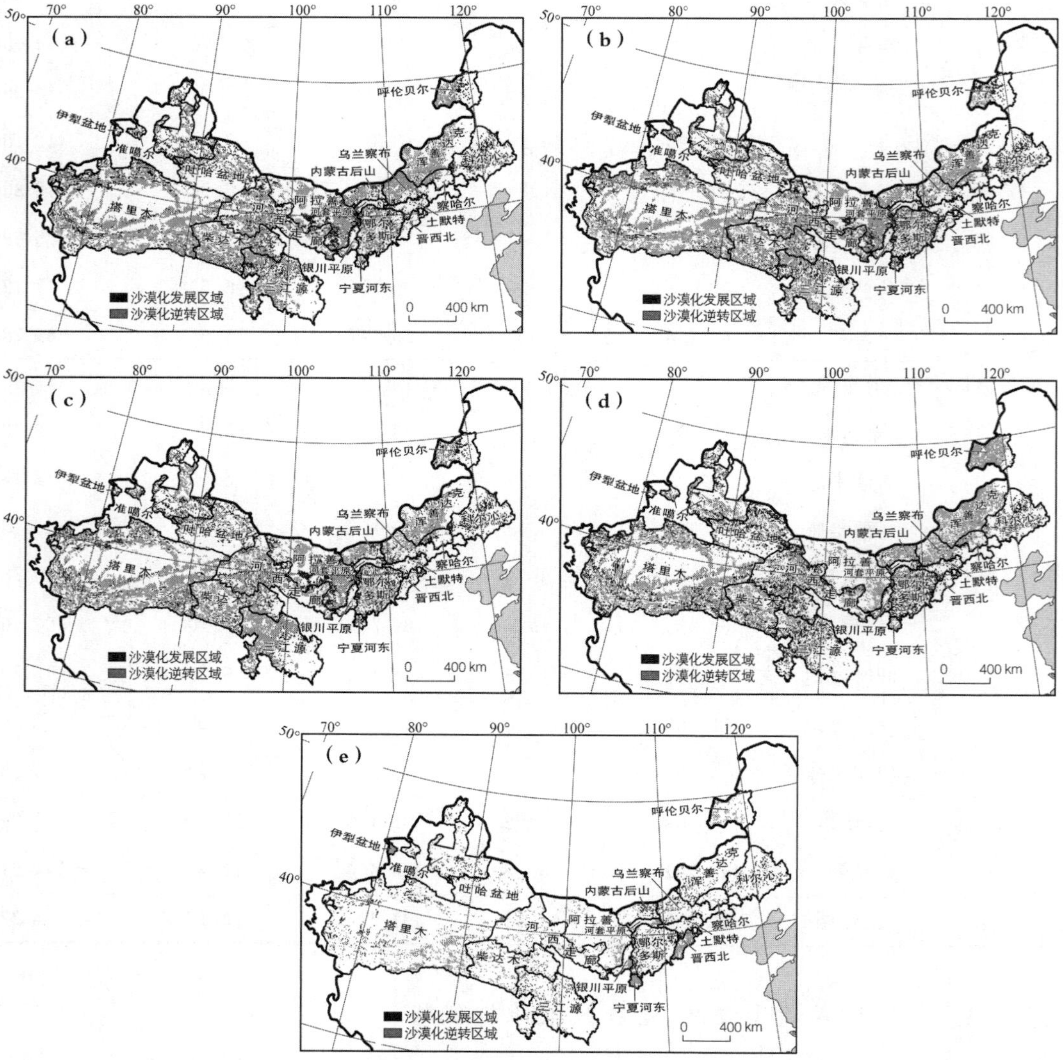


**图3-57　气候趋于湿润、治理政策维持现状情景下1981—2030年(a)、1990—2030年(b)、2000—2030年(c)、2010—2030年(d)、2020—2030年(e)中国北方沙漠化逆转与发展区域分布**

从土地沙漠化"零增长"风险区域来看，各时期内的中国北方沙漠化发展区域比例维持在 15%以下，主要分布在内蒙古长城沿线西北部和西北干旱区边缘。与基准时期相比，土地沙漠化"零增长"风险区明显缩减，湿润的气候条件整体上缓和了土地面临的沙漠化发展风险，其中内蒙古长城沿线北部、西北干旱荒漠区东部和北部沙漠化发展区域减少最为明显，在呼伦贝尔、浑善达克、内蒙古后山、准噶尔等地区均有体现。从不同时期来看，1981—2030 年中国北方 12.7%的区域表现为沙漠化发展，三大沙区沙漠化发展比例无明显差异，均处于 11%～13%之间；全部亚区中，伊犁盆地超过 30%的区域呈沙漠化发展，沙漠化风险相对较高。1990—2030 年中国北方沙漠化发展区域占比为 11.6%，内蒙古长城沿线沙漠化发展比例超过 15%，西北干旱荒漠区和三江源地区沙漠化发展比例保持在 11%左右；从不同亚区来看，鄂尔多斯、科尔沁和伊犁盆地沙漠化发展面积占比大于 20%，面临较高风险性。2000—2030 年中国北方沙区中有 12.4%的区域为沙漠化发展区域，其中三江源地区沙漠化发展面积变化明显，占比降低至 5.4%；20 个亚区中有 3 个沙漠化发展比例超过 20%，分别为鄂尔多斯、科尔沁和阿拉善。2010—2030 年中国北方沙区沙漠化发展面积略有增加，占比提高至 13.8%，主要体现在西北干旱荒漠区和三江源地区沙漠化发展区域明显扩张上，而内蒙古长城沿线沙漠化发展区域明显缩减，其亚区中只有鄂尔多斯、科尔沁和土默特沙漠化发展比例超过 15%，其余亚区沙漠化发展比例均在 10%以下。2020—2030 年中国北方沙区沙漠化发展面积占比降低至 4.4%，三大沙区土地沙漠化"零增长"风险区域均明显减少，其中西北干旱荒漠区和三江源地区沙漠化发展面积减少 10%以上；从不同亚区来看，20 个亚区中 17 个沙漠化发展比例低于 10%，其中晋西北、宁夏河东和伊犁盆地的沙漠化发展面积为 0。

**表 3-57 气候趋于湿润、治理政策维持现状情景下 1981—2030 年中国北方沙漠化逆转与发展状况**

| 沙区 | 亚区 | 沙漠化逆转面积/$km^2$ | 逆转比例/% | 沙漠化发展面积/$km^2$ | 发展比例/% | 沙漠化净逆转面积/$km^2$ |
|---|---|---|---|---|---|---|
| 内蒙古长城沿线 | 察哈尔 | 7 552 | 26.28 | 2 432 | 8.46 | 5 120 |
| | 鄂尔多斯 | 48 192 | 37.27 | 25 152 | 19.45 | 23 040 |
| | 呼伦贝尔 | 21 312 | 26.28 | 9 152 | 11.29 | 12 160 |
| | 浑善达克 | 66 752 | 39.28 | 7 680 | 4.52 | 59 072 |
| | 晋西北 | 2 112 | 8.31 | 1 664 | 6.55 | 448 |
| | 科尔沁 | 6 016 | 4.07 | 34 176 | 23.15 | −28 160 |
| | 宁夏河东 | 2 176 | 16.92 | 1 728 | 13.43 | 448 |
| | 土默特 | 3 072 | 9.38 | 5 440 | 16.60 | −2 368 |
| | 乌兰察布 | 38 592 | 39.34 | 5 440 | 5.55 | 33 152 |
| | **总和** | **195 776** | **26.97** | **92 864** | **12.79** | **102 912** |
| 西北干旱荒漠区 | 阿拉善 | 88 896 | 37.13 | 39 488 | 16.49 | 49 408 |
| | 柴达木 | 99 648 | 44.50 | 24 192 | 10.80 | 75 456 |
| | 河套平原 | 1 152 | 6.08 | 3 840 | 20.27 | −2 688 |
| | 河西走廊 | 80 512 | 35.70 | 33 856 | 15.01 | 46 656 |
| | 内蒙古后山 | 18 624 | 39.78 | 7 360 | 15.72 | 11 264 |
| | 塔里木 | 302 720 | 34.66 | 84 736 | 9.70 | 217 984 |

续表3-57

| 沙区 | 亚区 | 沙漠化逆转面积/km² | 逆转比例/% | 沙漠化发展面积/km² | 发展比例/% | 沙漠化净逆转面积/km² |
|---|---|---|---|---|---|---|
| 西北干旱荒漠区 | 吐哈盆地 | 34 624 | 16.94 | 27 392 | 13.40 | 7 232 |
| | 伊犁盆地 | 512 | 9.88 | 1 728 | 33.33 | −1 216 |
| | 银川平原 | 4 992 | 27.91 | 2 816 | 15.74 | 2 176 |
| | 准噶尔 | 42 752 | 23.83 | 37 440 | 20.87 | 5 312 |
| | **总和** | **674 432** | **33.14** | **262 848** | **12.92** | **411 584** |
| 三江源地区 | **三江源** | **76 736** | **29.15** | **30 976** | **11.77** | **45 760** |

**表3-58 气候趋于湿润、治理政策维持现状情景下1990—2030年中国北方沙漠化逆转与发展状况**

| 沙区 | 亚区 | 沙漠化逆转面积/km² | 逆转比例/% | 沙漠化发展面积/km² | 发展比例/% | 沙漠化净逆转面积/km² |
|---|---|---|---|---|---|---|
| 内蒙古长城沿线 | 察哈尔 | 7 040 | 24.50 | 2 048 | 7.13 | 4 992 |
| | 鄂尔多斯 | 36 608 | 28.31 | 34 624 | 26.78 | 1 984 |
| | 呼伦贝尔 | 10 560 | 13.02 | 14 720 | 18.15 | −4 160 |
| | 浑善达克 | 58 752 | 34.58 | 12 672 | 7.46 | 46 080 |
| | 晋西北 | 3 008 | 11.84 | 1 536 | 6.05 | 1 472 |
| | 科尔沁 | 7 424 | 5.03 | 30 592 | 20.72 | −23 168 |
| | 宁夏河东 | 1 600 | 12.44 | 2 304 | 17.91 | −704 |
| | 土默特 | 2 752 | 8.40 | 5 120 | 15.63 | −2 368 |
| | 乌兰察布 | 21 440 | 21.86 | 8 000 | 8.16 | 13 440 |
| | **总和** | **149 184** | **20.55** | **111 616** | **15.38** | **37 568** |
| 西北干旱荒漠区 | 阿拉善 | 89 792 | 37.50 | 30 144 | 12.59 | 59 648 |
| | 柴达木 | 98 432 | 43.96 | 20 416 | 9.12 | 78 016 |
| | 河套平原 | 2 496 | 13.18 | 2 304 | 12.16 | 192 |
| | 河西走廊 | 82 688 | 36.67 | 31 872 | 14.13 | 50 816 |
| | 内蒙古后山 | 22 400 | 47.85 | 4 416 | 9.43 | 17 984 |
| | 塔里木 | 315 264 | 36.10 | 66 752 | 7.64 | 248 512 |
| | 吐哈盆地 | 35 712 | 17.47 | 24 704 | 12.08 | 11 008 |
| | 伊犁盆地 | 1 152 | 22.22 | 1 088 | 20.99 | 64 |
| | 银川平原 | 4 800 | 26.83 | 1 984 | 11.09 | 2 816 |
| | 准噶尔 | 44 416 | 24.75 | 28 160 | 15.69 | 16 256 |
| | **总和** | **697 152** | **34.26** | **211 840** | **10.41** | **485 312** |
| 三江源地区 | **三江源** | **69 760** | **26.50** | **29 696** | **11.28** | **40 064** |

**表 3-59　气候趋于湿润、治理政策维持现状情景下 2000—2030 年中国北方沙漠化逆转与发展状况**

| 沙区 | 亚区 | 沙漠化逆转面积/km² | 逆转比例/% | 沙漠化发展面积/km² | 发展比例/% | 沙漠化净逆转面积/km² |
|---|---|---|---|---|---|---|
| 内蒙古长城沿线 | 察哈尔 | 4 096 | 14.25 | 3 968 | 13.81 | 128 |
| | 鄂尔多斯 | 37 568 | 29.05 | 31 104 | 24.05 | 6 464 |
| | 呼伦贝尔 | 13 696 | 16.89 | 12 032 | 14.84 | 1 664 |
| | 浑善达克 | 58 624 | 34.50 | 10 816 | 6.37 | 47 808 |
| | 晋西北 | 3 712 | 14.61 | 1 344 | 5.29 | 2 368 |
| | 科尔沁 | 6 336 | 4.29 | 31 360 | 21.24 | −25 024 |
| | 宁夏河东 | 2 752 | 21.39 | 2 176 | 16.92 | 576 |
| | 土默特 | 3 264 | 9.96 | 4 864 | 14.84 | −1 600 |
| | 乌兰察布 | 18 752 | 19.12 | 8 768 | 8.94 | 9 984 |
| | **总和** | **148 800** | **20.50** | **106 432** | **14.66** | **42 368** |
| 西北干旱荒漠区 | 阿拉善 | 87 168 | 36.40 | 51 712 | 21.60 | 35 456 |
| | 柴达木 | 90 432 | 40.39 | 24 640 | 11.00 | 65 792 |
| | 河套平原 | 2 112 | 11.15 | 2 688 | 14.19 | −576 |
| | 河西走廊 | 77 120 | 34.20 | 29 312 | 13.00 | 47 808 |
| | 内蒙古后山 | 21 760 | 46.48 | 5 056 | 10.80 | 16 704 |
| | 塔里木 | 302 720 | 34.66 | 80 896 | 9.26 | 221 824 |
| | 吐哈盆地 | 33 536 | 16.40 | 28 160 | 13.77 | 5 376 |
| | 伊犁盆地 | 1 152 | 22.22 | 1 024 | 19.75 | 128 |
| | 银川平原 | 4 160 | 23.26 | 1 792 | 10.02 | 2 368 |
| | 准噶尔 | 46 208 | 25.75 | 31 680 | 17.66 | 14 528 |
| | **总和** | **666 368** | **32.75** | **256 960** | **12.63** | **409 408** |
| 三江源地区 | **三江源** | **101 248** | **38.46** | **14 208** | **5.40** | **87 040** |

**表 3-60　气候趋于湿润、治理政策维持现状情景下 2010—2030 年中国北方沙漠化逆转与发展状况**

| 沙区 | 亚区 | 沙漠化逆转面积/km² | 逆转比例/% | 沙漠化发展面积/km² | 发展比例/% | 沙漠化净逆转面积/km² |
|---|---|---|---|---|---|---|
| 内蒙古长城沿线 | 察哈尔 | 9 792 | 34.08 | 1 920 | 6.68 | 7 872 |
| | 鄂尔多斯 | 25 792 | 19.95 | 40 448 | 31.28 | −14 656 |
| | 呼伦贝尔 | 51 904 | 64.00 | 1 728 | 2.13 | 50 176 |
| | 浑善达克 | 107 776 | 63.43 | 2 176 | 1.28 | 105 600 |
| | 晋西北 | 1 344 | 5.29 | 2 368 | 9.32 | −1 024 |
| | 科尔沁 | 20 032 | 13.57 | 26 432 | 17.90 | −6 400 |
| | 宁夏河东 | 4 480 | 34.83 | 0 | 0.00 | 4 480 |
| | 土默特 | 3 840 | 11.72 | 6 144 | 18.75 | −2 304 |

续表3-60

| 沙区 | 亚区 | 沙漠化逆转面积/km² | 逆转比例/% | 沙漠化发展面积/km² | 发展比例/% | 沙漠化净逆转面积/km² |
|---|---|---|---|---|---|---|
| 内蒙古长城沿线 | 乌兰察布 | 32 896 | 33.54 | 4 096 | 4.18 | 28 800 |
| | **总和** | **257 856** | **35.55** | **85 312** | **11.76** | **172 544** |
| 西北干旱荒漠区 | 阿拉善 | 54 272 | 22.67 | 1 024 | 0.43 | 53 248 |
| | 柴达木 | 72 768 | 32.50 | 43 264 | 19.32 | 29 504 |
| | 河套平原 | 2 688 | 14.19 | 3 264 | 17.23 | −576 |
| | 河西走廊 | 60 480 | 26.82 | 44 864 | 19.89 | 15 616 |
| | 内蒙古后山 | 24 256 | 51.81 | 3 968 | 8.48 | 20 288 |
| | 塔里木 | 261 824 | 29.98 | 118 656 | 13.59 | 143 168 |
| | 吐哈盆地 | 27 008 | 13.21 | 49 152 | 24.04 | −22 144 |
| | 伊犁盆地 | 896 | 17.28 | 1 152 | 22.22 | −256 |
| | 银川平原 | 4 928 | 27.55 | 4 416 | 24.69 | 512 |
| | 准噶尔 | 53 696 | 29.93 | 22 848 | 12.73 | 30 848 |
| | **总和** | **562 816** | **27.74** | **292 608** | **14.42** | **270 208** |
| 三江源地区 | **三江源** | **40 704** | **15.46** | **42 496** | **16.14** | **−1 792** |

**表3-61 气候趋于湿润、治理政策维持现状情景下2020—2030年中国北方沙漠化逆转与发展状况**

| 沙区 | 亚区 | 沙漠化逆转面积/km² | 逆转比例/% | 沙漠化发展面积/km² | 发展比例/% | 沙漠化净逆转面积/km² |
|---|---|---|---|---|---|---|
| 内蒙古长城沿线 | 察哈尔 | 1 856 | 6.46 | 320 | 1.11 | 1 536 |
| | 鄂尔多斯 | 13 504 | 10.44 | 20 480 | 15.84 | −6 976 |
| | 呼伦贝尔 | 12 544 | 15.47 | 64 | 0.08 | 12 480 |
| | 浑善达克 | 4 800 | 2.82 | 11 520 | 6.78 | −6 720 |
| | 晋西北 | 19 584 | 77.08 | 0 | 0.00 | 19 584 |
| | 科尔沁 | 6 272 | 4.25 | 10 944 | 7.41 | −4 672 |
| | 宁夏河东 | 7 232 | 56.22 | 0 | 0.00 | 7 232 |
| | 土默特 | 320 | 0.98 | 5 248 | 16.02 | −4 928 |
| | 乌兰察布 | 2 880 | 2.94 | 8 128 | 8.29 | −5 248 |
| | **总和** | **68 992** | **9.51** | **56 704** | **7.81** | **12 288** |
| 西北干旱荒漠区 | 阿拉善 | 19 136 | 7.99 | 1 280 | 0.53 | 17 856 |
| | 柴达木 | 23 424 | 10.46 | 5 568 | 2.49 | 17 856 |
| | 河套平原 | 6 528 | 34.46 | 128 | 0.68 | 6 400 |
| | 河西走廊 | 17 728 | 7.86 | 4 992 | 2.21 | 12 736 |
| | 内蒙古后山 | 3 136 | 6.70 | 6 272 | 13.40 | −3 136 |
| | 塔里木 | 89 920 | 10.30 | 28 992 | 3.32 | 60 928 |
| | 吐哈盆地 | 5 824 | 2.85 | 2 816 | 1.38 | 3 008 |

续表3-61

| 沙区 | 亚区 | 沙漠化逆转面积/km² | 逆转比例/% | 沙漠化发展面积/km² | 发展比例/% | 沙漠化净逆转面积/km² |
|---|---|---|---|---|---|---|
| 西北干旱荒漠区 | 伊犁盆地 | 4 416 | 85.19 | 0 | 0.00 | 4 416 |
| | 银川平原 | 3 968 | 22.18 | 768 | 4.29 | 3 200 |
| | 准噶尔 | 12 224 | 6.81 | 11 456 | 6.38 | 768 |
| | **总和** | **186 304** | **9.16** | **62 272** | **3.06** | **124 032** |
| 三江源地区 | **三江源** | **14 272** | **5.42** | **13 376** | **5.08** | **896** |

### 3.4.5　情景 5:气候趋于湿润、治理政策积极

在气候趋于湿润、未来沙漠化治理政策相对积极的情景下,中国北方整体沙漠化逆转程度明显提高,相对较多的区域表现出明显的土地沙漠化“零增长”态势(图 3-58)。与基准情景相比,此情景下的沙漠化净逆转面积增加幅度最大,这种态势不仅体现在内蒙古长城沿线北部浑善达克、乌兰察布等地区,西北干旱荒漠区东部内蒙古后山、河套平原等地区沙漠化净逆转面积也明显增加。从不同时期来看,1981—2030 年中国北方沙漠化净逆转面积达到 70.31 万 km²,三大沙区净逆转比例均超过 20%;20 个亚区中只有 2 个表现为沙漠化发展,其余亚区中乌兰察布和柴达木沙漠化净逆转比例超过 35%(表 3-62)。1990—2030 年中国北方沙漠化净逆转面积为 58.80 万 km²,西北干旱荒漠区和三江源地区沙漠化净逆转面积无明显变化;20 个亚区中有 16 个表现为土地沙漠化“零增长”,其中柴达木和塔里木盆地净逆转比例超过 30%(表 3-63)。2000—2030 年中国北方沙漠化净逆转面积为 53.35 万 km²,三江源地区沙漠化净逆转面积则明显增加,占比达到 34.5%;全部亚区中,只有科尔沁、河套平原和吐哈盆地的沙漠化净逆转面积小于 0(表 3-64)。2010—2030 年中国北方沙漠化净逆转面积提高至 60 万 km² 以上,内蒙古长城沿线沙漠化发展比例提高至 30%以上,三江源地区沙漠化净逆转比例为 7.9%,从不同亚区来看,除吐哈盆地沙漠化净逆转面积小于 0,其余亚区均表现为土地沙漠化“零增长”,其中呼伦贝尔、浑善达克和宁夏河东沙漠化逆转比例超过 60%(表 3-65)。2020—2030 年中国北方沙漠化净逆转面积为 26.81 万 km²,三大沙区沙漠化净逆转比例均低于 10%;20 个亚区中有 17 个表现为沙漠化逆转,其中大部分亚区沙漠化净逆转比例低于 10%,而晋西北净逆转比例超过 85%(表 3-66)。

土地沙漠化“零增长”风险区域方面,中国北方沙漠化发展程度整体减弱,沙漠化发展区域主要分布在西北干旱荒漠区东部和北部的阿拉善、吐哈盆地和准噶尔等地区。与基准情景相比,湿润的气候条件与积极的沙漠化治理政策相叠加,使得中国北方土地沙漠化“零增长”风险区域明显缩减,主要体现为内蒙古长城沿线的沙漠化发展区域有所减少。从不同时间节点上看,1981—2030 年中国北方沙漠化发展区域占比为 12.4%左右,其中西北干旱荒漠区和三江源地区沙漠化发展比例较高,分别为 14.3%和 11.5%左右;从不同亚区来看,只有晋西北沙漠化发展区域面积为 0,而河西走廊、内蒙古后山和准噶尔沙漠化发展比例超过 25%。1990—2030 年中国北方沙漠化发展面积略有增加,占比约为 13.3%,三大沙区沙漠化发展比例均位于 11%～15%之间;各亚区中,晋西北沙漠化发展面积依然为 0,而准噶尔沙漠化发展比例超过 30%。2000—2030 年中国北方沙区有 15%左右的区域表现为沙漠化发展态势,其中三江源地区沙漠化发展比例降低至 5%左右;20 个亚区中有 6 个亚区沙漠化发展比例超过 20%,风险程度较高。2010—2030 年中国北方沙区中 11.7%的区域为沙漠化发展区域,土地沙漠化“零增长”风险区域整体上向西转移,西北干旱荒漠区和三江源地区沙漠化发展比例均超过 13%;20 个亚区中有 2 个沙漠化发展面积为 0,且都属于内蒙古长城沿线沙区。2020—2030 年中国北方沙漠化发展区域明显缩减,只有 2.1%的区域表现为沙漠化发展态势,三大沙区的沙漠化发展面积均明显减少;20 个亚区中只有 4 个沙漠化发展比例超过 5%,其余沙区中有 5 个沙漠化发展面积为 0,即不存在土地沙漠化“零增长”风险区域。

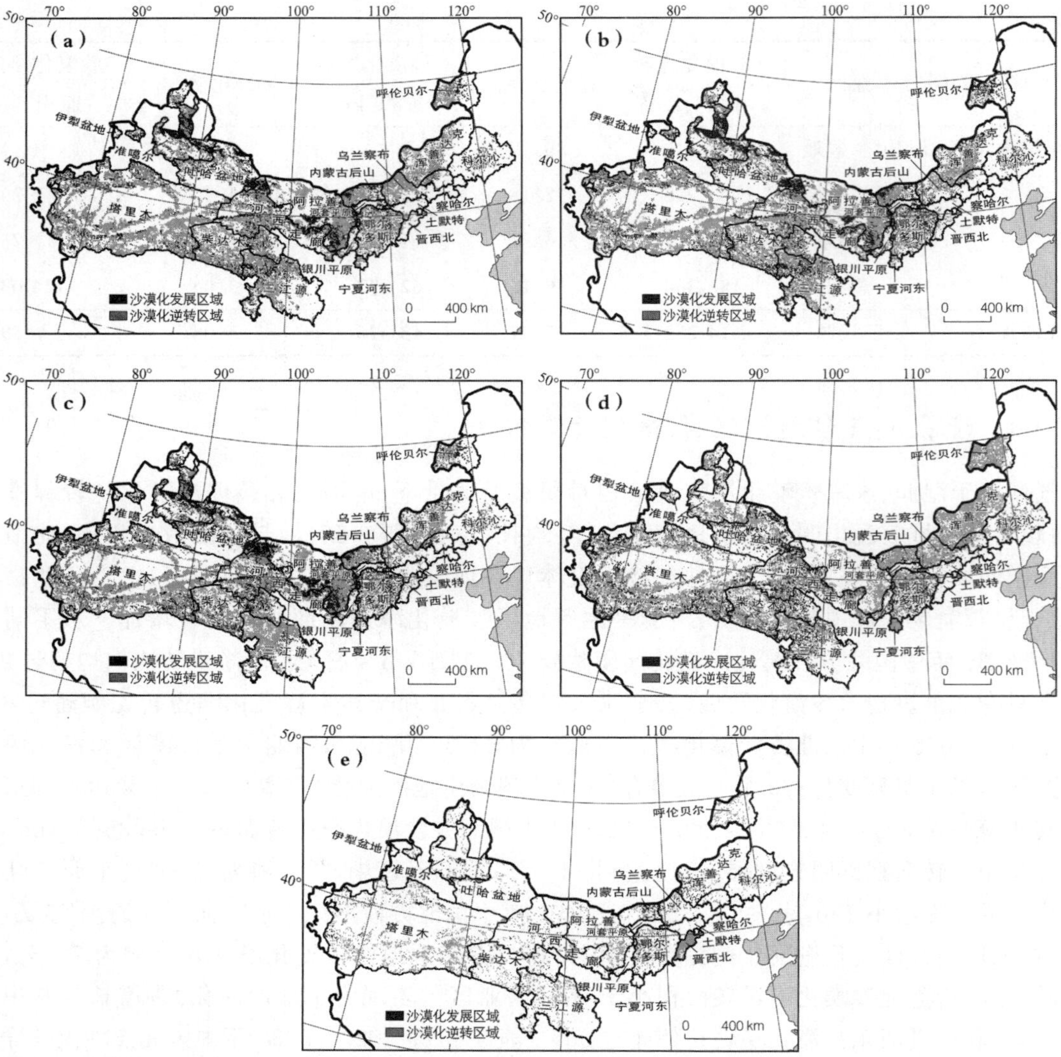


**图 3-58 气候趋于湿润、治理政策积极情景下 1981—2030 年(a)、1990—2030 年(b)、2000—2030 年(c)、2010—2030 年(d)、2020—2030 年(e)中国北方沙漠化逆转与发展区域分布**

**表 3-62 气候趋于湿润、治理政策积极情景下 1981—2030 年中国北方沙漠化逆转与发展状况**

| 沙区 | 亚区 | 沙漠化逆转面积/$km^2$ | 逆转比例/% | 沙漠化发展面积/$km^2$ | 发展比例/% | 沙漠化净逆转面积/$km^2$ |
|---|---|---|---|---|---|---|
| 内蒙古长城沿线 | 察哈尔 | 7 936 | 27.62 | 1 728 | 6.01 | 6 208 |
| | 鄂尔多斯 | 61 952 | 47.91 | 20 032 | 15.49 | 41 920 |
| | 呼伦贝尔 | 22 272 | 27.46 | 8 448 | 10.42 | 13 824 |
| | 浑善达克 | 63 040 | 37.10 | 8 896 | 5.24 | 54 144 |
| | 晋西北 | 4 032 | 15.87 | 0 | 0.00 | 4 032 |
| | 科尔沁 | 10 304 | 6.98 | 12 160 | 8.24 | −1 856 |
| | 宁夏河东 | 3 904 | 30.35 | 128 | 1.00 | 3 776 |
| | 土默特 | 4 736 | 14.45 | 1 088 | 3.32 | 3 648 |
| | 乌兰察布 | 39 872 | 40.65 | 3 200 | 3.26 | 36 672 |
| | **总和** | **218 048** | **30.04** | **55 680** | **7.67** | **162 368** |

续表3-62

| 沙区 | 亚区 | 沙漠化逆转面积/km² | 逆转比例/% | 沙漠化发展面积/km² | 发展比例/% | 沙漠化净逆转面积/km² |
|---|---|---|---|---|---|---|
| 西北干旱荒漠区 | 阿拉善 | 89 536 | 37.39 | 47 680 | 19.91 | 41 856 |
| | 柴达木 | 111 872 | 49.96 | 22 336 | 9.97 | 89 536 |
| | 河套平原 | 2 752 | 14.53 | 3 328 | 17.57 | −576 |
| | 河西走廊 | 87 424 | 38.77 | 50 240 | 22.28 | 37 184 |
| | 内蒙古后山 | 21 504 | 45.94 | 10 816 | 23.10 | 10 688 |
| | 塔里木 | 349 056 | 39.97 | 66 752 | 7.64 | 282 304 |
| | 吐哈盆地 | 40 960 | 20.03 | 35 264 | 17.25 | 5 696 |
| | 伊犁盆地 | 1 344 | 25.93 | 832 | 16.05 | 512 |
| | 银川平原 | 7 040 | 39.36 | 2 560 | 14.31 | 4 480 |
| | 准噶尔 | 60 032 | 33.46 | 51 904 | 28.93 | 8 128 |
| | **总和** | **771 520** | **37.91** | **291 712** | **14.34** | **479 808** |
| 三江源地区 | 三江源 | **91 264** | **34.67** | **30 336** | **11.52** | **60 928** |

**表 3-63　气候趋于湿润、治理政策积极情景下 1990—2030 年中国北方沙漠化逆转与发展状况**

| 沙区 | 亚区 | 沙漠化逆转面积/km² | 逆转比例/% | 沙漠化发展面积/km² | 发展比例/% | 沙漠化净逆转面积/km² |
|---|---|---|---|---|---|---|
| 内蒙古长城沿线 | 察哈尔 | 7 104 | 24.72 | 1 728 | 6.01 | 5 376 |
| | 鄂尔多斯 | 46 976 | 36.33 | 31 104 | 24.05 | 15 872 |
| | 呼伦贝尔 | 11 072 | 13.65 | 15 936 | 19.65 | −4 864 |
| | 浑善达克 | 55 040 | 32.39 | 14 720 | 8.66 | 40 320 |
| | 晋西北 | 4 992 | 19.65 | 0 | 0.00 | 4 992 |
| | 科尔沁 | 10 112 | 6.85 | 11 456 | 7.76 | −1 344 |
| | 宁夏河东 | 2 688 | 20.90 | 448 | 3.48 | 2 240 |
| | 土默特 | 3 392 | 10.35 | 1 088 | 3.32 | 2 304 |
| | 乌兰察布 | 24 064 | 24.53 | 5 952 | 6.07 | 18 112 |
| | **总和** | **165 440** | **22.79** | **82 432** | **11.36** | **83 008** |
| 西北干旱荒漠区 | 阿拉善 | 89 920 | 37.55 | 35 328 | 14.75 | 54 592 |
| | 柴达木 | 104 640 | 46.73 | 27 648 | 12.35 | 76 992 |
| | 河套平原 | 3 008 | 15.88 | 3 264 | 17.23 | −256 |
| | 河西走廊 | 87 360 | 38.74 | 46 592 | 20.66 | 40 768 |
| | 内蒙古后山 | 23 808 | 50.86 | 9 856 | 21.05 | 13 952 |
| | 塔里木 | 337 216 | 38.61 | 72 832 | 8.34 | 264 384 |
| | 吐哈盆地 | 39 424 | 19.28 | 36 224 | 17.72 | 3 200 |
| | 伊犁盆地 | 1 216 | 23.46 | 896 | 17.28 | 320 |
| | 银川平原 | 5 696 | 31.84 | 3 072 | 17.17 | 2 624 |
| | 准噶尔 | 52 672 | 29.36 | 54 528 | 30.39 | −1 856 |
| | **总和** | **744 960** | **36.61** | **290 240** | **14.26** | **454 720** |
| 三江源地区 | **三江源** | **83 136** | **31.58** | **32 832** | **12.47** | **50 304** |

**表3-64　气候趋于湿润、治理政策积极情景下2000—2030年中国北方沙漠化逆转与发展状况**

| 沙区 | 亚区 | 沙漠化逆转面积/km² | 逆转比例/% | 沙漠化发展面积/km² | 发展比例/% | 沙漠化净逆转面积/km² |
|---|---|---|---|---|---|---|
| 内蒙古长城沿线 | 察哈尔 | 4 160 | 14.48 | 3 648 | 12.69 | 512 |
| | 鄂尔多斯 | 47 424 | 36.67 | 31 232 | 24.15 | 16 192 |
| | 呼伦贝尔 | 14 144 | 17.44 | 12 608 | 15.55 | 1 536 |
| | 浑善达克 | 55 424 | 32.62 | 13 312 | 7.83 | 42 112 |
| | 晋西北 | 4 992 | 19.65 | 64 | 0.25 | 4 928 |
| | 科尔沁 | 8 128 | 5.50 | 11 776 | 7.98 | −3 648 |
| | 宁夏河东 | 3 328 | 25.87 | 384 | 2.99 | 2 944 |
| | 土默特 | 3 968 | 12.11 | 1 024 | 3.13 | 2 944 |
| | 乌兰察布 | 21 248 | 21.66 | 6 272 | 6.39 | 14 976 |
| | **总和** | **162 816** | **22.43** | **80 320** | **11.07** | **82 496** |
| 西北干旱荒漠区 | 阿拉善 | 87 872 | 36.70 | 67 264 | 28.09 | 20 608 |
| | 柴达木 | 98 048 | 43.79 | 35 200 | 15.72 | 62 848 |
| | 河套平原 | 2 560 | 13.51 | 3 072 | 16.22 | −512 |
| | 河西走廊 | 82 304 | 36.50 | 57 216 | 25.37 | 25 088 |
| | 内蒙古后山 | 23 104 | 49.35 | 10 176 | 21.74 | 12 928 |
| | 塔里木 | 331 072 | 37.91 | 88 000 | 10.08 | 243 072 |
| | 吐哈盆地 | 37 312 | 18.25 | 45 824 | 22.41 | −8 512 |
| | 伊犁盆地 | 1 344 | 25.93 | 896 | 17.28 | 448 |
| | 银川平原 | 5 184 | 28.98 | 2 944 | 16.46 | 2 240 |
| | 准噶尔 | 54 976 | 30.64 | 52 608 | 29.32 | 2 368 |
| | **总和** | **723 776** | **35.57** | **363 200** | **17.85** | **360 576** |
| 三江源地区 | **三江源** | **103 616** | **39.36** | **13 184** | **5.01** | **90 432** |

**表3-65　气候趋于湿润、治理政策积极情景下2010—2030年中国北方沙漠化逆转与发展状况**

| 沙区 | 亚区 | 沙漠化逆转面积/km² | 逆转比例/% | 沙漠化发展面积/km² | 发展比例/% | 沙漠化净逆转面积/km² |
|---|---|---|---|---|---|---|
| 内蒙古长城沿线 | 察哈尔 | 10 880 | 37.86 | 1 664 | 5.79 | 9 216 |
| | 鄂尔多斯 | 36 544 | 28.26 | 30 400 | 23.51 | 6 144 |
| | 呼伦贝尔 | 51 840 | 63.92 | 1 664 | 2.05 | 50 176 |
| | 浑善达克 | 114 496 | 67.38 | 2 560 | 1.51 | 111 936 |
| | 晋西北 | 2 176 | 8.56 | 0 | 0.00 | 2 176 |
| | 科尔沁 | 25 984 | 17.60 | 8 512 | 5.77 | 17 472 |
| | 宁夏河东 | 8 064 | 62.69 | 0 | 0.00 | 8 064 |
| | 土默特 | 5 312 | 16.21 | 1 088 | 3.32 | 4 224 |

续表3-65

| 沙区 | 亚区 | 沙漠化逆转面积/km² | 逆转比例/% | 沙漠化发展面积/km² | 发展比例/% | 沙漠化净逆转面积/km² |
|---|---|---|---|---|---|---|
| | 乌兰察布 | 40 640 | 41.43 | 3 136 | 3.20 | 37 504 |
| | **总和** | **295 936** | **40.80** | **49 088** | **6.77** | **246 848** |
| 西北干旱荒漠区 | 阿拉善 | 56 704 | 23.68 | 960 | 0.40 | 55 744 |
| | 柴达木 | 79 936 | 35.70 | 39 808 | 17.78 | 40 128 |
| | 河套平原 | 3 904 | 20.61 | 1 920 | 10.14 | 1 984 |
| | 河西走廊 | 76 800 | 34.06 | 43 456 | 19.27 | 33 344 |
| | 内蒙古后山 | 30 272 | 64.67 | 4 544 | 9.71 | 25 728 |
| | 塔里木 | 266 496 | 30.51 | 110 400 | 12.64 | 156 096 |
| | 吐哈盆地 | 29 504 | 14.43 | 47 680 | 23.32 | −18 176 |
| | 伊犁盆地 | 1 088 | 20.99 | 640 | 12.35 | 448 |
| | 银川平原 | 6 848 | 38.28 | 3 328 | 18.60 | 3 520 |
| | 准噶尔 | 54 720 | 30.50 | 19 264 | 10.74 | 35 456 |
| | **总和** | **606 272** | **29.89** | **272 000** | **13.41** | **334 272** |
| 三江源地区 | **三江源** | **55 232** | **20.98** | **34 560** | **13.13** | **20 672** |

**表 3-66　气候趋于湿润、治理政策积极情景下 2020—2030 年中国北方沙漠化逆转与发展状况**

| 沙区 | 亚区 | 沙漠化逆转面积/km² | 逆转比例/% | 沙漠化发展面积/km² | 发展比例/% | 沙漠化净逆转面积/km² |
|---|---|---|---|---|---|---|
| 内蒙古长城沿线 | 察哈尔 | 2 432 | 8.46 | 0 | 0.00 | 2 432 |
| | 鄂尔多斯 | 16 704 | 12.92 | 8 832 | 6.83 | 7 872 |
| | 呼伦贝尔 | 12 672 | 15.63 | 64 | 0.08 | 12 608 |
| | 浑善达克 | 4 288 | 2.52 | 14 592 | 8.59 | −10 304 |
| | 晋西北 | 22 016 | 86.65 | 0 | 0.00 | 22 016 |
| | 科尔沁 | 11 840 | 8.02 | 256 | 0.17 | 11 584 |
| | 宁夏河东 | 0 | 0.00 | 0 | 0.00 | 0 |
| | 土默特 | 1 280 | 3.91 | 192 | 0.59 | 1 088 |
| | 乌兰察布 | 4 992 | 5.09 | 5 312 | 5.42 | −320 |
| | **总和** | **76 224** | **10.50** | **29 248** | **4.03** | **46 976** |
| 西北干旱荒漠区 | 阿拉善 | 32 640 | 13.63 | 320 | 0.13 | 32 320 |
| | 柴达木 | 25 024 | 11.18 | 3 328 | 1.49 | 21 696 |
| | 河套平原 | 64 | 0.34 | 0 | 0.00 | 64 |
| | 河西走廊 | 19 072 | 8.46 | 3 200 | 1.42 | 15 872 |
| | 内蒙古后山 | 3 712 | 7.93 | 6 400 | 13.67 | −2 688 |

续表3-66

| 沙区 | 亚区 | 沙漠化逆转面积/$km^2$ | 逆转比例/% | 沙漠化发展面积/$km^2$ | 发展比例/% | 沙漠化净逆转面积/$km^2$ |
|---|---|---|---|---|---|---|
| 西北干旱荒漠区 | 塔里木 | 119 680 | 13.70 | 9 280 | 1.06 | 110 400 |
| | 吐哈盆地 | 7 040 | 3.44 | 2 816 | 1.38 | 4 224 |
| | 伊犁盆地 | 0 | 0.00 | 0 | 0.00 | 0 |
| | 银川平原 | 832 | 4.65 | 320 | 1.79 | 512 |
| | 准噶尔 | 18 752 | 10.45 | 5 952 | 3.32 | 12 800 |
| | **总和** | **226 816** | **11.15** | **31 616** | **1.55** | **195 200** |
| 三江源地区 | **三江源** | **30 144** | **11.45** | **4 224** | **1.60** | **25 920** |

### 3.4.6 情景6:气候趋于湿润、治理政策消极

在气候趋于湿润、未来沙漠化治理政策趋于消极的前提下,中国北方沙漠化整体上依然表现为逆转,土地沙漠化呈现"零增长"态势(图3-59)。这说明相对于治理政策,湿润气候条件对于沙漠化土地的改良作用更加显著。从不同时间节点来看,1981—2030年中国北方沙漠化净逆转面积为25.13万$km^2$,其中西北干旱荒漠区和三江源地区均符合土地沙漠化"零增长"标准,但内蒙古长城沿线的沙漠化净逆转面积小于0,呈现出沙漠化发展的态势;20个亚区中有9个出现沙漠化净逆转,其中柴达木盆地、塔里木盆地的净逆转比例均为25%左右(表3-67)。1990—2030年中国北方沙漠化净逆转面积减少为15.00万$km^2$,其中仅有西北干旱荒漠区的净逆转比例超过10%,而三江源地区和内蒙古长城沿线地区的净逆转面积均小于0;20个亚区中仅有7个表现为土地沙漠化"零增长",其中柴达木盆地和塔里木盆地的净逆转比例均超过20%,阿拉善的净逆转比例接近20%(表3-68)。2000—2030年中国北方沙漠化净逆转面积继续减少至10.82万$km^2$,其中西北干旱荒漠区的沙漠化净逆转比例减少至7.5%左右,三江源地区的沙漠化净逆转比例超过20%,两地均表现为土地沙漠化"零增长"态势;所有亚区中仍有7个表现为土地沙漠化"零增长",其中塔里木盆地的净逆转比例超过20%(表3-69)。2010—2030年中国北方沙漠化净逆转面积增加至21.55万$km^2$,内蒙古长城沿线和西北干旱荒漠区的沙漠化净逆转比例均接近10%,而三江源地区出现净逆转面积小于0的情况;所有亚区中有一半的地区表现为土地沙漠化"零增长",其中呼伦贝尔、浑善达克和宁夏河东地区的净逆转比例均超过40%(表3-70)。2020—2030年中国北方沙漠化净逆转面积为20.66万$km^2$,内蒙古长城沿线和西北干旱荒漠区的沙漠化净逆转比例分别为16.6%和4.5%左右,三江源地区的净逆转面积仍小于0;20个亚区中有12个出现沙漠化净逆转,其中呼伦贝尔、浑善达克、宁夏河东和内蒙古后山地区的净逆转比例超过30%(表3-71)。

从土地沙漠化"零增长"风险区域来看,在2010—2030年以及2020—2030年间,仅有宁夏河东地区的沙漠化发展面积为0,其他沙区在各时段内的沙漠化发展面积均大于0,均存在风险区域。各时期内,1981—2030年中国北方沙区有21.28%的区域表现沙漠化发展,其中内蒙古长城沿线和三江源地区的沙漠化发展比例均超过20%;在各亚区中,鄂尔多斯、科尔沁和准噶尔盆地的沙漠化发展比例均大于40%,其风险性较高。1990—2030年中国北方沙区沙漠化发展面积有所上升,占比为22.70%,三大沙区的沙漠化发展区域均有所扩展;各亚区中,除鄂尔多斯、科尔沁和准噶尔盆地的沙漠化发展比例仍高于40%外,呼伦贝尔的沙漠化发展比例上升明显,其沙漠化风险进一步加剧。2000—2030年中国北方沙区有24.62%的区域呈现沙漠化发展态势,发展面积增加至74.47万$km^2$,其中西北干旱荒漠区对沙漠化发展的贡献最大,发展面积进一步增加近10万$km^2$;亚区中的阿拉善地区沙漠化发展比例增加近15%,沙漠化发展区域进一步扩展,沙漠化形势更加严峻。2010—2030年中国北方沙区沙漠化发展面

积减少至 53.20 万 $km^2$，占比下降为 17.59%，其中内蒙古长城沿线和西北干旱荒漠区的沙漠化发展区域均有大幅度下降，整体上沙漠化发展态势得到一定控制，但三江源地区的沙漠化发展比例增加近 10%，成为风险区域。2020—2030 年中国北方沙漠化发展面积占比降低为 14.11%，未来土地沙漠化“零增长”风险区域的面积呈现继续缩减的趋势，三大沙区的沙漠化发展区域均有明显减少，各亚区中接近一半地区的沙漠化发展比例小于 10%，沙漠化发展区域整体上向西和向南转移。

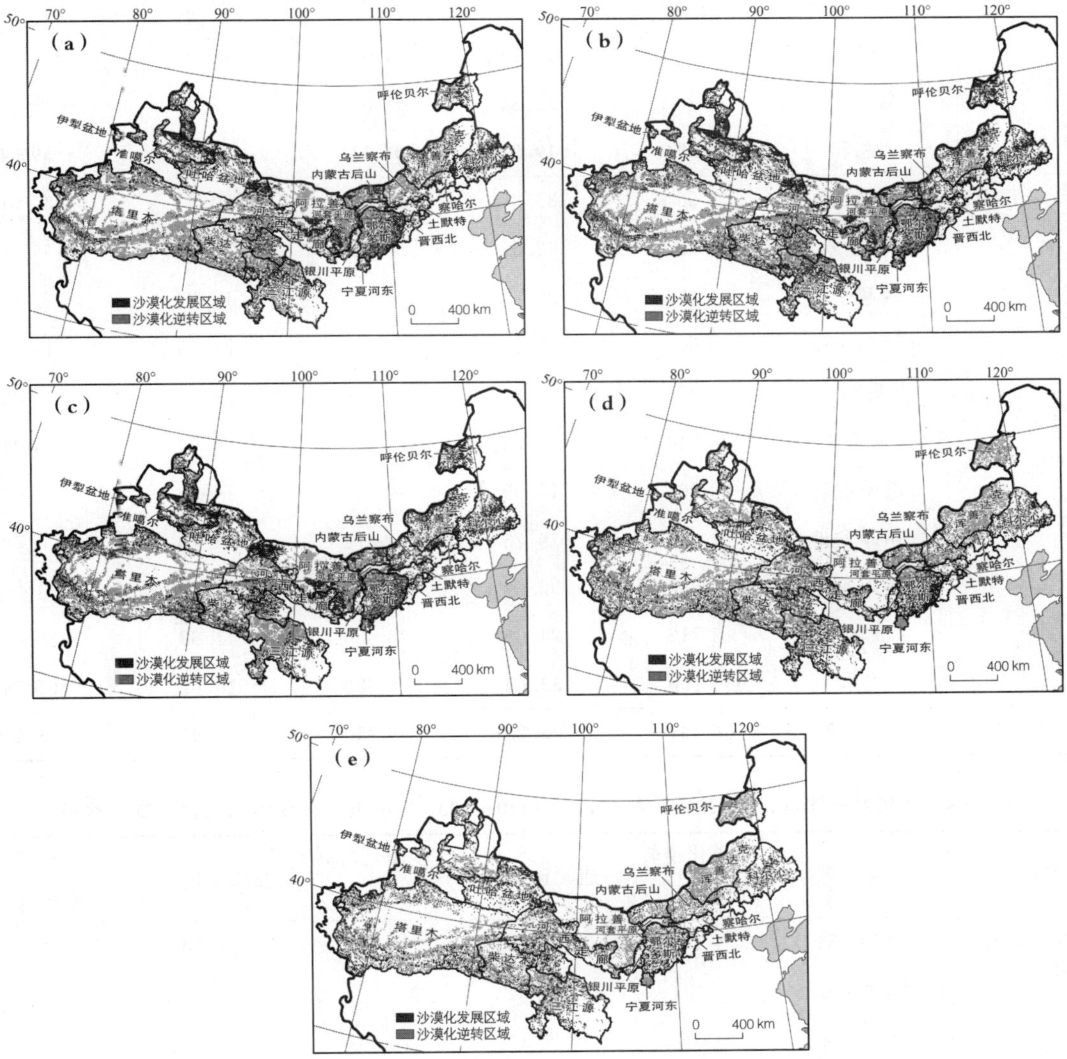


**图 3-59　气候趋于湿润、治理政策消极情景下 1981—2030 年(a)、1990—2030 年(b)、2000—2030 年(c)、2010—2030 年(d)、2020—2030 年(e)中国北方沙漠化逆转与发展区域分布**

**表 3-67　气候趋于湿润、治理政策消极情景下 1981—2030 年中国北方沙漠化逆转与发展状况**

| 沙区 | 亚区 | 沙漠化逆转面积/$km^2$ | 逆转比例/% | 沙漠化发展面积/$km^2$ | 发展比例/% | 沙漠化净逆转面积/$km^2$ |
|---|---|---|---|---|---|---|
| 内蒙古长城沿线 | 察哈尔 | 4 608 | 16.04 | 6 336 | 22.05 | −1 728 |
| | 鄂尔多斯 | 47 744 | 36.92 | 57 600 | 44.54 | −9 856 |
| | 呼伦贝尔 | 11 904 | 14.68 | 18 624 | 22.96 | −6 720 |
| | 浑善达克 | 37 184 | 21.88 | 35 136 | 20.68 | 2 048 |

续表3-67

| 沙区 | 亚区 | 沙漠化逆转面积/km² | 逆转比例/% | 沙漠化发展面积/km² | 发展比例/% | 沙漠化净逆转面积/km² |
|---|---|---|---|---|---|---|
| 内蒙古长城沿线 | 晋西北 | 2 048 | 8.06 | 4 544 | 17.88 | −2 496 |
| | 科尔沁 | 7 168 | 4.85 | 60 992 | 41.31 | −53 824 |
| | 宁夏河东 | 1 152 | 8.96 | 2 752 | 21.39 | −1 600 |
| | 土默特 | 3 968 | 12.11 | 7 616 | 23.24 | −3 648 |
| | 乌兰察布 | 28 800 | 29.36 | 10 624 | 10.83 | 18 176 |
| | **总和** | **144 576** | **19.92** | **204 224** | **28.14** | **−59 648** |
| 西北干旱荒漠区 | 阿拉善 | 79 680 | 33.28 | 49 664 | 20.74 | 30 016 |
| | 柴达木 | 95 424 | 42.62 | 34 048 | 15.21 | 61 376 |
| | 河套平原 | 4 288 | 22.64 | 3 456 | 18.24 | 832 |
| | 河西走廊 | 72 512 | 32.16 | 59 264 | 26.28 | 13 248 |
| | 内蒙古后山 | 17 024 | 36.37 | 17 280 | 36.91 | −256 |
| | 塔里木 | 328 640 | 37.63 | 93 824 | 10.74 | 234 816 |
| | 吐哈盆地 | 35 968 | 17.59 | 40 640 | 19.88 | −4 672 |
| | 伊犁盆地 | 1 024 | 19.75 | 1 472 | 28.40 | −448 |
| | 银川平原 | 5 888 | 32.92 | 4 544 | 25.40 | 1 344 |
| | 准噶尔 | 43 712 | 24.36 | 74 688 | 41.63 | −30 976 |
| | **总和** | **684 160** | **33.62** | **378 880** | **18.62** | **305 280** |
| 三江源地区 | **三江源** | **66 432** | **25.23** | **60 736** | **23.07** | **5 696** |

**表 3-68　气候趋于湿润、治理政策消极情景下 1990—2030 年中国北方沙漠化逆转与发展状况**

| 沙区 | 亚区 | 沙漠化逆转面积/km² | 逆转比例/% | 沙漠化发展面积/km² | 发展比例/% | 沙漠化净逆转面积/km² |
|---|---|---|---|---|---|---|
| 内蒙古长城沿线 | 察哈尔 | 4 224 | 14.70 | 7 040 | 24.50 | −2 816 |
| | 鄂尔多斯 | 54 144 | 41.87 | 52 992 | 40.98 | 1 152 |
| | 呼伦贝尔 | 6 016 | 7.42 | 28 608 | 35.28 | −22 592 |
| | 浑善达克 | 32 896 | 19.36 | 42 048 | 24.75 | −9 152 |
| | 晋西北 | 2 752 | 10.83 | 4 480 | 17.63 | −1 728 |
| | 科尔沁 | 6 336 | 4.29 | 61 056 | 41.35 | −54 720 |
| | 宁夏河东 | 896 | 6.97 | 3 712 | 28.86 | −2 816 |
| | 土默特 | 2 944 | 8.98 | 8 512 | 25.98 | −5 568 |
| | 乌兰察布 | 13 376 | 13.64 | 22 400 | 22.84 | −9 024 |
| | **总和** | **123 584** | **17.03** | **230 848** | **31.80** | **−107 264** |
| 西北干旱荒漠区 | 阿拉善 | 81 856 | 34.19 | 37 440 | 15.64 | 44 416 |
| | 柴达木 | 90 368 | 40.36 | 41 920 | 18.72 | 48 448 |

续表3-68

| 沙区 | 亚区 | 沙漠化逆转面积/km² | 逆转比例/% | 沙漠化发展面积/km² | 发展比例/% | 沙漠化净逆转面积/km² |
|---|---|---|---|---|---|---|
| 西北干旱荒漠区 | 河套平原 | 4 480 | 23.65 | 3 520 | 18.58 | 960 |
| | 河西走廊 | 71 296 | 31.62 | 57 216 | 25.37 | 14 080 |
| | 内蒙古后山 | 17 664 | 37.73 | 15 488 | 33.08 | 2 176 |
| | 塔里木 | 313 536 | 35.90 | 107 264 | 12.28 | 206 272 |
| | 吐哈盆地 | 33 408 | 16.34 | 42 112 | 20.60 | −8 704 |
| | 伊犁盆地 | 1 088 | 20.99 | 1 536 | 29.63 | −448 |
| | 银川平原 | 4 608 | 25.76 | 4 992 | 27.91 | −384 |
| | 准噶尔 | 36 864 | 20.55 | 78 208 | 43.59 | −41 344 |
| | **总和** | **655 168** | **32.20** | **389 696** | **19.15** | **265 472** |
| 三江源地区 | **三江源** | **57 792** | **21.95** | **66 048** | **25.09** | **−8 256** |

**表 3-69 气候趋于湿润、治理政策消极情景下 2000—2030 年中国北方沙漠化逆转与发展状况**

| 沙区 | 亚区 | 沙漠化逆转面积/km² | 逆转比例/% | 沙漠化发展面积/km² | 发展比例/% | 沙漠化净逆转面积/km² |
|---|---|---|---|---|---|---|
| 内蒙古长城沿线 | 察哈尔 | 2 752 | 9.58 | 9 216 | 32.07 | −6 464 |
| | 鄂尔多斯 | 55 488 | 42.91 | 54 144 | 41.87 | 1 344 |
| | 呼伦贝尔 | 8 640 | 10.65 | 25 664 | 31.65 | −17 024 |
| | 浑善达克 | 33 856 | 19.92 | 41 344 | 24.33 | −7 488 |
| | 晋西北 | 3 584 | 14.11 | 4 672 | 18.39 | −1 088 |
| | 科尔沁 | 5 760 | 3.90 | 61 760 | 41.83 | −56 000 |
| | 宁夏河东 | 2 176 | 16.92 | 3 136 | 24.38 | −960 |
| | 土默特 | 3 072 | 9.38 | 8 064 | 24.61 | −4 992 |
| | 乌兰察布 | 11 264 | 11.48 | 24 448 | 24.92 | −13 184 |
| | **总和** | **126 592** | **17.44** | **232 448** | **32.02** | **−105 856** |
| 西北干旱荒漠区 | 阿拉善 | 74 368 | 31.06 | 70 272 | 29.35 | 4 096 |
| | 柴达木 | 82 560 | 36.87 | 52 288 | 23.35 | 30 272 |
| | 河套平原 | 4 352 | 22.97 | 3 264 | 17.23 | 1 088 |
| | 河西走廊 | 65 408 | 29.01 | 70 336 | 31.19 | −4 928 |
| | 内蒙古后山 | 17 536 | 37.46 | 16 128 | 34.45 | 1 408 |
| | 塔里木 | 307 904 | 35.26 | 128 576 | 14.72 | 179 328 |
| | 吐哈盆地 | 31 232 | 15.28 | 53 184 | 26.01 | −21 952 |
| | 伊犁盆地 | 1 024 | 19.75 | 1 856 | 35.80 | −832 |
| | 银川平原 | 3 968 | 22.18 | 4 928 | 27.55 | −960 |

续表3-69

| 沙区 | 亚区 | 沙漠化逆转面积/km² | 逆转比例/% | 沙漠化发展面积/km² | 发展比例/% | 沙漠化净逆转面积/km² |
|---|---|---|---|---|---|---|
| 西北干旱荒漠区 | 准噶尔 | 41 536 | 23.15 | 77 056 | 42.95 | −35 520 |
| | **总和** | **629 888** | **30.95** | **477 888** | **23.48** | **152 000** |
| 三江源地区 | **三江源** | **96 384** | **36.61** | **34 368** | **13.05** | **62 016** |

**表 3-70 气候趋于湿润、治理政策消极情景下 2010—2030 年中国北方沙漠化逆转与发展状况**

| 沙区 | 亚区 | 沙漠化逆转面积/km² | 逆转比例/% | 沙漠化发展面积/km² | 发展比例/% | 沙漠化净逆转面积/km² |
|---|---|---|---|---|---|---|
| 内蒙古长城沿线 | 察哈尔 | 7 104 | 24.72 | 3 968 | 13.81 | 3 136 |
| | 鄂尔多斯 | 18 496 | 14.30 | 63 680 | 49.25 | −45 184 |
| | 呼伦贝尔 | 39 296 | 48.46 | 4 224 | 5.21 | 35 072 |
| | 浑善达克 | 83 968 | 49.42 | 11 136 | 6.55 | 72 832 |
| | 晋西北 | 1 408 | 5.54 | 1 984 | 7.81 | −576 |
| | 科尔沁 | 14 656 | 9.93 | 40 128 | 27.18 | −25 472 |
| | 宁夏河东 | 7 872 | 61.19 | 0 | 0.00 | 7 872 |
| | 土默特 | 4 160 | 12.70 | 7 424 | 22.66 | −3 264 |
| | 乌兰察布 | 24 768 | 25.25 | 12 288 | 12.53 | 12 480 |
| | **总和** | **201 728** | **27.81** | **144 832** | **19.97** | **56 896** |
| 西北干旱荒漠区 | 阿拉善 | 6 336 | 2.65 | 12 992 | 5.43 | −6 656 |
| | 柴达木 | 66 944 | 29.90 | 48 320 | 21.58 | 18 624 |
| | 河套平原 | 2 560 | 13.51 | 3 072 | 16.22 | −512 |
| | 河西走廊 | 70 208 | 31.13 | 48 768 | 21.63 | 21 440 |
| | 内蒙古后山 | 19 904 | 42.52 | 10 112 | 21.60 | 9 792 |
| | 塔里木 | 249 088 | 28.52 | 124 992 | 14.31 | 124 096 |
| | 吐哈盆地 | 27 584 | 13.49 | 50 368 | 24.64 | −22 784 |
| | 伊犁盆地 | 1 024 | 19.75 | 1 472 | 28.40 | −448 |
| | 银川平原 | 4 480 | 25.04 | 5 056 | 28.26 | −576 |
| | 准噶尔 | 56 256 | 31.35 | 23 296 | 12.98 | 32 960 |
| | **总和** | **504 384** | **24.86** | **328 448** | **16.19** | **175 936** |
| 三江源地区 | **三江源** | **41 408** | **15.73** | **58 752** | **22.32** | **−17 344** |

**表 3-71 气候趋于湿润、治理政策消极情景下 2020—2030 年中国北方沙漠化逆转与发展状况**

| 沙区 | 亚区 | 沙漠化逆转面积/km² | 逆转比例/% | 沙漠化发展面积/km² | 发展比例/% | 沙漠化净逆转面积/km² |
|---|---|---|---|---|---|---|
| 内蒙古长城沿线 | 察哈尔 | 6 400 | 22.27 | 2 112 | 7.35 | 4 288 |
| | 鄂尔多斯 | 21 568 | 16.68 | 41 600 | 32.17 | −20 032 |
| | 呼伦贝尔 | 34 816 | 42.93 | 2 624 | 3.24 | 32 192 |

续表3-71

| 沙区 | 亚区 | 沙漠化逆转面积/$km^2$ | 逆转比例/% | 沙漠化发展面积/$km^2$ | 发展比例/% | 沙漠化净逆转面积/$km^2$ |
|---|---|---|---|---|---|---|
| 内蒙古长城沿线 | 浑善达克 | 81 344 | 47.87 | 1 536 | 0.90 | 79 808 |
| | 晋西北 | 1 216 | 4.79 | 2 368 | 9.32 | −1 152 |
| | 科尔沁 | 15 232 | 10.32 | 21 120 | 14.30 | −5 888 |
| | 宁夏河东 | 6 528 | 50.75 | 0 | 0.00 | 6 528 |
| | 土默特 | 4 032 | 12.30 | 1 856 | 5.66 | 2 176 |
| | 乌兰察布 | 26 688 | 27.21 | 4 352 | 4.44 | 22 336 |
| | **总和** | **197 824** | **27.25** | **77 568** | **10.69** | **120 256** |
| 西北干旱荒漠区 | 阿拉善 | 41 152 | 17.19 | 1 088 | 0.45 | 40 064 |
| | 柴达木 | 52 032 | 23.24 | 45 696 | 20.41 | 6 336 |
| | 河套平原 | 2 624 | 13.85 | 3 264 | 17.23 | −640 |
| | 河西走廊 | 45 888 | 20.35 | 45 568 | 20.21 | 320 |
| | 内蒙古后山 | 19 008 | 40.60 | 3 712 | 7.93 | 15 296 |
| | 塔里木 | 173 120 | 19.82 | 127 744 | 14.63 | 45 376 |
| | 吐哈盆地 | 19 840 | 9.70 | 49 920 | 24.42 | −30 080 |
| | 伊犁盆地 | 768 | 14.81 | 1 088 | 20.99 | −320 |
| | 银川平原 | 3 264 | 18.25 | 4 288 | 23.97 | −1 024 |
| | 准噶尔 | 40 768 | 22.72 | 24 064 | 13.41 | 16 704 |
| | **总和** | **398 464** | **19.58** | **306 432** | **15.06** | **92 032** |
| 三江源地区 | **三江源** | **37 248** | **14.15** | **42 944** | **16.31** | **−5 696** |

### 3.4.7　情景 7：气候趋于干旱、治理政策维持现状

在气候趋于干旱、未来沙漠化治理政策基本不发生改变的前提下，中国北方沙区沙漠化整体上表现为发展，土地沙漠化“零增长”态势不容乐观（图 3-60）。从不同时间节点来看，1981—2030 年中国北方沙漠化净逆转面积为−13.84 万 $km^2$，其中仅有西北干旱荒漠区的净逆转比例接近 5%，符合土地沙漠化“零增长”标准，但内蒙古长城沿线和三江源地区的净逆转面积均小于 0，整体上表现为沙漠化发展态势；20 个亚区中仅有 4 个出现沙漠化净逆转，其中柴达木盆地、塔里木盆地的净逆转比例均为 20%左右（表 3-72）。1990—2030 年中国北方沙漠化净逆转面积减少为−32.15 万 $km^2$，三大沙区的净逆转面积均小于 0，沙漠化发展态势持续保持；所有亚区中仅有 3 个表现为土地沙漠化“零增长”，其中柴达木盆地、塔里木盆地的净逆转比例超过 10%，晋西北的净逆转比例约为 6.3%（表 3-73）。2000—2030 年中国北方沙漠化净逆转面积有所增加，为−19.96 万 $km^2$，其中三江源地区的沙漠化净逆转比例接近 20%，西北干旱荒漠区的沙漠化净逆转比例大于 0，两地均表现为土地沙漠化“零增长”态势；20 个亚区中有 4 个出现沙漠化净逆转，塔里木盆地、三江源地区的沙漠化净逆转比例均超过 15%（表 3-74）。2010—2030 年中国北方沙漠化净逆转面积减少至−42.42 万 $km^2$，三大沙区的净逆转比例均小于 0，整体上出现沙漠化发展趋势，所有亚区中仅有宁夏河东和浑善达克两地表现为土地沙漠化“零增长”，其中宁夏河东地区的净逆转比例超过 50%（表 3-75）。2020—2030 年中国北方沙漠化净逆转面积持续减少至−58.12 万 $km^2$，三大沙区的净逆转面积仍小于 0，20 个亚区中仅有晋西北和河套平原两地出现沙漠化净逆转态势，其净逆转比例均超过 10%（表 3-76）。

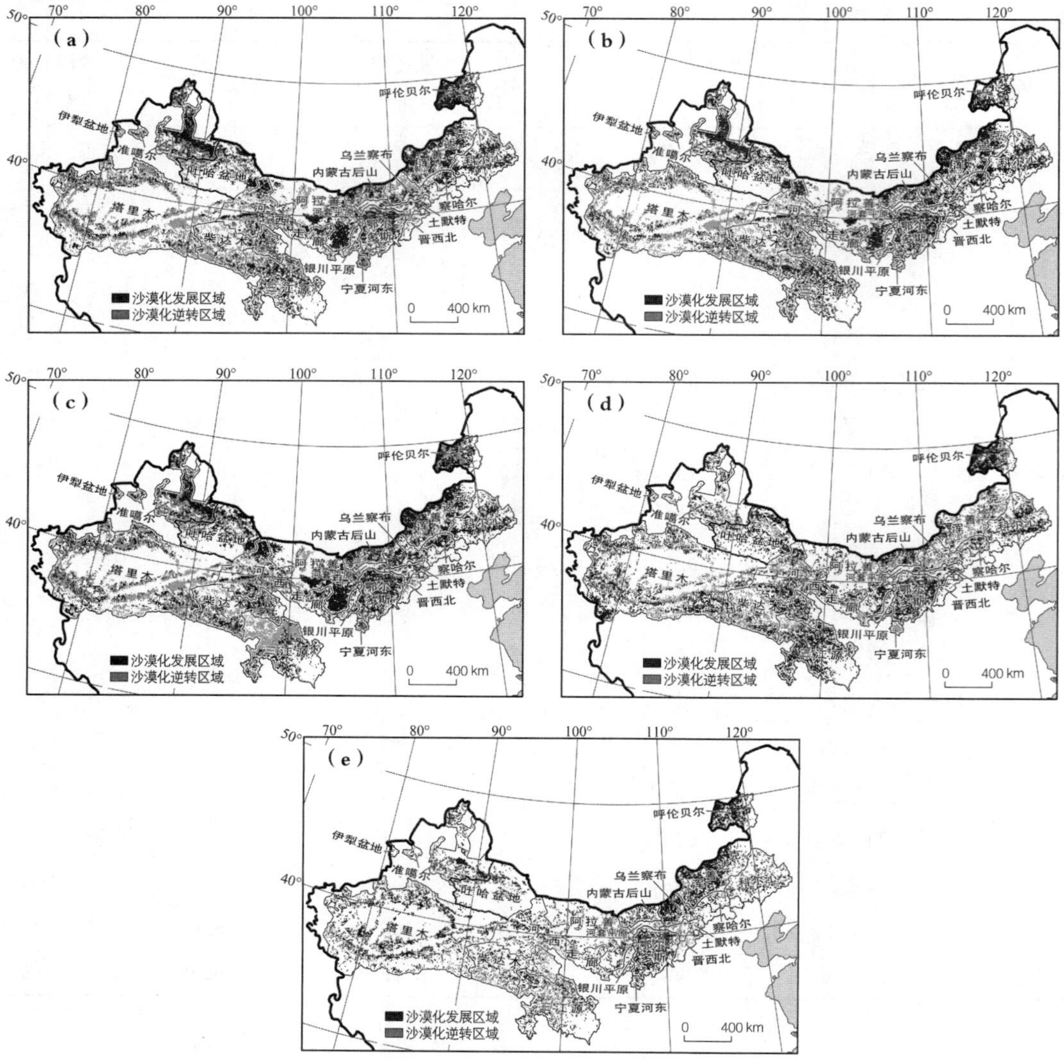


**图 3-60 气候趋于干旱、治理政策维持现状情景下 1981—2030 年(a)、1990—2030 年(b)、2000—2030 年(c)、2010—2030 年(d)、2020—2030 年(e)中国北方沙漠化逆转与发展区域分布**

从土地沙漠化“零增长”风险区域来看，所有沙区在各时段内的沙漠化发展面积均大于 0，即都存在风险区域。各时期内，1981—2030 年中国北方沙区有 27.36% 的区域表现为沙漠化发展，其中西北干旱荒漠区和三江源地区的沙漠化发展比例超过 20%，内蒙古长城沿线的沙漠化发展比例甚至超过 40%；在各亚区中，察哈尔、鄂尔多斯、呼伦贝尔、浑善达克和准噶尔盆地的沙漠化发展比例达到 50%左右，风险性很高。1990—2030 年中国北方沙区沙漠化发展面积有所上升，占比达到 28.36%，三大沙区的沙漠化发展区域均有所扩展；所有亚区中除察哈尔、鄂尔多斯、浑善达克和准噶尔盆地的沙漠化发展比例仍高于 50%外，乌兰察布的沙漠化发展比例增加 15%以上，其沙漠化风险进一步加剧。2000—2030 年中国北方沙区有 30.17% 的区域呈现沙漠化发展态势，发展面积增加至 91.28 万 $km^2$，其中西北干旱荒漠区对沙漠化发展贡献最大，发展面积增加 8.34 万 $km^2$；所有亚区中，阿拉善地区的沙漠化发展比例增加 18.6%，此外，察哈尔、鄂尔多斯和浑善达克仍为重点监测地区，沙漠化形势严峻。2010—2030 年中国北方沙区沙漠化发展面积减少至 85.84 万 $km^2$，占比下降为 28.37%，其中内蒙古长城沿线和西北干旱荒漠区的沙漠化发展区域均有所下降，但三江源地区的沙漠化发展比例增加近 20%，存在较大风险；从空间分布变化来看，沙漠化发展区域向西和向南转移，沙漠化净逆转区域不断减少。2020—2030 年中国北方沙漠化发展面积占比降低为 24.09%，未来土地沙漠化“零增长”风险区域的面积呈现持续缩减的趋势，西北干旱荒漠区和三江源地区的沙漠化发展区域均有明显减少，20 个亚区中有 16 个出现沙漠化发展比例减少的情况，但浑善达克和宁夏河东地区的沙漠化发展比例增加近 30%，存在较大沙漠化风险。

**表 3-72　气候趋于干旱、治理政策维持现状情景下 1981—2030 年中国北方沙漠化逆转与发展状况**

| 沙区 | 亚区 | 沙漠化逆转面积/km² | 逆转比例/% | 沙漠化发展面积/km² | 发展比例/% | 沙漠化净逆转面积/km² |
|---|---|---|---|---|---|---|
| 内蒙古长城沿线 | 察哈尔 | 2 944 | 10.24 | 14 080 | 49.00 | −11 136 |
| | 鄂尔多斯 | 23 488 | 18.16 | 65 728 | 50.83 | −42 240 |
| | 呼伦贝尔 | 13 824 | 17.05 | 41 536 | 51.22 | −27 712 |
| | 浑善达克 | 22 976 | 13.52 | 84 160 | 49.53 | −61 184 |
| | 晋西北 | 3 584 | 14.11 | 3 072 | 12.09 | 512 |
| | 科尔沁 | 7 104 | 4.81 | 59 520 | 40.31 | −52 416 |
| | 宁夏河东 | 2 048 | 15.92 | 5 376 | 41.79 | −3 328 |
| | 土默特 | 4 288 | 13.09 | 13 952 | 42.58 | −9 664 |
| | 乌兰察布 | 24 576 | 25.05 | 19 712 | 20.10 | 4 864 |
| | **总和** | **104 832** | **14.44** | **307 136** | **42.31** | **−202 304** |
| 西北干旱荒漠区 | 阿拉善 | 29 248 | 12.21 | 75 520 | 31.54 | −46 272 |
| | 柴达木 | 84 480 | 37.73 | 36 928 | 16.49 | 47 552 |
| | 河套平原 | 2 688 | 14.19 | 5 696 | 30.07 | −3 008 |
| | 河西走廊 | 61 056 | 27.08 | 67 776 | 30.06 | −6 720 |
| | 内蒙古后山 | 13 504 | 28.85 | 22 272 | 47.58 | −8 768 |
| | 塔里木 | 252 736 | 28.94 | 90 944 | 10.41 | 161 792 |
| | 吐哈盆地 | 32 704 | 16.00 | 43 456 | 21.26 | −10 752 |
| | 伊犁盆地 | 1 152 | 22.22 | 1 984 | 38.27 | −832 |
| | 银川平原 | 4 800 | 26.83 | 7 232 | 40.43 | −2 432 |
| | 准噶尔 | 50 176 | 27.97 | 89 600 | 49.94 | −39 424 |
| | **总和** | **532 544** | **26.17** | **441 408** | **21.69** | **91 136** |
| 三江源地区 | **三江源** | **51 968** | **19.74** | **79 168** | **30.07** | **−27 200** |

**表 3-73　气候趋于干旱、治理政策维持现状情景下 1990—2030 年中国北方沙漠化逆转与发展状况**

| 沙区 | 亚区 | 沙漠化逆转面积/km² | 逆转比例/% | 沙漠化发展面积/km² | 发展比例/% | 沙漠化净逆转面积/km² |
|---|---|---|---|---|---|---|
| 内蒙古长城沿线 | 察哈尔 | 2 432 | 8.46 | 14 784 | 51.45 | −12 352 |
| | 鄂尔多斯 | 14 016 | 10.84 | 76 672 | 59.29 | −62 656 |
| | 呼伦贝尔 | 4 032 | 4.97 | 34 560 | 42.62 | −30 528 |
| | 浑善达克 | 19 904 | 11.71 | 87 040 | 51.22 | −67 136 |
| | 晋西北 | 4 608 | 18.14 | 3 008 | 11.84 | 1 600 |
| | 科尔沁 | 2 560 | 1.73 | 59 776 | 40.49 | −57 216 |
| | 宁夏河东 | 64 | 0.50 | 4 480 | 34.83 | −4 416 |

续表3-73

| 沙区 | 亚区 | 沙漠化逆转面积/km² | 逆转比例/% | 沙漠化发展面积/km² | 发展比例/% | 沙漠化净逆转面积/km² |
|---|---|---|---|---|---|---|
| 内蒙古长城沿线 | 土默特 | 1 024 | 3.13 | 15 104 | 46.09 | −14 080 |
| | 乌兰察布 | 7 616 | 7.76 | 34 496 | 35.17 | −26 880 |
| | **总和** | **56 256** | **7.75** | **329 920** | **45.45** | **−273 664** |
| 西北干旱荒漠区 | 阿拉善 | 29 568 | 12.35 | 57 984 | 24.22 | −28 416 |
| | 柴达木 | 71 808 | 32.07 | 44 480 | 19.86 | 27 328 |
| | 河套平原 | 1 472 | 7.77 | 5 888 | 31.08 | −4 416 |
| | 河西走廊 | 57 344 | 25.43 | 63 552 | 28.18 | −6 208 |
| | 内蒙古后山 | 9 728 | 20.78 | 21 312 | 45.53 | −11 584 |
| | 塔里木 | 211 904 | 24.26 | 103 936 | 11.90 | 107 968 |
| | 吐哈盆地 | 26 752 | 13.08 | 45 440 | 22.23 | −18 688 |
| | 伊犁盆地 | 640 | 12.35 | 2 112 | 40.74 | −1 472 |
| | 银川平原 | 2 944 | 16.46 | 7 616 | 42.58 | −4 672 |
| | 准噶尔 | 27 200 | 15.16 | 90 176 | 50.26 | −62 976 |
| | **总和** | **439 360** | **21.59** | **442 496** | **21.75** | **−3 136** |
| 三江源地区 | **三江源** | **40 832** | **15.51** | **85 504** | **32.48** | **−44 672** |

**表 3-74 气候趋于干旱、治理政策维持现状情景下 2000—2030 年中国北方沙漠化逆转与发展状况**

| 沙区 | 亚区 | 沙漠化逆转面积/km² | 逆转比例/% | 沙漠化发展面积/km² | 发展比例/% | 沙漠化净逆转面积/km² |
|---|---|---|---|---|---|---|
| 内蒙古长城沿线 | 察哈尔 | 2 176 | 7.57 | 17 088 | 59.47 | −14 912 |
| | 鄂尔多斯 | 24 000 | 18.56 | 73 856 | 57.11 | −49 856 |
| | 呼伦贝尔 | 17 984 | 22.18 | 36 608 | 45.14 | −18 624 |
| | 浑善达克 | 21 376 | 12.58 | 87 424 | 51.45 | −66 048 |
| | 晋西北 | 4 736 | 18.64 | 3 328 | 13.10 | 1 408 |
| | 科尔沁 | 5 760 | 3.90 | 60 352 | 40.88 | −54 592 |
| | 宁夏河东 | 2 880 | 22.39 | 4 544 | 35.32 | −1 664 |
| | 土默特 | 3 328 | 10.16 | 15 232 | 46.48 | −11 904 |
| | 乌兰察布 | 6 848 | 6.98 | 37 248 | 37.97 | −30 400 |
| | **总和** | **89 088** | **12.27** | **335 680** | **46.25** | **−246 592** |
| 西北干旱荒漠区 | 阿拉善 | 27 776 | 11.60 | 102 528 | 42.82 | −74 752 |
| | 柴达木 | 75 136 | 33.55 | 54 464 | 24.32 | 20 672 |
| | 河套平原 | 2 816 | 14.86 | 5 888 | 31.08 | −3 072 |
| | 河西走廊 | 54 656 | 24.24 | 78 016 | 34.60 | −23 360 |
| | 内蒙古后山 | 13 504 | 28.85 | 21 184 | 45.25 | −7 680 |
| | 塔里木 | 256 064 | 29.32 | 115 520 | 13.23 | 140 544 |

续表3-74

| 沙区 | 亚区 | 沙漠化逆转面积/km² | 逆转比例/% | 沙漠化发展面积/km² | 发展比例/% | 沙漠化净逆转面积/km² |
|---|---|---|---|---|---|---|
| 西北干旱荒漠区 | 吐哈盆地 | 29 696 | 14.52 | 57 024 | 27.89 | −27 328 |
| | 伊犁盆地 | 1 216 | 23.46 | 2 368 | 45.68 | −1 152 |
| | 银川平原 | 3 712 | 20.75 | 7 552 | 42.22 | −3 840 |
| | 准噶尔 | 62 528 | 34.85 | 81 344 | 45.34 | −18 816 |
| | **总和** | **527 104** | **25.90** | **525 888** | **25.84** | **1 216** |
| 三江源地区 | **三江源** | **97 088** | **36.88** | **51 264** | **19.47** | **45 824** |

**表 3-75　气候趋于干旱、治理政策维持现状情景下 2010—2030 年中国北方沙漠化逆转与发展状况**

| 沙区 | 亚区 | 沙漠化逆转面积/km² | 逆转比例/% | 沙漠化发展面积/km² | 发展比例/% | 沙漠化净逆转面积/km² |
|---|---|---|---|---|---|---|
| 内蒙古长城沿线 | 察哈尔 | 2 816 | 9.80 | 11 840 | 41.20 | −9 024 |
| | 鄂尔多斯 | 7 552 | 5.84 | 76 032 | 58.80 | −68 480 |
| | 呼伦贝尔 | 14 976 | 18.47 | 40 704 | 50.19 | −25 728 |
| | 浑善达克 | 39 936 | 23.50 | 34 560 | 20.34 | 5 376 |
| | 晋西北 | 896 | 3.53 | 3 776 | 14.86 | −2 880 |
| | 科尔沁 | 9 792 | 6.63 | 52 352 | 35.46 | −42 560 |
| | 宁夏河东 | 7 104 | 55.22 | 192 | 1.49 | 6 912 |
| | 土默特 | 2 304 | 7.03 | 14 400 | 43.95 | −12 096 |
| | 乌兰察布 | 15 104 | 15.40 | 20 672 | 21.07 | −5 568 |
| | **总和** | **100 480** | **13.85** | **254 528** | **35.09** | **−154 048** |
| 西北干旱荒漠区 | 阿拉善 | 1 728 | 0.72 | 62 016 | 25.90 | −60 288 |
| | 柴达木 | 50 368 | 22.49 | 64 832 | 28.95 | −14 464 |
| | 河套平原 | 2 240 | 11.82 | 6 464 | 34.12 | −4 224 |
| | 河西走廊 | 58 432 | 25.91 | 65 344 | 28.98 | −6 912 |
| | 内蒙古后山 | 13 248 | 28.30 | 20 992 | 44.84 | −7 744 |
| | 塔里木 | 130 112 | 14.90 | 179 584 | 20.56 | −49 472 |
| | 吐哈盆地 | 22 016 | 10.77 | 54 976 | 26.89 | −32 960 |
| | 伊犁盆地 | 768 | 14.81 | 2 304 | 44.44 | −1 536 |
| | 银川平原 | 3 328 | 18.60 | 7 616 | 42.58 | −4 288 |
| | 准噶尔 | 24 000 | 13.38 | 38 208 | 21.29 | −14 208 |
| | **总和** | **306 240** | **15.10** | **502 336** | **24.76** | **−196 096** |
| 三江源地区 | **三江源** | **27 456** | **10.43** | **101 504** | **38.56** | **−74 048** |

表 3-76 气候趋于干旱、治理政策维持现状情景下 2020—2030 年中国北方沙漠化逆转与发展状况

| 沙区 | 亚区 | 沙漠化逆转面积/km² | 逆转比例/% | 沙漠化发展面积/km² | 发展比例/% | 沙漠化净逆转面积/km² |
|---|---|---|---|---|---|---|
| 内蒙古长城沿线 | 察哈尔 | 1 408 | 4.90 | 7 360 | 25.61 | −5 952 |
| | 鄂尔多斯 | 2 304 | 1.78 | 69 120 | 53.45 | −66 816 |
| | 呼伦贝尔 | 1 728 | 2.13 | 38 016 | 46.88 | −36 288 |
| | 浑善达克 | 2 560 | 1.51 | 82 240 | 48.40 | −79 680 |
| | 晋西北 | 5 952 | 23.43 | 704 | 2.77 | 5 248 |
| | 科尔沁 | 2 176 | 1.47 | 32 704 | 22.15 | −30 528 |
| | 宁夏河东 | 128 | 1.00 | 3 648 | 28.36 | −3 520 |
| | 土默特 | 1 472 | 4.49 | 7 488 | 22.85 | −6 016 |
| | 乌兰察布 | 1 600 | 1.63 | 37 504 | 38.23 | −35 904 |
| | **总和** | **19 328** | **2.66** | **278 784** | **38.41** | **−259 456** |
| 西北干旱荒漠区 | 阿拉善 | 4 544 | 1.90 | 45 568 | 19.03 | −41 024 |
| | 柴达木 | 28 224 | 12.60 | 36 928 | 16.49 | −8 704 |
| | 河套平原 | 4 224 | 22.30 | 2 176 | 11.49 | 2 048 |
| | 河西走廊 | 13 056 | 5.79 | 45 568 | 20.21 | −32 512 |
| | 内蒙古后山 | 3 136 | 6.70 | 15 936 | 34.04 | −12 800 |
| | 塔里木 | 39 872 | 4.57 | 164 608 | 18.85 | −124 736 |
| | 吐哈盆地 | 3 264 | 1.60 | 23 616 | 11.55 | −20 352 |
| | 伊犁盆地 | 192 | 3.70 | 1 344 | 25.93 | −1 152 |
| | 银川平原 | 1 728 | 9.66 | 5 440 | 30.41 | −3 712 |
| | 准噶尔 | 10 048 | 5.60 | 45 824 | 25.54 | −35 776 |
| | **总和** | **108 288** | **5.32** | **387 008** | **19.02** | **−278 720** |
| 三江源地区 | **三江源** | **19 968** | **7.58** | **62 976** | **23.92** | **−43 008** |

### 3.4.8 情景 8：气候趋于干旱、治理政策积极

在气候趋于干旱、未来沙漠化治理政策积极的前提下，中国北方沙漠化发展态势持续保持，绝大部分地区仍然未实现土地沙漠化“零增长”，这说明积极的沙漠化治理政策整体上未能抵消干旱气候的消极影响(图 3-61)。从不同时间节点来看，1981—2030 年中国北方沙漠化净逆转面积为−5.64 万 km²，其中仅有西北干旱荒漠区符合土地沙漠化“零增长”标准，其沙漠化净逆转比例超过 5%，但内蒙古长城沿线和三江源地区的沙漠化净逆转面积均小于 0，整体上表现为沙漠化发展态势；所有亚区中仅有 4 个出现沙漠化净逆转，其中乌兰察布、柴达木盆地和塔里木盆地的净逆转比例超过 10%(表 3-77)。1990—2030 年中国北方沙漠化净逆转面积减少为−10 万 km²，西北干旱荒漠区仍为沙漠化净逆转趋势的贡献区，内蒙古长城沿线和三江源地区的沙漠化均有不同程度的发展趋势；在 20 个亚区中，仅有柴达木盆地、河西走廊和塔里木盆地表现为土地沙漠化“零增长”，其中柴达木盆地和塔里木盆地的净逆转比例均为 20%左右(表 3-78)。2000—2030 年中国北方沙漠化净逆转面积持续减少为−24.06 万 km²，内蒙古长城沿线和西北干旱荒漠区的沙漠化净逆转面积小于 0，三江源地区的沙漠化净逆转比例为

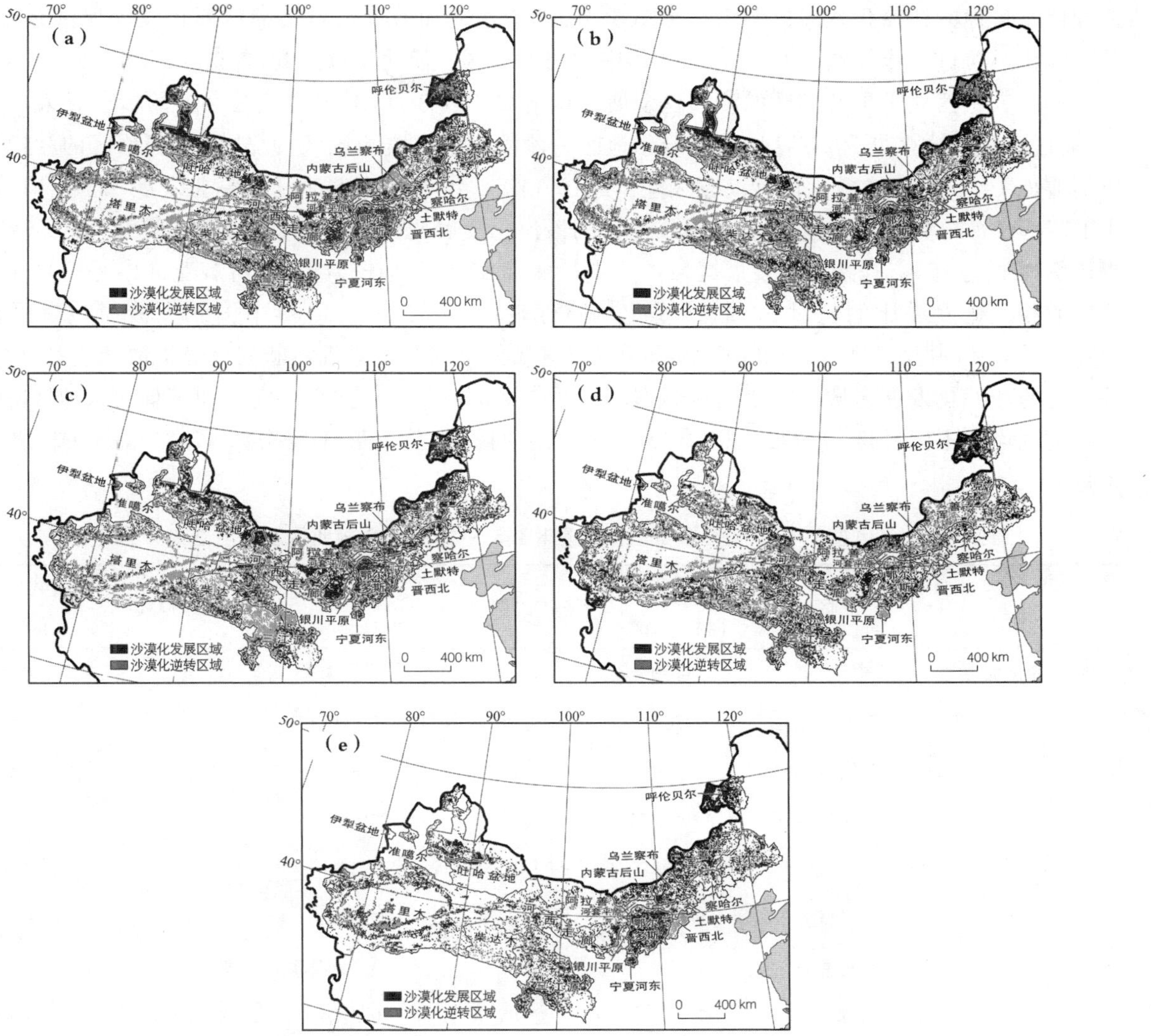


**图 3-61　气候趋于干旱、治理政策积极情景下 1981—2030 年(a)、1990—2030 年(b)、2000—2030 年(c)、2010—2030 年(d)、2020—2030 年(e)中国北方沙漠化逆转与发展区域分布**

11.8%，表现为土地沙漠化“零增长”态势；20 个亚区中有 3 个出现沙漠化净逆转，其中塔里木盆地和柴达木盆地的沙漠化净逆转比例为 10%左右(表 3-79)。2010—2030 年中国沙漠化净逆转面积为－26.9 万 $km^2$，出现三大沙区的沙漠化净逆转比例均小于 0 的情况，整体上仍为沙漠化发展趋势；所有亚区中有 5 个表现为土地沙漠化“零增长”，其中浑善达克、宁夏河东两地的净逆转比例超过 10%，乌兰察布的净逆转比例为 5%左右(表 3-80)。2020—2030 年中国北方沙漠化净逆转面积持续减少到－72.36 万 $km^2$，三大沙区的净逆转面积仍小于 0，沙漠化发展态势继续保持；所有亚区中仅有晋西北地区的表现为土地沙漠化净逆转态势，且其净逆转比例达到 73.6%左右，而河套平原和伊犁盆地的净逆转比例为 0，证明其沙漠化趋势得到一定控制(表 3-81)。

从土地沙漠化“零增长”风险区域来看，在 2020—2030 年间，仅有晋西北和伊犁盆地两地的沙漠化发展面积为 0，其他沙区在各时段内的沙漠化发展面积均大于 0，即都存在风险区域。各时期内，1981—2030 年中国北方沙区有 26.25%的区域表现为沙漠化发展，其中西北干旱荒漠区的沙漠化发展比例超过 20%，内蒙古长城沿线和三江源地区的沙漠化发展比例接近 40%；20 个亚区中，鄂尔多斯、呼伦贝尔和伊犁盆地的沙漠化发展比例超过了 50%，具有较高沙漠化风险。1990—2030 年中国北方沙区沙漠化发展面积基本持平，占比达到 26.67%，三大沙区的沙漠化发展面积均有所增加；所有亚区中除鄂尔多斯和伊犁盆地的沙漠化发展比例仍高于50%外，浑善达克和准噶尔盆地的沙漠化发展比例接近50%，其沙漠化风险进一步加剧。2000—2030年中国北方沙区沙漠化发展面积增加至85.82万$km^2$，占比为28.37%，其中西北干旱荒漠区的沙漠化发展面积增加了近8万$km^2$，对该时期内的沙漠化发展贡献最大；亚区中的鄂尔多斯、伊犁盆地和察哈尔地区为沙漠化重点监测地区，此外阿拉善地区的沙漠化发展比例增加19.1%，存在较大的沙漠化风险。2010—2030年中国北方沙区沙漠化发展比例略有降低，占比下降为26.76%，其中内蒙古长城沿线地区的沙漠化发展比例减少11.9%，但三江源地区的沙漠化发展比例增加近15%，其沙漠化发展区域进一步扩展，沙漠化形势较为严峻；所有亚区中呼伦贝尔和伊犁盆地的沙漠化发展比例超过50%，沙漠化风险性较高。2020—2030年中国北方沙漠化发展面积为84.37万$km^2$，占比上升为27.89%，沙漠化发展区域的空间分布呈现不断向全境扩散的趋势，内蒙古长城沿线的沙漠化发展区域不断增加，鄂尔多斯、呼伦贝尔、浑善达克、乌兰察布和宁夏河东地区的沙漠化发展比例均有不同程度的增加，其中宁夏河东地区的沙漠化发展比例增加47.3%，存在较大沙漠化风险。

**表3-77　气候趋于干旱、治理政策积极情景下1981—2030年中国北方沙漠化逆转与发展状况**

| 沙区 | 亚区 | 沙漠化逆转面积/$km^2$ | 逆转比例/% | 沙漠化发展面积/$km^2$ | 发展比例/% | 沙漠化净逆转面积/$km^2$ |
|---|---|---|---|---|---|---|
| 内蒙古长城沿线 | 察哈尔 | 2 560 | 8.91 | 11 904 | 41.43 | −9 344 |
| | 鄂尔多斯 | 42 752 | 33.06 | 65 408 | 50.58 | −22 656 |
| | 呼伦贝尔 | 15 296 | 18.86 | 43 648 | 53.82 | −28 352 |
| | 浑善达克 | 26 688 | 15.71 | 75 008 | 44.14 | −48 320 |
| | 晋西北 | 2 816 | 11.08 | 6 336 | 24.94 | −3 520 |
| | 科尔沁 | 9 856 | 6.68 | 49 088 | 33.25 | −39 232 |
| | 宁夏河东 | 1 216 | 9.45 | 5 120 | 39.80 | −3 904 |
| | 土默特 | 7 232 | 22.07 | 9 920 | 30.27 | −2 688 |
| | 乌兰察布 | 30 720 | 31.32 | 20 224 | 20.62 | 10 496 |
| | **总和** | **139 136** | **19.17** | **286 656** | **39.49** | **−147 520** |
| 西北干旱荒漠区 | 阿拉善 | 31 360 | 13.10 | 69 888 | 29.19 | −38 528 |
| | 柴达木 | 90 624 | 40.47 | 36 608 | 16.35 | 54 016 |
| | 河套平原 | 3 712 | 19.59 | 6 208 | 32.77 | −2 496 |
| | 河西走廊 | 65 984 | 29.26 | 65 600 | 29.09 | 384 |
| | 内蒙古后山 | 17 792 | 38.01 | 19 264 | 41.15 | −1 472 |
| | 塔里木 | 243 456 | 27.88 | 82 496 | 9.45 | 160 960 |
| | 吐哈盆地 | 35 904 | 17.56 | 42 496 | 20.79 | −6 592 |
| | 伊犁盆地 | 1 088 | 20.99 | 2 624 | 50.62 | −1 536 |
| | 银川平原 | 5 952 | 33.27 | 6 400 | 35.78 | −448 |
| | 准噶尔 | 49 216 | 27.43 | 83 520 | 46.55 | −34 304 |
| | **总和** | **545 088** | **26.79** | **415 104** | **20.40** | **129 984** |
| 三江源地区 | **三江源** | **53 440** | **20.30** | **92 288** | **35.06** | **−38 848** |

**表 3-78　气候趋于干旱、治理政策积极情景下 1990—2030 年中国北方沙漠化逆转与发展状况**

| 沙区 | 亚区 | 沙漠化逆转面积/$km^2$ | 逆转比例/% | 沙漠化发展面积/$km^2$ | 发展比例/% | 沙漠化净逆转面积/$km^2$ |
|---|---|---|---|---|---|---|
| 内蒙古长城沿线 | 察哈尔 | 2 688 | 9.35 | 12 672 | 44.10 | −9 984 |
| | 鄂尔多斯 | 40 256 | 31.13 | 65 664 | 50.78 | −25 408 |
| | 呼伦贝尔 | 22 336 | 27.54 | 36 544 | 45.06 | −14 208 |
| | 浑善达克 | 25 024 | 14.73 | 78 848 | 46.40 | −53 824 |
| | 晋西北 | 3 968 | 15.62 | 5 696 | 22.42 | −1 728 |
| | 科尔沁 | 8 512 | 5.77 | 49 152 | 33.29 | −40 640 |
| | 宁夏河东 | 1 344 | 10.45 | 5 568 | 43.28 | −4 224 |
| | 土默特 | 5 952 | 18.16 | 9 856 | 30.08 | −3 904 |
| | 乌兰察布 | 13 376 | 13.64 | 29 760 | 30.34 | −16 384 |
| | **总和** | **123 456** | **17.01** | **293 760** | **40.47** | **−170 304** |
| 西北干旱荒漠区 | 阿拉善 | 33 600 | 14.03 | 52 288 | 21.84 | −18 688 |
| | 柴达木 | 87 808 | 39.21 | 43 008 | 19.21 | 44 800 |
| | 河套平原 | 3 648 | 19.26 | 6 336 | 33.45 | −2 688 |
| | 河西走廊 | 65 792 | 29.18 | 61 440 | 27.25 | 4 352 |
| | 内蒙古后山 | 16 384 | 35.00 | 19 904 | 42.52 | −3 520 |
| | 塔里木 | 240 000 | 27.48 | 92 288 | 10.57 | 147 712 |
| | 吐哈盆地 | 34 112 | 16.68 | 44 032 | 21.54 | −9 920 |
| | 伊犁盆地 | 1 088 | 20.99 | 2 880 | 55.56 | −1 792 |
| | 银川平原 | 4 800 | 26.83 | 6 976 | 39.00 | −2 176 |
| | 准噶尔 | 47 360 | 26.40 | 86 464 | 48.19 | −39 104 |
| | **总和** | **534 592** | **26.27** | **415 616** | **20.42** | **118 976** |
| 三江源地区 | **三江源** | **48 832** | **18.55** | **97 536** | **37.05** | **−48 704** |

**表 3-79　气候趋于干旱、治理政策积极情景下 2000—2030 年中国北方沙漠化逆转与发展状况**

| 沙区 | 亚区 | 沙漠化逆转面积/$km^2$ | 逆转比例/% | 沙漠化发展面积/$km^2$ | 发展比例/% | 沙漠化净逆转面积/$km^2$ |
|---|---|---|---|---|---|---|
| 内蒙古长城沿线 | 察哈尔 | 1 664 | 5.79 | 14 400 | 50.11 | −12 736 |
| | 鄂尔多斯 | 28 928 | 22.37 | 66 368 | 51.32 | −37 440 |
| | 呼伦贝尔 | 3 968 | 4.89 | 38 720 | 47.74 | −34 752 |
| | 浑善达克 | 22 848 | 13.45 | 78 400 | 46.14 | −55 552 |
| | 晋西北 | 4 544 | 17.88 | 6 208 | 24.43 | −1 664 |
| | 科尔沁 | 3 584 | 2.43 | 50 432 | 34.16 | −46 848 |
| | 宁夏河东 | 1 216 | 9.45 | 5 440 | 42.29 | −4 224 |
| | 土默特 | 2 624 | 8.01 | 10 496 | 32.03 | −7 872 |

续表3-79

| 沙区 | 亚区 | 沙漠化逆转面积/km² | 逆转比例/% | 沙漠化发展面积/km² | 发展比例/% | 沙漠化净逆转面积/km² |
|---|---|---|---|---|---|---|
| 内蒙古长城沿线 | 乌兰察布 | 10 688 | 10.90 | 32 320 | 32.95 | −21 632 |
|  | **总和** | **80 064** | **11.03** | **302 784** | **41.71** | **−222 720** |
| 西北干旱荒漠区 | 阿拉善 | 28 480 | 11.89 | 98 048 | 40.95 | −69 568 |
|  | 柴达木 | 70 080 | 31.30 | 51 456 | 22.98 | 18 624 |
|  | 河套平原 | 1 856 | 9.80 | 6 080 | 32.09 | −4 224 |
|  | 河西走廊 | 53 696 | 23.81 | 74 368 | 32.98 | −20 672 |
|  | 内蒙古后山 | 11 200 | 23.92 | 19 328 | 41.29 | −8 128 |
|  | 塔里木 | 219 840 | 25.17 | 102 336 | 11.72% | 117 504 |
|  | 吐哈盆地 | 26 688 | 13.05 | 55 808 | 27.30 | −29 120 |
|  | 伊犁盆地 | 896 | 17.28 | 2 752 | 53.09 | −1 856 |
|  | 银川平原 | 2 944 | 16.46 | 6 464 | 36.14 | −3 520 |
|  | 准噶尔 | 30 464 | 16.98 | 78 528 | 43.77 | −48 064 |
|  | **总和** | **446 144** | **21.92** | **495 168** | **24.33** | **−49 024** |
| 三江源地区 | **三江源** | **91 392** | **34.71** | **60 288** | **22.90** | **31 104** |

**表 3-80 气候趋于干旱、治理政策积极情景下 2010—2030 年中国北方沙漠化逆转与发展状况**

| 沙区 | 亚区 | 沙漠化逆转面积/km² | 逆转比例/% | 沙漠化发展面积/km² | 发展比例/% | 沙漠化净逆转面积/km² |
|---|---|---|---|---|---|---|
| 内蒙古长城沿线 | 察哈尔 | 4 416 | 15.37 | 9 792 | 34.08 | −5 376 |
|  | 鄂尔多斯 | 18 880 | 14.60 | 54 976 | 42.51 | −36 096 |
|  | 呼伦贝尔 | 14 656 | 18.07 | 41 024 | 50.59 | −26 368 |
|  | 浑善达克 | 51 776 | 30.47 | 30 592 | 18.00 | 21 184 |
|  | 晋西北 | 1 280 | 5.04 | 7 488 | 29.47 | −6 208 |
|  | 科尔沁 | 15 680 | 10.62 | 44 864 | 30.39 | −29 184 |
|  | 宁夏河东 | 7 488 | 58.21 | 128 | 1.00 | 7 360 |
|  | 土默特 | 3 264 | 9.96 | 9 088 | 27.73 | −5 824 |
|  | 乌兰察布 | 22 976 | 23.42 | 18 112 | 18.46 | 4 864 |
|  | **总和** | **117 440** | **16.19** | **216 064** | **29.79** | **−98 624** |
| 西北干旱荒漠区 | 阿拉善 | 512 | 0.21 | 67 584 | 28.23 | −67 072 |
|  | 柴达木 | 62 208 | 27.78 | 60 096 | 26.84 | 2 112 |
|  | 河套平原 | 2 112 | 11.15 | 5 952 | 31.42 | −3 840 |
|  | 河西走廊 | 68 544 | 30.40 | 64 960 | 28.81 | 3 584 |
|  | 内蒙古后山 | 14 272 | 30.49 | 20 672 | 44.16 | −6 400 |

续表3-80

| 沙区 | 亚区 | 沙漠化逆转面积/km² | 逆转比例/% | 沙漠化发展面积/km² | 发展比例/% | 沙漠化净逆转面积/km² |
|---|---|---|---|---|---|---|
| 西北干旱荒漠区 | 塔里木 | 168 704 | 19.32 | 172 288 | 19.73 | −3 584 |
| | 吐哈盆地 | 27 520 | 13.46 | 55 616 | 27.20 | −28 096 |
| | 伊犁盆地 | 832 | 16.05 | 2 816 | 54.32 | −1 984 |
| | 银川平原 | 4 864 | 27.19 | 6 720 | 37.57 | −1 856 |
| | 准噶尔 | 38 272 | 21.33 | 38 528 | 21.47 | −256 |
| | **总和** | **387 840** | **19.12** | **495 232** | **24.41** | **−107 392** |
| 三江源地区 | **三江源** | **35 328** | **13.42** | **98 304** | **37.34** | **−62 976** |

**表 3-81　气候趋于干旱、治理政策积极情景下 2020—2030 年中国北方沙漠化逆转与发展状况**

| 沙区 | 亚区 | 沙漠化逆转面积/km² | 逆转比例/% | 沙漠化发展面积/km² | 发展比例/% | 沙漠化净逆转面积/km² |
|---|---|---|---|---|---|---|
| 内蒙古长城沿线 | 察哈尔 | 64 | 0.22 | 7 872 | 27.39 | −7 808 |
| | 鄂尔多斯 | 14 656 | 11.33 | 84 480 | 65.33 | −69 824 |
| | 呼伦贝尔 | 640 | 0.79 | 48 256 | 59.50 | −47 616 |
| | 浑善达克 | 2 944 | 1.73 | 87 552 | 51.53 | −84 608 |
| | 晋西北 | 18 688 | 73.55 | 0 | 0.00 | 18 688 |
| | 科尔沁 | 1 984 | 1.34 | 48 192 | 32.64 | −46 208 |
| | 宁夏河东 | 0 | 0.00 | 6 208 | 48.26 | −6 208 |
| | 土默特 | 2 496 | 7.62 | 10 112 | 30.86 | −7 616 |
| | 乌兰察布 | 1 472 | 1.50 | 36 480 | 37.19 | −35 008 |
| | **总和** | **42 944** | **5.92** | **329 152** | **45.35** | **−286 208** |
| 西北干旱荒漠区 | 阿拉善 | 4 416 | 1.84 | 44 800 | 18.71 | −40 384 |
| | 柴达木 | 8 768 | 3.92 | 35 136 | 15.69 | −26 368 |
| | 河套平原 | 2 688 | 14.19 | 2 688 | 14.19 | 0 |
| | 河西走廊 | 1 408 | 0.62 | 51 648 | 22.90 | −50 240 |
| | 内蒙古后山 | 1 792 | 3.83 | 22 080 | 47.17 | −20 288 |
| | 塔里木 | 40 832 | 4.68 | 178 112 | 20.39 | −137 280 |
| | 吐哈盆地 | 1 408 | 0.69 | 23 936 | 11.71 | −22 528 |
| | 伊犁盆地 | 0 | 0.00 | 0 | 0.00 | 0 |
| | 银川平原 | 640 | 3.58 | 4 992 | 27.91 | −4 352 |
| | 准噶尔 | 8 960 | 4.99 | 54 464 | 30.35 | −45 504 |
| | **总和** | **70 912** | **3.48** | **417 856** | **20.53** | **−346 944** |
| 三江源地区 | **三江源** | **6 272** | **2.38** | **96 704** | **36.73** | **−90 432** |

### 3.4.9 情景9:气候趋于干旱、治理政策消极

在气候趋于干旱、未来沙漠化治理政策消极的前提下,中国北方沙漠化发展态势最为明显(图3-62)。干旱的气候条件与消极的沙漠化治理政策相叠加,使得三大沙区在各时段内的沙漠化净逆转面积均小于0,未能实现土地沙漠化“零增长”。从不同时间节点来看,1981—2030年中国北方沙漠化净逆转面积为$-83.64$万$km^2$,三大沙区的净逆转面积均小于0,整体上表现为沙漠化发展态势;20个亚区中仅有柴达木盆地出现沙漠化净逆转,其沙漠化净逆转比例约为3.4%(表3-82)。1990—2030年中国北方沙漠化净逆转面积减少为$-93.66$万$km^2$,三大沙区的沙漠化净逆转比例仍小于0,且所有亚区中无土地沙漠化“零增长”地区,沙漠化发展态势持续保持(表3-83)。2000—2030年中国北方沙漠化净逆转面积持续减少,达到$-98$万$km^2$,其中内蒙古长城沿线和西北干旱荒漠区的沙漠化发展面积均有不同程度的增加;所有亚区中仍无土地沙漠化“零增长”地区,其中三江源地区的沙漠化净逆转比例增加近40%,其沙漠化态势得到一定控制,但净逆转比例仍小于0(表3-84)。2010—2030年中国北方沙漠化净逆转面积有所增加,为$-75.87$万$km^2$,三大沙区的净逆转比例仍小于0,其中内蒙古长城沿线和西北干旱荒漠区的沙漠化净

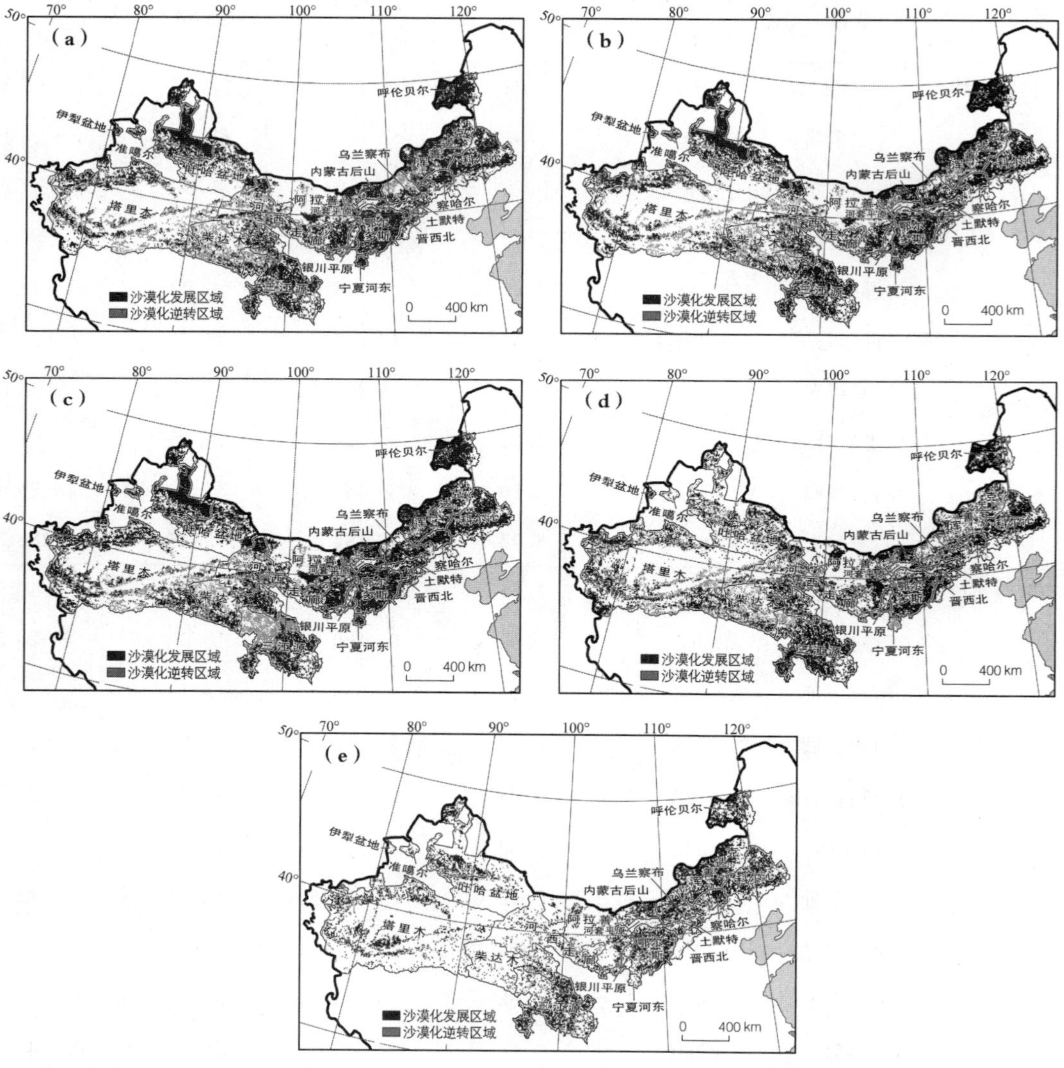


**图3-62 气候趋于干旱、治理政策消极情景下1981—2030年(a)、1990—2030年(b)、2000—2030年(c)、2010—2030年(d)、2020—2030年(e)中国北方沙漠化逆转与发展区域分布**

逆转比例均有所增加；20 个亚区中仅有宁夏河东地区符合土地沙漠化“零增长”标准，浑善达克、乌兰察布、河西走廊和准噶尔盆地的土地沙漠化净逆转比例有所增加，但其沙漠化形式依旧严峻（表 3-85）。2020—2030 年中国北方沙漠化净逆转面积为－86.16 万 $km^2$，三大沙区整体上仍为沙漠化发展趋势，所有亚区中仅有晋西北地区表现为土地沙漠化“零增长”趋势，其余亚区的沙漠化净逆转面积均小于 0（表 3-86）。

从土地沙漠化“零增长”风险区域来看，在 2020—2030 年间，仅有晋西北地区的沙漠化发展面积为 0，其他沙区在各时段内的沙漠化发展面积均大于 0，即都存在风险区域。各时期内，1981—2030 年中国北方沙区有 39.52％的区域表现为沙漠化发展，其中西北干旱荒漠区的沙漠化发展比例接近 30％，内蒙古长城沿线和三江源地区的沙漠化发展比例甚至超过 50％；在 20 个亚区中，察哈尔、鄂尔多斯、呼伦贝尔和伊犁盆地的沙漠化发展比例均超过 70％，沙漠化风险性很高，此外科尔沁、土默特、内蒙古后山和准噶尔盆地的沙漠化发展比例接近 70％，同样有较高沙漠化风险。1990—2030 年中国北方沙区沙漠化发展面积有所增加，占比达到 41.12％，三大沙区的沙漠化发展区域均有所扩展；所有亚区中的察哈尔、鄂尔多斯、呼伦贝尔、伊犁盆地和准噶尔盆地的沙漠化发展比例均超过 70％，乌兰察布地区的沙漠化发展比例增加约 17％，沙漠化风险加剧。2000—2030 年中国北方沙区有 43.56％的区域呈现沙漠化发展趋势，发展面积增加至 137.79 万 $km^2$，其中西北干旱荒漠区的沙漠化发展面积扩张显著；所有亚区中的察哈尔、鄂尔多斯、呼伦贝尔、伊犁盆地和准噶尔盆地仍为沙漠化重点监测地区，阿拉善地区的沙漠化发展比例增加 19.4％，沙漠化形势严峻。2010—2030 年中国北方沙区沙漠化发展面积有所减少，占比下降为 36.75％，其中内蒙古长城沿线和西北干旱荒漠区的沙漠化发展区域有所缩减，但三江源地区的沙漠化发展比例增加近 20％，其沙漠化发展区域进一步扩展，存在较大沙漠化风险。2020—2030 年中国北方沙漠化发展面积占比持续下降为 28.62％，其沙漠化发展面积达 86.57 万 $km^2$，未来土地沙漠化“零增长”风险区域有所减少，其中西北干旱荒漠区和三江源地区的沙漠化发展比例均有明显下降，所有亚区中，察哈尔、浑善达克两地的沙漠化发展比例超过 60％，宁夏河东和乌兰察布两地的沙漠化发展比例增加 10％左右，仍有较大沙漠化风险。

**表 3-82　气候趋于干旱、治理政策消极情景下 1981—2030 年中国北方沙漠化逆转与发展状况**

| 沙区 | 亚区 | 沙漠化逆转面积/$km^2$ | 逆转比例/％ | 沙漠化发展面积/$km^2$ | 发展比例/％ | 沙漠化净逆转面积/$km^2$ |
|---|---|---|---|---|---|---|
| 内蒙古长城沿线 | 察哈尔 | 768 | 2.67 | 21 376 | 74.39 | －20 608 |
| | 鄂尔多斯 | 7 936 | 6.14 | 99 712 | 77.11 | －91 776 |
| | 呼伦贝尔 | 1 728 | 2.13 | 59 072 | 72.84 | －57 344 |
| | 浑善达克 | 23 040 | 13.56 | 106 240 | 62.52 | -83 200 |
| | 晋西北 | 1 728 | 6.80 | 11 776 | 46.35 | －10 048 |
| | 科尔沁 | 1 408 | 0.95 | 98 432 | 66.67 | －97 024 |
| | 宁夏河东 | 0 | 0.00 | 7 744 | 60.20 | －7 744 |
| | 土默特 | 640 | 1.95 | 21 696 | 66.21 | －21 056 |
| | 乌兰察布 | 21 568 | 21.99 | 29 632 | 30.21 | －8 064 |
| | **总和** | **58 816** | **8.10** | **455 680** | **62.78** | **－396 864** |
| 西北干旱荒漠区 | 阿拉善 | 16 768 | 7.00 | 73 856 | 30.84 | －57 088 |
| | 柴达木 | 61 760 | 27.58 | 54 080 | 24.15 | 7 680 |
| | 河套平原 | 448 | 2.36 | 9 216 | 48.65 | －8 768 |

续表3-82

| 沙区 | 亚区 | 沙漠化逆转面积/km² | 逆转比例/% | 沙漠化发展面积/km² | 发展比例/% | 沙漠化净逆转面积/km² |
|---|---|---|---|---|---|---|
| 西北干旱荒漠区 | 河西走廊 | 47 744 | 21.17 | 80 000 | 35.48 | −32 256 |
| | 内蒙古后山 | 7 360 | 15.72 | 30 976 | 66.17 | −23 616 |
| | 塔里木 | 107 328 | 12.29 | 156 800 | 17.95 | −49 472 |
| | 吐哈盆地 | 20 352 | 9.95 | 52 608 | 25.73 | −32 256 |
| | 伊犁盆地 | 192 | 3.70 | 3 904 | 75.31 | −3 712 |
| | 银川平原 | 2 624 | 14.67 | 10 624 | 59.39 | −8 000 |
| | 准噶尔 | 6 528 | 3.64 | 124 800 | 69.56 | −118 272 |
| | **总和** | **271 104** | **13.32** | **596 864** | **29.33** | **−325 760** |
| 三江源地区 | **三江源** | **29 376** | **11.16** | **143 104** | **54.36** | **−113 728** |

**表 3-83 气候趋于干旱、治理政策消极情景下 1990—2030 年中国北方沙漠化逆转与发展状况**

| 沙区 | 亚区 | 沙漠化逆转面积/km² | 逆转比例/% | 沙漠化发展面积/km² | 发展比例/% | 沙漠化净逆转面积/km² |
|---|---|---|---|---|---|---|
| 内蒙古长城沿线 | 察哈尔 | 640 | 2.23 | 21 888 | 76.17 | −21 248 |
| | 鄂尔多斯 | 5 056 | 3.91 | 101 632 | 78.59 | −96 576 |
| | 呼伦贝尔 | 704 | 0.87 | 59 456 | 73.31 | −58 752 |
| | 浑善达克 | 20 288 | 11.94 | 106 944 | 62.94 | −86 656 |
| | 晋西北 | 2 304 | 9.07 | 10 880 | 42.82 | −8 576 |
| | 科尔沁 | 896 | 0.61 | 98 432 | 66.67 | −97 536 |
| | 宁夏河东 | 0 | 0.00 | 7 808 | 60.70 | −7 808 |
| | 土默特 | 320 | 0.98 | 21 696 | 66.21 | −21 376 |
| | 乌兰察布 | 4 352 | 4.44 | 46 272 | 47.17 | −41 920 |
| | **总和** | **34 560** | **4.76** | **475 008** | **65.44** | **−440 448** |
| 西北干旱荒漠区 | 阿拉善 | 17 408 | 7.27 | 55 808 | 23.31 | −38 400 |
| | 柴达木 | 56 064 | 25.04 | 63 296 | 28.27 | −7 232 |
| | 河套平原 | 512 | 2.70 | 9 472 | 50.00 | −8 960 |
| | 河西走廊 | 47 744 | 21.17 | 76 160 | 33.77 | −28 416 |
| | 内蒙古后山 | 8 448 | 18.05 | 30 272 | 64.67 | −21 824 |
| | 塔里木 | 95 936 | 10.98 | 185 728 | 21.27 | −89 792 |
| | 吐哈盆地 | 17 344 | 8.48 | 55 808 | 27.30 | −38 464 |
| | 伊犁盆地 | 128 | 2.47 | 3 968 | 76.54 | −3 840 |
| | 银川平原 | 1 216 | 6.80 | 11 072 | 61.90 | −9 856 |
| | 准噶尔 | 4 160 | 2.32 | 126 656 | 70.59 | −122 496 |
| | **总和** | **248 960** | **12.23** | **618 240** | **30.38** | **−369 280** |
| 三江源地区 | **三江源** | **23 744** | **9.02** | **150 592** | **57.20** | **−126 848** |

**表 3-84　气候趋于干旱、治理政策消极情景下 2000—2030 年中国北方沙漠化逆转与发展状况**

| 沙区 | 亚区 | 沙漠化逆转面积/km² | 逆转比例/% | 沙漠化发展面积/km² | 发展比例/% | 沙漠化净逆转面积/km² |
|---|---|---|---|---|---|---|
| 内蒙古长城沿线 | 察哈尔 | 256 | 0.89 | 23 936 | 83.30 | −23 680 |
| | 鄂尔多斯 | 5 312 | 4.11 | 102 784 | 79.49 | −97 472 |
| | 呼伦贝尔 | 960 | 1.18 | 59 200 | 73.00 | −58 240 |
| | 浑善达克 | 20 608 | 12.13 | 109 056 | 64.18 | −88 448 |
| | 晋西北 | 3 136 | 12.34 | 11 520 | 45.34 | −8 384 |
| | 科尔沁 | 640 | 0.43 | 99 008 | 67.06 | −98 368 |
| | 宁夏河东 | 0 | 0.00 | 7 488 | 58.21 | −7 488 |
| | 土默特 | 512 | 1.56 | 21 888 | 66.80 | −21 376 |
| | 乌兰察布 | 3 776 | 3.85 | 49 152 | 50.11 | −45 376 |
| | **总和** | **35 200** | **4.85** | **484 032** | **66.69** | **−448 832** |
| 西北干旱荒漠区 | 阿拉善 | 16 448 | 6.87 | 102 272 | 42.71 | −85 824 |
| | 柴达木 | 47 808 | 21.35 | 77 568 | 34.64 | −29 760 |
| | 河套平原 | 128 | 0.68 | 9 280 | 48.99 | −9 152 |
| | 河西走廊 | 42 816 | 18.99 | 91 328 | 40.50 | −48 512 |
| | 内蒙古后山 | 8 128 | 17.36 | 30 336 | 64.80 | −22 208 |
| | 塔里木 | 88 832 | 10.17 | 208 704 | 23.90 | −119 872 |
| | 吐哈盆地 | 14 592 | 7.14 | 69 760 | 34.12 | −55 168 |
| | 伊犁盆地 | 192 | 3.70 | 3 840 | 74.07 | −3 648 |
| | 银川平原 | 1 088 | 6.08 | 11 456 | 64.04 | −10 368 |
| | 准噶尔 | 4 096 | 2.28 | 128 128 | 71.41 | −124 032 |
| | **总和** | **224 128** | **11.01** | **732 672** | **36.01** | **−508 544** |
| 三江源地区 | **三江源** | **78 464** | **29.80** | **101 184** | **38.43** | **−22 720** |

**表 3-85　气候趋于干旱、治理政策消极情景下 2010—2030 年中国北方沙漠化逆转与发展状况**

| 沙区 | 亚区 | 沙漠化逆转面积/km² | 逆转比例/% | 沙漠化发展面积/km² | 发展比例/% | 沙漠化净逆转面积/km² |
|---|---|---|---|---|---|---|
| 内蒙古长城沿线 | 察哈尔 | 1 600 | 5.57 | 18 944 | 65.92 | −17 344 |
| | 鄂尔多斯 | 6 400 | 4.95 | 90 048 | 69.64 | −83 648 |
| | 呼伦贝尔 | 10 048 | 12.39 | 47 040 | 58.00 | −36 992 |
| | 浑善达克 | 35 008 | 20.60 | 61 440 | 36.16 | −26 432 |
| | 晋西北 | 704 | 2.77 | 14 144 | 55.67 | −13 440 |
| | 科尔沁 | 6 080 | 4.12 | 91 136 | 61.73 | −85 056 |
| | 宁夏河东 | 5 888 | 45.77 | 256 | 1.99 | 5 632 |
| | 土默特 | 1 536 | 4.69 | 20 672 | 63.09 | −19 136 |

续表3-85

| 沙区 | 亚区 | 沙漠化逆转面积/km² | 逆转比例/% | 沙漠化发展面积/km² | 发展比例/% | 沙漠化净逆转面积/km² |
|---|---|---|---|---|---|---|
| 内蒙古长城沿线 | 乌兰察布 | 12 736 | 12.98 | 30 912 | 31.51 | −18 176 |
| | **总和** | **80 000** | **11.03** | **374 592** | **51.65** | **−294 592** |
| 西北干旱荒漠区 | 阿拉善 | 512 | 0.21 | 86 016 | 35.92 | −85 504 |
| | 柴达木 | 46 144 | 20.61 | 69 504 | 31.04 | −23 360 |
| | 河套平原 | 1 472 | 7.77 | 7 616 | 40.20 | −6 144 |
| | 河西走廊 | 53 248 | 23.61 | 72 000 | 31.93 | −18 752 |
| | 内蒙古后山 | 9 024 | 19.28 | 27 392 | 58.51 | −18 368 |
| | 塔里木 | 98 752 | 11.31 | 205 824 | 23.57 | −107 072 |
| | 吐哈盆地 | 17 536 | 8.58 | 59 584 | 29.14 | −42 048 |
| | 伊犁盆地 | 384 | 7.41 | 3 584 | 69.14 | −3 200 |
| | 银川平原 | 2 688 | 15.03 | 10 688 | 59.75 | −8 000 |
| | 准噶尔 | 20 032 | 11.16 | 43 392 | 24.18 | −23 360 |
| | **总和** | **249 792** | **12.31** | **585 600** | **28.87** | **−335 808** |
| 三江源地区 | **三江源** | **23 296** | **8.85** | **151 552** | **57.57** | **−128 256** |

**表3-86 气候趋于干旱、治理政策消极情景下2020—2030年中国北方沙漠化逆转与发展状况**

| 沙区 | 亚区 | 沙漠化逆转面积/km² | 逆转比例/% | 沙漠化发展面积/km² | 发展比例/% | 沙漠化净逆转面积/km² |
|---|---|---|---|---|---|---|
| 内蒙古长城沿线 | 察哈尔 | 0 | 0 | 17 792 | 61.92 | −17 792 |
| | 鄂尔多斯 | 0 | 0 | 75 904 | 58.70 | −75 904 |
| | 呼伦贝尔 | 64 | 0.08 | 39 552 | 48.77 | −39 488 |
| | 浑善达克 | 0 | 0 | 102 016 | 60.04 | −102 016 |
| | 晋西北 | 1 792 | 7.05 | 0 | 0 | 1 792 |
| | 科尔沁 | 0 | 0 | 78 976 | 53.49 | −78 976 |
| | 宁夏河东 | 64 | 0.50 | 1 536 | 11.94 | −1 472 |
| | 土默特 | 0 | 0 | 16 128 | 49.22 | −16 128 |
| | 乌兰察布 | 0 | 0 | 44 224 | 45.08 | −44 224 |
| | **总和** | **1 920** | **0.26** | **376 128** | **51.82** | **−374 208** |
| 西北干旱荒漠区 | 阿拉善 | 0 | 0 | 47 616 | 19.89 | −47 616 |
| | 柴达木 | 1 152 | 0.51 | 28 480 | 12.72 | −27 328 |
| | 河套平原 | 128 | 0.68 | 2 432 | 12.84 | −2 304 |
| | 河西走廊 | 64 | 0.03 | 38 400 | 17.03 | −38 336 |
| | 内蒙古后山 | 0 | 0 | 24 256 | 51.81 | −24 256 |
| | 塔里木 | 704 | 0.08 | 142 208 | 16.28 | −141 504 |

续表3-86

| 沙区 | 亚区 | 沙漠化逆转面积/km² | 逆转比例/% | 沙漠化发展面积/km² | 发展比例/% | 沙漠化净逆转面积/km² |
|---|---|---|---|---|---|---|
| 西北干旱荒漠区 | 吐哈盆地 | 0 | 0 | 22 400 | 10.96 | −22 400 |
| | 伊犁盆地 | 64 | 1.23 | 192 | 3.70 | −128 |
| | 银川平原 | 0 | 0 | 7 168 | 40.07 | −7 168 |
| | 准噶尔 | 64 | 0.04 | 58 496 | 32.60 | −58 432 |
| | **总和** | **2 176** | **0.11** | **371 648** | **18.26** | **−369 472** |
| 三江源地区 | **三江源** | **0** | **0** | **117 952** | **44.80** | **−117 952** |

## 3.5　本章小结

本章以沙漠化的自然-人文驱动因素为切入点，基于系统动力学方法搭建沙漠化模拟模型框架，并利用 Arcpy 进行二次开发，从而在空间上模拟了 1981—2030 年中国北方沙区的土地沙漠化演变态势。模型有效性验证结果表明，回归模型的决定系数 $R^2$ 达到 0.895，精度较高，说明此沙漠化模型可用于研究区沙漠化动态的模拟。敏感性分析结果表明，温度、降水量等气候因素，以及禁牧休牧率、退耕还林还草面积、未利用地植树种草面积等人为因素均为沙漠化模型中的敏感因子，可用于综合情景的设计。不同情景下的沙漠化动态模拟结果表明：①气候变化对沙漠化土地面积影响明显，如在沙漠化治理政策不变的情况下，气候趋于湿润将会在 2030 年使中国北方沙区的沙漠化土地比基准情景下减少 31.7 万 km² 左右，而气候趋于干旱使得沙漠化土地增加 14.9 万 km² 左右；②相对于气候变化，沙漠化治理政策对沙漠化土地面积影响较小，如在气候基本不变化的情况下，积极的沙漠化治理政策使得沙漠化土地较基准情景减少 8.6 万 km² 左右，而消极的治理政策使得沙漠化土地面积增加 9.1 万 km² 左右。根据沙漠化模拟结果可对土地沙漠化“零增长”风险区域进行识别，结果表明：①生态建设的持续进行使得未来中国北方沙区整体呈现沙漠化逆转态势，若气候趋于湿润则有利于保持土地沙漠化“零增长”态势；而干旱的气候条件或消极的治理政策将使部分地区呈现沙漠化发展态势；②除宁夏河东和晋西北地区外，其他沙区在每个情景下都存在土地沙漠化“零增长”风险区域；③相对于沙漠化治理政策，气候条件对于风险区域面积的增减影响更大。

与以往的研究成果相比，本章所阐述的模型将自然因素、人文因素对沙漠化的复杂影响进行了统筹考虑并在一个系统内进行了有效的集成，具有一定的先进性和较强的适用性，可以为构建大尺度沙漠化模拟与风险评估模型奠定重要的基础，同时也能为面向未来沙漠化及土地退化防治决策提供重要的支撑和参考。

## 参考文献

白美兰，郝润全，邸瑞琦，等．2006. 气候变化对浑善达克沙地沙漠化影响的评估[J]. 气候与环境研究，11(2)：215-220.

冯云飞，李猛，李少伟，等．2019. 2010—2017 年藏北高寒退化草地禁牧恢复效果评价[J]. 草业科学，36(4)：8，235-249.

高正斌．2015. 甘肃省城镇化与经济增长关系的实证研究[J]. 财会研究，(6)，72-75.

侯向阳，纪磊，王珍．2014. 荒漠草原与典型草原 NPP、碳积累对不同降雨年份和利用方式的响应[J]. 生态学报，34(21)：6256-6264.

胡孟春. 1991. 奈曼旗土地沙漠化系统动态仿真研究[J]. 地理学报，58(1)：84-92.

李雅楠，王成新. 2018. 城市建设用地扩张与经济增长的动态关联研究：以山东省为例[J]. 华东经济管理，(2)：30-34.

刘忠宽，汪诗平，陈佐忠，等. 2006. 不同放牧强度草原休牧后土壤养分和植物群落变化特征[J]. 生态学报，26(6)：2048-2056.

宋乃平，张凤荣，李保国. 2005. 内蒙古伊金霍洛旗薪炭结构演变对土地沙漠化的影响[J]. 资源科学，27(3)：86-91.

王绍武，蔡静宁，慕巧珍，等. 2002. 中国西部年降水量的气候变化[J]. 自然资源学报，17(4)：415-422.

王伟伟，周立华，孙燕. 2019. 禁牧政策对宁夏盐池县农业生态系统服务影响的能值分析[J]. 生态学报，39(1)：146-157.

王晓君，周立华，石敏俊. 2014. 农牧交错带沙漠化逆转区禁牧政策下农村经济可持续发展研究：以宁夏盐池县为例[J]. 资源科学，36(10)：2166-2173.

许端阳，李春蕾，庄大方，等. 2011. 气候变化和人类活动在沙漠化过程中相对作用评价综述[J]. Journal of Geographical Sciences，66(5)：68-76.

许端阳，佟贺丰，李春蕾，等. 2015. 耦合自然-人文因素的沙漠化动态系统动力学模型[J]. 中国沙漠，35(2)：267-275.

薛娴，王涛. 2000. 从系统论的角度看沙漠化与可持续发展问题[J]. 中国沙漠，20(4)：404-408.

张爱胜，李锋瑞，王涛. 2005. 典型区域土地沙漠化综合管理系统动力学模型分析[J]. 中国沙漠，25(5)：769-774.

张峰，周广胜，王玉辉. 2008. 基于CASA模型的内蒙古典型草原植被净初级生产力动态模拟[J]. 植物生态学报，32(4)：786-797.

赵敏敏，周立华，陈勇，等. 2017. 禁牧政策对库布齐沙漠农户土地利用行为的影响[J]. 中国沙漠，37(4)：802-810.

卓莉，曹鑫，陈晋，等. 2007. 锡林郭勒草原生态恢复工程效果的评价[J]. 地理学报，62(5)：471-480.

Bai R，Sutanto M. 2002. The practice and challenges of solid waste management in Singapore[J]. Waste Management，22(5)：557-567.

Cosenz F. 2017. Supporting start-up business model design through system dynamics modelling[J]. Management Decision，55(1)：57-80.

Delden H V，Seppelt R. 2011. A methodology for the design and development of integrated models for policy support [J]. Environmental Modelling and Software，26(3)：266-279.

Elsawah S，Pierce S A，Hamilton S H，et al. 2017. An overview of the system dynamics process for integrated modelling of socio-ecological systems：Lessons on good modelling practice from five case studies[J]. Environmental Modelling and Software，93 ©：127-145.

Helldén U. 2008. A coupled human-environment model for desertification simulation and impact studies[J]. Global and Planetary Change，64(3)：158-168.

Holechek J L，Pieper R D，Herbel C H. 2001. Range management principles andpractices (4th ed.). New Jersey：Prentice Hall.

Karnopp D，Rosenberg R，Perelson A S. 2007. System Dynamics：A Unified Approach[J]. IEEE Transactions on Systems Man and Cybernetics，SMC-6(10)：724-724.

Neelin J D，Sahany S，Stechmann S N，et al. 2017. Global warming precipitation accumulation increases above the current-climate cutoff scale[J]. Proceedings of the National Academy of Sciences of the United States of America，114(6)：1258.

Oliver J E. 2013. Intergovernmental Panel in Climate Change (IPCC)[J]. Encyclopedia of Energy Natural Resource and Environmental Economics，26(2)：48-56.

Rasmy M，Gad A，Abdelsalam H，et al. 2010. A dynamic simulation model of desertification in Egypt[J]. Egyptian Journal of Remote Sensing and Space Sciences，13(2)：101-111.

# 第 4 章　中国北方沙漠化防治重点区域识别

在过去 60 多年里，沙漠化治理取得了一定进展，整体发展趋势得到控制，但北方局部敏感性较高的地区依然存在沙漠化逐渐恶化的问题。不同区域沙漠化程度不同，发展速度不同，对驱动力因子的响应程度各异，在治理难度和手段上也会有较大差别，因此必须根据我国不同区域的环境特征，以及影响沙漠化发展的各项自然和人文指标，识别和确定沙漠化敏感性区域。沙漠化已经给北方广大地区的生态环境和社会经济带来了极大的危害和损失，并严重制约着区域的可持续发展。面对加速发展的土地沙漠化和国家有限的防治投入这一矛盾，进一步明确沙漠化研究和防治的重点区域，因地制宜、集中防治，尽快遏制发展蔓延的趋势就显得尤为重要（王涛，2016）。为了弥补未来沙漠化防治区划研究不足的状况，本章综合考虑沙漠化土地的敏感性、沙漠化的可治理性以及沙区生态功能的重要性，分析未来不同气候及政策情景下的沙漠化治理重要程度，并作为识别中国北方沙漠化防治重点区域的依据，从而增强对未来沙漠化防治的指导作用。

## 4.1　沙漠化防治重点区域识别指标体系

本研究从沙漠化土地敏感性、可治理性以及生态功能重要性三个层面，构建沙漠化防治重点区域识别指标体系（表 4-1）。其中，基于 ESAI 的构建思路，从土壤、气候、植被、土地管理 4 个方面，构建土地沙漠化敏感性指数，以此识别沙漠化敏感区域；参考影响沙漠化治理的诸多因素，重点从区位和自然条件等方面对沙漠化土地可治理性进行评估；从防风固沙、碳汇量两个方面来核算沙区生态系统服务价值，来定量描述沙区生态功能重要性。

**表 4-1　沙漠化防治重点区域识别指标体系**

| 一级指标 | 二级指标 | 三级指标 | 单位 |
|---|---|---|---|
| 敏感性 | 土壤质量 | 坡度（SLO） | / |
| | | 质地（TEX） | % |
| | | 土壤深度（SDP） | cm |
| | 气候质量 | 降水量（RAI） | mm |
| | | 干湿指数（ARI） | mm/mm |
| | | 风蚀侵蚀力（WER） | / |
| | | 坡向（ASP） | / |
| | 植被质量 | 植被覆盖（PLA） | % |
| | | 侵蚀防护（EPT） | / |
| | | 抗旱性（DRT） | / |
| | 土地管理质量 | 放牧压力（GPR） | 只/km$^2$ |
| | | 人口压力（DEN） | 人/km$^2$ |

续表4-1

| 一级指标 | 二级指标 | 三级指标 | 单位 |
| --- | --- | --- | --- |
| 可治理性 | 区位 | 县域距离（DTC） | km |
| | | 道路距离（DTR） | km |
| | | 水系距离（DTW） | km |
| | 自然条件 | 坡度（SLO） | / |
| | | 降水量（RAI） | mm |
| 生态功能重要性 | 防风固沙功能 | 气候因子（WF） | / |
| | | 土壤可蚀性因子（EF） | / |
| | | 土壤结皮因子（SCF） | / |
| | | 土壤粗糙度因子（K） | / |
| | | 综合植被因子（COG） | / |
| | 固碳功能 | 净生态系统生产力（NEP） | gC/($m^3$·a) |
| | | 净初级生产力（NPP） | gC/($m^3$·a) |
| | | 土壤微生物呼吸量（RH） | gC/($m^3$·a) |

### 4.1.1 沙漠化土地敏感性

在沙漠化敏感性区域的识别方面，国内外学者更多的是通过对多种经济、社会、环境指标进行综合集成分析，计算具有综合意义的敏感性指数来进行沙漠化防治重点区域的识别与区划。其中，国际上目前应用较为广泛的是欧盟委员会实施的“地中海地区沙漠化及土地利用（mediterranean desertification and land use，MEDALUS）”计划提出的沙漠化敏感性指数计算方法及其改进形式来识别土地沙漠化敏感区域，其核心就是通过计算沙漠化驱动力指标并构建综合性沙漠化敏感指数，划分敏感区域（Ferrara et al.，2012；Salvati，2014）。例如，Santini 等（2010）选择过度放牧、植被生产力、土壤肥力、水蚀、风蚀、海水侵蚀 6 个指标构建沙漠化综合风险指数，通过比较两个时期该指数的变化差异，进而识别了撒丁岛土地沙漠化的高风险区域；Salvati 和 Bajocco（2011）则将指标选取范围缩小，仅从气候、植被、土地利用三个方面进行土地沙漠化敏感性区域的评价。Tavares 等（2015）选择气候、土壤、植被、土地管理、侵蚀以及社会因素等指标，通过构建综合性指数来识别萨赫勒山区土地沙漠化的敏感区域。

在国内沙漠化防治区划方面，近年来一些探索性研究也逐步开展。如阿里木江·牙生等（2010）在基于自然地貌和行政边界对新疆沙漠化防治进行一级、二级区划划分的基础上，选择沙尘天气、土地覆被、植被盖度、大风和高程 5 个指标进行更为详细的三级区划划分；高会军和姜琦刚（2006）结合遥感技术，依据地质地貌、植被、气候和人类活动等特征，将我国北方沙漠化土地划分为 3 个大区和 17 个亚区；田雨（2005）在中国沙漠化土地主要分布区域研究的基础上，划定了中国北方沙漠化治理的四大重点区域：半湿润地带、半干旱草原及旱作农业地带、西部青藏高原高寒地带、干旱荒漠地带沙丘活化及流沙区；王涛等（2004）根据不同时期沙漠化土地空间分布和演化的特点，依据自然地带原则和发展强度原则，将沙漠化土地划分为 4 大区 29 个亚区，是我国北方沙漠化研究的重点区域，也是沙漠化防治的重点区域。在研究土地沙漠化的过程中，遥感技术可以实时监测沙化区域变化情况，可以最快的速度对其结果进行更新，识别沙漠化敏感区域（吕利利等，2017）。通过高分辨率、多源、多尺度遥感影像以及其他专题资料，采取内、外业相结合的方式，提取不同地区沙化信息，从而了解研究区沙漠化现状，实现沙化动态监测，在一定程度上帮助决策者划定重点治理区域，并能因地制宜地制定防沙治沙方法（吕冰，2017）。

本研究基于ESAI的构建思路（Harik et al.，2017），结合中国北方土地沙漠化实际特点（张建香等，2017），从土壤、气候、植被、土地管理4个方面，构建土地沙漠化敏感性指数（land desertification sensitivity index，LDSI）。与ESAI相比，LDSI继承了ESAI的指标体系框架及适宜因子；不同的是，LDSI将标准ESAI指标体系中的降雨侵蚀力替换为风蚀侵蚀力，并剔除岩屑含量、抵抗火灾风险能力等数据较难获取或与土地沙漠化关系不紧密的指标。考虑中国北方地区人类活动对土地沙漠化的影响方式，本研究选择人口压力、放牧压力作为土地管理指标，反映人口樵采和放牧行为对植被及土地沙漠化的影响。

### 4.1.2 可治理性

沙漠化土地的可治理性是指在某种特定的自然环境和社会经济条件下，采用人为手段来治理沙漠化土地的可行性或难易程度。本研究从影响沙漠化土地治理的诸多因素入手，选取县域距离、道路距离、水系距离、坡度、降水量5个指标，根据其空间差异和影响程度来确定指标权重，最终综合评估空间尺度上的沙漠化土地可治理性。以下为各指标的选取依据。

（1）县域距离　在沙漠化治理过程中，区位条件的作用也是必不可少的。由于生态恢复工程的实施过程需要大量的人力，而居民点密集的地区往往可以提供更多的劳动力资源，有利于土地沙漠化治理效率的提高（曹世雄，2012）。

（2）道路距离　采用建立防护林、物理沙障等工程措施来防治土地沙漠化，是中国北方沙漠化治理的重要手段（刘小丹，2009）。在这些生态工程实施的过程中，沙区道路的通达性对于财力、人力和治沙材料的运输十分必要（张东生，2016）。在道路分布密集，交通性良好的区域，往往运输时间相对较短和运输成本相对较低，这对于提高土地沙漠化治理的效率具有明显的保障作用。

（3）水系距离　利用生态工程手段防治沙漠化，如人工造林、退耕还林还草等工程的实施，离不开水资源的保障作用。由于绝大部分沙区位于干旱、半干旱地区，降水稀少且蒸发量大，地下水埋深较大，植被很难获取到自然环境中的水资源。为保证植被的正常生长发育，在造林时大多采用人工灌溉来维持适宜植被生长的土壤水分环境，而灌溉用水除了开采深层地下水之外，更多采用从附近河湖调水的方式。另外，在有河流、湖泊分布的地区，地下水埋深往往较浅，植被生长过程中更容易获取水资源，植被发育状况相对良好（杨锦，2018）。因此，水系的分布成为沙区植被生长、土地沙漠化防治与生态修复的关键因素。

（4）坡度　坡度作为一个重要的地形因子，对地区内的植被生长有着重要的影响，不同坡度条件下的坡面植被生长状况存在很大差异。在坡度较小的地区，水土保持能力强，植被更容易存活，更有利于植被覆盖度的提升。

（5）降水量　异常的气候条件，特别是严重的干旱条件，容易造成植被退化，风蚀加快，引起土地沙漠化。干旱的气候条件在很大程度上决定了当地生态环境的脆弱性，因而干旱本身就包含着沙漠化的潜在威胁。当气候趋于干旱时，沙漠化整体上呈发展趋势，而当气候变湿润雨量增多时，沙漠化土地很容易发生逆转。因此，在降水量相对丰富的地区，植被自然恢复能力较强，人为进行植树种草等治理手段也会有更明显的效果，更有利于土地的沙漠化逆转。

### 4.1.3 生态功能重要性

本章中的生态功能主要以生态系统服务的价值来衡量，考虑我国北方沙区生态系统的主要特点以及沙漠化防治的要求，选择防风固沙和碳汇作为定量描述研究区生态功能重要性的关键因子。

（1）防风固沙服务　防风固沙是荒漠生态系统提供的特有的且最为重要的生态服务，主要表现为削弱风速，减少土壤风蚀量，为农作物、草地及牲畜提供良好的生态环境。近年来，我国先后实施了退耕还林（草）工程、京津风沙源治理工程等生态保护工程与政策，通过多种途径恢复植被，生态系统服务逐渐改善。然而不可忽视的是，中国北方地区气候干燥，土地退化较为严重，充沛的沙源和频发的大风天气使该区域饱受土壤风蚀的侵扰。

（2）固碳服务　碳汇是指通过植树造林、森林管理、植被恢复等措施，利用植物光合作用吸收大气中的$CO_2$，并将其固定在植被和土壤中，从而降低温室气体在大气中的浓度的过程、活动或机制，对于减少温室效应、调节气候变化具有重要意义（Kirby and Potvin，2007）。自从《京都议定书》提出清洁发展机制（CDM）以来，固碳服务受到了广泛而高度的关注（李兴旺，2007）。通过碳汇造林、减少毁林和森林退化以及加强森林经营提高森林质量（REDD＋），增加森林生态系统$CO_2$吸收能力。在荒漠生态系统中，碳库的主要组成部分为土壤、植被以及土壤微生物结皮等。目前关于植被固定$CO_2$的计算方法主要有光合作用法、实验测定法、生物量清单法和森林蓄积量法等。

## 4.2　沙漠化土地敏感性

### 4.2.1　沙漠化敏感性计算方法

参考ESAI分级方法，本研究利用自然间断点法对各因子进行分级（4级），并按等分位数的原则进行赋值（表4-2），其中最小值为1（敏感性最低），最大值为2（敏感性最高）。按几何均值的方法加权各指标获得SQI、CQI、VQI和MQI，LDSI为上述指标的几何平均值（1表示沙漠化敏感性最低，2表示为最高），根据LDSI值，可将沙漠化敏感性程度分为4类（表4-2）：①不敏感（LDSI＜1.273）；②轻度敏感（1.273≤LDSI＜1.388）；③中度敏感（1.388≤LDSI＜1.490）；④高度敏感（LDSI≥1.490）。各指标按几何平均计算如下。

$$SQI_{ij}=(SLO_{ij}\times TEX_{ij}\times SDP_{ij})^{1/3} \tag{4-1}$$

$$CQI_{ij}=(RAI_{ij}\times ARI_{ij}\times WER_{ij}\times ASP_{ij})^{1/4} \tag{4-2}$$

$$VQI_{ij}=(PLA_{ij}\times EPT_{ij}\times DRT_{ij})^{1/3} \tag{4-3}$$

$$MQI_{ij}=(GRP_{ij}\times DEN_{ij})^{1/2} \tag{4-4}$$

$$LDSI_{ij}=(SQI_{ij}\times CQI_{ij}\times VQI_{ij}\times MQI_{ij})^{1/4} \tag{4-5}$$

**表4-2　沙漠化敏感性分级**

| LDSI | ＜1.273 | 1.273～1.388 | 1.388～1.490 | ≥1.490 |
|---|---|---|---|---|
| 分级 | 不敏感 | 轻度敏感 | 中度敏感 | 高度敏感 |

### 4.2.2　参数计算

#### 4.2.2.1　土壤质量指数

土壤质量指数衡量研究区内不同土壤类型及立地条件对土地沙漠化敏感性的影响程度，包括坡度、质地、土壤深度3个指标（表4-3）。其中，坡度较大地区，土壤稳定性较差，易发生水土流失与风蚀，土地沙漠化敏感性较高（石磊等，2018）；土壤质地是影响风蚀及土地沙漠化的重要因素（阎欣、安慧，2018），土壤沙粒含量越高，越易发生沙化；土壤深度由土壤类型决定，这也对土地沙漠化过程中起到了不同程度的影响。

**表 4-3　土壤质量指数（SQI）各因子及权重**

| 因子 | 敏感类别 | 范围 | 权重 |
| --- | --- | --- | --- |
| 坡度 | 4 | >3.28 | 2.00 |
| | 3 | 1.64～3.28 | 1.67 |
| | 2 | 0.64～1.64 | 1.33 |
| | 1 | <0.64 | 1.00 |
| 质地 | 1 | <25 | 1.00 |
| | 2 | 25～40 | 1.33 |
| | 3 | 40～65 | 1.67 |
| | 4 | >65 | 2.00 |
| 土壤深度 | 1 | 棕色针叶林土、棕壤、暗棕壤、褐土、灰褐土、黑土、灰色森林土、黑钙土、沼泽土等 | 1.00 |
| | 2 | 栗钙土、栗褐土、黑垆土、棕钙土、灰钙土、山地草甸土、林灌草甸土、潮土、草毡土、寒钙土、冷钙土 | 1.33 |
| | 3 | 灰漠土、灰棕漠土、棕漠土、黄绵土、新积土、龟裂土、草甸土、盐土、漠境盐土、寒原盐土、碱土、灌漠土、寒漠土、西北盐壳 | 1.67 |
| | 4 | 风沙土、石质土、粗骨土 | 2.00 |

#### 4.2.2.2　气候质量指数

气候质量指数反映了气候因子在土地沙漠化过程中的作用，包括降水、坡向、干湿指数和风蚀侵蚀力 4 个指标（表 4-4）。降水是影响干旱、半干旱地区植被及土地沙漠化最重要的气候因素，降水量大的地区，植被覆盖度相对较高，土地沙漠化相对不敏感；坡向在一定程度上决定了辐射收入分配、植被生长及风蚀活动过程（魏士凯等，2018）；而干湿指数、风蚀侵蚀力则从地表水热平衡、风蚀活动两个方面反映气候对土地沙漠化的影响（任景全等，2017）；干湿指数越小、风蚀侵蚀力越小，则土地沙漠化敏感性越低。

**表 4-4　气候质量指数（CQI）各因子及权重**

| 因子 | 敏感类别 | 范围 | 权重 |
| --- | --- | --- | --- |
| 降水量 | 1 | >465 | 1.00 |
| | 2 | 275～465 | 1.33 |
| | 3 | 130～275 | 1.67 |
| | 4 | <130 | 2.00 |
| 干湿指数 | 1 | <1.00 | 1.00 |
| | 2 | 1.00～1.50 | 1.33 |
| | 3 | 1.50～4.00 | 1.67 |
| | 4 | >4.00 | 2.00 |
| 风蚀侵蚀力 | 1 | <35 | 1.00 |
| | 2 | 35～90 | 1.33 |

续表4-4

| 因子 | 敏感类别 | 范围 | 权重 |
|---|---|---|---|
| 风蚀侵蚀力 | 3 | 90～310 | 1.67 |
| | 4 | >310 | 2.00 |
| 坡向 | 1 | 平面 | 1.00 |
| | 2 | 西、西北、北 | 1.33 |
| | 3 | 东北、东 | 1.67 |
| | 4 | 东南、南、西南 | 2.00 |

$$I_a = \mathrm{ET}_0 / P \tag{4-6}$$

$$C = \frac{1}{100}\sum_{i=1}^{12} \overline{u}^3 \left(\frac{\mathrm{ET}_{0i} - P_i}{\mathrm{ET}_{0i}}\right) d \tag{4-7}$$

$$\mathrm{ET}_0 = 0.19(20 + T)^2 \ (1 - r) \tag{4-8}$$

式中：$I_a$ 为干湿指数；$\mathrm{ET}_0$ 为最大潜在蒸散，mm；$P$ 为降水量，mm；$C$ 为风蚀侵蚀力；$\overline{u}$ 为 2 m 高处的月均风速，m/s；$d$ 为月天数；$T$ 为月平均气温；$r$ 为月平均相对湿度。

#### 4.2.2.3 植被质量指数

植被质量指数反映了不同植被覆盖度、植被类型对土地沙漠化的影响，包括植被覆盖度、侵蚀防护、抗旱性 3 个指标（表 4-5）。其中，植被覆盖度用 NDVI 代替，NDVI 越高，土地沙漠化敏感性越低。不同植被类型对侵蚀和干旱具有不同的响应程度，一般认为以乔木为主的高大型植被，具有较好的侵蚀防护作用和抗干旱能力。

**表 4-5 植被质量指数（VQI）各因子及权重**

| 因子 | 敏感类别 | 范围 | 权重 |
|---|---|---|---|
| 植被覆盖 | 1 | >0.34 | 1.00 |
| | 2 | 0.22～0.34 | 1.33 |
| | 3 | 0.11～0.22 | 1.67 |
| | 4 | <0.11 | 2.00 |
| 侵蚀防护 | 1 | 沼泽、阔叶林、针叶林、水、针阔叶混交林、高山植被 | 1.00 |
| | 2 | 农田、草原、草甸、草丛 | 1.33 |
| | 3 | 灌丛 | 1.67 |
| | 4 | 荒漠、石、无植被地段 | 2.00 |
| 抗旱性 | 1 | 阔叶林、针叶林、针阔叶混交林、水 | 1.00 |
| | 2 | 农田、沼泽、高山植被、灌丛 | 1.33 |
| | 3 | 草甸、草原、草丛 | 1.67 |
| | 4 | 无植被地段、荒漠、石 | 2.00 |

#### 4.2.2.4 土地管理指数

土地管理指数反映了人类活动对土地沙漠化的影响，包括放牧压力和人口压力 2 个指标（表 4-6）。放牧压力（GPR）反映牛羊等牲畜啃食植被对土地沙漠化的影响，以单位放牧面积羊单位密度进行表示。人口压力（DEN）代表农村人口砍伐、樵采等行为对研究区内生态环境产生的影响，结合研究区内不同地区人口分布差异，本研究中利用各个县的农村人口密度进行表示。

$$GPR_n = \frac{SU_n}{SH_n} \tag{4-9}$$

$$DEN_n = \frac{PE_n}{SC_n} \tag{4-10}$$

式中：$SU_n$ 代表第 $n$ 县总的单位羊（牛、马等大牲畜按 5 个羊单位进行换算）；$SH_n$ 代表放牧面积，本研究中提取 1981—2010 年草地和未利用地未发生变化的部分作为放牧面积；$PE_n$ 代表第 $n$ 个县的农村人口数；$SC_n$ 代表县域面积，本研究区内共有 222 个县（旗）。

**表 4-6　土地利用与管理质量指数（MQI）各因子及权重**

| 因子 | 敏感类别 | 范围 | 权重 |
|---|---|---|---|
| 放牧压力 | 1 | <20 | 1.00 |
| | 2 | 20～105 | 1.33 |
| | 3 | 105～330 | 1.67 |
| | 4 | >330 | 2.00 |
| 人口压力 | 1 | <15 | 1.00 |
| | 2 | 15～45 | 1.33 |
| | 3 | 45～75 | 1.67 |
| | 4 | >75 | 2.00 |

#### 4.2.2.5　2011—2030 年的指标设定

为计算 2011—2030 年中国北方沙区沙漠化土地的敏感性，首先对各指标在未来不同情景下的数值进行设定。根据第 3 章介绍的未来情景设计规则，土壤质量及其派生指标、风蚀侵蚀力、坡向、侵蚀防护、抗旱性等指标一般不随时间发生较大变化，因此将其值设为恒定值。2011—2030 年的降水量、干湿指数、NDVI 与气候变化背景相关，即包含基本不变、趋于湿润、趋于干旱三种情景。其中，降水量可由模型直接导出结果；干湿指数可通过蒸发量和降水量之比来计算获得，蒸发量可由模型直接导出；针对 NDVI 值，采用 1981—2010 年栅格尺度上 NDVI 与降水量的回归方程进行拟合来获取。2011—2030 年的放牧压力和人口压力都与沙漠化治理政策相关，即包含政策不变、积极政策、消极政策三种情景。其中，放牧压力由羊单位数量和自由放牧面积来决定，人口压力由农村人口数量和县域面积来决定，以上参数都可以通过模型直接导出结果。

### 4.2.3　1981—2010 年中国北方沙漠化敏感性时空演变

基于各因子 1981—2010 年的均值，计算得出中国北方土地沙漠化敏感区域的基本特征与格局（图 4-1）。总体上，中国北方土地沙漠化敏感区域以轻度和中度敏感区为主，面积为 85.2 万 $km^2$ 和 100 万 $km^2$，占研究区的比例分别为 28.42%和 33.50%；其次为高度敏感区，面积 62.7 万 $km^2$，占 20.92%；不敏感区域最少，仅占 17.14%（表 4-7）。在空间分布上，高度敏感区主要分布在塔里木盆地中部、柴达木盆地中部、阿拉善高原；中度敏感区位于河西走廊、阿拉善高原、鄂尔多斯高原、吐哈盆地等地；轻度敏感区位于浑善达克沙地东部、呼伦贝尔草原西部、科尔沁草原、乌兰察布等地；不敏感区分布于三江源、呼伦贝尔草原东部、科尔沁草原西部等地。

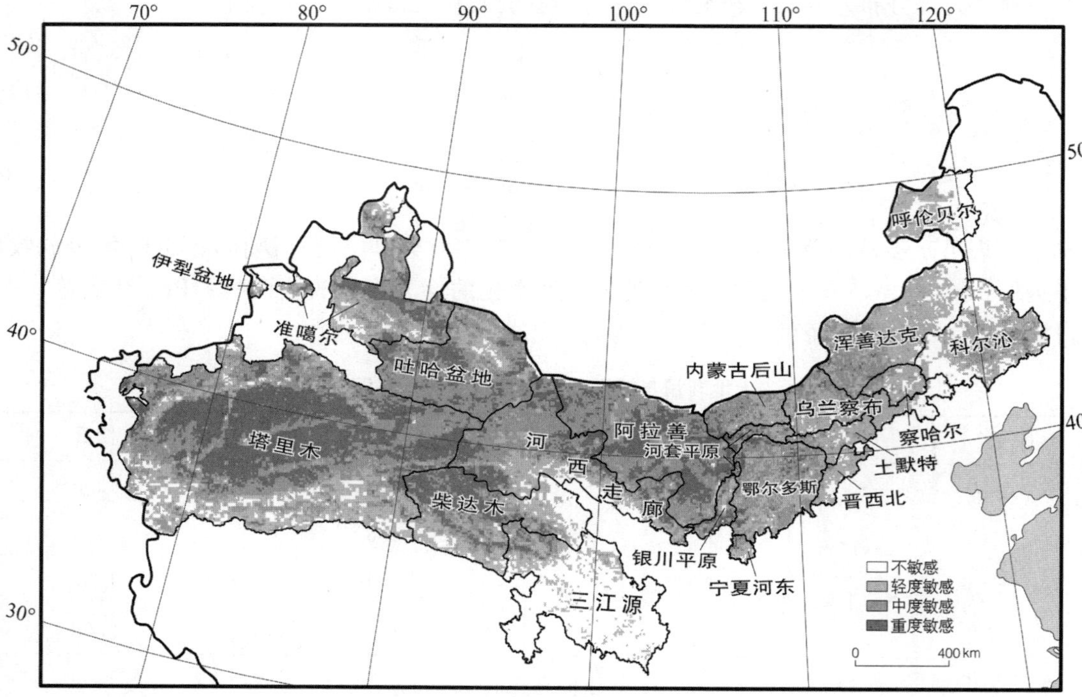


**图 4-1　中国北方土地沙漠化敏感性分布格局**

**表 4-7　中国北方沙区各敏感性等级面积及占比**

| 敏感性 | 项目 | 阿拉善 | 察哈尔 | 柴达木 | 鄂尔多斯 | 河套平原 | 河西走廊 | 呼伦贝尔 | 浑善达克 | 晋西北 | 科尔沁 |
|---|---|---|---|---|---|---|---|---|---|---|---|
| 不敏感 | 面积/km² | 768 | 4 096 | 36 608 | 1 728 | 192 | 17 344 | 40 768 | 25 536 | 4 480 | 58 368 |
| | 占比/% | 0.32 | 14.25 | 16.45 | 1.35 | 1.01 | 7.74 | 51.79 | 15.18 | 18.42 | 39.72 |
| 轻度敏感 | 面积/km² | 9 408 | 18 880 | 61 184 | 51 200 | 6 592 | 54 272 | 35 840 | 97 024 | 17 920 | 72 384 |
| | 占比/% | 3.94 | 65.70 | 27.49 | 39.98 | 34.80 | 24.23 | 45.53 | 57.66 | 73.68 | 49.26 |
| 中度敏感 | 面积/km² | 140 992 | 5 376 | 54 528 | 65 408 | 7 872 | 104 256 | 2 048 | 43 904 | 1 920 | 15 168 |
| | 占比/% | 59.03 | 18.71 | 24.50 | 51.07 | 41.55 | 46.54 | 2.60 | 26.09 | 7.89 | 10.32 |
| 重度敏感 | 面积/km² | 87 680 | 384 | 70 272 | 9 728 | 4 288 | 48 128 | 64 | 1 792 | 0 | 1 024 |
| | 占比/% | 36.71 | 1.34 | 31.57 | 7.60 | 22.64 | 21.49 | 0.08 | 1.07 | 0.00 | 0.70 |

| 敏感性 | 项目 | 内蒙古后山 | 宁夏河东 | 三江源 | 塔里木 | 土默特 | 吐哈盆地 | 乌兰察布 | 伊犁盆地 | 银川平原 | 准噶尔 |
|---|---|---|---|---|---|---|---|---|---|---|---|
| 不敏感 | 面积/km² | 192 | 704 | 197 120 | 58 880 | 3 264 | 2 880 | 18 240 | 2 048 | 768 | 23 040 |
| | 占比/% | 0.41 | 8.21 | 76.03 | 6.78 | 10.02 | 1.41 | 19.04 | 40.00 | 3.67 | 13.08 |
| 轻度敏感 | 面积/km² | 16 576 | 4 608 | 42 048 | 190 080 | 23 424 | 32 768 | 56 256 | 2 112 | 4 736 | 52 544 |
| | 占比/% | 35.67 | 53.73 | 16.22 | 21.89 | 71.91 | 16.06 | 58.72 | 41.25 | 22.63 | 29.83 |
| 中度敏感 | 面积/km² | 25 024 | 2 624 | 14 528 | 291 008 | 5 504 | 122 240 | 19 648 | 704 | 8 704 | 66 368 |
| | 占比/% | 53.86 | 30.60 | 5.60 | 33.51 | 16.90 | 59.91 | 20.51 | 13.75 | 41.59 | 37.68 |
| 重度敏感 | 面积/km² | 4 672 | 640 | 5 568 | 328 512 | 384 | 46 144 | 1 664 | 256 | 6 720 | 34 176 |
| | 占比/% | 10.06 | 7.46 | 2.15 | 37.83 | 1.18 | 22.62 | 1.74 | 5.00 | 32.11 | 19.40 |

在沙漠化敏感性的量化方面（图 4-2），中国北方沙区 LDSI 平均值为 1.335。从各个沙区来看，阿拉善高原的平均 LDSI 最高，达到了 1.470；其次为银川平原、塔里木盆地、吐哈盆地、河套平原等地，LDSI 位于 1.400～1.450 之间，以中度敏感区和高度敏感区为主；宁夏河东、浑善达克沙地、土默特、察哈尔草原等地 LDSI 均值在 1.330 左右；呼伦贝尔草原和三江源两地 LDSI 均值分别为 1.260 和 1.240，主要为不敏感区。

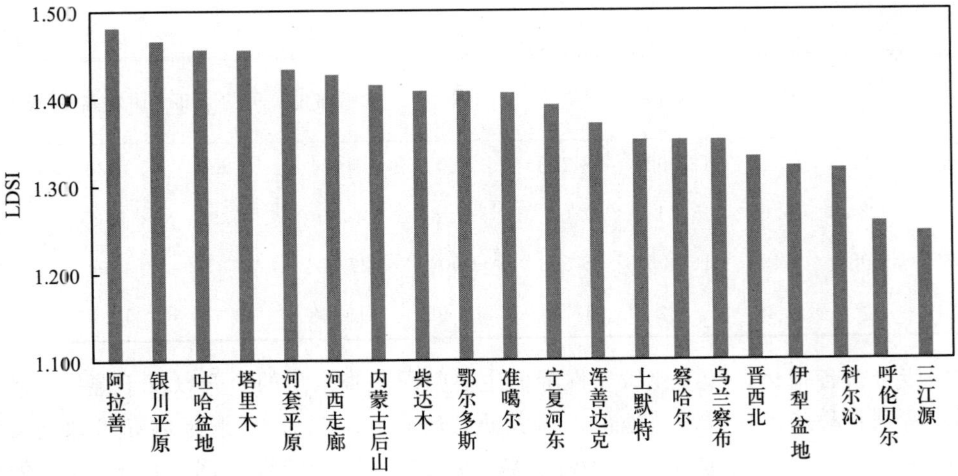


图 4-2　中国北方沙区土地沙漠化敏感性排序

本研究基于各因子均值数据，计算 1981 年和 2010 年 LDSI 用于分析 1981—2010 年中国北方沙漠化敏感区域时空演变特征。从变化趋势来看，1981—2010 年，土地沙漠化敏感性分布格局基本变化不大，但整体呈降低趋势（图 4-3）。土地沙漠化不敏感区域和中度敏感区分别减少 4.86 万 $km^2$ 和 6.85 万 $km^2$，轻度敏感区和高度敏感区分别增加 7.33 万 $km^2$ 和 4.40 万 $km^2$（表 4-8）。敏感性降低的区域主要位于科尔沁草原东部、柴达木盆地、塔里木盆地东部、准噶尔盆地，其敏感性降低面积比例分别为 10.32%、16.82%、9.01%和 16.24%（表 4-8）。

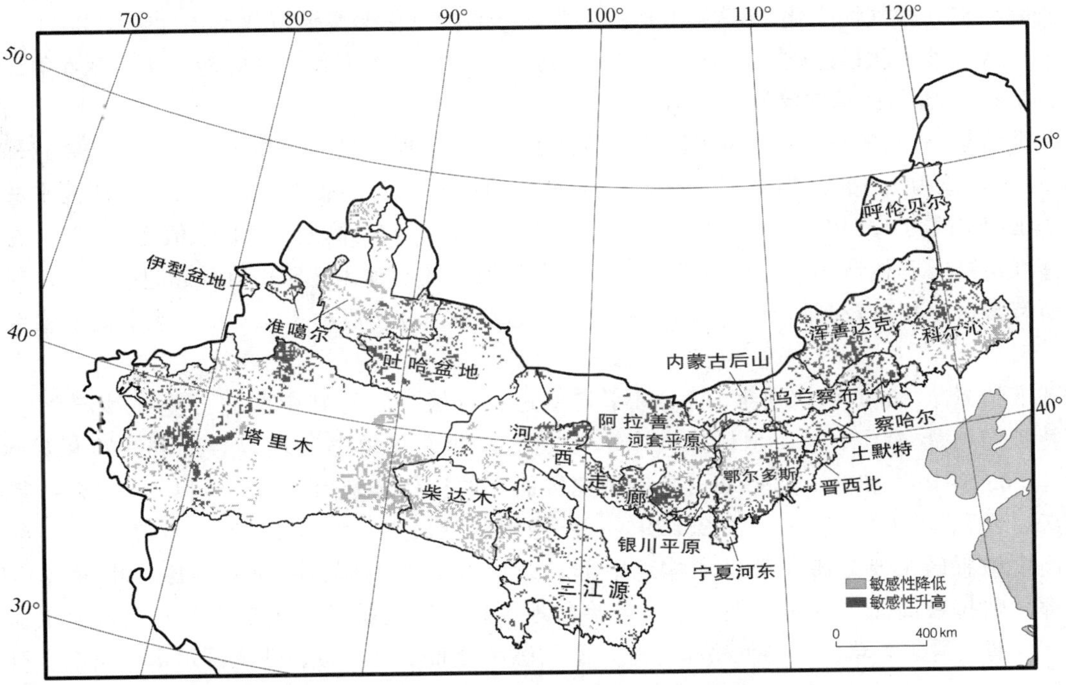


图 4-3　1981—2010 年中国北方沙漠化敏感性变化

表 4-8 1981—2010 年中国北方沙漠化敏感性变化面积及占比

| 区域 | 阿拉善 | 察哈尔 | 柴达木 | 鄂尔多斯 | 河套平原 | 河西走廊 | 呼伦贝尔 | 浑善达克 | 晋西北 | 科尔沁 |
|---|---|---|---|---|---|---|---|---|---|---|
| 降低面积/$km^2$ | 17 216 | 1 152 | 37 440 | 12 608 | 1 984 | 7 616 | 2 816 | 2 496 | 1 408 | 15 168 |
| 占比/% | 7.21 | 4.01 | 16.82 | 9.85 | 10.47 | 3.40 | 3.58 | 1.48 | 5.79 | 10.32 |
| 升高面积/$km^2$ | 24 448 | 6 912 | 2 240 | 15 744 | 1 856 | 28 032 | 5 504 | 32 832 | 3 392 | 21 120 |
| 占比/% | 10.24 | 24.05 | 1.01 | 12.29 | 9.80 | 12.51 | 6.99 | 19.51 | 13.95 | 14.37 |

| 区域 | 内蒙古后山 | 宁夏河东 | 三江源 | 塔里木 | 土默特 | 吐哈盆地 | 乌兰察布 | 伊犁盆地 | 银川平原 | 准噶尔 |
|---|---|---|---|---|---|---|---|---|---|---|
| 降低面积/$km^2$ | 5 056 | 1 344 | 12 992 | 78 208 | 320 | 1 984 | 5 696 | 320 | 1 216 | 28 608 |
| 占比/% | 10.88 | 15.67 | 5.01 | 9.01 | 0.98 | 0.97 | 5.95 | 6.25 | 5.81 | 16.24 |
| 升高面积/$km^2$ | 3 008 | 640 | 16 896 | 58 688 | 3 904 | 27 904 | 5 376 | 704 | 3 200 | 8 832 |
| 占比/% | 6.47 | 7.46 | 6.52 | 6.76 | 11.98 | 13.68 | 5.61 | 13.75 | 15.29 | 5.01 |

通过进一步分析各指标，沙漠化敏感性降低主要归因于降水量的上升以及干湿指数和风蚀气候侵蚀力的降低；特别是科尔沁草原东部地带，降水量上升了40.13%，干湿指数和风蚀气候侵蚀力分别降低了30.32%和57.27%；柴达木盆地中部区域，从1981到2010年，降水量上升了29.50%，干湿指数和风蚀气候侵蚀力分别降低了23.22%和59.23%。敏感性升高区域分布于浑善达克沙地、察哈尔草原、科尔沁草原西部、河西走廊东南、吐哈盆地西部和塔里木盆地西部，敏感性的升高主要和降雨、人口压力相关。变化较为明显的为科尔沁草原西部地带，1985年、1990年该区域主要为不敏感区域，而2000年与2010年则大幅度减少，直接原因是该地区人口压力增加所致，相比1985年，2010年人口压力增加了67%；1981—2010年间，浑善达克沙地沙漠化敏感性持续增加，变化的主要原因是该地区降水量减少，气候干旱所致。

### 4.2.4 2011—2030 中国北方沙漠化敏感性预估

本研究根据9种气候变化-沙漠化治理政策背景下的沙漠化模型模拟数据，计算了2011—2030年中国北方沙区的沙漠化敏感性空间分布，并分区统计了不同情景下各沙区的沙漠化敏感性等级。

#### 4.2.4.1 情景1：基准情景

在基准情景下，2011—2030年中国北方沙区LDSI值呈现明显上升趋势，这说明其敏感性持续提高。LDSI平均值为1.404，相对1981—2010年的平均值有所上升（图4-4）。从各个沙区来看，三江源地区的LDSI值为1.240，在所有沙区中敏感性最低；而阿拉善高原的LDSI值为1.470，在所有沙区中敏感性最高。其他沙区中，银川平原、塔里木盆地、吐哈盆地LSDI值均超过1.440，沙漠化敏感性在所有沙区中相对较高；三江源地区和呼伦贝尔草原LDSI值小于1.300，沙漠化敏感性相对较低（图4-5）。

对基准情景下2011—2030年的LDSI平均值进行分级后，得到中国北方土地沙漠化敏感区域的基本特征与格局（图4-6）。总体上，中国北方土地沙漠化敏感区域以轻度和中度敏感区为主，面积为84.63万$km^2$和94.89万$km^2$，占研究区面积的比例分别为28.24%和31.66%；其次为高度敏感区，面积75.80万$km^2$，占25.29%；不敏感区域最少，仅占14.80%（表4-9）。在空间分布上，高度敏感区主要分布在塔里木盆地中部、柴达木盆地中部、阿拉善高原；中度敏感区位于河西走廊、阿拉善高原、鄂尔多斯高原、吐哈盆地等地；轻度敏感区位于浑善达克沙地东部、呼伦贝尔草原西部、科尔沁草原、乌兰察布等地；不敏感区分布于三江源、呼伦贝尔草原东部、科尔沁草原西部等地。

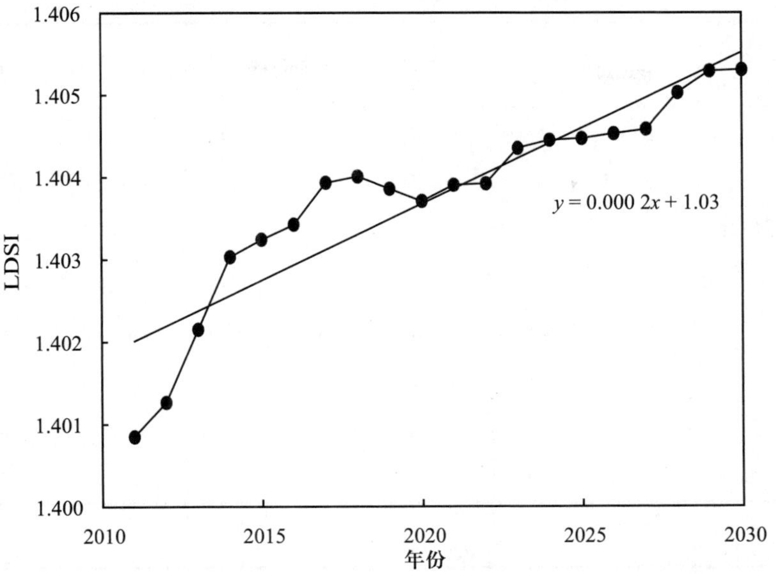


图 4-4 基准情景下 2011—2030 年中国北方沙区 LDSI 值变化趋势

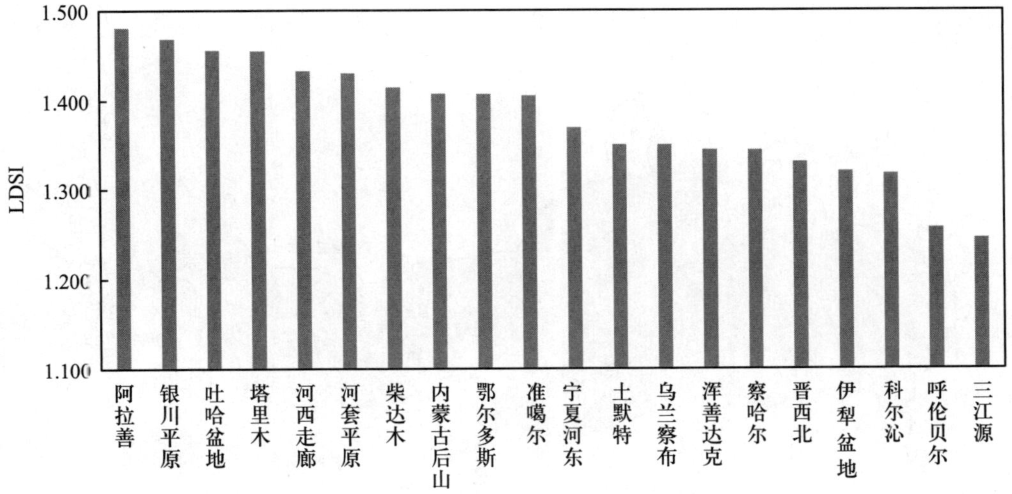


图 4-5 基准情景下中国北方各沙区土地沙漠化敏感性排序

表 4-9 基准情景下中国北方各沙区敏感性等级面积及占比

| 敏感性 | 项目 | 阿拉善 | 察哈尔 | 柴达木 | 鄂尔多斯 | 河套平原 | 河西走廊 | 呼伦贝尔 | 浑善达克 | 晋西北 | 科尔沁 |
|---|---|---|---|---|---|---|---|---|---|---|---|
| 不敏感 | 面积/$km^2$ | 768 | 3 712 | 35 456 | 1 664 | 192 | 15 936 | 40 704 | 25 472 | 3 008 | 40 512 |
| | 占比/% | 0.32 | 12.92 | 15.93 | 1.30 | 1.01 | 7.11 | 51.71 | 15.14 | 12.37 | 27.57 |
| 轻度敏感 | 面积/$km^2$ | 8 448 | 16 768 | 60 672 | 48 704 | 6 208 | 50 816 | 35 840 | 97 088 | 18 560 | 77 696 |
| | 占比/% | 3.54 | 58.35 | 27.26 | 38.03 | 32.77 | 22.69 | 45.53 | 57.70 | 76.32 | 52.87 |
| 中度敏感 | 面积/$km^2$ | 124 160 | 8 000 | 55 616 | 64 384 | 7 616 | 90 752 | 1 984 | 43 840 | 2 688 | 25 920 |
| | 占比/% | 51.98 | 27.84 | 24.99 | 50.27 | 40.20 | 40.51 | 2.52 | 26.06 | 11.05 | 17.64 |
| 重度敏感 | 面积/$km^2$ | 105 472 | 256 | 70 848 | 13 312 | 4 928 | 66 496 | 192 | 1 856 | 64 | 2 816 |
| | 占比/% | 44.16 | 0.89 | 31.83 | 10.39 | 26.01 | 29.69 | 0.24 | 1.10 | 0.26 | 1.92 |

续表 4-9

| 敏感性 | 项目 | 内蒙古后山 | 宁夏河东 | 三江源 | 塔里木 | 土默特 | 吐哈盆地 | 乌兰察布 | 伊犁盆地 | 银川平原 | 准噶尔 |
|---|---|---|---|---|---|---|---|---|---|---|---|
| 不敏感 | 面积/$km^2$ | 192 | 704 | 182 016 | 51 328 | 2 944 | 2 752 | 12 608 | 1 472 | 448 | 21 760 |
| | 占比/% | 0.41 | 8.21 | 70.20 | 5.91 | 9.04 | 1.35 | 13.16 | 28.75 | 2.14 | 12.35 |
| 轻度敏感 | 面积/$km^2$ | 17 472 | 4 608 | 56 256 | 179 712 | 22 720 | 30 016 | 56 640 | 2 560 | 4 224 | 51 264 |
| | 占比/% | 37.60 | 53.73 | 21.70 | 20.69 | 69.74 | 14.71 | 59.12 | 50.00 | 20.18 | 29.11 |
| 中度敏感 | 面积/$km^2$ | 25 920 | 2 624 | 15 360 | 272 000 | 6 336 | 103 872 | 24 192 | 704 | 8 000 | 64 960 |
| | 占比/% | 55.79 | 30.60 | 5.92 | 31.32 | 19.45 | 50.91 | 25.25 | 13.75 | 38.23 | 36.88 |
| 重度敏感 | 面积/$km^2$ | 2 880 | 640 | 5 632 | 365 440 | 576 | 67 392 | 2 368 | 384 | 8 256 | 38 144 |
| | 占比/% | 6.20 | 7.46 | 2.17 | 42.08 | 1.77 | 33.03 | 2.47 | 7.50 | 39.45 | 21.66 |

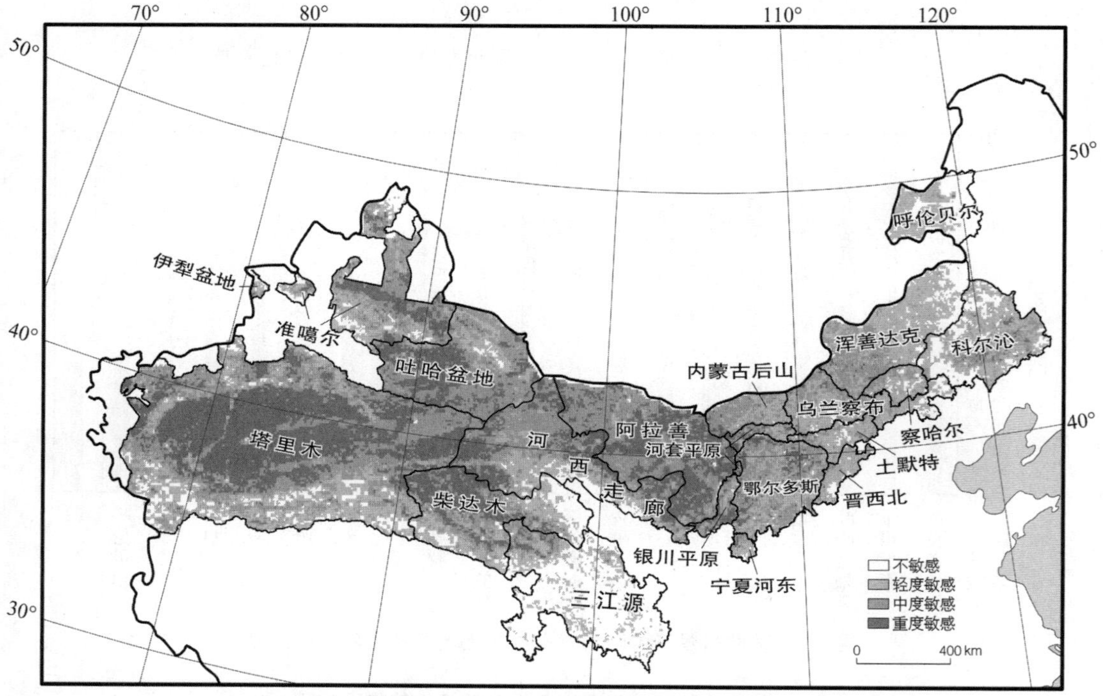


**图 4-6 基准情景下中国北方沙区沙漠化敏感性分布格局**

### 4.2.4.2 情景 2：气候基本无变化、治理政策积极

在气候基本无变化、治理政策积极情景下，2011—2030 年中国北方沙区 LDSI 值表现为先升高后降低趋势，其中 2011—2015 年 LDSI 值呈快速增长态势，2015—2027 年 LDSI 基本保持不变，2027—2030 年 LDSI 值转为递减趋势（图 4-7）。2011—2030 年 LDSI 平均值为 1.403，与基准情景相比略微下降。从各个沙区来看，阿拉善高原、银川平原、吐哈盆地和塔里木盆地的 LDSI 值超过 1.450，沙漠化敏感性相对于其他沙区较高；呼伦贝尔草原和三江源地区 LDSI 值未超过 1.300，沙漠化敏感性较低（图 4-8）。与基准情景相比，除柴达木盆地和宁夏河东沙地 LDSI 值略微上升外，其余沙区 LDSI 值均有所降低，积极的沙漠化治理政策整体上有利于促进中国北方沙区沙漠化敏感性的下降。

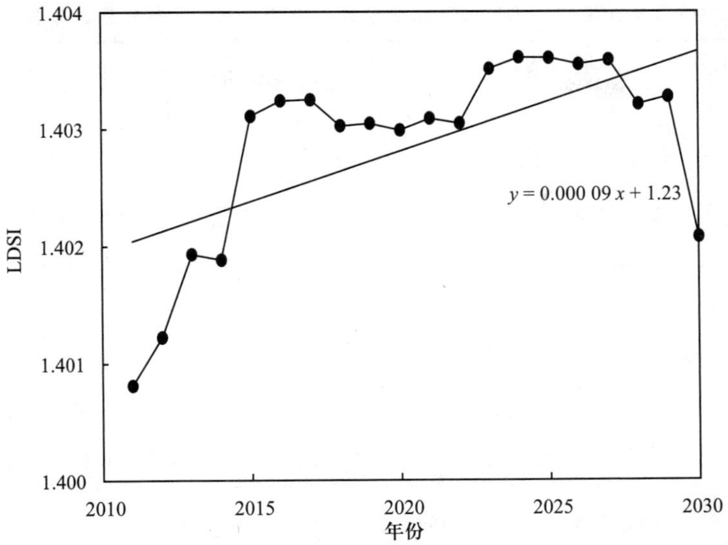


**图 4-7　气候基本无变化、治理政策积极情景下 2011—2030 年中国北方沙区 LDSI 值变化趋势**

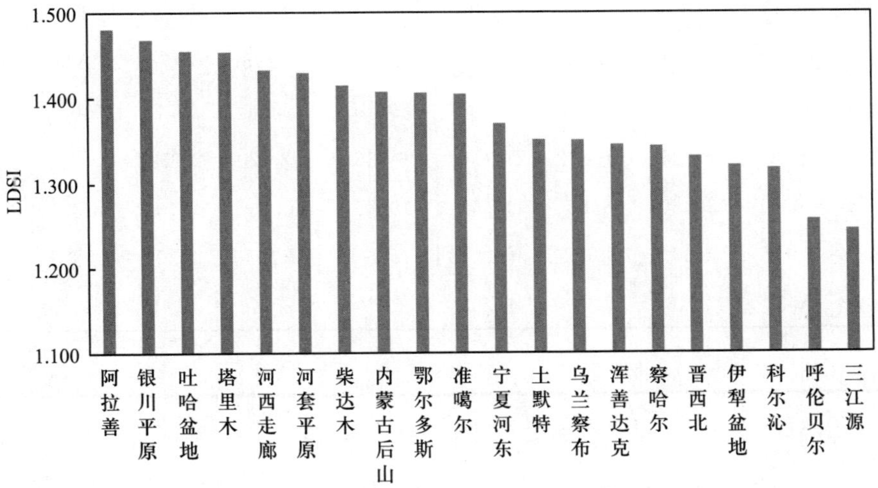


**图 4-8　气候基本无变化、治理政策积极情景下中国北方各沙区土地沙漠化敏感性排序**

在气候基本无变化、治理政策积极情景下，中国北方沙区沙漠化敏感区域与基准情景相比减少至 254.91 万 $km^2$；在敏感区域中重度敏感区域略有缩减，面积为 74.82 万 $km^2$；轻度敏感区域和中度敏感区域分布依然最广，面积分别为 84.87 万 $km^2$ 和 95.22 万 $km^2$，占研究区总面积比例分别为 28.32%和 31.77%；不敏感区域增加 0.39 万 $km^2$，达到 44.76 万 $km^2$（表 4-10）。在空间分布上，沙漠化敏感性分布格局与基准情景相比无明显变化，局部地区沙漠化敏感性发生了改变。重度敏感区域缩减主要体现在鄂尔多斯高原、河西走廊和塔里木盆地；中度敏感区缩减主要体现在察哈尔草原和吐哈盆地；三江源地区轻度敏感区域面积明显减少，其余沙区沙漠化敏感性分布与基准情景基本保持一致（图 4-9）。

#### 4.2.4.3　情景 3：气候基本无变化、治理政策消极情景

在气候基本无变化、治理政策消极情景下，2011—2030 年中国北方沙区 LDSI 值表现为阶梯式上升趋势（图 4-10）。与基准情景相比，消极的沙漠化治理政策使得 LDSI 平均值有所上升，达到 1.405。20 个亚区中，有 4 个沙区 LDSI 值超过 1.450，分别为阿拉善高原、银川平原、吐哈盆地和塔里木盆地；呼伦贝尔草原和三江源地区 LDSI 值低于 1.300，沙漠化敏感性较低（图 4-11）。相比于基准情景，各个沙区中除晋西北地区、伊犁盆地和呼伦贝尔草原 LDSI 值有所下降外，其余沙区 LDSI 值均有所上升，其中吐哈盆地和河西走廊 LDSI 值增长超过 0.003。

**表 4-10 气候基本无变化、治理政策积极情景下中国北方沙区各敏感性等级面积及占比**

| 敏感性 | 项目 | 阿拉善 | 察哈尔 | 柴达木 | 鄂尔多斯 | 河套平原 | 河西走廊 | 呼伦贝尔 | 浑善达克 | 晋西北 | 科尔沁 |
|---|---|---|---|---|---|---|---|---|---|---|---|
| 不敏感 | 面积/$km^2$ | 768 | 3 776 | 35 456 | 1 664 | 192 | 16 128 | 40 704 | 25 472 | 3 008 | 40 576 |
| | 占比/% | 0.32 | 13.14 | 15.93 | 1.30 | 1.01 | 7.20 | 51.71 | 15.14 | 12.37 | 27.61 |
| 轻度敏感 | 面积/$km^2$ | 8 576 | 18 112 | 60 672 | 48 896 | 6 272 | 50 624 | 35 840 | 97 088 | 18 560 | 78 592 |
| | 占比/% | 3.59 | 63.03 | 27.26 | 38.18 | 33.11 | 22.60 | 45.53 | 57.70 | 76.32 | 53.48 |
| 中度敏感 | 面积/$km^2$ | 124 160 | 6 592 | 55 616 | 65 920 | 7 936 | 93 312 | 1 984 | 43 840 | 2 688 | 25 344 |
| | 占比/% | 51.98 | 22.94 | 24.99 | 51.47 | 41.89 | 41.66 | 2.52 | 26.06 | 11.05 | 17.25 |
| 重度敏感 | 面积/$km^2$ | 105 344 | 256 | 70 848 | 11 584 | 4 544 | 63 936 | 192 | 1 856 | 64 | 2 432 |
| | 占比/% | 44.11 | 0.89 | 31.83 | 9.05 | 23.99 | 28.54 | 0.24 | 1.10 | 0.26 | 1.66 |

| 敏感性 | 项目 | 内蒙古后山 | 宁夏河东 | 三江源 | 塔里木 | 土默特 | 吐哈盆地 | 乌兰察布 | 伊犁盆地 | 银川平原 | 准噶尔 |
|---|---|---|---|---|---|---|---|---|---|---|---|
| 不敏感 | 面积/$km^2$ | 192 | 704 | 184 704 | 52 096 | 2 944 | 2 752 | 12 608 | 1 472 | 448 | 21 888 |
| | 占比/% | 0.41 | 8.21 | 71.24 | 6.00 | 9.04 | 1.35 | 13.16 | 28.75 | 2.14 | 12.43 |
| 轻度敏感 | 面积/$km^2$ | 17 472 | 4 608 | 53 696 | 180 608 | 22 720 | 31 296 | 56 768 | 2 560 | 4 224 | 51 520 |
| | 占比/% | 37.60 | 53.73 | 20.71 | 20.80 | 69.74 | 15.34 | 59.25 | 50.00 | 20.18 | 29.25 |
| 中度敏感 | 面积/$km^2$ | 26 304 | 2 624 | 15 232 | 274 112 | 6 336 | 102 720 | 24 128 | 704 | 8 000 | 64 640 |
| | 占比/% | 56.61 | 30.60 | 5.88 | 31.57 | 19.45 | 50.35 | 25.18 | 13.75 | 38.23 | 36.70 |
| 重度敏感 | 面积/$km^2$ | 2 496 | 640 | 5 632 | 361 472 | 576 | 67 264 | 2 304 | 384 | 8 256 | 38 080 |
| | 占比/% | 5.37 | 7.46 | 2.17 | 41.63 | 1.77 | 32.97 | 2.40 | 7.50 | 39.45 | 21.62 |

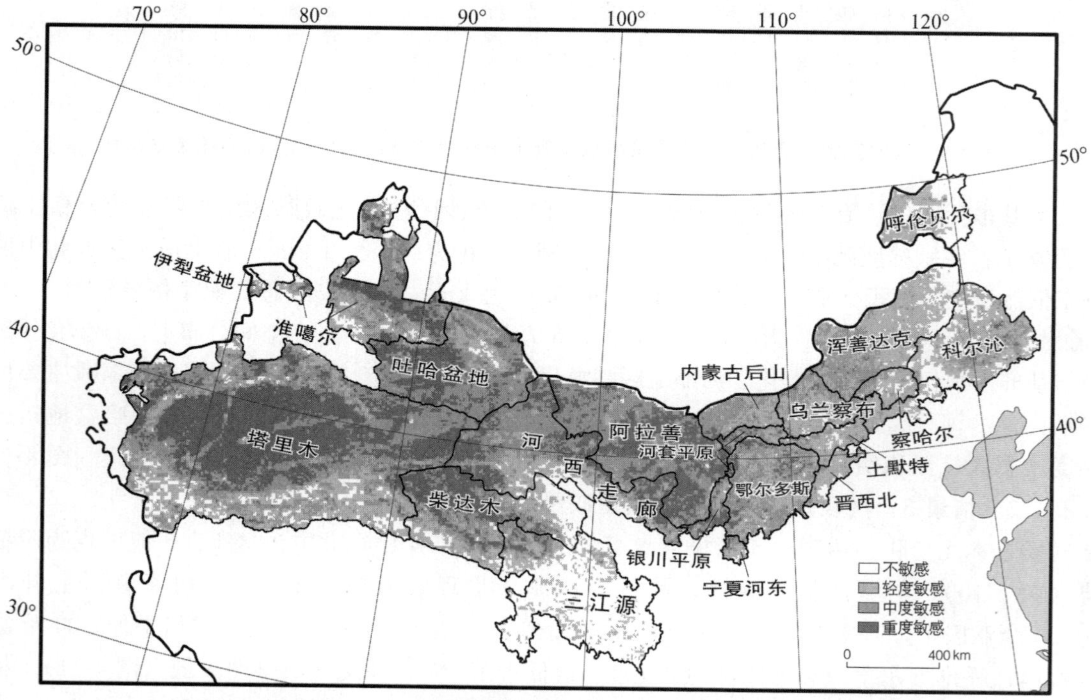


**图 4-9 气候基本无变化、治理政策积极情景下中国北方沙区沙漠化敏感性分布格局**

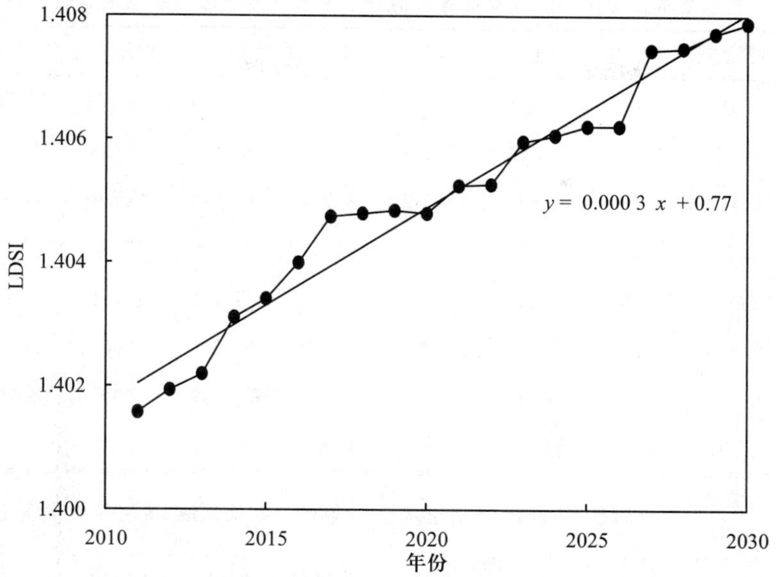


**图 4-10 气候基本无变化、治理政策消极情景下 2011—2030 年中国北方沙区 LDSI 值变化趋势**

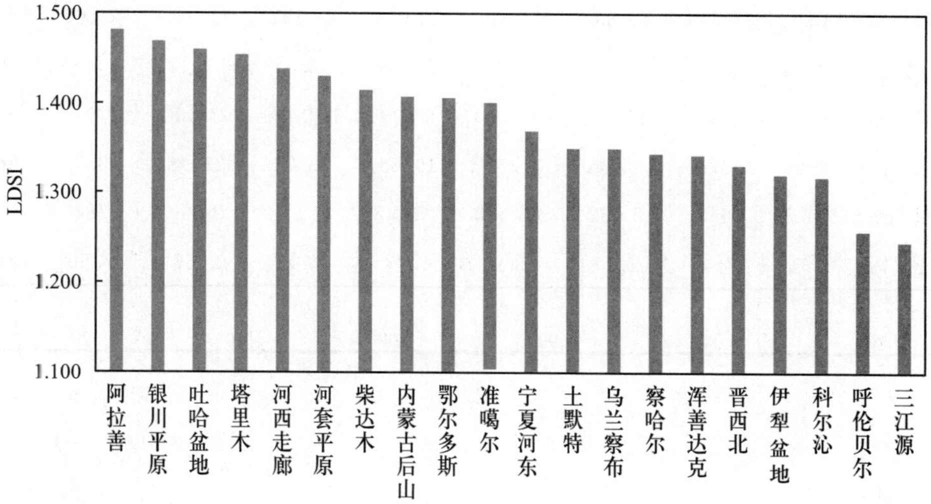


**图 4-11 气候基本无变化、治理政策消极情景下中国北方各沙区土地沙漠化敏感性排序**

在气候基本无变化、治理政策消极情景下，中国北方沙区沙漠化敏感区域为 255.72 万 $km^2$，相比于基准情景明显扩张；重度敏感区面积增加 1.90 万 $km^2$，达到 77.77 万 $km^2$，占研究区比例为 25.95%；轻度敏感区域和中度敏感区域分别为 83.23 万 $km^2$ 和 94.73 万 $km^2$，面积占比分别为 27.77%和 31.61%；不敏感区域减少 0.49 万 $km^2$，达到 44.76 万 $km^2$，面积占比为 14.64%（表 4-11）。中国北方沙区敏感性分布格局与基准情景相比发生较大变化，20 个沙区中有 13 个沙区存在不敏感区域转变为敏感区域或敏感性程度有所上升；最显著的变化为重度敏感区的大幅度扩张，主要集中在河西走廊、塔里木盆地和吐哈盆地，这些区域需要重点防范沙漠化风险；中度敏感区增加区域主要分布在内蒙古后山和塔里木盆地；轻度敏感区增加区域主要位于三江源地区（图 4-12）。

**表 4-11 气候基本无变化、治理政策消极情景下中国北方沙区各敏感性等级面积及占比**

| 敏感性 | 项目 | 阿拉善 | 察哈尔 | 柴达木 | 鄂尔多斯 | 河套平原 | 河西走廊 | 呼伦贝尔 | 浑善达克 | 晋西北 | 科尔沁 |
|---|---|---|---|---|---|---|---|---|---|---|---|
| 不敏感 | 面积/km² | 768 | 3 712 | 35 456 | 1 664 | 192 | 15 936 | 40 128 | 25 088 | 3 008 | 39 936 |
| | 占比/% | 0.32 | 12.92 | 15.93 | 1.30 | 1.01 | 7.11 | 51.35 | 14.91 | 12.37 | 27.18 |
| 轻度敏感 | 面积/km² | 8 448 | 16 512 | 60 672 | 47 552 | 6 208 | 49 152 | 35 840 | 97 088 | 18 560 | 77 568 |
| | 占比/% | 3.54 | 57.46 | 27.26 | 37.13 | 32.77 | 21.94 | 45.86 | 57.70 | 76.32 | 52.79 |
| 中度敏感 | 面积/km² | 124 160 | 8 256 | 55 616 | 65 344 | 7 616 | 84 864 | 1 984 | 44 224 | 2 688 | 26 496 |
| | 占比/% | 51.98 | 28.73 | 24.99 | 51.02 | 40.20 | 37.89 | 2.54 | 26.28 | 11.05 | 18.03 |
| 重度敏感 | 面积/km² | 105 472 | 256 | 70 848 | 13 504 | 4 928 | 74 048 | 192 | 1 856 | 64 | 2 944 |
| | 占比/% | 44.16 | 0.89 | 31.83 | 10.54 | 26.01 | 33.06 | 0.25 | 1.10 | 0.26 | 2.00 |

| 敏感性 | 项目 | 内蒙古后山 | 宁夏河东 | 三江源 | 塔里木 | 土默特 | 吐哈盆地 | 乌兰察布 | 伊犁盆地 | 银川平原 | 准噶尔 |
|---|---|---|---|---|---|---|---|---|---|---|---|
| 不敏感 | 面积/km² | 192 | 704 | 180 992 | 49 152 | 2 944 | 2 624 | 12 608 | 1 472 | 448 | 21 760 |
| | 占比/% | 0.41 | 8.21 | 69.81 | 5.66 | 9.04 | 1.29 | 13.16 | 28.75 | 2.14 | 12.35 |
| 轻度敏感 | 面积/km² | 13 952 | 4 608 | 56 832 | 176 896 | 22 656 | 25 152 | 56 640 | 2 560 | 4 224 | 51 136 |
| | 占比/% | 30.03 | 53.73 | 21.92 | 20.37 | 69.55 | 12.33 | 59.12 | 50.00 | 20.18 | 29.03 |
| 中度敏感 | 面积/km² | 29 248 | 2 624 | 15 808 | 273 600 | 6 400 | 101 440 | 24 000 | 704 | 8 000 | 64 192 |
| | 占比/% | 62.95 | 30.60 | 6.10 | 31.51 | 19.65 | 49.72 | 25.05 | 13.75 | 38.23 | 36.45 |
| 重度敏感 | 面积/km² | 3 072 | 640 | 5 632 | 368 640 | 576 | 74 816 | 2 560 | 384 | 8 256 | 39 040 |
| | 占比/% | 6.61 | 7.46 | 2.17 | 42.46 | 1.77 | 36.67 | 2.67 | 7.50 | 39.45 | 22.17 |

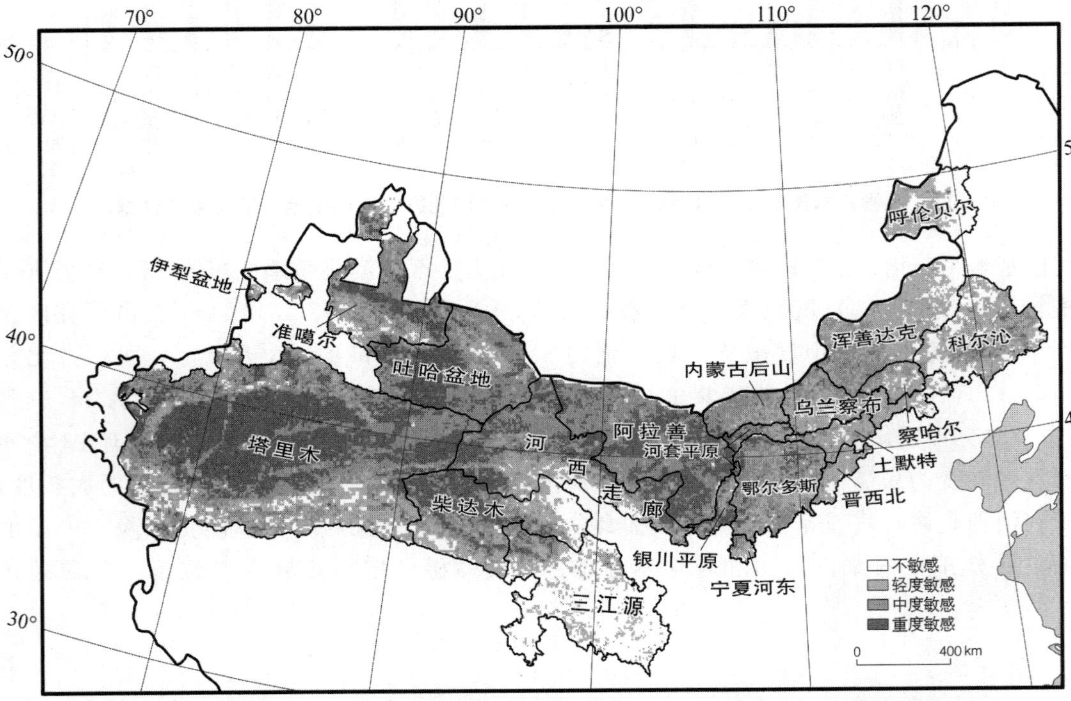


**图 4-12 气候基本无变化、沙漠化治理政策消极情景下中国北方沙区沙漠化敏感性分布格局**

#### 4.2.4.4　情景 4：气候趋于湿润、治理政策维持现状

在气候趋于湿润、治理政策维持现状情景下，2011—2030 年中国北方沙区 LDSI 值表现为显著的快速下降趋势（图 4-13）。LDSI 平均值为 1.386，与基准情景相比明显降低。20 个沙区中只有 6 个沙区 LDSI 值超过 1.400，其中阿拉善高原和塔里木盆地 LDSI 值超过 1.450，沙漠化敏感性较高；晋西北地区、科尔沁草原、三江源地区和呼伦贝尔草原 LDSI 值小于 1.300，在所有沙区中沙漠化敏感性较低（图 4-14）。与基准情景相比，趋于湿润的气候条件下，各个沙区沙漠化敏感性都明显降低，下降幅度均超过 0.010，其中科尔沁草原 LDSI 值降低约 0.050。

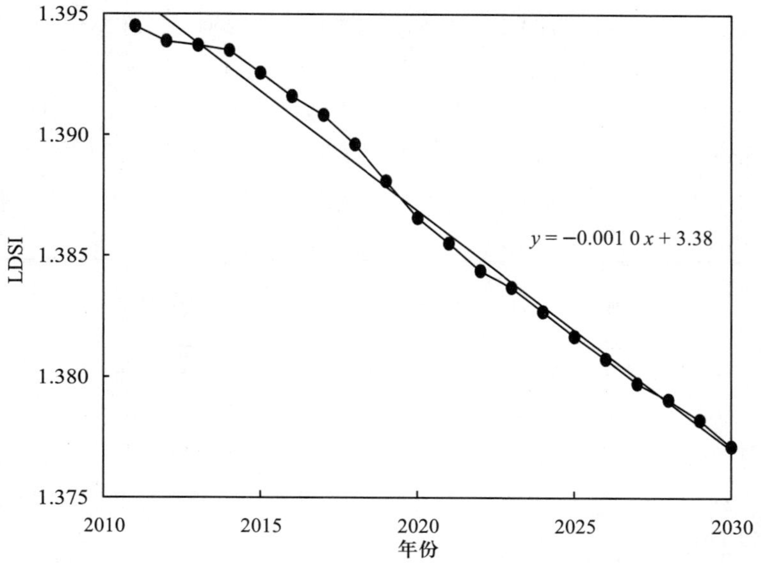


图 4-13　气候趋于湿润、治理政策维持现状情景下 2011—2030 年中国北方沙区 LDSI 值变化趋势

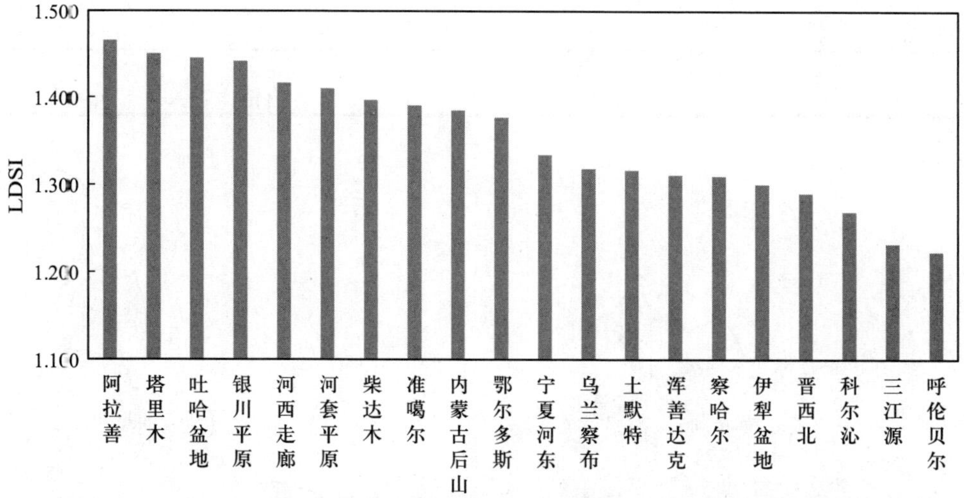


图 4-14　气候趋于湿润、治理政策维持现状情景下中国北方各沙区土地沙漠化敏感性排序

在气候趋于湿润、治理政策维持现状情景下，中国北方沙区沙漠化敏感区域面积较基准情景明显减少，为 239.49 万 $km^2$；其中中度敏感区和重度敏感区都明显缩减，面积分别为 89.00 万 $km^2$ 和 64.18 万 $km^2$，占研究区比例分别为 29.70%和 21.42%；轻度敏感区面积无明显变化，为 86.32 万 $km^2$；不敏感区明显扩张，为 60.17 万 $km^2$，占研究区比例为 20.08%（表 4-12）。在空间分布格局上，与基准情景相比，气候趋于湿润条件下，各个沙区都存在一定面积的沙漠化敏感区转化为不敏感区，主要集中在浑善达克沙地、科尔沁草原和三江源地区，不敏感区域面积增加超过 2 万 $km^2$；沙漠化重度

敏感区减少最为显著，主要集中在阿拉善高原、河西走廊和塔里木盆地；中度敏感区减少的地区主要位于鄂尔多斯高原、浑善达克沙地和科尔沁草原；轻度敏感区减少的地区主要分布在呼伦贝尔草原、科尔沁草原和三江源地区（图4-15）。

**表4-12 气候趋于湿润、治理政策维持现状情景下中国北方沙区各敏感性等级面积及占比**

| 敏感性 | 项目 | 阿拉善 | 察哈尔 | 柴达木 | 鄂尔多斯 | 河套平原 | 河西走廊 | 呼伦贝尔 | 浑善达克 | 晋西北 | 科尔沁 |
|---|---|---|---|---|---|---|---|---|---|---|---|
| 不敏感 | 面积/$\mathrm{km}^2$ | 1 024 | 8 576 | 44 928 | 6 144 | 768 | 22 336 | 54 016 | 46 144 | 8 448 | 77 696 |
| | 占比/% | 0.43 | 29.84 | 20.18 | 4.80 | 4.05 | 9.97 | 68.62 | 27.42 | 34.74 | 52.87 |
| 轻度敏感 | 面积/$\mathrm{km}^2$ | 13 888 | 17 088 | 63 936 | 72 704 | 7 488 | 52 416 | 24 384 | 96 256 | 15 488 | 61 248 |
| | 占比/% | 5.81 | 59.47 | 28.72 | 56.77 | 39.53 | 23.40 | 30.98 | 57.21 | 63.68 | 41.68 |
| 中度敏感 | 面积/$\mathrm{km}^2$ | 149 696 | 3 072 | 53 184 | 41 792 | 7 616 | 99 008 | 320 | 25 472 | 384 | 7 616 |
| | 占比/% | 62.67 | 10.69 | 23.89 | 32.63 | 40.20 | 44.20 | 0.41 | 15.14 | 1.58 | 5.18 |
| 重度敏感 | 面积/$\mathrm{km}^2$ | 74 240 | 0 | 60 544 | 7 424 | 3 072 | 50 240 | 0 | 384 | 0 | 384 |
| | 占比/% | 31.08 | 0.00 | 27.20 | 5.80 | 16.22 | 22.43 | 0.00 | 0.23 | 0.00 | 0.26 |

| 敏感性 | 项目 | 内蒙古后山 | 宁夏河东 | 三江源 | 塔里木 | 土默特 | 吐哈盆地 | 乌兰察布 | 伊犁盆地 | 银川平原 | 准噶尔 |
|---|---|---|---|---|---|---|---|---|---|---|---|
| 不敏感 | 面积/$\mathrm{km}^2$ | 1 280 | 1 408 | 202 112 | 60 032 | 5 888 | 4 480 | 26 752 | 2 176 | 832 | 26 688 |
| | 占比/% | 2.75 | 16.42 | 77.96 | 6.91 | 18.07 | 2.20 | 27.92 | 42.50 | 3.98 | 15.16 |
| 轻度敏感 | 面积/$\mathrm{km}^2$ | 22 400 | 5 824 | 41 216 | 188 800 | 24 256 | 35 584 | 55 232 | 2 048 | 5 888 | 57 024 |
| | 占比/% | 48.21 | 67.91 | 15.90 | 21.74 | 74.46 | 17.44 | 57.65 | 40.00 | 28.13 | 32.39 |
| 中度敏感 | 面积/$\mathrm{km}^2$ | 21 504 | 1 216 | 13 440 | 270 272 | 2 240 | 110 848 | 13 312 | 704 | 8 064 | 60 224 |
| | 占比/% | 46.28 | 14.18 | 5.18 | 31.12 | 6.88 | 54.33 | 13.89 | 13.75 | 38.53 | 34.21 |
| 重度敏感 | 面积/$\mathrm{km}^2$ | 1 280 | 128 | 2 496 | 349 312 | 192 | 53 120 | 512 | 192 | 6 144 | 32 128 |
| | 占比/% | 2.75 | 1.49 | 0.96 | 40.22 | 0.59 | 26.04 | 0.53 | 3.75 | 29.36 | 18.25 |

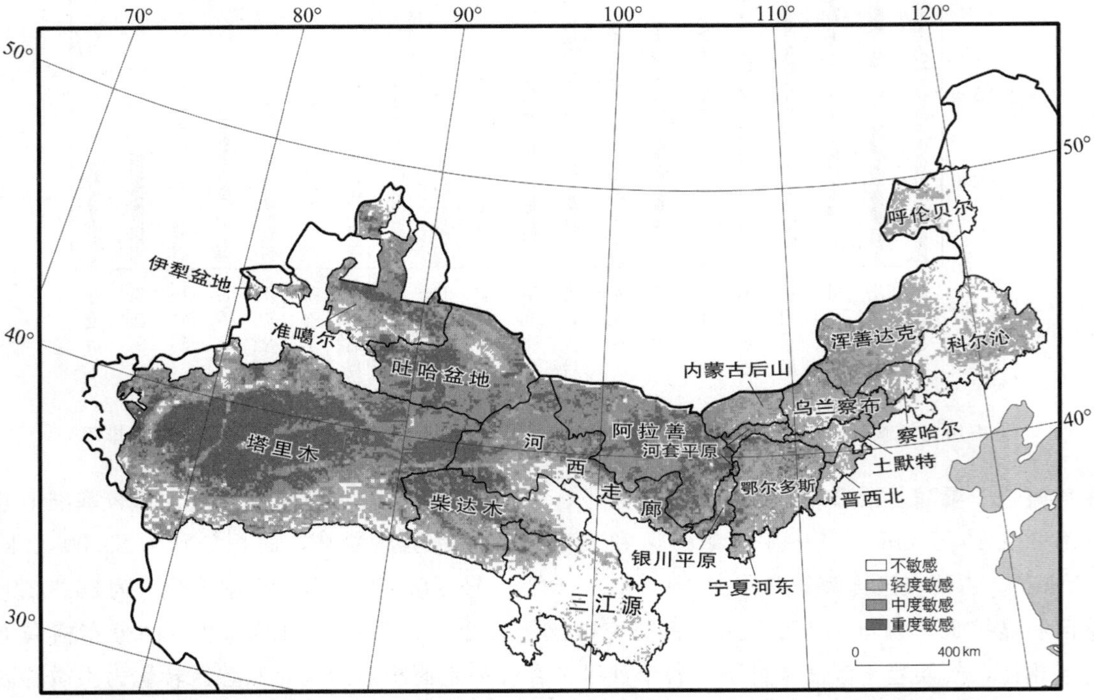


**图4-15 气候趋于湿润、治理政策维持现状情景下中国北方沙区沙漠化敏感性分布格局**

#### 4.2.4.5　情景 5：气候趋于湿润、治理政策积极

在气候趋于湿润、治理政策积极情景下，2011—2030 年中国北方沙区 LDSI 值表现为明显下降趋势，说明沙漠化敏感性持续降低（图 4-16）。LDSI 平均值为 1.385，较基准情景明显降低。从各个沙区来看，20 个亚区中有 6 个沙区 LDSI 值超过 1.400，其中只有阿拉善高原 LDSI 值超过 1.450，沙漠化敏感性在所有沙区中最高；三江源地区和呼伦贝尔草原 LDSI 值均小于 1.250，沙漠化敏感性较低（图 4-17）。与基准情景相比，20 个沙区沙漠化敏感性都有所下降，其中有 9 个沙区 LDSI 值降低超过 0.030，其中科尔沁草原 LDSI 值降低约 0.050，沙漠化敏感性降低幅度最大。

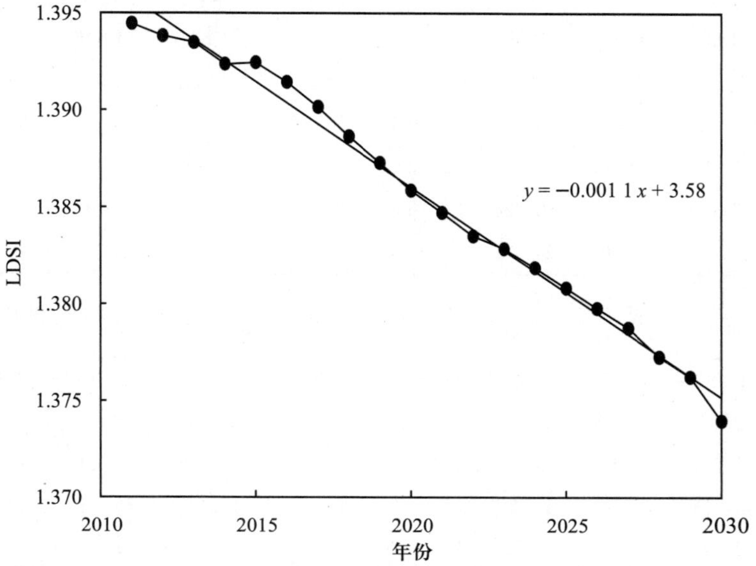


图 4-16　气候趋于湿润、治理政策积极情景下 2011—2030 年中国北方沙区 LDSI 值变化趋势

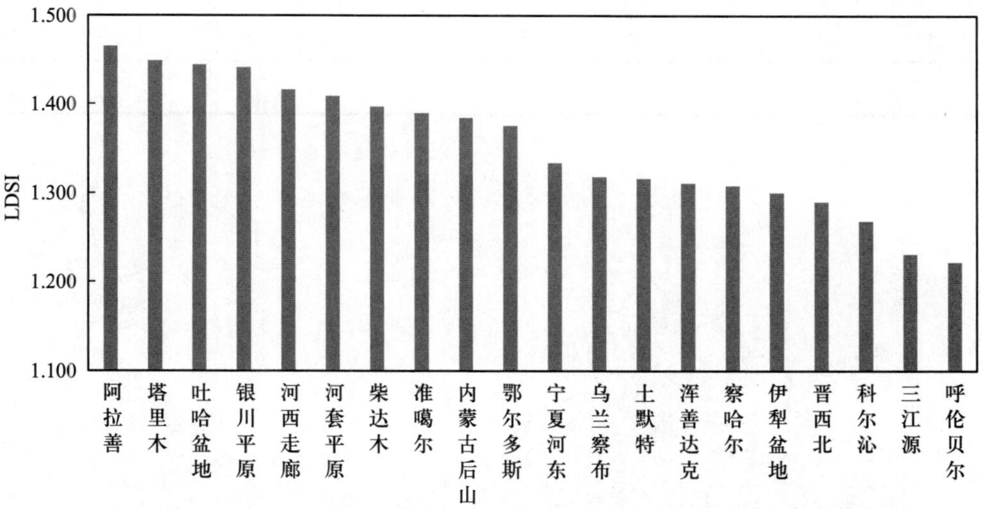


图 4-17　气候趋于湿润、治理政策积极情景下中国北方各沙区土地沙漠化敏感性排序

在气候趋于湿润、治理政策积极情景下，中国北方土地沙漠化敏感区域较基准情景明显较少，大约为 238.41 万 $km^2$；重度敏感区缩减程度最为明显，面积为 62.96 万 $km^2$，占研究区比例为 21.01%；轻度敏感区和中度敏感区的分布依然最广，面积分别为 85.73 万 $km^2$ 和 89.72 万 $km^2$；不敏感区扩张至 61.25 万 $km^2$，占研究区比例为 20.44%（表 4-13）。在空间分布上，中国北方沙漠化敏感性分布格局与基准情景相比发生较大变化，各个沙区都存在沙漠化不敏感区域扩张，其中科尔沁草原和三江源地区不敏感区扩张最为明显，面积增加超过 2 万 $km^2$；土地沙漠化重度敏感区域减少显著，

主要集中在阿拉善高原、河西走廊、塔里木盆地和吐哈盆地，重度敏感区减少面积均超过 1.5 万 $km^2$；中度敏感区减少地区主要位于鄂尔多斯高原、浑善达克沙地和科尔沁草原；轻度敏感区减少地区主要位于呼伦贝尔草原、科尔沁草原和三江源地区（图 4-18）。

**表 4-13　气候趋于湿润、治理政策积极情景下中国北方沙区各敏感性等级面积及占比**

| 敏感性 | 项目 | 阿拉善 | 察哈尔 | 柴达木 | 鄂尔多斯 | 河套平原 | 河西走廊 | 呼伦贝尔 | 浑善达克 | 晋西北 | 科尔沁 |
|---|---|---|---|---|---|---|---|---|---|---|---|
| 不敏感 | 面积/$km^2$ | 1 024 | 8 896 | 45 312 | 6 464 | 960 | 22 528 | 54 784 | 46 656 | 8 640 | 78 592 |
| | 占比/% | 0.43 | 30.96 | 20.36 | 5.05 | 5.07 | 10.06 | 69.59 | 27.73 | 35.53 | 53.48 |
| 轻度敏感 | 面积/$km^2$ | 13 888 | 16 960 | 63 552 | 73 472 | 7 360 | 52 224 | 23 616 | 95 744 | 15 296 | 60 480 |
| | 占比/% | 5.81 | 59.02 | 28.55 | 57.37 | 38.85 | 23.31 | 30.00 | 56.90 | 62.89 | 41.16 |
| 中度敏感 | 面积/$km^2$ | 151 424 | 2 880 | 53 504 | 41 664 | 7 552 | 101 440 | 320 | 25 536 | 384 | 7 616 |
| | 占比/% | 63.40 | 10.02 | 24.04 | 32.53 | 39.86 | 45.29 | 0.41 | 15.18 | 1.58 | 5.18 |
| 重度敏感 | 面积/$km^2$ | 72 512 | 0 | 60 224 | 6 464 | 3 072 | 47 808 | 0 | 320 | 0 | 256 |
| | 占比/% | 30.36 | 0.00 | 27.06 | 5.05 | 16.22 | 21.34 | 0.00 | 0.19 | 0.00 | 0.17 |

| 敏感性 | 项目 | 内蒙古后山 | 宁夏河东 | 三江源 | 塔里木 | 土默特 | 吐哈盆地 | 乌兰察布 | 伊犁盆地 | 银川平原 | 准噶尔 |
|---|---|---|---|---|---|---|---|---|---|---|---|
| 不敏感 | 面积/$km^2$ | 1 280 | 1 472 | 206 336 | 61 312 | 5 952 | 4 800 | 27 264 | 2 304 | 832 | 27 136 |
| | 占比/% | 2.75 | 17.16 | 79.59 | 7.06 | 18.27 | 2.35 | 28.46 | 45.00 | 3.98 | 15.41 |
| 轻度敏感 | 面积/$km^2$ | 22 528 | 5 760 | 36 992 | 189 056 | 24 192 | 36 416 | 54 720 | 1 920 | 5 888 | 57 216 |
| | 占比/% | 48.48 | 67.16 | 14.27 | 21.77 | 74.26 | 17.85 | 57.11 | 37.50 | 28.13 | 32.50 |
| 中度敏感 | 面积/$km^2$ | 21 376 | 1 280 | 13 504 | 273 088 | 2 304 | 111 040 | 13 376 | 704 | 8 128 | 60 096 |
| | 占比/% | 46.01 | 14.93 | 5.21 | 31.45 | 7.07 | 54.42 | 13.96 | 13.75 | 38.84 | 34.13 |
| 重度敏感 | 面积/$km^2$ | 1 280 | 64 | 2 432 | 344 960 | 128 | 51 776 | 448 | 192 | 6 080 | 31 616 |
| | 占比/% | 2.75 | 0.75 | 0.94 | 39.72 | 0.39 | 25.38 | 0.47 | 3.75 | 29.05 | 17.96 |

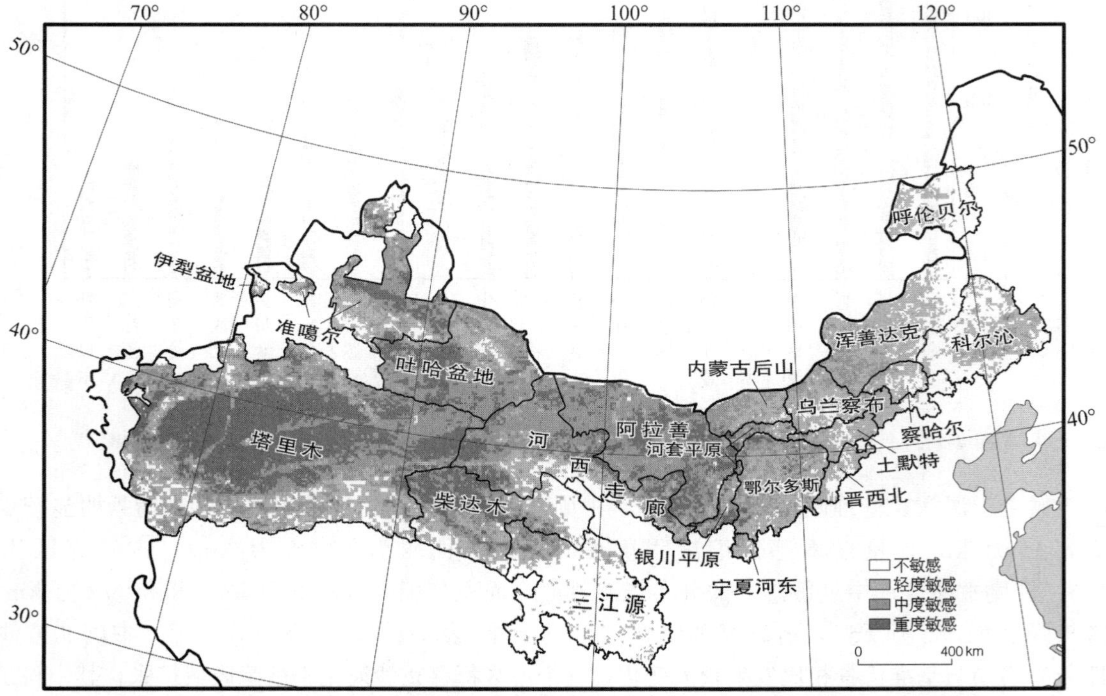


**图 4-18　气候趋于湿润、治理政策积极情景下中国北方沙区沙漠化敏感性分布格局**

#### 4.2.4.6　情景 6：气候趋于湿润、治理政策消极

在气候趋于湿润、治理政策消极情景下，2011—2023 年中国北方沙区 LDSI 值整体上表现为下降趋势（图 4-19），这说明相对于治理政策，湿润的气候条件更有利于沙漠化敏感性的降低（图 4-19）。LDSI 平均值为 1.388，与基准情景相比有所降低。从各个沙区来看，阿拉善高原、塔里木盆地和吐哈盆地的 LDSI 值均超过 1.450，沙漠化敏感性相对较高；三江源地区和呼伦贝尔草原 LDSI 值未超过 1.250，在所有沙区中沙漠化敏感性相对较低（图 4-20）。与基准情景相比，各个沙区 LDSI 值均有所降低，20 个沙区中有 8 个沙区 LDSI 值降低超过 0.030。

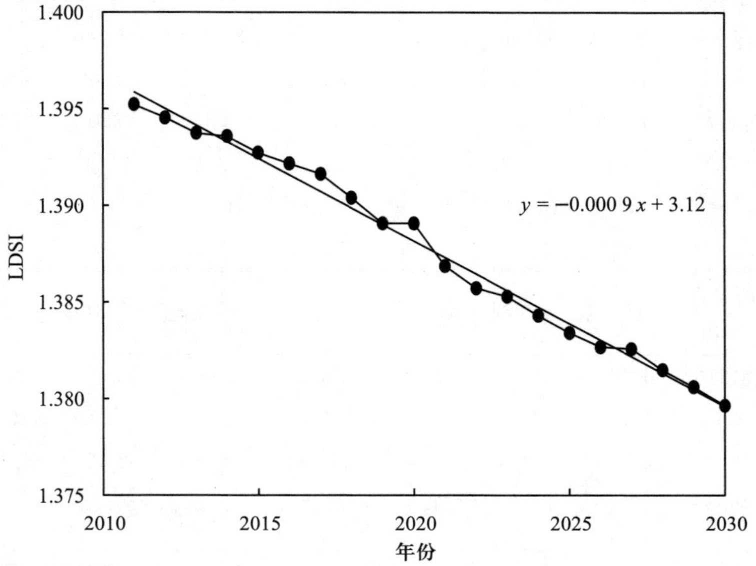


图 4-19　气候趋于湿润、治理政策消极情景下 2011—2030 年中国北方沙区 LDSI 值变化趋势

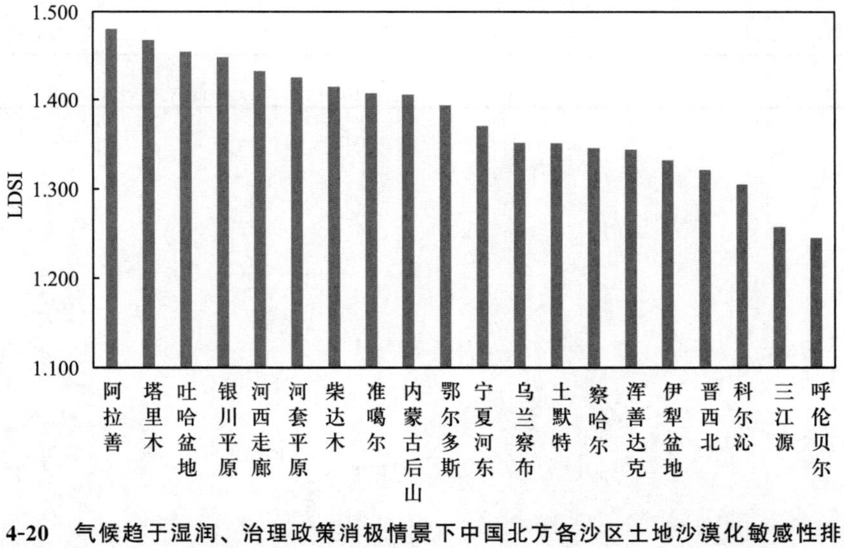


图 4-20　气候趋于湿润、治理政策消极情景下中国北方各沙区土地沙漠化敏感性排序

在气候趋于湿润、治理政策消极情景下，中国北方土地沙漠化敏感区域相比于基准情景有所减少，大约为 240.73 万 $km^2$；敏感区域中的中度敏感区和重度敏感区均明显降低，面积分别为 88.42 万 $km^2$ 和 66.85 万 $km^2$，分别占沙区总面积的 29.51%和 22.31%；轻度敏感区面积为 85.45 万 $km^2$，占研究区比例为 28.51%；不敏感区域面积增加至 58.93 万 $km^2$，占研究区比例为 19.67%（表 4-14）。从沙漠化敏感性分布格局来看，与基准情景相比，中国北方土地沙漠化不敏感区在各个沙区都有所增加，20 个沙区中有 5 个不敏感区面积增加超过 1 万 $km^2$，其中科尔沁草原不敏感区扩

张最为明显，增加了 3.58 万 $km^2$；沙漠化敏感区中重度敏感区缩减主要体现在阿拉善高原和塔里木盆地；中度敏感区缩减主要体现在鄂尔多斯高原、浑善达克沙地、科尔沁草原；轻度敏感区缩减主要位于呼伦贝尔草原、科尔沁草原和三江源地区（图 4-21）。

**表 4-14 气候趋于湿润、治理政策消极情景下中国北方沙区各敏感性等级面积及占比**

| 敏感性 | 项目 | 阿拉善 | 察哈尔 | 柴达木 | 鄂尔多斯 | 河套平原 | 河西走廊 | 呼伦贝尔 | 浑善达克 | 晋西北 | 科尔沁 |
|---|---|---|---|---|---|---|---|---|---|---|---|
| 不敏感 | 面积/$km^2$ | 1 024 | 8 192 | 44 352 | 5 888 | 768 | 22 016 | 53 312 | 43 968 | 8 320 | 76 288 |
| | 占比/% | 0.43 | 28.51 | 19.93 | 4.60 | 4.05 | 9.83 | 67.72 | 26.13 | 34.21 | 51.92 |
| 轻度敏感 | 面积/$km^2$ | 13 184 | 16 384 | 63 744 | 71 104 | 7 360 | 50 944 | 25 088 | 97 984 | 15 552 | 62 400 |
| | 占比/% | 5.52 | 57.02 | 28.64 | 55.52 | 38.85 | 22.74 | 31.87 | 58.24 | 63.95 | 42.47 |
| 中度敏感 | 面积/$km^2$ | 148 736 | 4 096 | 53 248 | 43 072 | 7 616 | 94 464 | 320 | 25 856 | 448 | 7 808 |
| | 占比/% | 62.27 | 14.25 | 23.92 | 33.63 | 40.20 | 42.17 | 0.41 | 15.37 | 1.84 | 5.31 |
| 重度敏感 | 面积/$km^2$ | 75 904 | 64 | 61 248 | 8 000 | 3 200 | 56 576 | 0 | 448 | 0 | 448 |
| | 占比/% | 31.78 | 0.22 | 27.52 | 6.25 | 16.89 | 25.26 | 0.00 | 0.27 | 0.00 | 0.30 |

| 敏感性 | 项目 | 内蒙古后山 | 宁夏河东 | 三江源 | 塔里木 | 土默特 | 吐哈盆地 | 乌兰察布 | 伊犁盆地 | 银川平原 | 准噶尔 |
|---|---|---|---|---|---|---|---|---|---|---|---|
| 不敏感 | 面积/$km^2$ | 1 216 | 1 408 | 200 640 | 57 024 | 5 696 | 4 160 | 26 176 | 2 048 | 768 | 26 112 |
| | 占比/% | 2.62 | 16.42 | 77.39 | 6.57 | 17.49 | 2.04 | 27.32 | 40.00 | 3.67 | 14.83 |
| 轻度敏感 | 面积/$km^2$ | 21 632 | 5 760 | 42 304 | 185 408 | 24 384 | 31 168 | 55 488 | 2 176 | 5 888 | 56 576 |
| | 占比/% | 46.56 | 67.16 | 16.32 | 21.35 | 74.85 | 15.28 | 57.92 | 42.50 | 28.13 | 32.13 |
| 中度敏感 | 面积/$km^2$ | 22 144 | 1 280 | 13 504 | 271 168 | 2 240 | 105 920 | 13 376 | 704 | 8 128 | 60 096 |
| | 占比/% | 47.66 | 14.93 | 5.21 | 31.23 | 6.88 | 51.91 | 13.96 | 13.75 | 38.84 | 34.13 |
| 重度敏感 | 面积/$km^2$ | 1 472 | 128 | 2 816 | 354 816 | 256 | 62 784 | 768 | 192 | 6 144 | 33 280 |
| | 占比/% | 3.17 | 1.49 | 1.09 | 40.86 | 0.79 | 30.77 | 0.80 | 3.75 | 29.36 | 18.90 |

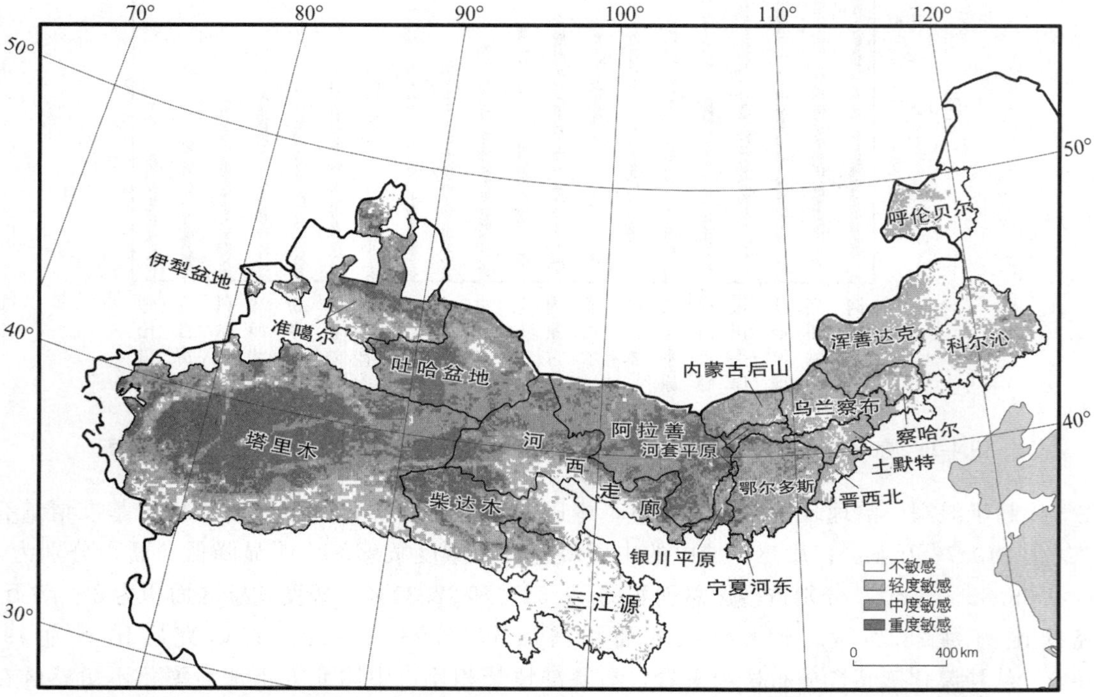


**图 4-21 气候趋于湿润、治理政策消极情景下中国北方沙区沙漠化敏感性分布格局**

#### 4.2.4.7　情景 7：气候趋于干旱、治理政策维持现状

在气候趋于干旱、治理政策维持现状情景下，2011—2023 年中国北方沙区 LDSI 值呈明显上升趋势，沙漠化敏感性不断增高（图 4-22）。相较于基准情景，干旱的气候条件下沙漠化敏感性有所升高，LDSI 平均值为 1.410。从各个沙区来看，银川平原 LDSI 值最高，达到了 1.480，此外阿拉善高原、塔里木盆地和吐哈盆地的 LDSI 值也相对较高，超过了 1.450；呼伦贝尔草原和三江源地区 LDSI 值低于 1.300，沙漠化敏感性相对较低（图 4-23）。20 个沙区中，除塔里木盆地和吐哈盆地 LDSI 值相较于基准情景略微降低外，其余沙区 LDSI 值均有所上升，其中宁夏河东沙地和土默特平原沙漠化敏感性升高较多，LDSI 值增长幅度超过 0.025。

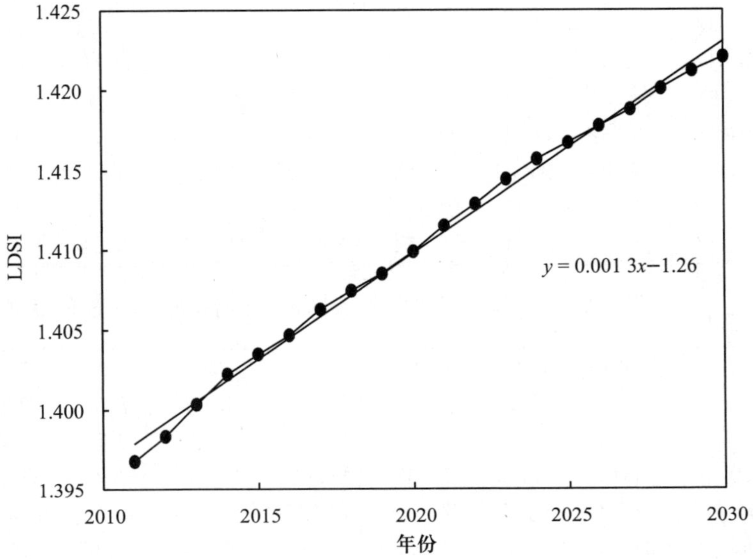


**图 4-22　气候趋于干旱、治理政策维持现状情景下 2011—2030 年中国北方沙区 LDSI 值变化趋势**

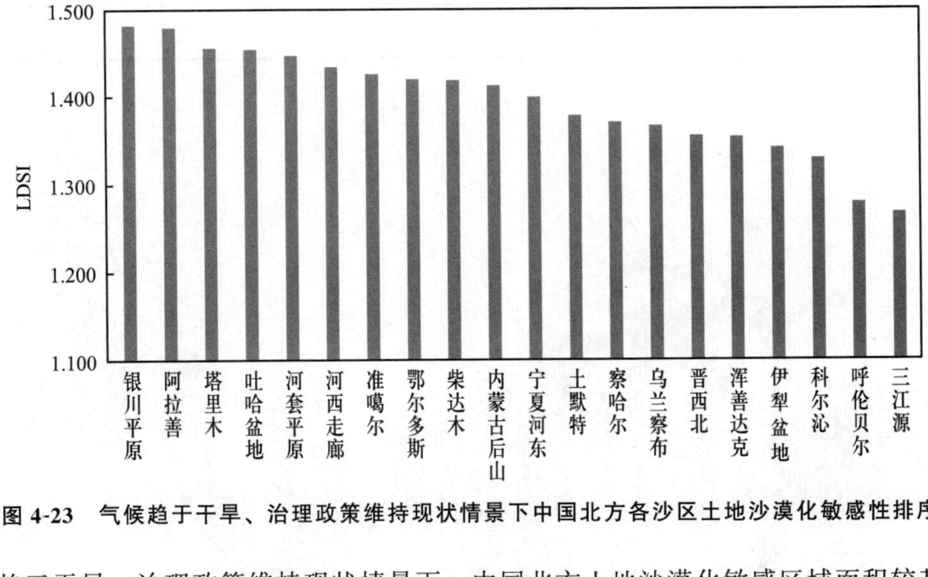


**图 4-23　气候趋于干旱、治理政策维持现状情景下中国北方各沙区土地沙漠化敏感性排序**

在气候趋于干旱、治理政策维持现状情景下，中国北方土地沙漠化敏感区域面积较基准情景有所增加，大约为 263.57 万 km$^2$；敏感区域中中度敏感性区域扩张最为明显，面积为 102.87 万 km$^2$，占研究区比例为 34.33%；轻度敏感性和重度敏感性区域面积无明显变化，面积分别为 84.97 万 km$^2$ 和 75.72 万 km$^2$，占研究区比例分别为 28.35% 和 25.27%；不敏感区域面积缩减至 36.08 万 km$^2$，占沙区总面积的 12.04%（表 4-15）。从沙漠化敏感性分布格局来看，与基准情景相比，最为显著的变

化为不敏感区域的大幅度减少，各沙区中三江源地区不敏感区域减少约3.39万$km^2$，在所有沙区中缩减面积最大；土地沙漠化敏感区域中，重度敏感区分布格局有所变化，大部分沙区重度敏感区有所扩张，主要集中在准噶尔盆地北部，但在局部地区重度敏感区有所缩减，主要位于阿拉善高原和河套平原；中度敏感区面积增加较为明显，主要位于浑善达克沙地和乌兰察布草原；轻度敏感区扩张区域主要分布在柴达木盆地和三江源地区（图4-24）。

**表4-15 气候趋于干旱、治理政策维持现状情景下中国北方沙区各敏感性等级面积及占比**

| 敏感性 | 项目 | 阿拉善 | 察哈尔 | 柴达木 | 鄂尔多斯 | 河套平原 | 河西走廊 | 呼伦贝尔 | 浑善达克 | 晋西北 | 科尔沁 |
|---|---|---|---|---|---|---|---|---|---|---|---|
| 不敏感 | 面积/$km^2$ | 768 | 1 664 | 26 944 | 896 | 128 | 13 440 | 34 880 | 19 968 | 1 216 | 33 472 |
| | 占比/% | 0.32 | 5.79 | 12.10 | 0.70 | 0.68 | 6.00 | 44.31 | 11.87 | 5.00 | 22.78 |
| 轻度敏感 | 面积/$km^2$ | 7 104 | 15 744 | 66 816 | 40 512 | 5 056 | 49 280 | 38 912 | 96 448 | 16 768 | 79 680 |
| | 占比/% | 2.97 | 54.79 | 30.02 | 31.63 | 26.69 | 22.00 | 49.43 | 57.32 | 68.95 | 54.22 |
| 中度敏感 | 面积/$km^2$ | 136 256 | 10 752 | 59 712 | 69 056 | 7 808 | 100 544 | 4 736 | 49 728 | 6 208 | 30 464 |
| | 占比/% | 57.05 | 37.42 | 26.83 | 53.92 | 41.22 | 44.89 | 6.02 | 29.55 | 25.53 | 20.73 |
| 重度敏感 | 面积/$km^2$ | 94 720 | 576 | 69 120 | 17 600 | 5 952 | 60 736 | 192 | 2 112 | 128 | 3 328 |
| | 占比/% | 39.66 | 2.00 | 31.05 | 13.74 | 31.42 | 27.11 | 0.24 | 1.26 | 0.53 | 2.26 |

| 敏感性 | 项目 | 内蒙古后山 | 宁夏河东 | 三江源 | 塔里木 | 土默特 | 吐哈盆地 | 乌兰察布 | 伊犁盆地 | 银川平原 | 准噶尔 |
|---|---|---|---|---|---|---|---|---|---|---|---|
| 不敏感 | 面积/$km^2$ | 320 | 0 | 148 096 | 50 240 | 1 280 | 2 368 | 7 296 | 1 152 | 192 | 16 512 |
| | 占比/% | 0.69 | 0.00 | 57.12 | 5.79 | 3.93 | 1.16 | 7.62 | 22.50 | 0.92 | 9.38 |
| 轻度敏感 | 面积/$km^2$ | 13 504 | 4 032 | 88 448 | 179 456 | 17 600 | 26 688 | 52 736 | 2 624 | 3 328 | 44 992 |
| | 占比/% | 29.06 | 47.01 | 34.12 | 20.67 | 54.03 | 13.08 | 55.04 | 51.25 | 15.90 | 25.55 |
| 中度敏感 | 面积/$km^2$ | 29 568 | 3 584 | 17 664 | 274 496 | 12 672 | 112 256 | 32 256 | 832 | 8 064 | 62 080 |
| | 占比/% | 63.64 | 41.79 | 6.81 | 31.61 | 38.90 | 55.02 | 33.67 | 16.25 | 38.53 | 35.26 |
| 重度敏感 | 面积/$km^2$ | 3 072 | 960 | 5 056 | 364 096 | 1 024 | 62 720 | 3 520 | 512 | 9 344 | 52 480 |
| | 占比/% | 6.61 | 11.19 | 1.95 | 41.93 | 3.14 | 30.74 | 3.67 | 10.00 | 44.65 | 29.81 |

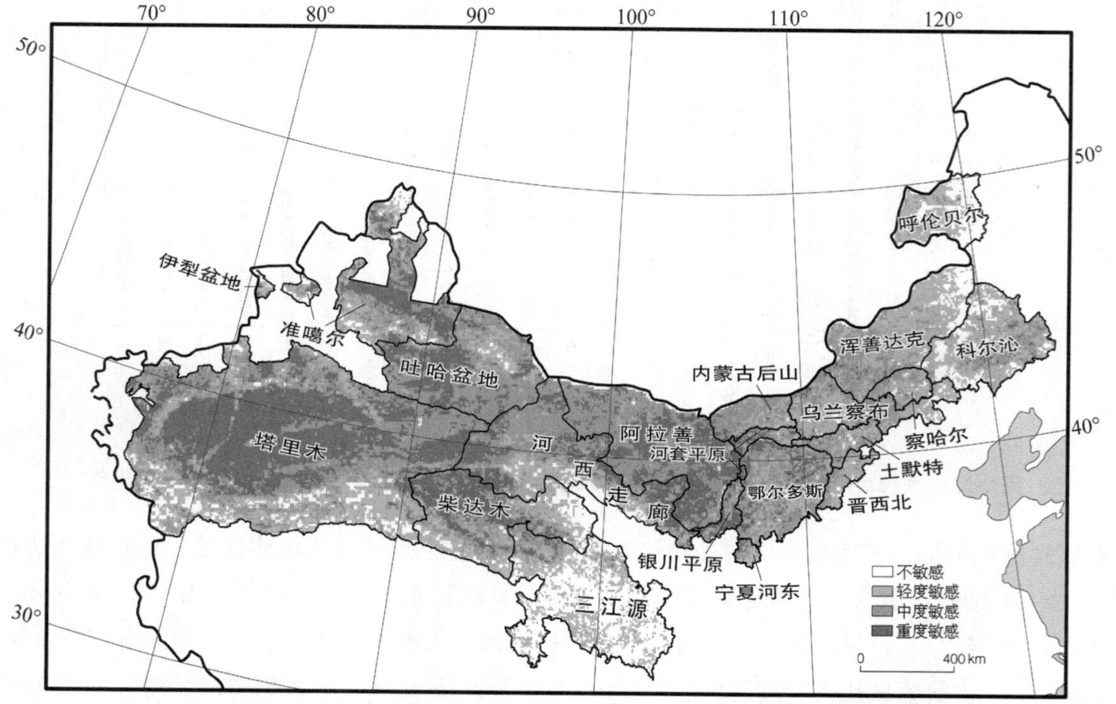


**图4-24 气候趋于干旱、治理政策维持现状情景下中国北方沙区沙漠化敏感性分布格局**

#### 4.2.4.8　情景 8：气候趋于干旱、治理政策积极

在气候趋于干旱、治理政策积极情景下，中国北方沙区 LDSI 值呈明显上升趋势，沙漠化敏感性持续增高（图 4-25）。LDSI 平均值为 1.410，较基准情景有所上升，这说明积极的沙漠化政策总体上未能抵消气候趋于干旱带来的消极影响。从不同沙区来看，银川平原和阿拉善高原的 LDSI 值超过 1.470，在所有沙区中沙漠化敏感性最高；三江源地区 LDSI 值为 1.270，在所有沙区中沙漠化敏感性最低（图 4-26）。20 个沙区中，只有塔里木盆地和吐哈盆地的 LDSI 值略微降低，其余沙区 LDSI 值均有所上升，其中宁夏河东沙地和土默特平原 LDSI 值上升幅度超过 0.025。

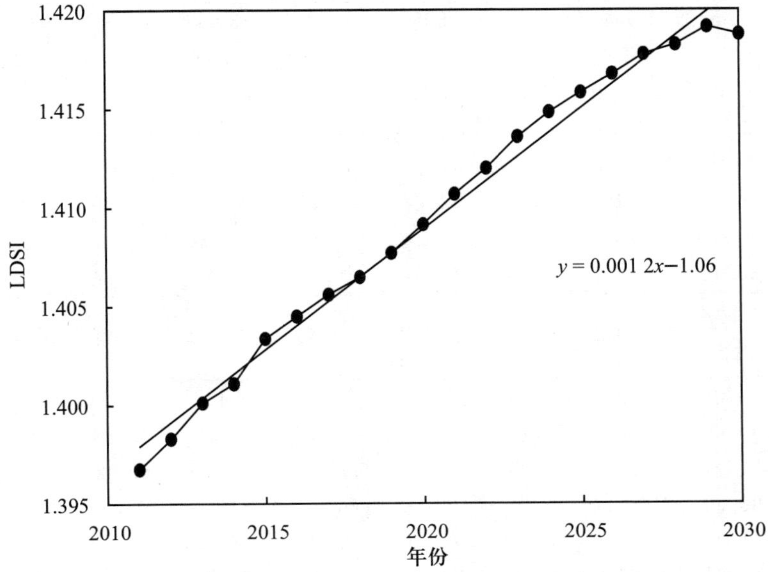


图 4-25　气候趋于干旱、治理政策积极情景下 2011—2030 年中国北方沙区 LDSI 值变化趋势

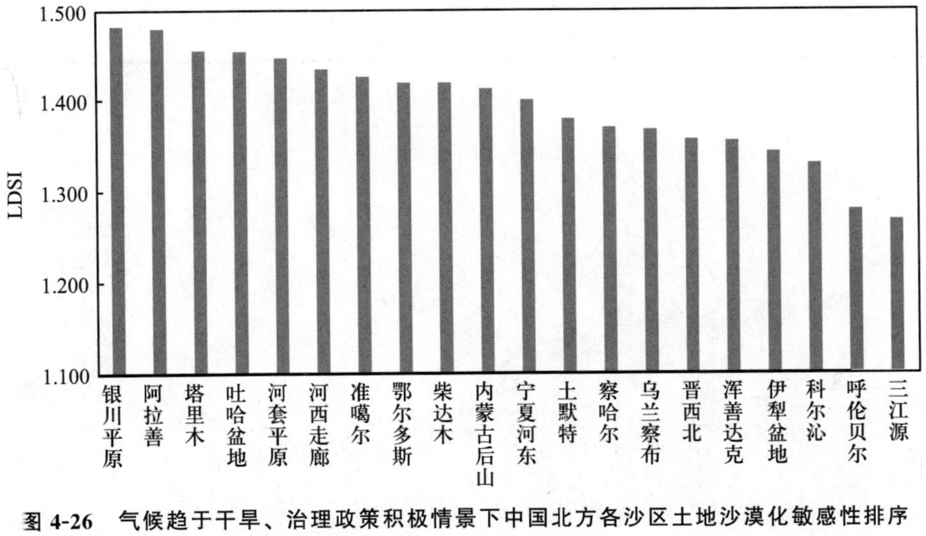


图 4-26　气候趋于干旱、治理政策积极情景下中国北方各沙区土地沙漠化敏感性排序

在气候趋于干旱、治理政策积极情景下，中国北方土地沙漠化敏感区相比基准情景有所扩张，面积为 262.85 万 $km^2$；沙漠化敏感区以中度敏感区为主，面积为 102.83 万 $km^2$，占研究区比例为 34.31%；轻度敏感区和中度敏感区面积分别为 85.74 万 $km^2$ 和 74.27 万 $km^2$，占研究区比例分别为 28.61%和 24.78%；不敏感区域面积最少，为 36.81 万 $km^2$，占沙区总面积比例为 12.28%（表 4-16）。与基准情景相比，中国北方沙漠化敏感性分布格局最为显著的变化为不敏感区的缩减，除阿拉善高原、内蒙古后

山和塔里木盆地不敏感区面积增加或不变外，其余沙区均存在不敏感区面积缩减，其中三江源地区不敏感区域面积减少超过 3 $km^2$；重度敏感区域在部分沙区表现为扩张趋势，在部分沙区表现为缩减趋势，扩张区域主要集中在准噶尔盆地北部，缩减区域主要集中在阿拉善高原、河西走廊、塔里木盆地和吐哈盆地；中度敏感区域面积增加较为明显，主要位于鄂尔多斯高原、浑善达克沙地、土默特平原和乌兰察布草原；轻度敏感区扩张区域主要位于柴达木盆地和三江源地区（图 4-27）。

**表 4-16　气候趋于干旱、治理政策积极情景下中国北方沙区各敏感性等级面积及占比**

| 敏感性 | 项目 | 阿拉善 | 察哈尔 | 柴达木 | 鄂尔多斯 | 河套平原 | 河西走廊 | 呼伦贝尔 | 浑善达克 | 晋西北 | 科尔沁 |
|---|---|---|---|---|---|---|---|---|---|---|---|
| 不敏感 | 面积/$km^2$ | 768 | 1 664 | 27 136 | 896 | 128 | 13 632 | 35 392 | 20 480 | 1 280 | 33 920 |
| | 占比/% | 0.32 | 5.79 | 12.19 | 0.70 | 0.68 | 6.09 | 44.96 | 12.17 | 5.26 | 23.08 |
| 轻度敏感 | 面积/$km^2$ | 7 808 | 15 808 | 67 392 | 41 472 | 5 248 | 51 264 | 38 976 | 96 640 | 17 024 | 80 512 |
| | 占比/% | 3.27 | 55.01 | 30.28 | 32.38 | 27.70 | 22.89 | 49.51 | 57.44 | 70.00 | 54.79 |
| 中度敏感 | 面积/$km^2$ | 136 064 | 10 688 | 59 200 | 69 504 | 7 808 | 101 120 | 4 160 | 49 216 | 5 888 | 29 760 |
| | 占比/% | 56.97 | 37.19 | 26.60 | 54.27 | 41.22 | 45.14 | 5.28 | 29.25 | 24.21 | 20.25 |
| 重度敏感 | 面积/$km^2$ | 94 208 | 576 | 68 864 | 16 192 | 5 760 | 57 984 | 192 | 1 920 | 128 | 2 752 |
| | 占比/% | 39.44 | 2.00 | 30.94 | 12.64 | 30.41 | 25.89 | 0.24 | 1.14 | 0.53 | 1.87 |

| 敏感性 | 项目 | 内蒙古后山 | 宁夏河东 | 三江源 | 塔里木 | 土默特 | 吐哈盆地 | 乌兰察布 | 伊犁盆地 | 银川平原 | 准噶尔 |
|---|---|---|---|---|---|---|---|---|---|---|---|
| 不敏感 | 面积/$km^2$ | 320 | 0 | 151 744 | 51 392 | 1 280 | 2 432 | 7 552 | 1 152 | 192 | 16 704 |
| | 占比/% | 0.69 | 0.00 | 58.53 | 5.92 | 3.93 | 1.19 | 7.88 | 22.50 | 0.92 | 9.49 |
| 轻度敏感 | 面积/$km^2$ | 14 080 | 4 032 | 84 928 | 180 416 | 17 856 | 29 376 | 52 928 | 2 624 | 3 328 | 45 760 |
| | 占比/% | 30.30 | 47.01 | 32.76 | 20.78 | 54.81 | 14.40 | 55.24 | 51.25 | 15.90 | 25.99 |
| 中度敏感 | 面积/$km^2$ | 29 440 | 3 648 | 17 792 | 277 952 | 12 416 | 110 720 | 32 192 | 832 | 8 128 | 61 760 |
| | 占比/% | 63.36 | 42.54 | 6.86 | 32.01 | 38.11 | 54.27 | 33.60 | 16.25 | 38.84 | 35.08 |
| 重度敏感 | 面积/$km^2$ | 2 624 | 896 | 4 800 | 358 528 | 1 024 | 61 504 | 3 136 | 512 | 9 280 | 51 840 |
| | 占比/% | 5.65 | 10.45 | 1.85 | 41.29 | 3.14 | 30.14 | 3.27 | 10.00 | 44.34 | 29.44 |

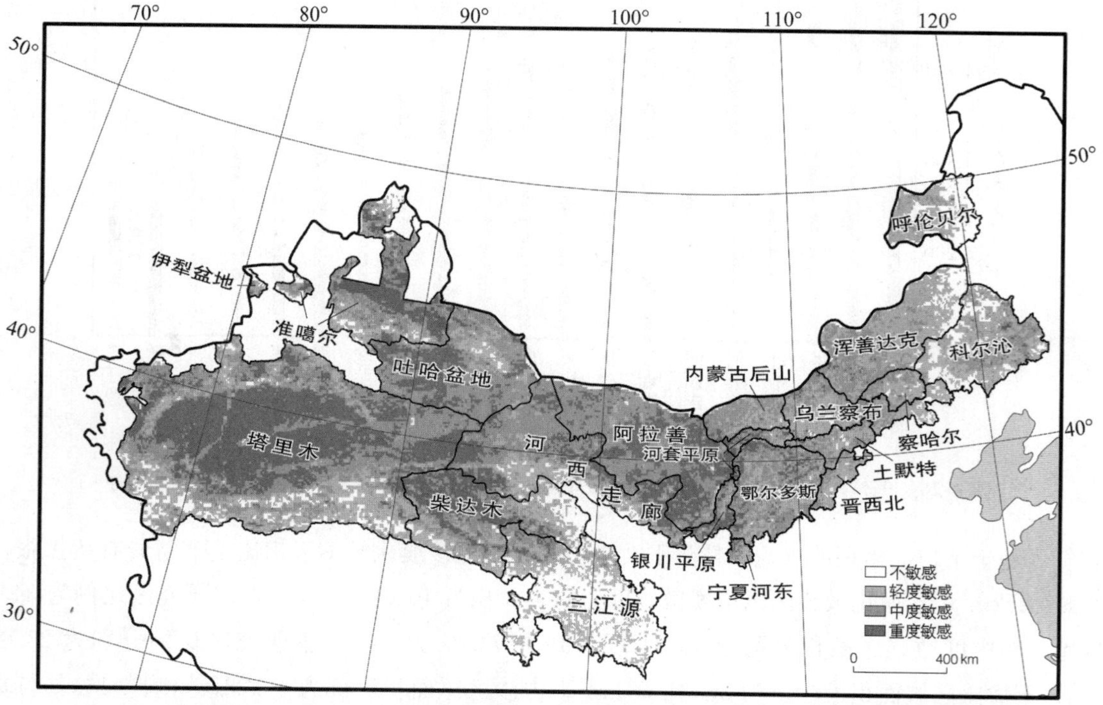


**图 4-27　气候趋于干旱、治理政策积极情景下中国北方沙区沙漠化敏感性分布格局**

#### 4.2.4.9　情景 9：气候趋于干旱、治理政策消极

在气候趋于干旱、治理政策消极情景下，2011—2030 年中国北方沙区 LDSI 值呈明显上升趋势，沙漠化敏感性升高速率较快（图 4-28）。与基准情景相比，LDSI 平均值明显升高，达到 1.412。从不同沙区来看，银川平原和阿拉善高原 LDSI 值大约为 1.480，沙漠化敏感性在所有沙区中最高；呼伦贝尔草原和三江源地区 LDSI 值小于 1.280，沙漠化敏感性相对较低（图 4-29）。与基准情景相比，干旱的气候条件与消极的沙漠化治理政策相叠加，使得全部沙区 LDSI 值均有所提高，其中有 8 个沙区 LDSI 值相较于基准情景增长超过 0.020。

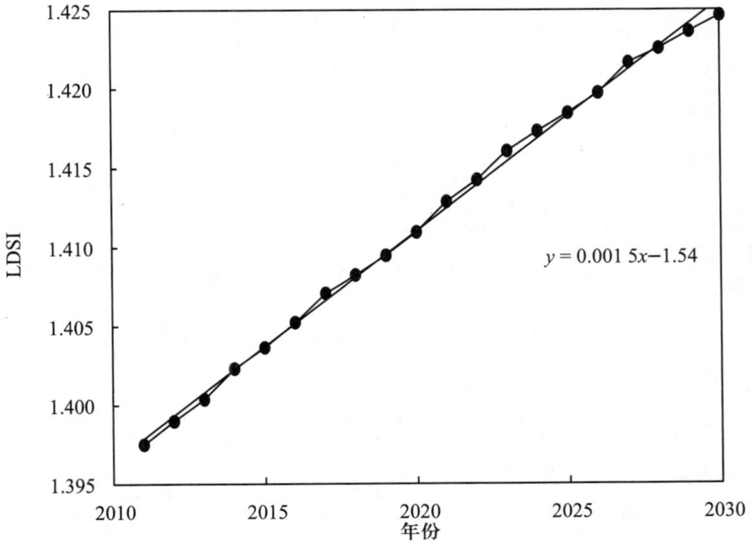


**图 4-28　气候趋于干旱、治理政策消极情景下 2011—2030 年中国北方沙区 LDSI 值变化趋势**

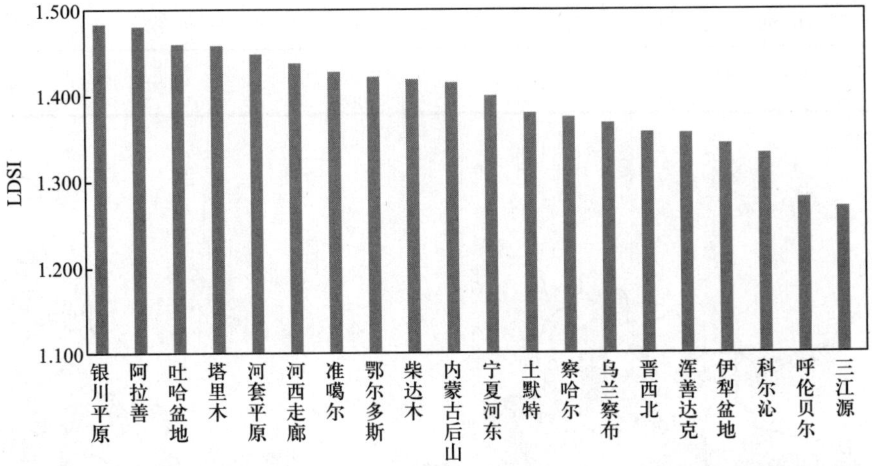


**图 4-29　气候趋于干旱、治理政策消极情景下中国北方各沙区土地沙漠化敏感性排序**

在气候趋于干旱、治理政策消极情景下，中国北方土地沙漠化敏感区域面积扩张至 264.44 万 $km^2$；中国北方沙区以中度敏感区为主，面积为 101.71 万 $km^2$，占研究区比例为 33.94%；轻度敏感区和重度敏感区面积接近，分别为 84.39 万 $km^2$ 和 78.32 万 $km^2$，占研究区比例分别为 28.16% 和 26.13%；沙漠化不敏感区面积缩减至 35.23 万 $km^2$，占沙区总面积比例为 11.76%（表 4-17）。与基准情景相比，中国北方沙区沙漠化敏感性分布格局发生了较大变化，最显著的变化为不敏感区域的减少，这些区域主要集中在柴达木盆地、科尔沁草原和三江源地区；土地沙漠化敏感区域中，重度敏感区在大部分沙区都表现为扩张趋势，主要集中在鄂尔多斯高原和准噶尔盆地，而阿拉善高原出现了

较大面积的重度敏感区减少；中度敏感区扩张较为明显，主要位于鄂尔多斯高原、浑善达克沙地、土默特平原和乌兰察布草原；轻度敏感区增加区域主要位于柴达木盆地和三江源地区（图 4-30）。

**表 4-17　气候趋于干旱、治理政策消极情景下中国北方沙区各敏感性等级面积及占比**

| 敏感性 | 项目 | 阿拉善 | 察哈尔 | 柴达木 | 鄂尔多斯 | 河套平原 | 河西走廊 | 呼伦贝尔 | 浑善达克 | 晋西北 | 科尔沁 |
|---|---|---|---|---|---|---|---|---|---|---|---|
| 不敏感 | 面积/km² | 768 | 1 472 | 26 560 | 768 | 128 | 13 248 | 34 432 | 19 328 | 1 152 | 32 640 |
| | 占比/% | 0.32 | 5.12 | 11.93 | 0.60 | 0.68 | 5.91 | 43.74 | 11.49 | 4.74 | 22.21 |
| 轻度敏感 | 面积/km² | 7 104 | 15 552 | 67 200 | 38 784 | 5 056 | 48 320 | 39 360 | 96 384 | 16 832 | 79 936 |
| | 占比/% | 2.97 | 54.12 | 30.19 | 30.28 | 26.69 | 21.57 | 50.00 | 57.28 | 69.21 | 54.40 |
| 中度敏感 | 面积/km² | 133 568 | 11 008 | 58 432 | 70 400 | 7 744 | 93 952 | 4 736 | 50 304 | 6 208 | 30 912 |
| | 占比/% | 55.92 | 38.31 | 26.25 | 54.97 | 40.88 | 41.94 | 6.02 | 29.90 | 25.53 | 21.04 |
| 重度敏感 | 面积/km² | 97 408 | 704 | 70 400 | 18 112 | 6 016 | 68 480 | 192 | 2 240 | 128 | 3 456 |
| | 占比/% | 40.78 | 2.45 | 31.63 | 14.14 | 31.76 | 30.57 | 0.24 | 1.33 | 0.53 | 2.35 |

| 敏感性 | 项目 | 内蒙古后山 | 宁夏河东 | 三江源 | 塔里木 | 土默特 | 吐哈盆地 | 乌兰察布 | 伊犁盆地 | 银川平原 | 准噶尔 |
|---|---|---|---|---|---|---|---|---|---|---|---|
| 不敏感 | 面积/km² | 192 | 0 | 145 728 | 47 360 | 1 216 | 2 176 | 7 296 | 1 152 | 192 | 16 512 |
| | 占比/% | 0.41 | 0.00 | 56.22 | 5.45 | 3.73 | 1.07 | 7.62 | 22.50 | 0.92 | 9.38 |
| 轻度敏感 | 面积/km² | 13 248 | 4 032 | 90 624 | 177 024 | 17 664 | 23 488 | 52 672 | 2 624 | 3 328 | 44 672 |
| | 占比/% | 28.51 | 47.01 | 34.96 | 20.39 | 54.22 | 11.51 | 54.98 | 51.25 | 15.90 | 25.37 |
| 中度敏感 | 面积/km² | 29 824 | 3 584 | 17 600 | 275 904 | 12 672 | 108 416 | 32 128 | 832 | 7 936 | 60 928 |
| | 占比/% | 64.19 | 41.79 | 6.79 | 31.78 | 38.90 | 53.14 | 33.53 | 16.25 | 37.92 | 34.61 |
| 重度敏感 | 面积/km² | 3 200 | 960 | 5 248 | 368 000 | 1 024 | 69 952 | 3 712 | 512 | 9 472 | 53 952 |
| | 占比/% | 6.89 | 11.19 | 2.02 | 42.38 | 3.14 | 34.28 | 3.87 | 10.00 | 45.26 | 30.64 |

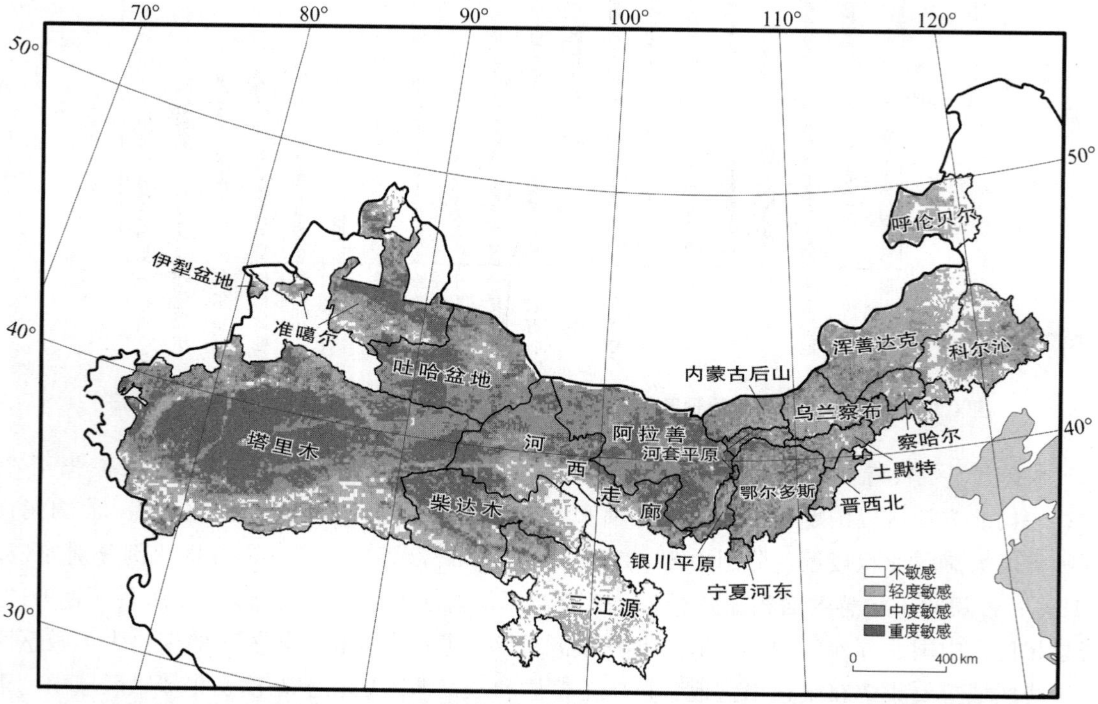


**图 4-30　气候趋于干旱、治理政策消极情景下中国北方沙区沙漠化敏感性分布格局**

# 4.3　沙漠化土地可治理性评估

## 4.3.1　可治理性评估方法

本文将沙漠化土地的可治理性划分为 4 个不同等级，并分别赋值。其中，道路、水系、县域按距离划分可治理性程度。降雨和坡度按自然间断点法将沙漠化可治理性划分为四级（2.00 代表高度可治理性，1.67 代表中度可治理性，1.33 代表低度可治理性，1.00 代表极低度可治理性），具体划分标准如表 4-18 所示：

表 4-18　沙漠化可治理性划分标准

| 因子 | 赋值 | 范围 | 因子 | 赋值 | 范围 |
| --- | --- | --- | --- | --- | --- |
| 道路 | 1.00 | ＞50 km | 水系 | 1.00 | ＞50 km |
| | 1.33 | 30～50 km | | 1.33 | 30～50 km |
| | 1.67 | 10～30 km | | 1.67 | 10～30 km |
| | 2.00 | ＜10 km | | 2.00 | ＜10 km |
| 降雨 | 1.00 | ＜130mm | 县域 | 1.00 | ＞50 km |
| | 1.33 | 130～260mm | | 1.33 | 30～50 km |
| | 1.67 | 260～455mm | | 1.67 | 10～30 km |
| | 2.00 | ＞455mm | | 2.00 | ＜10 km |
| 坡度 | 2.00 | ＜0.6 | | | |
| | 1.67 | 0.6～1.7 | | | |
| | 1.33 | 1.7～3.3 | | | |
| | 1.00 | ＞3.3 | | | |

从道路因子的层面来看，中国北方沙区中可治理性较高的区域分布在科尔沁草原、察哈尔、乌兰察布、土默特、晋西北、鄂尔多斯、银川平原、河西走廊和塔里木盆地北部边缘，这些地区道路分布相对密集，拥有省级以上主干道，交通相对便利。而阿拉善高原、浑善达克沙地、塔里木盆地大部分地区由于自然条件恶劣，交通不便，土地沙漠化可治理性较差（图 4-31）。

从降雨因子的层面来看，中国北方沙区中可治理性较高的区域分布在科尔沁草原东南部、乌兰察布草原东部、晋西北和三江源地区南部，这些地区降水量普遍在 450 mm 以上，水资源相对丰富；而阿拉善高原西北部、河西走廊北部、塔里木盆地、吐哈盆地、柴达木盆地大部分地区降水量普遍在 150 mm 以下，水资源供给不足，由此造成土地沙漠化可治理性较差（图 4-32）。

从坡度因子的层面来看，中国北方沙区绝大部分地区坡度较小，拥有良好的地形条件；而鄂尔多斯高原、三江源地区、柴达木盆地、准噶尔盆地、塔里木盆地部分地区坡度较大，这些地区的地形对于沙漠化治理相对不利，由此造成土地沙漠化可治理性较差（图 4-33）。

从水系因子的层面来看，中国北方沙区中大部分地区拥有较好的水系条件，其中，呼伦贝尔草原、科尔沁草原、晋西北、乌兰察布、土默特、河套平原等东部地区的水系分布相对密集；而阿拉善高原、浑善达克沙地、塔里木盆地、吐哈盆地、柴达木盆地、三江源的部分地区分布有原生沙漠或戈壁，水系相对稀少（图 4-34）。

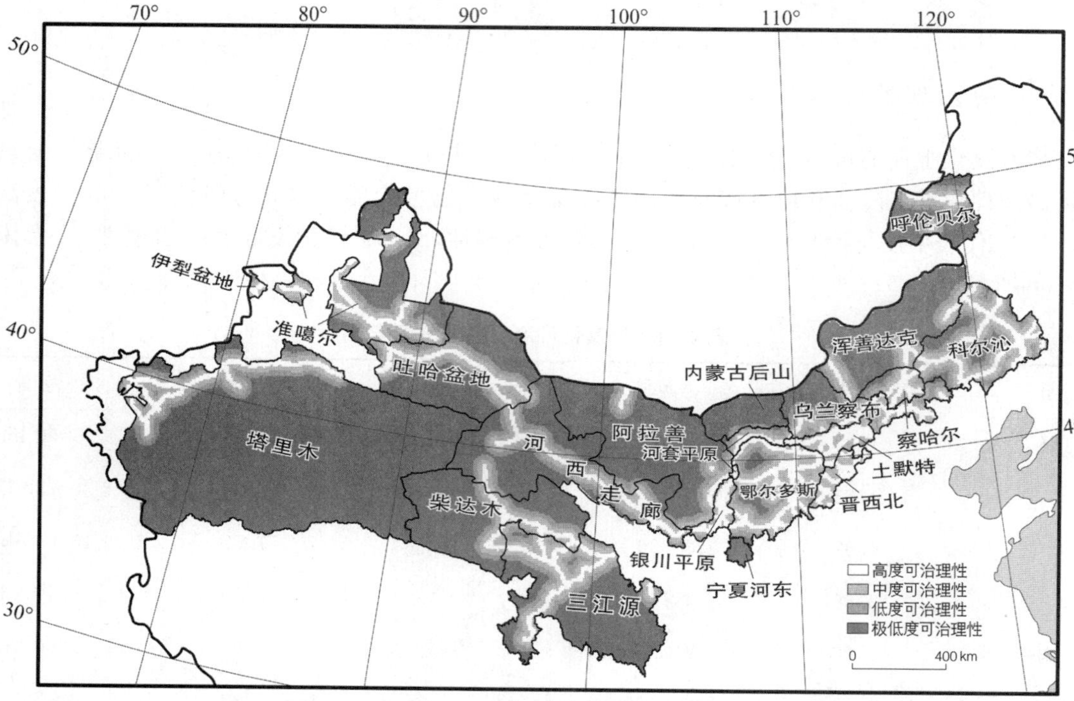


**图 4-31　中国北方土地沙漠化可治理性道路因子分布**

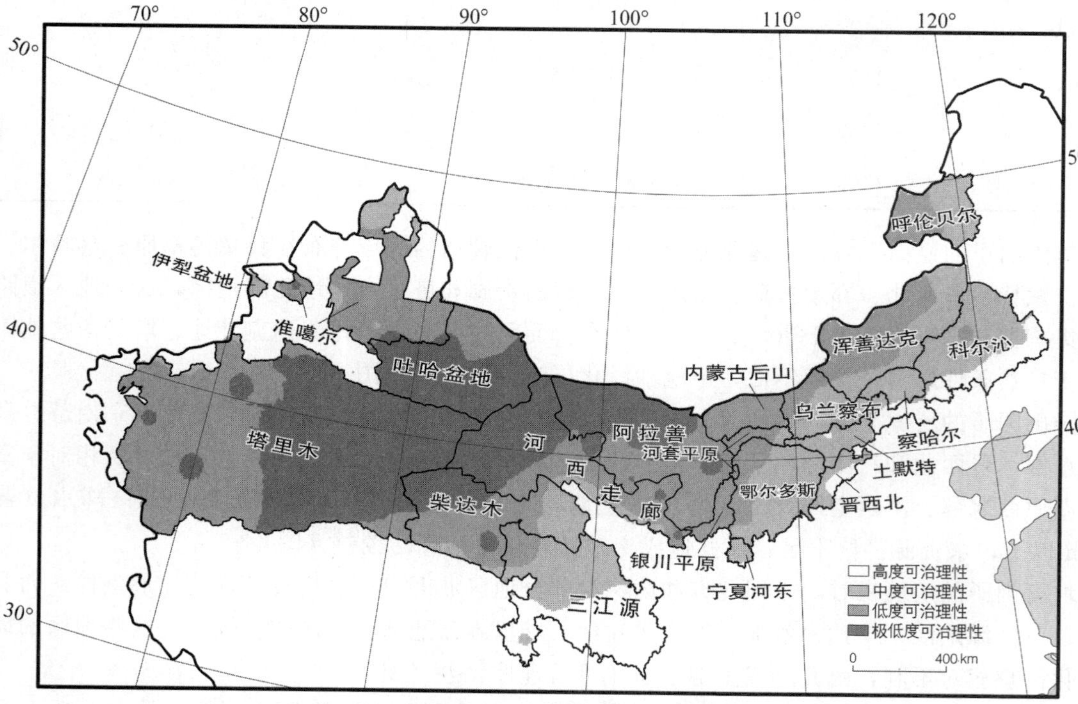


**图 4-32　中国北方土地沙漠化可治理性降雨因子分布**

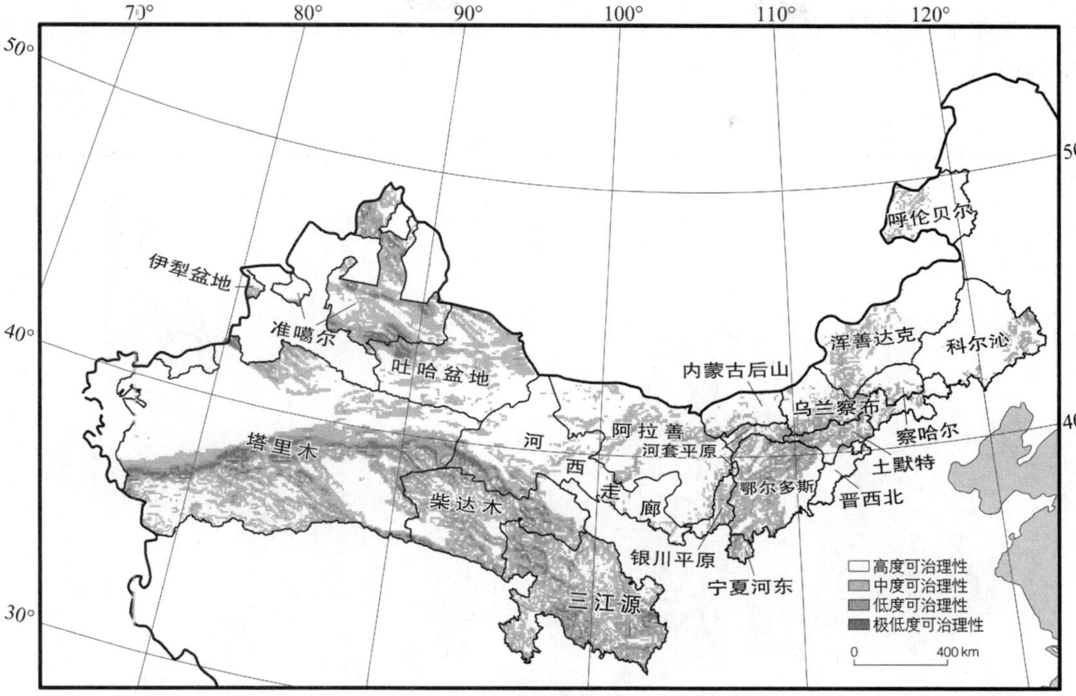


**图 4-33　中国北方土地沙漠化可治理性坡度因子分布**

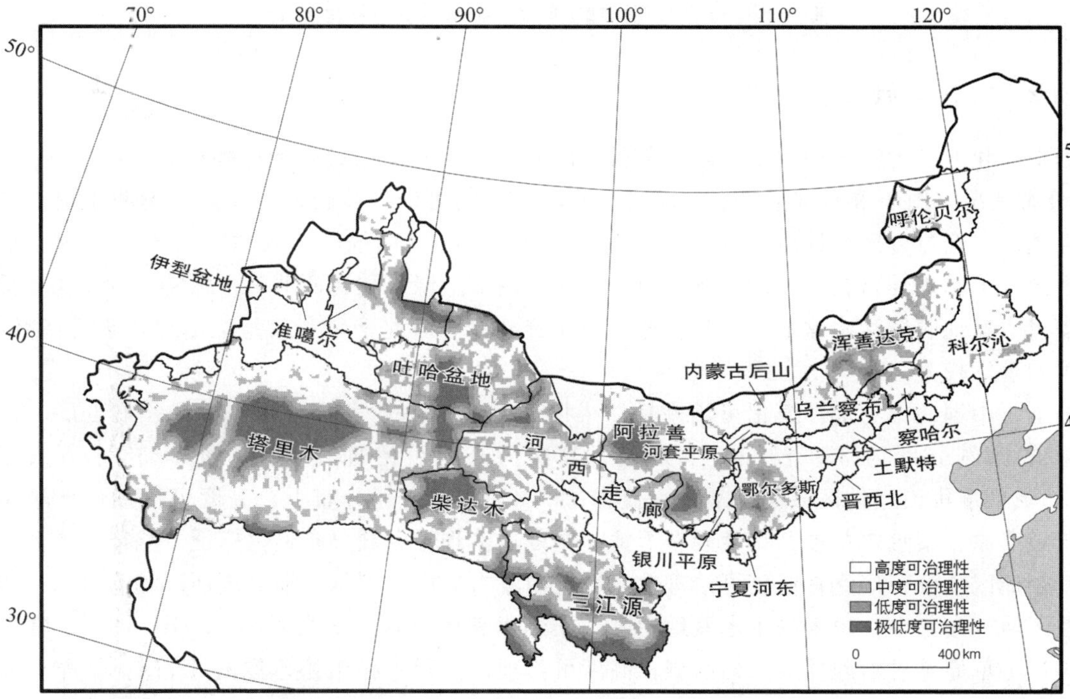


**图 4-34　中国北方土地沙漠化可治理性水系因子分布**

从县域因子的层面来看，中国北方沙区中居民点分布相对密集的地区位于科尔沁草原、察哈尔、土默特、晋西北、银川平原和河西走廊部分地区，这些地区人口也较为密集；而阿拉善高原、浑善达克沙地、塔里木盆地、吐哈盆地、柴达木盆地大部分地区由于自然条件相对恶劣，人口特别稀少，居民点相对稀疏（图 4-35）。

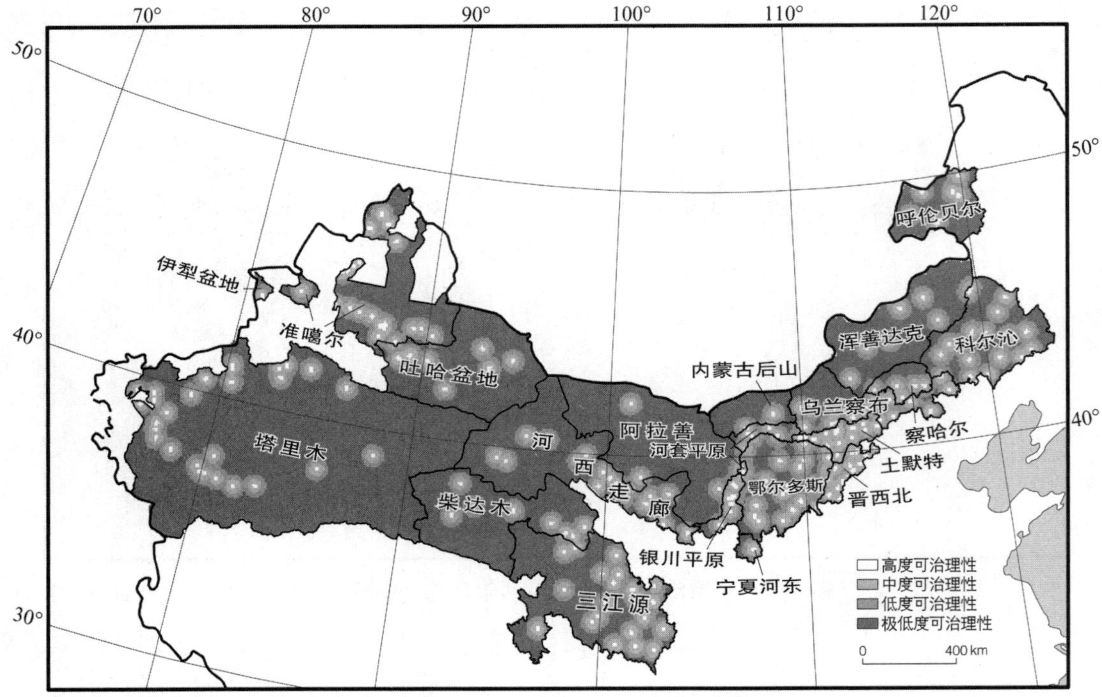


**图 4-35　中国北方土地沙漠化可治理性县域因子分布**

### 4.3.2　可治理性评估结果

根据空间化的各可治理性因子，最终获得中国北方土地沙漠化的可治理性指数 GI（governability index）分布状况（图 4-36），GI 越小，说明土地沙漠化的可治理性越低，反之，说明土地沙漠化的可治理性越高。经过分区统计后，得到中国北方 20 个沙区 GI 的统计，其顺序如图 4-37 所示。从图中可以看出，可治理性指数较高的区域主要分布在东南部边缘，如晋西北、土默特、科尔沁草原等地区；而塔里木盆地、柴达木盆地、吐哈盆地、阿拉善高原等西北干旱荒漠地区的可治理性指数偏低，沙漠化可治理性较差。

总体上，中国北方土地沙漠化可治理性以中度和低度为主，面积为 117 万 $km^2$ 和 90.6 万 $km^2$，占研究区的比例分别为 38.57% 和 29.86%；其次为高度可治理性区域，面积 58.6 万 $km^2$，占 19.33%；极低度可治理性区域面积最少，仅占 12.24%。在空间分布上，高度可治理性区域主要分布在科尔沁草原、察哈尔草原、乌兰察布等地；中度可治理性区域分布最为广泛，除塔里木盆地中部地带，其余地区均分布广泛；低度可治理性区域在内蒙古后山、鄂尔多斯高原西部均有分布；极低度可治理性区域分布集中，位于塔里木盆地中部、柴达木和塔里木盆地交界地带（图 4-38）。在沙区尺度上，科尔沁草原是可治理性最高的区域，高度可治理性面积占科尔沁草原的 67.66%。柴达木盆地是可治理性最低的区域，低度可治理性和极低度可治理性面积之和为 15.2 万 $km^2$，占柴达木盆地的 68.02%（表 4-19）。

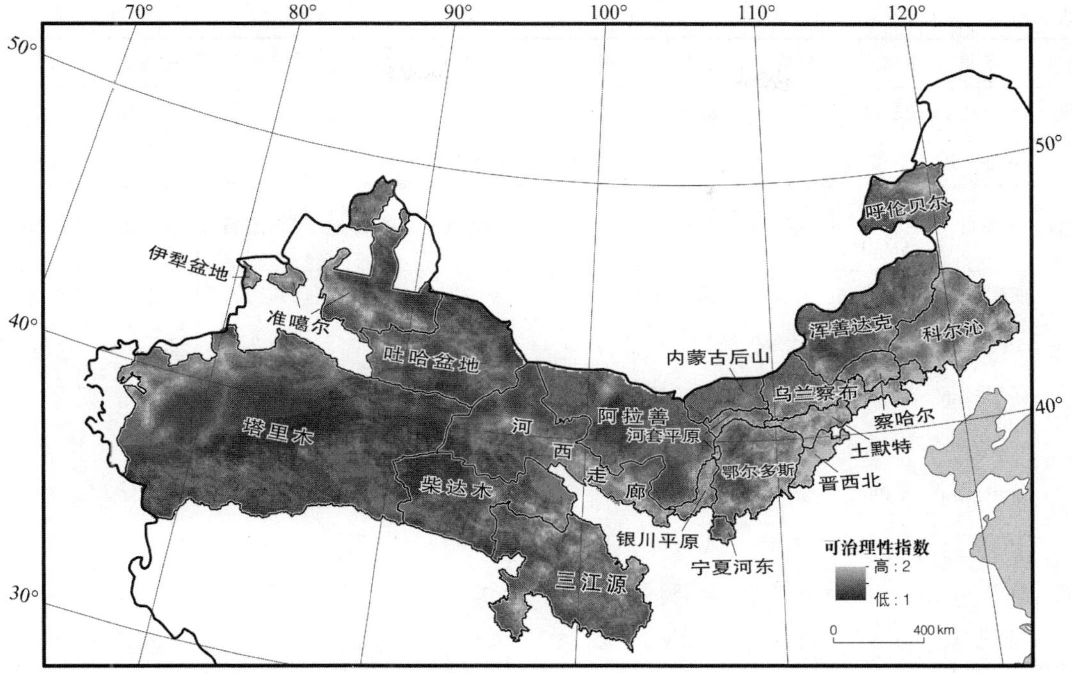


图 4-36　中国北方土地沙漠化可治理性指数分布

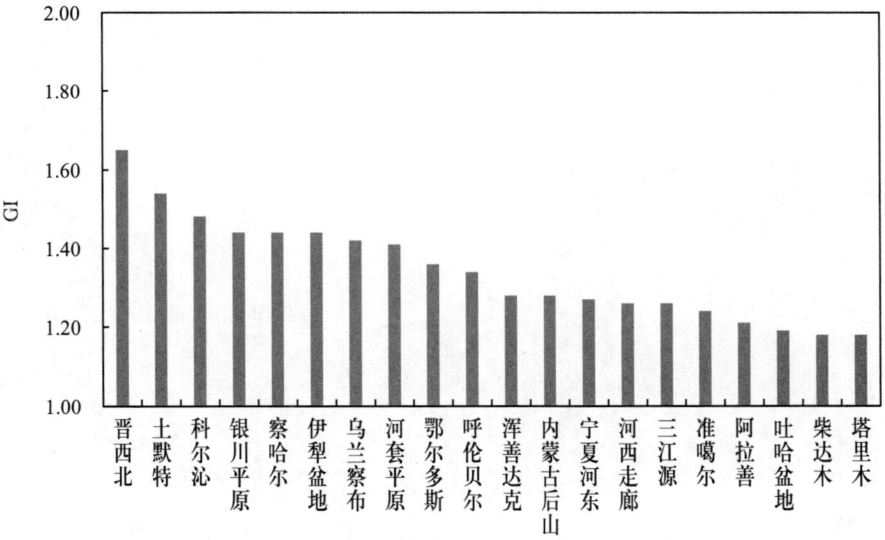


图 4-37　中国北方各沙区土地沙漠化可治理性指数排序

表 4-19　中国北方各沙区土地沙漠化可治理性等级面积及占比

| 可治理性 | 项目 | 阿拉善 | 察哈尔 | 柴达木 | 鄂尔多斯 | 河套平原 | 河西走廊 | 呼伦贝尔 | 浑善达克 | 晋西北 | 科尔沁 |
|---|---|---|---|---|---|---|---|---|---|---|---|
| 高度 | 面积/$km^2$ | 7 936 | 17 920 | 9 152 | 51 840 | 8 832 | 38 784 | 17 408 | 21 696 | 25 408 | 100 416 |
| | 占比/% | 3.30 | 62.36 | 4.09 | 40.02 | 46.62 | 17.14 | 21.05 | 12.59 | 100.00 | 67.66 |
| 中度 | 面积/$km^2$ | 113 984 | 9 792 | 62 464 | 51 456 | 9 344 | 97 216 | 53 440 | 95 872 | 0 | 47 232 |
| | 占比/% | 47.39 | 34.08 | 27.89 | 39.72 | 49.32 | 42.97 | 64.63 | 55.65 | 0.00 | 31.82 |
| 低度 | 面积/$km^2$ | 95 424 | 1 024 | 91 648 | 24 832 | 768 | 80 640 | 11 776 | 51 392 | 0 | 640 |
| | 占比/% | 39.68 | 3.56 | 40.93 | 19.17 | 4.05 | 35.64 | 14.24 | 29.83 | 0.00 | 0.43 |

续表4-19

| 可治理性 | 项目 | 阿拉善 | 察哈尔 | 柴达木 | 鄂尔多斯 | 河套平原 | 河西走廊 | 呼伦贝尔 | 浑善达克 | 晋西北 | 科尔沁 |
|---|---|---|---|---|---|---|---|---|---|---|---|
| 极低度 | 面积/km$^2$ | 23 168 | 0 | 60 672 | 1 408 | 0 | 9 600 | 64 | 3 328 | 0 | 128 |
| | 占比/% | 9.63 | 0.00 | 27.09 | 1.09 | 0.00 | 4.24 | 0.08 | 1.93 | 0.00 | 0.09 |

| 可治理性 | 项目 | 内蒙古后山 | 宁夏河东 | 三江源 | 塔里木 | 土默特 | 吐哈盆地 | 乌兰察布 | 伊犁盆地 | 银川平原 | 准噶尔 |
|---|---|---|---|---|---|---|---|---|---|---|---|
| 高度 | 面积/km$^2$ | 448 | 1 408 | 36 544 | 45 888 | 29 504 | 5 760 | 51 520 | 3 264 | 13 312 | 28 864 |
| | 占比/% | 0.95 | 14.86 | 13.81 | 5.24 | 90.04 | 2.80 | 52.24 | 60.71 | 61.54 | 15.93 |
| 中度 | 面积/km$^2$ | 37 632 | 4 608 | 120 768 | 244 096 | 3 264 | 66 048 | 43 072 | 2 112 | 7 168 | 66 240 |
| | 占比/% | 79.89 | 48.65 | 45.63 | 27.87 | 9.96 | 32.12 | 43.67 | 39.29 | 33.14 | 36.55 |
| 低度 | 面积/km$^2$ | 9 024 | 3 264 | 98 048 | 379 072 | 0 | 89 920 | 4 032 | 0 | 1 088 | 59 584 |
| | 占比/% | 19.16 | 34.46 | 37.05 | 43.28 | 0.00 | 43.73 | 4.09 | 0.00 | 5.03 | 32.87 |
| 极低度 | 面积/km$^2$ | 0 | 192 | 9 280 | 206 848 | 0 | 43 904 | 0 | 0 | 64 | 26 560 |
| | 占比/% | 0.00 | 2.03 | 3.51 | 23.62 | 0.00 | 21.35 | 0.00 | 0.00 | 0.30 | 14.65 |

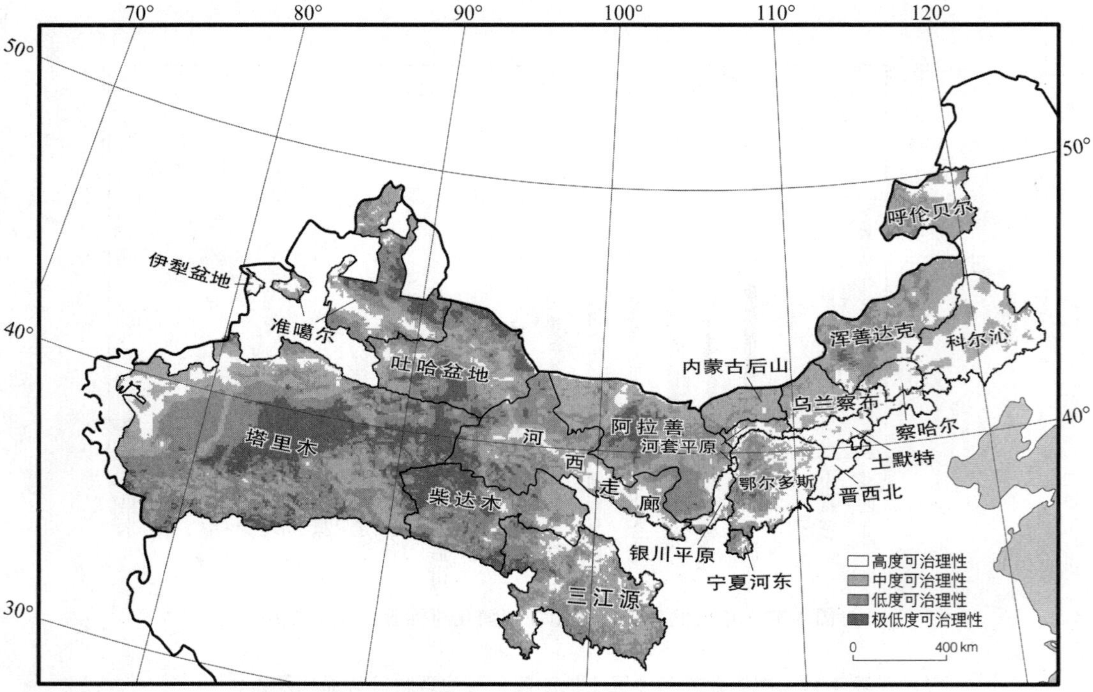


**图 4-38 中国北方土地沙漠化可治理性分布**

# 4.4 沙区生态功能重要性

## 4.4.1 防风固沙生态系统服务核算方法

裸土条件下和地表覆盖植被条件下土壤风蚀量的差值即为防风固沙量。参考以往研究，本书利用RWEQ模型估算土壤风蚀量（Jiang et al.，2016），该模型充分考虑了气候、植被、土壤等多方面因素（Bilbro and Fryrear，1994），适合应用于中国北方风蚀状况的评估。

$$Q_{max}=109.8\ (WF\times EF\times SCF\times K'\times COG) \tag{4-11}$$

$$Q_x=Q_{max}\left[1-e^{\left(\frac{x}{s}\right)^2}\right] \tag{4-12}$$

$$s=150.71\ (WF\times EF\times SCF\times K'\times COG)^{-0.3711} \tag{4-13}$$

$$G_{固沙}=SL_s-SL_v \tag{4-14}$$

式中：$Q_{max}$ 为地块关键长度 $x$ 处的沙通量（kg/m）；$Q_x$ 为风力的最大输沙能力（kg/m）；$s$ 表示关键地块长度（m）；WF 表示气象因子；EF 表示土壤可蚀性因子；SCF 表示土壤结皮因子；$K'$表示土壤糙度因子；COG 表示植被因子；$SL_s$ 为裸土条件下的风蚀量；$SL_v$ 为植被条件下的风蚀量。

#### 4.4.1.1　气候因子（WF）

气候因子主要由风速、土壤湿度、雪覆盖因子等因素所决定。本书使用的温度、降雨、太阳辐射、温度等气象数据以及雪覆盖因子均来源于寒区旱区科学数据中心（http://westdc.westgis.ac.cn）。其中气象数据来源于中国区域高时空分辨率地面气象要素驱动数据集，该数据的时间分辨率为 3 h，水平空间分辨率 0.1°，时间范围为 1979—2015 年。雪覆盖因子由中国雪深长时间序列数据集求得，该数据集的时间分辨率为 1 d，空间分辨率 0.25°，时间范围为 1979—2016 年。

$$WF=\frac{\sum_{i=1}^{N}U_2(U_2-U_t)^2\times N_d\rho}{N\times g}\times SW\times SD \tag{4-15}$$

式中：$U_2$ 为 2 m 处的风速（m/s）；$U_t$ 为 2 m 处临界风速（假定为 5 m/s）；$N$ 为风速的观测次数（一般为 500 d）；$N_d$ 为试验的天数（一般为 15 d）；$\rho$ 为空气密度（kg/m$^3$）；$g$ 为重力加速度（一般为 10 m/s$^2$）；SW 为土壤湿度因子；SD 为雪覆盖因子。

$$\rho=\left(\frac{1.013-0.1183EL+0.0048EL^2}{T}\right) \tag{4-16}$$

$$SW=\left(\frac{ET_p-(R+I)\ \dfrac{R_d}{N_d}}{ET_p}\right) \tag{4-17}$$

$$ET_p=0.0162\times\left(\frac{SR}{58.5}\right)\times(DT+17.8) \tag{4-18}$$

$$SD=1-P\ (雪深>25.4) \tag{4-19}$$

式中：EL 为海拔高度（km）；$T$ 为绝对温度（K）；$ET_p$ 为潜在相对蒸发量（mm）；$R$ 为降水量（mm）；$I$ 为灌溉量（mm）；$R_d$ 为降水次数或灌溉天数；$N_d$ 为观测天数（15 d）；SR 为太阳辐射总量（cal/cm$^2$）；DT 为平均温度（℃）；$P$（雪深>25.4）为计算时段内积雪覆盖深度大于 25.4 mm 的概率。

#### 4.4.1.2　土壤可蚀性因子（EF）

土壤可蚀性因子为土壤表层 25 mm 以上部分直径小于 0.84 mm 的颗粒的含量（Selah and Fryrear，1995），可以反映一定土壤理化性质下土壤受风蚀的影响情况，其计算方法如下所示。土壤颗粒含量和有机质含量数据（空间分辨率为 1 km）来源于中国西部环境与生态科学数据中心（http://westdc.westgis.ac.cn）提供的中国土壤特征数据集，该数据集是依据 1∶100 万土壤图和土壤剖面数据得到（Shangguan et al.，2012）。

$$EF=\frac{29.09+0.31Sa+0.17Si+\frac{0.33Sa}{Cl}-2.59OM-0.95CaCO_3}{100} \tag{4-20}$$

式中：Sa为土壤沙粒含量（5.5%～93.6%）；Si为土壤粉沙粒含量（0.5%～69.5%）；Sa/Cl为土壤沙粒含量与黏土含量比（1.2%～53.0%）；Cl为黏土含量（5.0%～39.3%）；OM为有机质含量（0.32%～4.74%）；$CaCO_3$为碳酸钙含量（0～25.2%）。括号中数据为RWEQ模型要求的数据范围，碳酸钙含量本次计算取0。

#### 4.4.1.3 土壤结皮因子（SCF）

土壤结皮遍布于沙漠或荒漠地区，在土壤表面形成一层特殊的表面结构。土壤结皮因子可以反映土壤结皮受风蚀的影响情况，其计算方法如下所示：

$$SCF=\frac{1}{1+0.0066(Cl)^2+0.021(OM)^2} \tag{4-21}$$

式中：Cl和OM与式（4-20）代表含义相同。对于土壤可蚀性和土壤结皮而言，由于我国土壤颗粒分级与美国制不同，RWEQ中的分级使用的是美国制，为此需要先对土壤颗粒含量进行粒径转换，且土壤物质含量需符合RWEQ要求，为此对于超出范围的使用RWEQ内嵌的土壤质地资料所建议的输入参数（Van Pelt et al.，2004）（表4-20）。

**表4-20 RWEQ模型内嵌适用的土壤资料** %

| 土壤质地 | 沙粒含量 | 粉沙粒含量 | 有机质含量 | 碳酸钙含量 |
|---|---|---|---|---|
| 沙质 | 93 | 4 | 0.3 | 1 |
| 壤质沙土 | 84 | 10 | 0.5 | 2 |
| 沙质壤土 | 64 | 26 | 0.5 | 3 |
| 沙质黏壤土 | 59 | 13 | 1 | 3 |
| 沙质黏土 | 52 | 7 | 1 | 3 |
| 粉沙土 | 6 | 88 | 1.5 | 3 |
| 粉沙质壤土 | 21 | 67 | 1.5 | 3 |
| 壤土 | 41 | 41 | 1.5 | 3 |
| 粉质黏壤土 | 10 | 56 | 2 | 3 |
| 粉沙质黏土 | 6 | 47 | 2.5 | 3 |
| 黏质壤土 | 32 | 34 | 2.5 | 3 |
| 黏土 | 20 | 20 | 3 | 3 |

#### 4.4.1.4 土壤粗糙度因子（$K$）

参考以往研究，本文采用滚轴式链条法来测定地表糙度（AliSaleh、刘增文，1995）。其基本原理是：两点间直线距离最短，当地表糙度增加时，其地表距离随之增加。具体计算方法如下所示。

$$K=e^{(1.86K_{rmod}-2.41K_{rmod}^{0.934}-0.124C_{rr})} \tag{4-22}$$

$$K_{rmod}=K_r\times R_c \tag{4-23}$$

$$K_r=4\frac{RH^2}{RS} \tag{4-24}$$

$$R_c=1-0.00032A-0.000349A^2+0.0000258A^3 \tag{4-25}$$

$$C_{rr}=\left(1-\frac{L_2}{L_1}\right)\times 100 \tag{4-26}$$

式中：$K_{rmod}$ 为粗糙度调整因子；$K_r$ 为田埂粗糙度；$R_c$ 为转动系数；RH 为田坎高度；RS 为垄间距；$A$ 为风向与丑埂的夹角，当风向与田埂垂直时，A=0°，当风向与田耕平行时，A=90°；$C_{rr}$ 为农田链状随机粗糙度；$L_1$ 为放于地表的链条长度（cm）；$L_2$ 为放于地表的链条水平长度（cm）。

#### 4.4.1.5　综合植被因子（COG）

综合植被因子用来确定不同植被覆盖条件对土壤风蚀的影响，计算公式如下所示。用于计算生长植被盖度的遥感数据来源于美国国家航空航天局（NASA）戈达德航天中心 GIMMS NDVI3gV1.0 数据集，时间分辨率为半月，空间分辨率为 0.083 3°，时间范围为 1981—2015 年，该数据集已经过几何校正、图形增强等预处理，保证其数据质量。

$$COG=SLR_f\times SLR_s\times SLR_c \tag{4-27}$$

$$SLR_f=e^{-0.0438(sc)} \tag{4-28}$$

$$SLR_s=e^{-0.0344SA^{0.6413}} \tag{4-29}$$

$$SLR_c=e^{-5.614cc^{0.7366}} \tag{4-30}$$

式中：$SLR_f$ 为倒伏残茬的土壤流失比率；$SLR_s$ 为直立残茬的土壤流失比率；$SLR_c$ 为作物覆盖的土壤流失比率；SC 为倒伏残茬的地表覆盖度；SA 为单位面积上直立残茬的侧向投影面积（$cm^2$）；cc 为陆表植被覆盖度。

2011—2030 年不同情景下，中国北方沙区防风固沙量计算，基于 1981—2010 年 NPP 与防风固沙量建立空间一元线性回归方程，基于栅格回归结果以及未来 NPP 预测值，预测 2010—2030 年防风固沙量（图 4-39）。

$$y=k_1x+a \tag{4-31}$$

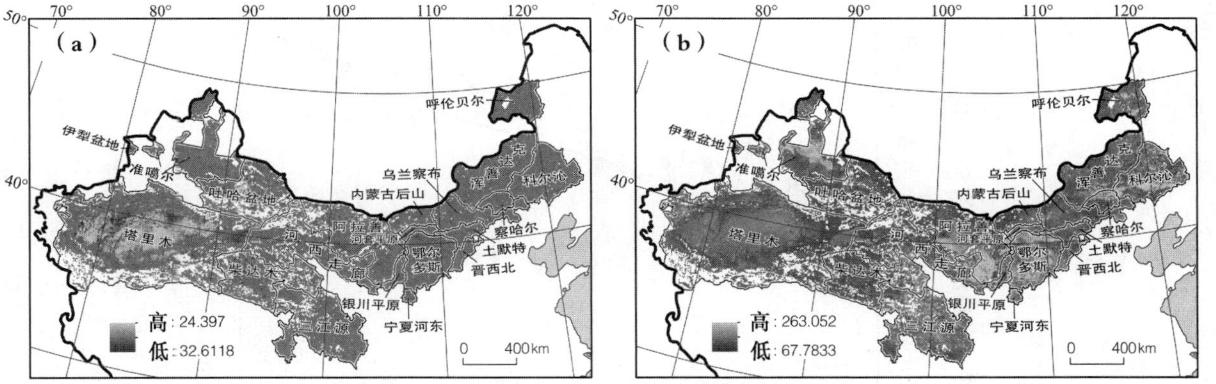


图 4-39　回归系数 $k_1$(a) 和常数项 $a$(b) 的拟合结果

### 4.4.2　防风固沙生态系统服务价值评估

#### 4.4.2.1　1981—2010 年防风固沙生态系统服务价值评估

1981—2010 年，中国北方防风固沙总量为 $2.25\times10^{11}$ t，不同沙区的防风固沙量存在明显的空间差异（图 4-40）。30 年间防风固沙量均值为 24.83 t/($hm^2\cdot a$)，防风固沙功能较高的区域主要集中在阿拉善高原、鄂尔多斯草原以及科尔沁草原等沙区。中国北方东部植被覆盖度较西部高，可以通过削弱风速、固定土壤等生态过程减少风蚀量，因此东部防风固沙量相对高于西部。

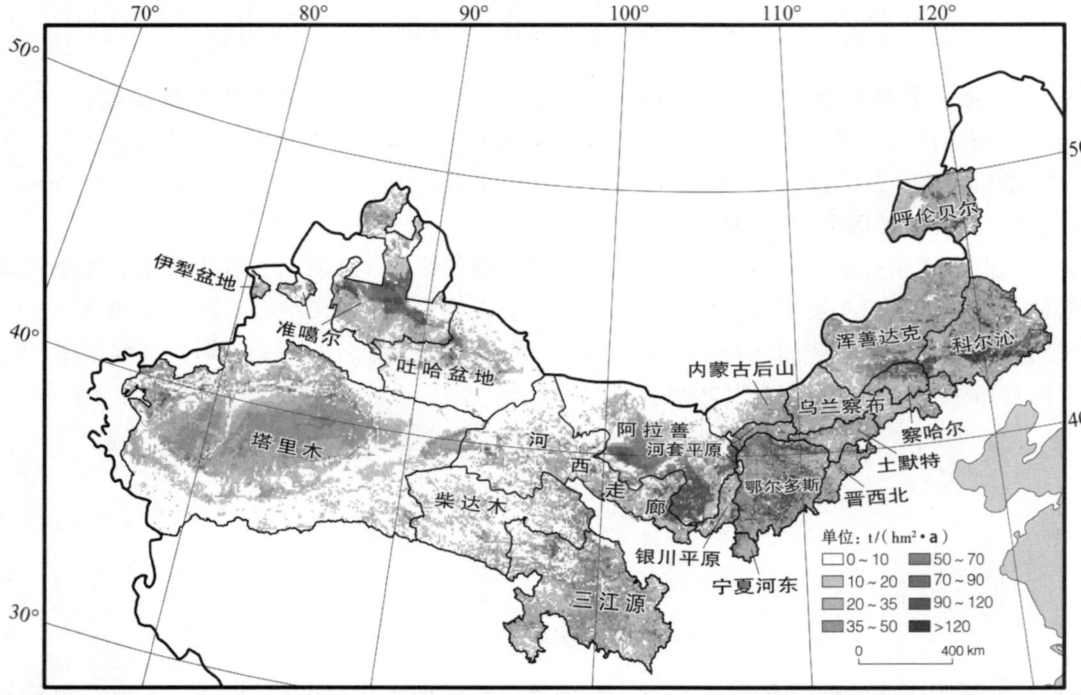


图 4-40　1981—2010 年平均单位面积防风固沙服务功能量

20 世纪 80 年代以来，中国北方的防风固沙功能呈增加趋势，2015 年固沙总量较 1981 年增加了 $9.08\times10^8$ t（图 4-41），这一结果与京津风沙源治理等一系列工程和政策的陆续启动不无关系。退耕还林、禁牧休牧轮牧、小流域治理等工程措施的实施大大提高了植被盖度，在裸土条件下风蚀量不变的前提下，植被条件下风蚀量的减少为固沙量的显著增加提供了良好的条件。

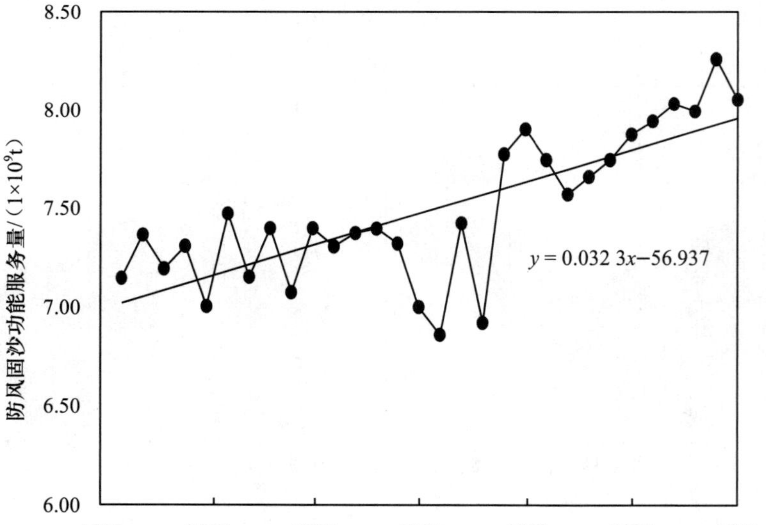


图 4-41　1981—2010 年防风固沙服务功能总量

### 4.4.2.2　2011—2030 年防风固沙生态系统服务价值评估

在基准气候情景下，包括基准治理即治理政策维持现状［图 4-42(a)］、积极治理即治理政策积极［图 4-42(b)］以及消极治理即治理政策消极［图 4-42(c)］三种情况。

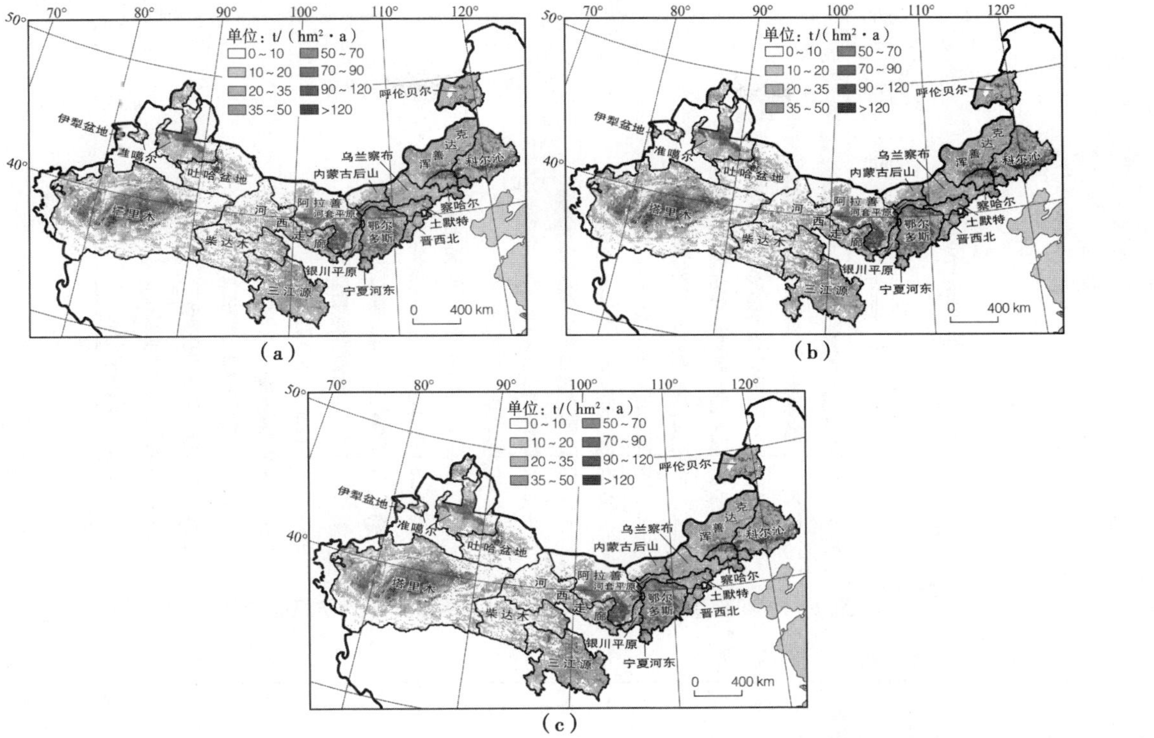


**图 4-42　2011—2030 年基准气候情景下不同治理情景平均单位面积防风固沙服务功能量防风固沙量**

基准治理情景下（图 4-43），鄂尔多斯防风固沙量最高，达 55.99 t/($hm^2$ · a)，科尔沁和察哈尔列第二和第三，柴达木防风固沙量最低，只有 18.42 t/($hm^2$ · a)。

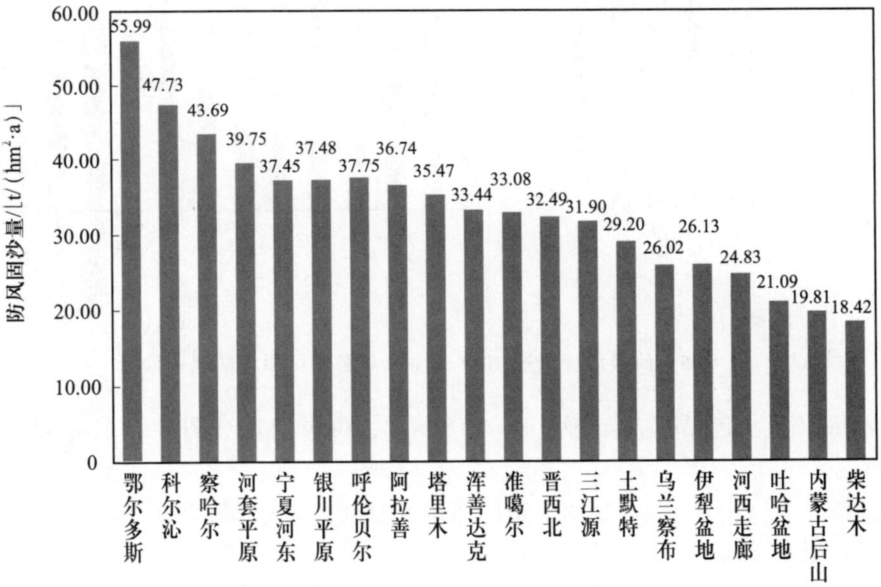


**图 4-43　基准治理情景 2011—2030 年各沙区平均防风固沙量**

在积极治理情景下（图 4-44），鄂尔多斯、科尔沁和察哈尔防风固沙量列前三，吐哈盆地、内蒙古后山、柴达木防风固沙量最低，列末位三位。

在消极治理情景下（图 4-45），与积极治理情景接近，鄂尔多斯、科尔沁和察哈尔防风固沙量列前三，防风固沙量分别为 55.90 t/($hm^2$ · a)、47.65 t/($hm^2$ · a) 以及 44.53 t/($hm^2$ · a)。吐哈盆地、内蒙古后山、柴达木防风固沙量最低，列末位三位。

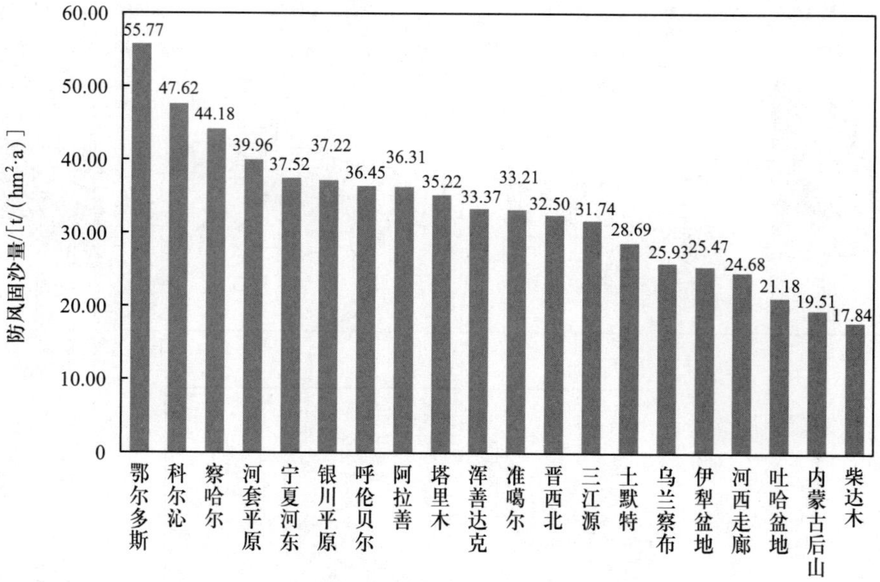


**图 4-44　积极治理情景 2011—2030 年各沙区平均防风固沙量**

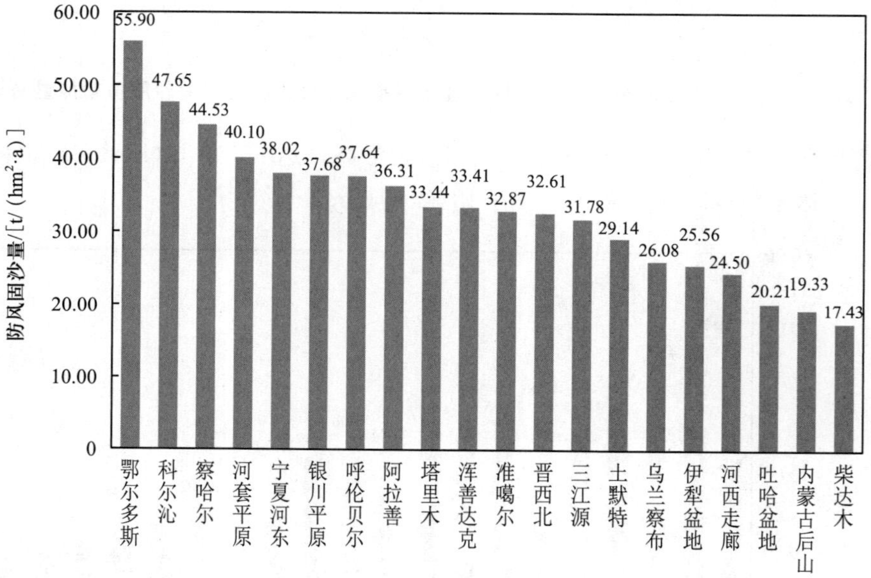


**图 4-45　消极治理情景 2011—2030 年各沙区平均防风固沙量**

在湿润气候情景下，包括基准治理［图 4-46(a)］、积极治理［图 4-46(b)］以及消极治理［图 4-46(c)］三种情况。

在基准治理情景下（图 4-47），鄂尔多斯防风固沙量最高，达 55.79 t/(hm$^2$·a)，科尔沁和察哈尔列第二和第三，柴达木防风固沙量最低，只有 17.88 t/（hm$^2$·a)。

在积极治理情景下（图 4-48），鄂尔多斯、科尔沁和察哈尔防风固沙量列前三，吐哈盆地、内蒙古后山、柴达木防风固沙量最低，列末位三位。

在消极治理情景下（图 4-49），与积极治理情景接近，鄂尔多斯、科尔沁和察哈尔防风固沙量列前三，防风固沙量分别为 55.79 t/（hm$^2$·a)、47.63 t/（hm$^2$·a）以及 44.31 t/（hm$^2$·a)。吐哈盆地、内蒙古后山、柴达木防风固沙量最低列末位三位。

在干旱气候情景下，包括基准治理［图 4-50(a)］、积极治理［图 4-50(b)］以及消极治理［图 4-50(c)］三种情况。

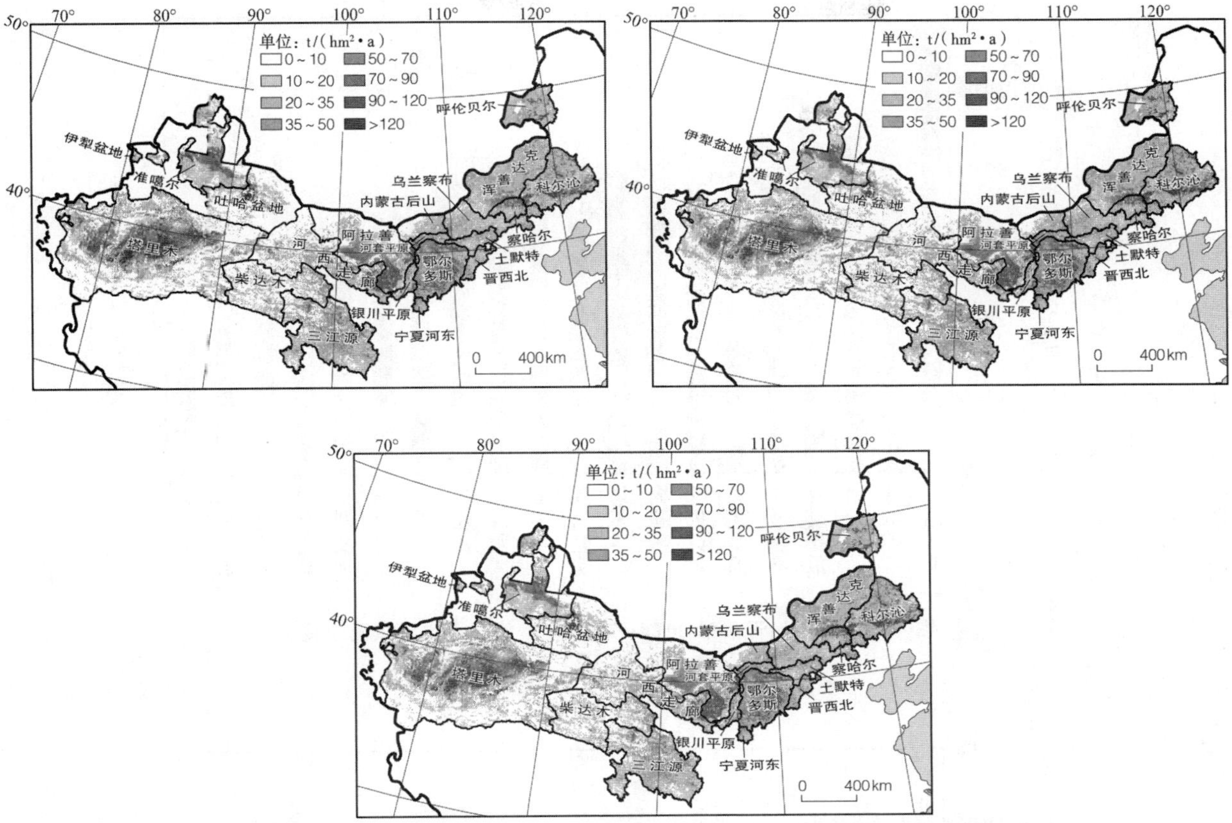


**图 4-46　2011—2030 年湿润气候情景下不同治理情景平均单位面积防风固沙服务功能量防风固沙量**

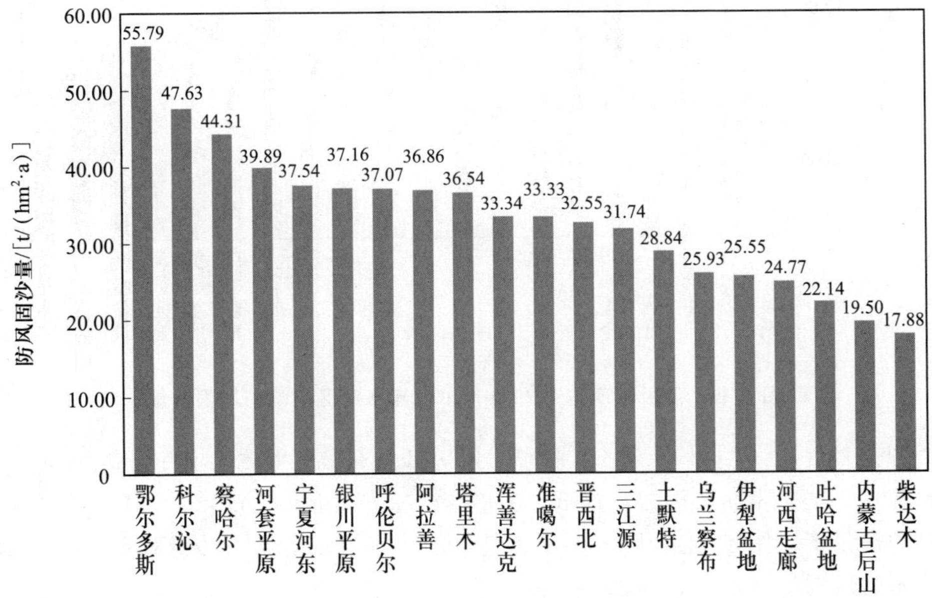


**图 4-47　基准治理情景 2011—2030 年各沙区平均防风固沙量**

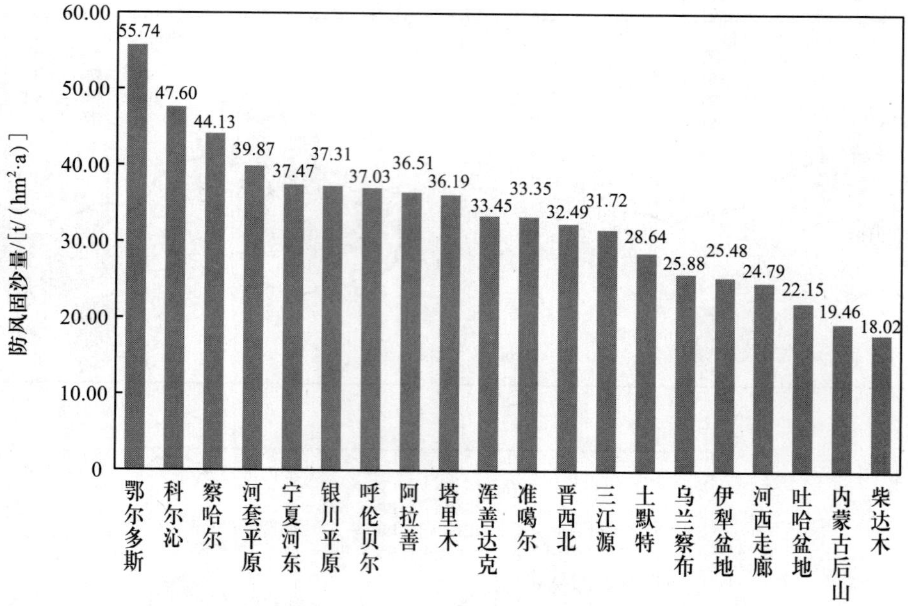


**图 4-48　积极治理情景 2011—2030 年各沙区平均防风固沙量**

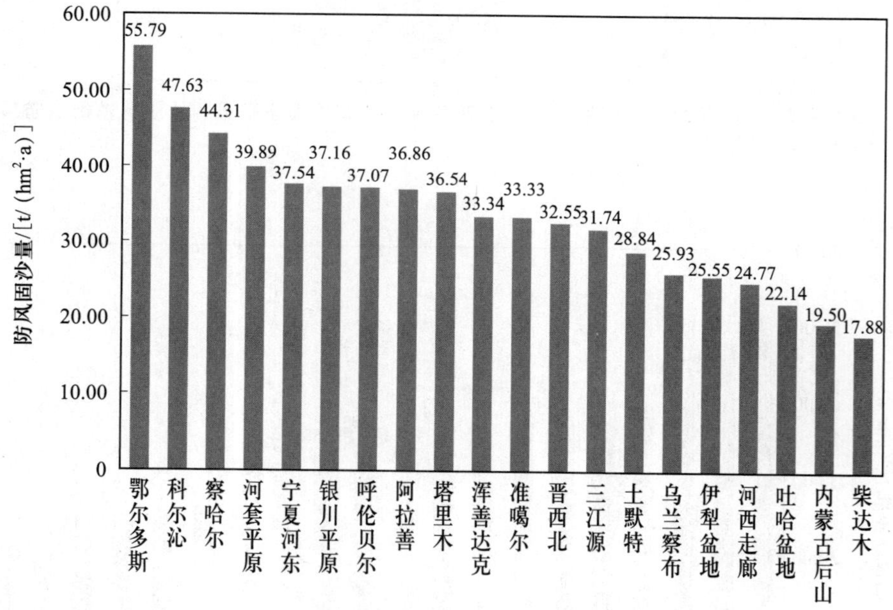


**图 4-49　消极治理情景 2011—2030 年各沙区平均防风固沙量**

在基准治理情景（图 4-51）下，鄂尔多斯防风固沙量最高，达 55.84 t/($hm^2$ · a)，科尔沁和察哈尔列第二和第三，柴达木防风固沙量最低，只有 17.72 t/($hm^2$ · a)。

在积极治理情景下（图 4-52），鄂尔多斯、科尔沁和察哈尔防风固沙量列前三，吐哈盆地、内蒙古后山、柴达木防风固沙量最低，列末位三位。

在消极治理情景下（图 4-53），与积极治理情景接近，鄂尔多斯、科尔沁和察哈尔防风固沙量列前三，防风固沙量分别为 55.90 t/($hm^2$ · a)、47.65 t/($hm^2$ · a) 以及 44.53 t/($hm^2$ · a)。吐哈盆地、内蒙古后山、柴达木防风固沙量最低，列末位三位。

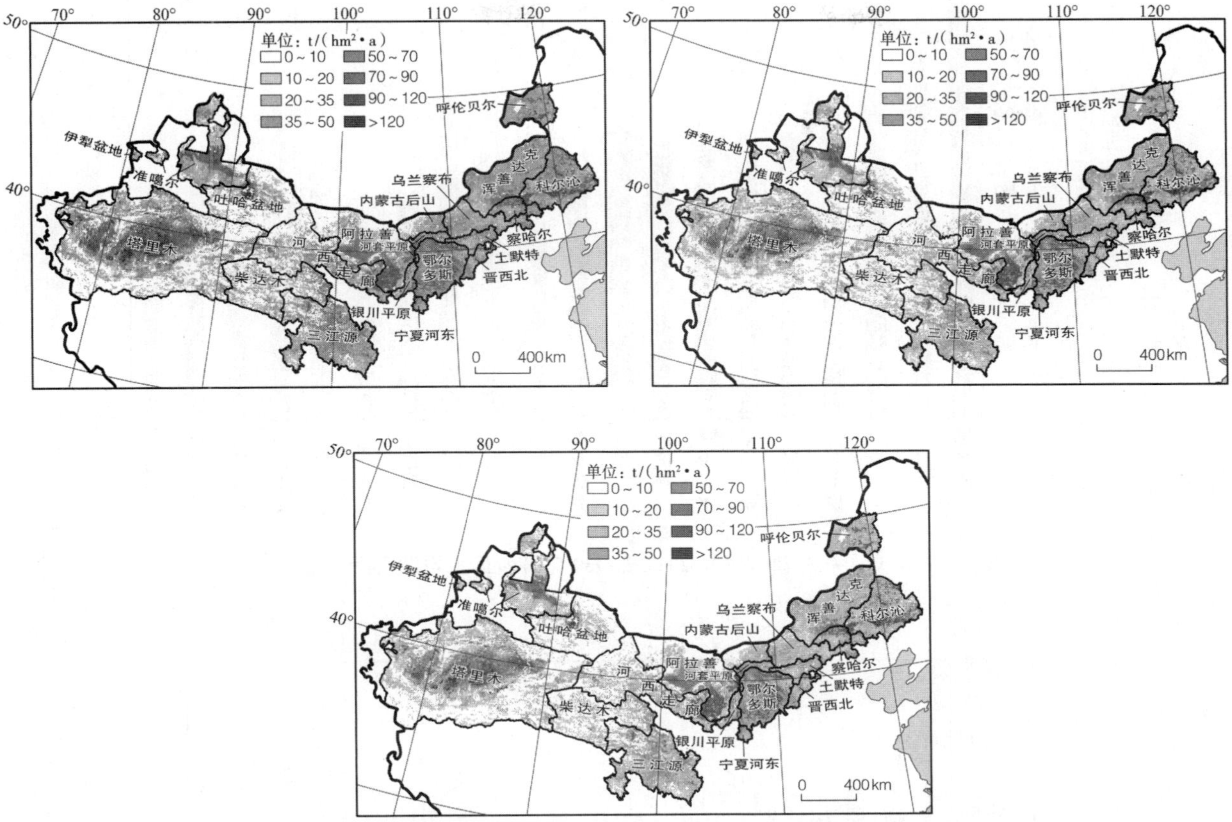


图 4-50　2011—2030 年干旱气候情景下不同治理情景平均单位面积防风固沙服务功能量防风固沙量

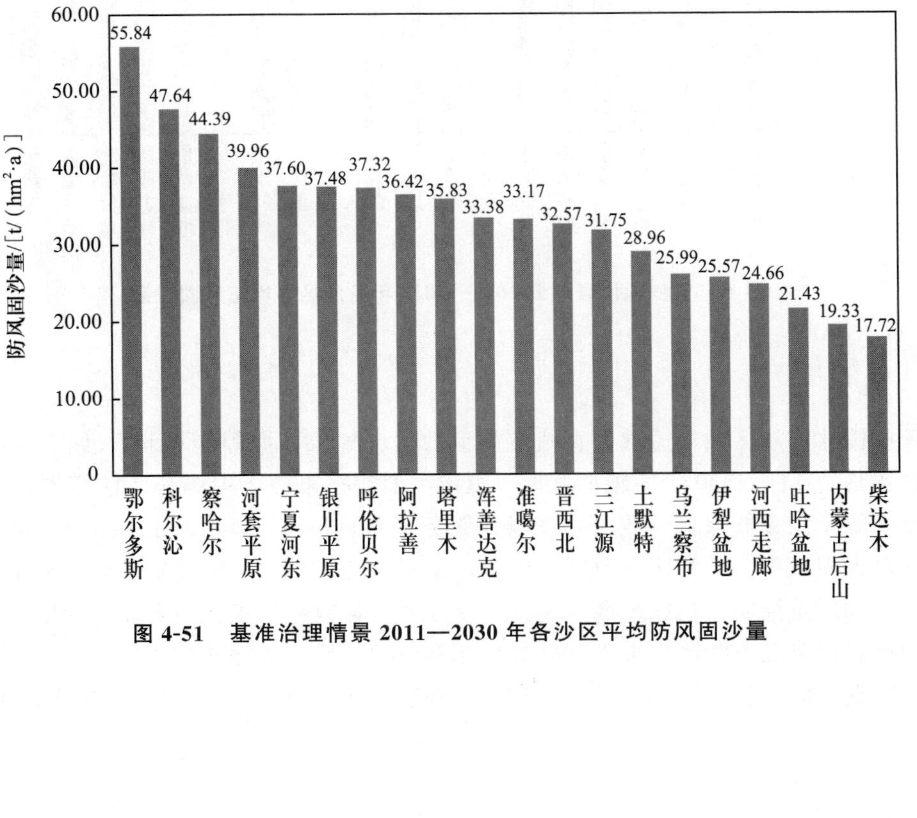


图 4-51　基准治理情景 2011—2030 年各沙区平均防风固沙量

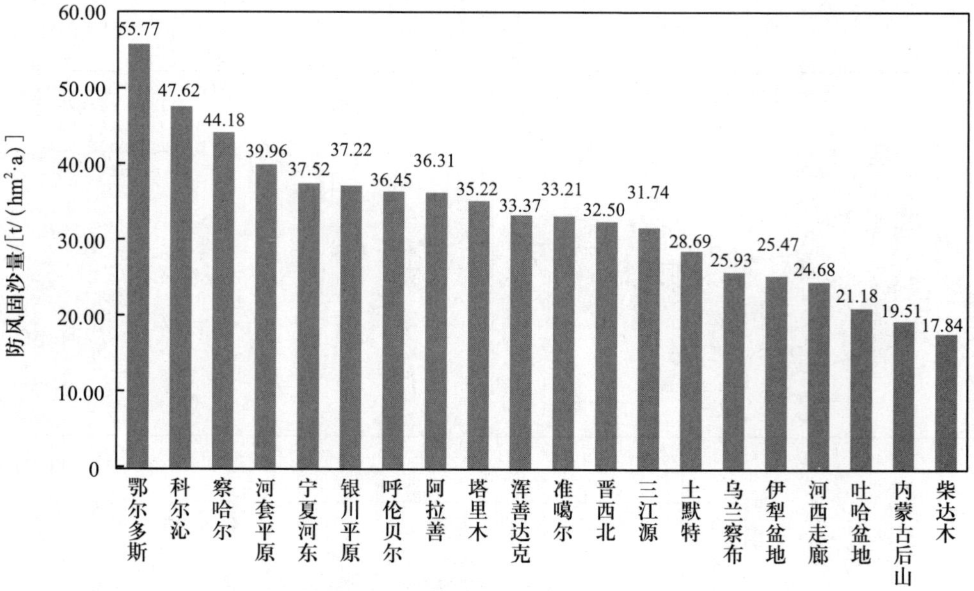


**图 4-52　积极治理情景 2011—2030 年各沙区平均防风固沙量**

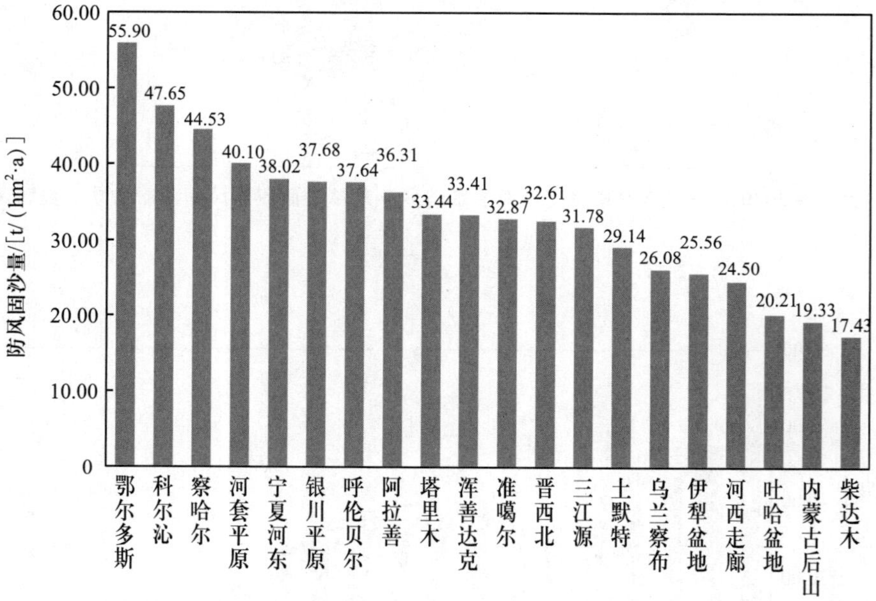


**图 4-53　消极治理情景 2011—2030 年各沙区平均防风固沙量**

### 4.4.3　碳汇量计算方法

本节基于中国北方沙区的遥感数据、植被类型数据、气象数据等计算北方沙区 1981—2010 年的碳汇总量，并预估 2011—2030 年的碳汇总量。植被类型数据来源于中国科学院资源环境科学数据中心；气象数据来源于国家气象科学数据共享服务服务平台（http://data.cma.cn/），包括月均温，月总降水量、月总太阳辐射。研究区行政区划矢量数据集来源于中国科学院资源环境科学数据中心，该数据经过了精度和质量控制，数据来源可靠。行政区划矢量数据集主要用于北方沙区的划分，以及将矢量边界作为掩膜提取北方沙区植被 NDVI 数据集和气温、降水等栅格数据集。

生态系统的碳汇储量包含了绿色植物生物量、凋落物量及土壤有机质，NEP 是估算区域植被碳源和碳汇的重要指标，尽管严格来说，NEP 在区域尺度上不完全等于碳汇，但常常将其作为碳汇大小的度量（戴尔阜等，2016）。在不考虑其他自然和人为因素影响的前提下，植被碳汇可表示为 NPP 与土壤微生物呼吸碳排放之间的差值（汤洁等，2013），计算公式为

$$\mathrm{NEP}=\mathrm{NPP}-R_{\mathrm{H}} \tag{4-32}$$

式中：NEP 为植被净生态系统生产力；NPP 为植被净初级生产力；$R_{\mathrm{H}}$ 为土壤微生物呼吸量。当 NEP＞0，说明植被固定的碳多于土壤排放碳，表现为碳汇，反之则为碳源。

土壤微生物呼吸量与土壤中微生物的数量、种类以及植物根系的分泌物有关，在所有影响土壤微生物呼吸的因素中，温度和降水是最重要的两个因素。裴志永等（2003）建立了气温、降水与碳排放的回归模型，估测土壤微生物呼吸的分布状况。因本文研究区面积很大，目前尚未建立普适模型，故本文采用裴志永等的经验模型。计算公式如下。

$$R_{\mathrm{H}}=0.22\times(\exp(0.0912T)+\ln(0.3145R+1))\times 30\times 46.5\% \tag{4-33}$$

式中：$T$ 为气温（℃）；$R$ 为降水量（mm）。

### 4.4.4　碳汇量结果评估

根据第 3 章沙漠化模型模拟结果，提取 1981—2010 年的 NPP、实际气温和降水量，并根据模型模拟的未来不同情景下的植被 NPP 值、气温、降水量的空间分布数据，来计算土壤微生物呼吸量（$R_{\mathrm{H}}$）以及最终的碳汇量（NEP）。

从 1981—2010 年中国北方沙区的 NEP 计算结果来看，碳汇量呈现由东南向西北逐渐减小的趋势，内蒙古长城沿线和三江源地区碳汇量明显较高（图 4-54）。从 20 个沙区的碳汇量排序来看，排在前三位的沙区分别为晋西北、三江源和科尔沁；而内蒙古后山、阿拉善高原、塔里木盆地、吐哈盆地由于 NPP 值普遍小于土壤微生物呼吸量，因此其碳汇量整体小于 0，说明土壤排放的碳多于植被固定的碳，表现为碳源（图 4-55）。

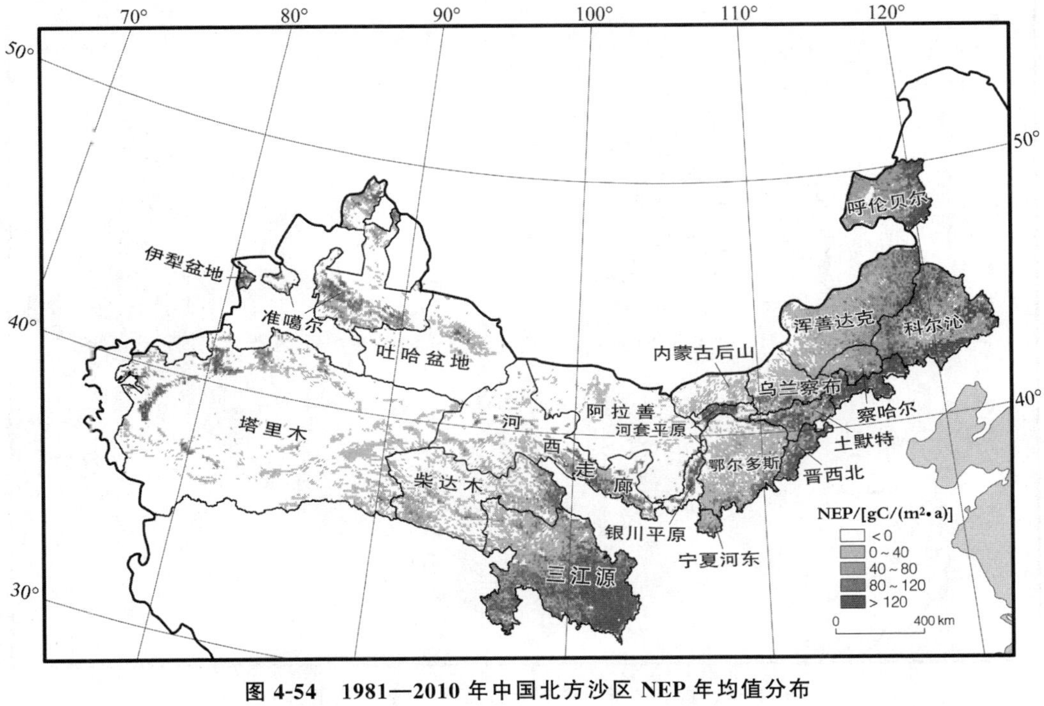


**图 4-54　1981—2010 年中国北方沙区 NEP 年均值分布**

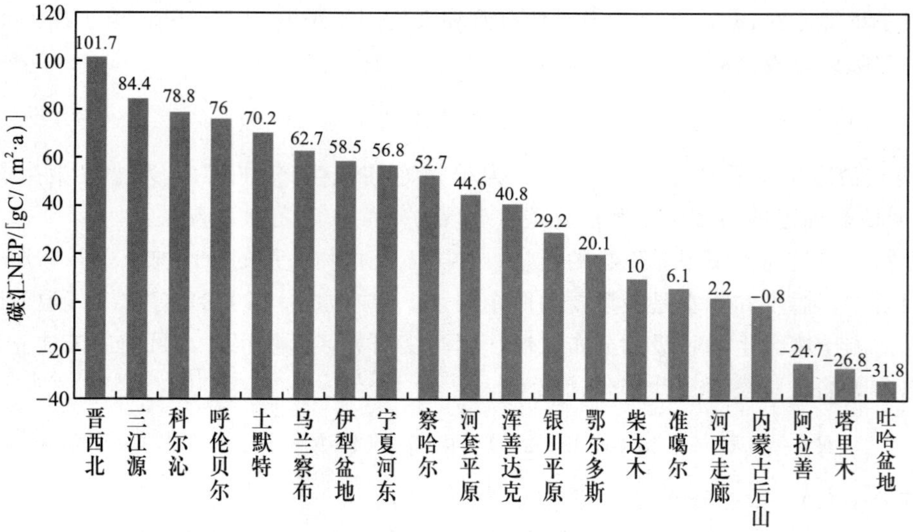


**图 4-55 1981—2010 年中国北方沙区 NEP 年均值统计排序**

从基准情景下 2011—2030 年中国北方沙区的 NEP 计算结果来看，碳汇量整体分布与过去相比变化不大，内蒙古长城沿线和三江源地区碳汇量明显较高（图 4-56）。从 20 个沙区的碳汇量排序来看，大多数沙区碳汇量与 1981—2010 年相比有所降低，排在前三位的沙区分别为晋西北、三江源和呼伦贝尔草原；而内蒙古后山、阿拉善高原、塔里木盆地、吐哈盆地由于 NPP 值普遍小于土壤微生物呼吸量，因此其碳汇量整体小于 0，说明土壤排放的碳多于植被固定的碳，表现为碳源（图 4-57）。

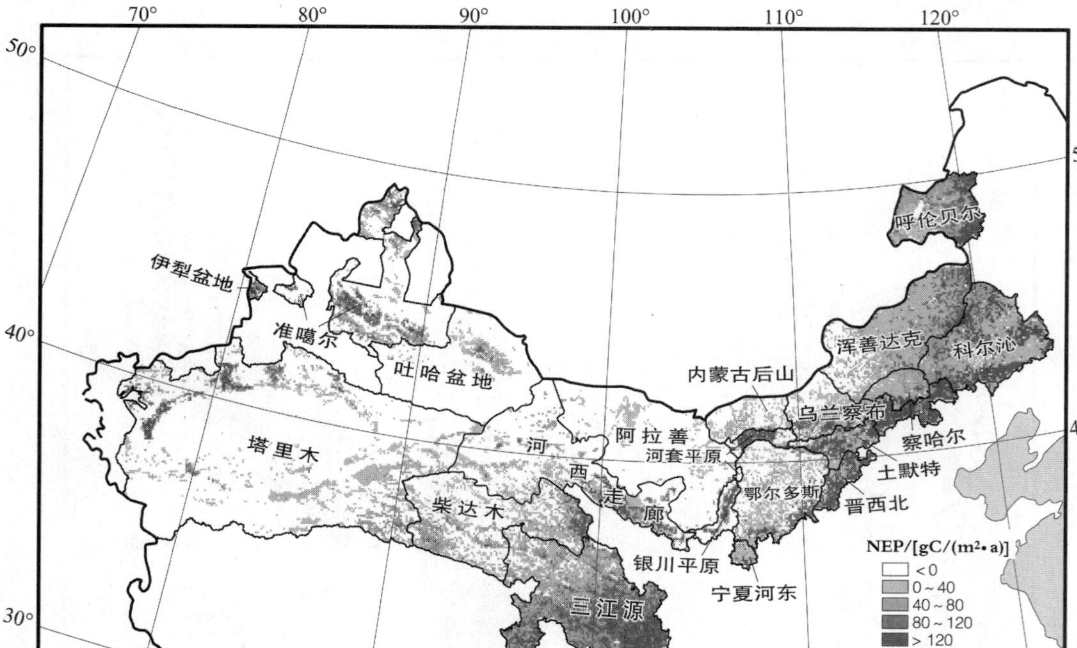


**图 4-56 基准情景下中国北方沙区 NEP 年均值分布**

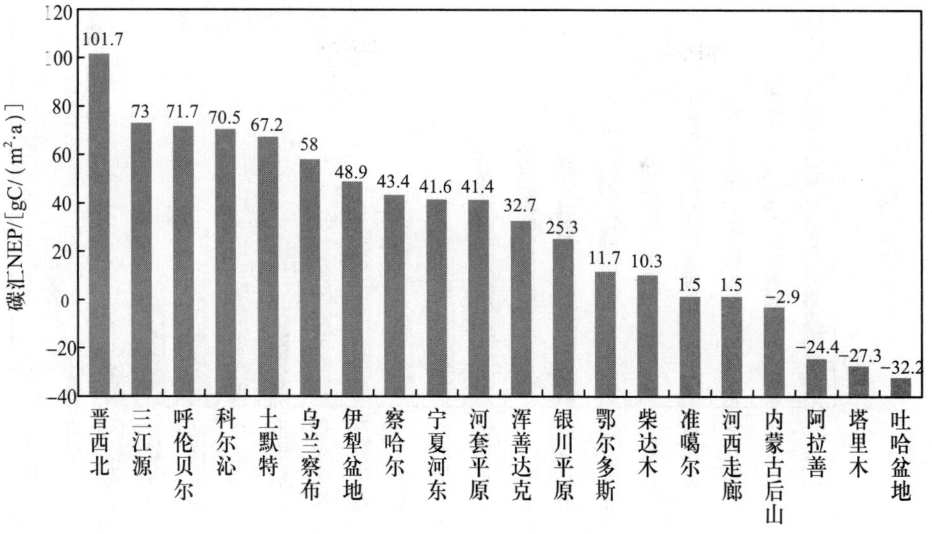


**图 4-57　基准情景下中国北方沙区 NEP 年均值统计排序**

从气候基本不变、治理政策积极情景下 2011—2030 年中国北方沙区的 NEP 计算结果来看，碳汇量与基准情景相比整体有所提升，NEP 大于 120 gC/($m^2$ · a) 的区域明显扩大，小于 0 的区域相对减少（图 4-58）。从 20 个沙区的碳汇量排序来看，大多数沙区碳汇量与基准情景相比提升 30%左右，排在前三位的沙区分别为晋西北、科尔沁草原和呼伦贝尔草原；而阿拉善高原、塔里木盆地、吐哈盆地碳汇量依然小于 0，植被固碳能力相对较差（图 4-59）。

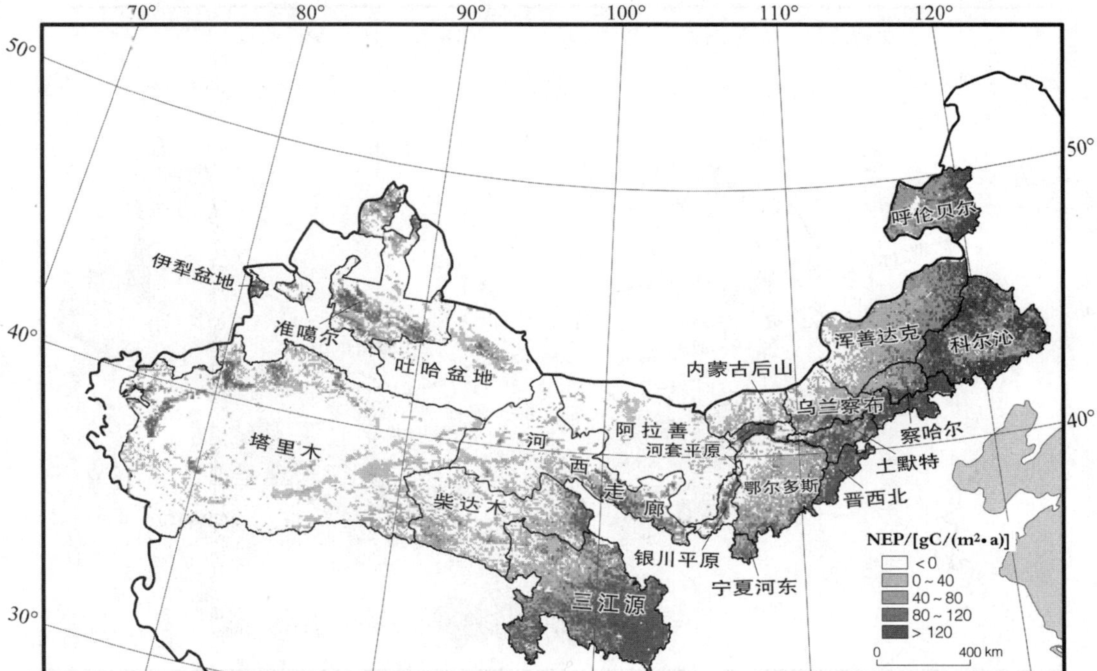


**图 4-58　气候基本不变、治理政策积极情景下中国北方沙区 NEP 年均值分布**

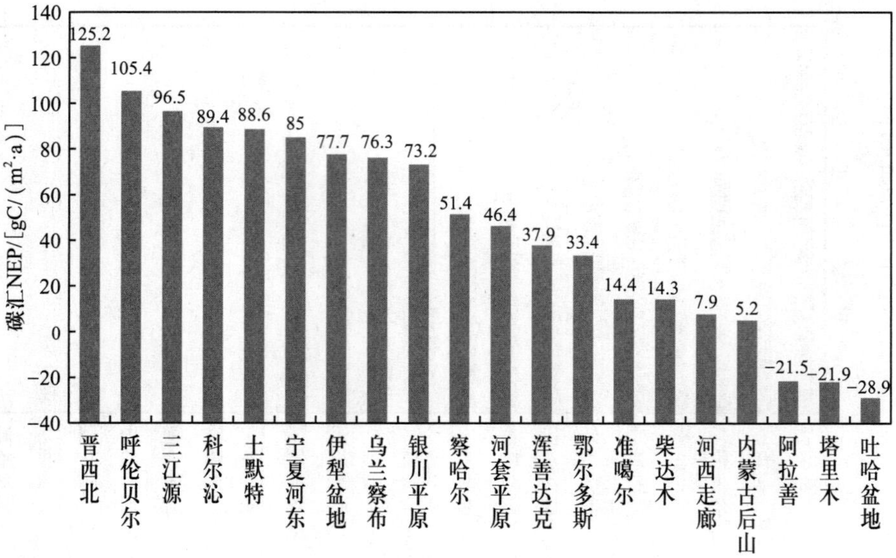


**图 4-59　气候基本不变、治理政策积极情景下中国北方沙区 NEP 年均值统计排序**

在气候基本不变、治理政策消极情景下2011—2030年中国北方沙区的NEP计算结果来看，碳汇量与基准情景相比整体有所下降，NEP大于120 gC/(m²·a)的区域有明显缩减，小于0的区域相对扩大（图4-60）。从20个沙区的碳汇量排序来看，大多数沙区碳汇量与基准情景相比减少10%左右，排在前三位的沙区分别为晋西北、三江源和科尔沁草原；碳汇量小于0的区域为河西走廊、内蒙古后山、阿拉善高原、塔里木盆地、吐哈盆地，植被固碳能力相对较差（图4-61）。

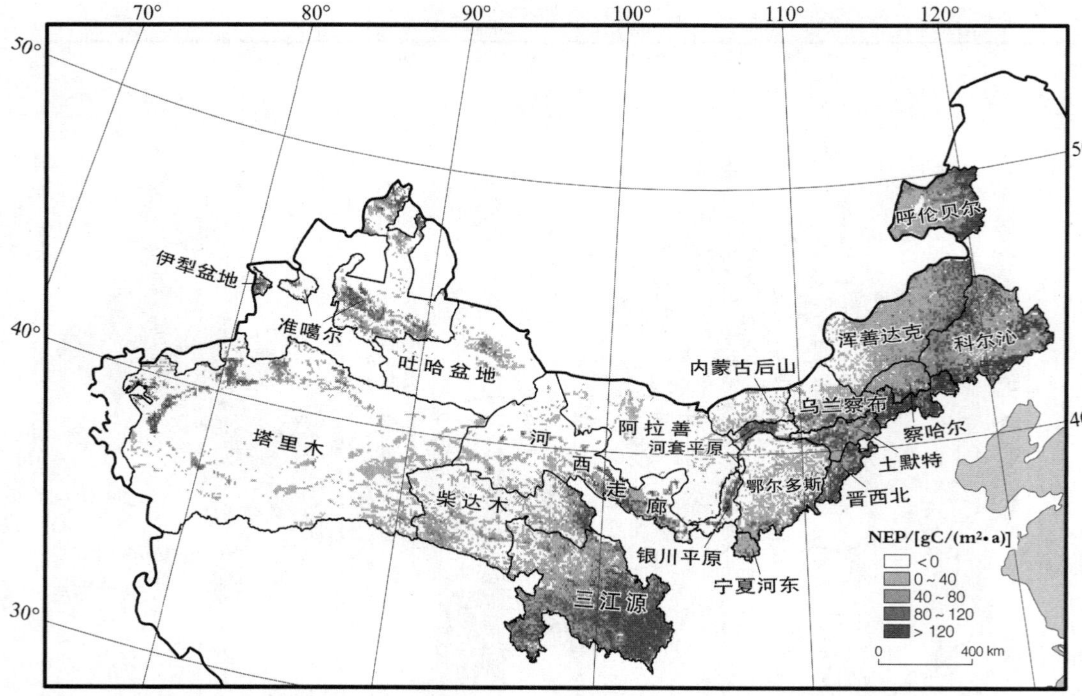


**图 4-60　气候基本不变、治理政策消极情景下中国北方沙区 NEP 年均值分布**

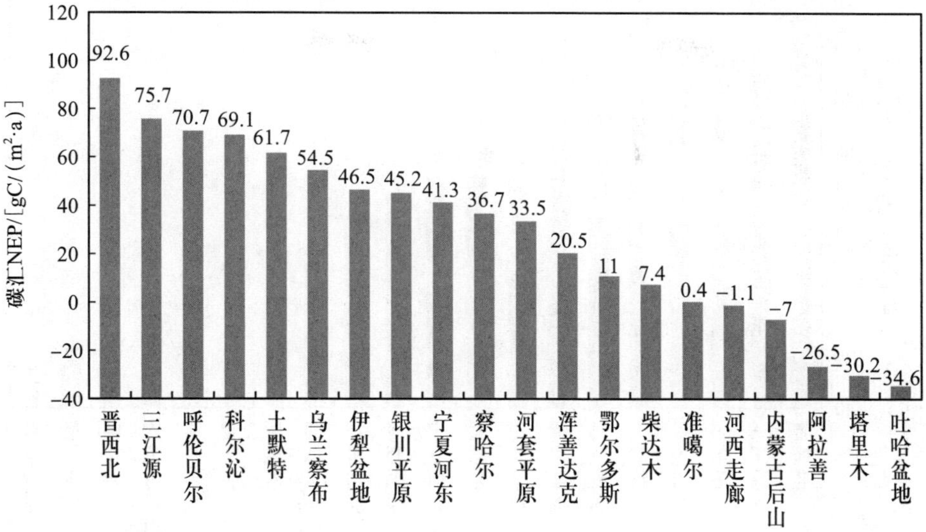


**图 4-61　气候基本不变、治理政策消极情景下中国北方沙区碳汇 NEP 年均值统计排序**

从气候趋于湿润、治理政策维持现状情景下 2011—2030 年中国北方沙区的 NEP 计算结果来看，碳汇量与基准情景相比整体略有提升，各沙区之间的碳汇量差距相对缩小（图 4-62）。从 20 个沙区的碳汇量排序来看，大多数沙区碳汇量与基准情景相比增加 10%左右，排在前三位的沙区分别为晋西北、三江源和科尔沁草原；碳汇量小于 0 的区域为内蒙古后山、阿拉善高原、塔里木盆地、吐哈盆地，植被固碳能力相对较差（图 4-63）。

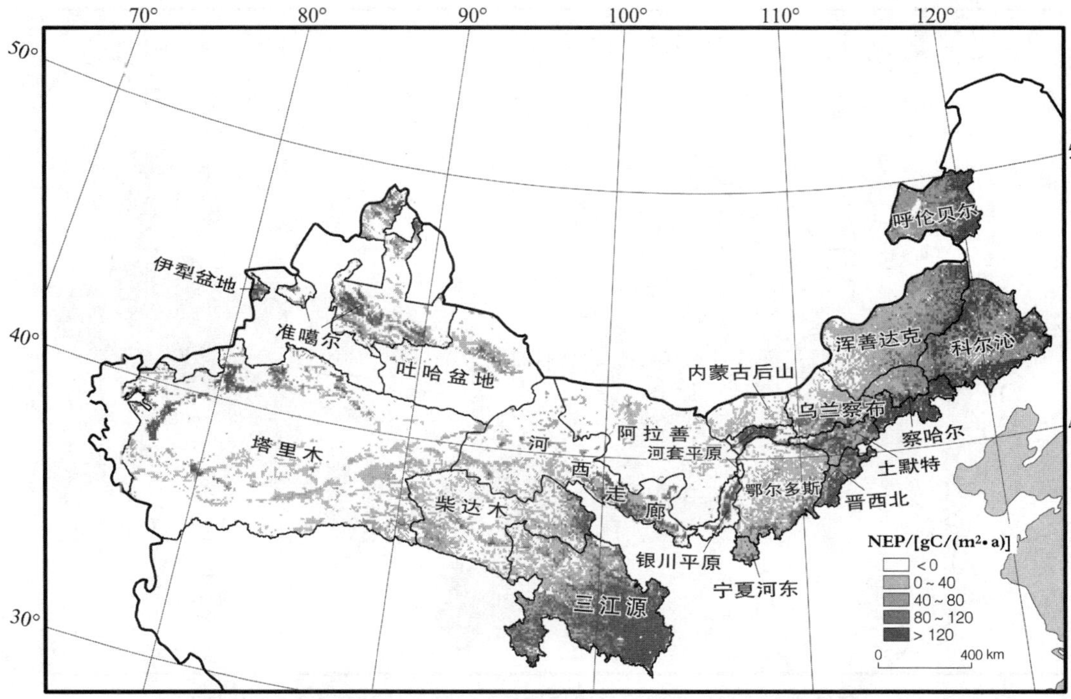


**图 4-62　气候趋于湿润、治理政策维持现状情景下中国北方沙区 NEP 年均值分布**

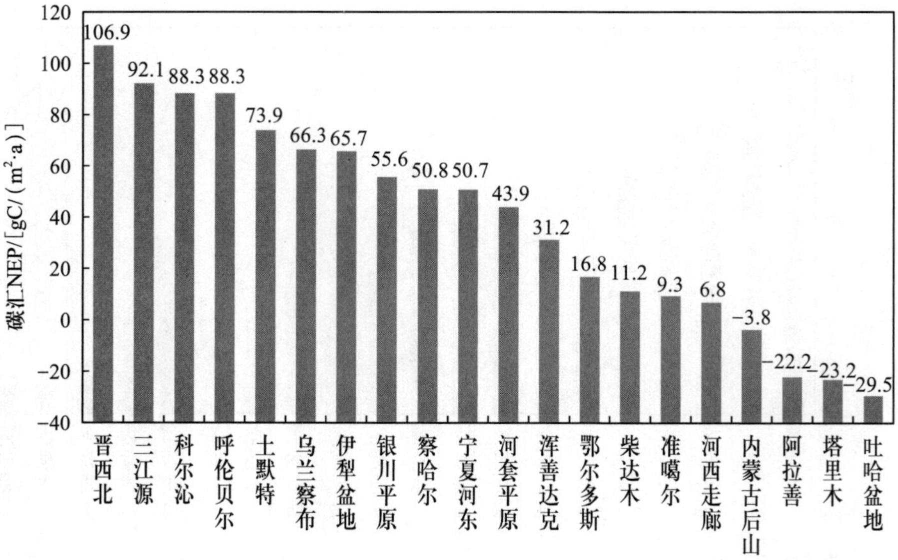


**图 4-63　气候趋于湿润、治理政策维持现状情景下中国北方沙区 NEP 年均值统计排序**

从气候趋于湿润、治理政策积极情景下 2011—2030 年中国北方沙区的 NEP 计算结果来看，绝大部分地区的碳汇量与基准情景相比明显有所提升，但 NEP<0 的区域没有明显缩小，各沙区之间的碳汇量差距相对扩大（图 4-64）。从 20 个沙区的碳汇量排序来看，大多数沙区碳汇量与基准情景相比增加 20%左右，排在前三位的沙区分别为晋西北、科尔沁草原和三江源；碳汇量小于 0 的区域为内蒙古后山、塔里木盆地、阿拉善高原、吐哈盆地，植被固碳能力相对较差（图 4-65）。

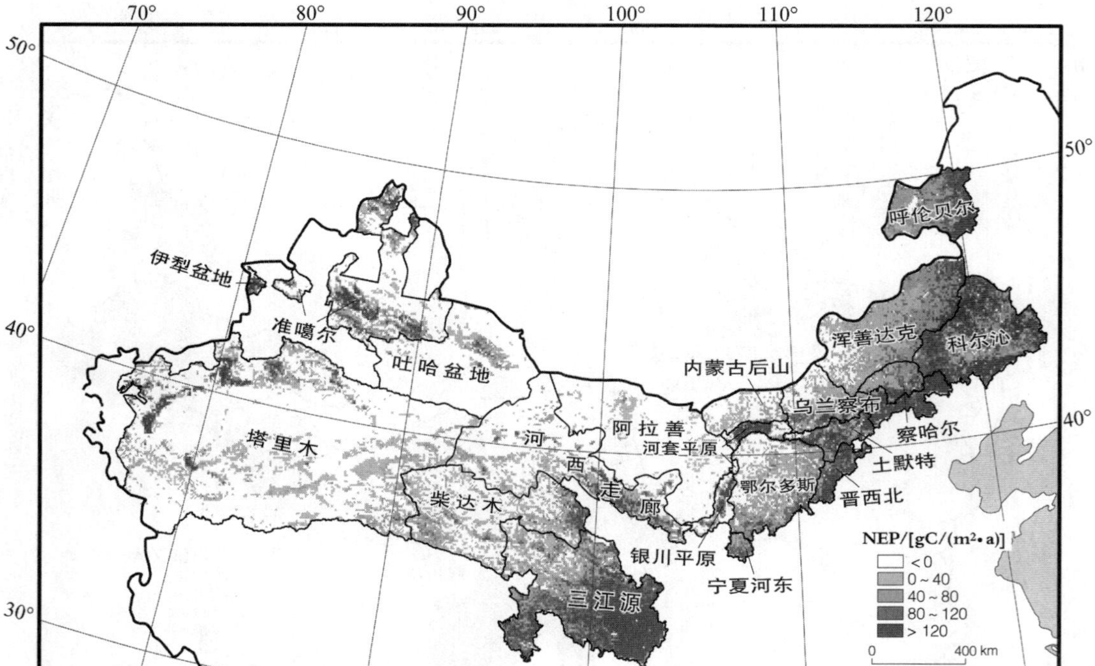


**图 4-64　气候趋于湿润、治理政策积极情景下中国北方沙区 NEP 年均值分布**

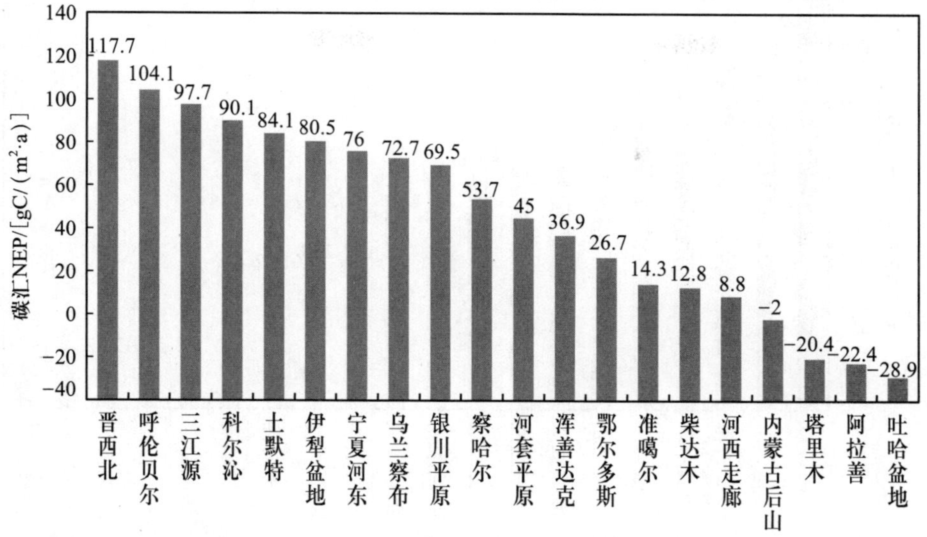


**图 4-65　气候趋于湿润、治理政策积极情景下中国北方沙区 NEP 年均值统计排序**

从气候趋于湿润、治理政策消极情景下 2011—2030 年中国北方沙区的 NEP 计算结果来看，NEP<0 的区域没有明显缩小，NEP>120 gC/(m$^2$ · a) 的区域也没有显著的扩张，各沙区之间的碳汇量差距相对扩大（图 4-66）。从 20 个沙区的碳汇量排序来看，大多数沙区碳汇量与基准情景相比增加 15%左右，排在前三位的沙区分别为晋西北、三江源和科尔沁草原；碳汇量小于 0 的区域为内蒙古后山、阿拉善高原、塔里木盆地、吐哈盆地，植被固碳能力相对较差（图 4-67）。

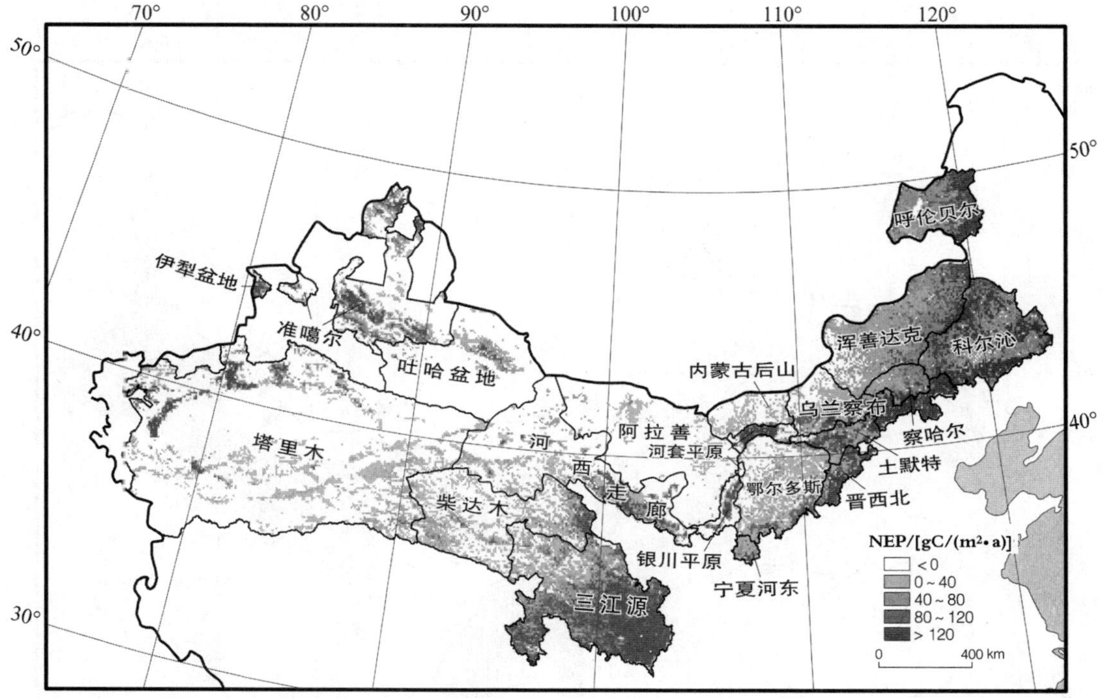


**图 4-66　气候趋于湿润、治理政策消极情景下中国北方沙区 NEP 年均值分布**

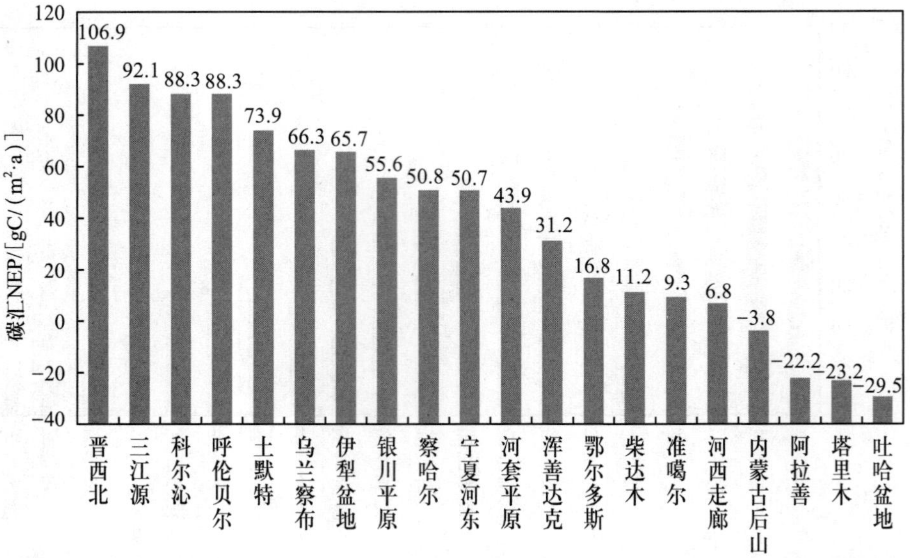


**图 4-67　气候趋于湿润、治理政策消极情景下中国北方沙区 NEP 年均值统计排序**

从气候趋于干旱、治理政策不变情景下 2011—2030 年中国北方沙区的 NEP 计算结果来看，与基准情景相比碳汇量小于 0 的区域相对扩张，各沙区之间的碳汇量差距相对扩大（图 4-68）。从 20 个沙区的碳汇量排序来看，东部沙区碳汇量与基准情景相比增加 10%左右，而中西部沙区如鄂尔多斯高原、柴达木盆地等的碳汇量略有降低。排在前三位的沙区分别为晋西北、三江源和科尔沁草原；碳汇量小于 0 的区域为内蒙古后山、阿拉善高原、塔里木盆地、吐哈盆地，这些地区碳汇量与基准情景相比有明显降低，植被固碳能力相对较差（图 4-69）。

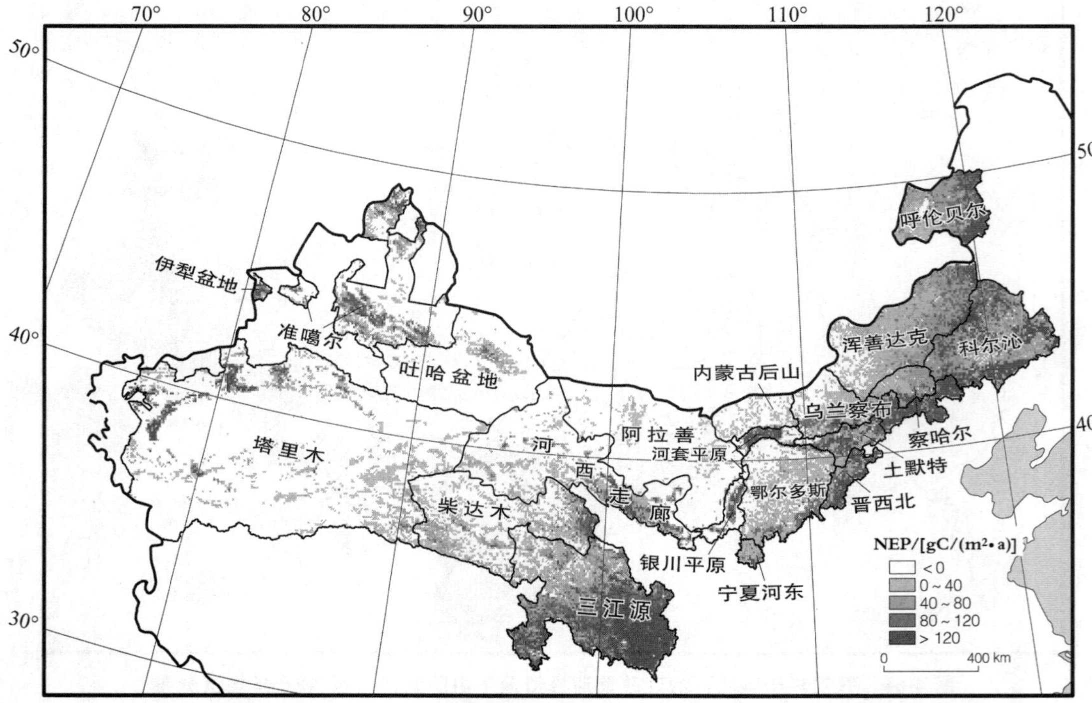


**图 4-68　气候趋于干旱、治理政策维持现状情景下中国北方沙区 NEP 年均值分布**

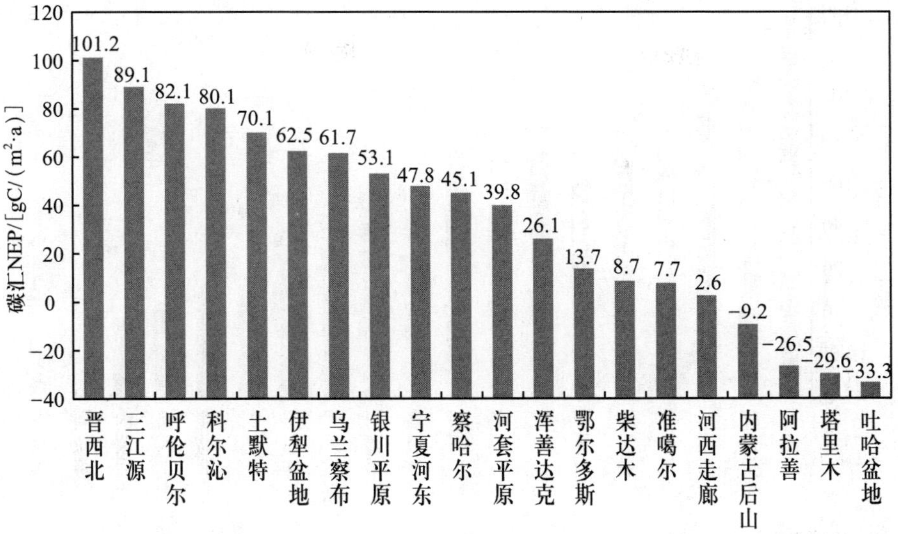


**图 4-69　气候趋于干旱、治理政策维持现状情景下中国北方沙区 NEP 年均值统计排序**

从气候趋于干旱、治理政策积极情景下 2011—2030 年中国北方沙区的 NEP 计算结果来看（图 4-70），与基准情景相比碳汇量小于 0 的区域基本没有变化，而 NEP＞80 gC/（m² · a）的区域明显扩展（图 4-70）。从 20 个沙区的碳汇量排序来看，东西部地区碳汇量差异相对扩大，但整体依然为增长趋势，部分沙区增长幅度超过 20%。碳汇量排在前三位的沙区分别为晋西北、科尔沁和三江源；碳汇量小于 0 的区域为内蒙古后山、阿拉善高原、塔里木盆地、吐哈盆地，这些地区碳汇量与基准情景相比变化不大（图 4-71）。

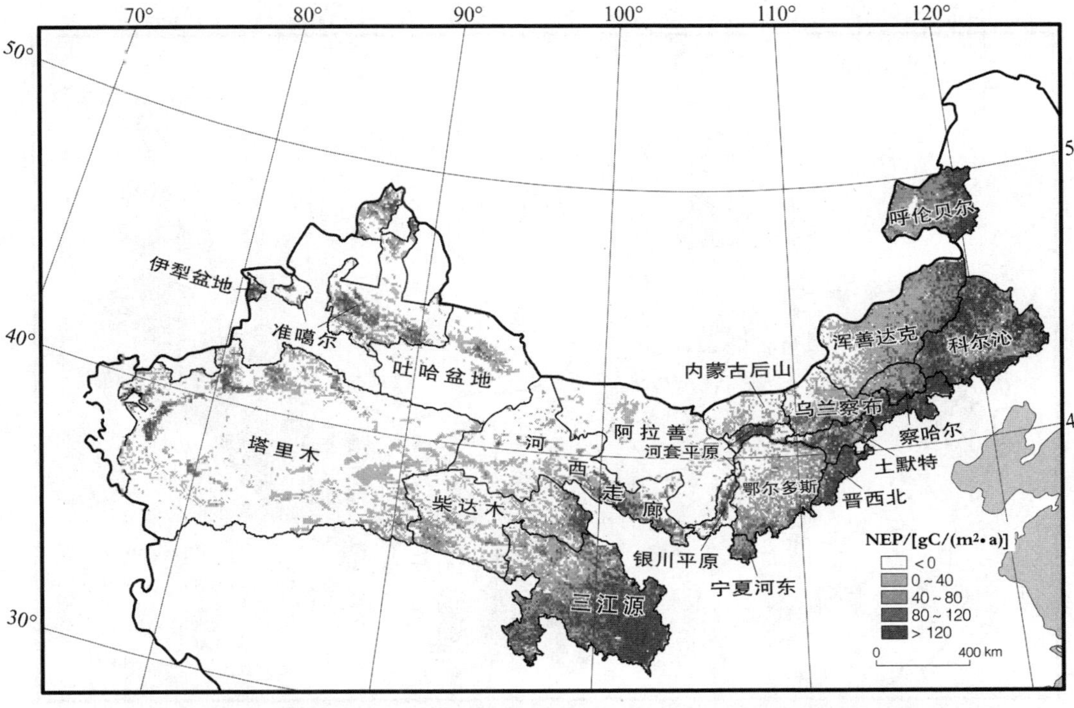


**图 4-70　气候趋于干旱、治理政策积极情景下中国北方沙区 NEP 年均值分布**

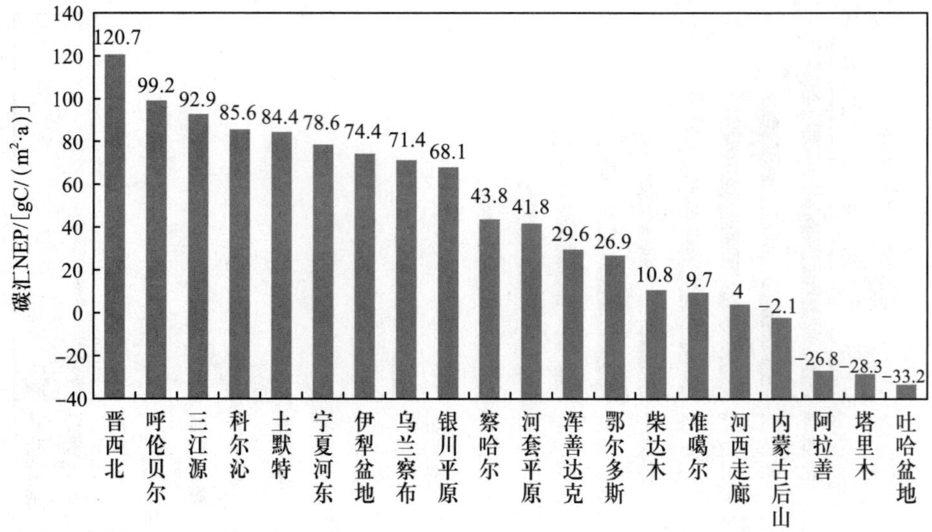


**图 4-71　气候趋于干旱、治理政策积极情景下中国北方沙区碳汇 NEP 年均值统计排序**

从气候趋于干旱、治理政策积极情景下 2011—2030 年中国北方沙区的 NEP 计算结果来看，与基准情景相比碳汇量小于 0 的区域明显，为所有情景中面积最大，而 NEP>80 gC/($m^2$·a) 的区域相对缩小（图 4-72）。从 20 个沙区的碳汇量排序来看，东西部地区碳汇量差异相对缩小，但整体依然为减少趋势，大部分沙区碳汇量与基准情景相比减少了 10%左右。碳汇量排在前三位的沙区分别为晋西北、三江源和呼伦贝尔草原；碳汇量小于 0 的区域明显增多，分别为准噶尔盆地、河西走廊、内蒙古后山、阿拉善高原、塔里木盆地、吐哈盆地，这些地区碳汇量与基准情景相比都有明显降低（图 4-73）。

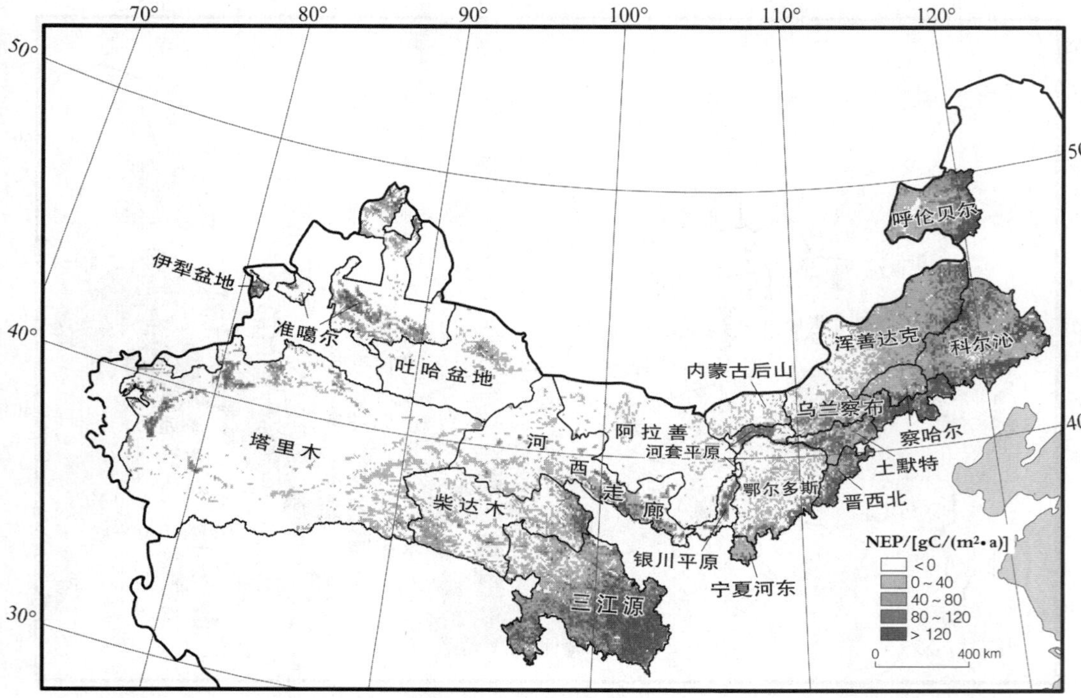


**图 4-72　气候趋于干旱、治理政策消极情景下中国北方沙区 NEP 年均值分布**

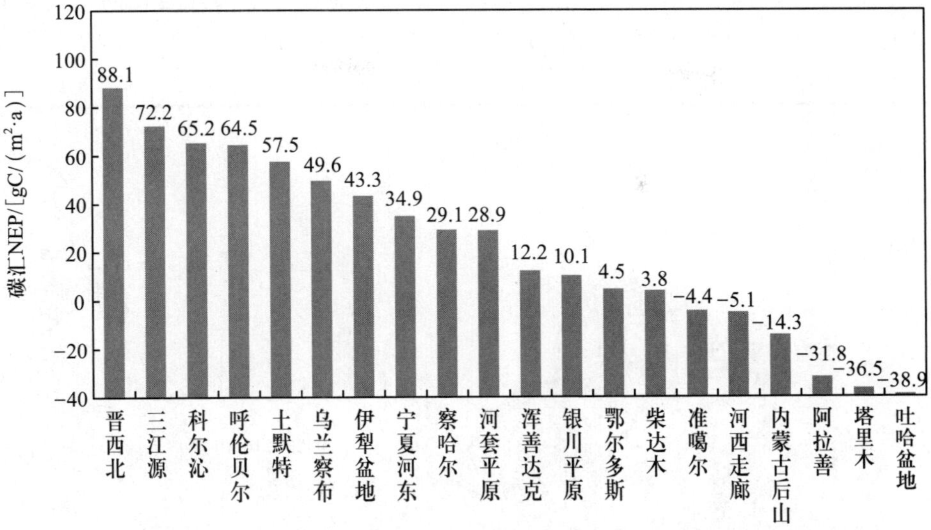


**图 4-73　气候趋于干旱、治理政策消极情景下中国北方沙区 NEP 年均值统计排序**

## 4.5　沙漠化防治重点区域识别

### 4.5.1　沙漠化防治重要程度计算方法

受沙漠化土地的敏感性、可治理性和生态功能重要性等因素的影响，不同区域在沙漠化防治重要程度方面具有明显的空间异质性，因此，本研究利用沙漠化防治重要程度指数来精细刻画这种空间上的差异，为沙漠化防治重点区域的识别提供理论支撑。其计算方法为：

$$I=\sqrt[3]{\mathrm{SDLI}\times\mathrm{GI}\times\mathrm{EFI}} \tag{4-34}$$

$$\mathrm{EFI}=\sqrt{\mathrm{WSFI}\times\mathrm{CSI}} \tag{4-35}$$

式中：$I$ 为沙漠化防治重要程度指数；SDLI、GI、EFI 分别代表沙漠化土地的敏感性指数、可治理性指数、生态功能重要性指数；WSFI、GSI 分别代表防风固沙功能指数和固碳功能指数，获取方法为：根据前面计算的防风固沙量和碳汇量，划分阈值后再进行赋值。其中，将防风固沙量划分为 4 个等级，并分别赋值为 1（$G_{固沙}\leqslant 20$）、1.33（$20<G_{固沙}\leqslant 50$）、1.67（$50<G_{固沙}\leqslant 90$）、2（$G_{固沙}>90$）；将固碳量划分为 5 个等级，并分别赋值为 1（NEP≤0）、1.25（0＜NEP≤40）、1.5（40＜NEP≤80）、1.75（80＜NEP≤120）、2（NEP＞120）。

在计算出沙漠化防治重要程度指数 I 之后，根据自然间断点分级法来划分阈值，分为高（$I\leqslant 1.28$）、较高（$1.28<I\leqslant 1.39$）、一般（$1.39<I\leqslant 1.52$）、低（$I>1.52$）共 4 个等级；然后，分别统计不同情景下 20 个沙区中各等级所占面积比例。

### 4.5.2　不同情景下的沙漠化防治重点区域

#### 4.5.2.1　情景 1：基准情景

基准情景下，中国北方沙区沙漠化防治重要程度高的区域占 12.2%，主要分布在内蒙古长城沿线，沙漠化治理重要程度较高和中等的区域分别占 27.47%和 31.82%，而沙漠化治理重要程度低的区域占 28.51%，主要分布在西北干旱荒漠区（图 4-74）。从 20 个沙区来看，沙漠化治理重要程度相对较高的沙区为河套平原、晋西北、科尔沁和土默特地区，高等级面积均占比 50%以上，其中晋西北地区有81.79%的区域沙漠化治理重要程度高，因此未来应成为我国沙漠化防治的重点地区；而柴达木盆地和吐哈盆地的沙漠化治理重要程度较低，低等级面积均超过50%（图4-75）。

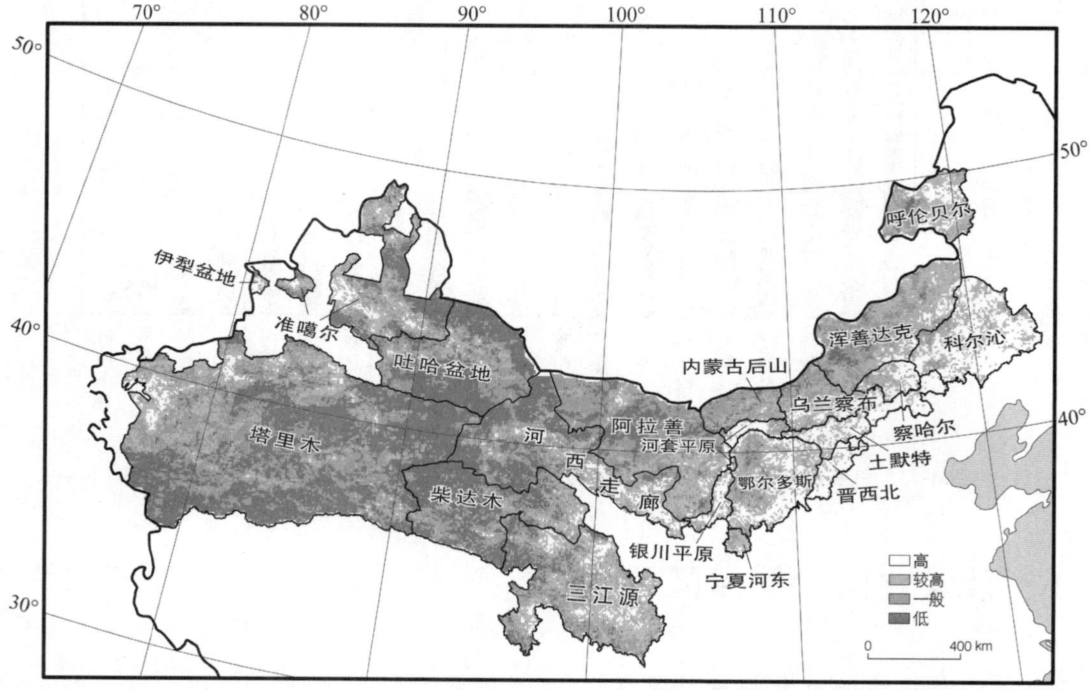


图4-74　基准情景下中国北方沙区沙漠化治理重要程度分布格局

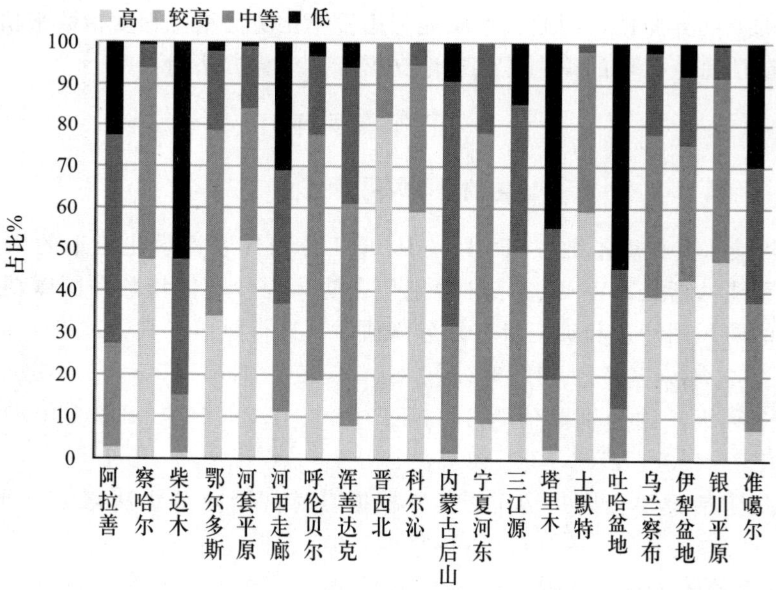


图4-75　基准情景下中国北方沙区不同沙漠化治理重要程度面积占比

#### 4.5.2.2　情景2：气候基本无变化、治理政策积极

气候基本无变化、治理政策积极情景下，中国北方沙区沙漠化治理重要程度高的区域占15.13%，与基准情景相比略微增加，主要体现在内蒙古长城沿线南部部分区域沙漠化治理重要程度由较高等级转为高等级；此外，中国北方沙区沙漠化治理重要程度较高和中等的区域分别占27.02%和30.40%，而沙漠化治理重要程度低的区域占27.45%（图4-76）。从20个沙区来看，沙漠化治理重要程度相对较高的沙区为晋西北、科尔沁和土默特地区，高等级面积占比均

超过 70%，其中晋西北地区沙漠化治理重要程度高的区域占比达到 93.42%，是我国未来沙漠化防治的重点地区；而柴达木盆地和吐哈盆地的沙漠化治理重要程度较低，低等级面积均超过 50%（图 4-77）。

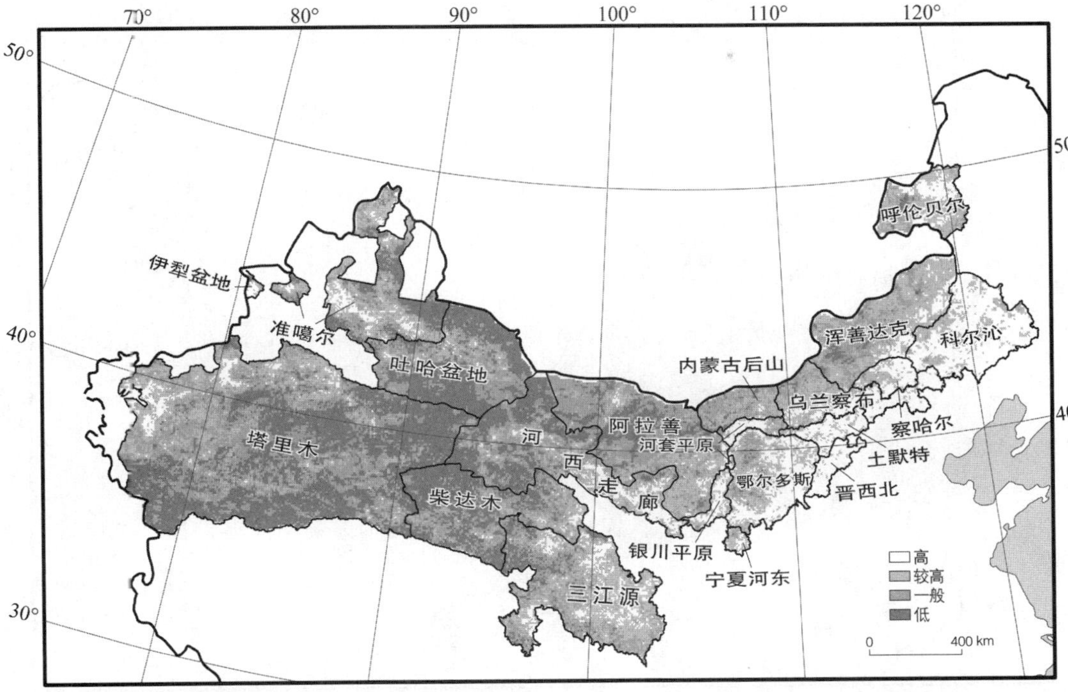


**图 4-76　气候基本无变化、治理政策积极情景下中国北方沙区沙漠化治理重要程度分布格局**

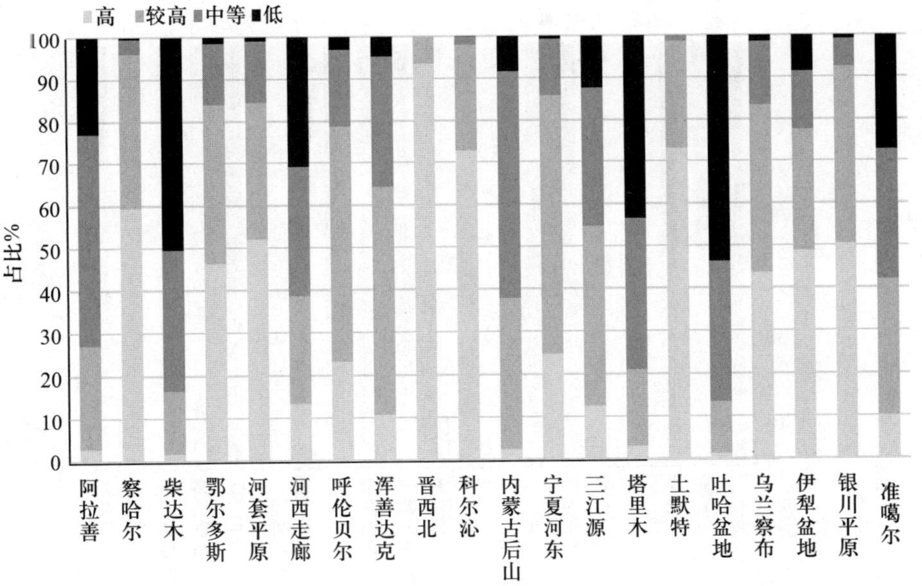


**图 4-77　气候基本无变化、治理政策积极情景下中国北方沙区不同沙漠化治理重要程度面积占比**

#### 4.5.2.3　情景 3：气候基本无变化、治理政策积极

气候基本无变化、治理政策积极情景下，中国北方沙区沙漠化治理重要程度高的区域占 12.14%，沙漠化治理重要程度较高和中等的区域分别占 27.15%和 31.72%，而沙漠化治理重要程度低的区域占 28 99%；与基准情景相比，中国北方沙区沙漠化治理重要程度分布格局无明显变化，各等级沙漠化治理重要程度面积占比基本保持一致（图 4-78）。从 20 个沙区来看，有 5 个沙区超过

90%的区域沙漠化治理重要程度为高等级或较高等级，其中晋西北、科尔沁和土默特地区高等级面积占比均超过50%；而柴达木和吐哈盆地的沙漠化治理重要程度相对较低，低等级面积在50%以上（图4-79）。

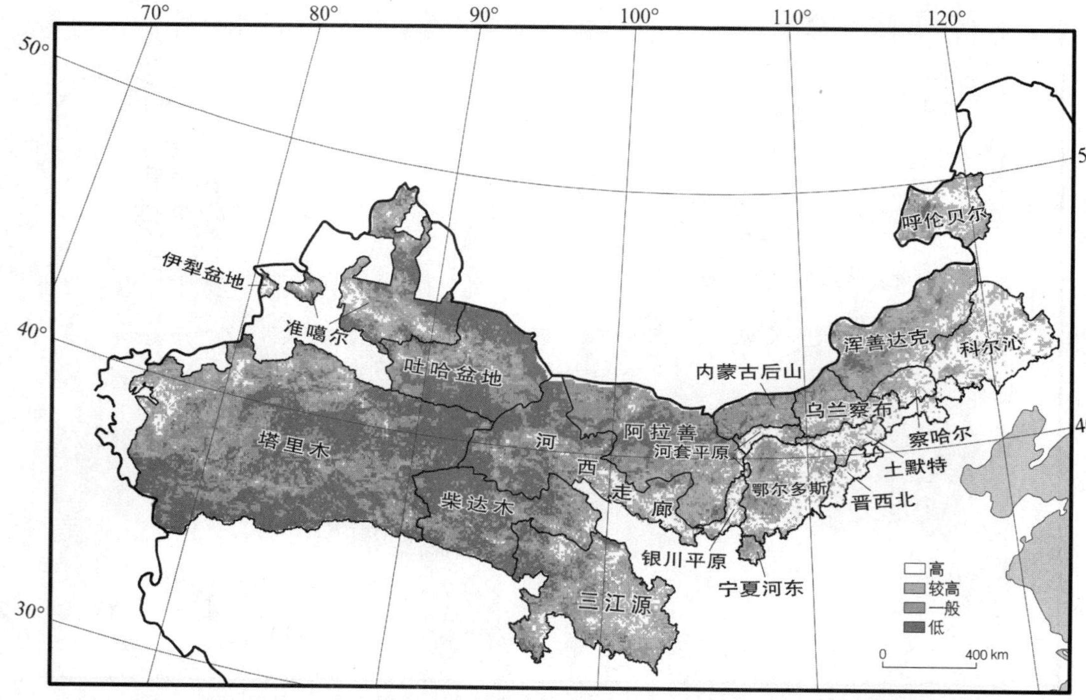


图4-78 气候基本不变化、治理政策消极情景下中国北方沙区沙漠化治理重要程度分布格局

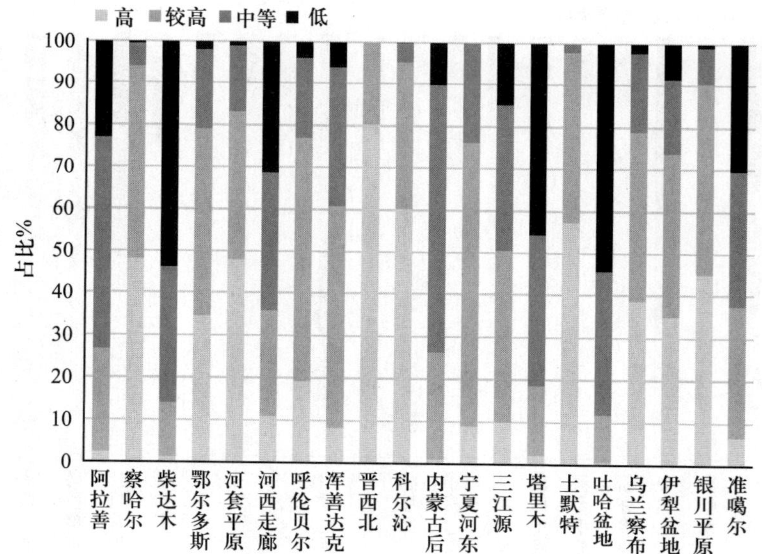


图4-79 气候基本不变化、治理政策消极情景下中国北方沙区不同沙漠化治理重要程度面积占比

#### 4.5.2.4 情景4：气候趋于湿润、治理政策维持现状

气候趋于湿润、治理政策维持现状情景下，中国北方沙区沙漠化治理重要程度高的区域占12.51%，沙漠化治理重要程度较高和中等的区域分别占27.51%和31.77%，而沙漠化治理重要程度低的区域占28.32%；与基准情景相比，中国北方沙区沙漠化治理重要程度分布格局无明显变化，沙漠化治理重要程度高的区域主要分布在内蒙古长城沿线，沙漠化治理重要程度低的区域主要分布在西

北干旱荒漠区（图4-80）。从各沙区来看，河套平原、晋西北、科尔沁和土默特地区的沙漠化治理重要程度相对较高，高等级面积均在50%以上，其中晋西北地区高等级面积占接近80%；而沙漠化治理重要程度相对较低的沙区为柴达木、吐哈盆地，低等级面积在50%以（图4-81）。

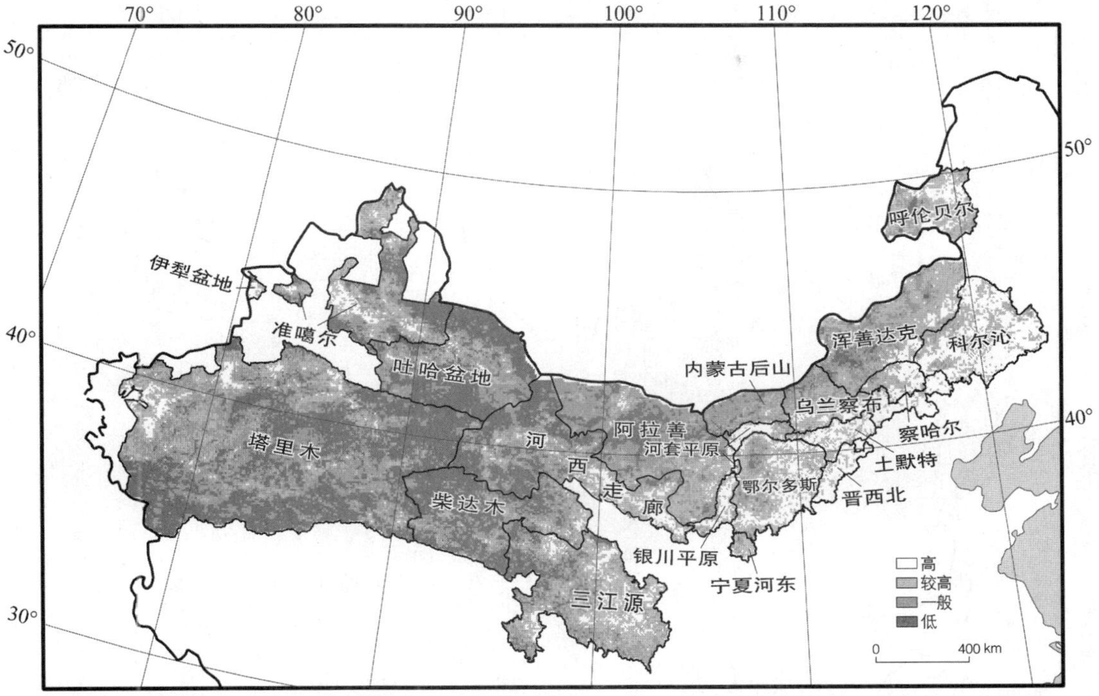


图4-80 气候趋于湿润、治理政策维持现状情景下中国北方沙区沙漠化治理重要程度分布格局

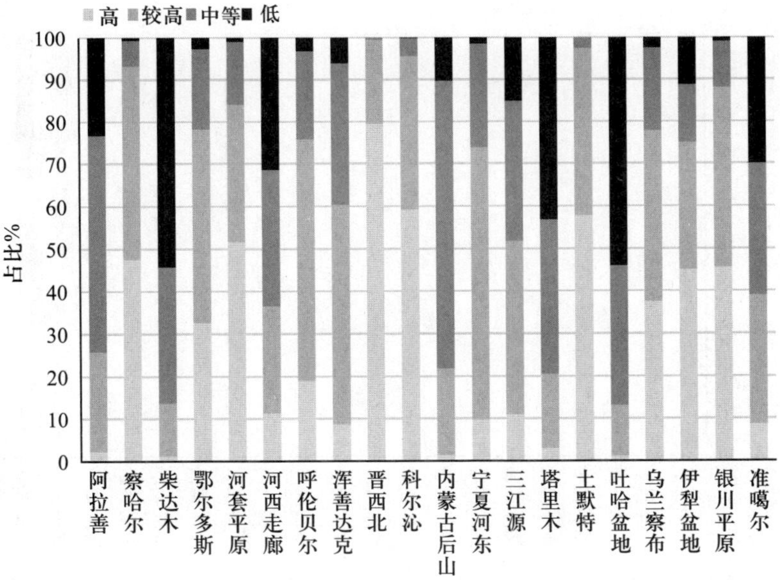


图4-81 气候趋于湿润、治理政策维持现状情景下中国北方沙区不同沙漠化治理重要程度面积占比

#### 4.5.2.5 情景5：气候趋于湿润、治理政策积极

在气候趋于湿润、治理政策积极情景下，中国北方沙区沙漠化治理重要程度高的区域占13.64%，沙漠化治理重要程度较高和中等的区域分别占26.89%和31.54%，而沙漠化治理重要程度低的区域占27.93%；与基准情景相比，中国北方沙区沙漠化治理重要程度高的区域略有扩张，主要集中在内蒙古长城沿线南部，沙漠化治理重要程度低的区域略有缩减，主要分布在西北干旱荒漠区

（图4-82）。从各沙区来看，20个沙区中有5个超过50%的区域沙漠化治理重要程度为高等级，分别为察哈尔、河套平原、晋西北、科尔沁和土默特；而沙漠化治理重要程度相对较低的沙区为柴达木和吐哈盆地，低等级面积在50%以上（图4-83）。

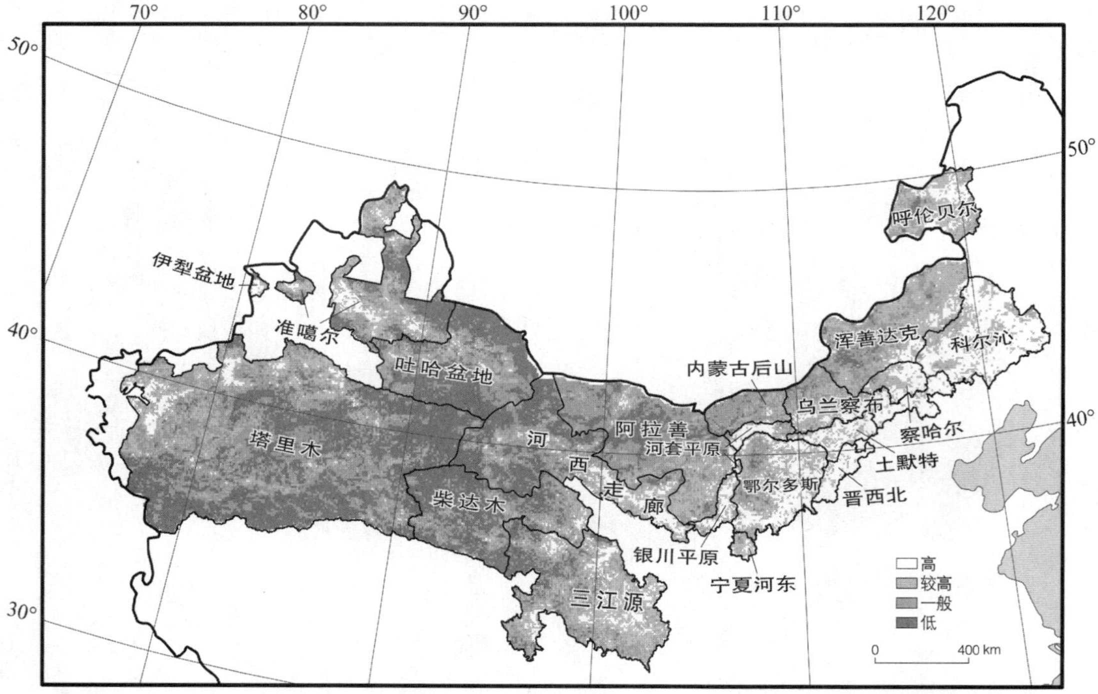


图4-82 气候趋于湿润、治理政策积极情景下中国北方沙区沙漠化治理重要程度分布格局

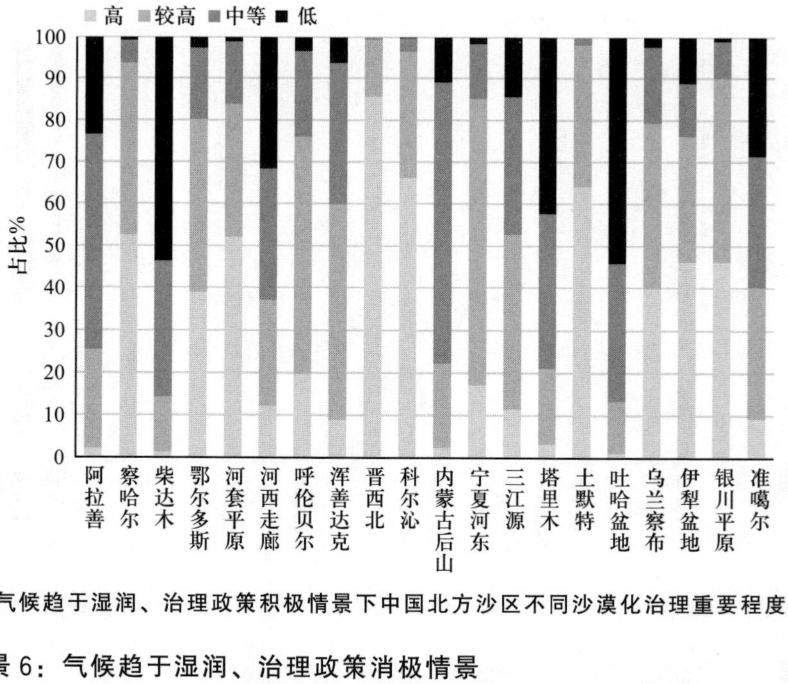


图4-83 气候趋于湿润、治理政策积极情景下中国北方沙区不同沙漠化治理重要程度面积占比

#### 4.5.2.6 情景6：气候趋于湿润、治理政策消极情景

在气候趋于湿润、治理政策消极情景下，中国北方沙区沙漠化治理重要程度分布格局与基准情景相比无明显变化，各等级沙漠化治理重要程度面积占比基本保持一致，其中沙漠化治理重要程度高、较高和中等的区域占比分别为12.54%、27.47%和31.75%，而沙漠化治理重要程度低的区域占28.24%（图4-84）。从沙区尺度上来看，20个沙区中有4个沙漠化治理重要程度高等级

面积占比大于 50%，分别为河套平原、晋西北、科尔沁和土默特，未来应该成为我国沙漠化防治重点监测区域；而柴达木盆地和吐哈盆地的沙漠化治理重要程度较低，低等级面积在 50%以上（图 4-85）。

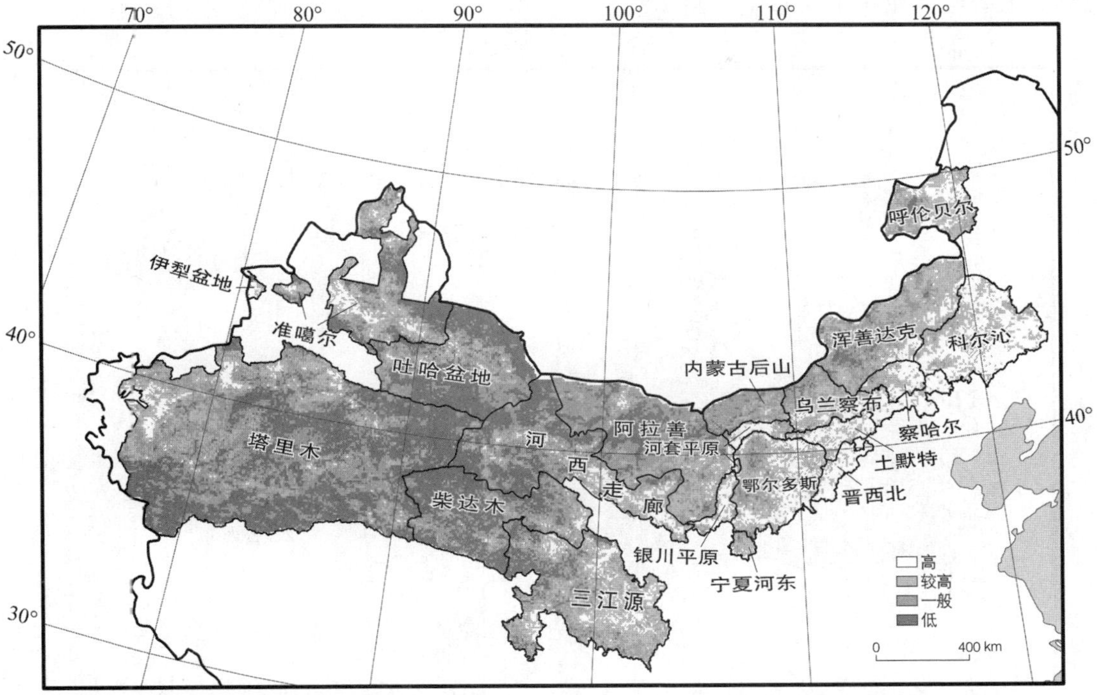


**图 4-84　气候趋于湿润、治理政策消极情景下中国北方沙区沙漠化治理重要程度分布格局**

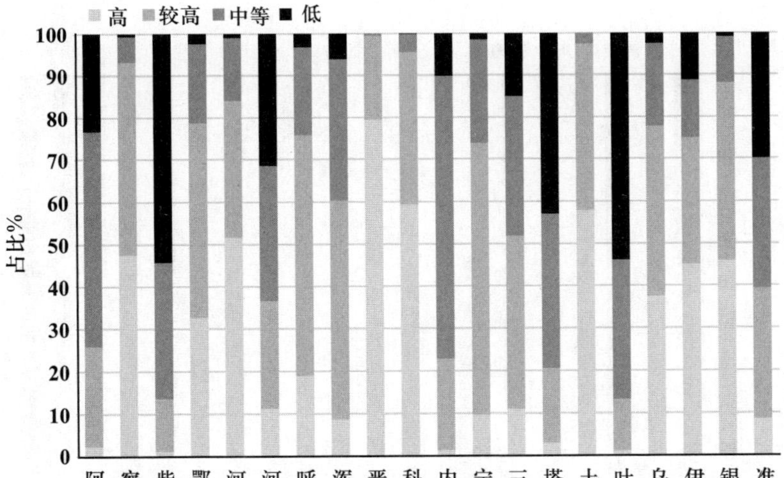


**图 4-85　气候趋于湿润、治理政策消极情景下中国北方沙区不同沙漠化治理重要程度面积占比**

#### 4.5.2.7　情景 7：气候趋于干旱、治理政策维持现状

气候趋于干旱、治理政策维持现状情景下，中国北方沙区沙漠化治理重要程度总体以较高和中等等级为主，占研究区的比例分别为 28.99%和 31.75%，沙漠化治理重要程度高的区域占比相较于基准情景明显提高，达到 17.76%，而沙漠化治理重要程度低的区域占比明显下降，为 24.32%。从沙漠化治理重要程度分布格局来看，与基准情景相比，各沙区均存在重要程度高等级区域扩张，主要集

中在内蒙古长城沿线南部和三江源地区，而重要程度低等级区域缩减主要集中在塔里木、柴达木、准噶尔和吐哈盆地（图 4-86）。沙区尺度上，20 个沙区中有 7 个沙漠化治理重要程度高等级面积占比在 50%以上，其中晋西北地区高等级面积超过 90%；而沙漠化治理重要程度相对较低的沙区为柴达木、吐哈盆地，低等级面积在 45%以上（图 4-87）。

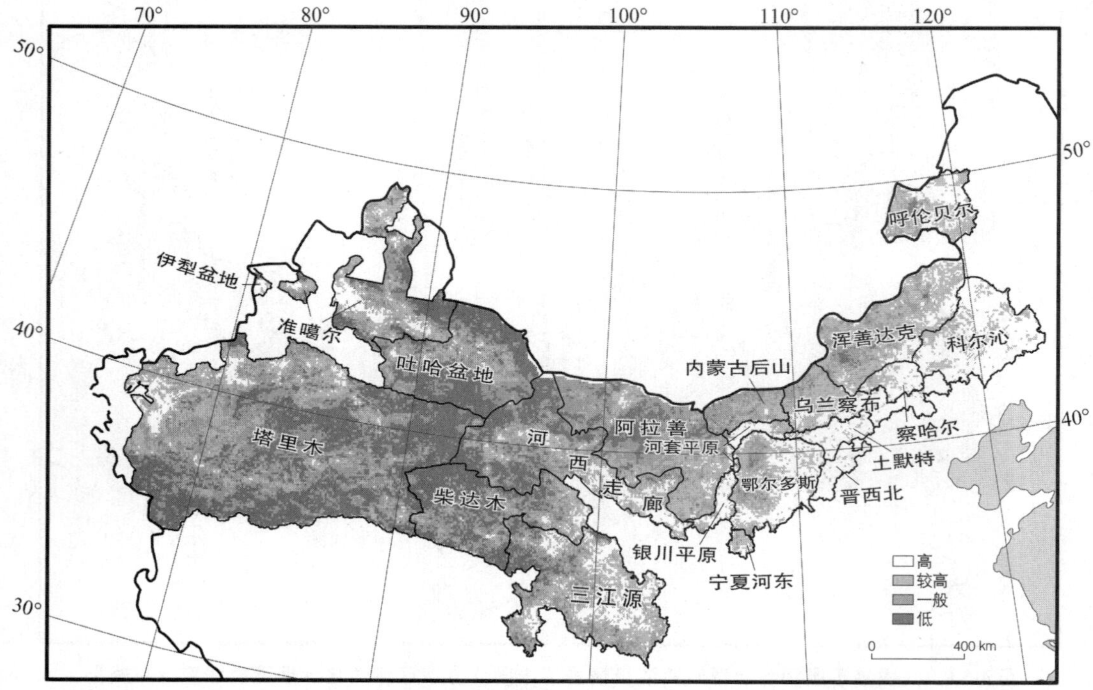


**图 4-86　气候趋于干旱、治理政策维持现状情景下中国北方沙区沙漠化治理重要程度分布格局**

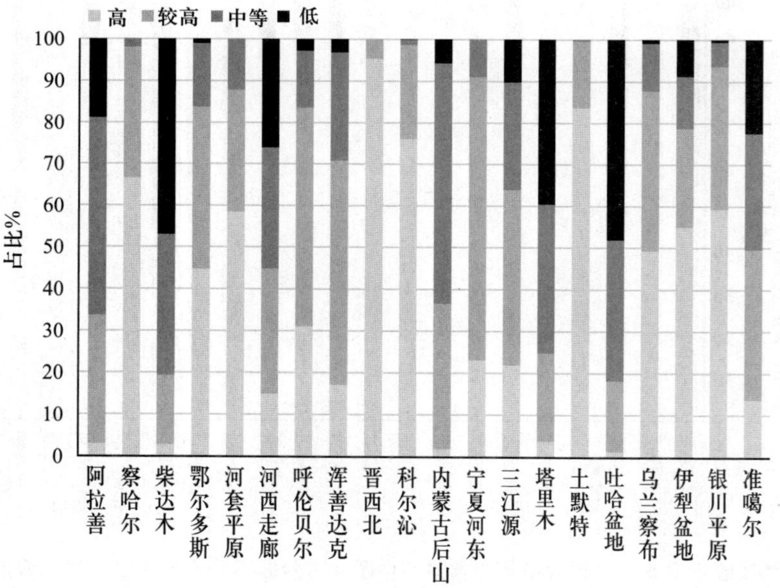


**图 4-87　气候趋于干旱、治理政策维持现状情景下中国北方沙区不同沙漠化治理重要程度面积占比**

#### 4.5.2.8　情景 8：气候趋于干旱、治理政策积极

气候趋于干旱、治理政策积极情景下，中国北方沙区治理重要程度高的区域占比相较于基准情景有所提高，达到 15.40%，沙漠化治理重要程度较高、中等和低的区域面积均略有减少，占研究区的比例分别为 27.47%、31.82%和 28.51%。与基准情景相比，中国北方沙漠化治理重要程度分布格局

最为明显的变化为高等级区域的扩张，主要集中在鄂尔多斯、科尔沁和三江源地区（图 4-88）。从沙区尺度上来看，20 个沙区中有 6 个沙漠化治理重要程度高等级面积占比大于或等于 50%，其中晋西北、科尔沁和土默特地区高等级面积均超过 70%；而柴达木、吐哈盆地沙漠化治理重要程度相对较低，超过 50%的区域沙漠化治理重要程度为低等级（图 4-89）。

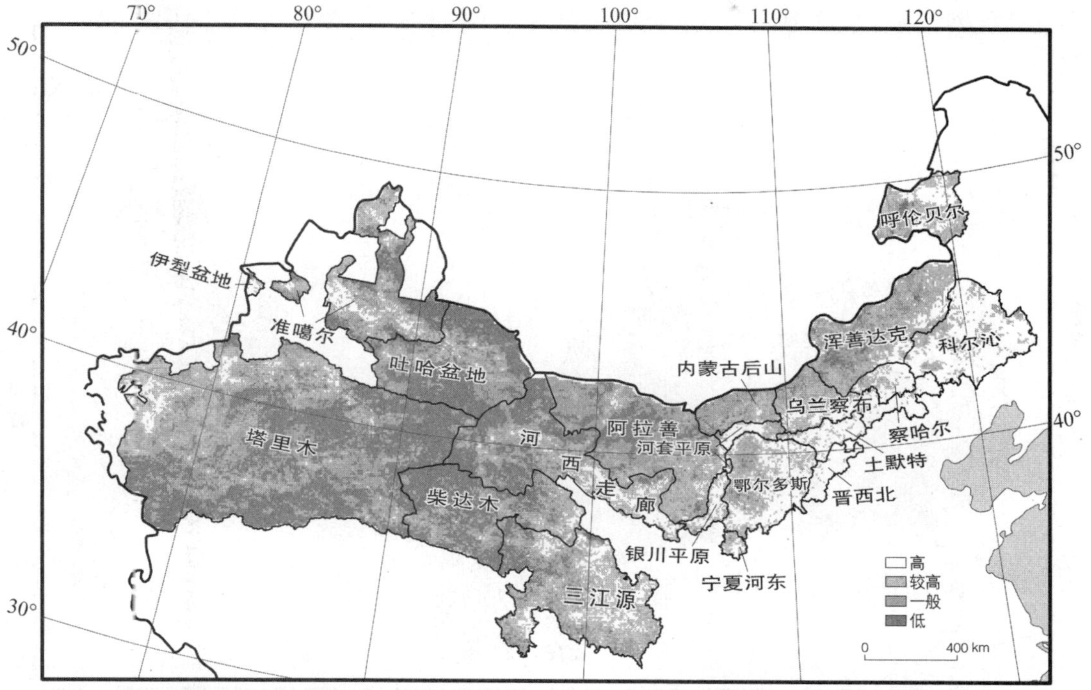


图 4-88　气候趋于干旱、治理政策积极情景下中国北方沙区沙漠化治理重要程度分布格局

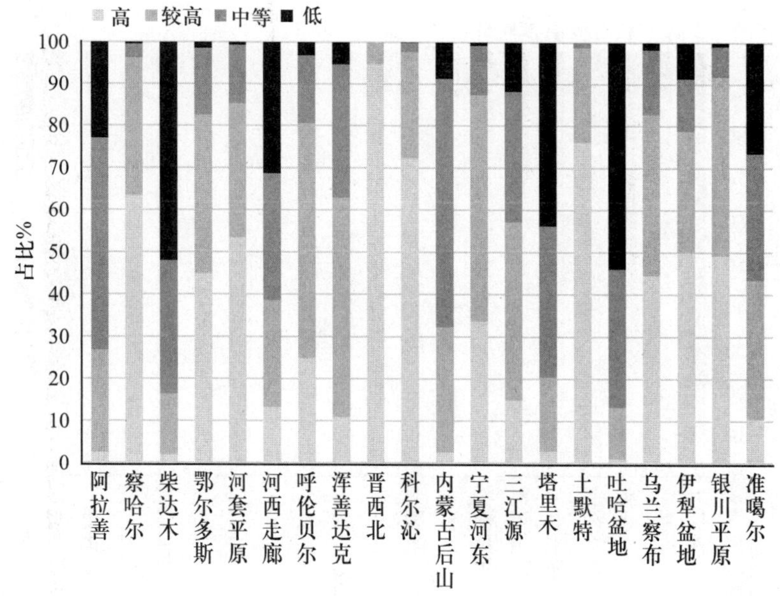


图 4-89　气候趋于干旱、治理政策积极情景下中国北方沙区不同沙漠化治理重要程度面积占比

### 4.5.2.9　气候趋于干旱、治理政策消极情景

在气候趋于干旱、治理政策消极情景下，中国北方沙区治理重要程度高的区域占比为 12.41%，沙漠化治理重要程度较高、中等的区域占研究区的比例分别为 26.94%和 31.45%，而沙漠化治理重要程度低的区域占比为 29.20%。与基准情景相比，中国北方沙漠化治理重要程度分布格局无明显变

化，局部地区沙漠化治理重要程度有所变化，其中三江源地区高等级面积略有增加，而塔里木盆地低等级面积略有降低（图4-90）。从沙区尺度上来看，20个沙区中有5个沙漠化治理重要程度高等级面积占比大于50%，其中晋西北地区高等级面积均超过80%；而柴达木、吐哈盆地沙漠化治理重要程度在所有沙区中相对较低，沙漠化治理重要程度为低等级的区域占比超过50%（图4-91）。

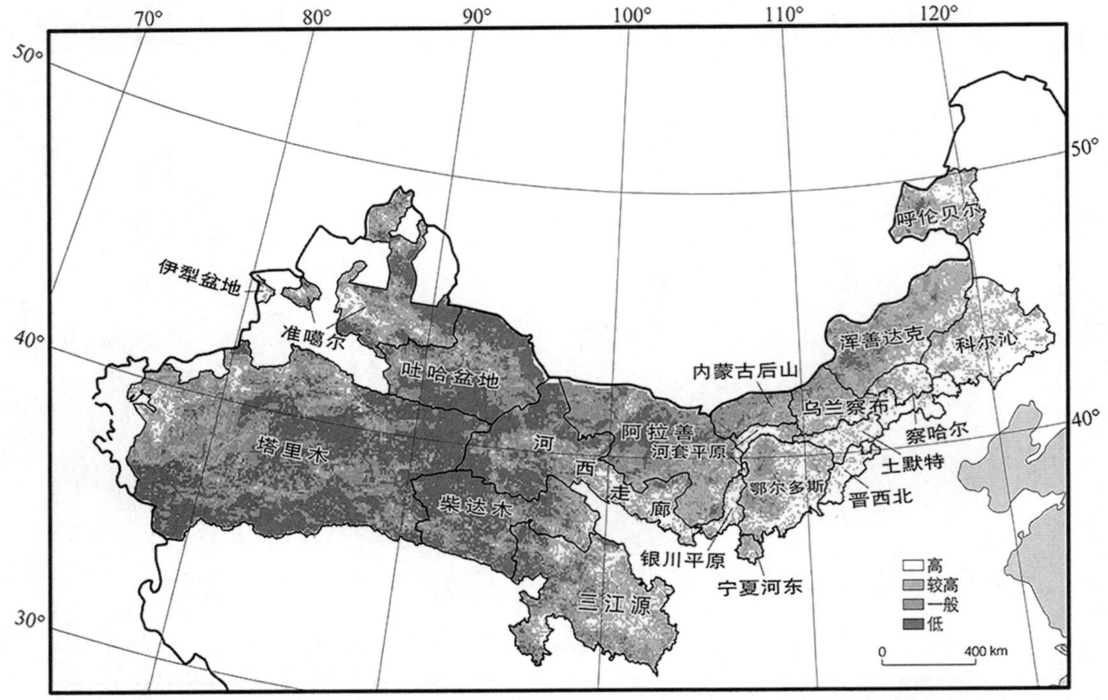


图4-90 气候趋于干旱、治理政策消极情景下中国北方沙区沙漠化治理重要程度分布格局

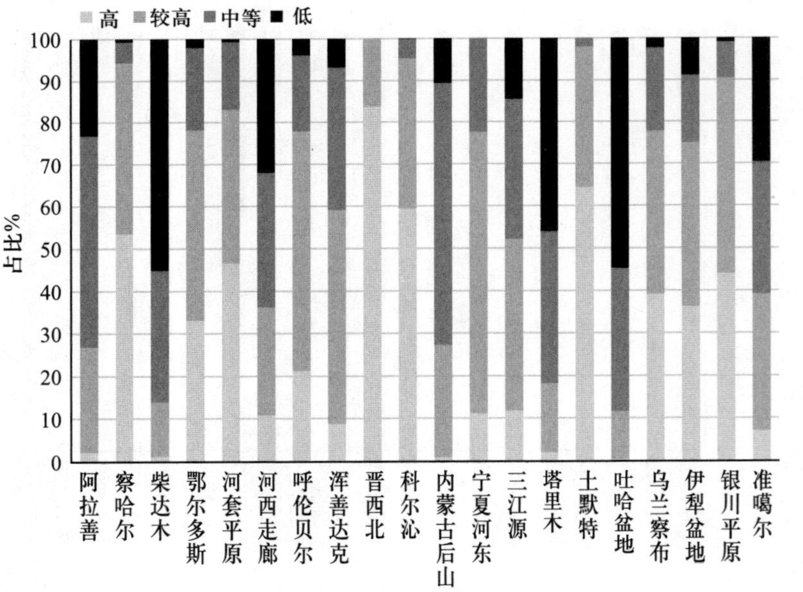


图4-91 气候趋于干旱、治理政策消极情景下中国北方沙区不同沙漠化治理重要程度面积占比

## 4.6　本章小结

本章综合考虑沙漠化防治过程中的各类影响因子，从沙漠化土地的敏感性、可治理性和沙区生态功能的重要性等层面构建评价指标体系，从栅格尺度上计算了不同情景下中国北方沙区沙漠化防治的重要程度。研究结果表明：①整体来看，中国北方沙区沙漠化防治重要程度高的区域较少，主要分布在内蒙古长城沿线，而沙漠化治理重要程度低的区域面积较大，主要分布在西北干旱荒漠区。②从不同情景来看，未来趋于湿润或趋于干旱的气候条件都使沙漠化防治重要程度有所提升，尤其是内蒙古长城沿线的高等级区域相对扩大，这主要是由于湿润的气候有利于生态功能重要性的提高，而干旱的气候造成了沙漠化土地的敏感性增大；积极的沙漠化治理政策使得沙漠化防治重要程度明显提高，主要表现为西北干旱荒漠区的中低等级区域减少，这主要是由于积极的沙漠化治理措施提升了沙区的防风固沙服务及固碳价值。③从不同沙区来看，河套平原、晋西北、科尔沁和土默特地区在未来各情景下的沙漠化防治重要程度较高，高等级面积均占比 50%以上，因此未来应成为我国沙漠化防治的重点地区；而柴达木盆地和吐哈盆地的沙漠化治理重要程度较低，低等级面积均超过 50%。

## 参 考 文 献


阿力木江·牙生，蓝利，程红梅，等．2010．新疆沙漠化防治区划及分区防治技术与模式［J］．干旱区地理，33（3）：353-362．

曹世雄．2012．生态修复项目对自然与社会的影响［J］．中国人口·资源与环境，22（11）：101-108．

戴尔阜，黄宇，吴卓，等．2016．内蒙古草地生态系统碳源/汇时空格局及其与气候因子的关系［J］．地理学报，71（1）：21-34．

高会军，姜琦刚．2006．基于遥感技术的中国北方沙漠及沙质荒漠化土地区划研究［J］．中国地质灾害与防治学报，17（4）：68-72．

李兴旺．2007．浅析《京都议定书》中的清洁发展机制（CDM）的不足和完善：以我国为代表的发展中国家的视角［J］．成都师范学院学报，23（9）：51-52．

刘小丹．2009．青海绿洲沙漠化防治技术与植被遥感监测研究：以察汗乌苏绿洲为例［D］．北京：北京林业大学．

吕冰．2017．阜新市重点沙化地区遥感监测［J］．测绘工程，26（2）：28-32．

吕利利，颉耀文，黄晓君，等．2017．基于 CART 决策树分类的沙漠化信息提取方法研究［J］．遥感技术与应用，32（3）：499-506．

裴志永，欧阳华，周才平．2003．青藏高原高寒草原碳排放及其迁移过程研究［J］．生态学报，23（2）：231-236．

任景全，郭春明，李建平，等．2017．气候变化背景下吉林省风蚀气候侵蚀力时空特征［J］．水土保持研究，24（6）：233-237．

石磊，李陇堂，张冠乐，等．2018．基于适宜性分析的沙漠旅游主体功能区划：以宁夏中卫市沙坡头区为例［J］．中国沙漠，2：437-443．

汤洁，姜毅，李昭阳，等．2013．基于 CASA 模型的吉林西部植被净初级生产力及植被碳汇量估测［J］．干旱区资源与环境，27（4）：1-7．

田雨．2005．中国划定北方沙漠化土地治理四大重点区域［Z］．河北国土资源．

王涛．2004．我国沙漠化研究的若干问题：3．沙漠化研究和防治的重点区域［J］．中国沙漠，24（1）：1-9．

王涛．2016．荒漠化治理中生态系统、社会经济系统协调发展问题探析：以中国北方半干旱荒漠区沙漠化防治为例［J］．生态学报，36（22）：7045-7048．

魏士凯，范顺祥，张玉珍，等．2018. 塞罕坝自然保护区主要植被类型动态及其驱动力［J］．应用生态学报，29（4）：1170-1178.

阎欣，安慧．2018. 土壤非保护性有机碳对荒漠草原沙漠化的响应［J］．生态学报，38（8）：2846-2854.

杨锦．2018. 石羊河流域荒漠绿洲区植被与地下水埋深的关系研究［J］．甘肃水利水电技术，12：1-4.

张东生．2016. 沙化土地封禁保护对农户可持续生计的影响研究：以敦煌市为例［D］．甘肃：兰州大学．

张建香，张多勇，刘万锋．2017. 基于ESAI的黄土高原荒漠化风险评估［J］．水土保持通报，37（2）：339-344.

AliSaleh，刘增文．1995. 用链条法测定地表糙度［J］．水土保持科技情报，1：14-16.

Bilbro J D，Fryrear D W. 1994. Wind erosion losses as related to plant silhouette and soil cover［J］．Agronomy Journal，86（3）：550-553.

Ferrara A，Salvati L，Sateriano A，et al. 2012. Performance evaluation and cost assessment of a key indicator system to monitor desertification vulnerability［J］．Ecological Indicators，23：123-129.

Jiang C，Wang F，Zhang H，et al. 2016. Quantifying changes in multiple ecosystem services during 2000-2012 on the Loess Plateau，China，as a result of climate variability and ecological restoration［J］．Ecological Engineering，97：258-271.

Harik G，Alameddine I，Maroun R，et al. 2017. Implications of adopting a biodiversity-based vulnerability index versus a shoreline environmental sensitivity index on management and policy planning along coastal areas［J］．Journal of Environmental Management，187：187-200.

Kirby K R，Potvin C. 2007. Variation in carbon storage among tree species：implications for the management of a small-scale carbon sink project［J］．Forest Ecology and Management，246（2-3）：208-221.

Van Pelt R S，Zobeck T M，Potter K N，et al. 2004. Validation of the wind erosion stochastic simulator（WESS）and the revised wind erosion equation（RWEQ）for single events［J］．Environmental Modelling & Software，19（2）：191-198.

Salvati L. 2014. A socioeconomic profile of vulnerable land to desertification in Italy［J］．Science of the Total Environment，466：287-299.

Salvati L，Bajocco S. 2011. Land sensitivity to desertification across Italy：past，present，and future［J］．Applied Geography，31（1）：223-231.

Santini M，Caccamo G，Laurenti A，et al. 2010. A multi-component GIS framework for desertification risk assessment by an integrated index［J］．Applied Geography，30（3）：394-415.

Selah A，Fryrear D W. 1995. Threshold wind velocities of wet soils as affected by wind blown sand［J］．Soil science，160（4）：304-309.

Shangguan W，Dai Y，Liu B，et al. 2012. A soil particle-size distribution dataset for regional land and climate modelling in China［J］．Geoderma，171：85-91.

Tavares J D P，Baptista I，Ferreira A J D，et al. 2015. Assessment and mapping the sensitive areas to desertification in an insular Sahelian mountain region Case study of the Ribeira Seca Watershed，Santiago Island，Cabo Verde［J］．Catena，128：214-223.

# 第5章　中国北方沙漠化治理成本估算

土地沙漠化一直是困扰人类生存与社会和谐发展的重要问题，同时也制约了沙漠化地区的经济发展。为防治土地沙漠化，改善区域生态环境，我国在“七五”计划中就已明确提出“控制某些地区的沙漠化倾向”，并于1979年启动了“三北”防护林体系工程，以减轻风沙危害，防止土地沙漠化。此后，各地区政府积极响应国家号召，开展了一系列改善生态环境、控制水土流失的工作，如“三北”防护林工程、退耕还林工程、京津风沙源治理工程、草原禁牧工程等，对于保护土地资源、改善生态环境、恢复退化土地、促进生态和经济的可持续发展都具有重要意义。然而，这些工程在取得显著生态经济效益的同时，也投入了巨大的成本。因此，迫切需要在开展沙漠化防治的前期对其投入成本进行估算，有助于沙漠化治理工程中资金的合理调控和分配。本章重点聚焦沙漠化治理的成本问题，从工程投入的直接成本和以生态系统服务价值为核心的间接成本两个维度，结合中国北方沙区沙漠化动态演化模拟结果，估算不同情景下中国北方沙漠化治理成本，旨在为沙漠化治理工程布局与实施提供参考。

## 5.1　沙漠化治理成本估算框架

沙漠化治理对于改善区域生态环境和经济发展具有重要意义，同时作为一项巨大的工程，沙漠化治理也面临诸多难题，如财政支付压力大、资金调控和分配以及治沙成本在各地区之间的合理分摊等（刘晓露、孙绍荣，2015；王敏，2018）。根据中国三北防护林体系建设网基础数据统计，三北防护林体系建设四期工程共投资133.8亿元。退耕还林工程自1999年试点启动，到2018年，退耕还林（草）近2亿亩，匹配荒山造林和封山育林3亿亩，总投资已经达5 000亿元。根据王亚明等的统计结果，初步匡算京津风沙源治理工程2000—2013年累计投资558亿元（王亚明等，2017）。2012年9月，国务院常务会议讨论通过了《京津风沙源治理二期工程规划（2013—2022年）》，决定实施京津风沙源治理二期工程，计划2013—2022年总投资达877.92亿元。

在沙漠化防治的成本估算方面，尽管相关的研究并不多，但对于治理的直接成本估算以及不同治理技术的投入-产出效益分析已经开展了一些有益的探索。例如，樊胜岳等从信息搜寻成本、签订合约成本、治理工程建设及运营成本、监督对方是否违约成本、违约后寻求赔偿成本等方面详细核算了沙漠化地区生态建设政策执行过程中的交易成本，为生态建设政策的绩效评价提供了一个新的角度（樊胜岳等，2012）。Fleskens等认为农户是否采用新型的土地管理技术与技术的投入-产出效益密切相关，在明确不同技术适应范围、成本及效益的基础上，模拟了不同情景下对新技术使用所需要的成本及所带来的综合效益的变化（Fleskens et al.，2014）。此外，近年来开展的一些研究尝试对沙漠化导致的经济损失进行估算，其核心是通过对沙漠化引起的土地承载力降低、土壤肥力下降等生态服务功能损失进行货币化，这也可以为沙漠化治理成本估算提供间接的参考。例如，马国霞等从养分流失、载畜量下降、土地废弃、沙尘暴以及社会经济直接损失等方面了估算了沙漠化造成的经济损失，认为2005年我国北方10省沙漠化造成的经济损失高达487.92亿元（马国霞等，2008）；刘拓采用灾害经济评价方法对沙漠化经济损失进行评估，认为20世纪末我国沙漠化造成的直接经济损失每年约为1 281.41亿元（刘拓，2006）。

目前，我国在沙漠化治理的成本估算方面仍然存在一些问题。例如沙漠化防治的成本估算难以满足生态补偿需求，而且更为重要的是在未考虑生态系统服务价值基础上制定的生态补偿标准难以有效维持农户治理行为的稳定性，进而影响到治理效果（Cao et al.，2009）；另外，评价方式和估算手段的多样化造成的成本误区，也是沙漠化治理面临的主要问题。例如，人工种植技术成本表面高，但结合现行国家标准和治理成效来看，其成本并不高，关键是计算成本、结果评定的标准不同（乌日嘎，2013）。

沙漠化治理成本估算涉及诸多方面，本书主要从直接成本和间接成本两个方面对沙漠化治理成本进行估算。其中，直接成本主要包括沙漠化治理工程基础建设费用和农户补贴两部分，其中工程建设费用主要从工程角度进行估算，方法较为成熟，本章计算中主要考虑农户补贴部分。影响补贴费用的因素很多，就放牧政策和土地利用政策的实施而言，禁牧率的提高和植树种草范围的扩大都会导致补贴费用的增加，休牧月份的选择和不同的植被立地条件也都会对补贴费用产生影响。间接成本主要指沙漠化治理过程中所产生的社会成本，主要包括社会对生态系统服务供给以及水资源消耗所支付的费用。从生态系统服务消费-补偿视角来看，沙漠化治理引起的防风固沙、碳汇等生态系统服务功能的增加作为一种“公共产品或服务”也需要纳入成本核算中（Reed et al.，2015；Tan and Li，2015）；此外，以造林活动为核心的生态工程对水资源的占用也是巨大的，因此在沙漠化治理的间接成本核算也应该关注水资源消耗的成本问题（图5-1）。

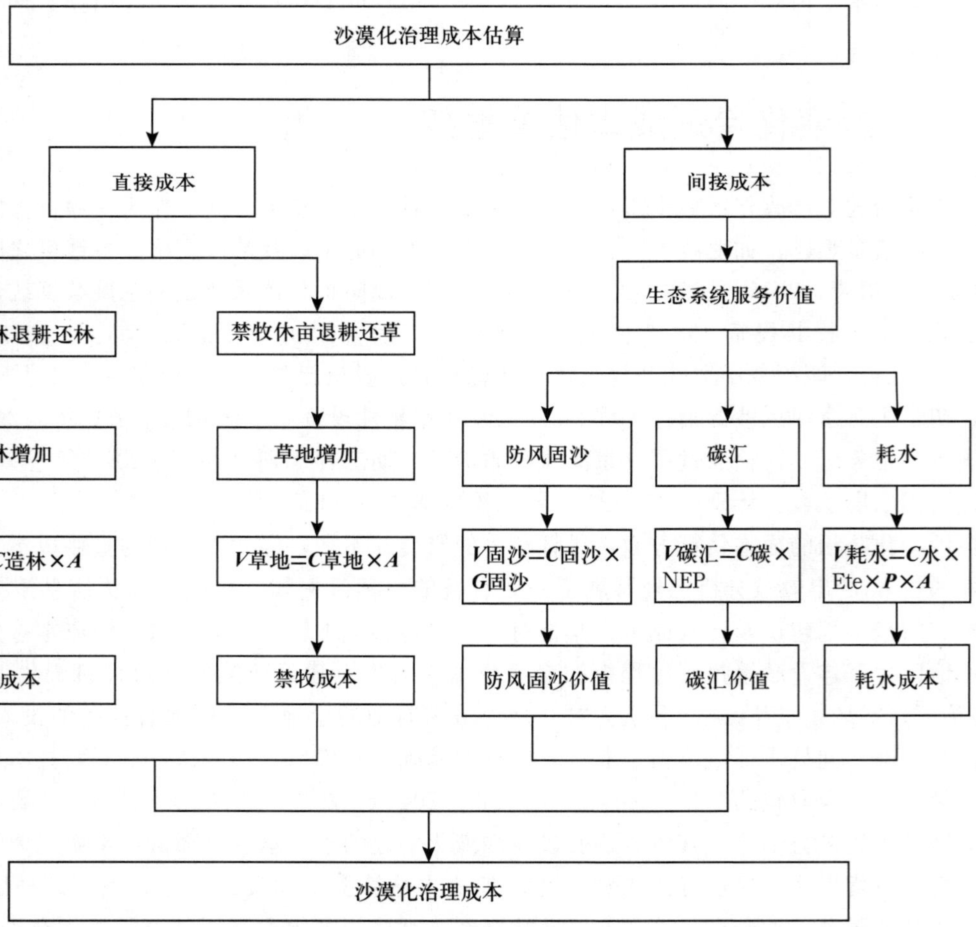


**图5-1　沙漠化治理估算框架**

## 5.2　沙漠化治理直接成本估算

### 5.2.1　数据来源

本节主要基于中国北方沙区不同时期土地利用数据的变化，计算沙漠化治理的直接成本。其中，土地利用数据主要包括 1981—2010 年不同时期的土地利用数据，来源于中国科学院（http://www.resdc.cn/），以及 2010—2030 年不同情景下的土地利用数据，包括基准年、湿润年、干燥年以及人类活动的正相关、负相关干扰情景。研究区行政区划矢量数据集来源于中国科学院资源环境科学数据中心，该数据经过了精度和质量控制，数据来源可靠。行政区划矢量数据集主要用于北方沙区的划分，以及将矢量边界作为掩膜提取北方沙区不同土地利用类型等栅格数据集。

### 5.2.2　核算方法

沙漠化治理直接成本估算主要包括两部分，一是人工造林等生态工程促进林地面积有所增加，二是禁牧工程等促进草地面积有所增加。因此，基于不同生态工程的补贴成本，对不同时期以及不同情景下林地和草地的变化情况，估算沙漠化直接治理成本，计算公式如下：

$$V_{造林}=C_{造林}\times A_{造林} \tag{5-1}$$

式中：$V_{造林}$为沙漠化治理中造林的总成本（元）；$C_{造林}$为每评估公里的造林成本（元/ $km^2$）；$A_{造林}$为该时期新增的造林面积（ $km^2$）；其中，$C_{造林}$参考西部六省造林补贴，定为 300 000 元/ $km^2$。

$$V_{草地}=C_{草地}\times A_{草地} \tag{5-2}$$

式中：$V_{草地}$为沙漠化治理中禁牧的总成本（元）；$C_{草地}$为每评估公里的禁牧成本（元/ $km^2$）；$A_{草地}$为该时期新增的草地面积（ $km^2$），其中 $C_{草地}$参考围栏封育以及草畜平衡补贴（表 5-1），定为 70 000 元/ $km^2$。

**表 5-1　各项生态工程政策补贴成本**

| 生态工程 | 补贴标准 | 来源 |
|---|---|---|
| 退耕还林 | 长江流域及南方地区：105 元/(亩・a) | 《中央财政林业补助资金管理办法》 |
| | 黄河流域及北方地区：70 元/(亩・a) | |
| | 还生态林补助 8 年 | |
| | 还经济林补助 5 年 | |
| | 还草补助 2 年 | |
| | 种苗和造林费：50 元/亩（一次性补助） | |
| | 宜林荒山荒地、荒滩、荒沙造林补助标准：50 元/亩（一次性补助） | |
| 造林补贴 | 人工营造，乔木林和木本油料林：200 元/亩 | |
| | 灌木林：120 元/亩 | |
| | 西部六省灌木林：200 元/亩 | |
| | 水果、木本药材等其他林木、竹林：100 元/亩 | |
| | 迹地人工更新、低产低效林改造：100 元/亩 | |

续表5-1

| 生态工程 | 补贴标准 | 来源 |
|---|---|---|
| 草场建设 | 人工种草60元/亩<br>飞播牧草50元/亩<br>围栏封育40元/亩<br>基本草场建设80元/亩 | 《新一轮草原生态保护补助奖励政策实施指导意见（2016—2020年）》 |
| 禁牧补助 | 禁牧：7.5元/(亩·a)，5年为一个补助周期<br>草畜平衡奖励：2.5元/(亩·a) | |
| 圈舍建设 | 圈舍建设：150元/$m^2$，饲草机械购置每台补助2000元。每禁牧1 $hm^2$草地，每天补助饲料粮0.225 kg，按全年禁牧180 d计，补助期限为5年 | |
| 小流域综合治理 | 20万元/ $km^2$ | |

## 5.2.3 结果分析

### 5.2.3.1 1981—2010年沙漠化治理直接成本

1981—2010年沙治理总面积达321 344 $km^2$，不同沙区的荒漠化治理面积存在明显的空间差异（图5-2）。其中，林地面积增加72 768 $km^2$，草地面积增加248 576 $m^2$。林地增加的区域主要分布在南部的三江源、科尔沁沙区。草地增加的区域分布较广，主要分布在柴达木、科尔沁沙区。

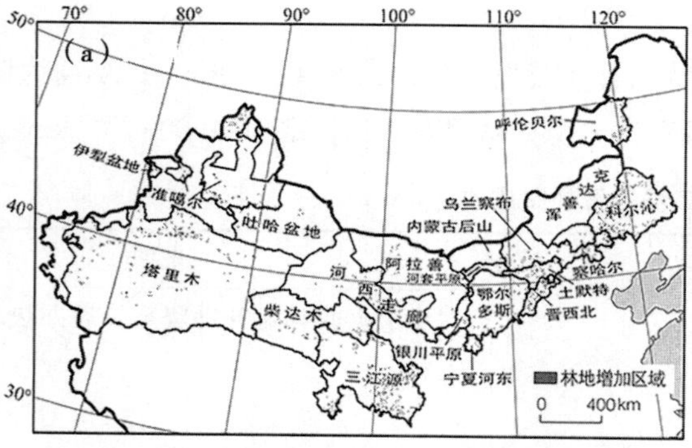


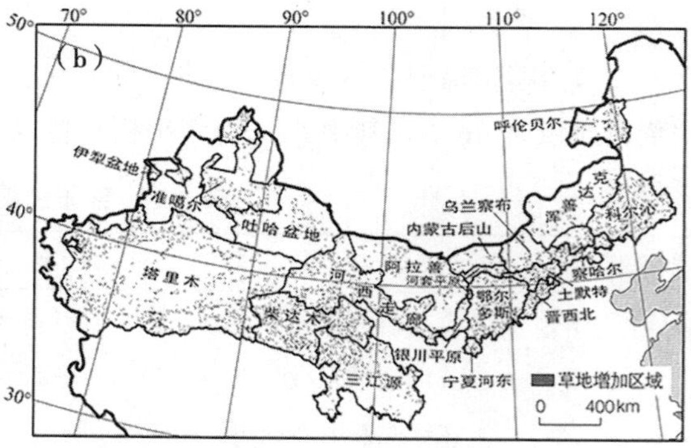


**图5-2 1981—2010年北方沙区林地增加（a）、草地增加（b）空间分布**

1981—2010年间，中国北方沙区荒漠化治理直接成本共39.23亿元，其中人工造林方面治理成本共21.83亿元，对草场禁牧等措施治理成本共17.4亿元。

### 5.2.3.2 2011—2030年不同情景下沙漠化治理直接成本

1. 情景1：基准情景

在气候基本无变化、未来沙漠化治理政策基本不发生改变的情景下，林地面积增加182 848 $km^2$，主要分布西南部的三江源以及塔里木地区，草地面积增加318 208 $km^2$（图5-3）。直接治理成本方面，人工造林治理成本共54.85亿元，对草场禁牧等措施治理成本22.27亿元。

2. 情景2：气候基本无变化、治理政策积极

在气候基本无变化、未来沙漠化治理政策相对积极的情景下，林地面积增加198 464 $km^2$，较基准情景增加了15 616 $km^2$，草地面积增加了320 512 $km^2$，较基准情景增加了2 304 $km^2$（图5-4）。治理成本方面，人工造林治理成本共59.54亿元，对草场禁牧等措施治理成本22.44亿元。

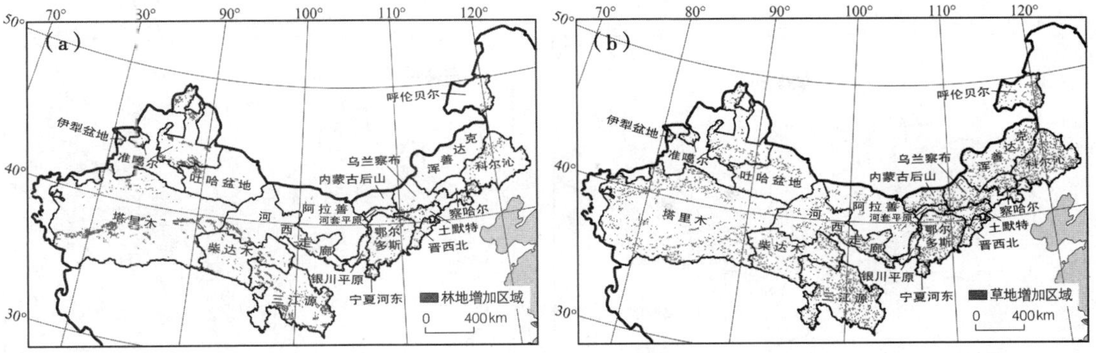

图 5-3　基准情景下 2011—2030 年北方沙区林地增加 (a)、草地增加 (b) 空间分布

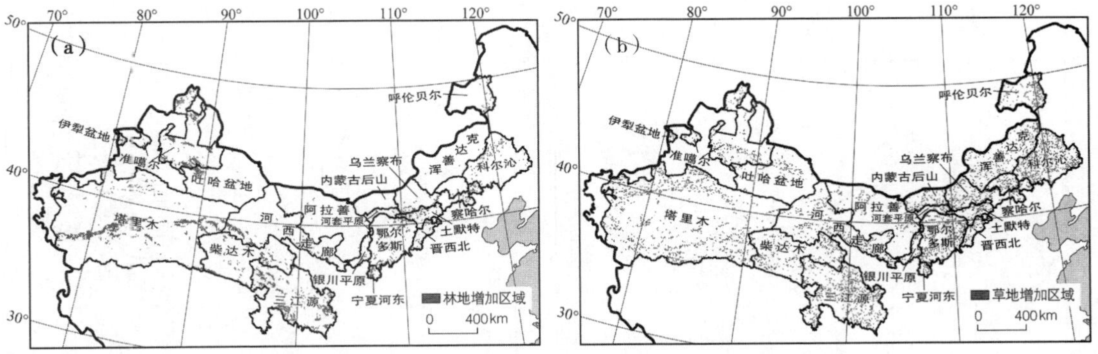

图 5-4　气候基本无变化、治理政策积极情景 2011—2030 年北方沙区林地增加 (a)、草地增加 (b) 空间分布

3. 情景 3：气候基本无变化、治理政策消极

在气候基本无变化、未来沙漠化治理政策相对消极的情景下，林地面积增加 165 824 $km^2$，较基准情景减少了 17 024 $km^2$；草地面积增加 316 224 $km^2$，较基准情景减少了 1 984 $km^2$（图 5-5）。治理成本方面，人工造林治理成本共 49.75 亿元，对草场禁牧等措施治理成本 22.14 亿元。

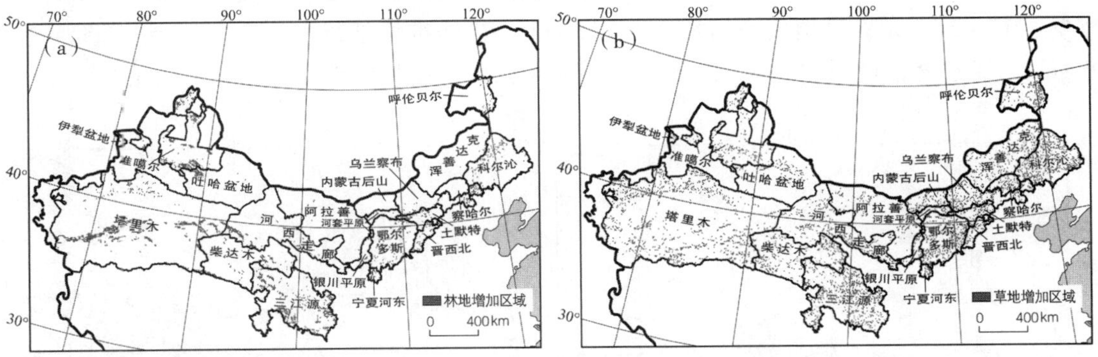

图 5-5　气候基本无变化、治理政策消极情景 2011—2030 年北方沙区林地增加 (a)、草地增加 (b) 空间分布

4. 情景 4：气候趋于湿润、治理政策维持现状

在气候趋于湿润、未来沙漠化治理政策基本保持不变的情景下，林地面积增加 182 848 $km^2$，主要分布西南部的三江源以及塔里木，草地面积增加 318 208 $km^2$（图 5-6）。直接治理成本方面，人工造林治理成本共 54.85 亿元，对草场禁牧等措施治理成本 22.27 亿元。

5. 情景 5：气候趋于湿润、治理政策积极

在气候趋于湿润、未来沙漠化治理政策较为积极的情景下，林地面积增加 198 464 $km^2$，较基准情景增加了 15 616 $km^2$；草地面积增加 320 512 $km^2$，较基准情景增加了 2 304 $km^2$（图 5-7）。治理

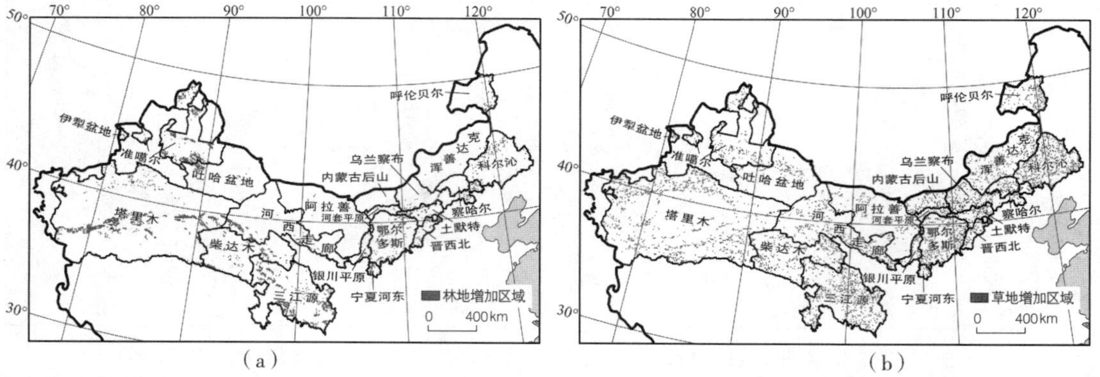


**图 5-6 气候趋于湿润、治理政策维持现状情景 2011—2030 年北方沙区林地增加 (a)、草地增加 (b) 空间分布**

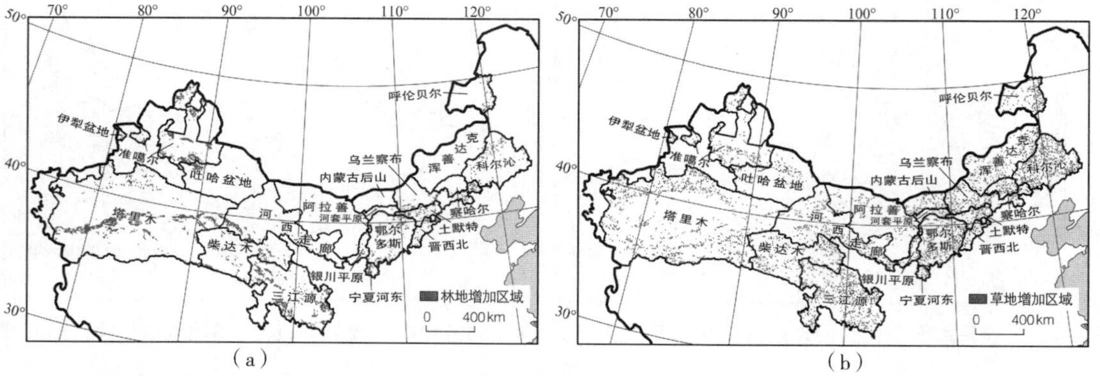


**图 5-7 气候趋于湿润、治理政策积极情景 2011—2030 年北方沙区林地增加 (a)、草地增加 (b) 空间分布**

成本方面，人工造林治理成本共 59.54 亿元，对草场禁牧等措施治理成本 22.44 亿元。

6. 情景 6：气候趋于湿润、治理政策消极

在气候趋于湿润、未来沙漠化治理政策较为消极的前提下，林地面积增加 165 824 $km^2$，较基准情景减少了 17 024 $km^2$；草地面积增加 316 224 $km^2$，较基准情景减少了 1 984 $km^2$（图 5-8）。治理成本方面，人工造林治理成本共 49.75 亿元，对草场禁牧等措施治理成本 22.14 亿元。

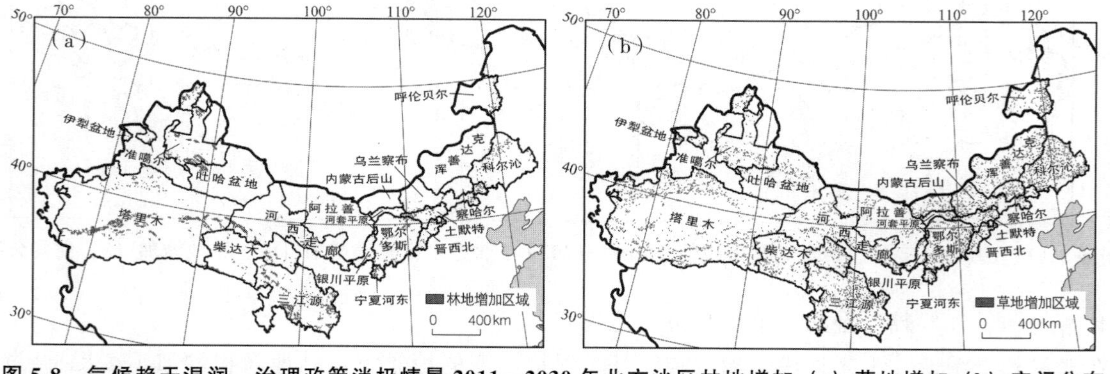


**图 5-8 气候趋于湿润、治理政策消极情景 2011—2030 年北方沙区林地增加 (a) 草地增加 (b) 空间分布**

7. 情景 7：气候趋于干旱、治理政策维持现状

在气候趋于干旱、未来沙漠化治理政策基本维持现状的情景下，林地面积增加 182 848 $km^2$，主要分布西南部的三江源以及塔里木地区，草地面积增加 318 208 $km^2$（图 5-9）。直接治理成本方面，人工造林治理成本共 54.85 亿元，对草场禁牧等措施治理成本 22.27 亿元。

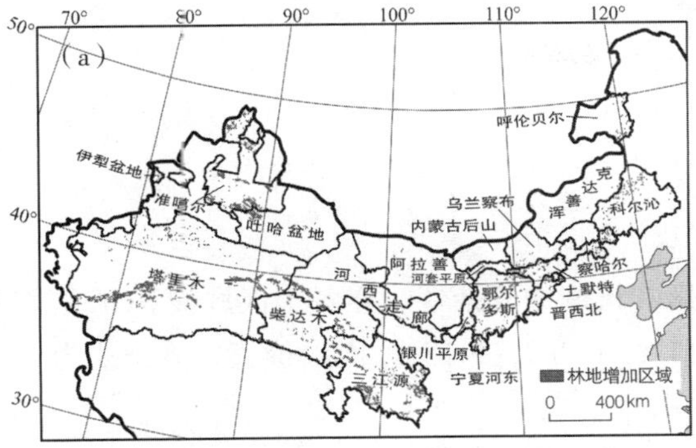


**图 5-9　气候趋于干旱、治理政策维持现状情景 2011—2030 年北方沙区林地增加 (a)、草地增加 (b) 空间分布**

8. 情景 8：气候趋于干旱、治理政策积极

在气候趋于干旱、未来沙漠化治理政策相对积极的情景下，林地面积增加 198 464 km$^2$，较基准情景，增加了 15 616 km$^2$，草地面积增加 320 512 km$^2$，较基准情景，增加了 2 304 km$^2$（图 5-10）。治理成本方面，人工造林治理成本共 59.54 亿元，对草场禁牧等措施治理成本 22.44 亿元。

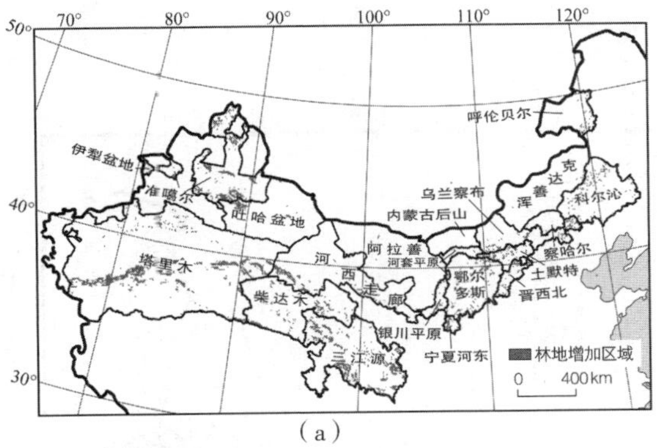


**图 5-10　气候趋于干旱、治理政策积极情景 2011—2030 年北方沙区林地增加 (a)、草地增加 (b) 空间分布**

9. 情景 9：气候趋于干旱、治理政策消极

在气候趋于干旱、未来沙漠化治理政策相对消极的情景下，林地面积增加 165 824 km$^2$，较基准情景减少了 17 024 km$^2$；草地面积增加 316 224 km$^2$，较基准情景减少了 1 984 km$^2$（图 5-11）。治理成本方面，人工造林治理成本共 49.75 亿元，对草场禁牧等措施治理成本 22.14 亿元。

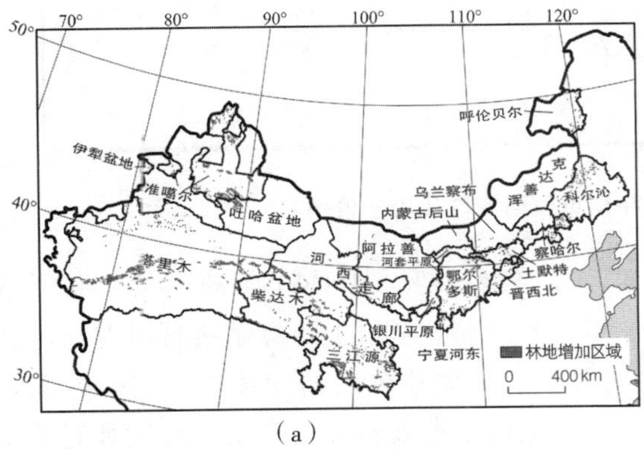


**图 5-11　气候趋于干旱、治理政策消极情景 2011—2030 年北方沙区林地增加 (a)、草地增加 (b) 空间分布**

# 5.3 沙漠化治理间接成本估算

## 5.3.1 防风固沙生态系统服务价值估算

### 5.3.1.1 核算方法

鉴于防风固沙服务功能显著的外部性效应以及影响机制的复杂性，在各个区域核算方法难以获得统一的标准。根据《荒漠生态系统服务评估规范》(LY/T 2006-2012)，固沙价值计算公式为

$$V_{固沙}=C_{固沙}\times G_{固沙} \tag{5-3}$$

式中：$V_{固沙}$为荒漠生态系统防风固沙总价值；$C_{固沙}$为单位质量沙尘清理费用，参考工业粉尘排污收费标准为 150 元/t；$G_{固沙}$为固沙量，计算结果参考第 4 章。

### 5.3.1.2 结果分析

1. 1981—2010 年中国北方防风固沙生态系统服务价值评估

基于第 4 章防风固沙量的计算结果，对中国北方地区植被的防风固沙总价值量进行计算。1981—2010 年该区域防风固沙总价值为 33 400 亿元，具有重要的防止土壤侵蚀、保持土壤肥力的生态服务价值。防风固沙价值量的空间分布与物质量基本一致（图 5-12）。

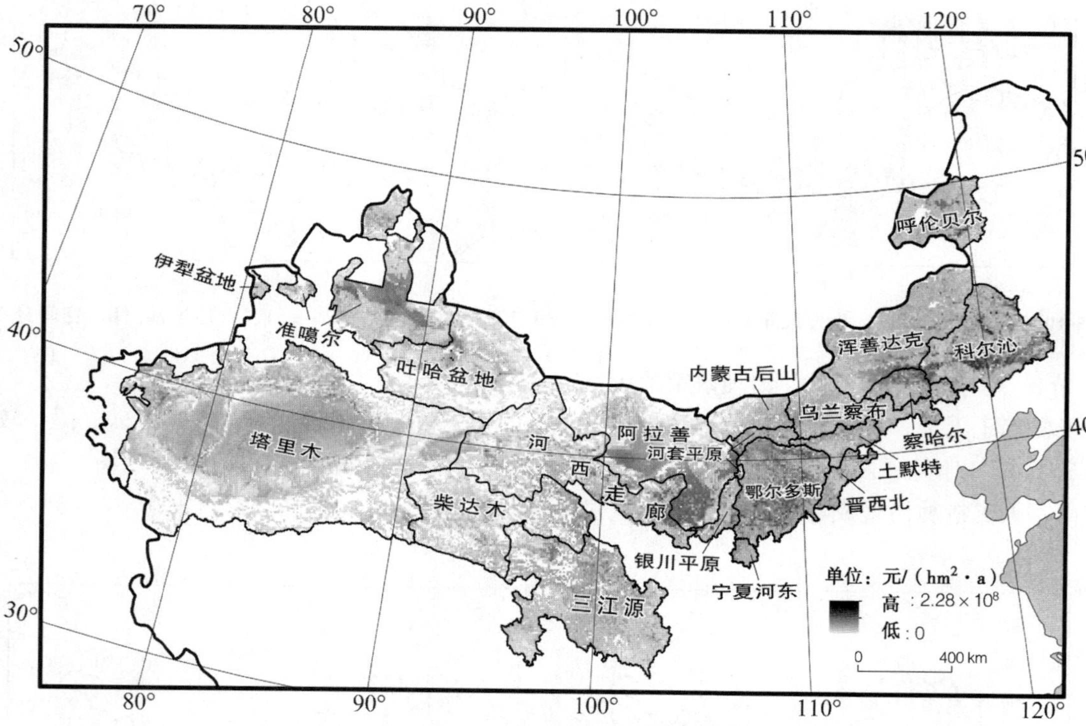


**图 5-12 1981—2010 年多年平均单位面积防风固沙价值**

1981—2010 年间，中国北方的防风固沙价值呈波动中增加趋势，从 1981 年的 10 700 亿元增加至 2010 年的 12 100 亿元。京津风沙源一期工程自 2002 年开始启动，从以上计算结果可以看出，2002—2009 年中国北方的防风固沙价值明显增加。尽管目前关于防风固沙价值的计算尚无统一标准，不同的方法计算结果也有所不同，但不难看出，生态工程的实施对于提高沙区生产生活环境具有重要意义（图 5-13）。

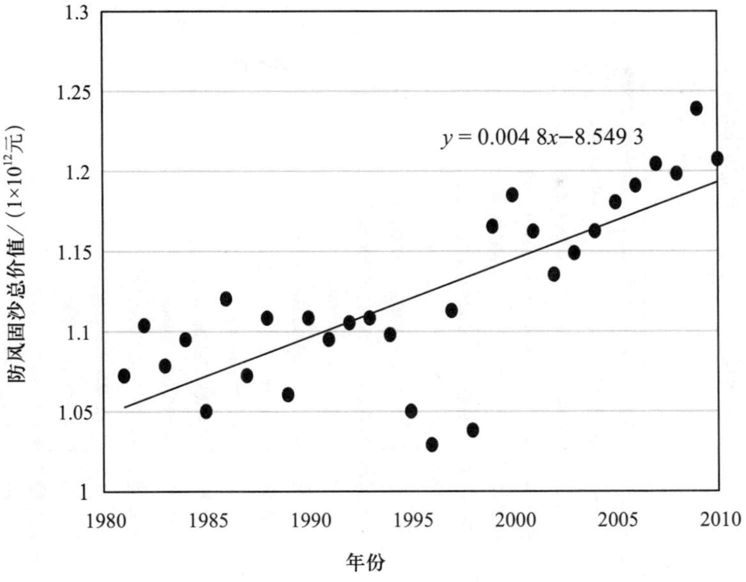


**图 5-13　1981—2010 年防风固沙总价值**

2. 2011—2030 年不同情景下防风固沙生态系统服务价值

（1）情景 1：基准情景　在气候基本无变化，未来沙漠化治理政策基本不发生改变的前提下，2011—2030 年该区域防风固沙总价值为 254 000 亿元，其多年平均单位面积防风固沙价值如图 5-14 所示，可以看出中国北方沙区的塔里木盆地是西部防风固沙价值较高的地区，东部的鄂尔多斯以及科尔沁地区防风固沙价值较高。

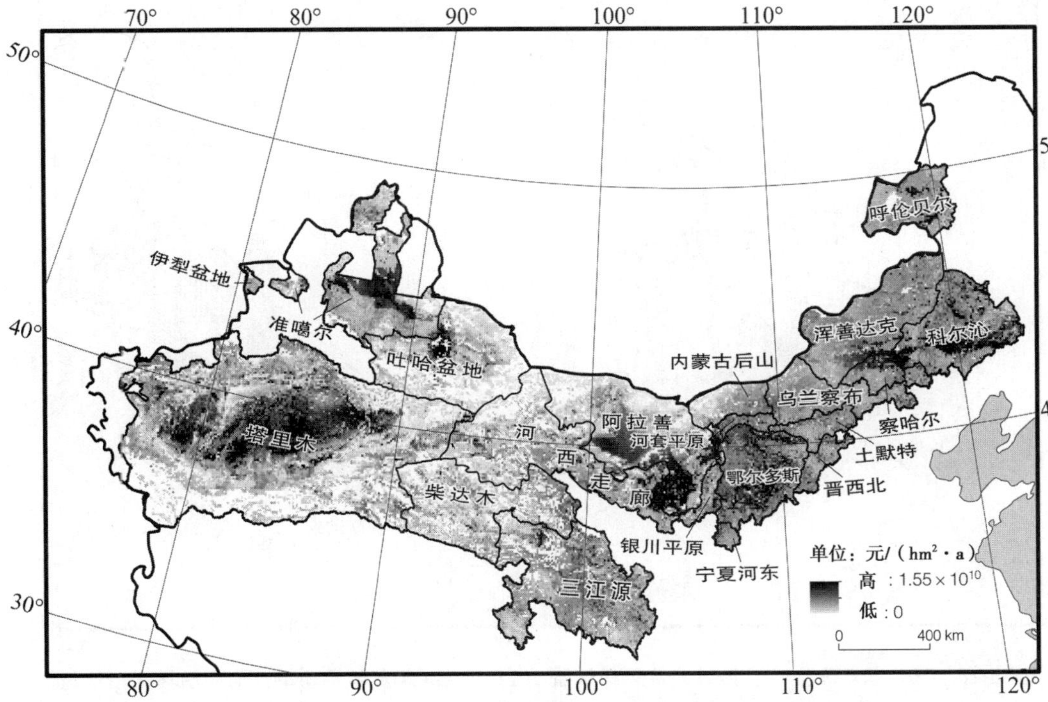


**图 5-14　基准情景 2011—2030 年多年平均单位面积防风固沙价值**

其中，分区统计如图 5-15 所示，鄂尔多斯防风固沙平均价值最高，达 5 370 万元/($hm^2$·a)，科尔沁、察哈尔防风固沙平均价值列第二和第三，分别为 4 580 万元/($hm^2$·a) 以及 4 190 万元/($hm^2$·a)，柴达木盆地最低为 1 770 万元/($hm^2$·a)。

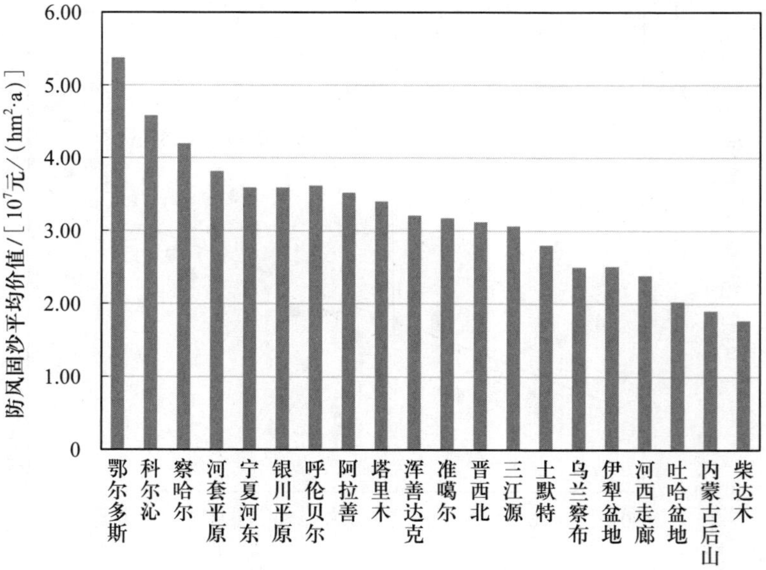


**图 5-15 基准治理情景 2011—2030 年各地区防风固沙平均价值**

(2) 情景 2:气候基本无变化、治理政策积极 在气候基本无变化、未来沙漠化治理政策相对积极的前提下,该区域防风固沙总价值为 252 000 亿元,其多年平均单位面积防风固沙价值如图 5-16 所示,可以看出中国北方沙区的塔里木盆地是西部防风固沙价值较高的地区,东部的银川平原、鄂尔多斯以及科尔沁地区防风固沙价值较高。

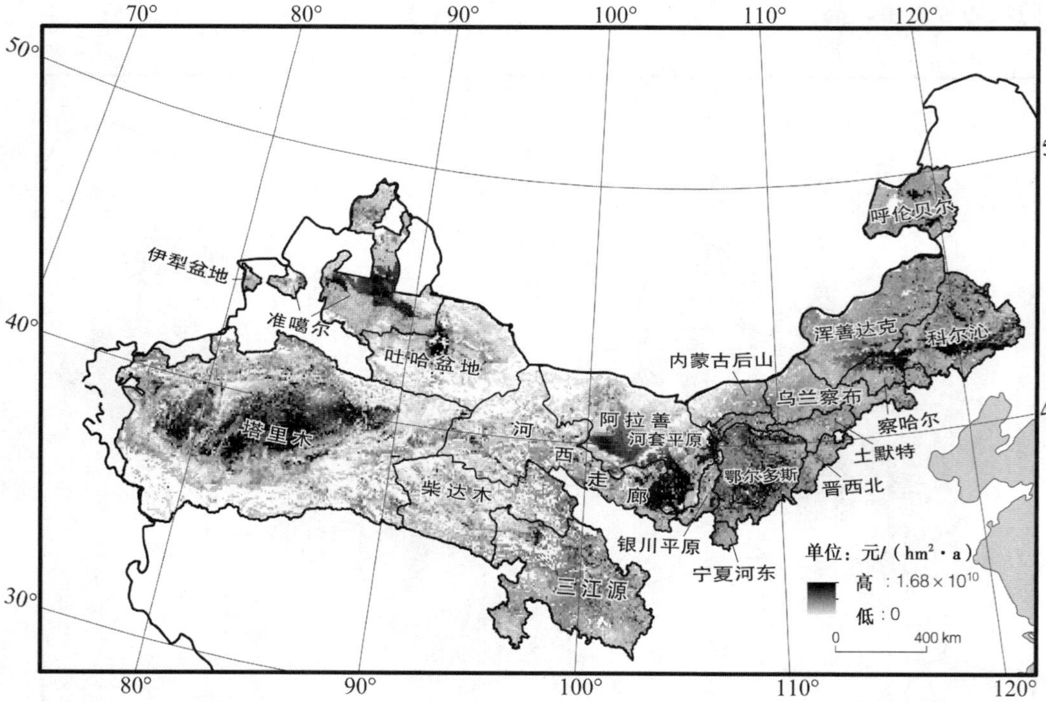


**图 5-16 气候基本无变化、治理政策积极情景 2011—2030 年多年平均单位面积防风固沙价值**

其中,分区统计如图 5-17 所示,鄂尔多斯、科尔沁、察哈尔防风固沙平均价值排前三位,分别为 5 350 万元/($hm^2$·a)、4 570 万元/($hm^2$·a)、4 240 万元/($hm^2$·a),吐哈盆地、内蒙古后山、柴达木盆地排末位三位,分别为 2 030 万元/($hm^2$·a)、1 870 万元/($hm^2$·a)、1 710 万元/($hm^2$·a)。

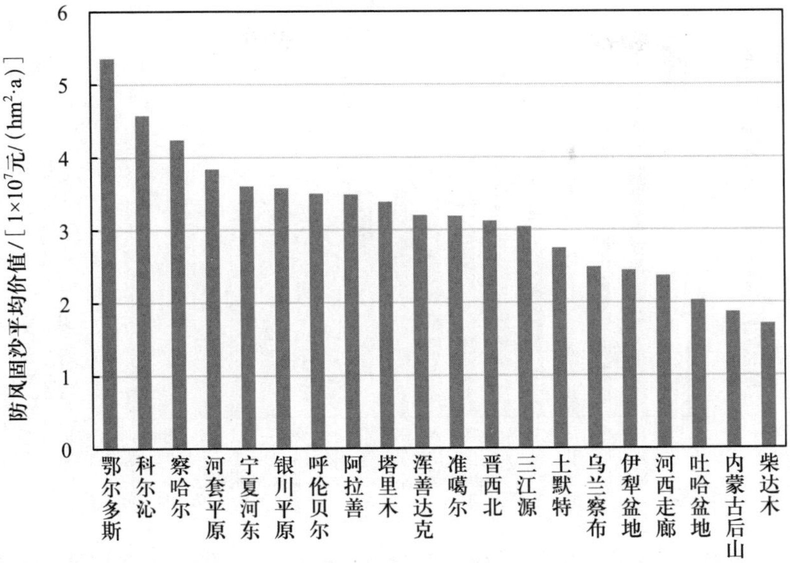


**图 5-17　气候基本无变化、治理政策积极情景 2011—2030 年各地区防风固沙平均价值**

（3）情景 3：气候基本无变化、治理政策消极　在气候基本无变化、未来沙漠化治理政策相对消极的情景下，该区域防风固沙总价值为 248 000 亿元，其多年平均单位面积防风固沙价值如图 5-18 所示，可以看出中国北方沙区的塔里木盆地是西部防风固沙价值较高的地区，东部的银川平原、鄂尔多斯以及科尔沁地区防风固沙价值较高。

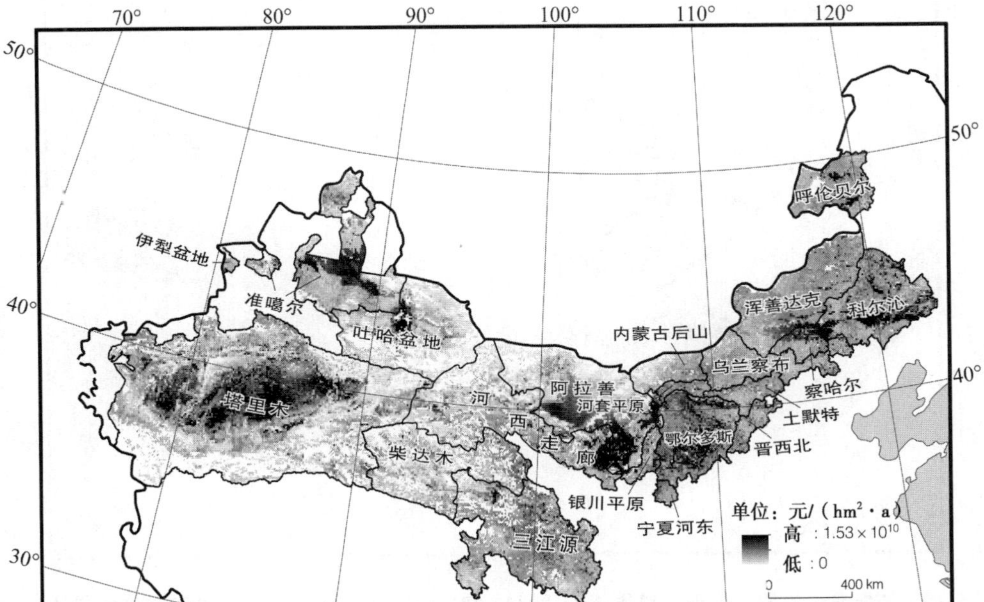


**图 5-18　气候基本无变化、治理政策消极情景 2011—2030 年多年平均单位面积防风固沙价值**

其中，分区统计如图 5-19 所示，鄂尔多斯防风固沙平均价值最高，达 5 370 万元/($hm^2$·a)，科尔沁、察哈尔防风固沙价值列第二、第三位，分别为 4 570 万元/($hm^2$·a)、4 280 万元/($hm^2$·a)，柴达木盆地最低，为 1 670 万元/($hm^2$·a)。

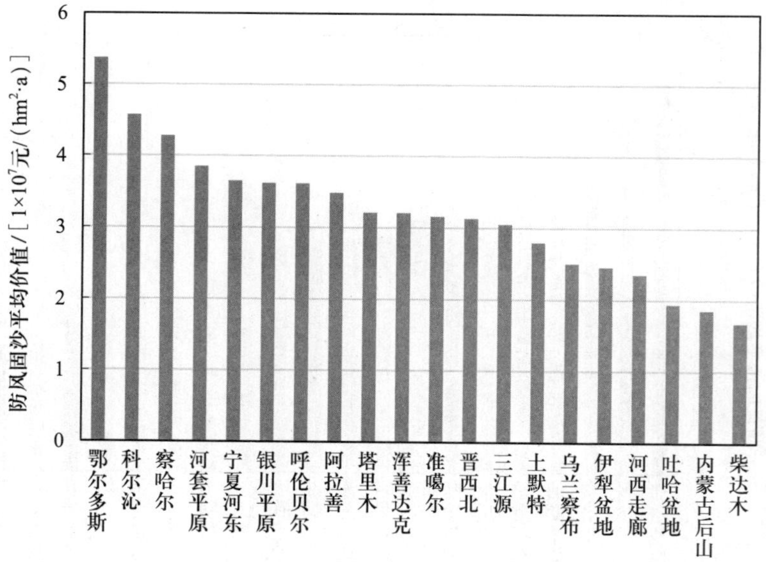


图 5-19　气候基本无变化、治理政策消极情景 2011—2030 年情景各地区防风固沙平均价值

（4）情景 4：气候趋于湿润、治理政策维持现状　在气候趋于湿润、未来沙漠化治理政策基本保持不变的情景下，该区域防风固沙总价值为 256 000 亿元，其多年平均单位面积防风固沙价值如图 5-20 所示，可以看出中国北方沙区的塔里木盆地是西部防风固沙价值较高的地区，东部的银川平原、鄂尔多斯以及科尔沁地区防风固沙价值较高。

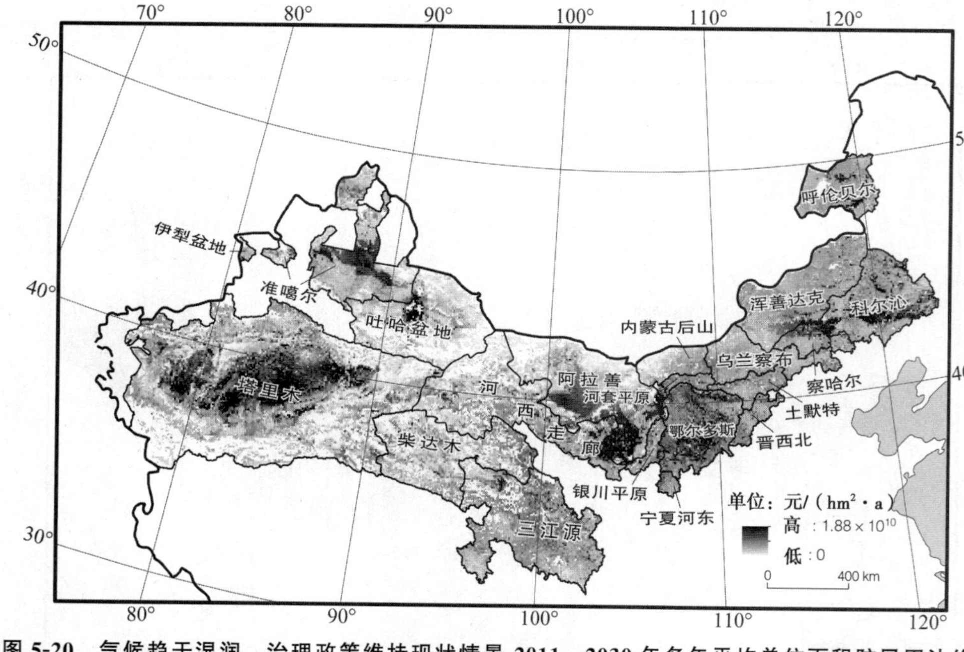


图 5-20　气候趋于湿润、治理政策维持现状情景 2011—2030 年多年平均单位面积防风固沙价值

其中，分区统计如图 5-21 所示，鄂尔多斯防风固沙平均价值最高，达 5 360 万元/(hm$^2$·a)，科尔沁位列第二，防风固沙价值达 4 570 万元/(hm$^2$·a)，柴达木盆地最低，为 1 720 万元/(hm$^2$·a)。

（5）情景 5：气候趋于湿润、治理政策积极　在气候趋于湿润、未来沙漠化治理政策较为积极的情景下，该区域防风固沙总价值为 257 000 亿元，其多年平均单位面积防风固沙价值如图 5-22 所示，可以看出中国北方沙区的塔里木盆地是西部防风固沙价值较高的地区，东部的银川平原、鄂尔多斯以及科尔沁地区防风固沙价值较高。

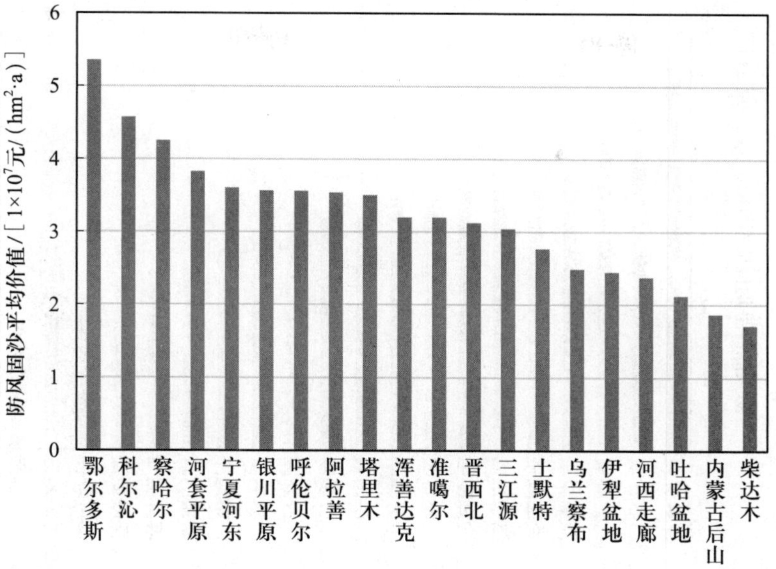


**图 5-21　气候趋于湿润、治理政策维持现状情景 2011—2030 年各地区防风固沙平均价值**

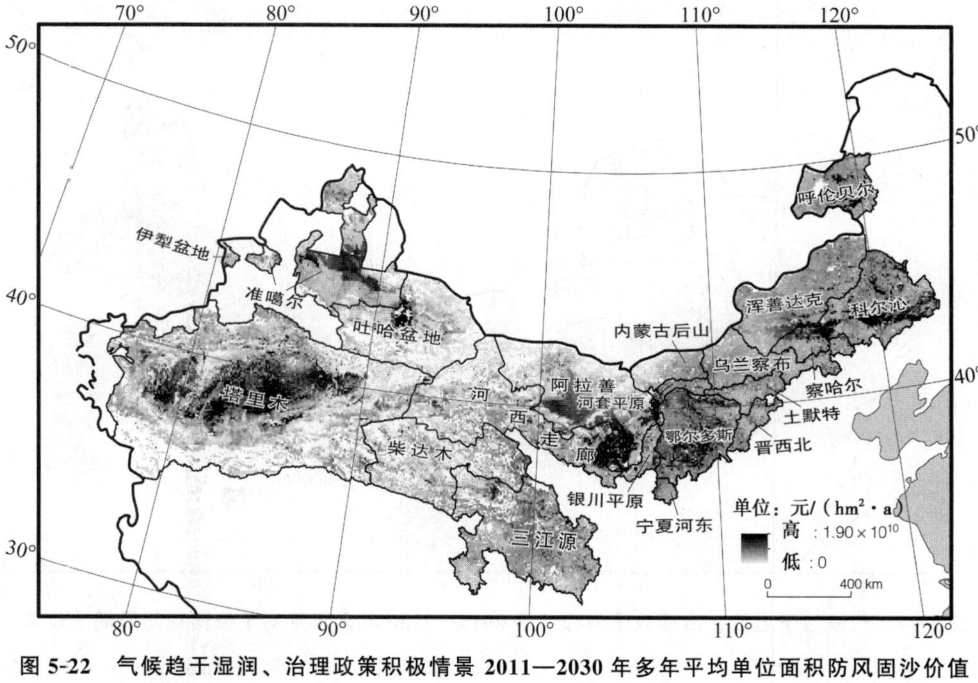


**图 5-22　气候趋于湿润、治理政策积极情景 2011—2030 年多年平均单位面积防风固沙价值**

其中，分区统计如图 5-23 所示，鄂尔多斯防风固沙平均价值最高，达 5 350 万元/($hm^2$·a)，科尔沁位列第二，达 4 570 万元/($hm^2$·a)，柴达木盆地最低，为 1 730 万元/($hm^2$·a)。

(6) 情景 6：气候趋于湿润、治理政策消极　在气候趋于湿润、未来沙漠化治理政策较为消极的前景下，该区域防风固沙总价值为 256 000 亿元，其多年平均单位面积防风固沙价值如图 5-24 所示，可以看出中国北方沙区的塔里木盆地是西部防风固沙价值较高的地区，东部的银川平原、鄂尔多斯以及科尔沁地区防风固沙价值较高。

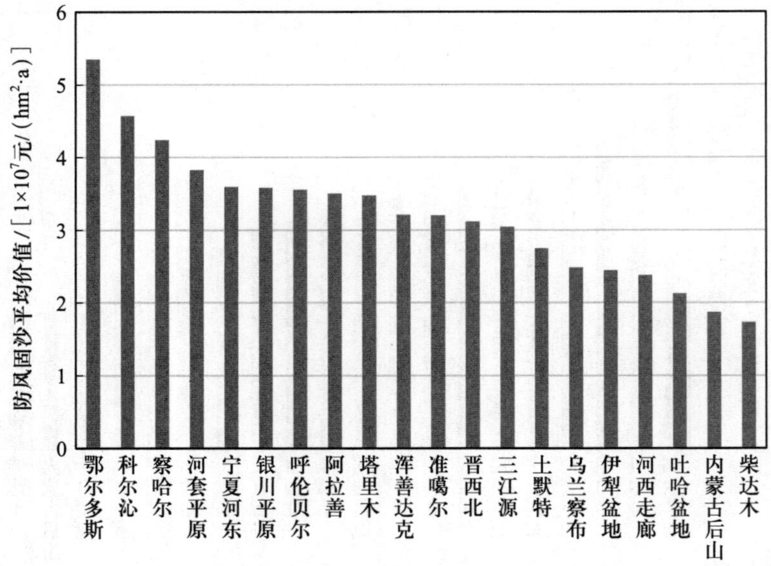


**图 5-23　气候趋于湿润、治理政策积极情景 2011—2030 年各地区防风固沙平均价值**

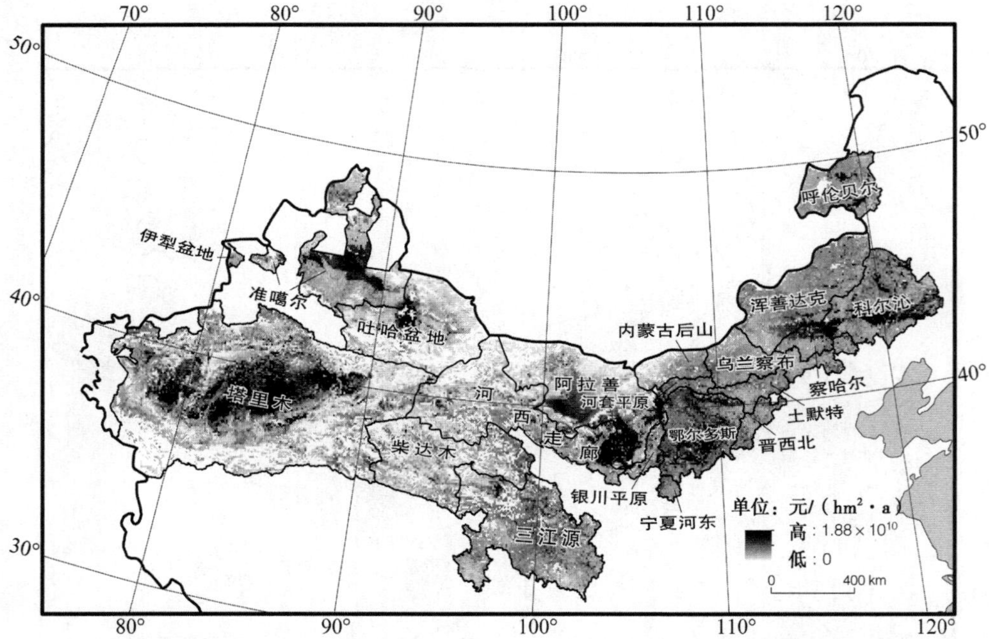


**图 5-24　气候趋于湿润、治理政策消极情景 2011—2030 年多年平均单位面积防风固沙价值**

其中，分区统计如图 5-25 所示，鄂尔多斯防风固沙平均价值最高，达 5 360 万元/($hm^2$·a)，科尔沁位列第二，防风固沙价值达 4 570 万元/($hm^2$·a)，柴达木盆地最低，为 1 720 万元/($hm^2$·a)。

（7）情景 7：气候趋于干旱、治理政策维持现状　在气候趋于干旱，未来沙漠化治理政策基本维持现状的情景下，该区域防风固沙总价值为 254 000 亿元，其多年平均单位面积防风固沙价值如图 5-26 所示，可以看出中国北方沙区的塔里木盆地是西部防风固沙价值较高的地区，东部的银川平原、鄂尔多斯以及科尔沁地区防风固沙价值较高。

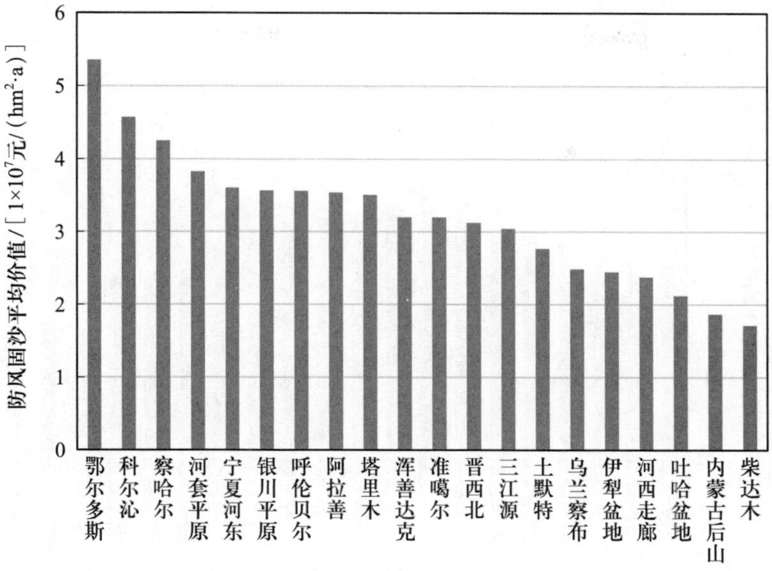


图 5-25　气候趋于湿润、治理政策消极情景 2011—2030 年各地区防风固沙平均价值

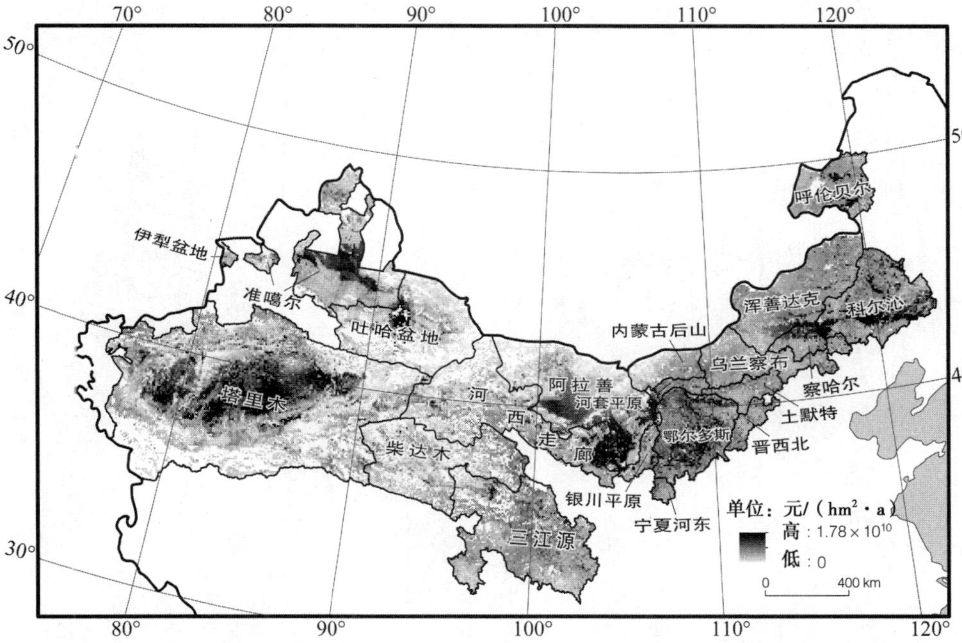


图 5-26　气候趋于干旱、治理政策维持现状情景 2011—2030 年多年平均单位面积防风固沙价值

其中，分区统计如图 5-27 所示，鄂尔多斯防风固沙平均价值最高，达 5 360 万元/(hm$^2$·a)，科尔沁位列第二，达 4 570 万元/(hm$^2$·a)，柴达木盆地最低，为 1 700 万元/(hm$^2$·a)。

(8) 情景 8：气候趋于干旱、治理政策积极　在气候趋于干旱、未来沙漠化治理政策相对积极的情景下，该区域防风固沙总价值为 252 000 亿元，其多年平均单位面积防风固沙价值如图 5-28 所示，可以看出中国北方沙区的塔里木盆地是西部防风固沙价值较高的地区，东部的银川平原、鄂尔多斯以及科尔沁地区防风固沙价值较高。

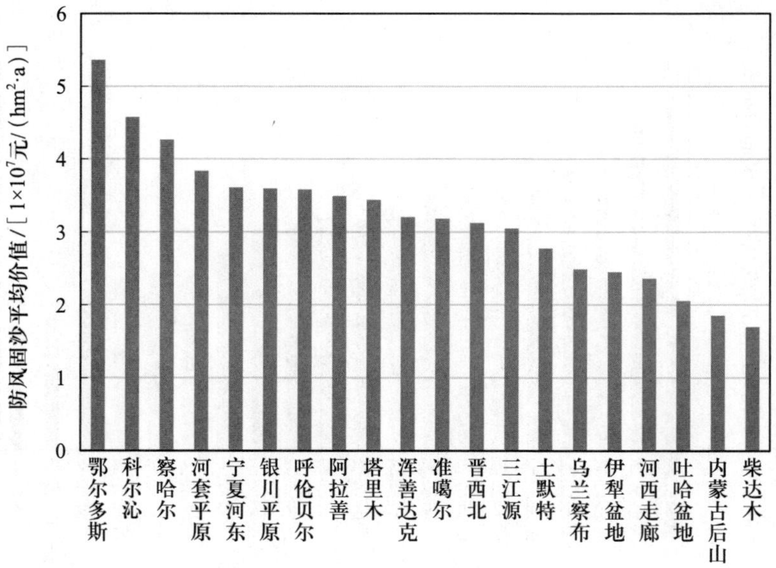


**图 5-27　气候趋于干旱、治理政策维持现状情景 2011—2030 年各地区防风固沙平均价值**

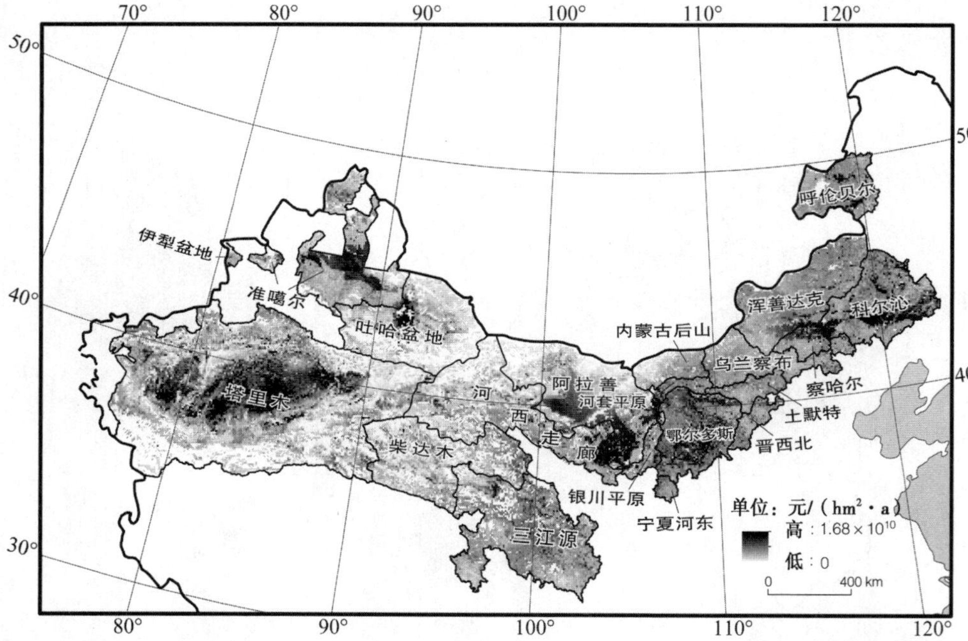


**图 5-28　气候趋于干旱、治理政策积极情景 2011—2030 年多年平均单位面积防风固沙价值**

其中，分区统计如图 5-29 所示，鄂尔多斯防风固沙平均价值最高，达 4 350 万元/(hm$^2$·a)，科尔沁位列第二，达 4 570 万元/(hm$^2$·a)，柴达木盆地最低，为 1 710 万元/(hm$^2$·a)。

(9) 情景 9：气候趋于干旱、治理政策消极　在气候趋于干旱、未来沙漠化治理政策相对消极的情景下，该区域防风固沙总价值为 248 000 亿元，其多年平均单位面积防风固沙价值如图 5-30 所示，可以看出中国北方沙区的塔里木盆地是西部防风固沙价值较高的地区，东部的银川平原、鄂尔多斯以及科尔沁地区防风固沙价值较高。

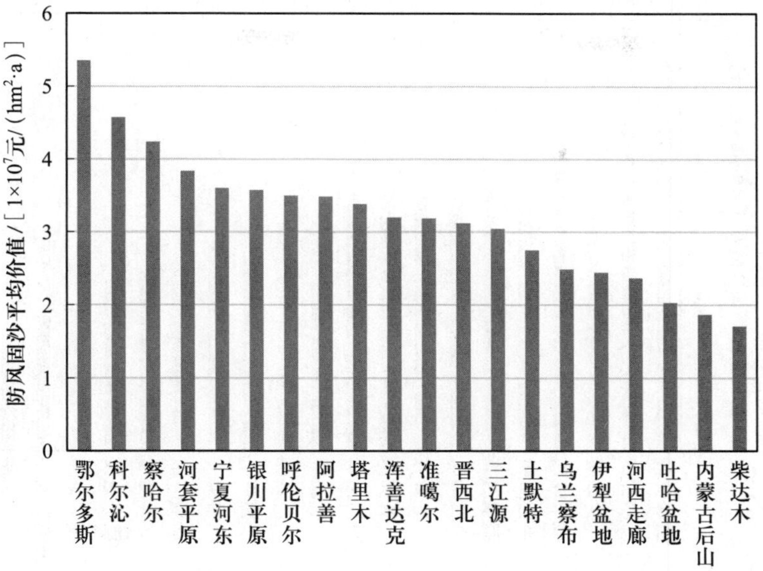


**图 5-29　气候趋于干旱、治理政策积极情景 2011—2030 年各地区防风固沙平均价值**

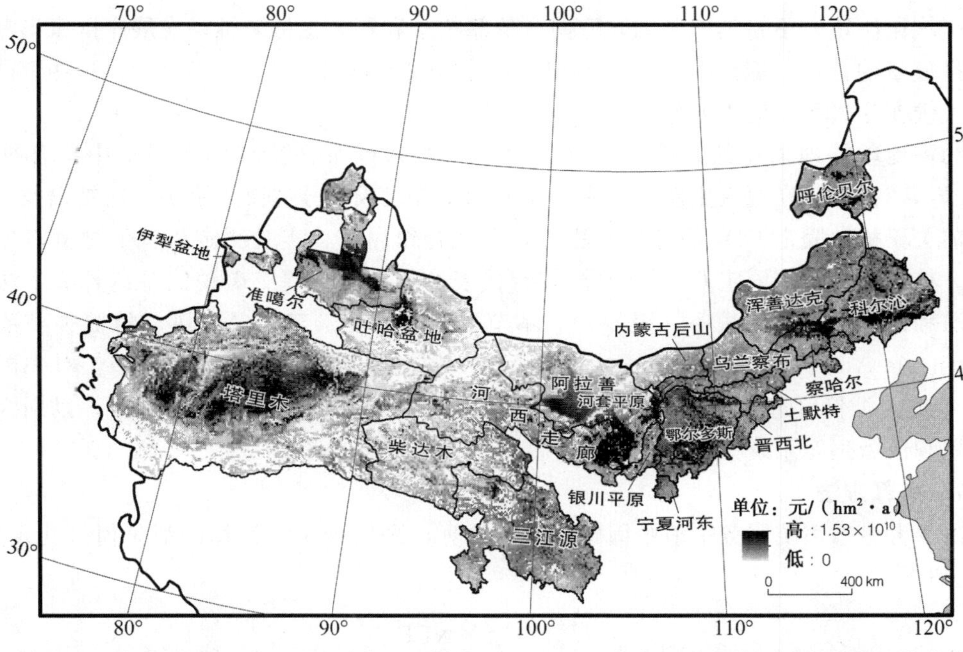


**图 5-30　气候趋于干旱、治理政策消极情景 2011—2030 年多年平均单位面积防风固沙价值**

其中，分区统计如图 5-31 所示，鄂尔多斯防风固沙平均价值最高，达 5 370 万元/($hm^2$·a)，科尔沁位列第二，达 4 570 万元/($hm^2$·a)，柴达木盆地最低，为 1 670 万元/($hm^2$·a)。

### 5.3.2　碳汇生态系统服务价值估算

碳汇对于减少温室效应、调节气候变化具有重要意义。而通过购买碳汇获得温室气体排放权的方式，成为世界各国保持经济发展、实现减排目标的重要途径。在 2009 年召开的哥本哈根气候变化大会上，各方对森林应对气候变化方面达成了高度共识，并写入了《哥本哈根协议》，增加固碳量成为各国应对气候变化的战略举措，而碳汇也成为一种特殊的交易产品。2010 年墨西哥坎昆气候变化大

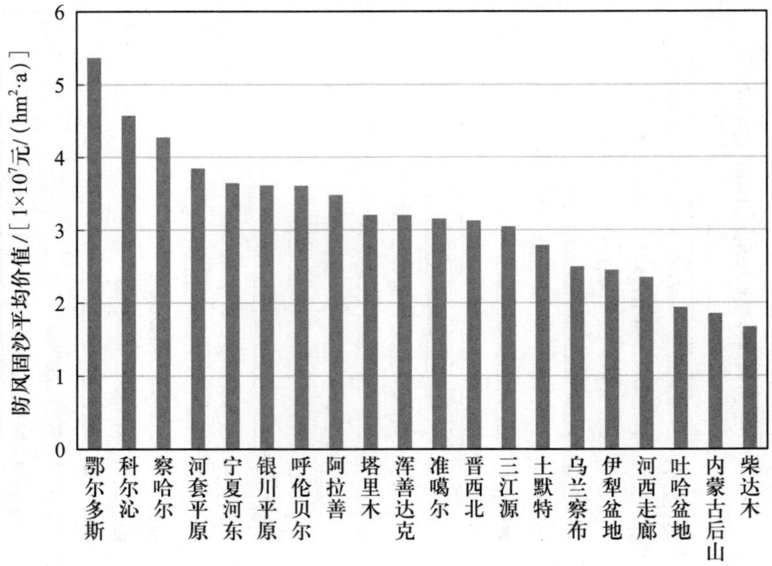


**图 5-31　气候趋于干旱、治理政策消极情景 2010—2030 年各地区防风固沙平均价值**

会上通过的《坎昆协定》中指出，各国政府同意依靠技术和资金支持来推动发展中国家遏制毁林和森林退化所致排放量的行动。据预测，2020 年全球碳市场交易额将达 3 000 亿美元，这些都凸显了碳汇在应对世界气候变化过程中的重要作用。

干旱区约占地球陆地面积的 30%，其生态系统的植被碳汇在全球的碳平衡中具有重要的地位（潘竟虎、文岩，2015）。在荒漠生态系统中，碳库的主要组成部分主要为土壤、植被以及土壤微生物结皮等。目前关于植被固定 $CO_2$ 的计算方法主要有光合作用法、实验测定法、生物量清单法和森林蓄积量法等。核算植被每年固定 $CO_2$ 价值比较有代表性的方法主要有碳税法、造林成本法、人工固定二氧化碳法和避免损害费用法等（表 5-2）。本节以遥感数据、气象及土壤、植被类型数据等为基础，利用 Carnegie-Ames-Stanford Approach（CASA）模型和土壤微生物呼吸模型，对中国北方沙区 1981—2010 年的碳汇价值进行计算，同时预估 2011—2030 年北方沙区的碳汇价值。以期为中国温室气体减排计划和区域生态系统保护措施的制定、实施提供决策参考。

#### 5.3.2.1　核算方法

核算方法参考生态系统服务价值中固碳价值的计算，采用碳税法计算碳汇价值（孔东升、张灏，2014），公式如下：

$$U_{碳} = C_{碳} \times \text{NEP} \tag{5-4}$$

式中：$U_{碳}$ 为实测林分年固碳价值（元/年）；$C_{碳}$ 为固碳价格（元/t），国际通用的瑞典的碳税率 150 美元/t，折合人民币 1 064 元/t；NEP 为碳汇 [gC/(m$^2$ · a)]。

#### 5.3.2.2　结果分析

1. 1981—2010 年中国北方碳汇生态系统服务价值评价

1981—2010 年来，中国北方沙区年均碳汇价值达 870.9 万元/a，单位面积平均碳汇价值如图 5-32 所示，其空间分布与碳汇总量分布趋势接近，可以看出南部的三江源沙区，以及东部的呼伦贝尔、科尔沁以及察哈尔地区碳汇价值较高。

分区统计如图 5-33 所示。其中，晋西北碳汇平均价值最高，达 802.83 元/(hm$^2$ · a)，三江源地区第二，达 711.25 元/(hm$^2$ · a)，塔里木盆地、吐哈盆地与阿拉善最低。

**表 5-2　陆地生态系统固碳价值比较**

| 序号 | 研究区 | 研究时段 | 生态系统类型 | 碳库类型 | 方法 | 固碳量 | 价值参数 | 固碳价值 | 参考文献 |
|---|---|---|---|---|---|---|---|---|---|
| 1 | 江西省鄱阳湖滨湖区 | 2000—2010 年、2015—2040 年 | 海洋、陆地、淡水 | 地上生物质固碳库、地下生物质固碳库、土壤有机质固碳库和死亡有机质固碳库 | InVEST 模型 | 2000—2010 年 170 881.57 t；2015—2040 年 233 809.5 t | 3.67×每 t $CO_2$ 价值；本文采用 66 美元/t | 2000—2010 年 11 278 190.88 美元；2015—2040 年 15 431 427 美元 | 朱华娟，2013 |
| 2 | 陕西省退耕还林区 | 2000—2010 年 | 森林 | 植被 | NPP | 年均固碳量 $2.39\times10^7$ t/a | 1200 元/t | 62.28 亿元/a | 范建忠等，2013 |
| 3 | 黔南州 | 2009 年 | 森林 | 植被 | 森林蓄积量法 | 581.13 万 t $CO_2$ | 欧洲主要交易所碳汇交易的平均价格，取 20 欧元/t $CO_2$（按汇率 1 欧元＝10 元人民币，折算人民币 200 元/t $CO_2$） | 116 225.09 万元 | 孟祥江，2011 |
| 4 | 四川 | 2002—2012 年 | 森林 | 植被、土壤以及土壤中微生物呼吸、分解等释放的碳 | 生态过程模型 | 2002 年 16 623 576 万 t；2012 年 54 106 969 万 t | 碳价格取 5.8 欧元/t (2012 年欧洲 ETS 贸易价格，当时欧元对人民币汇率为 7.8) | 2002 年 1 994 829 万元；2012 年 6 492 836 万元 | 赵海凤，2014 |
| 5 | 西部 | | 荒漠 | | 光合作用反应方程式 | 5 817 万 t/a | 碳税法 | 197.51 亿元/a | 任鸿昌等，2007 |
| 6 | 中国 | | 陆地 | | 光合作用反应方程式 | $1.09\times10^{10}$ t | 造林成本法<br>碳税法 | 造林成本法为 7 730 亿元；碳税法为 36 900 亿元 | 欧阳志云等，1999 |
| 7 | 中国 | | 森林 | | 光合作用反应方程式及 NPP | $26.4\times10^8$ t/a | 造林成本法 273.3 元/t | 7 214 亿元/a | 靳芳等，2005 |
| 8 | 中国 | | 荒漠 | 植被、土壤 | 同上 | 162 722 030.9 t | 市场碳价格 255 元/t | 41 494 117 882 元/a | 崔向慧，2009 |
| 9 | 和田河流域 | | 森林 | | 光合作用反应方程式 | $1.21\times10^8$ kg | 造林成本法<br>碳税法 | 造林成本法 0.11 亿元；碳税法 0.55 亿元 | 杨丽雯等，2006 |

续表5-2

| 序号 | 研究区 | 研究时段 | 生态系统类型 | 碳库类型 | 方法 | 固碳量 | 价值参数 | 固碳价值 | 参考文献 |
|---|---|---|---|---|---|---|---|---|---|
| 10 | 若尔盖高原 | | | | 实验测定法 | 1 759.4 kg $CO_2$/$hm^2$ | 瑞典碳税率 187 美元/t 进行计算，换算为 1 237.6 元/t | 6.92 亿元 | |
| 11 | 山西稷山枣树林 | 2013 年 | 森林 | 植被、土壤 | 枣树林生物量和土壤年均增量 | | 国际通用的瑞典的碳税率 150 美元/t，折合人民币 933 元/t。 | 2 378.91 万元 | 李卓琳，2014 |
| 12 | 三江平原 | 1982 年、1995 年、2000 年、2005 年 | 沼泽湿地、水稻田、旱田 | 土壤、植被、农作物 | 生物量 | | 273.3 元/t | 2005 年沼泽湿地 97 010.1 元/$hm^2$、水稻田 2 424.5 元/$hm^2$、旱田 904.8 元/$hm^2$ | 刘晓辉和吕宪国，2008 |
| 13 | 喀斯特自然保护区 | | 森林 | 地上生物量、地下生物量、土壤碳库和死亡的有机物质 | InVEST 模型 | 24.82Tg/a | 2015 年中国碳交易市场最高成交单价 50.15 元/t | 12.45 亿元 | 樊远辛，2016 |
| 14 | 长白山区 | 1999 年 | 森林 | 植被 | 光合作用反应方程式及木材蓄积量 | | 每吨纯碳的成本是 305 元，按照 8.5 的汇率，则为 36 美元/t 碳 | 315.2 亿元 | 施溯筠等，2002 |
| 15 | 张掖黑河湿地 | | 湿地 | 植被、土壤 | 光合作用方程式 | 596.41 Gg | 瑞典碳税率，按 150 美元/t 计算，折合人民币为 1 242 元/t | 7.41×$10^8$ 元 | 孔东升、张灏，2014 |
| 16 | 厦门 | 1999 年、2001 年、2009 年 | 森林 | 植被 | 光合作用反应方程式及 NPP | | 1999 年和 2001 年森林生态系统的固碳价值采用瑞典税率 150 美元/t C（1 美元折合为人民币 8.28 元），2009 年森林生态系统的固碳价值采用瑞典税率 150 美元/t C（1 美元折合为人民币 6.83 元） | 1999 年 65 474.71 万元；2001 年 86 936.18 万元；56 428.87 万元 | 吴丽娟，2011 |
| 17 | 丹江口库区 | 2000 年、2006 年 | 陆地 | 植被、土壤以及土壤中微生物呼吸、分解等释放的碳 | 同上 | | 按照造林成本法和 1990 年不变价计算，固定 $CO_2$ 和释放 $O_2$ 的价值分别为 71.15 元/t CO 和 352.93 元/t $O_2$。 | 2000 年 1 307 200 万元；2006 年 1 502 600 万元 | 李亦秋，2009 |

续表5-2

| 序号 | 研究区 | 研究时段 | 生态系统类型 | 碳库类型 | 方法 | 固碳量 | 价值参数 | 固碳价值 | 参考文献 |
|---|---|---|---|---|---|---|---|---|---|
| 18 | 遂昌县 | 2009年 | 森林 | 森林植被固碳释氧 | 同上 | 植被固碳总量＝155 021.7 t | 采用2007年瑞典碳税率，为1 200元/t，按物价指数折算到2009年为1 218元/t | 97 964.592 6万元 | 尹飞，2011 |
| 19 | 重庆 | 2000年、2009年 | 森林 | 森林植被固碳释氧 | 同上 | 2000年和2009年的年总固碳量分别为 $1.03\times10^8$ t 和 $1.46\times10^8$ t |  | 2000年356.78亿元；2009年517.88亿元 | 冯茹，2014 |
| 20 | 内蒙古赤峰市 | 2007年 | 森林 | 植被 | 同上 |  | 瑞典的碳税率150美元/t（折合人民币为1 200元/t，2007年） | 13 289.83万 | 孙海燕和魏正，2010 |
| 21 | 中国 | 2009年 | 森林 | 植被、土壤 | 同上 | 3.59亿t/a |  | 4 303.42亿元/a | 王兵等，2011 |
| 22 | 内蒙古 | 2009年 | 森林 | 植被、土壤 | 同上 | $3\ 600.87\times10^4$ t/a |  | 432.10亿元/a | 同上 |
| 23 | 新疆 | 2009年 | 森林 | 植被、土壤 | 同上 | $528.00\times10^4$ t/a |  | 63.36亿元/a | 同上 |
| 24 | 宁夏 | 2009年 | 森林 | 植被、土壤 | 同上 | $48.71\times10^4$ t/a |  | 5.85亿元/a | 同上 |
| 25 | 青海 | 2009年 | 森林 | 植被、土壤 | 同上 | $307.56\times10^4$ t/a |  | 36.91亿元/a | 同上 |
| 26 | 甘肃 | 2009年 | 森林 | 植被、土壤 | 同上 | $656.12\times10^4$ t/a |  | 78.73亿元/a | 同上 |
| 27 | 陕西 | 2009年 | 森林 | 植被、土壤 | 同上 | $953.15\times10^4$ t/a |  | 114.38亿元/a | 同上 |
| 28 | 西藏 | 2009年 | 森林 | 植被、土壤 | 同上 | $2\ 289.41\times10^4$ t/a |  | 274.73亿元/a | 同上 |
| 29 | 内蒙古大青山 |  | 森林 | 植被 | 实验测定法及光合作用反应方程式 | 幼龄林5.03 t/($hm^2$·a)；中龄林4.71 t/($hm^2$·a)；近熟林4.07 t/($hm^2$·a) | 瑞典碳税值每吨碳为150美元来计算光合固碳价值，并以现在1美元换算为6.9元人民币计算 | 幼龄林5 209.61元/($hm^2$·a)；中龄林4 868.83元/($hm^2$·a)；近熟林4 210.88元/($hm^2$·a) | 刘文军等，2017 |
| 30 | 陕西 | 1999—2003年 | 森林 | 植被 | 光合作用反应方程式及NPP | 2 735.55×万t |  | 328.27亿元 | 马长欣等，2010 |

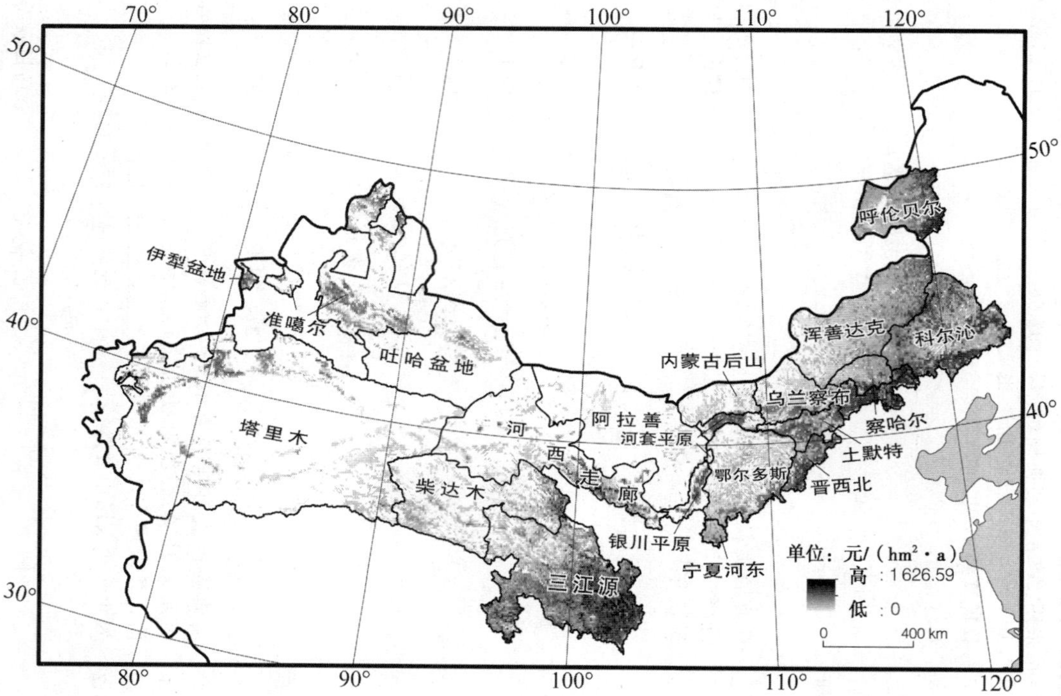


图 5-32　1981—2010 年多年平均单位面积碳汇价值

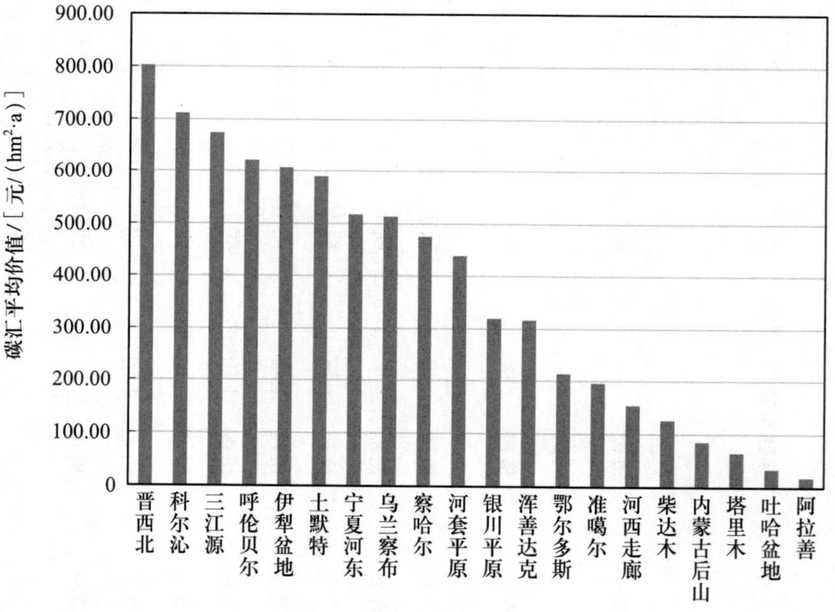


图 5-33　1981—2010 年各地区碳汇平均价值

2. 2011—2030 年不同情景下中国北方沙区碳汇服务价值评价

（1）情景 1：基准情景　在气候基本无变化、未来沙漠化治理政策维持现状的情景下，2010—2030 年该区域年均碳汇总价值为 805.22 万元/a，其多年平均单位面积碳汇价值空间如图 5-34 所示，可以看出南部的三江源沙区，以及东部的呼伦贝尔、科尔沁以及察哈尔地区碳汇价值较高。

碳汇价值分区统计如图 5-35 所示。其中，晋西北碳汇平均价值最高，达 695.4 元/($hm^2$·a)，三江源地区为 504.66 元/($hm^2$·a)，列第二，塔里木盆地、吐哈盆地与阿拉善地区最低。

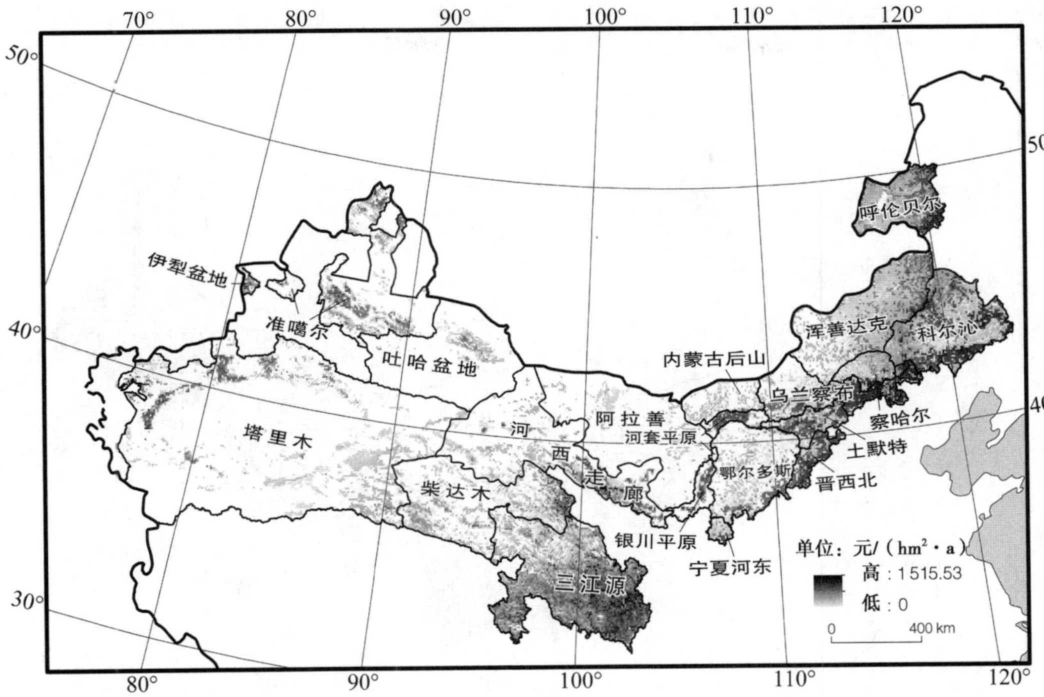


图 5-34　基准情景 2011—2030 年多年平均单位面积碳汇价值

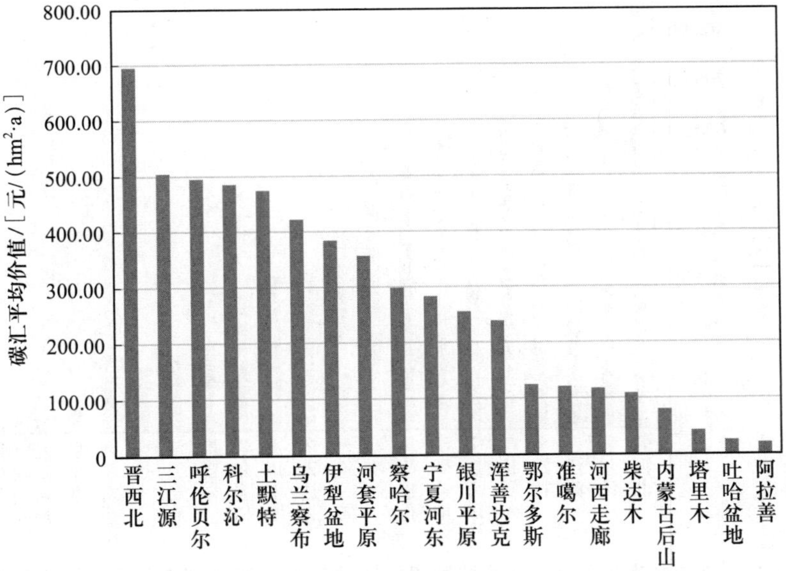


图 5-35　基准治理情景 2011—2030 年各地区碳汇平均价值

(2) 情景 2：气候基本无变化、治理政策积极　在气候基本无变化、未来沙漠化治理政策相对积极的情景下，2011—2030 年该区域碳汇总价值为 109.86 万元，其多年平均单位面积防风固沙价值如图 5-36 所示，可以看出南部的三江源沙区，以及东部的呼伦贝尔、科尔沁和察哈尔地区碳汇价值较高。

其中，分区统计如图 5-37 所示，其中，晋西北碳汇平均价值最高，达 853.97 元/($hm^2$·a)，科尔沁地区为 719.65 元/($hm^2$·a)，列第二，塔里木盆地、吐哈盆地与阿拉善最低。

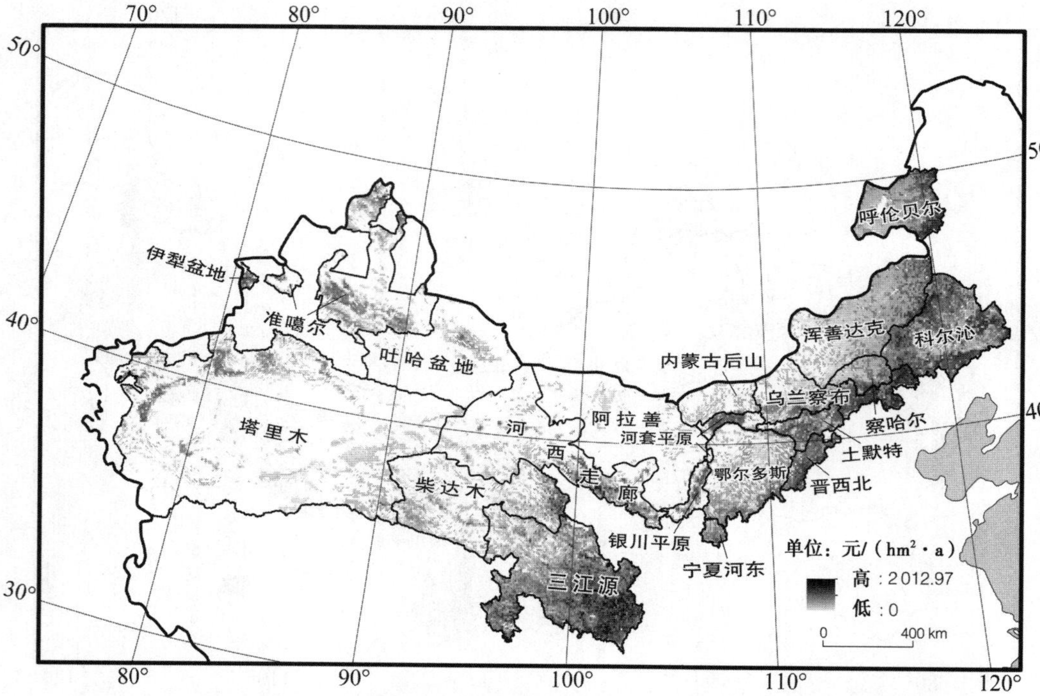


**图 5-36　气候基本无变化、治理政策积极情景 2011—2030 年多年平均单位面积碳汇价值**

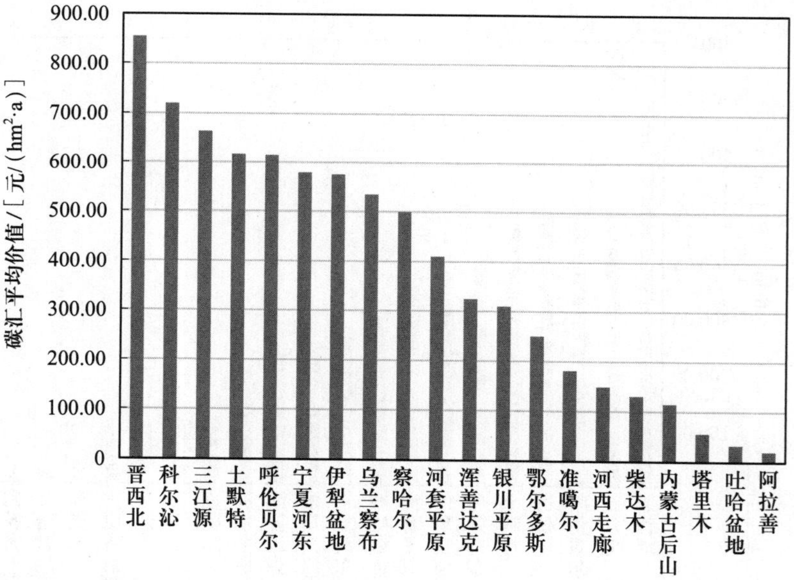


**图 5-37　气候基本无变化、治理政策积极情景 2011—2030 年各地区碳汇平均价值**

（3）情景 3：气候基本无变化、治理政策消极　在气候基本无变化、未来沙漠化治理政策相对消极的情景下，2011—2030 年该区域年均碳汇总价值为 771.29 万元，其多年平均单位面积碳汇价值空间如图 5-38 所示，可以看出南部的三江源沙区，以及东部的呼伦贝尔、科尔沁以及察哈尔地区碳汇价值较高。

碳汇价值分区统计如图 5-39 所示。其中，晋西北碳汇平均价值最高，达 632.92 元/(hm$^2$·a)，三江源地区为 523.45 元/(hm$^2$·a)，列第二，塔里木盆地、吐哈盆地与阿拉善最低。

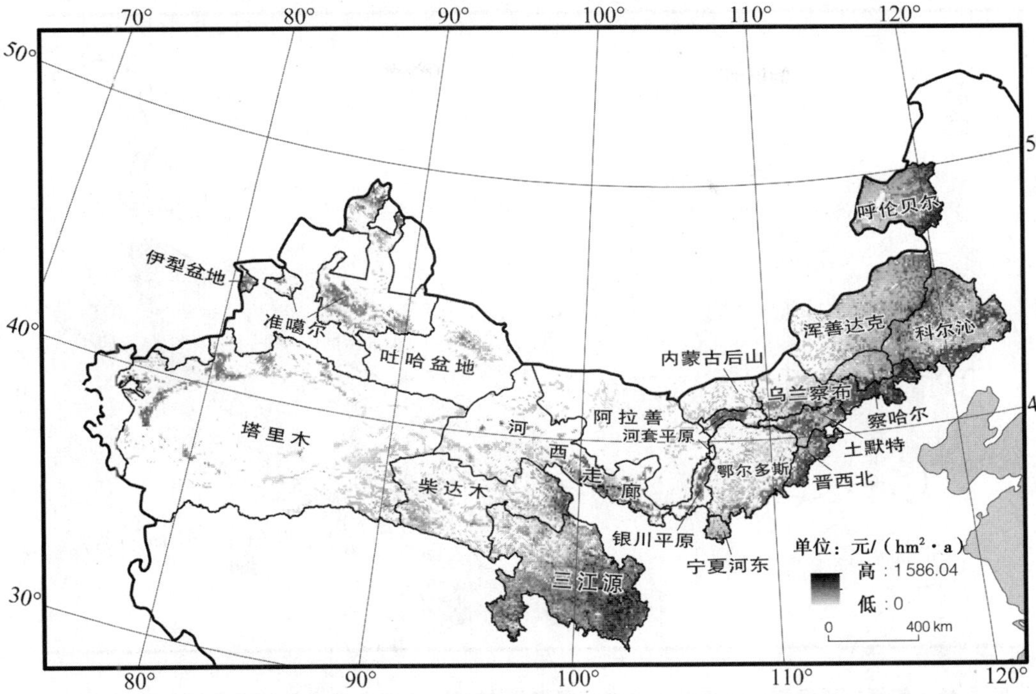


图 5-38　气候基本无变化、治理政策消极情景 2011—2030 年多年平均单位面积碳汇价值

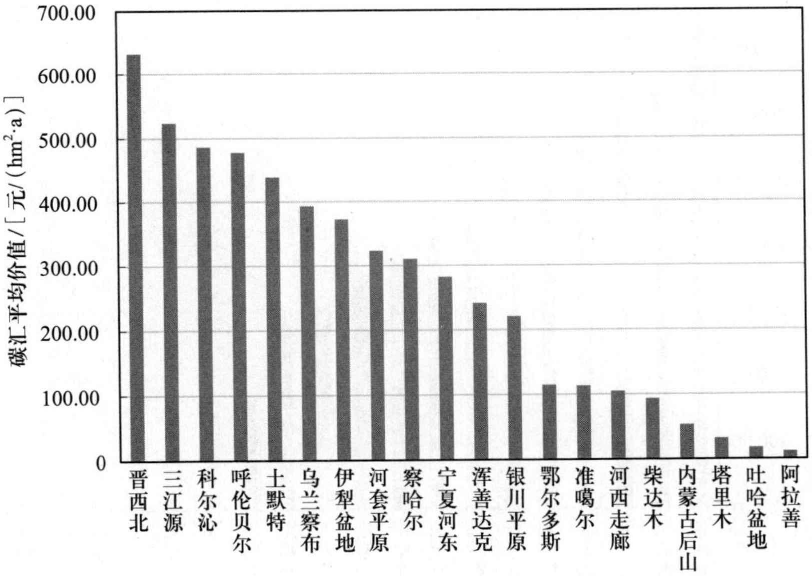


图 5-39　气候基本无变化、治理政策消极情景 2011—2030 年各地区碳汇平均价值

（4）情景 4：气候趋于湿润、治理政策维持现状　在气候趋于湿润、未来沙漠化治理政策维持现状的情景下，2011—2030 年该区域年均碳汇总价值为 999.26 万元，其多年平均单位面积碳汇价值空间如图 5-40 所示，可以看出南部的三江源沙区，以及东部的呼伦贝尔、科尔沁以及察哈尔地区碳汇价值较高。

碳汇价值分区统计如图 5-41 所示。其中，晋西北碳汇平均价值最高，达 729.66 元/(hm$^2$·a)，三江源地区为 637.34 元/(hm$^2$·a)，列第二，塔里木盆地、吐哈盆地与阿拉善最低。

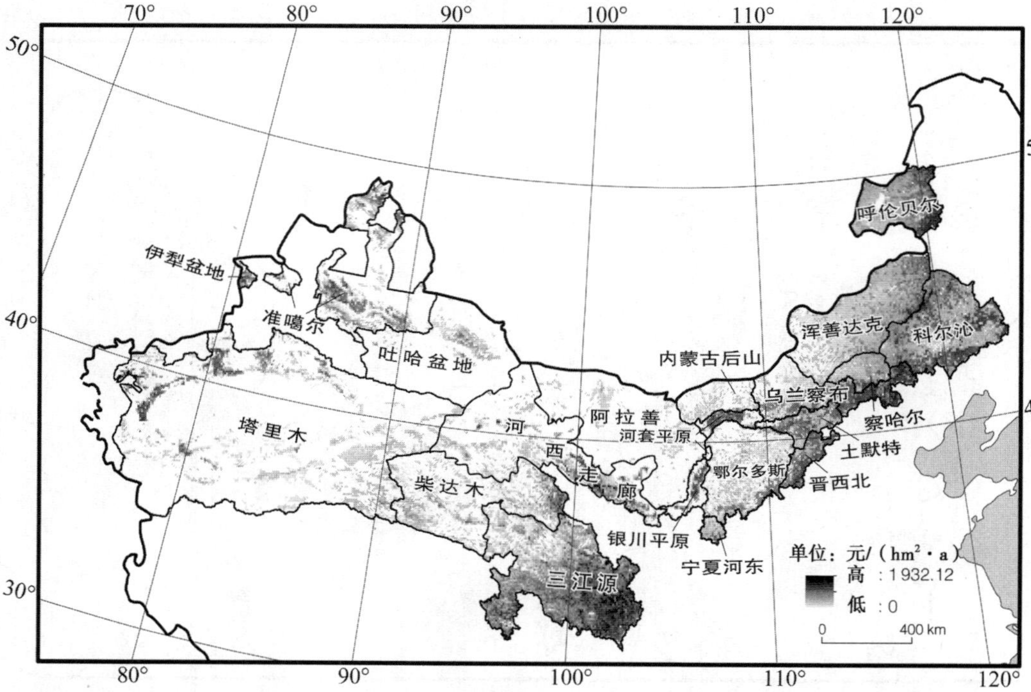


图 5-40　气候趋于湿润、治理政策维持现状情景 2011—2030 年多年平均单位面积碳汇价值

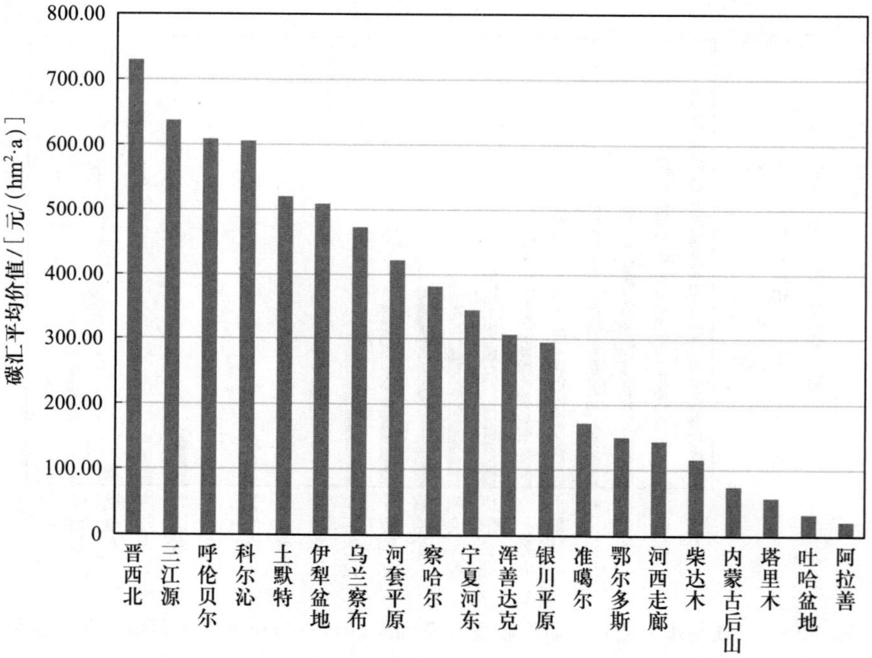


图 5-41　气候趋于湿润、治理政策维持现状情景 2011—2030 年各地区碳汇平均价值

(5) 气候趋于湿润、治理政策积极　在气候趋于湿润、未来沙漠化治理政策较为积极的情景下，2011—2030 年该区域年均碳汇总价值为 1 099.73 万元，X 其多年平均单位面积碳汇价值空间如图 5-42 所示，可以看出南部的三江源沙区，以及东部的呼伦贝尔、科尔沁以及察哈尔地区碳汇价值较高。

分区统计如图 5-43 所示。其中，晋西北碳汇平均价值最高，达 802.83 元/($hm^2$·a)，科尔沁地区为 711.25 元/($hm^2$·a)，列第二，塔里木盆地、吐哈盆地与阿拉善最低。

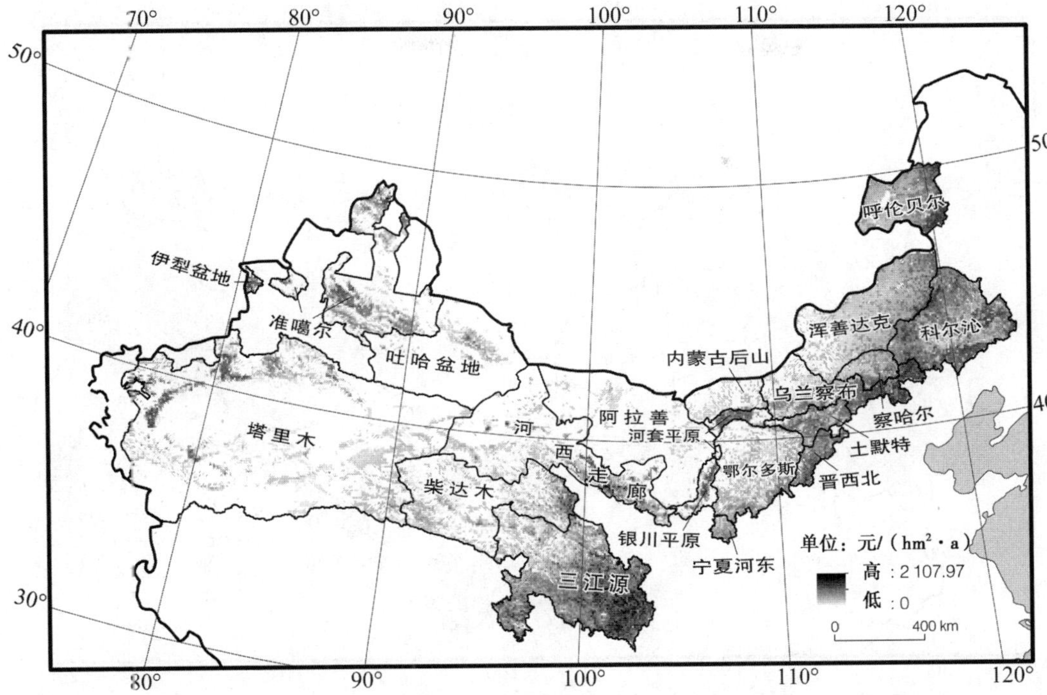


图 5-42　气候趋于湿润、治理政策积极情景 2011—2030 年多年平均单位面积碳汇价值

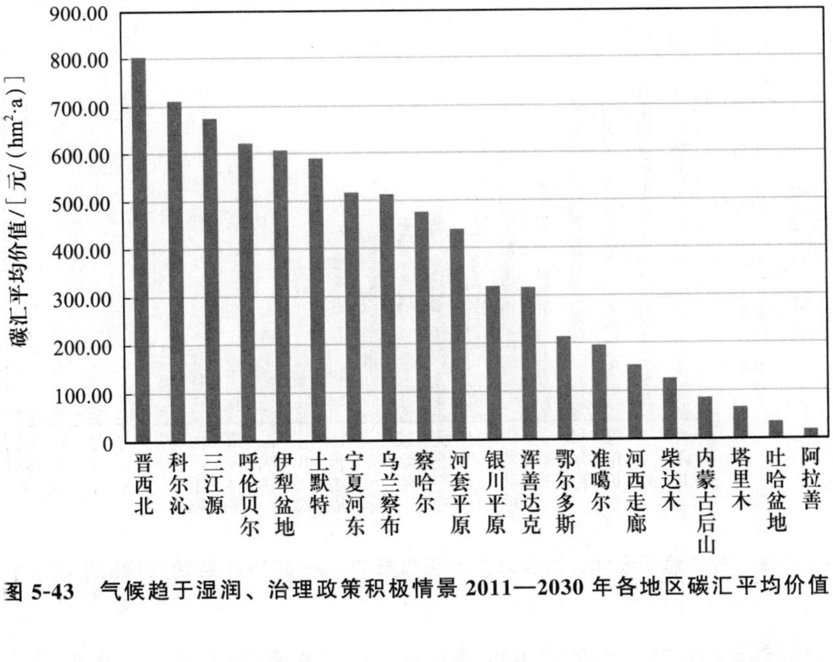


图 5-43　气候趋于湿润、治理政策积极情景 2011—2030 年各地区碳汇平均价值

（6）情景 6：气候趋于湿润、治理政策消极　在气候趋于湿润，未来沙漠化治理政策较为消极的情景下，2011—2030 年该区域年均碳汇总价值为 999.26 万元，其多年平均单位面积碳汇价值空间如图 5-44 所示，可以看出南部的三江源沙区，以及东部的呼伦贝尔、科尔沁以及察哈尔地区碳汇价值较高。

碳汇价值分区统计如图 5-45 所示。其中，晋西北碳汇平均价值最高，达 729.66 元/(hm$^2$·a)，三江源地区为 637.34 元/(hm$^2$·a)，列第二，塔里木盆地、吐哈盆地与阿拉善最低。

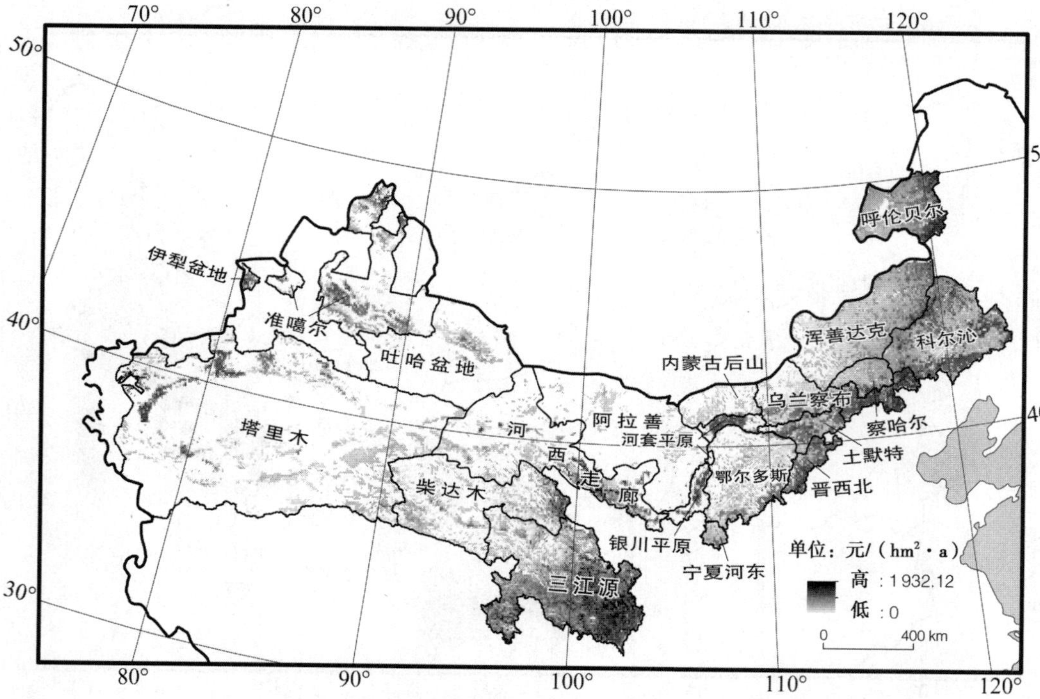


**图 5-44 气候趋于湿润、治理政策消极情景 2011—2030 年多年平均单位面积碳汇价值**

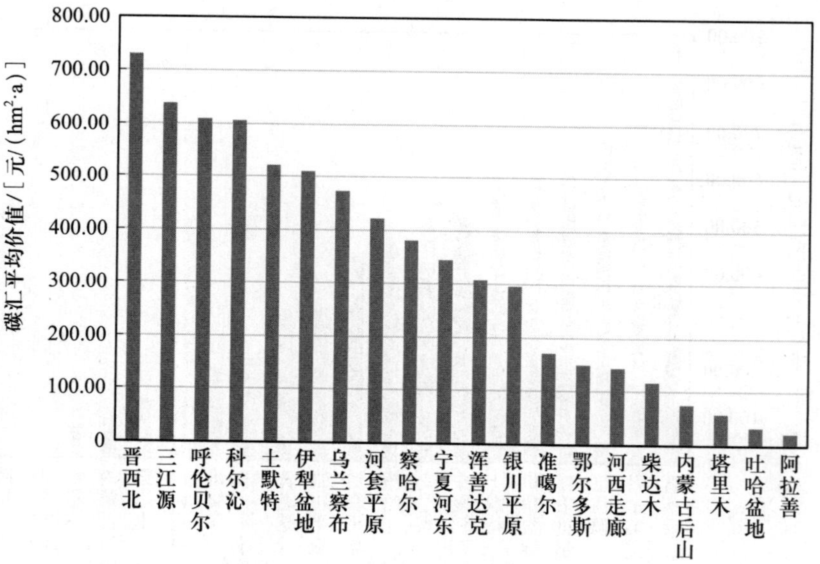


**图 5-45 气候趋于湿润、治理政策消极情景 2011—2030 年各地区碳汇平均价值**

（7）情景 7：气候趋于干旱，治理政策维持现状 在气候趋于干旱，未来沙漠化治理政策基本维持现状的情景下，2011—2030 年该区域年均碳汇总价值为 909.2 万元/a，其多年平均单位面积碳汇价值空间如图 5-46 所示，可以看出南部的三江源沙区，以及东部的呼伦贝尔、科尔沁以及察哈尔地区碳汇价值较高。

碳汇价值分区统计如图 5-47 所示。其中，晋西北碳汇平均价值最高，达 691.11 元/(hm$^2$·a)，三江源地区为 614.91 元/(hm$^2$·a)，列第二，塔里木盆地、吐哈盆地与阿拉善最低。

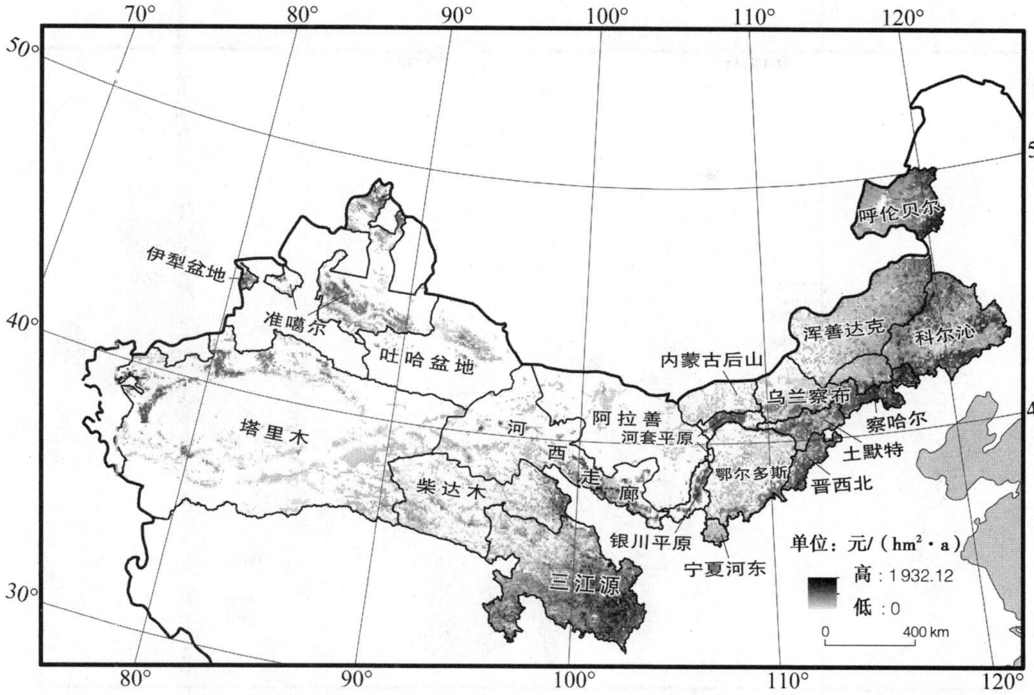


图 5-46　气候趋于干旱、治理政策维持现状情景 2011—2030 年多年平均单位面积碳汇价值

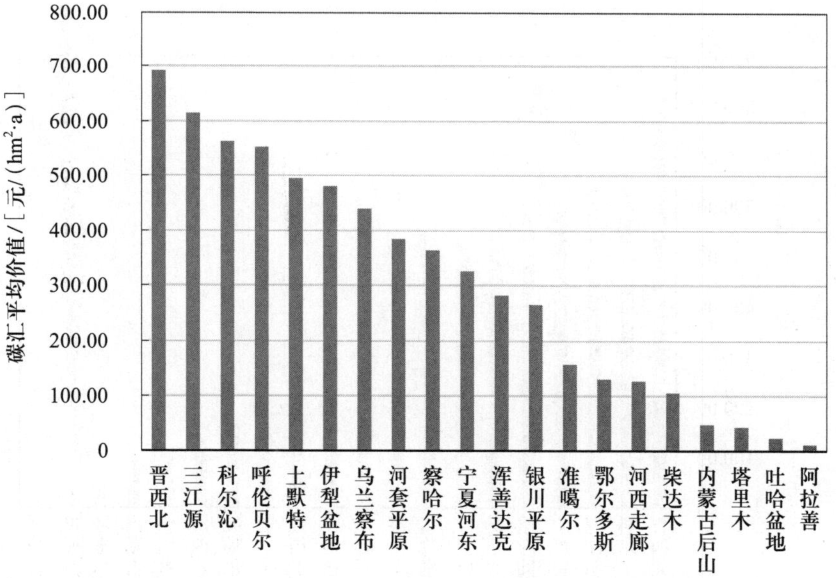


图 5-47　气候趋于干旱、治理政策维持现状情景 2011—2030 年各地区碳汇平均价值

（8）情景 8：气候趋于干旱、治理政策积极　在气候趋于干旱，未来沙漠化治理政策相对积极的情景下，2011—2030 年该区域年均碳汇总价值为 1 026.29 万元/a，其多年平均单位面积碳汇价值空间如图 5-48 所示，可以看出南部的三江源沙区，以及东部的呼伦贝尔、科尔沁以及察哈尔地区碳汇价值较高。

碳汇价值分区统计如图 5-49 所示。其中，晋西北碳汇平均价值最高，达 823.82 元/($hm^2$·a)，科尔沁地区为 678.12 元/($hm^2$·a)，列第二，塔里木盆地、吐哈盆地与阿拉善最低。

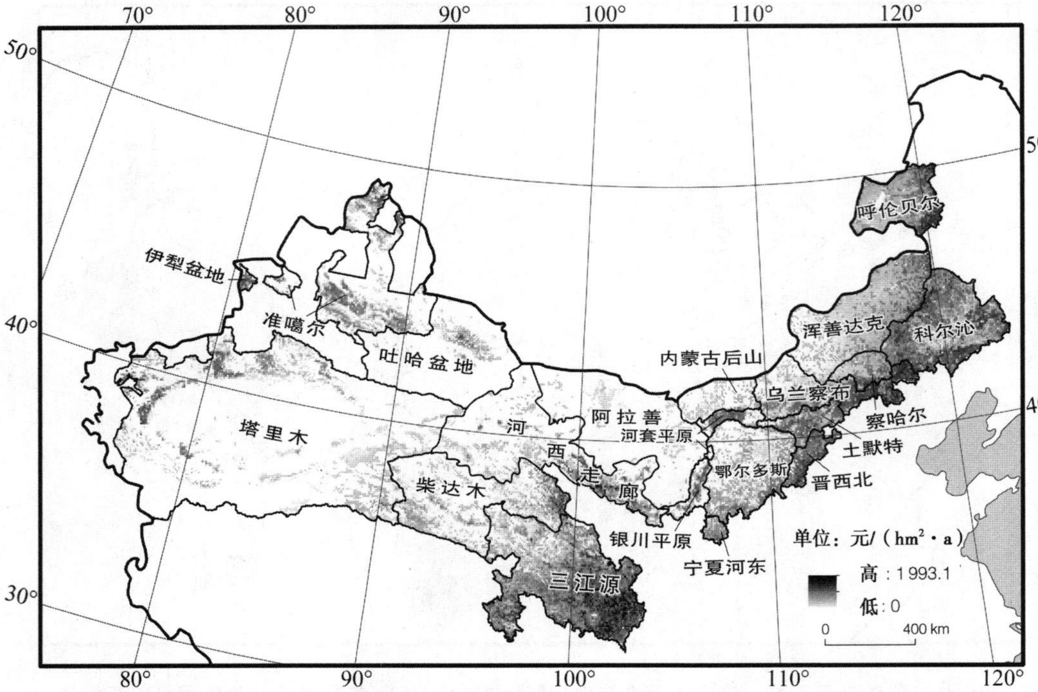


**图 5-48　气候趋于干旱、治理政策积极情景 2011—2030 年多年平均单位面积碳汇价值**

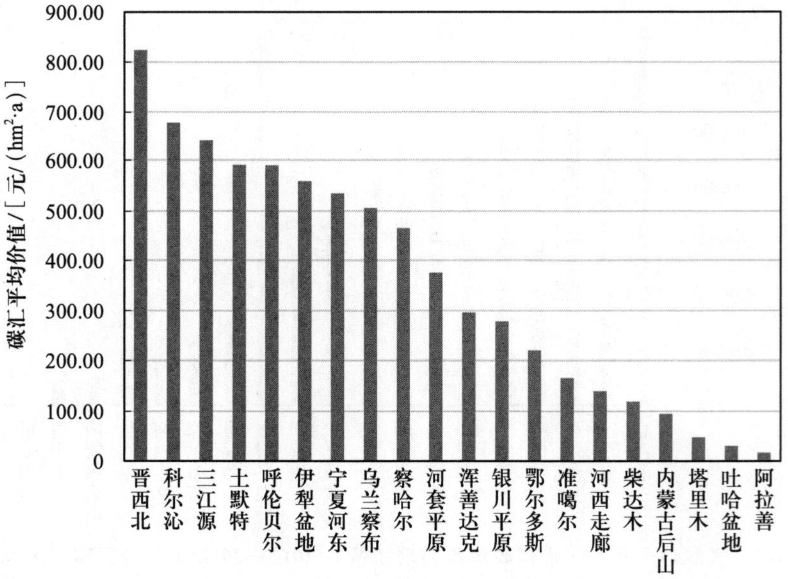


**图 5-49　气候趋于干旱、治理政策积极情景 2011—2030 年各地区碳汇平均价值**

（9）情景 9：气候趋于干旱、治理政策消极　在气候趋于干旱，未来沙漠化治理政策相对消极的情景下，2011—2030 年该区域年均碳汇总价值为 710 万元/a，其多年平均单位面积碳汇价值空间如图 5-50 所示，可以看出南部的三江源沙区，以及东部的呼伦贝尔、科尔沁和察哈尔地区碳汇价值较高。

碳汇价值分区统计如图 5-51 所示。其中，晋西北碳汇平均价值最高，达 603.97 元/($hm^2$・a)，三江源地区为 501.93 元/($hm^2$・a)，列第二，塔里木盆地、吐哈盆地与阿拉善最低。

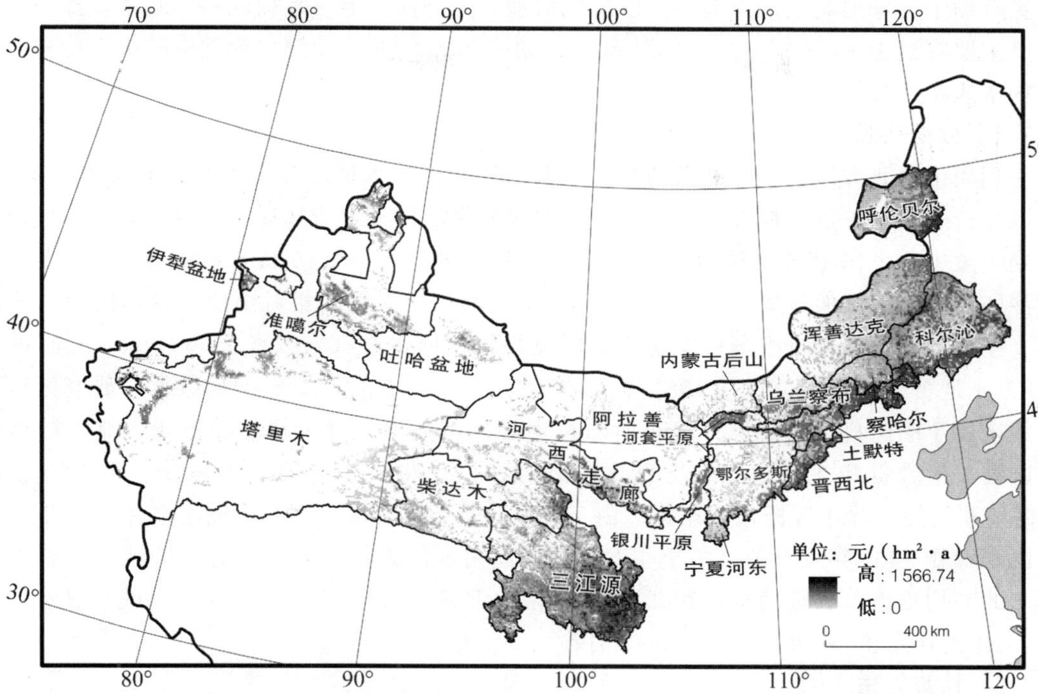


图 5-50　气候趋于干旱、治理政策消极情景 2011—2030 年多年平均单位面积碳汇价值

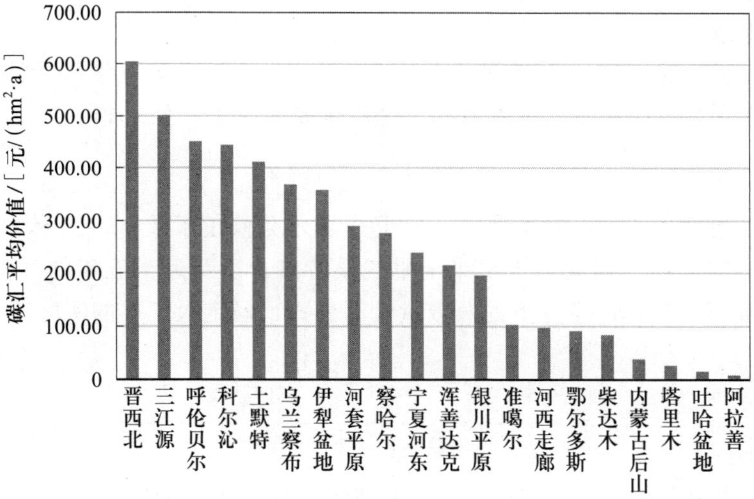


图 5-51　气候趋于干旱、治理政策消极情景 2011—2030 年各地区碳汇平均价值

## 5.3.3　耗水成本估算

近些年来，由于工业化、城镇化的迅速推进以及用水量增加和水污染加剧，全球可用水资源量日趋减少（Lambooyt，2011），水资源对社会经济发展的制约更加突出。森林对水资源的影响主要体现在以下两点：一方面森林具有保持土壤水分，截留降水等作用；另一方面森林的蒸发散能力也很强，一定面积的森林也会通过蒸腾作用，使土壤水分蒸发（石培礼、李文华，2001）。尤其在干旱、半干旱地区，水资源是沙漠化治理的主要限制因子，而造林选择的树种相对生长迅速，蒸腾作用旺盛，水资源消耗较大，长此以往，人工林消耗的水资源必然是巨大的。因此，在北方开展沙漠化治理工程，开展保护生态环境的建设、各项产业发展的统筹安排和科学规划均应把水资源的可持续利用放在首位。同时，估算我国人工林耗水量及其耗水成本，不仅有助于了解我国人工造林对不同地区水资源的

占有量，更有助于更好地制定人工造林、沙漠化治理、生态修复等一系列规划与政策，提高水资源利用率。本节主要对过去1981—2010年以及未来2011—2030年北方沙漠化治理中的人工造林工程的耗水量以及耗水成本进行估算与评价。

#### 5.3.3.1 数据来源

本研究利用中国北方沙区气象站点的气象数据（气温、降水量、蒸发量及相对湿度数据）、土地利用分类以及行政区划矢量数据等，计算中国北方沙漠化治理人工造林耗水成本。其中，气象数据为中国气象局气象中心，国家气象科学数据共享服务服务平台（http://data.cma.cn/）提供的。主要包括北方沙区所涵盖地区的气象站点1981—2010年气温、降水量、相对湿度、日照时数、风速的月值数据集。土地覆盖数据源自中国科学院资源环境科学数据中心（http://www.resdc.cn）的中国地区1∶100万土地覆盖数据集。包括1981年、1990年、2000年、2010年四期数据。研究区行政区划矢量数据集来源于中国科学院资源环境科学数据中心，该数据经过了精度和质量控制，数据来源可靠。行政区划矢量数据集主要用于北方沙区的划分，以及将矢量边界作为掩膜提取北方沙区植被NDVI数据集和气温、降水等栅格数据集。由于难以获得各省（市、区）农业灌溉用水及生态用水价格，通过国家计委2001年发布的《关于印发改革农业用水价格有关问题的意见的通知》获得全国农业灌溉用水的平均价格（政策信息，2002），并以南水北调中线工程1.2元/$m^3$的调水成本作为各省（市、区）的生态用水价格（Liu and Wu，2012）。

#### 5.3.3.2 核算方法

（1）北方沙区人工林面积确定方法　北方沙区林地提取主要包括对过去1981—2010年沙区林地增加的提取以及未来不同情景下，林地增加面积的确定。基于不同时期土地利用数据，对林地变化的区域进行分析以及提取。

（2）人工林耗水量计算方法　人工林耗水量（$ET_c$）主要考虑蒸散量的计算，其中，气候条件、土壤水分、植被种类，是影响植被蒸散发量的3个最重要的因子，公式如下。

$$ET_c = ET_0 \times k_c \times k_s \tag{5-5}$$

式中：$ET_0$为由气候条件决定的潜在蒸散量；$k_s$是土壤水分修正系数；$k_c$为林木系数。

潜在蒸散量（$ET_0$）：基于研究的干旱半干旱气候特点，以及近十五年的气象数据，采用联合国粮农组织（FAO）推荐的非标准条件下的蒸散量计算公式，确定人工林的实际蒸散量。

$$ET_0 = \frac{0.408(R_n - G) + \gamma \dfrac{900}{T+273} U_2 (e_s - e_a)}{\Delta + \gamma(1 + 0.34U_2)} \tag{5-6}$$

式中：$ET_0$为林地潜在蒸散量（mm/d）；$R_n$为冠层太阳净辐射［MJ/($m^2$·d)］；$G$为土壤热通量［MJ/($m^2$·d)］；$\gamma$为干湿常数（kPa·℃）；$\Delta$为气温$T$时饱和水气压曲线斜率（kPa·℃）；$T$为月平均气温（℃）；$U_2$为2 m处风速（m/s）；$e_s$为$T$气温下的饱和水汽压（kPa）；$e_a$为实际水汽压（kPa）。

林木系数$k_c$指植被最大需水量与最大可能蒸散量的比例系数，其大小随植物种类和其所处环境的不同而有所变化，一般通过试验取得。不同林木种类由于其各自的生理特性以及所处环境的不同有所差异。

由于布设试验需要的时间周期较长，且北方沙区林木种类较多，因此本书根据FAO提供的经验参数，以及其他学者开展的相关研究（许端阳，2009；Allan et al.，1998），得到不同植被在不同月份的$k_c$值，如表5-3所示，本研究选取不同月份草原化灌木荒漠的$k_c$值作为本研究的植被系数。

表 5-3　中国北方沙区主要植被类型的 $k_c$ 值

| 植被类型 | 1月 | 2月 | 3月 | 4月 | 5月 | 6月 | 7月 | 8月 | 9月 | 10月 | 11月 | 12月 |
|---|---|---|---|---|---|---|---|---|---|---|---|---|
| 针、阔叶混交林 | 0.3 | 0.3 | 0.3 | 0.75 | 0.75 | 0.75 | 0.75 | 0.75 | 0.75 | 0.75 | 0.3 | 0.3 |
| 温带落叶阔叶林 | 0.3 | 0.3 | 0.3 | 0.75 | 0.75 | 0.75 | 0.75 | 0.75 | 0.75 | 0.75 | 0.3 | 0.3 |
| 草原化灌木荒漠 | 0.3 | 0.3 | 0.3 | 0.75 | 0.75 | 0.75 | 0.75 | 0.75 | 0.75 | 0.75 | 0.3 | 0.3 |
| 灌木荒漠 | 0.3 | 0.3 | 0.3 | 0.3 | 0.3 | 0.3 | 0.3 | 0.3 | 0.3 | 0.3 | 0.3 | 0.3 |

土壤水分修正系数（$k_s$）是土壤水分条件对蒸散的影响函数，它表示当土壤水分供应不充足时，林地实际蒸散的变化情况，与土壤质地和土壤含水量有关，通过 Jensen 公式确定，当 $S_w \leqslant S \leqslant S_l$ 时，表达式如下。

$$k_S = \ln\left[(S - S_w)/(S^* - S_w) \times 100 + 1\right]/\ln 101 \tag{5-7}$$

式中：$S$ 为土壤实际含水量；$S_w$ 为土壤凋萎含水量；$S^*$ 为土壤临界含水量，其等同于毛管断裂湿度，一般为田间持水量的 70%～80%。

利用 Saxton 公式确定土壤水分特征值，具体公式如下。

$$S = \frac{\left(\frac{\varphi}{A}\right)^{\frac{1}{B}}}{\rho} \tag{5-8}$$

$$A = 100.0\exp\left[a_1 + a_2(\%C) + a_3(\%S) + a_4(\%S)^2(\%C)\right]$$

$$B = a_5 + a_2(\%C) + a_6(\%C)^2 + a_7(\%S)^2(\%C)$$

式中，$\varphi$ 为土壤基质水势（103 Pa）；$S$ 为土壤重量含水率（干土重，%）；P 为 0～2 m 黄绵土的平均容重，1.29 g/cm$^3$；%S 为土壤中沙粒（2.0～0.05 mm）所占百分比；%C 为土壤中黏粒（<0.02 mm）所占百分比；$a_1$～$a_7$ 为常系数，$a_1 = -4.396$，$a_2 = -0.0715$，$a_3 = -4.88 \times 10^{-4}$，$a_5 = -3.140$，$a_6 = -2.22 \times 10^{-5}$，$a_7 = -3.484 \times 10^{-5}$。

根据全国土壤属性数据可得北方沙区不同地区土壤沙粒黏粒百分比，同时基于其他学者的研究，计算出土壤在不同沙粒以及黏粒含量下，$k_s = 0.879$。

（3）人工林耗水成本估算方法　自然植被生态服务成本为沉没成本，是非人类活动选择的结果。因此，应考虑人工植被在生态恢复过程中超出自然植被水资源的消耗来测算人工造林的机会成本。为了简化本书该案例分析计算，该研究主要以水资源的机会成本（如南水北调工程的水价格为 1.2 元/m$^3$），计算人工造林耗水量的机会成本。人工造林的水机会成本按以下公式计算。

$$V_{耗水} = ET_C \times P \times A \times 10 \tag{5-9}$$

式中，$V_{耗水}$ 为人工林耗水成本（元），指用人工林地耗水的机会成本；$ET_C$ 为单位面积人工林地耗水量；$P$ 为南水北调工程的水价格（元/m$^3$）；A 为林地的面积（hm$^2$），常量因子 10 是将水的深度（mm）转化为单位陆地面积的水量（m$^3$/hm$^2$）的转换系数。

#### 5.3.3.3　结果分析

1. 1981—2010 年中国北方人工林耗水成本

（1）1981—2010 年人工林变化面积　基于 1981 年以及 2010 年土地利用类型数据，对不同土地利用类型的变化进行分析，结果如图 5-52 以及表 5-4 所示：

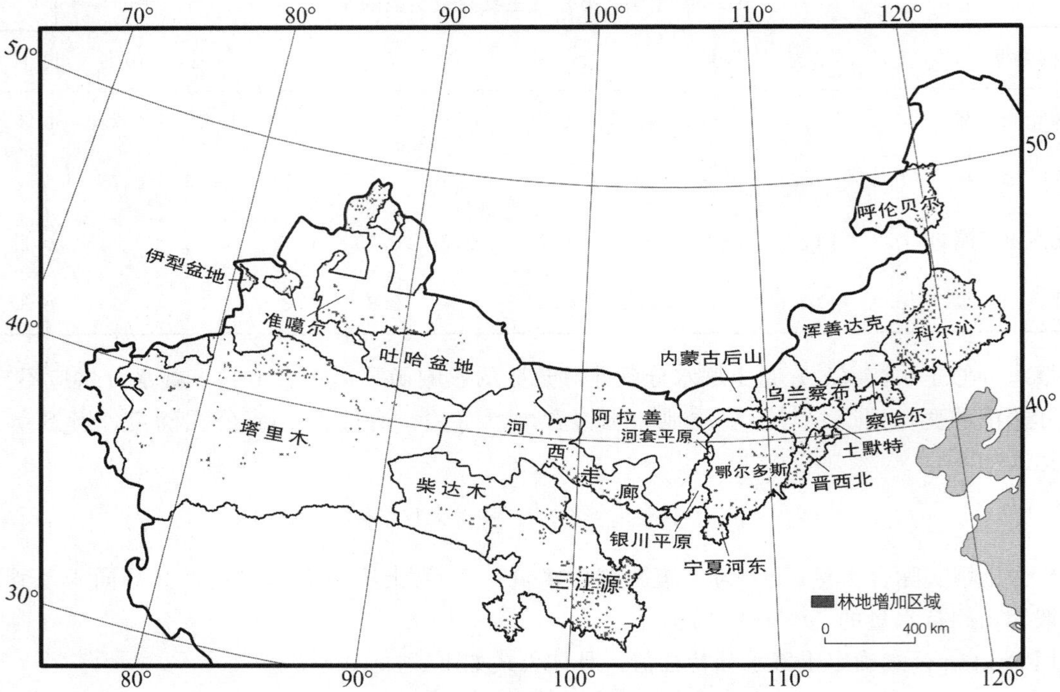


**图 5-52　1981—2010 年人工林增加区域空间分布**

**表 5-4　1981—2010 年土地利用类型变化**　　km²

| 1981 年 | 2010 年 | | | | | 未利用土地 |
|---|---|---|---|---|---|---|
| | 耕地 | 林地 | 草地 | 水域 | 城乡用地 | |
| 耕地 | 111 808 | 10 624 | 53 440 | 3 840 | 8 832 | 13 696 |
| 林地 | 6 080 | 38 144 | 26 688 | 512 | 384 | 3 584 |
| 草地 | 60 800 | 53 184 | 877 952 | 13 952 | 6 592 | 185 920 |
| 水域 | 1 152 | 320 | 5 824 | 24 064 | 64 | 8 704 |
| 城乡用地 | 192 | 64 | 512 | 0 | 512 | 320 |
| 未利用土地 | 14 080 | 8 576 | 162 112 | 15 488 | 2 304 | 1 319 296 |

从表 5-4 中可以看出，2010 年林地面积为 110 912 $km^2$，相比 1981 年林地面积增加了 35 520 $km^2$，其中，1981 年林地面积为 75 392 $km^2$，其中未发生转化的面积为 38 144 $km^2$，占 2010 年林地面积 34.4%。1981—2010 年间，草地向林地转化的面积为 53 184 $km^2$，占 2010 年林地面积的 47.9%。此外，1981—2010 年间，耕地以及未利用土地向林地转化的面积分别为 10 624 $km^2$、8 576 $km^2$。

从图 5-53 中可以看出，1981—2010 年人工林增加区域主要分布在北方沙区的南部，包括三江源、科尔沁以及晋西北沙区。北部的浑善达克、阿拉善等沙区人工林面积增加较少。

(2) 1981—2010 年人工林耗水成本　基于北方沙区气象站的气象数据，以及 FAO 中提供的潜在蒸散量计算软件，计算不同地区潜在蒸散量，1981—2010 年中国北方沙区多年平均潜在蒸散量如图 5-53 所示。

经计算，1981—2010 年人工林平均耗水成本为 2 553 440 万元，表 5-5 中显示了各地区的人工林变化面积以及耗水成本。其中，三江源地区人工林面积增加最多为 175.36 万 $hm^2$，耗水成本为 606 420 万元。内蒙古后山、宁夏河东等沙区造林面积较小，耗水成本也较低。

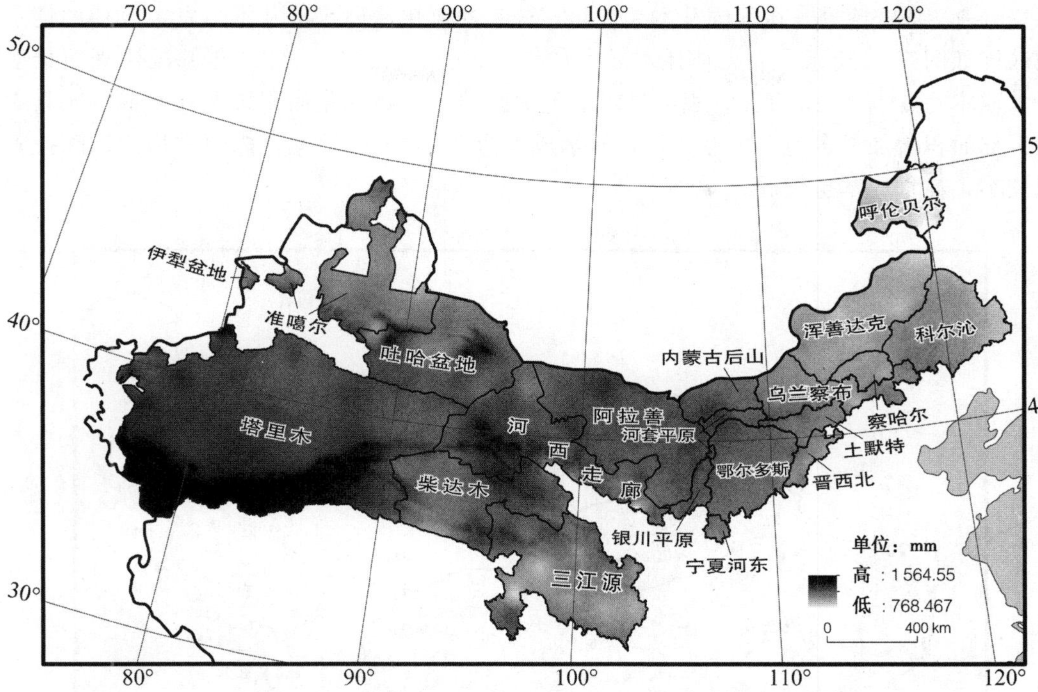


图 5-53　1981—2010 年中国北方沙区多年平均潜在蒸散量

表 5-5　1981—2010 年中国北方沙区人工林耗水成本

| 地区 | 人工林变化面积/万 $hm^2$ | 平均实际蒸散量/mm | 耗水成本/万元 |
|---|---|---|---|
| 阿拉善 | 8.32 | 313.48 | 31 300 |
| 察哈尔 | 2.56 | 259.96 | 7 990 |
| 柴达木 | 21.76 | 313.46 | 81 850 |
| 鄂尔多斯 | 30.72 | 297.42 | 109 640 |
| 河套平原 | 3.84 | 309.62 | 14 270 |
| 河西走廊 | 39.68 | 318.81 | 151 800 |
| 呼伦贝尔 | 28.16 | 229.06 | 77 400 |
| 浑善达克 | 10.24 | 254.82 | 31 310 |
| 晋西北 | 30.08 | 272.20 | 98 250 |
| 科尔沁 | 105.60 | 262.58 | 332 740 |
| 内蒙古后山 | 1.28 | 304.24 | 4 670 |
| 宁夏河东 | 4.48 | 288.14 | 15 490 |
| 三江源 | 175.36 | 288.18 | 606 420 |
| 塔里木 | 112.64 | 341.57 | 461 690 |
| 土默特 | 24.96 | 281.70 | 84 370 |
| 吐哈盆地 | 5.12 | 312.84 | 19 220 |
| 乌兰察布 | 45.44 | 275.08 | 15 0000 |
| 伊犁盆地 | 5.76 | 302.36 | 20 900 |
| 银川平原 | 4.48 | 308.51 | 16 590 |
| 准噶尔 | 67.20 | 294.57 | 237 540 |

2. 2011—2030 年不同情景人工林耗水成本评价

2011—2030 年人工林变化面积主要基于不同的沙漠化治理情景进行分析，包括基准情景、治理政策积极（积极治理）以及治理政策消极（消极治理）3 种，蒸散情况主要基于不同气候情景分为基准、湿润以及干旱 3 种情景，通过两两组合共有 9 种综合情景。

（1）情景 1：基准情景　在气候基本无变化，未来沙漠化治理政策基本不发生改变的情景下，人工林增加区域如图 5-54 所示，人工林耗水成本如表 5-6 所示，2011—2030 年基准治理情景下，人工林平均耗水成本为 6 742 620 万元，表中显示了各地区的人工林变化面积以及耗水成本。其中，塔里木地区人工林面积增加最多为 561 万 $hm^2$，耗水成本为 2 300 600 万元。内蒙古后山、阿拉善等沙区造林面积较小，耗水成本也较低。

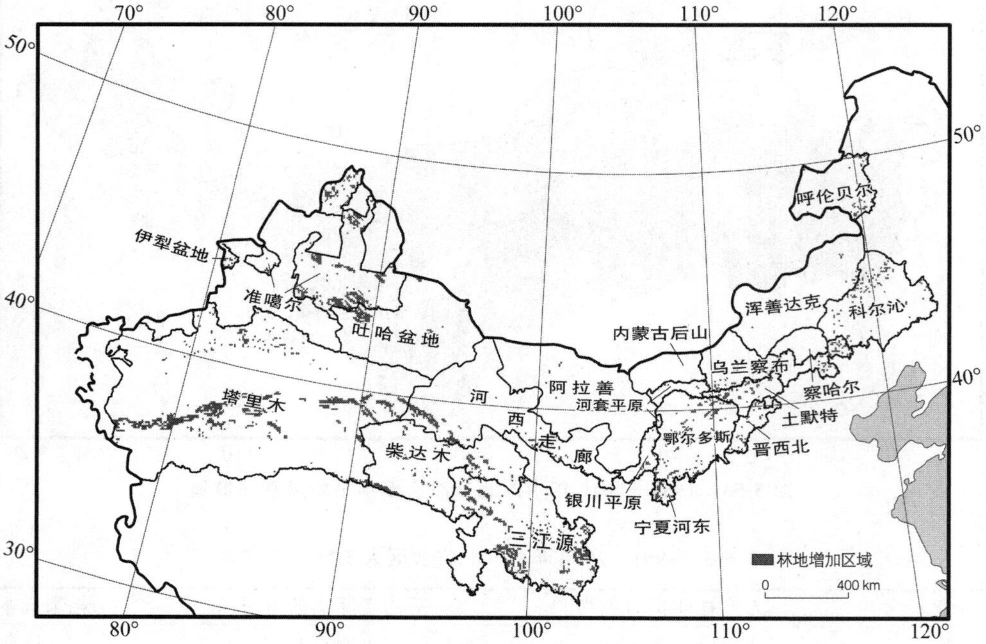


**图 5-54　基准治理情景人工林增加区域**

**表 5-6　基准治理情景 2011—2030 年中国北方沙区人工林耗水成本**

| 地区 | 人工林变化面积/万 $hm^2$ | 平均实际蒸散量/mm | 耗水成本/万元 |
|---|---|---|---|
| 阿拉善 | 6.4 | 313.48 | 24 080 |
| 察哈尔 | 0 | 259.96 | 0 |
| 柴达木 | 156.16 | 313.46 | 587 400 |
| 鄂尔多斯 | 104.96 | 297.42 | 374 610 |
| 河套平原 | 7.04 | 309.62 | 26 160 |
| 河西走廊 | 66.56 | 318.81 | 254 640 |
| 呼伦贝尔 | 30.08 | 229.06 | 82 680 |
| 浑善达克 | 10.24 | 254.82 | 31 310 |
| 晋西北 | 27.52 | 272.20 | 89 890 |
| 科尔沁 | 72.96 | 262.58 | 229 890 |
| 内蒙古后山 | 0.64 | 304.24 | 2 340 |
| 宁夏河东 | 21.12 | 288.14 | 73 030 |
| 三江源 | 338.56 | 288.18 | 1 170 790 |
| 塔里木 | 561.28 | 341.57 | 2 300 600 |
| 土默特 | 40.96 | 281.70 | 138 460 |
| 吐哈盆地 | 54.4 | 312.84 | 204 220 |
| 乌兰察布 | 57.6 | 275.08 | 190 140 |
| 伊犁盆地 | 10.88 | 302.36 | 39 480 |
| 银川平原 | 12.8 | 308.51 | 47 390 |
| 准噶尔 | 247.68 | 294.57 | 875 510 |

（2）情景 2：气候基本无变化、治理政策积极　在气候基本无变化、未来沙漠化治理政策相对积极的情景下，人工林增加区域如图 5-55 所示，人工林耗水成本如表 5-7 所示，2011—2030 年积极治理情景下，人工林平均耗水成本为 7 321 690 万元，表中显示了各地区的人工林变化面积以及耗水成本。其中，塔里木地区人工林面积增加最多为 604.16 万 $hm^2$，耗水成本为 2 476 360 万元。内蒙古后山、阿拉善以及察哈尔等沙区造林面积较小，耗水成本也较低。

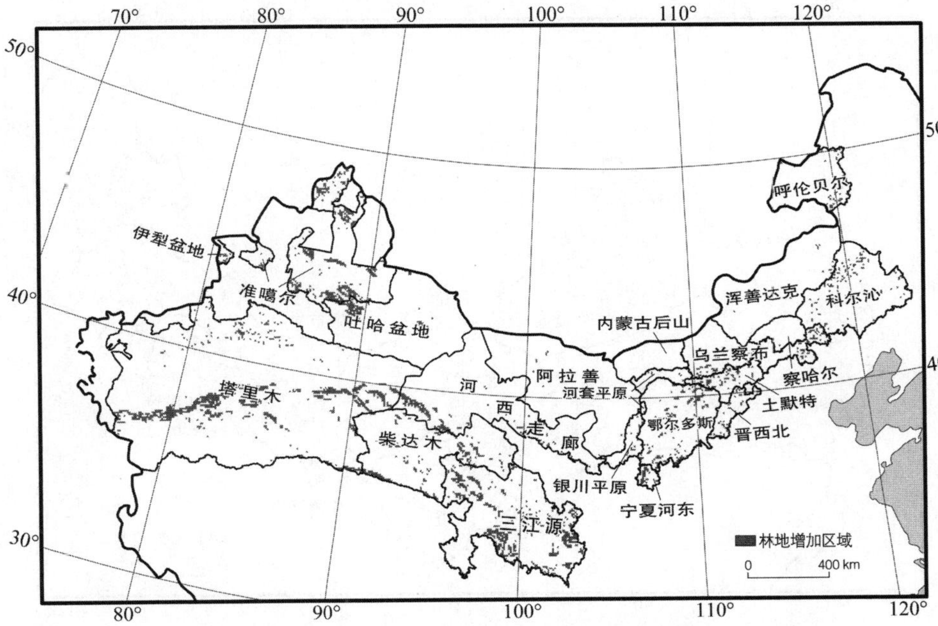


图 5-55　气候基本无变化、治理政策积极情景人工林增加区域

表 5-7　气候基本无变化、治理政策积极情景 2011—2030 年中国北方沙区人工林耗水成本

| 地区 | 人工林变化面积/万 $hm^2$ | 平均实际蒸散量/mm | 耗水成本/万元 |
|---|---|---|---|
| 阿拉善 | 7.68 | 313.48 | 28 890 |
| 察哈尔 | 1.92 | 259.96 | 5 990 |
| 柴达木 | 179.2 | 313.46 | 674 060 |
| 鄂尔多斯 | 118.4 | 297.42 | 422 570 |
| 河套平原 | 9.6 | 309.62 | 35 670 |
| 河西走廊 | 72.96 | 318.81 | 279 120 |
| 呼伦贝尔 | 30.08 | 229.06 | 82 680 |
| 浑善达克 | 10.24 | 254.82 | 31 310 |
| 晋西北 | 27.52 | 272.20 | 89 890 |
| 科尔沁 | 75.52 | 262.58 | 237 960 |
| 内蒙古后山 | 0.64 | 304.24 | 2 340 |
| 宁夏河东 | 19.2 | 288.14 | 66 390 |
| 三江源 | 356.48 | 288.18 | 1 232 760 |
| 塔里木 | 604.16 | 341.57 | 2 476 360 |
| 土默特 | 50.56 | 281.70 | 170 910 |
| 吐哈盆地 | 60.16 | 312.84 | 225 850 |
| 乌兰察布 | 68.48 | 275.08 | 226 050 |
| 伊犁盆地 | 11.52 | 302.36 | 41 800 |
| 银川平原 | 14.72 | 308.51 | 54 500 |
| 准噶尔 | 264.96 | 294.57 | 936 590 |

（3）情景3：气候基本无变化、治理政策消极　在气候基本无变化，未来沙漠化治理政策相对消极的情景下，人工林增加区域如图5-56所示，人工林耗水成本如表5-8所示，2011—2030年消极治理情景下，人工林平均耗水成本为610 380万元，表中显示了各地区的人工林变化面积以及耗水成本。其中，塔里木地区人工林面积增加最多为500.48万$hm^2$，耗水成本为2 051 390万元。内蒙古后山、阿拉善等沙区造林面积较小，耗水成本也较低。

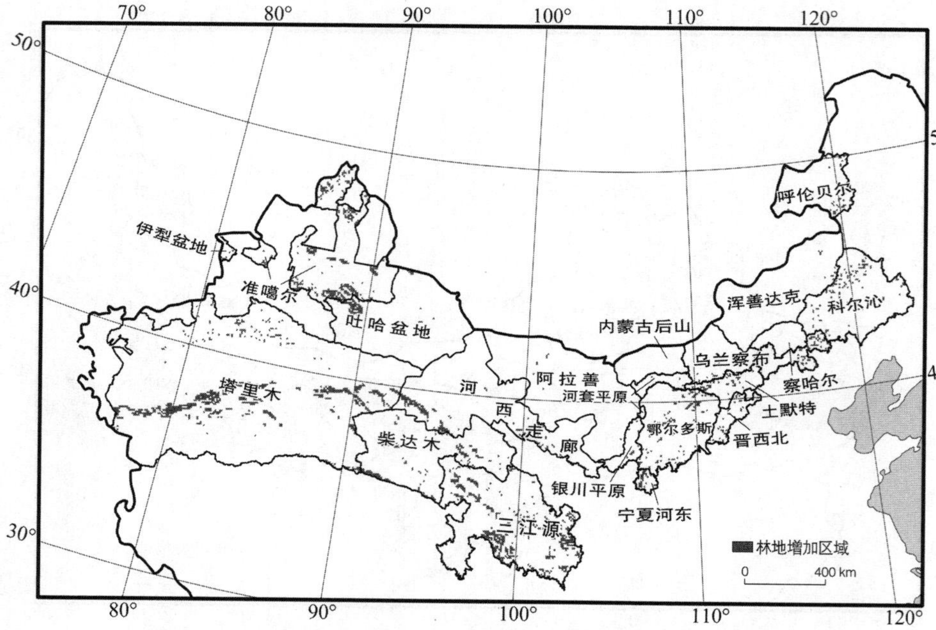


**图5-56　气候基本无变化、治理政策消极情景下人工林增加区域**

**表5-8　气候基本无变化、治理政策消极情景2011—2030年中国北方沙区人工林耗水成本**

| 地区 | 人工林变化面积/万$hm^2$ | 平均实际蒸散量/mm | 耗水成本/万元 |
|---|---|---|---|
| 阿拉善 | 6.4 | 313.48 | 24 080 |
| 察哈尔 | 0 | 259.96 | 0 |
| 柴达木 | 132.48 | 313.46 | 498 330 |
| 鄂尔多斯 | 89.6 | 297.42 | 319 790 |
| 河套平原 | 3.84 | 309.62 | 14 270 |
| 河西走廊 | 65.28 | 318.81 | 249 740 |
| 呼伦贝尔 | 30.08 | 229.06 | 82 680 |
| 浑善达克 | 9.6 | 254.82 | 29 360 |
| 晋西北 | 27.52 | 272.20 | 89 890 |
| 科尔沁 | 72.96 | 262.58 | 229 890 |
| 内蒙古后山 | 0.64 | 304.24 | 2 340 |
| 宁夏河东 | 17.92 | 288.14 | 61 960 |
| 三江源 | 327.68 | 288.18 | 1 133 170 |
| 塔里木 | 500.48 | 341.57 | 2 051 390 |
| 土默特 | 34.56 | 281.70 | 116 830 |
| 吐哈盆地 | 48.64 | 312.84 | 182 600 |
| 乌兰察布 | 53.12 | 275.08 | 175 350 |
| 伊犁盆地 | 6.4 | 302.36 | 23 220 |
| 银川平原 | 8.96 | 308.51 | 33 170 |
| 准噶尔 | 222.08 | 294.57 | 785 020 |

（4）情景 4：气候趋于湿润、治理政策维持现状　在气候趋于湿润，未来沙漠化治理政策基本保持不变的情景下，人工林增加区域如图 5-57 所示，人工林耗水成本如表 5-9 所示，2011—2030 年基准治理情景下，人工林平均耗水成本为 6 742 620 万元，表中显示了各地区的人工林变化面积以及耗水成本。其中，塔里木地区人工林面积增加最多为 561 万 $hm^2$，耗水成本为 230 060 万元。内蒙古后山、阿拉善等沙区造林面积较小，耗水成本也较低。

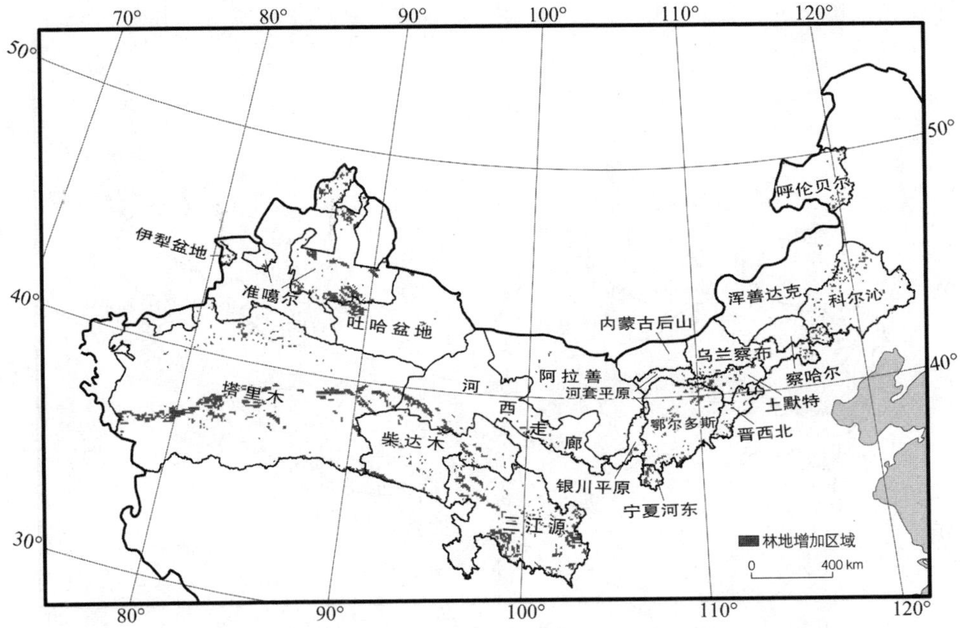


图 5-57　气候趋于湿润、治理政策维持现状情景下人工林增加区域

表 5-9　气候趋于湿润、治理政策维持现状情景 2011—2030 年中国北方沙区人工林耗水成本

| 地区 | 人工林变化面积/万 $hm^2$ | 平均实际蒸散量/mm | 耗水成本/万元 |
|---|---|---|---|
| 阿拉善 | 6.40 | 313.48 | 24 080 |
| 察哈尔 | 0 | 259.96 | 0 |
| 柴达木 | 156.16 | 313.46 | 587 400 |
| 鄂尔多斯 | 104.96 | 297.42 | 374 610 |
| 河套平原 | 7.04 | 309.62 | 26 160 |
| 河西走廊 | 66.56 | 318.81 | 254 640 |
| 呼伦贝尔 | 30.08 | 229.06 | 82 680 |
| 浑善达克 | 10.24 | 254.82 | 31 310 |
| 晋西北 | 27.52 | 272.20 | 89 890 |
| 科尔沁 | 72.96 | 262.58 | 229 890 |
| 内蒙古后山 | 0.64 | 304.24 | 2 340 |
| 宁夏河东 | 21.12 | 288.14 | 73 030 |
| 三江源 | 338.56 | 288.18 | 1 170 790 |
| 塔里木 | 561.28 | 341.57 | 2 300 600 |
| 土默特 | 40.96 | 281.70 | 138 460 |
| 吐哈盆地 | 54.40 | 312.84 | 204 220 |
| 乌兰察布 | 57.60 | 275.08 | 190 140 |
| 伊犁盆地 | 10.88 | 302.36 | 39 480 |
| 银川平原 | 12.80 | 308.51 | 47 390 |
| 准噶尔 | 247.68 | 294.57 | 875 510 |

（5）情景5：气候趋于湿润、治理政策积极　在气候趋于湿润、未来沙漠化治理政策较为积极的情景下，人工林增加区域如图5-58所示，人工林耗水成本如表5-10所示，2011—2030年积极治理情景下，人工林平均耗水成本为7 321 690万元，表中显示了各地区的人工林变化面积以及耗水成本。其中，塔里木地区人工林面积增加最多为604.16万$hm^2$，耗水成本为2 476 360万元。内蒙古后山、阿拉善以及察哈尔等沙区造林面积较小，耗水成本也较低。

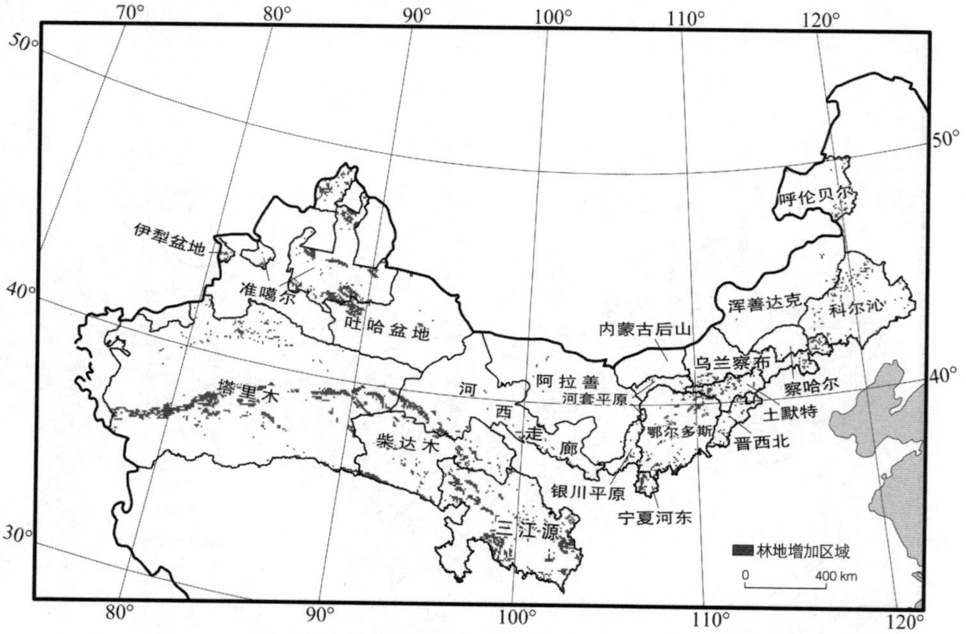

图5-58　气候趋于湿润、治理政策积极情景下人工林增加区域

表5-10　气候趋于湿润、治理政策积极情景2011—2030年中国北方沙区人工林耗水成本

| 地区 | 人工林变化面积/万$hm^2$ | 平均实际蒸散量/mm | 耗水成本/万元 |
|---|---|---|---|
| 阿拉善 | 7.68 | 313.48 | 28 890 |
| 察哈尔 | 1.92 | 259.96 | 5 990 |
| 柴达木 | 179.2 | 313.46 | 674 060 |
| 鄂尔多斯 | 118.4 | 297.42 | 422 570 |
| 河套平原 | 9.6 | 309.62 | 35 670 |
| 河西走廊 | 72.96 | 318.81 | 279 120 |
| 呼伦贝尔 | 30.08 | 229.06 | 82 680 |
| 浑善达克 | 10.24 | 254.82 | 31 310 |
| 晋西北 | 27.52 | 272.20 | 89 890 |
| 科尔沁 | 75.52 | 262.58 | 237 960 |
| 内蒙古后山 | 0.64 | 304.24 | 2 340 |
| 宁夏河东 | 19.2 | 288.14 | 66 390 |
| 三江源 | 356.48 | 288.18 | 1 232 760 |
| 塔里木 | 604.16 | 341.57 | 2 476 360 |
| 土默特 | 50.56 | 281.70 | 170 910 |
| 吐哈盆地 | 60.16 | 312.84 | 225 850 |
| 乌兰察布 | 68.48 | 275.08 | 226 050 |
| 伊犁盆地 | 11.52 | 302.36 | 41 800 |
| 银川平原 | 14.72 | 308.51 | 54 500 |
| 准噶尔 | 264.96 | 294.57 | 936 590 |

（6）情景 6：气候趋于湿润、治理政策消极　在气候趋于湿润，未来沙漠化治理政策较为消极的情景下，人工林增加区域如图 5-59 所示，人工林耗水成本如表 5-11 所示，2011—2030 年消极治理情景下，人工林平均耗水成本为 6 103 800 万元，表中显示了各地区的人工林变化面积以及耗水成本。其中，塔里木地区人工林面积增加最多为 500.48 万 $hm^2$，耗水成本为 2 051 390 万元。内蒙古后山、阿拉善等沙区造林面积较小，耗水成本也较低。

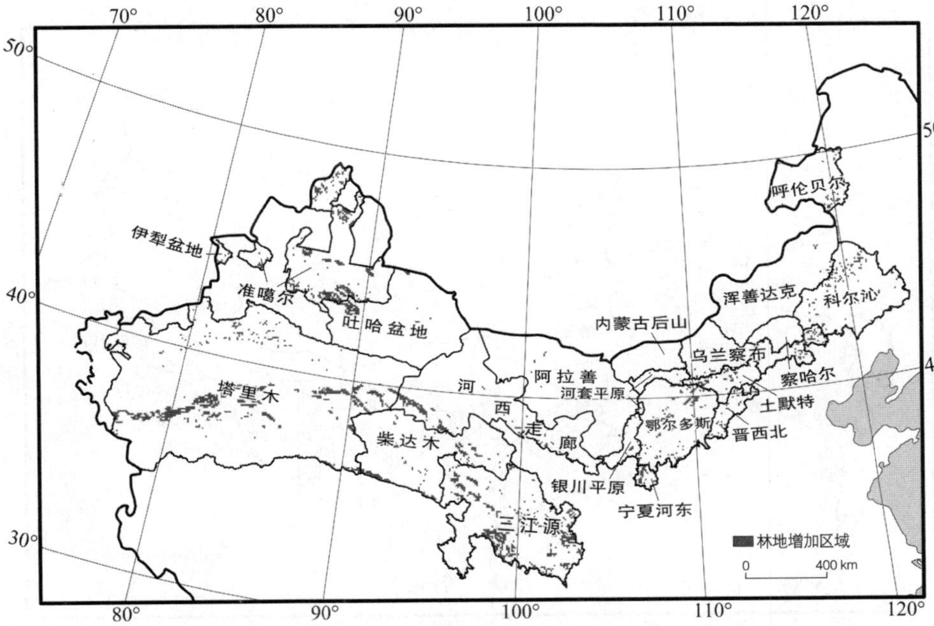


图 5-59　气候趋于湿润、治理政策消极情景下人工林增加区域

表 5-11　气候趋于湿润、治理政策消极情景 2011—2030 年中国北方沙区人工林耗水成本

| 地区 | 人工林变化面积/万 $hm^2$ | 平均实际蒸散量/mm | 耗水成本/万元 |
|---|---|---|---|
| 阿拉善 | 6.4 | 313.48 | 24 080 |
| 察哈尔 | 0 | 259.96 | 0 |
| 柴达木 | 132.48 | 313.46 | 498 330 |
| 鄂尔多斯 | 89.6 | 297.42 | 319 790 |
| 河套平原 | 3.84 | 309.62 | 14 270 |
| 河西走廊 | 65.28 | 318.81 | 249 740 |
| 呼伦贝尔 | 30.08 | 229.06 | 82 680 |
| 浑善达克 | 9.6 | 254.82 | 29 360 |
| 晋西北 | 27.52 | 272.20 | 89 890 |
| 科尔沁 | 72.96 | 262.58 | 229 890 |
| 内蒙古后山 | 0.64 | 304.24 | 2 340 |
| 宁夏河东 | 17.92 | 288.14 | 61 960 |
| 三江源 | 327.68 | 288.18 | 1 133 170 |
| 塔里木 | 500.48 | 341.57 | 2 051 390 |
| 土默特 | 34.56 | 281.70 | 116 830 |
| 吐哈盆地 | 48.64 | 312.84 | 182 600 |
| 乌兰察布 | 53.12 | 275.08 | 175 350 |
| 伊犁盆地 | 6.4 | 302.36 | 23 220 |
| 银川平原 | 8.96 | 308.51 | 33 170 |
| 准噶尔 | 222.08 | 294.57 | 785 020 |

(7) 气候趋于干旱、治理政策维持现状　在气候趋于干旱、未来沙漠化治理政策基本维持现状的情景下，人工林增加区域如图5-60所示，人工林耗水成本如表5-12所示，2011—2030年基准治理情景下，人工林平均耗水成本为7 808 340万元，表中显示了各地区的人工林变化面积以及耗水成本。其中，塔里木地区人工林面积增加最多为561万 $hm^2$，耗水成本为3 733 280万元。内蒙古后山、阿拉善等沙区造林面积较小，耗水成本也较低。

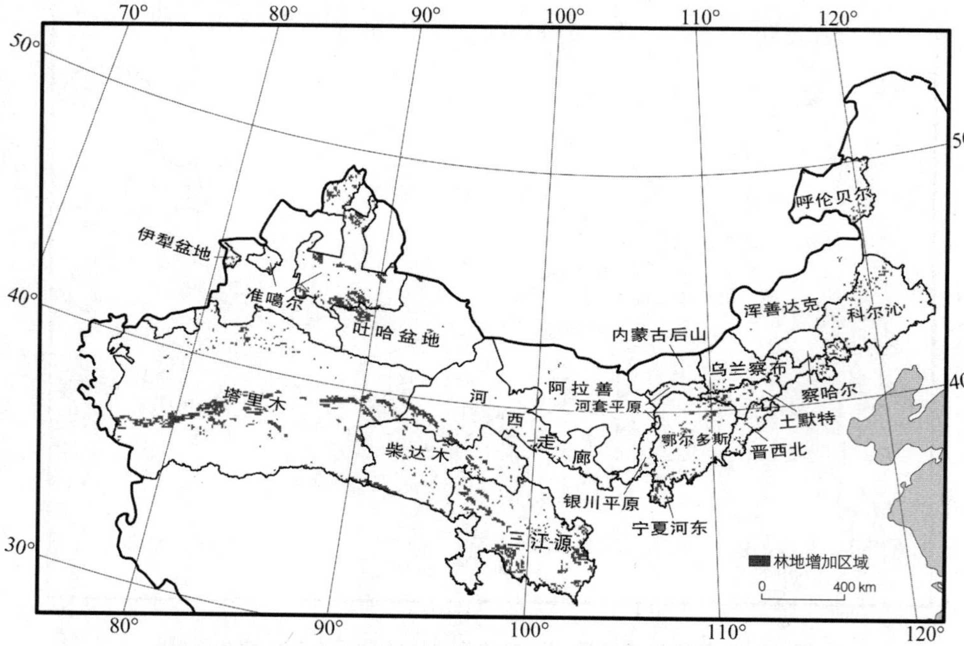

图5-60　气候趋于干旱、治理政策维持现状情景下人工林增加区域

表5-12　气候趋于干旱、治理政策维持现状2011—2030年中国北方沙区人工林耗水成本

| 地区 | 人工林变化面积/万 $hm^2$ | 平均实际蒸散量/mm | 耗水成本/万元 |
|---|---|---|---|
| 阿拉善 | 6.4 | 317.09 | 24 350 |
| 察哈尔 | 0 | 259.96 | 0 |
| 柴达木 | 156.16 | 289.97 | 543 380 |
| 鄂尔多斯 | 104.96 | 426.24 | 536 860 |
| 河套平原 | 7.04 | 452.45 | 38 220 |
| 河西走廊 | 66.56 | 417.86 | 333 750 |
| 呼伦贝尔 | 30.08 | 35.96 | 12 980 |
| 浑善达克 | 10.24 | 129.32 | 15 890 |
| 晋西北 | 27.52 | 312.83 | 103 310 |
| 科尔沁 | 72.96 | 192.20 | 168 270 |
| 内蒙古后山 | 0.64 | 283.50 | 2 180 |
| 宁夏河东 | 21.12 | 302.12 | 76 570 |
| 三江源 | 338.56 | 136.48 | 554 480 |
| 塔里木 | 561.28 | 554.28 | 3 733 280 |
| 土默特 | 40.96 | 277.36 | 136 330 |
| 吐哈盆地 | 54.4 | 416.71 | 272 030 |
| 乌兰察布 | 57.6 | 240.34 | 166 120 |
| 伊犁盆地 | 10.88 | 435.16 | 56 810 |
| 银川平原 | 12.8 | 580.54 | 89 170 |
| 准噶尔 | 247.68 | 317.74 | 944 370 |

（8）情景8：气候趋于干旱、治理政策积极 在气候趋于干旱，未来沙漠化治理政策相对积极的情景下，人工林增加区域如图5-61所示，人工林耗水成本如表5-13所示，2011—2030年积极治理情景下，人工林平均耗水成本为8 499 020万元，表中显示了各地区的人工林变化面积以及耗水成本。其中，塔里木地区人工林面积增加最多为604.16万$hm^2$，耗水成本为4 018 490万元。内蒙古后山、阿拉善以及察哈尔等沙区造林面积较小，耗水成本也较低。

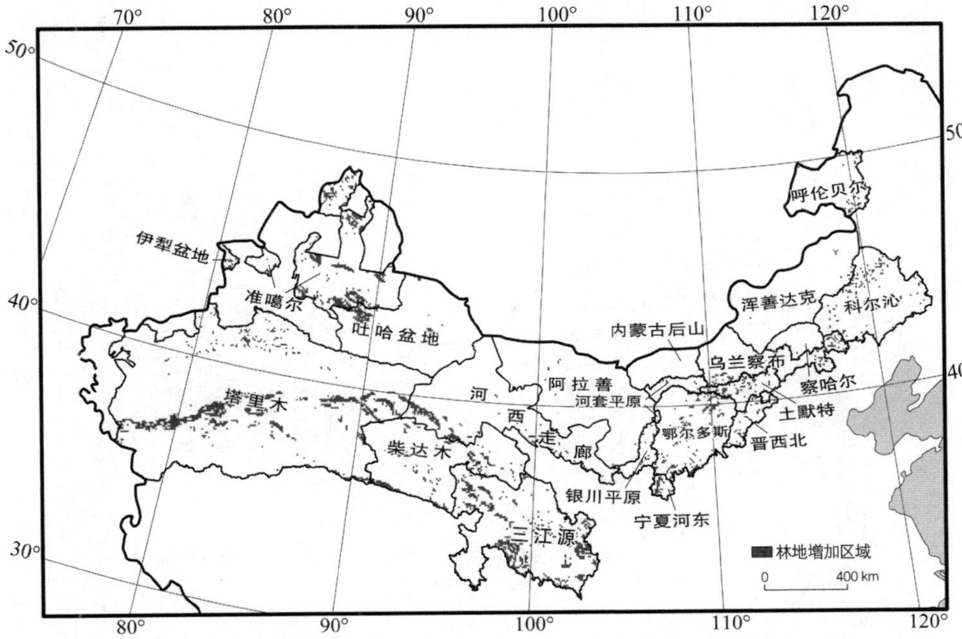


图5-61 气候趋于干旱、治理政策积极情景下人工林增加区域

表5-13 气候趋于干旱、治理政策积极情景2011—2030年中国北方沙区人工林耗水成本

| 地区 | 人工林变化面积/万$hm^2$ | 平均实际蒸散量/mm | 耗水成本/万元 |
|---|---|---|---|
| 阿拉善 | 7.68 | 317.09 | 29 220 |
| 察哈尔 | 1.92 | 114.38 | 2 640 |
| 柴达木 | 179.2 | 289.97 | 623 550 |
| 鄂尔多斯 | 118.4 | 426.24 | 605 600 |
| 河套平原 | 9.6 | 452.45 | 52 120 |
| 河西走廊 | 72.96 | 417.86 | 365 840 |
| 呼伦贝尔 | 30.08 | 35.96 | 12 980 |
| 浑善达克 | 10.24 | 129.32 | 15 890 |
| 晋西北 | 27.52 | 312.83 | 103 310 |
| 科尔沁 | 75.52 | 192.20 | 174 180 |
| 内蒙古后山 | 0.64 | 283.50 | 2 180 |
| 宁夏河东 | 19.2 | 302.12 | 69 610 |
| 三江源 | 356.48 | 136.48 | 583 830 |
| 塔里木 | 604.16 | 554.28 | 4 018 490 |
| 土默特 | 50.56 | 277.36 | 168 280 |
| 吐哈盆地 | 60.16 | 416.71 | 300 830 |
| 乌兰察布 | 68.48 | 240.34 | 197 500 |
| 伊犁盆地 | 11.52 | 435.16 | 60 160 |
| 银川平原 | 14.72 | 580.54 | 102 550 |
| 准噶尔 | 264.96 | 317.74 | 1 010 260 |

（9）情景9：气候趋于干旱、治理政策消极　在气候趋于干旱，未来沙漠化治理政策相对消极的情景下，人工林增加区域如图5-62所示，人工林耗水成本如表5-14所示，2011—2030年消极治理情景下，人工林平均耗水成本为6 978 000万元，表中显示了各地区的人工林变化面积以及耗水成本。其中，塔里木地区人工林面积增加最多为500.48万 $hm^2$，耗水成本为3 328 870万元。内蒙古后山、阿拉善等沙区造林面积较小，耗水成本也较低。

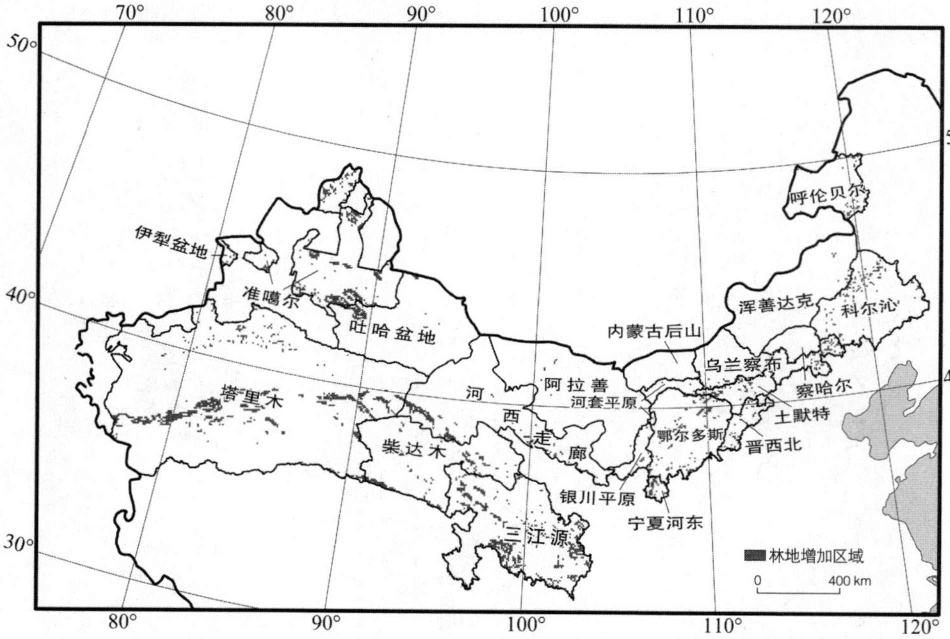

图5-62　气候趋于干旱、治理政策消极情景下人工林增加区域

表5-14　气候趋于干旱、治理政策消极情景2011—2030年中国北方沙区人工林耗水成本

| 地区 | 人工林变化面积/万 $hm^2$ | 平均实际蒸散量/mm | 耗水成本/万元 |
|---|---|---|---|
| 阿拉善 | 6.4 | 317.09 | 24 350 |
| 察哈尔 | 0 | 259.96 | 0 |
| 柴达木 | 132.48 | 289.97 | 460 980 |
| 鄂尔多斯 | 89.6 | 426.24 | 458 290 |
| 河套平原 | 3.84 | 452.45 | 20 850 |
| 河西走廊 | 65.28 | 417.86 | 327 330 |
| 呼伦贝尔 | 30.08 | 35.96 | 12 980 |
| 浑善达克 | 9.6 | 129.32 | 14 900 |
| 晋西北 | 27.52 | 312.83 | 103 310 |
| 科尔沁 | 72.96 | 192.20 | 168 270 |
| 内蒙古后山 | 0.64 | 283.50 | 2 180 |
| 宁夏河东 | 17.92 | 302.12 | 64 970 |
| 三江源 | 327.68 | 136.48 | 536 660 |
| 塔里木 | 500.48 | 554.28 | 3 328 870 |
| 土默特 | 34.56 | 277.36 | 115 030 |
| 吐哈盆地 | 48.64 | 416.71 | 243 230 |
| 乌兰察布 | 53.12 | 240.34 | 153 200 |
| 伊犁盆地 | 6.4 | 435.16 | 33 420 |
| 银川平原 | 8.96 | 580.54 | 62 420 |
| 准噶尔 | 222.08 | 317.74 | 846 760 |

## 5.4　沙漠化治理成本汇总

通过对不同情景下沙漠化治理的直接成本、间接成本进行估算（表 5-15），可以看出，沙漠化治理间接成本大于直接成本，其中，气候趋于湿润、治理政策积极情景下，沙漠化间接治理成本最高，达到 257 000 亿元，表明该情景下，沙漠化治理面积最高，具有较好的防风固沙以及碳汇效益，但治理的耗水成本也最高。在气候趋于干旱、沙漠化消极治理情景下，沙漠化间接治理成本最低，防风固沙以及碳汇效益最低。

**表 5-15　沙漠化治理成本汇总**　　亿元

| 时间 | 情景 | 直接成本 | | 间接成本 | | |
|---|---|---|---|---|---|---|
| | | 人工造林 | 草场禁牧 | 防风固沙 | 碳汇 | 耗水 |
| 1981—2010 | | 21.83 | 17.4 | $3.34\times10^5$ | 0.09 | 255.34 |
| 2011—2030 | 基准情景 | 54.85 | 22.27 | $2.54\times10^5$ | 0.08 | 674.26 |
| | 气候基本无变化，积极治理 | 59.54 | 22.44 | $2.52\times10^5$ | 0.11 | 732.17 |
| | 气候基本无变化，消极治理 | 49.75 | 22.14 | $2.48\times10^5$ | 0.08 | 610.38 |
| | 气候趋于湿润，治理维持现状 | 54.85 | 22.27 | $2.56\times10^5$ | 0.10 | 674.26 |
| | 气候趋于湿润，积极治理 | 59.54 | 22.44 | $2.57\times10^5$ | 0.11 | 732.17 |
| | 气候趋于湿润，消极治理 | 49.75 | 22.14 | $2.56\times10^5$ | 0.10 | 610.38 |
| | 气候趋于干旱，治理维持现状 | 54.85 | 22.27 | $2.54\times10^5$ | 0.09 | 780.83 |
| | 气候趋于干旱，积极治理 | 59.54 | 22.44 | $2.52\times10^5$ | 0.10 | 849.90 |
| | 气候趋于干旱，消极治理 | 49.75 | 22.14 | $2.48\times10^5$ | 0.07 | 697.80 |

## 5.5　本章小结

本研究主要从直接成本以及间接成本两个方面对沙漠化治理成本进行估算。同时，也对未来不同情景的沙漠化治理成本进行估算以及分析，为未来沙漠化治理工程中资金的合理调控和分配提供一定参考。估算结果表明，沙漠化间接治理成本远高于直接治理成本。同时，在未来不同情景下，气候趋于湿润、治理政策积极情景下，沙漠化治理间接成本最高，表明在该情景下，沙漠化治理生态效益最好。

## 参 考 文 献

崔向慧．2009．陆地生态系统服务功能及其价值评估［D］．北京：中国林业科学研究院．

范建忠，李登科，周辉．2013．陕西省退耕还林固碳释氧价值分析［J］．生态学杂志，32（4）：874-881．

樊远辛．2016．基于 InVEST 模型的喀纳斯自然保护区森林生态系统调节功能价值评估［D］．合肥：安徽农业大学．

樊胜岳，乌日嘎，赵丹华，等．2012．沙漠化地区生态建设政策执行过程中的交易成本分析［J］．干旱区地理，35（5）：815-820．

冯茹．2014．重庆市森林生态系统服务价值评价［J］．重庆：西南大学．

靳芳，鲁绍伟，余新晓，等．2005. 中国森林生态系统服务功能及其价值评价［J］．应用生态学报，(8)：1531-1536.

孔东升，张灏．2014. 张掖黑河湿地国家级自然保护区固碳价值评估［J］．湿地科学，12（1)：29-34.

李亦秋．2009. 基于3S技术的丹江口库区及上游生态系统服务价值评价［D］．北京：北京林业大学．

李卓琳．2014. 山西稷山枣树林生态价值核算研究［D］．北京：中国地质大学．

刘拓．2006. 中国土地沙漠化经济损失评估［J］．中国沙漠，26（1)：40-46.

刘文军，刘志勇，郭金伟．2017. 内蒙古大青山天然白桦林生物量、生产力及固碳释氧价值研究［J］．防护林科技，(2)：43-45.

刘晓露，孙绍荣．2015. 沙漠治理工程成本各省市分摊计算方法研究［J］．中国集体经济，(6)：43-44.

刘晓辉，吕宪国．2008. 三江平原湿地生态系统固碳功能及其价值评估［J］．湿地科学，(2)：212-217.

马国霞，石敏俊，赵学涛，等．2008. 中国北方地区沙漠化造成经济损失的货币评价［J］．中国沙漠，2008，28（4)：627-633.

马长欣，刘建军，康博文，等．2010. 1999—2003年陕西省森林生态系统固碳释氧服务功能价值评估［J］．生态学报，30（6)：1412-1422.

孟祥江．2011. 中国森林生态系统价值核算框架体系与标准化研究［D］．北京：中国林业科学研究院．

欧阳志云，王效科，苗鸿．1999. 中国陆地生态系统服务功能及其生态经济价值的初步研究［J］．生态学报，(5)：19-25.

潘竟虎，文岩．2015. 中国西北干旱荒漠区植被碳汇估算及其时空格局［J］．生态学报，35（23)：7718-7728.

任鸿昌，孙景梅，祝令辉，等．2007. 西部地区荒漠生态系统服务功能价值评估［J］．林业资源管理，(6)：67-69，95.

施溯筠，李光，张三焕．2002. 长白山区森林固定$CO_2$价值的评估［J］．延边大学学报（自然科学版)，(2)：134-137.

石培礼，李文华．2001. 森林植被变化对水文过程和径流的影响效应［J］．自然资源学报，16（5)：481-487.

孙海燕，魏正．2010. 赤峰市红山区森林生态系统服务功能与综合价值评估研究［J］．中国城市林业，8（6)：13-15.

王兵，任晓旭，胡文．2011. 中国森林生态系统服务功能及其价值评估［J］．林业科学，47（2)：145-153.

王敏．2018.“光伏＋扶贫＋治沙”互补发展初探［J］．华北电力大学学报（社会科学版)，113（3)：6-15.

王亚明，王江，余涛，等．2017. 基于京津风沙源治理工程的林业生态工程建设效果实证分析［J］．林业经济，(7)，50-54，87.

吴丽娟．2011. 厦门市城市生态系统服务功能价值动态评估［D］．泉州：华侨大学．

乌日嘎．2013. 内蒙古荒漠化治理制度分析与市场化制度构建［D］．北京：中央民族大学．

许端阳．2009. 气候变化和人类活动在沙漠化过程中相对作用的定量研究：以鄂尔多斯高原为例［D］．南京：南京农业大学．

杨丽雯，何秉宇，黄培祐，等．2006. 和田河流域天然胡杨林的生态服务价值评估［J］．生态学报，(3)：681-689.

尹飞．2011. 遂昌县森林生态系统价值评估［D］．临安：浙江农林大学．

赵海凤．2014. 四川省森林生态系统服务价值计量与分析［D］．北京：北京林业大学．

朱华娟．2013. 鄱阳湖滨湖区土地利用预测及固碳生态系统服务价值评估［D］．南昌：南昌大学．

政策信息．2007. 关于印发改革农业用水价格有关问题的意见的通知［J］．宏观经济管理，(7)：57.

Allan R G，Pereira L S，Raes D，et al. 1998. Crop Evapotranspiration：Guidelines for Computing Crop Water Requirements. Irrigation and Drainage Paper 56. FAO，Rome. FAO，56.

Cao S X，Xu C G，Chen L，et al. 2009. Attitude of farmers in China northern Shaanxi Province towards the land-use changes required under the Grain for Green Project，and implications for the project's success［J］. Land Use Policy，26（4)，1182-1194.

Fleskens L，Nainggolan D，Stringer L C. 2014. An exploration of scenarios to support sustainable land management using integrated Environmental socio-economic models［J］. Environmental Management，54，1005-1021.

LAMBOOYT. 2011. Corporate social responsibility：sustainable water use [J] . Journal of Cleaner Production，19 (8)：852-866.

Liu J G，Yang W. 2012. Water sustainability for China and beyond [J] . Science，337：649-650.

Tan M H，Li X B. 2015. Does the Green Great Wall effectively decrease dust storm intensity in China. A study based on NOAA NDVI and weather stationdata [J] . Land Use Policy，43：42-47.

Reed M S，Stringer L C，Dougill A J，et al. 2015. Reorienting land degradation towards sustainable land management：Linking sustainable livelihoods with ecosystem services in rangeland systems [J] . Journal of Environmental Management，151：472-485.

# 第6章 沙漠化可持续治理案例与政策

自20世纪80年代以来，我国相继启动了“三北”防护林工程、京津冀风沙源治理工程、退耕（牧）还林还草工程等一批生态建设项目，各沙区积极探索防沙治沙新模式，在保护现有植被的基础上，采取围封、飞播和人工造林相结合的方式，大力开展公益林建设，使得我国土地沙化程度总体呈现出整体遏制、持续缩减、功能增强的良好态势。在气候变化和人类活动的共同影响下，我国北方整体沙漠化土地面积依然较大，部分地区沙漠化发展趋势明显。为实现2030年“土地退化零增长”目标，我国有必要提前研究和制定相应的防治战略和应对举措，按照科学统一规划，因地制宜地探索防沙治沙新途径，加快推进我国防沙治沙进程。本章主要介绍我国各地近年来实施的重大生态工程和防沙治沙政策，以库布齐、阿拉善、奈曼等地为典型区域分析沙漠化可持续治理模式和治沙成效，从政策视角探索中国沙漠化治理中的可持续土地管理措施。基于以上研究，本章从生态工程、生态产业、资金投入、生态补偿、生态园区等不同角度，提出促进中国北方沙漠化可持续治理的政策建议。

## 6.1 中国生态治理工程与政策

### 6.1.1 “三北”防护林工程

为遏制水土流失等生态灾害，促进区域社会经济发展，自1978年起，我国在西北、华北北部、东北西部等重点地区启动“三北”防护林工程，从1979年到2050年，历时70多年，分三个阶段、七期工程进行，规划造林5.35亿亩。到2050年，三北地区的森林覆盖度将从1979年的5.05%提高到14.95%。

按照总体规划，“三北”防护林工程建设范围东起黑龙江的宾县，西至新疆的乌孜别里山口，北抵国界线，南沿天津、汾河、渭河、洮河下游、布尔汗布达山、喀喇昆仑山，东西长4 480 km，南北宽560～1 460 km。地理位置在73°29′E～129°50′E，33°30′N～50°14′N。包括陕西、甘肃、宁夏、青海、新疆、山西、河北、北京、天津、内蒙古、辽宁、吉林、黑龙江13个省（自治区、直辖市）的559个县（旗、市、区）。工程建设总面积406.9万 $km^2$，占全国陆地总面积的42.4%。

在“三北”防护林建设中，根据不同的区位环境与定位，开展科学建设与荒漠化治理。在风沙区，以治理沙化土地为主要目标，大力开展造林以及封育措施，合理开发利用沙区资源；在西北荒漠区，以保护天然荒漠特色植物为重点，主要采取封育措施，切实保护好自然生态；在黄土高原丘陵沟壑区，以小流域治理为重点，防止水土流失，积极发展水土保持林；在华北、东北平原地区，以改善农作物生产条件为主，建成高效的农业防护林体系。

“三北”防护林对于改善“三北”地区生态环境，促进区域发展，提高我国在生态环保领域的地位具有十分重要的战略意义。“三北”工程建设40年，防风固沙林面积增加641万 $hm^2$（相对增加154.3%）。同时，1978—2017年，“三北”防护林工程总固碳量为23.1亿t，约等于同期（1980—2015年）中国工业 $CO_2$ 排放量的5.23%（朱教君、郑晓，2019）。同时，对于区域气候调节也具有重要意义，例如，“三北”防护林体系由于明显地改变了下垫面性质，使平均风速廓线发生较大的改变，防风效应明显。“三北”防护林对整个三北地区的气候、土壤、农业生产等都具有重大的防护与调节作用，还具有重要的生态意义。

### 6.1.2　退耕还林还草工程

从 2000 年开始，我国在水土流失严重的水蚀区和风蚀区实施退耕还林还草工程，这是改善西部恶劣生态环境的一项重大措施，同时也是进行农业结构调整、发展质量效益型农业和可持续农业的重要途径。工程建设包括坡耕地退耕还林以及宜林荒山荒地造林。退耕还林工程建设范围包括北京、天津、河北、山西、内蒙古、辽宁、吉林、黑龙江、安徽、江西、河南、湖北、湖南、广西、海南、重庆、四川、贵州、云南、西藏、陕西、甘肃、青海、宁夏、新疆等 25 个省（自治区、直辖市）和新疆生产建设兵团，共 1 897 个县（市、区、旗）。目前，中国已实施退耕还林还草 5 亿多亩。

为了更好地落实退耕还林还草政策，国家保护退耕还林者享有退耕地上的林木（草）所有权。并且无偿向退耕农户提供粮食、生活费补助，种苗造林费补助等。自 2017 年起，退耕还草的补助标准由 800 元/亩，提高到 1 000 元/亩；退耕还林种苗造林费补助标准由 300 元/亩，提高到 400 元/亩。此外，在资金和粮食补助期满后，在不破坏整体生态功能的前提下，退耕还林者可以依法对其所有的林木进行采伐。退耕还林还草工程区大多是贫困地区，工程的扶贫作用日益显现。据国家林草局对 100 个退耕还林还草样本县的监测，新一轮退耕还林还草对建档立卡贫困户的覆盖度达 18.7%。2016—2018 年，全国共安排集中连片特殊困难地区有关县和国家扶贫开发工作重点县退耕还林还草任务 2 946.6 万亩，占三年退耕还林总任务的近 3/4。退耕还林工程的实施，改变了农民垦荒种粮的传统耕作习惯，实现了由毁林开垦向退耕还林的历史性转变，有效地改善了生态状况，促进了农业结构由以粮为主向多种经营转变，粮食生产由广种薄收向精耕细作转变，许多地方走出了“越穷越垦，越垦越穷”的恶性循环，实现了地减粮增、林茂粮丰。

1999 年启动实施两轮退耕还林工程以来，退耕还林还草增加林地面积 5.02 亿亩，占人工林面积的 42.5%；增加人工草地面积 502.61 万亩，占人工草地面积的 2.2%。退耕还林工程总投入超过 5 000 亿元，相当于两个半三峡工程的投资规模。其中，陕西省延安市自 1999 年以来，累计退耕还林 1 077 万亩，植被覆盖度从退耕前的 46%提高到 2017 年的 81.3%，绿色边界向北推移 400 km 以上，土壤侵蚀模数由 9 000 t/($km^2$ · a) 降为 1 077 t/($km^2$ · a)，年入黄泥沙由 2.58 亿 t 降到 0.31 亿 t，降幅达 88%，为世界提供了生态修复的成功样本。此外，退耕还林实施后有效地降低了地表径流，起到了水土保持、保育土壤肥力等作用。例如，重庆市通过退耕还林新增林地，每年新增蓄水能力 360 万 t，减少水土流失 44.89 万 t（张鸿文等，2015）。

### 6.1.3　天然林保护工程

作为陆地上最典型、最多样和最重要的生态系统，天然林不仅是国家重要的生态和经济资源，更是人类赖以生存的主要物质资源。为了保护我国的天然林资源。1999 年 12 月，国务院宣布 2000—2010 年实施天然林资源保护工程（天保一期工程）。2010 年 12 月 29 日，国务院第 138 次常务会议决定，2011—2020 年实施天然林资源保护二期工程，为严格保护南水北调重要水源地，实施范围在天保一期工程基础上增加了丹江口库区的 11 个县（市、区）。

天然林保护工程范围包括云南省、四川省、重庆市、贵州省、湖南省、湖北省、江西省、山西省、陕西省、甘肃省、青海省、宁夏回族自治区、新疆维吾尔自治区（含新疆生产建设兵团）、内蒙古自治区、吉林省、黑龙江省（含大兴安岭）、海南省、河南省等 18 个省（自治区、直辖市）的重点国有森工企业及长江、黄河中上游等地区生态地位重要的地方森工企业、采育场和以采伐天然林为经济支柱的国有林业局（场）、集体林场。

我国天然林保护工程从 1998 年试点起步至今 20 多年来，取得了巨大的生态、经济和社会效益，成为改革开放的重大成果之一。截至 2019 年，中央财政对天然林保护工程的总投入已经超过 4 000 亿元，天然林保护工程累计完成公益林建设任务 2.75 亿亩、后备森林资源培育 1 220 万亩、中幼林抚育 2.19 亿亩，促进了我国天然林资源连续保持恢复性增长。同时，天然林保护工程的实施为维护我国生态安全和生物多样性发挥了基础保障作用。2012—2016 年东北、内蒙古重点国有林区生态效益总价值增加了 6 366.5 亿元；青海三江源地区近 10 年来水资源总量增加 80 亿 $m^3$，相当于增加了 560 个西湖的蓄水量；河南省花园口水文站监测，黄河含沙量 2016 年比 2000 年减少了 90%。随着天然林保护工程区退化的森林植被逐步得到恢复和重建，许多地方消失多年的狼、狐狸、金钱豹等重新出现，为野生动植物的生存提供了良好的环境，

此外，天然林保护工程生态扶贫显著，工程区实现了从以木材生产为主向生态建设和资源综合利用方向快速转变，一二三产业比由 2003 年的 86：3：11 调整为 2017 年的 37：28：35。国有林业职工年均工资已提高到 4.7 万元，基本养老和基本医疗保险参保率达 95%。天保工程区 95.6 万名职工得到妥善安置，其中 67 万人长期稳定就业。

### 6.1.4 京津风沙源治理工程

2000 年春天，华北地区连续发生多次沙尘暴或浮尘天气，在此背景下我国紧急启动实施京津风沙源治理工程，拟通过植被保护、植树种草、退耕还林、小流域及草地治理、生态移民等措施，建设一个高质量和高稳定性的生态防护体系，优化首都及周边地区生态环境，提升北京国际地位，保障区域经济社会协调发展。

京津风沙源治理工程于 2000 年 6 月启动试点，2001 年全面实施，工程建设范围西起内蒙古的达茂旗，东至河北的平泉县（现平泉市），南起山西的代县，北至内蒙古的东乌珠穆沁旗，地理坐标为 109°30′E～119°20′E，38°50′N～46°40′N，涉及北京、天津、河北、山西、内蒙古等省（自治区、直辖市）的 75 个县（旗、市、区）。总国土面积为 45.8 万 $km^2$，沙化土地面积 10.18 万 $km^2$（迟文峰等，2018；邓广林、赵艳华，2019）。治理区域由平原、山地、高原三大部分组成，京津市区为海河平原的一部分；其东部浑善达克沙地是锡林郭勒高平原的重要组成部分，沙漠化土地广布；西部乌兰察布高平原由阴山北麓的丘陵、地势平缓的凹陷地带及石质丘陵隆起带组成，境内多为干河床或古河道，无常年流水的河流。区内气候复杂，由南向北、由东向西包含暖温带半湿润区、温带半湿润区、温带半干旱区、温带干旱区和温带极干旱区，2 个气候带、5 个气候区。年平均气温 7.5 ℃，年平均降水量 459.5 mm，雨季降水量占全年的 65%。

根据工程区自然气候、地形地貌特点，工程实行分类指导、分区施策、综合治理。具体措施包括：一是全面封禁保护现有林草植被，杜绝一切人为破坏行为；二是大力营造防风固沙林带，建立稳固的防风阻沙体系，在现有荒山荒地上营造乔灌草相结合的复合型水土保持和水源涵养林；三是对区域内陡坡耕地和粮食产量低而不稳的沙化耕地实行退耕还林还草；四是加快水土流失综合防治步伐，减少入库泥沙；五是加速转变传统的农牧业生产方式，实行划区轮牧、休牧和舍饲圈养；六是积极营造农田、牧场防护林网，确保农牧业生产安全；七是对生态极其恶劣，不具备人居生存条件的地区，实行生态移民，促进生态自然修复。

京津风沙源治理工程建设期为 10 年，即 2001—2010 年，分两个阶段进行，2001—2005 年为第一阶段，2006—2010 年为第二阶段。目前京津风沙源治理二期工程（2013—2022 年）正处于实施阶段，工程区范围由一期工程 75 个县扩大为包括陕西在内 6 省 138 个县。本书结合相关资料与文献归纳京津风沙源治理一期工程的建设成效：①区内生态环境初步改善，防风固沙能力明显提高。相关研究表明，2000—2012 年间植被覆盖度总体呈显著上升趋势，年均增速达 1.08%；地表植被恢复效果显著，改善区域约占总面积的 98.92%，风蚀模数呈现整体下降趋势。②农业生产环境与条件明显改善。例如，河北省张家口市至少有 9 万 $hm^2$ 耕地条件得以初步改善，多数农田实现了高产稳产目标；内蒙古林西县七合堂村基本上打破了以往“吃粮靠救济”的局面，全村森林覆盖度得到明显提升。

③农村产业结构实现全方位优化，区域经济得到持续发展。自工程实施以来各区域开始积极探索生态经济型治理模式，培育绿色产业、发展特色经济。例如，河北省平泉县（现平泉市）大力发展刺槐原料林以及食用菌产业，全县林业产值增长 27%。

### 6.1.5　草原禁牧工程

我国 2002 年颁布的《中华人民共和国草原法》提倡在农区、半农半牧区和有条件的牧区实行牲畜圈养。草原承包经营者应当按照饲养牲畜的种类和数量，调剂、储备饲草饲料，采用青贮和饲草饲料加工等新技术，逐步改变依赖天然草地放牧的生产方式。在草原禁牧、休牧、轮牧区，国家对实行舍饲圈养的给予粮食和资金补助。其中禁牧是指为实现草原植被恢复正常水平而对草原实行全面禁止放牧利用的保护措施，禁牧相对时限较长，通常不低于一年；休牧是指为保护牧草正常生长和繁殖，在春季牧草返青期和秋季牧草结实期实行季节性禁止放牧利用或在整个植物生长期禁止放牧利用的措施，休牧的时限通常不高于一年；轮牧是划区轮牧或分区轮牧的简称，按季节草场和放牧小区，依次轮回或循环放牧的一种放牧方式，两块以上放牧地或将大片草地划分成若干小区，按一定顺序定期轮流放牧和休牧（王霄龙等，2008）。

为确保草原禁牧工程顺利实施，国家对禁牧休牧地区牧民给予与禁牧补助，对生存环境非常恶劣、退化严重、不宜放牧草原实行禁牧封育，中央财政按照每年每亩 6 元的测算标准给予禁牧补助，5 年为一个补助周期，禁牧期满后，根据草场生态功能恢复情况，继续实施禁牧或者转入草畜平衡管理，开展合理利用；对禁牧区域以外的可利用草原根据草原载畜能力核定合理的载畜量，实施草畜平衡管理，中央财政对履行超载牲畜减畜计划的牧民按照每年每亩 1.5 元的测算标准给予草畜平衡奖励。牧民在草畜平衡的基础上实施季节性休牧和划区轮牧，形成草原合理利用的长效机制；实行牧草良种补贴，鼓励牧区有条件的地方开展人工种草，增强饲草补充供应能力，中央财政按照每年每亩 10 元的标准给予牧草良种补贴；实行牧民生产资料综合补贴，中央财政按照每年每户 500 元的标准，对牧民给予生产资料综合补助（吴凤英，2018）。

自 2003 年我国开始贯彻草原禁牧工程，内蒙古、宁夏、新疆、吉林等省（自治区）分别针对本地区实际情况实施禁牧休牧政策。例如，宁夏从 2003 年 5 月起实行全区禁牧，全区 460 万亩天然草原进行禁牧休牧，380 万只放牧羊只实行舍饲圈养，为保障工程顺利开展，宁夏政府筹集了 6 800 万元资金，用于解决禁牧封育后棚圈建设、饲草料加工机械、优良畜种引进和牧草种子生产等突出问题；内蒙古赤峰市阿鲁科尔沁旗通过几年的禁牧，草原植被覆盖度由原来的不足 20%提高到 65%以上，区域内生物资源得到了有效保护，动植物种类和数量不断增加，山地、沙地水源涵养功能得到了恢复，较好地发挥了生态屏障作用。

### 6.1.6　退牧还草工程

由于草原荒漠化趋势不断扩大，国务院于 2002 年底正式批准在西部 11 个省份实施退牧还草工程，2003 年底正式开始实行，重点治理蒙甘宁西部荒漠草原、内蒙古东部退化草原、新疆北部退化草原和青藏高原东部江河源草原（包利民，2006）。

退牧还草工程旨在给予农牧民一定经济补偿的前提下，通过围栏建设、补播改良以及禁牧、休牧、划区轮牧等措施，恢复草原植被，改善草原生态，提高草原生产力，促进草原生态与畜牧业协调发展。退牧还草工程的目标是使工程区内退化的草原基本得以恢复，天然草场得到休养生息，进一步完善项目区草原家庭承包责任制，建立基本草原保护、草畜平衡和禁牧休牧轮牧制度，建立起与草原畜牧业可持续发展相适应的草原生态系统；引导农牧民转变生产方式，进行畜种改良和畜群结构调整，稳定和促进农牧民增加收入。

在退牧还草工程实施初期，补助标准为除青藏高原东部江河源草原外的其他三片草原区按全年禁牧每亩每年补助饲料粮 5.5 kg，季节性休牧按休牧 3 个月计算，每亩每年补助饲料粮 1.37 kg，青藏高原东部江河源草原按此标准减半，饲料粮补助期限为 5 年。如果退牧还草大户补助的陈化粮数量超过其实际需要的，或当地库存陈化粮不足的，可适当调换一部分口粮给退牧还草者，按照 0.5 kg 陈化粮折 0.32 kg 口粮兑付。具体兑付的数量、品种等由省级人民政府确定。口粮供应参照退耕还林粮食供应办法执行。此外，草原围栏建设按 16.5 元/亩计算，中央补助 70%，地方和个人承担 30%，即由国家一次性每亩补助 11.55 元，不足部分由地方和个人筹资解决（王小红，2018）。

为保障退牧还草工程顺利推进，我国相继制定了一些鼓励措施以及法律法规，特别是 2011 年推行的《中央财政草原生态保护补助奖励资金管理暂行办法》和《关于完善退牧还草政策的意见》。在草原生态保护补助奖励资金方面，从 2011 年起，我国在内蒙古等主要草原牧区省区和新疆生产建设兵团全面建立草原生态保护补助奖励机制，促进草原生态保护和牧民增收，中央财政安排草原生态保护补助机制专项资金，实施禁牧补助、草畜平衡奖励、牧草良种补贴、牧民生产资料补贴等一系列补助奖励政策。在完善退牧还草政策方面，一是合理布局草原围栏，对禁牧封育的草原，不再实施围栏建设，今后重点安排划区轮牧和季节性休牧围栏建设，并与推行草畜平衡挂钩，按照围栏建设任务的 30%安排重度退化草原补播改良任务，逐步扩大岩溶地区草地治理试点范围，“十二五”时期，安排退牧还草围栏建设任务 5 亿亩，配套实施退化草原补播改良任务 1.5 亿亩；二是配套建设舍饲棚圈和人工饲草地，在具有发展舍饲圈养潜力的工程区，对缺乏棚圈的退牧户，按照每户 80 $m^2$ 的标准，配套实施舍饲棚圈建设，推动传统畜牧业向现代牧业转变，在具备稳定地表水水源的工程区，配套实施人工饲草地建设，解决退牧后农牧户饲养牲畜的饲料短缺问题；三是提高中央投资补助比例和标准，围栏建设中央投资补助比例由现行的 70%提高到 80%，地方配套由 30%调整为 20%，取消县及县以下资金配套，青藏高原地区围栏建设每亩中央投资补助由 17.5 元提高到 20 元，其他地区由 14 元提高到 16 元，补播草种费每亩中央投资补助由 10 元提高到 20 元，人工饲草地建设每亩中央投资补助 160 元，舍饲棚圈建设每户中央投资补助 3 000 元，按照中央投资总额的 2%安排退牧还草工程前期工作费；四是饲料粮补助改为草原生态保护补助奖励。从 2011 年起，不再安排饲料粮补助，在工程区内全面实施草原生态保护补助奖励机制，对实行禁牧封育的草原，中央财政按照每亩每年补助 6 元的测算标准对牧民给予禁牧补助，5 年为一个补助周期，对禁牧区域以外实行休牧、轮牧的草原，中央财政对未超载的牧民，按照每亩每年 1.5 元的测算标准给予草畜平衡奖励（吴敏娜，2011）。

退牧还草使草原得以休养生息，草原生态逐渐恢复，有效改善了区域生态环境。例如，内蒙古赤峰市在实施退牧还草后，草原植被高度、盖度、产草量都有所增加。据测算，全年禁牧区 7—9 月牧草产量平均达 79.91 kg/亩，比阶段性休牧区、全年放牧区分别提高 1 倍和 3 倍，牧草高度达到 43 cm，分别提高 4.7 cm 和 22.6 cm；盖度达到 75%，分别提高 13.7%和 52.4%；禁牧区植物种类和数量有所增加；流动、半流动沙地基本固定，生态环境得到初步改善。随着退牧还草工程的深入实施，牧民科学养畜的意识不断增强，牧民养殖由粗放式放牧向集约型舍饲转变，也从过去的单一的养羊业向多种经营方面发展。例如，盐池县在退牧还草工程实施后，及时调整羊群结构，选留优质种羊，实施科学的饲养方式，发挥地方特产的种质优势；同时，根据市场需，进行多种经营，逐步发展滩鸡产业、温棚种植、“三位一体”节能温棚等，使经济向多元化方向发展，发展高效畜牧业。

## 6.2 沙漠化可持续治理典型案例

### 6.2.1 鄂尔多斯模式

#### 6.2.1.1 区域概况

鄂尔多斯位于内蒙古自治区西南部，地处鄂尔多斯高原腹地（图 6-1），介于 37°35′24″N～40°51′40″N，

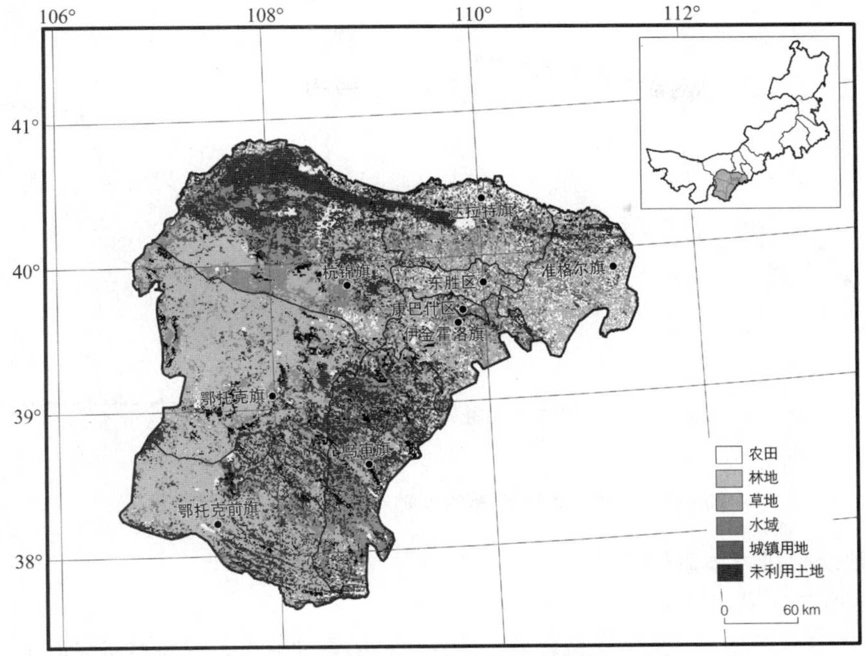


**图 6-1　鄂尔多斯位置与土地利用图**

106°42′40″E～111°27′20″E，总面积 86 752 km$^2$，属北温带半干旱大陆性气候区，冬夏寒暑变化大，多年平均气温 6.2 ℃，日最高气温 38 ℃，日最低气温 −31.4 ℃。多年平均降水 348.3 mm，降水多集中于 7—9 月，占全年降水量的 70%左右，降水量年迹变化不大（图 6-2）。截至 2018 年末，鄂尔多斯常住人口 207.84 万人，生产总值总体呈上升趋势（图 6-3）。

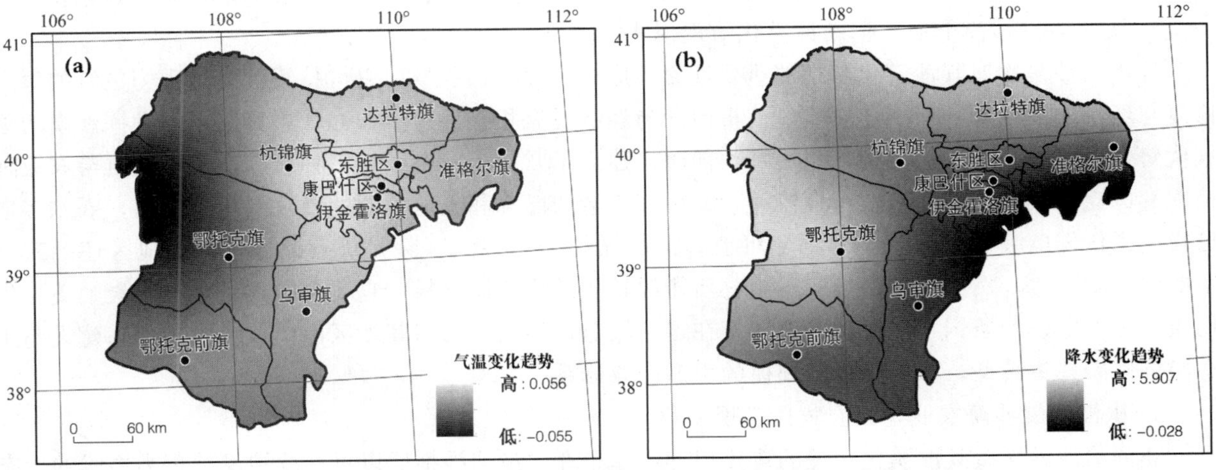


**图 6-2　2000—2018 年鄂尔多斯气温（a）与降水量（b）变化趋势图**

其中，库布齐沙漠位于鄂尔多斯高原脊线北部，地处 107°18′E～111°30′E，39°30′N～40°41′N，在鄂尔多斯市杭锦旗、达拉特旗和准噶尔旗均有分布，总面积 1.45 万 km$^2$，是我国的第七大沙漠，也是距离北京最近的沙漠。其中，流动沙丘约占 61%，沙丘高 10～60 m，形态以沙丘链和格状沙丘为主（郭彩赟等，2017）。库布齐沙漠属典型的温带大陆性季风干旱气候区，年均降水量 316 mm，年均蒸发量 2 162 mm，冬季较为寒，夏季温和，昼夜温差较大。全年平均气温 6.2 ℃，平均风速 4.5 m/s，以西风、西北风为主风向（陈雅琳等，2008；王睿等，2018）。

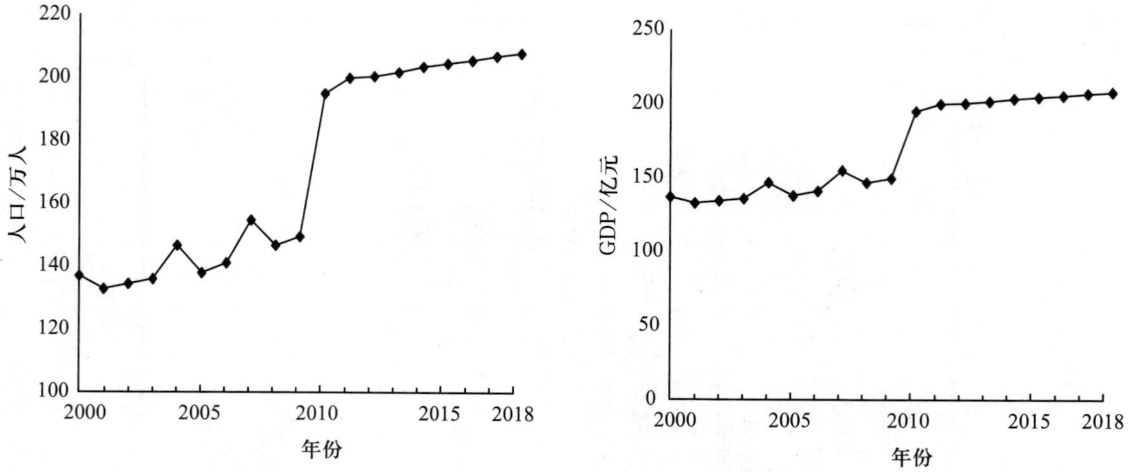


**图 6-3　2000—2018 年鄂尔多斯人口与 GDP 变化趋势图**

#### 6.2.1.2　沙漠化可持续治理模式

1. 多措并举遏制沙漠化扩张

针对库布齐沙漠沙丘高大、地下水位较低、治理比较困难的特点，鄂尔多斯采取了多项措施遏制沙漠化扩张，修复当地脆弱的生态环境。其中，库布齐沙漠的锁边林防沙护河生态工程，是综合固沙林防护模式的典型代表。在库布齐沙漠南北边缘营造乔、灌、草、藻一体化锁边林防沙护河生态工程，种植了 200 多万株灌木，北部黄河南岸种植了长 242 km 的甘草防护带，形成有效的生态屏障区（杨俊平等，2006；安保等，2003；苏义等，2007）。此外，还包括沟川道路“切隔”治理模式以及复合沙障植物治沙等，极大限度地提高了沙漠化治理的效率（郭彩赟等，2017）。库布齐沙漠森林覆盖度、植被覆盖度已分别由 2002 年的 0.8%、16.2%，大幅度提升到 2016 年的 15.7%、53%，生态环境得到很大改善。

2. 大力发展沙漠能源，创新沙漠化治理模式

经济治沙是库布其沙漠化治理的重要理念，库布齐沙漠加强推广以可持续沙漠治理为主线的生态修复与经济协同开发的沙产业模式，使得治沙与经济发展相互促进。如光伏项目既可以发挥沙漠的地域优势，也可以提高荒漠化土地利用率，同时，建立了“板上发电，板下种植”的光伏发电与农业种植配套的立体模式，既能有效治理沙漠，又可实现清洁能源和土地资源的高效利用。目前，鄂尔多斯已投产光伏发电装机 77 万 kW，每年可节约标准煤约 38.5 万 t。除光伏资源外，沙漠地区还拥有丰富的生物质资源，例如，沙柳是实现生物质能源转化的绝佳原材料，它所含的热量可与煤炭媲美，生物质能源发电、柠条饲料加工和养殖业正在迅速崛起，带动了库布其沙区由单纯治沙向生态建设与生态经济发展并举转型，形成了一定规模的生态产业体系。

3. 积极发展沙漠农业，为农牧民实现创收

经济治沙是库布其沙漠化治理的重要理念，库布齐沙漠加强推广以可持续沙漠治理为主线的生态修复与经济协同开发的沙产业模式，使得治沙与经济发展相互促进。如板上发电板下种植的光伏产业，可建立光伏发电与农业种植配套的立体模式，既能有效治理沙漠，又可实现清洁能源和土地资源的高效利用，更好地诠释了沙漠治理、能源产业和农业经济“三位一体”的沙产业新模式。如亿利集团在与沙漠生态治理相伴的扶贫过程中，探索并产生了若干各具特色的扶贫项目，增加了沙区就业岗位，提高农牧民收入。库布其模式所具有的生态产业扶贫特征，可以成为对外援助中的新亮点。

#### 6.2.1.3　沙漠化可持续治理成效

1. 沙漠化程度

1981—2015 年，鄂尔多斯整体上呈现沙漠化逆转的趋势，其中，原生沙漠由 5 056 $km^2$ 减少至 2 880 $km^2$；严重沙漠化区域由 15 104 $km^2$ 缩减为 4 672 $km^2$，缩减面积达 50%以上；重度沙漠化区

域由 34 880 $km^2$ 减少至 10 240 $km^2$；非沙漠化区域增加了 4 992 $km^2$，占鄂尔多斯总面积的 5.85%（图 6-4）。从沙漠化变化空间分布，可以看出鄂尔多斯总体呈沙漠化逆转趋势，整体沙漠化逆转面积大于发展面积，逆转面积和发展面积分别为 59 968 $km^2$ 和 5 888 $km^2$，分别占区域总面积的 70.35% 和 6.90%（图 6-5）。其中，库布齐沙漠所在的杭锦旗沙漠化逆转面积为 11 712 $km^2$，占沙漠化逆转总面积的 19.53%。

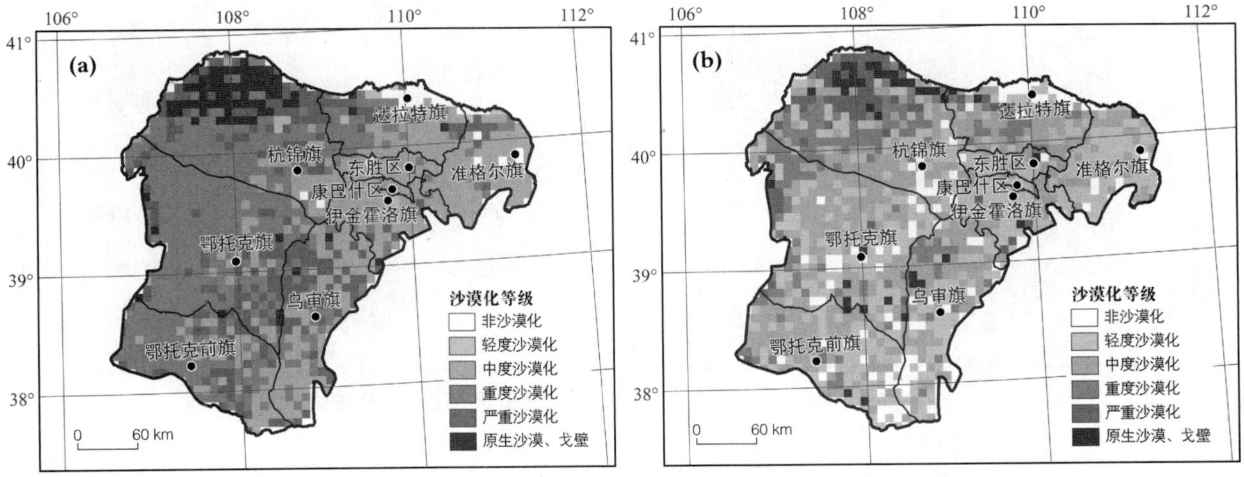


图 6-4 1981 年（a）、2015 年（b）鄂尔多斯沙漠化等级分布图

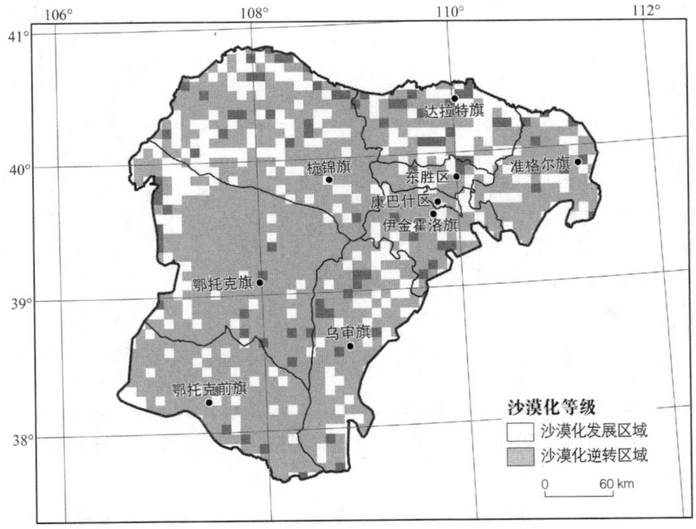


图 6-5 1981—2015 年鄂尔多斯沙漠化逆转与发展情况图

2. 植被覆盖度

本研究利用 NDVI 值来表征鄂尔多斯市植被覆盖度状况，并将 NDVI 值分为小于 0.1（低）、0.10～0.15（中低）、0.15～0.2（中）、0.2～0.25（中高）和大于 0.25（高）五个等级。从鄂尔多斯市 1981 年和 2015 年的植被 NDVI 空间分布格局来看，鄂尔多斯市植被覆盖度显著增加，并且呈现从西向东增加的趋势（图 6-6）。结合表 6-1 可以看出，1981—2015 年低、中低以及中植被覆盖区面积均呈现下降趋势，分别减少 3 328 $km^2$、9 472 $km^2$ 和 3 328 $km^2$。其中，中低植被覆盖面积减少最多，占鄂尔多斯总面积的 11.02%。中高植被覆盖区面积扩增趋势最大，增加 9 472 $km^2$，占该区域面积比例为 11.02%。从鄂尔多斯 1981—2015 年年均 NDVI 值也可以看出（图 6-7），35 年间鄂尔多斯市植被 NDVI 值虽然存在波动变化，但总体上呈现增加的趋势，植被覆盖度逐渐提高。此外，随着治沙工程

的开展，库布齐沙漠所在的杭锦旗植被覆盖度也有显著增加，低植被覆盖区减少 2 240 $km^2$，占杭锦旗面积的 12.23%，中植被覆盖区以及中高植被覆盖区分别增加 2 688 $km^2$ 和 320 $km^2$，占杭锦旗面积的 14.69%和 1.75%。

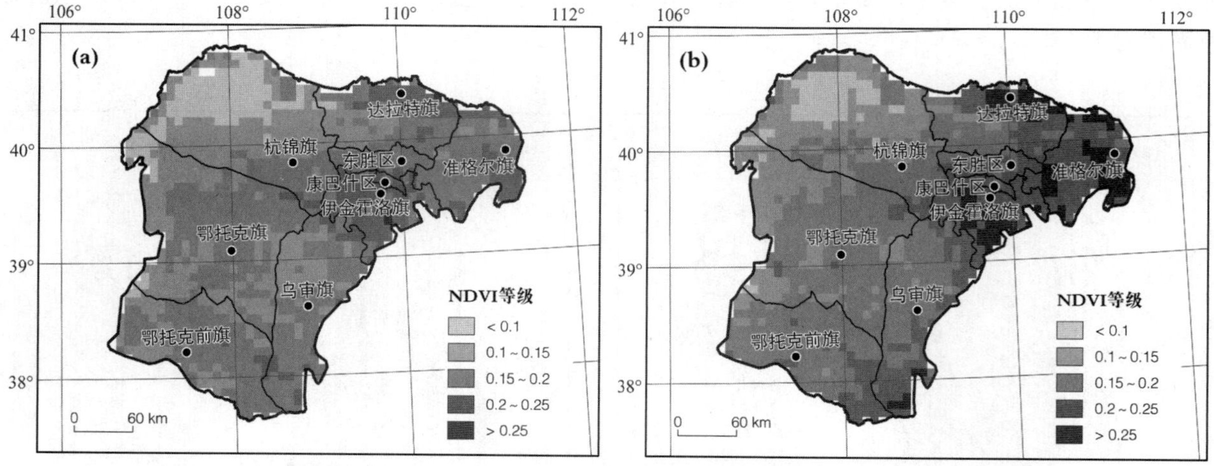


**图 6-6　1981 年 (a)、2015 年 (b) 鄂尔多斯 NDVI 值分布图**

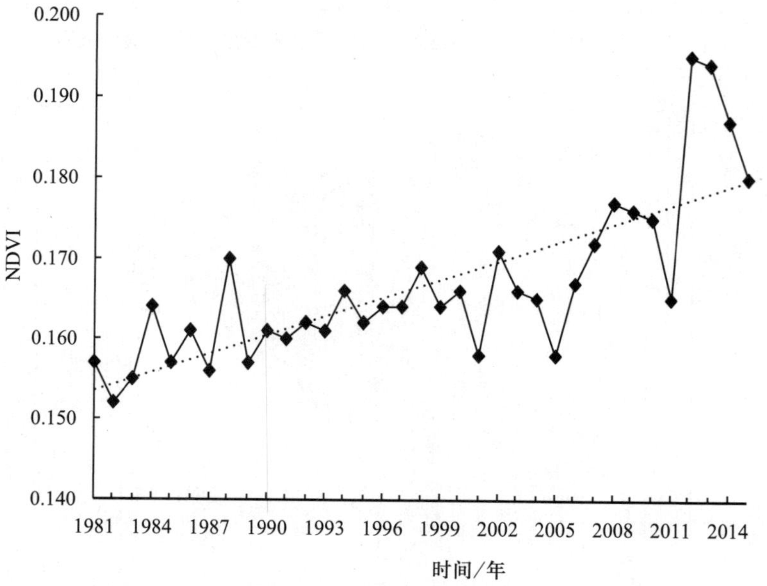


**图 6-7　1981—2015 年鄂尔多斯市年均 NDVI 值变化图**

**表 6-1　1981—2015 年鄂尔多斯市 NDVI 值动态变化**

| NDVI 等级 | 1981 年 | | 2015 年 | | 1981—2015 年 | |
|---|---|---|---|---|---|---|
| | 面积/$km^2$ | 比例/% | 面积/$km^2$ | 比例/% | 面积变化/$km^2$ | 比例变化/% |
| <0.1 (低) | 7 360 | 8.56 | 4 032 | 4.69 | −3 328 | −3.87 |
| 0.1~0.15 (中低) | 26 496 | 30.83 | 17 024 | 19.8 | −9 472 | −11.02 |
| 0.15~0.2 (中) | 40 896 | 47.58 | 37 568 | 43.71 | −3 328 | −3.87 |
| 0.2~0.25 (中高) | 10 880 | 12.66 | 20 352 | 23.68 | 9 472 | 11.02 |
| >0.25 (高) | 320 | 0.37 | 6 976 | 8.12 | 6 656 | 7.74 |

3. 社会经济发展

库布齐以产业化发展的思路指导防沙治沙，建立了沙产业发展的服务体系和有效机制，实现了治沙带动社会经济发展。在国家土地流转、林权制度改革等一系列政策以及措施的引导下，农牧民、企业纷纷包地治沙、投资林沙产业，涌现出乌日更达赖等一批防沙治沙先进个人和以亿利、伊泰、东达等为代表的治沙龙头企业。其中，亿利集团 20 多年来投入 30 多亿元，将大片沙漠改造为绿洲，构筑起特色农牧业、旅游、药材种植加工等为一体的产业体系；东达蒙古王集团从 1997 年起在达拉特旗承包沙地，投资 20 多亿元治沙 30 万亩；天骄沙棘资源公司与北京王致和集团共同投资 2 000 万元兴建了万吨沙棘酱油、醋一期生产线。沙棘园区同时与水利部沙棘中心融资研制开发沙棘饮品、药品、保健品、化妆品系列产品；毛乌素生物质热电有限公司投资 3 亿多元，利用沙柳发电，已建成 2×15 MW 生物质热电厂；此外还有伊泰百万亩碳汇林工程、源丰生物质热电项目、高原杏仁露等产业。同时，还形成了响沙湾、库布齐、银肯塔拉、恩格贝、七星湖等旅游区，形成了沙漠产业集群，带动当地百姓就业增收。大批企业治沙、开发林沙资源，带动了库布齐沙区由单纯治沙向生态建设与生态经济发展并举转型，形成了一定规模的生态产业体系。

作为全球唯一被整体治理的沙漠，库布齐已成为治沙教科书级别的示范沙区，2017 年 9 月，联合国发布第一份生态财富报告现实，库布齐已修复绿化沙漠 6 253 $km^2$，创造 5 000 多亿元生态财富，累计带动了 10 万名农牧民脱贫，形成了荒漠化治理的“库布其模式”。在“治沙、生态、产业、扶贫”四轮驱动下，库布齐沙漠实现了生态效益、经济效益和社会效益的有机统一。

## 6.2.2　阿拉善模式

### 6.2.2.1　区域概况

阿拉善盟（以下简称阿拉善）位于我国内蒙古自治区最西部，东与巴彦淖尔、乌海、鄂尔多斯三市相邻，东南与宁夏回族自治区毗邻，西南与甘肃省接壤（图 6-8）。地理坐标介于 37°24′N～42°47′N，97°10′E～106°53′ E，东西长 831 km，南北宽 598 km，总面积约 27 万 $km^2$，占内蒙古自治区总面积

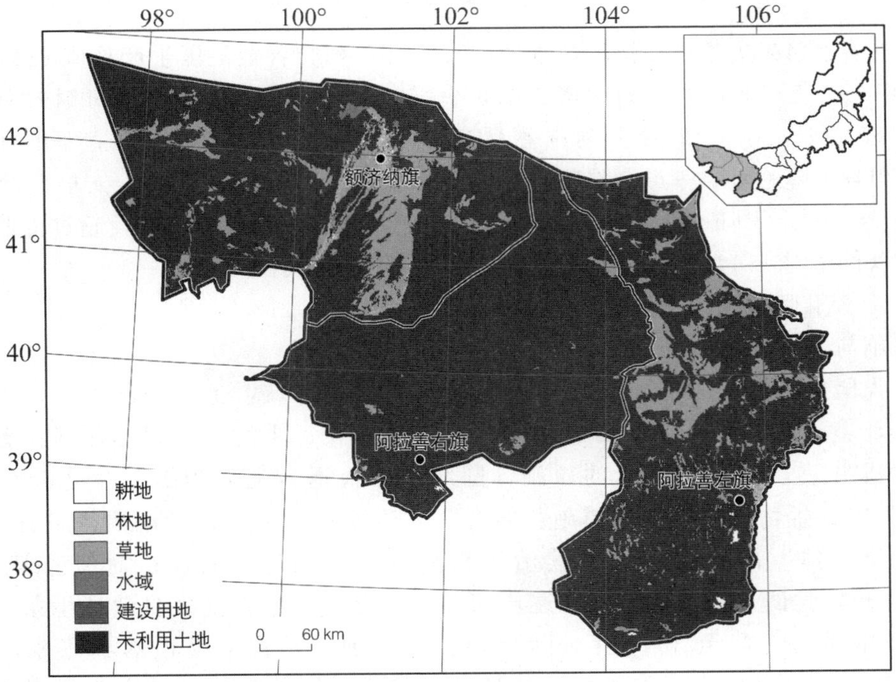


图 6-8　阿拉善位置与土地利用图

的22.8%。现辖3个旗包括阿拉善左旗、阿拉善右旗、额济纳旗，其中阿拉善左旗包含2个自治区级开发区——阿拉善经济开发区和孪井滩生态移民示范区。阿拉善沙漠戈壁居多，巴丹吉林（中国第三大沙漠）、腾格里（中国第四大沙漠）、乌兰布和三大沙漠横贯阿拉善全境，面积约7.8万 $km^2$，占全盟总面积的29%。阿拉善的土地利用类型以草地和未利用土地为主，其中沙漠化土地面积超过80%，草原化荒漠带主要分布在东部的阿拉善左旗和西部的额济纳旗境内，而中部的阿拉善右旗主要为典型荒漠带和极旱荒漠带（潘霞等，2018）。

阿拉善整体位于干旱区，具有典型的温带大陆性气候特征，四季较为明显，全年干旱少雨，多风沙；冬寒夏热，年均气温为9.1 ℃，年降水量从东南部的200多mm，向西北部递减至40 mm以下，全盟平均年降水量为115 mm左右，降水量年际变化不大。在东南季风影响下，雨季多集中在7—9月，3个月的降水占全年降水总量的60%以上。2000—2018年，阿拉善左旗大部分地区降水量出现明显增加的趋势，降水量减少的区域主要集中在额济纳旗西部；阿拉善气温明显升高的区域主要分布在左旗的中北部和东南部、右旗东部和南部、额济纳旗西部（图6-9）（张玉珍，2010）。

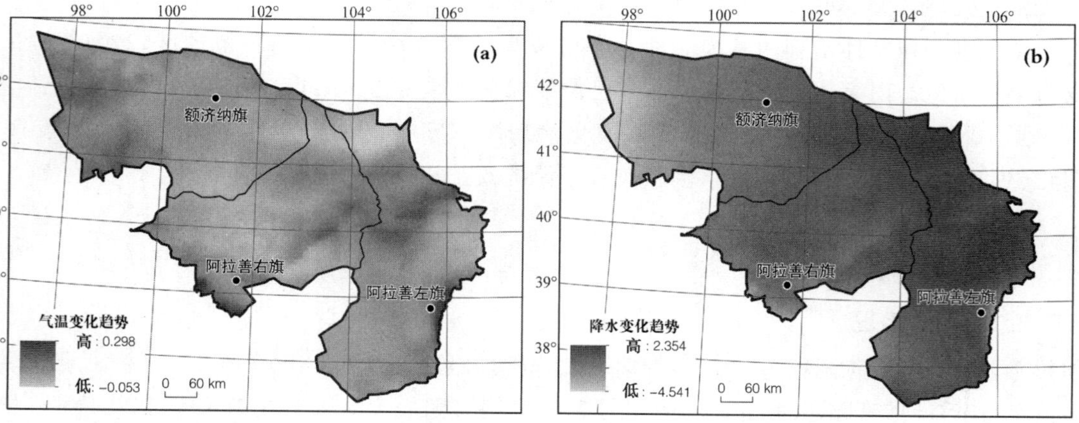


**图6-9 2000—2018年阿拉善气温与降水量变化趋势图**

（a）气温变化趋势；（b）降水变化趋势

阿拉善的社会经济发展始终保持较高水平。2018年，阿拉善盟地区生产总值284亿元，同比增长9.0%，其中一二三产业增加值同比增长3.8%、10.6%和7.5%；完成地方财政总收入47.3亿元，同比增长17.3%。2000—2018年阿拉善GDP增长13倍，接近300亿元；不断优化产业结构，二产比重开始出现下降趋势，一产（农牧业、沙产业）、三产产值增加明显；人口数量增长25.6%，2018年已接近25万人（图6-10）；城镇化率提高10个百分点，达到78.4%，超过内蒙古平均水平。此外，阿拉善以科技创新带动经济建设，科研投入力度不断加大。

#### 6.2.2.2 沙漠化可持续治理模式

1. 工程措施与生物措施并重，共同推进生态建设

阿拉善是我国生态恢复工程建设与沙漠化防治的重点区域，也是我国重要的生态防线。为修复脆弱生态环境，遏制沙漠化发展趋势，实现土地退化“零增长”目标，阿拉善林业建设坚持“保护与建设并重，保护优先”的原则，围绕“以人退带动沙退”的生态建设思路，采取“以生物措施为主、生物措施与工程措施相结合”的治沙技术措施，形成围栏封育—飞播造林—人工造林“三位一体”的沙漠化可持续治理格局（田永祯等，2010；刘菊莲等，2012）。自1984年阿拉善开始尝试飞播造林试验，逐步探寻出一套与阿拉善地区自然环境条件相适应的飞播造林治沙技术措施。截至2013年，阿拉善左旗“护城锁边”工程基本完成，一条南北长50 km，东西宽3～5 km的人工防风固沙林带已经建成，这条防护林带主要位于腾格里沙漠的东南缘、乌兰布和沙漠的西南缘，有效防止了沙漠化土地的蔓延。此外，近年来，在阿拉善左

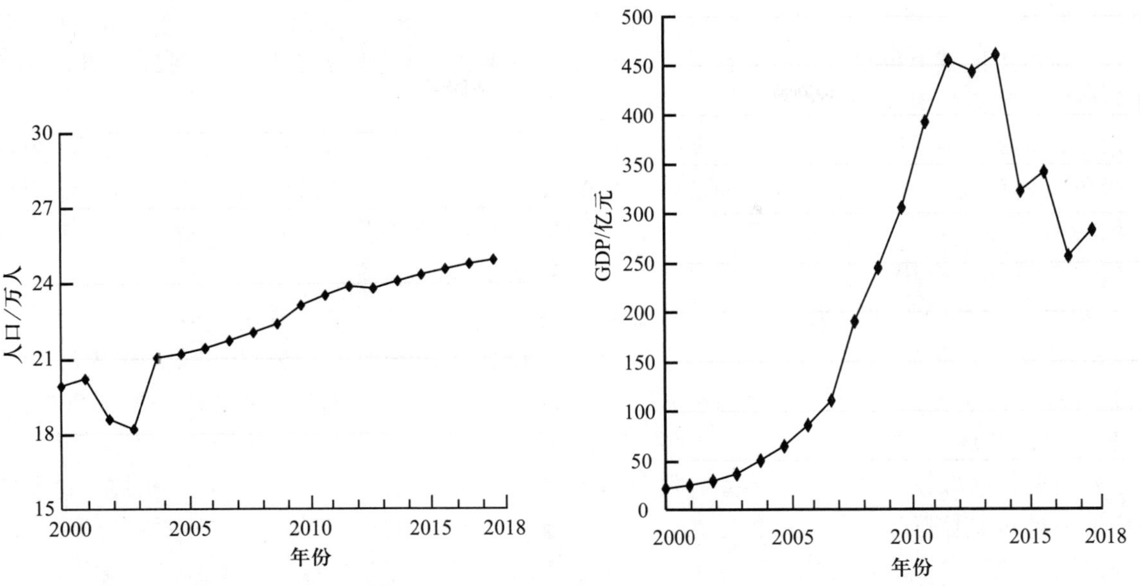


**图 6-10　2000—2018 年阿拉善 GDP 与人口变化趋势图**

旗建立的“护城”防护林生态防护体系，致力于打造巴彦浩特城区的森林生态屏障，有效阻止了乌兰布和、腾格里沙漠的前移，防止风沙危害，使得阿拉善城市建设与沙漠化防治有效结合，且逐步趋于结构完善和生态功能稳定。

2. 创新驱动沙产业发展模式，实现经济-生态双重效益

阿拉善根据“生态建设产业化”的发展思路，在沙漠化治理过程中，做好林业生态工程建设的同时，不断调整和优化产业结构，不断探索沙区生态产业发展路径（赵玉山等，2013）。近年来，阿拉善充分发挥当地沙生植物资源优势，将特色沙生植物产业作为沙漠化可持续治理和区域发展的工作重点，既能改善生态环境，遏制沙漠化发展，又能为当地居民创造良好的收益，实现生态效益和经济效益协调发展（韩永光，2012）。以“梭梭-肉苁蓉”沙生植物产业固沙模式为例，肉苁蓉这种沙生植物具有耐旱耐盐的特性，寄生在梭梭的根系上，种植后收获多次，利润相对较高。因此，除围封原有梭梭残次林外，政府给予一定的政策、资金、技术扶持，鼓励企业和农牧民发展梭梭-肉苁蓉产业，既有利于沙漠化治理，又能够产生比较可观的经济效益，增加农牧民收入（孔维亮，2014）。这种沙化土地综合治理措施与沙区产业化技术体系相结合的模式，具有可持续性特征，以生态创新和技术创新的视角引导企业和农户，使其在发展沙产业、获取利润的同时，能够主动参与沙漠化防治的行动中，实现生态-经济双赢的良性循环（王涛，2016；黄蝶君等，2017）。

阿拉善高度重视科技创新在支撑引领沙产业发展方面的重要作用（刘晓光，2011）。为使沙生植物资源产业形成规模效益，阿拉善依托肉苁蓉、锁阳等沙草充足的原料资源，引进和发展创新型企业进行沙生植物产品深加工，实施“企业＋基地＋农牧户”的产业化模式，有效保障了农牧民的利益，提高了沙产业的附加值（王云霞等，2018）。为聚集创新型企业、形成规模效应，阿拉善围绕沙漠特色资源，积极培育沙漠化治理高新技术企业，促进沙产业技术集成与落地方面的作用已初步显现。以科技创新引领沙产业向纵深推进，累计引进培育沙产业企业 60 余家，成立了阿拉善沙产业研究院、内蒙古骆驼研究院、沙产业技术创新战略联盟等一批科技创新平台。

3. 应用绿色金融手段，创新生态治理模式

阿拉善 SEE 基金会（以下简称 SEE）是一个重要环保非政府组织，以环保公益行业为基石，致力于阿拉善地区脆弱生态恢复和沙漠化防治，当前已在内蒙古自治区沙漠化治理方面取得良好成绩。SEE 治理沙漠化过程中充分调动当地人参与生态治理的积极性，近年来与当地政府、企业、农牧民、

合作社一同努力，力争2014—2023年在阿拉善的重要生态区种植1亿棵梭梭等特色沙生植物，同时使200万亩以上的荒漠植被得到有效恢复，从而遏制沙漠化土地的发展态势。截至2019年，阿拉善累计种植以梭梭为代表的沙生植物近115万亩。

此外，蚂蚁金服将阿拉善作为重要的试点地区，推出基于碳排放的金融衍生产品，为用户提供绿色减排活动形成碳资产的交易账户。初期通过与阿拉善SEE基金会购买个人碳账户所积累绿色能量的办法，将其转化为植树行为。从领取虚拟树种到虚拟树长大的过程即碳账户的积累过程，此过程均由用户来完成；用户基于自身真实的绿色低碳行为所产生的“能量”来使虚拟树不断生长。当虚拟树长大后，公益基金会在阿拉善的适宜区域内种下一颗梭梭，相当于固定10 $m^2$ 荒漠。每种下一棵树，用户都会获得公益基金会颁发的电子证书一张，作为激励用户绿色低碳行为的重要手段。在这种模式下，全民参与生态建设的力度大大提升，形成低碳-沙漠化治理的良性循环。

通过对阿拉善农牧民进行问卷调查，发现50%以上的居民认为一系列绿色金融措施如基金会的支持与政府的生态补偿等，是阿拉善地区沙漠化土地得到有效治理，生态环境迅速恢复的关键原因（贾举杰等，2017）。未来，这种绿色金融工具模式将更广泛地应用于沙区沙漠化治理实践当中，实现经济与生态的良性发展。

#### 6.2.2.3 沙漠化可持续治理成效

1. 沙漠化程度

1981—2015年，阿拉善整体上呈现沙漠化逆转的趋势，整体沙漠化发展面积和逆转面积分别为27 776 $km^2$、69 696 $km^2$，分别占区域总面积的10.25%和25.71%，这说明近30多年来的开展的“三北”防护林工程、退耕还林还草工程、禁牧休牧工程等生态工程建设措施起到了关键作用。其中，非沙漠化区域面积增加近2倍，到2015年时已超过20 000 $km^2$；严重沙漠化区域面积缩减50%以上，于2015年下降至15 000 $km^2$ 以下（图6-11）。

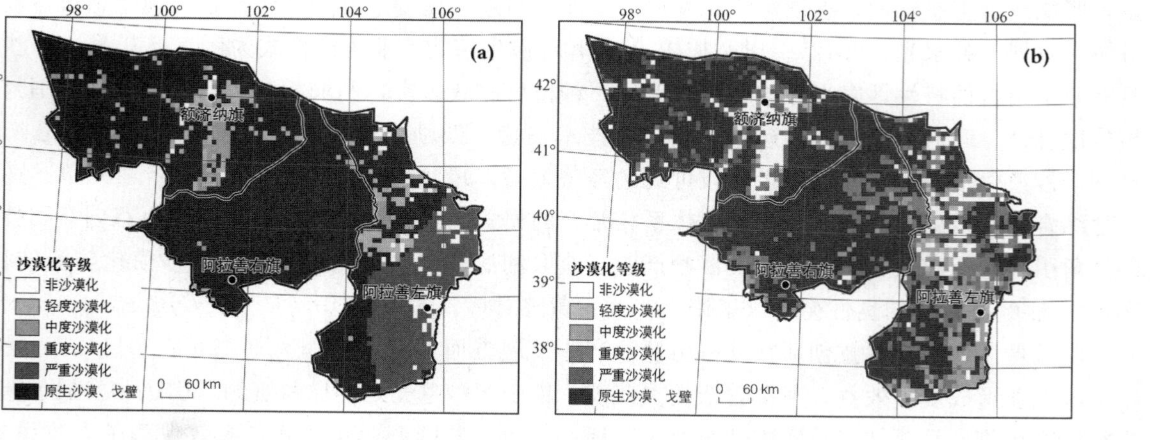


**图6-11 1981年（a）、2015年（b）阿拉善沙漠化等级分布图**

从空间上来看，1981—2015年，阿拉善沙漠化逆转相对明显的区域位于阿拉善左旗和额济纳旗，逆转面积分别为35 072 $km^2$ 和21 376 $km^2$，分别占两个旗总面积的43.17%和18.65%（图6-12）。另外，阿拉善右旗的沙漠化发展面积最低，仅为768 $km^2$，使得区域内净逆转面积相对较大，占区域总面积的16%以上。

2. 植被覆盖度

利用NDVI值来表征阿拉善植被覆盖度状况，并将NDVI值分为小于0.08（低）、0.08～0.1（中低）、0.1～0.12（中）、0.12～0.14（中高）和大于0.14（高）五个等级。从阿拉善1981年和

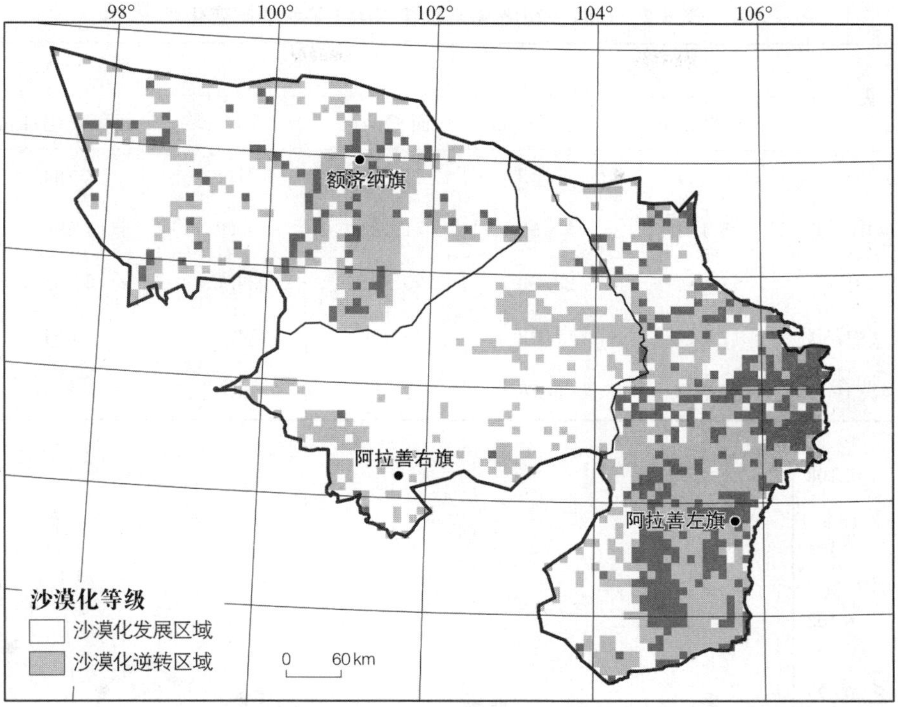


**图 6-12　1981—2015 年阿拉善沙漠化逆转与发展情况图**

2015 年 NDVI 值空间分布格局来看，区域内植被覆盖度整体上呈现由东南向西北逐渐降低的趋势，其中植被覆盖度明显较高的区域分布在阿拉善左旗东南部、阿拉善右旗南部和额济纳旗的黑河下游绿洲区。结合图 6-13 和表 6-2 可以看出，1981—2015 年低、中低植被覆盖区面积呈现下降趋势，分别减少 8 384 $km^2$、13 696 $km^2$，占阿拉善盟总面积的比例分别减少 3.54% 和 5.78%；中高植被覆盖区面积扩增趋势极为显著，增加 16 064 $km^2$，占该区域面积比例为 6.78%。从阿拉善 1981—2015 年年均 NDVI 值也可以看出（图 6-14），35 年间阿拉善植被 NDVI 值虽然存在波动变化，但总体上呈现增加的趋势，植被覆盖度逐渐提高。

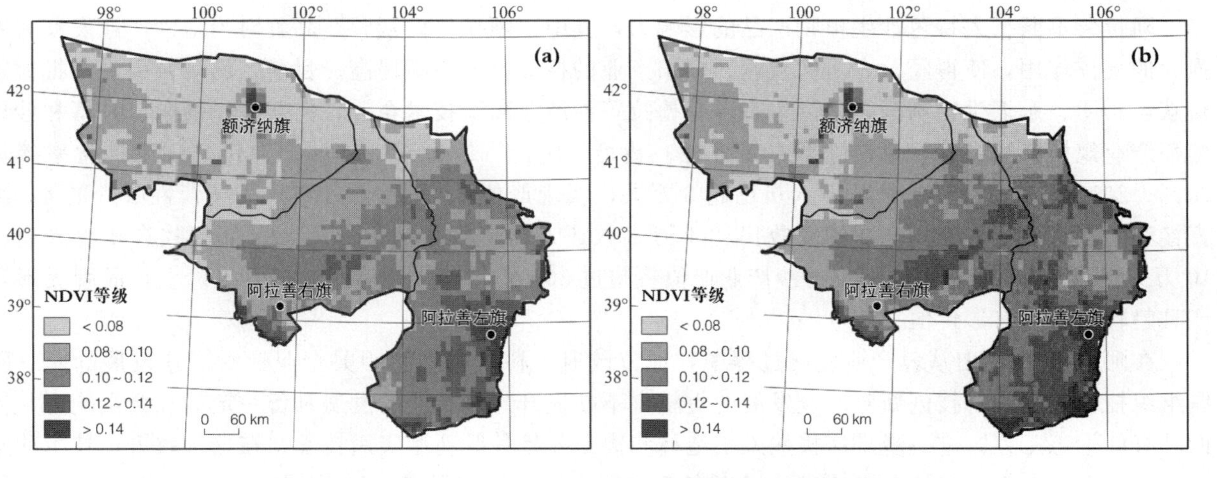


**图 6-13　1981 年（a）、2015 年（b）阿拉善 NDVI 值分布图**

表 6-2 1981—2015 年阿拉善 NDVI 等级动态变化表

| NDVI 等级 | 1981 年 | | 2015 年 | | 1981—2015 年 | |
|---|---|---|---|---|---|---|
| | 面积/km² | 比例/% | 面积/km² | 比例/% | 面积变化/km² | 比例变化/% |
| <0.08（低） | 60 224 | 25.42 | 51 840 | 21.88 | −8 384 | −3.54 |
| 0.08～0.1（中低） | 85 184 | 35.95 | 71 488 | 30.17 | −13 696 | −5.78 |
| 0.1～0.12（中） | 67 584 | 28.53 | 70 336 | 29.69 | 2 752 | 1.16 |
| 0.12～0.14（中高） | 17 344 | 7.32 | 33 408 | 14.10 | 16 064 | 6.78 |
| >0.14（高） | 6 592 | 2.78 | 9 856 | 4.16 | 3 264 | 1.38 |

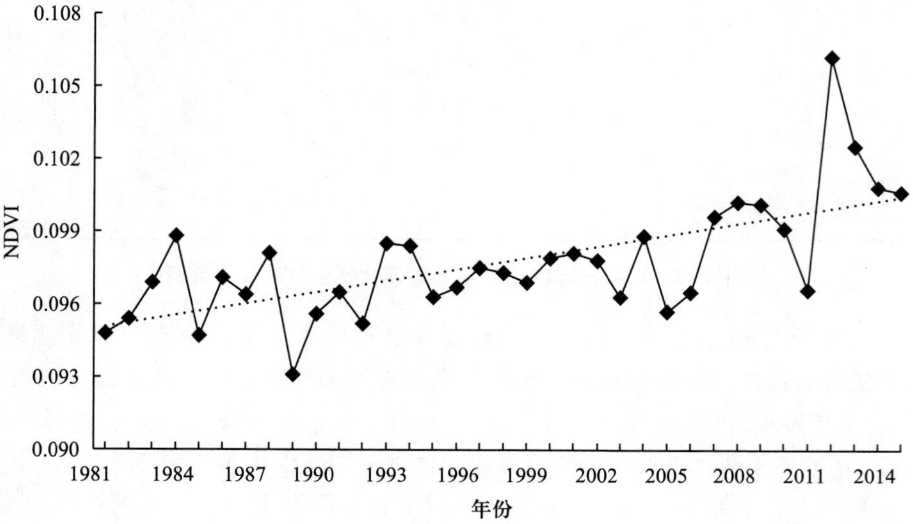


图 6-14 1981—2015 年阿拉善盟年均 NDVI 值变化图

3. 社会经济发展

阿拉善不断扩大特色沙生植物产品的影响力，其中“阿拉善肉苁蓉”品牌对当地沙产业发展有着强大的支撑作用，使得经营者对肉苁蓉、锁阳产业的投资力度不断提高。目前，已培育引进一批如宏魁苁蓉集团、东汇生物制药、华洪生态、曼德拉等沙产业高新技术企业，肉苁蓉、锁阳、甘草和沙地葡萄产业规模持续扩大，目前已形成集育种、栽培、生产、销售于一体的产业链，加工转化率接近70%。2017 年，全盟沙产业从业人员已超 6 万人，实现产值 99 亿元，占农牧民经营性收入的 40%，直接和间接从事沙生植物产业的农牧民达 1 万多人，人均年收入接近 5 万元，部分牧户年收入超过 10 万元；预计到 2030 年，阿拉善沙产业产值将超过 300 亿元，可带动就业 6 万人以上，品牌无形资产日趋转变成为有形价值。

在阿拉善梭梭-肉苁蓉产业发展过程中，地方政府、科研机构和相关企业针对产业发展的瓶颈问题组织技术攻关，科技创新对产业发展的贡献率不断提升。沙产业的发展具备一定的社会影响力，借助已有的生态工程，进一步推广梭梭人工造林和肉苁蓉接种等新型实用技术，在这种政策+技术的辐射、示范和带动下，阿拉善农牧民开展生态建设和发展梭梭-肉苁蓉产业的积极性不断提高（王文舒等，2018）。通过与国内科研院校开展科技合作，阿拉善提升了沙产业科研成果及转化应用能力，研发了 57 款产品，获得 28 项专利，制定 11 项技术标准，形成一批具有较高推广价值的科技研发成果。近年来，阿拉善集中实施一批重点领域攻关和产业化关键技术突破项目，共投入各级财政资金 5 000

多万元，争取国家重点研发计划、自治区科技重大专项资金等达 7 000 多万元，启动实施项目 77 项，带动企业研发投入约 2.4 亿元。

阿拉善通过全国沙产业创新创业大赛的形式，不断扩大沙生植物产业的影响力，将当地的防沙治沙模式进行了有效的推广。目前，阿拉善已成功举办两届，尤其是 2018 年的第二届全国沙产业创新大赛，吸引了国内外数百位领导、专家、学者前来参会，共有 205 家国内外知名企业、560 类产品在沙产业创新博览会上亮相，全国 14 个省市 290 个企业和团队参加了第二届全国沙产业创新创业大赛的角逐，产生优秀项目 120 余项。

### 6.2.3　通辽：奈曼模式

#### 6.2.3.1　区域概况

通辽市位于内蒙古东南部，内蒙古高原向西辽河平原的过渡地带，地理坐标位于 119°14′E～123°43′E，42°15′N～45°59′N（图 6-15），全市总面积约为 59 535 km²，南北长约 418 km，东西宽约 370 km。通辽市属中温带大陆性季风气候，多年平均降水量为 384.6 mm，年内分配极不均匀，最大月降水量一般出现在夏季 6—8 月，占年降水量的 65%～80%，冬季降水量最小，一般占全年 0.6%～2%；年平均气温中部平原 5～6 ℃，南部在 6 ℃以上，北部山区为 0～6 ℃；年均蒸发量 1 817.4 mm（图 6-16）。该区域光能资源丰富，年日照时数 2 868～3 111 h。通辽市水系主要由西辽河、柳河、大凌河、嫩江及东辽河水系组成，其中西辽河流域占全市总面积的 77.1%。通辽市南、北部地势高，而中部地势低平，整体呈马鞍形，北部为大兴安岭南麓余脉的石质山地、丘陵区，海拔高度 400～1 300 m；南部为辽西山地的黄土丘陵和浅山区，海拔高度 550～730 m；中部为西辽河冲积平原，海拔高度 120～320 m，其边缘分布着固定、半固定沙漠。全市总人口 326 万人（图 6-17），辖区内有我国四大沙地之一的科尔沁沙地。

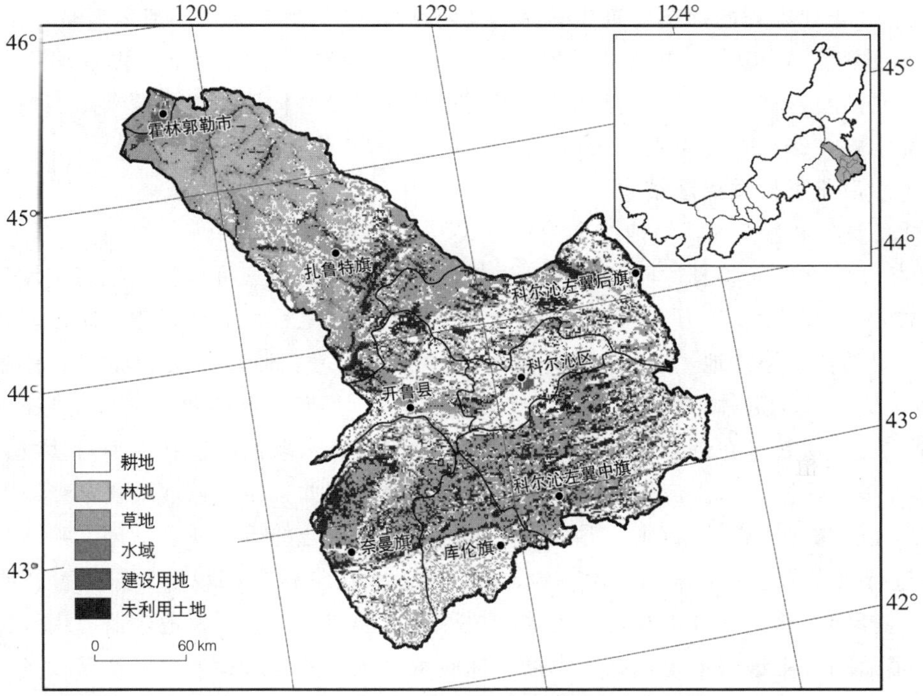


**图 6-15　通辽位置与土地利用**

该区域的奈曼旗地处科尔沁沙地腹地，是我国北方典型的农牧业交错地区，也是科尔沁沙地土地荒漠化最严重的旗县之一。全旗总面积 8 137.6 km²，土地沙漠化成为制约全旗经济社会发展的瓶

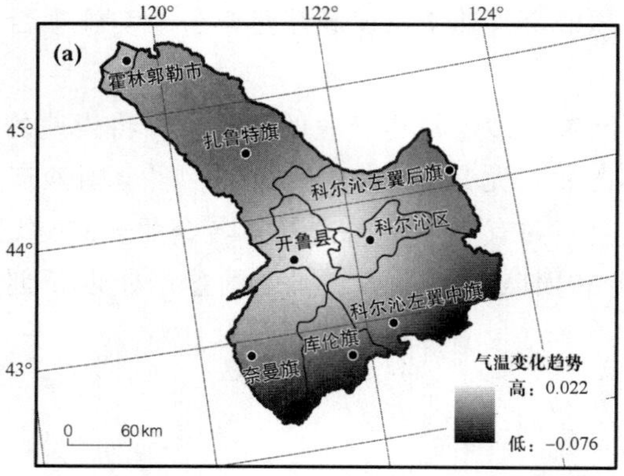


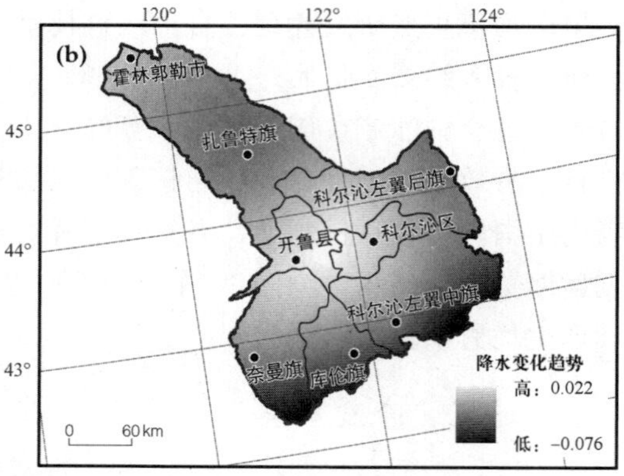


**图 6-16　2000—2018 年通辽气温（a）与降水量（b）变化趋势图**

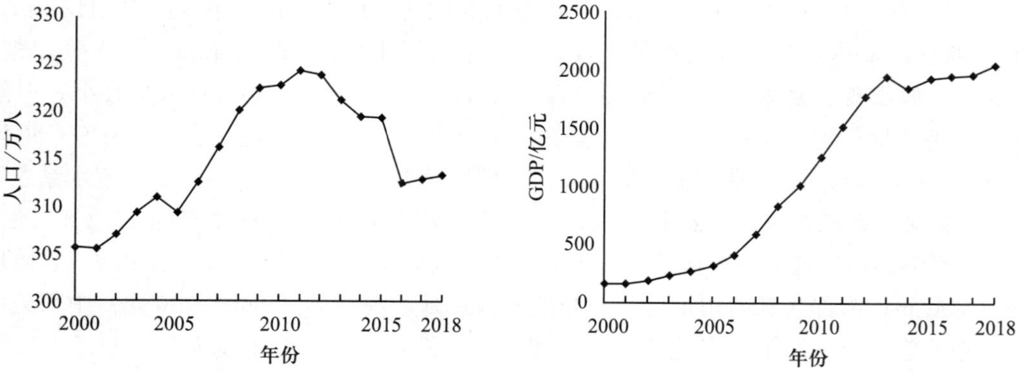


**图 6-17　2000—2018 年通辽 GDP 与人口变化趋势图**

颈。从 20 世纪 70 年代末开始，奈曼旗相继提出“两种三治”“生态立旗”基本策略，在国家“三北”防护林工程、全国生态环境建设重点县工程及退耕还林、退牧还草等重点工程带动下，坚持“两结合、两为主”的林业生态建设方针，积极进行人工造林和封山育林建设，并探索出多种沙漠化可持续治理模式。(邵学鹏，2014；沈志飞，2014；王康富，1992；徐文德，2003)。

#### 6.2.3.2　沙漠化可持续治理模式

1. 依托国家重点生态工程，沙地综合治理模式

通辽市依托“三北”防护林、防沙治沙、退耕还林等一系列国家重点林业生态建设工程，先后组织实施了“5820”工程、“双千万亩”工程和“323”林业示范工程，造林绿化和防沙固沙工作成效显著。自 2014 年启动科尔沁沙地“双千万亩”综合治理工程以来，通辽市不断加大造林绿化、防沙治沙力度，以年均完成人工造林 100 万亩以上、综合治沙 300 万亩以上的速度加快实施沙地治理工程，积极促进沙漠化趋势逆转。在进行沙漠化治理时，因地制宜，采取治沙造林、围封禁牧、搬迁转移人口、建设封禁保护区、防止水土流失等措施综合治理沙地。例如，该区域沙漠化最严重的奈曼旗在治理沙化程度较重区域时采取“造封飞、乔灌草、带网片”相结合的措施综合治理老哈河和教来河沿岸 162 万亩；在进行兴隆沼建设时采用“深整地、深开沟、大苗全株、深栽植、深抚育、严管护”的造林技术措施；选择锦鸡儿这一乡土灌木作为培养树种，在播前进行细致整地，播前用五铧犁和重耙进行全面整地，播后用轻耙进行覆土，确保飞播造林质量；该旗中北部和半固定沙丘较多，存在大面积沙坨子地，针对其自然地理特点，选择坨间小块平地，以户或联户为单位在其四周营造防护林网，林网内按照“水、草、林、粮、经”五配套的标准建设，发展林粮、牧草等相关产业，积极建设生物经济圈。库伦旗额勒顺镇孟义综合治沙工程采取封造结合的形式，多树种团块状混交，在起伏较大的流动沙丘上用沙蒿埋设网格状沙障，沙障内扦插黄柳；在半固定沙丘上栽植柠条，丘间低地栽植杨树用

材林，既利用了天然植被，又合理利用了土地资源。

2. 治沙与治穷相结合，打造沙产业全产业链

近年来，通辽市在大力推进防沙治沙和生态保护的同时，坚持改善生态与改善民生相结合、治沙与治穷相结合，将发展沙产业作为全市“九大产业链”之一进行重点推进，着力实现生态与产业共赢。目前，林沙产业已成为部分地区的支柱产业，在脱贫攻坚和乡村振兴中发挥了重要作用，成为加速推进防沙治沙、促进生产发展、农牧民增收致富的有效途径。通辽市林沙产业重点发展以果树经济林、林下经济、沙地生态旅游为主的相关产业。果树经济林主要以塞外红、黄太平、金红苹果等中小苹果和沙地葡萄为主；林下经济发展主要以林草、林农（经）、林药、林菌、林苗、林下养殖等模式为主。充分利用丰富的自然资源，变资源优势为经济优势，优化农村产业结构，积极发展林下经济。合理的林下经营模式既能提高林木生长量和单位面积蓄积量，又能增加林农林下收入。沙地生态旅游以生态保护为前提，适度开展旅游业，如乌丹塔拉自然保护区、森林公园、风景区等。各旗县根据区域政策与本地实际情况积极推进沙产业发展，如奈曼旗发展沙地经济林产业，建设经济林生产基地、节水型高标准示范精品果园、林下经济示范基地，加大干鲜果品深加工力度；白音那嘎查农民在沙地开展复合经营，种植沙地西瓜和杂粮，举办“沙地西瓜节”，吸引吉林、辽宁等省客商；科尔沁区西南部的国有农牧场莫力庙羊场，大力发展沙地葡萄产业，产品远销上海、深圳、广州等地；库伦旗围绕柳编产业，利用河滩地建设红柳基地、流沙地建设黄柳基地；开鲁县机械化林场建设“双红”酿酒葡萄基地。

3. 政府主导、企业主体，创新融合发展治理模式

通辽市积极探索以生态优先、绿色发展为导向的高质量发展新路子，引进亿利库布齐治沙模式，探索政府主导、企业主体，生态产业化、产业生态化的创新融合发展与沙地治理模式。如奈曼旗深度推进三产融合发展，建设仁创沙产业园，启动仁创“金沙工程”示范项目；推进科尔沁沙地生态治理，建设先进技术光伏发电综合示范园区，扩大辽河油田石油产能，实施工业园区多能互补供热供电示范，打造百万千瓦新能源产业基地；发展建材业，加强建材综合开发利用，构建水泥、新型保温隔热材料和新型装饰装修产业链，推动传统建材产业创新发展。为深入推进区域科尔沁沙地的综合治理，通辽市政府与亿利集团签署战略合作协议，双方将组建通辽市绿色生态产业投资基金，亿利集团将全面、深入地参与通辽市域内生态建设、科尔沁沙地治理、矿山地质环境治理恢复、节能环保、蒙药产业等生态环境建设项目，助推通辽绿色发展。

#### 6.2.3.3　沙漠化可持续治理成效

1. 沙漠化程度

1981 年和 2015 年通辽市土地沙漠化监测结果如图 6-18 所示，从图中可以看出奈曼旗、库伦旗是

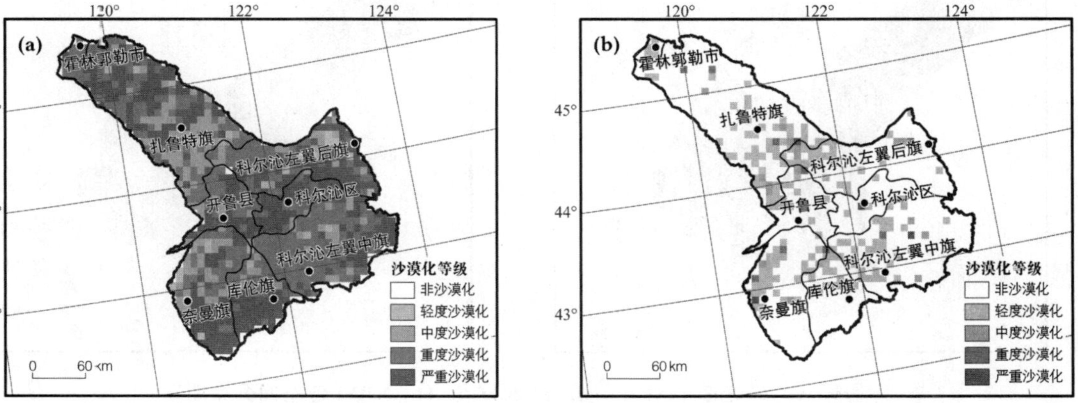


**图 6-18　通辽市 1981 年（a）和 2015 年（b）沙漠化等级分布图**

该区域土地沙漠化较为严重的区域，35 年间该区域土地沙漠化呈现明显好转状态。结合图 6-18 和表 6-3 可以得知 1981—2015 年中度、重度、严重沙漠化土地面积呈现下降趋势，分别减少 8 128 $km^2$、23 104 $km^2$ 和 22 720 $km^2$，占通辽市面积的比例分别减少 14.06%、40.01%和 39.35%，可以发现重度和严重沙漠化面积呈现显著减少趋势；非沙漠化和轻度沙漠化土地面积则呈现为显著上升趋势，分别增加 44 096 $km^2$ 和 9 088 $km^2$，占该区域面积比例分别增加 77.42%和 16%（表 6-3）。总体而言，35 年间通辽市土地沙漠化面积不断减少，沙漠化等级表现为明显降低趋势。

**表 6-3　1981—2015 年通辽市沙漠化等级动态变化**

| 沙漠化等级 | 1981 年 | | 2015 年 | | 1981—2015 年 | |
|---|---|---|---|---|---|---|
| | 面积/$km^2$ | 比例/% | 面积/$km^2$ | 比例/% | 面积变化/$km^2$ | 比例变化/% |
| 非沙漠化 | 64 | 0.11 | 44 160 | 77.53 | 44 096 | 77.42 |
| 轻度沙漠化 | 1 664 | 2.88 | 10 752 | 18.88 | 9 088 | 16 |
| 中度沙漠化 | 9 344 | 16.19 | 1 216 | 2.13 | −8 128 | −14.06 |
| 重度沙漠化 | 23 680 | 41.02 | 576 | 1.01 | −23 104 | −40.01 |
| 严重沙漠化 | 22 976 | 39.80 | 256 | 0.45 | −22 720 | −39.35 |

2. 植被覆盖度

本研究利用 NDVI 值表征通辽市植被覆盖度状况，并将 NDVI 值分为小于 0.2（低）、0.2～0.25（中低）、0.25～0.3（中）、0.3～0.35（中高）和大于 0.35（高）五个等级。从通辽市 1981 年和 2015 年植被 NDVI 空间分布格局来看，该区域奈曼旗、库伦旗、科尔沁左翼后旗和霍林郭勒市植被覆盖度较低，其他区域 NDVI 值大体在 0.25 以上。结合图 6-19 和表 6-4 可以看出，1981—2015 年低、中低、中植被覆盖区面积呈现下降趋势，分别减少 256 $km^2$、1 408 $km^2$ 和 17 664 $km^2$，占通辽市面积的比例分别减少 0.43%、2.37%和 29.71%，可以发现中植被覆盖区面积呈显著减少趋势；中高和高植被覆盖区面积则呈现为显著上升趋势，分别增加 3 776 $km^2$ 和 15 552 $km^2$，占该区域面积比例分别增加 6.35%和 26.15%。总体而言，35 年间通辽市植被 NDVI 值总体处于增加趋势，植被覆盖度逐渐提高。这从通辽市 1981—2015 年年均 NDVI 值（图 6-19）也可以看出，年均 NDVI 值虽然存在波动变化，但整体表现为上升趋势，增加速率为 0.002，植被覆盖状况处于逐渐好转状态（图 6-20）。

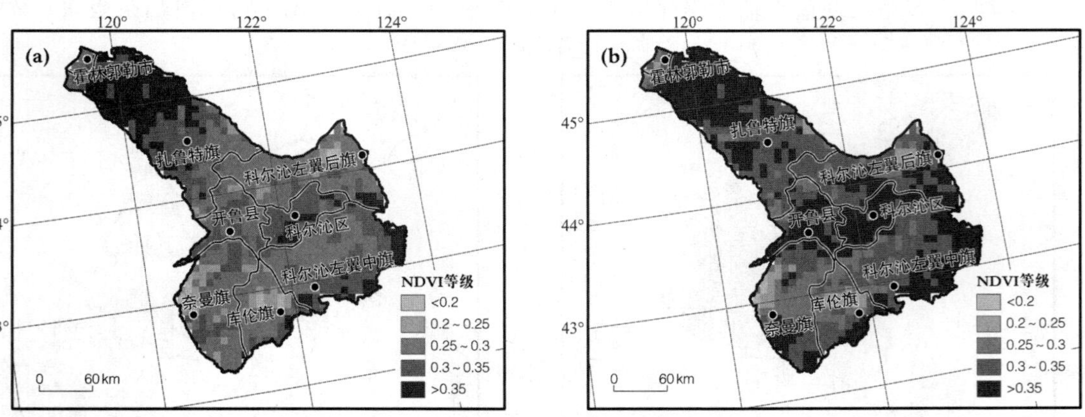


**图 6-19　通辽市 1981 年（a）和 2015 年（b）NDVI 值空间分布图**

表 6-4　1981—2015 年通辽市 NDVI 值动态变化

| NDVI 等级 | 1981 年 | | 2015 年 | | 1981—2015 年 | |
|---|---|---|---|---|---|---|
| | 面积/km² | 比例/% | 面积/km² | 比例/% | 面积变化/km² | 比例变化/% |
| <0.2（低） | 832 | 1.40 | 576 | 0.97 | −256 | −0.43 |
| 0.2~0.25（中低） | 3 456 | 5.81 | 2 048 | 3.44 | −1 408 | −2.37 |
| 0.25~0.3（中） | 25 920 | 43.60 | 8 256 | 13.89 | −17 664 | −29.71 |
| 0.3~0.35（中高） | 18 304 | 30.79 | 22 080 | 37.14 | 3 776 | 6.35 |
| >0.35（高） | 10 944 | 18.41 | 26 496 | 44.56 | 15 552 | 26.15 |

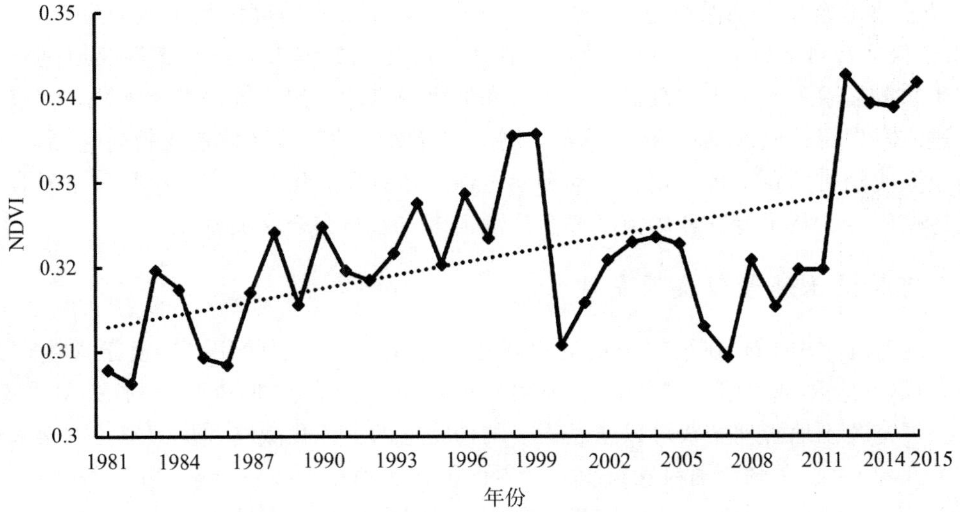


图 6-20　1981—2015 年通辽市年均 NDVI 值

3. 社会经济发展

近年来，通辽市以木材加工、果品、种苗花卉和林下经济为主的林业产业体系已基本形成，目前拥有以杨树为主的商品用材林基地 500 万亩以上，活立木蓄积 1 500 多万 m³，木材初加工和深加工企业稳定在 100 家左右，年产值在 5 亿元左右；以沙地葡萄、中小型苹果等为主的鲜果产业已形成规模，面积达 100 多万亩，以山杏、大扁杏为主的干果类经济林面积达 260 万亩，果品产业年产值达 13 亿元；林木种苗花卉培育面积达 10 余万亩，每年可为造林绿化提供种苗花卉 2 亿株，年产值达 6 亿元；林下种养殖、食用菌培育等林下经济不断发展，年产值达 10 亿元（郑松林，2003）。通辽市科尔沁区从实际出发，大力发展沙地经济，初步形成了以沙地葡萄、沙区西瓜、沙地花生和沙地小杂粮为主的沙地经济产业。莫力庙羊场发展沙地葡萄产业，拥有了“十里葡萄长廊”“千亩观光葡萄园”的美誉，全场葡萄总面积达 9 800 亩，年产鲜果 900 多万斤（1 斤=0.5 kg），仅水果一项人均收入 6 000 多元，占人均总收入的 75%。敖力布皋镇树成排、林成网，沙地西瓜、沙地杂粮杂豆遍布其中，沙地西瓜面积已达 3 500 亩，产量超过了 2 000 万斤，亩效益达 1 500 元。吐尔基山林场在林地行间种沙地花生、芝麻等经济作物，花生种植面积达 4 000 亩。奈曼旗根据自身实际打造集“保护、科技、产业、旅游、保健、文化”于一体的沙产业全产业链，如“金沙工程”示范项目年产覆膜砂 4.2 万 t、孚盛砂 4.2 万 t、透气防渗砂 4.2 万 t、生态砖 30 万 m²、装饰挂板生产线 90 万 m²。

## 6.3 可持续土地管理视角下的沙漠化治理

### 6.3.1 可持续土地管理的概念

气候变化、森林砍伐和城市化等加剧了土地退化和沙漠化，对农业部门产生了巨大的影响，据估计，全球约52%的农业用地已受到土地退化的中度或严重影响，近20亿 $hm^2$ 土地已严重退化。为有效缓解土地退化趋势，世界各国在土地利用的可持续性方面进行了大量工作，并逐渐形成了可持续土地管理的概念。联合国粮农组织将可持续土地管理（sustainable land management，SLM）定义为利用土地资源，包括土壤、水以及动植物，生产商品以满足人类不断变化的需求，同时确保这些资源的长期生产潜力并维持其环境功能。土地利用系统的生产力和可持续性取决于土地资源、气候和人类活动之间的相互作用。因此，根据区域气候、土壤、植被特征以及社会经济条件选择并实施适当的SLM，对于防止土地退化、确保土地资源的可持续利用以及最大限度恢复土地的生产能力至关重要。SLM包括水土保持，自然资源管理和综合景观管理等已建立的体系方法，它涉及通过整合社会、经济、自然和生物的需求和价值来实现具有生产性和健康稳定的生态系统的整体方法，并有助于实现可持续性和促进农村发展。SLM基于四个原则：制定有针对性的政策和体制支持，包括对于采用SLM和创收行为建立奖励机制；土地使用者驱动和参与性方法；在农田和生态系统尺度上对自然资源的综合利用；土地使用者、技术专家和决策者等多层次、多方参与和合作关系。

### 6.3.2 可持续土地管理决策支持

可持续土地管理（SLM）在缓解土地退化问题、优化自然资源使用、恢复土地生产力、改善社会经济影响方面具有重要作用。例如调查表明，小规模农户在东非和西非的SLM投资回报率为12%～40%。可持续土地管理实践可以通过一个结构完整的主流化战略和决策支持框架来进行全球范围内推广（图6-21）。参考联合国粮农组织的世界保护方法和技术概览（world overview of conservation approaches and technologies，WOCAT）中关于实施可持续土地管理的建议，在一个国家或地区进行可持续土地管理时可根据以下方法框架指导实施进行（图6-21）。

根据可持续土地管理决策方法框架，归纳具体步骤为：确定实施可持续土地管理的国家或地区战略和规划；参考联合国环境规划署的干旱区土地退化项目进行参与性大规模评估，从而确定区域进行可持续土地管理的热点、亮点以及干预管理的优先次序；根据上述评估结果，选择正在进行可持续土地管理实践但没有减少土地退化的消极影响或者具有明显土地退化趋势的区域作为实施可持续土地管理的优先区域；对选择的优先区域进行详细的景观尺度评估，从而根据人们生计和自然资源状况确定最佳的可持续土地管理实践方法；在所有实践主体和利益相关者的综合参与下实施区域可持续土地管理规划；推广实施有效的可持续土地管理方法并构建面向信息决策的信息管理平台。

### 6.3.3 中国沙漠化治理中的可持续土地管理措施

中国沙漠化区域较多，科学进行可持续土地管理对于减少沙区风蚀危害、充分利用沙区自然资源与改善居民生活等方面具有重要意义。借鉴SLM决策支持框架，我国在进行沙漠化治理运用了许多有效的可持续土地管理措施，包括沙地农田防护林、水土保持与发展相结合等一系列措施，对于改善生态环境，提高农牧民收入等具有重要作用（赵廷宁等，2002）。其中，主要包括以下典型措施：

1. 沙地农田防护林（shelterbelts for farmland in sandy areas）

防护林是一种特殊类型的农林复合系统，由一些高生长树种例如杨树、柳树等组成，呈带状种植于农田周围。沙地农田防护林的技术措施主要为：①营建引洪封育、保护区；②营建大型环绿洲防风

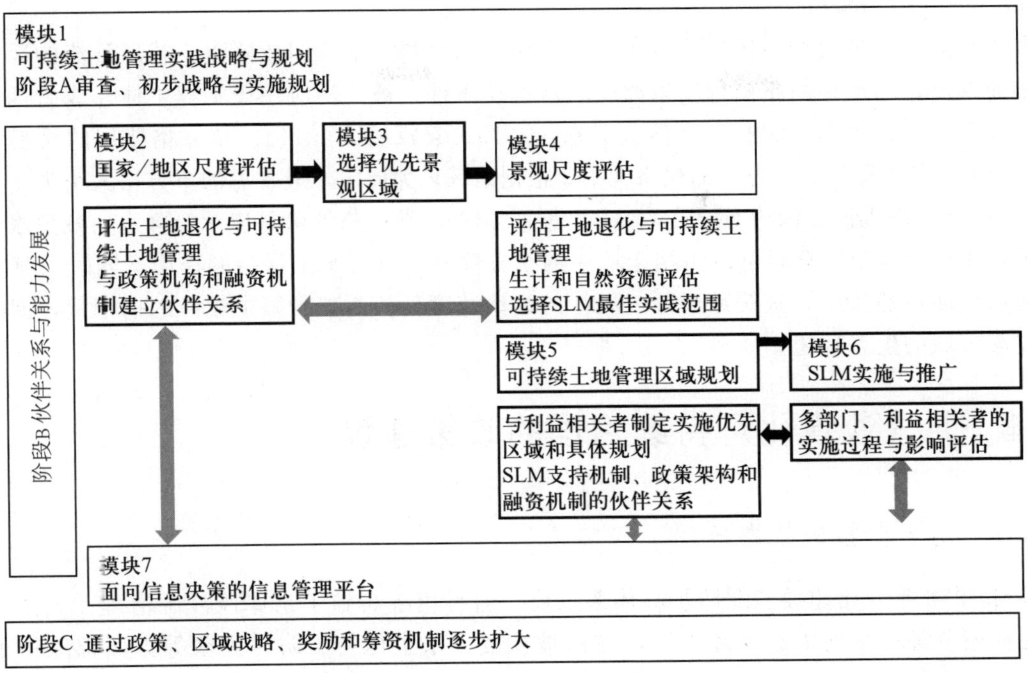


**图 6-21 可持续土地管理决策方法框架**

固沙体系；③营建窄林带、小网格的农田防护林网；④在原有的防护林基础上进行更新时，栽植1～2 行的经济树种，以增加林带的经济效益（赵廷宁等，2002）。防护林可以帮助农田降低沙尘暴、风蚀、流沙、干旱和霜冻等灾害风险，适应气候的变化，避免极端天气带来的影响，还改善了小气候，使得区域内的温度和风速降低、土壤水分流失和风生蒸腾作用减少，为作物生产创造了更有利的条件。因此，在风沙干旱区，特别是在冬季和春季，防护林的建立起着至关重要的作用，能够有效缓解土壤风蚀（表土流失、场外劣化效应）、水质恶化（干旱化）等土壤退化问题。另外，在有灌溉的地方，防护林还可以保护基础设施不被风载泥沙淤积。

2. 水土保持与发展相结合（combination of soil conservation and development）

水土保持是防止水土流失，保护、改良和合理利用水土资源，维护和提高土地生产力，以利于充分发挥水土资源的经济效益、社会效益和生态效益，实现生态环境良性循环的综合性技术措施。其主要措施有：①生物措施：植树种草，封山育林，绿化大地，按不同地形营造各种水土保持林和绿化草带，用以涵蓄雨水，增强土壤凝聚力，减缓地表径流；②工程措施：修筑水平梯田、培地埂、建塘坝、筑谷坊、开挖拦洪沟等，把雨水拦蓄起来，减轻地表径流对土壤的冲击；③耕作措施：实行等高种植、带状垄作、粮草轮作、间作套种，使农田具有合理的生态结构。水土保持与发展相结合的目的就是通过水土保持来提高土地利用和产出，优化水土资源，改善生态环境，逐步由水土流失去区向环境良好的经济作物开发区转变，实现区域的可持续发展。

3. 小流域综合治理（small watershed comprehensive control）

小流域综合治理是为充分发挥水资源、土地资源等自然资源的生态、经济和社会效益，以小流域为单元，在全面规划的基础上，合理安排农业生产等各业用地，因地制宜布设各项水土流失的综合治理措施。其以地下水集蓄面积为基础，从结构、植被、管理、农艺等方面综合治理小流域，以提高土地生产和保护水平，实现自然资源的保护、改良与合理利用（杨之恒，2006；王礼先，2006）。小流域治理可以提高区域抗灾能力，减轻下游洪涝灾害。同时，通过小流域治理，形成了区域水土流失防治体系，保护和改善了土地资源，为农业的可持续发展打好了基础，为农业增收创造了良好的条件。

4. 政府和农户共同建立的草方格沙障（grass grid sand barrier-implemented jointly by govern-

ments and farmer households)

草方格沙障是一种机械防风固沙技术，其采用生物材料在地表组成障碍干扰风沙流的运行，通过改变下垫面性质，增加地面粗糙程度以改变风沙运动条件，被广泛应用于工程主体建成后扰动地带地表流沙的固定（屈建军等，2007；张玲、王峰，2010；袁汉秀，2011）。草方格使用的材料一般为小麦秸秆、稻草或芦苇秆等，草方格的规格大小要根据地区风力而定，最常见的草方格大小为1 m×1 m，地上高约15 cm，埋入沙土深约20 cm（陈志超等，2013）。草方格沙障可以承接降水，减少水分的下渗流失，同时埋在土地中的草料可以阻挡土壤中的水分蒸发，具有水土保持的作用。同时，草方格的设置可以增加地面粗糙程度，减缓贴近地表风沙的运动速度，从而减少风中流沙的携带量，抑制沙丘的移动，改善区域的生态环境。

## 6.4 促进沙漠化可持续治理的政策建议

### 6.4.1 高质量推进生态治理工程实施

我国自1978年开始建设三北防护林体系工程，随后相继实施了京津风沙源治理，天然林保护以及退耕还林还草等一系列生态治理工程，在植被恢复、水土保持、防风固沙等方面都取得了显著成效。同时也面临工程布局不合理，环境承载力考虑不足，工程成本高，后期投入不够，增加农民后期管护压力等问题。

在生态治理工程布局方面，要围绕中国北方防沙带，立足京津冀协同发展需要和塔里木河荒漠化防治生态功能区等6个国家重点生态功能区，结合黄河流域重点生态功能区，统筹布局重大生态治理工程，推动荒漠生态系统的整体保护与恢复。在生态治理工程实施中，需要充分考虑不同区域水资源承载力特点，选择适合的树种以及灌草并合理搭配，并且提倡种植乡土树种，防止外来有害物种对本地生态系统的侵害，创造适宜的生物生长环境。同时，要遵循整体保护、系统修复、综合治理和自然恢复为主等原则，积极开展可持续土地管理与退化生态系统的整体修复；加强防沙固沙新材料、新装备、新模式的研发与应用提升科技创新对重大生态治理工程的支撑力度。此外，要进一步完善重大生态治理工程的组织模式与实施机制，探索生态工程实施与区域经济社会发展的联动机制，推动现行生态工程招投标的重点内容向区域沙漠化土地综合治理转变，鼓励企业提出一体化解决方案；定期对各项工程推进实施情况开展督促检查，加大督办力度，对治理工作落实不力的严格问责。

### 6.4.2 有序稳妥发展沙区生态产业

充分挖掘利用沙区特色动植物、能源、旅游等资源优势，发展沙区生态产业，是实现沙漠化治理和区域经济社会可持续发展的重要途径，如本章梳理的鄂尔多斯模式、阿拉善模式、奈曼模式等，都是近年来在此方面较为成功的案例。然而，我国沙区主要以干旱和半干旱气候为主，水资源较为短缺，受恶劣的自然条件、经济条件、区位条件等因素限制，我国沙区生态产业发展仍处于初级阶段，企业创新能力弱、产品竞争力不强、水土资源利用率不高等问题仍较为突出，沙区生态产业发展的质量与效益有待整体提升。

因此，发展沙区生态产业，必须坚持科学、适度、有序原则，循序渐进，逐步推进，要充分考虑沙区生态产业发展的用水需求，以水资源承载力为边界条件限定沙区生态产业发展的区域、规模与模式；要统筹区域“三生”用水需求，优化沙区生态产业布局。要进一步加强对沙区特色资源调查、沙区生态产业与环境-经济系统耦合机制、特色资源与功能性组分挖掘等制约沙区生态产业发展的基础性科学问题与核心关键技术研发的支持，提高沙区特色产业发展的科技含量，力争形成系列特色品牌产品，扩展市场规模。同时，政府要做好政策协调和引导工作，兼顾不同地区的特点，引导沙产业合理发展，实现生态保护建设与沙产业发展双赢。

### 6.4.3 多渠道筹措沙漠化治理资金

沙漠化治理是一项高投入、见效慢、周期长的工程。沙漠化地区风沙大，植物成活率也较低，从植物种植到获得经济收益的过程相对困难，同时，投入的成本往往需要3～5年甚至更长的时间才能得到回报。此外，在沙漠化治理过程中，政府的补贴资金往往不能及时到位，致使企业、农户等在开展沙漠化治理和发展沙区生态产业方面常常面临资金短缺的问题。

建议进一步加大政府财政资金对沙漠化治理的支持力度，通过重大生态治理工程，根据区域、立地条件以及治理难易程度，适当提高造林等补贴额度，激发企业、农户参与沙漠化治理的积极性。充分发挥政府财政资金的引导作用，成立沙漠化治理与沙区生态产业发展基金，积极吸纳社会资本参与，拓宽企业、农户的融资渠道。积极探索沙漠化治理的新业态、新模式，借助市场机制作用，培育“政府采购＋第三方治理”的新模式。同时，积极发展绿色金融，强化金融机构服务功能，鼓励支持地方银行创新信贷担保方式，发展基于林地经营权、公益林和天然林收益权等权益质押贷款模式与产品；通过政府与地方银行合作，建立绿色信贷平台，支持和引导绿色、生态项目贷款，支持沙漠化治理与沙区生态产业发展。

### 6.4.4 完善沙漠化治理跨区域生态补偿机制

沙漠化治理具有典型的正外部性。沙漠化治理不仅会导致土壤肥力和植被生产力的恢复，还会显著增加防风固沙生态服务功能，为下风向区空气环境质量的改善做出重要贡献。然而，我国现行的补偿机制仅限于对公益林保护所形成的生态效益进行补偿，且补偿额度较低；但防风固沙生态系统服务具有典型的空间流动性，因此，在开展沙漠化治理中，迫切需要完善跨区域生态补偿机制，充分调动企业和沙区牧民治沙的主动性和积极性。

完善沙漠化跨区域生态补偿机制，需要明确沙区生态系统服务形成机制、价值核算规范、传输路径、影响范围、投入与机会成本等核心问题，逐步确定生态补偿机制的主体、对象、标准、方式等，并就环境保护、补偿资金运作等问题加以明确规定。同时，积极探索生态补偿的市场机制，增加生态补偿资金的来源渠道，鼓励社会资本和民间资本进入治沙领域，制定跨区域生态补偿方案以及多元化、社会化资金筹措模式。此外，根据各区域的差异性和特殊性，制定地方性的法规和政策，确定具体补偿制度，并配套监督管理体系和考核制度，确保生态补偿实施效果。

### 6.4.5 打造一批标杆性沙区可持续发展生态园区

在我国推进沙漠化治理和沙区生态产业发展的过程中，涌现出越来越多的沙产业示范园区，如乌兰布和生态沙产业示范区、奈曼仁创沙产业园等。这些园区的建立，可以避免盲目开发以及无序利用造成的生态破坏，也便于基础设施的统一配建，提高水土资源利用效率，同时也会形成规模效应，在降低成本的同时吸引技术、人才、资本等创新要素聚集。然而，我国沙漠化治理和沙区生态产业园区建设尚处于起步阶段，园区建设定位不清晰、发展路径不明确、技术资本支撑能力不强、品牌效应与辐射带动作用不突出等问题仍然存在。

因此，要在国家和省区层面集中优势力量打造一批标杆性沙区可持续发展生态园区，这些园区的建设应注重与国家可持续发展议程创新示范区、国家可持续发展试验区、国家农业高新技术产业示范区等相结合，突出区域差异以及对国家重大区域发展战略的支撑作用。在园区建设过程中，要探索建立示范性的园区发展模式和管理机制，根据园区定位以及沙漠化治理和沙区生态产业链，有针对性地吸引企业、金融机构、科技中介服务机构等进入园区，创造良好的产业发展环境与支撑服务能力。进一步加强园区基础设施建设和配套政策的落地，提高园区水土资源利用效率与外围企业、农户的参与程度，注重多种沙漠化治理技术、产业发展模式的综合集成，形成可复制、可推广的园区建设成果。同时，加强国际交流沟通与合作，积极开展、参加国际性沙漠化治理与沙区生态产业发展博览会、创新论坛、创新创业大赛等活动，面向全球推广园区建设模式，努力为其他国家特别是"一带一路"沿线受沙漠化影响严重的国家提供沙区发展新思路，为全球沙漠化治理与实现联合国《2030可持续发展议程》设定的目标提供有力支撑。

## 6.5 本章小结

本章系统梳理了国内应对沙漠化等土地退化问题的生态治理政策和工程措施，并对鄂尔多斯、阿拉善、奈曼等典型沙漠化可持续治理模式从区域概况、模式发展、治理成效方面进行了详细分析。在此基础上，结合可持续土地管理的理论基础，依据我国沙漠化治理现状提出了顺应我国发展趋势的可持续治理政策建议，主要包括推动高质量生态治理工程实施、有序稳妥发展沙区生态产业、多渠道筹措沙漠化治理资金、完善沙漠化治理跨区域生态补偿机制、打造一批标杆性沙区可持续发展生态园区五大方面。

## 参考文献


安保，白永祥，田志．2003. 库布齐沙漠治理技术与树种选择的研究［J］．内蒙古林业科技，(S1)：36-39.

包利民．2006. 我国退牧还草政策研究综述．农业经济问题，(8)：62-65.

陈雅琳，常学礼，崔步礼，等．2008. 库布齐沙漠典型地区沙漠化动态分析［J］．中国沙漠，(1)：27-34.

陈志超，李宁，刘昌华．2013. 古尔班通古特沙漠草方格沙障对土壤养分的影响［J］．草业科学，30 (5)：699-702.

迟文峰，匡文慧，贾静，等．2018. 京津风沙源治理工程区LUCC及土壤风蚀强度动态遥感监测研究［J］．遥感技术与应用，33 (5)：193-202.

邓广林，赵艳华．2019. 京津风沙源治理工程及生态经济影响分析［J］．山西农经，243 (3)：109.

丁新辉，刘孝盈，刘广全，等．2018. 京津风沙源区沙障固沙技术评价指标体系构建［J］．生态学报，39 (16)．

额尔登木图．2012. 草原禁牧与休牧制度存在的问题及对策［J］．当代畜牧，(6)：57-57.

郭彩赟，韩致文，李爱敏，等．2017. 库布齐沙漠生态治理与开发利用的典型模式［J］．西北师范大学学报（自然科学版），53 (1)：112-118.

韩永光．2012. 乌兰布和沙漠绿洲沙产业可持续发展研究［D］．呼和浩特：内蒙古农业大学．

胡春元，杨茂，杨存良，等．2002. 库布齐沙漠穿沙公路沙害综合防治技术［J］．干旱区资源与环境，(3)：71-77.

黄蝶君，赖作卿，李桦．2017. 沙漠地区农业生态创新内涵及实施路径研究：以肉苁蓉种植为例［J］．农业经济问题，91-97，114.

贾举杰，王也，刘旭升．2017. 基于农牧民响应的阿拉善荒漠复合生态系统管理研究［J］．生态学报，37：5836-5845.

孔维亮．2014. 阿拉善肉苁蓉产业化问题研究［D］．呼和浩特：内蒙古农业大学．

李永宏．2016. 禁牧政策对可持续发展的实效分析［J］．甘肃畜牧兽医，46 (18)：107-108.

刘菊莲，刘春莲．2012. 阿拉善植被退化成因及保护措施浅析［J］．2012中国环境科学学会学术年会论文集（第四卷）．

刘晓光．2011. 对阿拉善盟低碳发展模式的思考：以巴彦浩特镇和阿拉善经济开发区为例［J］．北方农业学报，8-9.

潘霞，高永，汪季．2018. 基于归一化植被指数的阿拉善盟土地荒漠化反演研究［J］．土壤通报，49：22-31.

屈建军，凌裕泉，井哲帆，等．2007. 包兰铁路沙坡头段风沙运动规律及其与防护体系的相互作用［J］．中国沙漠，27（4）：529-533.

邵学鹏 . 2014. 奈曼旗沙地 32 年来的沙漠化进程浅析［J］. 内蒙古农业科技，(3)：88-89.

沈志新 . 2014. 奈曼旗采取多种机制和模式防治荒漠化［J］. 内蒙古林业，(1)：10-10.

苏义，薛凤英，徐斌，等 . 2007. 库布齐沙漠分区综合治理新模式［J］. 内蒙古林业，(12)：8-9.

田永祯，司建华，程业森，等 . 2010. 阿拉善沙区飞播造林试验研究初探［J］. 干旱区资源与环境，24：149-153.

王康富 . 1992. 内蒙古奈曼地区沙漠化土地综合整治研究［J］. 地球科学进展，(5)：89-90.

王礼先 . 2006. 小流域综合治理的概念与原则［J］. 中国水土保持，16-17.

王睿，杨国靖 . 2018. 库布齐沙漠东缘防沙治沙生态效益评价［J］. 水土保持通报，38（5)：174-179，188.

王涛 . 2016. 荒漠化治理中生态系统、社会经济系统协调发展问题探析：以中国北方半干旱荒漠区沙漠化防治为例［J］. 生态学报，36：7045-7048.

王文舒，孟和巴雅尔，段志鸿，等 . 2018. 阿拉善盟梭梭肉苁蓉产业发展现状［J］. 内蒙古林业，27-31.

王霄龙，田文平，苏雅拉，等 . 2008. 禁牧、休牧制度的实施与发展策略［J］. 草原与草业，20（1)：52-55.

王小红 . 2018. 退牧还草工程实施中面临的问题与对策研究［J］. 农业与技术，38（24)：256.

王云霞，孙志强 . 2018. 阿拉善盟发展沙产业的可行性分析［J］. 绿色科技，222-223.

吴凤英 . 2018. 草原禁牧行政补偿制度研究［D］. 呼和浩特：内蒙古大学 .

吴敏娜 . 2011. “三农”与“三牧”政策对比：基于中央一号文件的分析［J］. 安徽农业科学，354（29)：18300-18303.

杨之恒 . 2016. 北京市刁窝小流域综合规划［M］. 北京：北京林业大学出版社 .

袁汉秀 . 2011. 防风固沙草方格在酒航公路中的应用［J］. 甘肃科技，27（9)：71-73.

徐文德 . 2003. 奈曼：七种模式治沙荒［J］. 内蒙古林业，(6)，15.

杨俊平，闫德仁，刘永定，等 . 2006. 控制沙尘暴的植被快速建设技术途径研究：以库布齐沙漠东缘为例［J］. 干旱区资源与环境，(4)：193-198.

张鸿文，杜纪山，李芳芳，等 . 2015. 退耕还林工程生态效益监测探讨［J］. 四川林勘设计，(3)：92-94，110.

张玉珍 . 2010. 阿拉善盟平原地下水资源计算［J］. 现代农业，67-68.

赵廷宁，丁国栋，王秀茹，等 . 2002. 中国防沙治沙主要模式［J］. 水土保持研究，(3)：118-123.

赵玉山，贾金山，沈学芳，等 . 2013. 阿拉善左旗沙漠治理及取得的成效［J］. 内蒙古林业调查设计，35-36.

张玲，王峰 . 2010. 新疆古尔班通古特沙漠输水明渠风沙防护工程措施［J］. 科技资讯，(13)：51-53.

郑松林，敖特根，孙春富，等 . 2003. 通辽市沙区生态治理及林牧业发展模式探讨［J］. 内蒙古林业调查设计，(4)：32-33.

朱教君，郑晓 . 2019. 关于三北防护林体系建设的思考与展望：基于 40 年建设综合评估结果［J］. 生态学杂志，38：336-346.